U0219065

国家出版基金项目
NATIONAL PUBLICATION FOUNDATION

现代农业高新技术成果丛书

动物克隆与基因组编辑

Animal Cloning and Genome Editing

李 宁 主编

中国农业大学出版社
·北京·

内 容 简 介

本书系统地介绍了动物克隆与基因组编辑技术的基本理论、技术方法及产业化应用前景。全书共 12 章,包括动物基因结构与表达调控、动物基因组编辑技术、动物配子发生受精及繁殖技术、体细胞克隆、鸡转基因技术、动物胚胎干细胞及诱导性干细胞、动物生物反应器、异种器官移植、人类疾病的动物模型、转基因动物新品种培育、转基因动物生物安全评价和转基因动物产业化。近年来克隆与转基因技术迅猛发展,改变了整个生命科学技术和动物品种培育研发的现状,因此本书在系统阐述经典技术体系的同时着重介绍了新技术的技术原理、研究进展及应用成果,力求使本书内容更全面、更广泛、更前沿。

本书是国内第一本系统介绍动物克隆和基因组编辑技术最新成就的专著,可作为高等院校动物科学、动物生物技术的教学参考书,也可作为相关科研工作者和研究生的专业参考书。

图书在版编目(CIP)数据

动物克隆与基因组编辑 / 李宁主编. —北京:中国农业大学出版社,2012.6
ISBN 978-7-5655-0475-4

Ⅰ.①动… Ⅱ.①李… Ⅲ.①转基因动物-研究 Ⅳ.①Q789

中国版本图书馆 CIP 数据核字(2012)第 009135 号

书　　名	动物克隆与基因组编辑		
作　　者	李 宁 主编		
责任编辑	高 欣 张秀环	**责任校对**	陈 莹 王晓凤
封面设计	郑 川		
出版发行	中国农业大学出版社		
社　　址	北京市海淀区圆明园西路 2 号	**邮政编码**	100193
电　　话	发行部 010-62818525,8625	**读者服务部**	010-62732336
	编辑部 010-62732617,2618	**出 版 部**	010-62733440
网　　址	http://www.cau.edu.cn/caup	**e-mail**	cbsszs@cau.edu.en
经　　销	新华书店		
印　　刷	涿州市星河印刷有限公司		
版　　次	2012 年 6 月第 1 版　2012 年 6 月第 1 次印刷		
规　　格	787×1092　16 开　26.5 印张　660 千字		
定　　价	158.00 元		

图书如有质量问题本社发行部负责调换

现代农业高新技术成果丛书

编审指导委员会

编写人员

主　编　李　宁

副主编　张　然　王媛媛

参　编　毕明君　曹祖兵　崔　丹　陈　磊
　　　　杜旭光　贺　津　胡文萍　李庆原
　　　　刘小娟　鲁　丹　罗俊杰　李金秀
　　　　李　笠　宋致远　隋丹丹　孙照霖
　　　　杨鹏华　王宇航　王　弘　许建香
　　　　叶建华　周光斌　张　伟　张运海
　　　　张广春　赵　杰　王少华

出版说明

　　瞄准世界农业科技前沿,围绕我国农业发展需求,努力突破关键核心技术,提升我国农业科研实力,加快现代农业发展,是胡锦涛总书记在 2009 年五四青年节视察中国农业大学时向广大农业科技工作者提出的要求。党和国家一贯高度重视农业领域科技创新和基础理论研究,特别是 863 计划和 973 计划实施以来,农业科技投入大幅增长。国家科技支撑计划、863 计划和 973 计划等主体科技计划向农业领域倾斜,极大地促进了农业科技创新发展和现代农业科技进步。

　　中国农业大学出版社以 973 计划、863 计划和科技支撑计划中农业领域重大研究项目成果为主体,以服务我国农业产业提升的重大需求为目标,在"国家重大出版工程"项目基础上,筛选确定了农业生物技术、良种培育、丰产栽培、疫病防治、防灾减灾、农业资源利用和农业信息化等领域 50 个重大科技创新成果,作为"现代农业高新技术成果丛书"项目申报了 2009 年度国家出版基金项目,经国家出版基金管理委员会审批立项。

　　国家出版基金是我国继自然科学基金、哲学社会科学基金之后设立的第 3 大基金项目。国家出版基金由国家设立、国家主导,资助体现国家意志、传承中华文明、促进文化繁荣、提高文化软实力的国家级重大项目;受助项目应能够发挥示范引导作用,为国家、为当代、为子孙后代创造先进文化;受助项目应能够成为站在时代前沿、弘扬民族文化、体现国家水准、传之久远的国家级精品力作。

　　为确保"现代农业高新技术成果丛书"编写出版质量,在教育部、农业部和中国农业大学的指导和支持下,成立了以石元春院士为主任的编审指导委员会;出版社成立了以社长为组长的项目协调组并专门设立了项目运行管理办公室。

　　"现代农业高新技术成果丛书"始于"十一五",跨入"十二五",是中国农业大学出版社"十二五"开局的献礼之作。它的立项和出版标志着我社学术出版进入了一个新的高度,各项工作迈上了新的台阶。出版社将以此为新的起点,为我国现代农业的发展,为出版文化事业的繁荣做出新的更大贡献。

中国农业大学出版社

2010 年 12 月

前　言

　　1996年7月5日,世界上第1只克隆的高等哺乳动物"多莉"绵羊诞生了。这是英国罗斯林研究所威尔穆特博士团队经过多年刻苦攻关的杰作;当论文以封面故事刊登在1997年2月27日《自然》科学杂志时,立即引起了科学界和社会各界的高度关注。毫无疑问,这是近数十年来生命科学技术领域中最重大的突破之一。人们不只是对神奇的高等动物"复制"技术感到震撼,也特别关注这项技术滥用可能造成的社会风险。十多年过去了,事实证明人们担心的克隆技术风险并没有出现,而其对生命科学技术发展却有着极其深远的影响。动物克隆技术出现,催生了治疗性克隆技术,预示着细胞治疗新时代的来临。由于治疗性克隆必须以人类卵母细胞为基础,而人类卵母细胞来源面临着社会伦理的严格限制,这又导致了诱导性干细胞(iPS)技术的诞生。动物克隆技术本身也在飞速地发展,当克隆"多莉"时,威尔穆特博士的团队重构了277个人造胚胎,成功率低于0.4%,而今天克隆效率已经提高了数十倍。在一些发达国家,许许多多优秀种畜都被克隆,并在实际生产中广泛应用,极大地提高了优质动物品种生产的效率,而大多数国家的政府也颁布了克隆动物与普通动物同样安全的法规。动物克隆技术直接改变了大动物转基因技术研究的发展方向,催生了动物基因组编辑技术(genome editing)。实际上,在20世纪80年代末英国PPL药用蛋白治疗公司资助威尔穆特博士团队从事动物克隆技术研发就是为了提高家畜转基因的效率,今天的发展成就,也远远超出了当年的想象。由于大动物缺少胚胎干细胞(ES),不能像小鼠那样对小鼠胚胎干细胞进行各类基因组修饰,然后通过嵌合体制作途径获得基因组精准修饰的个体。克隆技术的出现,使得能够在大动物体细胞上进行各种各样的基因组编辑后,再利用这些细胞通过克隆技术获得个体。显然,这种技术方法产生基因组修饰动物的效率会高于小鼠嵌合体制备的途径。现在,我们能够对家畜的基因组DNA作任何一种特定的遗传修饰,如定点的插入、缺失、改变单个碱基等。然而,动物克隆和基因组编辑技术的进一步发展面临着更大的困难,动物克隆的机制没有阐明,体细胞克隆和基因组编辑技术的效率较低,还不能实现通量化操作。人才,特别是具有创新性思维的青年人才,是破解这些难题的主力军,而要培育这样的青年才干,需要具有相关科技专著的营养。目前,在世界各国的生命科学技术的书籍,尚没有对动物克隆和基因组编辑技术最新成就进行总结的专著,鉴于这2项技术正迅猛地改变整个生命科学技术和动物品种培育研发的现状,因此,我们感到有责任编写这样一本专著,希望能够和国内广大同行进行深入的交流和相互学习,共同推动我国动物克隆和基因组编辑技术的创新发展。由于我们是第一次编写这样的著作,主要编写者又是来自工作在第一线的青年教师和博士研究生,相关视野和知识范围有限,难免有挂一漏万和不当之处,敬请大家批评指正。

李　宁

2012.2

目　　录

第1章

动物基因结构与表达调控

1.1 真核生物的功能基因

1.1.1 基因研究的发展

基因是编码蛋白质、RNA 等具有特定功能的遗传信息的基本单位，是基因组上的一段 DNA 序列。地球上每个生物体的遗传特性是由该生物体的基因组决定的。基因组是一段很长的核苷酸序列，能够提供构建机体所需的所有基本信息。基因组从功能上可分为功能不同的基因(gene)。不同生物的基因组含有的基因数量相差很大，其中人类含有约 25 000 个基因，而在一些低等生物中仅含个几百个基因。

1.1.1.1 基因的雏形——遗传因子的诞生

1865 年 2 月，遗传学的奠基人孟德尔(Gregor Johann Mendel，1822—1884)在奥地利自然科学学会会议上汇报了自己植物杂交的研究结果，并在次年于奥地利自然科学学会年刊上发表了著名的《植物杂交试验》的论文。文中提出，生物体每一个性状都是通过遗传因子来传递的，遗传因子是独立的遗传单位。这样把可观察的遗传性状和控制它的内在的遗传因子联系起来，遗传因子作为基因的雏形名词诞生了。

1.1.1.2 核酸的发现

1868 年，瑞士化学家米歇尔(F. Miesher，1844—1895)先从脓细胞分离出细胞核，用碱抽提再加入酸，得到一种氮和磷含量特别丰富的沉淀物质，当时称它为核质。1872 年，他又从鲑鱼的精子细胞核中发现了大量类似的酸性物质，随后有人在多种组织细胞中同样发现了这类物质的存在。由于这类物质都是从细胞核中提取出来的，又都具有酸性，因此，被称为核酸。多年以后，才有人从动物组织和酵母细胞中分离出含蛋白质的核酸。

1.1.1.3 基因概念的具体化

1909 年，丹麦遗传学家约翰逊创造了"基因"这一术语，用来表达孟德尔的遗传因子，但还只是提出了遗传因子的符号,没有提出基因的物质概念。摩尔根(Thoman Hunt Morgan, 1866—1945)和他的学生们利用果蝇作了大量的潜心研究。1926年,他的巨著《基因论》出版, 从而建立了著名的基因学说。他还绘制了著名的果蝇基因位置图,首次完成了当时最新的基因概念的描述,即基因以直线形式排列,它决定着一个特定的性状,而且能发生突变并随着染色体同源节段的互换而交换。它不仅是决定性状的功能单位,而且是一个突变单位和交换单位。至此,人们对基因概念的理解更加具体和丰富了。但基因到底是何物?其物质结构和化学组成怎样?它是怎样决定遗传性状的?当时一无所知。

1.1.1.4 核酸——遗传信号的载体

20世纪20年代,德国生理学家柯塞尔(A. Kossel,1853—1927)和他的学生琼斯(W. Johnew,1865—1935)、列文(P. A. Levene,1896—1940)的研究结果证明了核酸的化学成分及其最简单的基本结构。核酸由4种不同的碱基即腺嘌呤(A)、鸟嘌呤(G)、胸腺嘧啶(T)和胞嘧啶(C)及核糖、磷酸组成。

1928年,生理学家格里菲斯(J. Griffith)在研究肺炎球菌时发现,肺炎双球菌有2种类型。其中一种是S型双球菌,外包有荚膜,不能被白细胞吞噬,具有强烈毒性;另一种是R型双球菌,外无荚膜,容易被白细胞吞噬,没有毒性。他设计了肺炎双球菌实验(参考图1.1),并证实了这种能转移的物质。格里菲斯把它命名为转化因子。

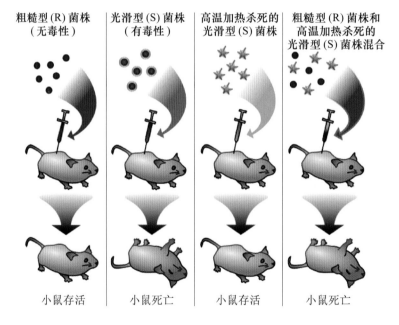

图 1.1　肺炎双球菌转化实验示意图

1944年,研究结果证明,转化因子就是核酸(DNA),DNA是将R型肺炎双球菌转化为S型双球菌的信息载体。

1949年,鲍林(L. C. Pauling,1901—1994)与合作者在研究镰刀型细胞贫血症时推测基因决定着多肽链的氨基酸顺序。至此,20世纪40年代末至20世纪50年代初,基因是通过合成特定蛋白质以控制代谢的方式来决定性状的原理变得清晰起来。

1.1.1.5 DNA 双螺旋结构的提出

1953 年，美国分子生物学家沃森（J. D. Watson）和英国分子生物学家克里克（F. H. C. Crick）携手合作，通过 X 射线衍射分析，提出了享誉世界的 DNA 双螺旋结构模型，进一步说明基因成分就是 DNA，它控制着蛋白质合成，并让世人知道了基因的物质概念。基因本质的确定标志着分子遗传学的序幕已经拉开。

1.1.1.6 基因概念的进一步细化、丰富

1957 年，法国遗传学家本泽尔（Benzer）以 T4 噬菌体作为研究模型试图阐述基因内部的精细结构，并提出了顺反子学说。他认为，基因是 DNA 分子上一段核苷酸顺序，负责着遗传信息传递，一个基因内部仍可划分若干个起作用的小单位，即可区分成顺反子、突变子和重组子。一个顺反子决定一条多肽链的合成，一个基因可能包含一个或几个顺反子。突变子是基因内能发生突变的最小单位，包含一个或几个核苷酸，而重组子则是同源染色体交换的最小单位。重组子内的突变子不会因交换而发生分离。所有这些概念的提出都让基因更加清晰地呈现在人们的眼前。

从 1961 年开始，随着尼伦伯格（M. W. Nirenberg）和科拉纳（H. G. Khorana）等研究的深入，密码子的概念逐渐明朗，最终搞清楚了基因是以核苷酸三联体为一组编码氨基酸，并在 1967 年破译了全部 64 个遗传密码。这样就把核酸密码和蛋白质合成联系起来了。然后，沃森和克里克等人提出的"中心法则"更加明确地揭示了生命活动的基本过程。

1.1.1.7 现代基因阶段

1. 操纵子

起初，从分子水平来看，认为基因就是 DNA 分子上的一个个片段，经过转录和翻译编码成一条多肽链。可是，通过近年来的研究，认为这个结论并不全面，因为有些基因如 rRNA 和 tRNA 基因只有转录功能而并不翻译出蛋白质。另外，还有一类基因，其本身并不进行转录，但可以对邻近的结构基因的表达起控制作用，如启动基因和操纵基因。从功能上讲，能编码多肽链的基因称为结构基因；启动基因、操纵基因和编码阻遏蛋白、激活蛋白的调节基因属于调控基因。操纵基因与其控制下的一系列结构基因组成一个较大的功能单位，称为操纵子（图 1.2）。

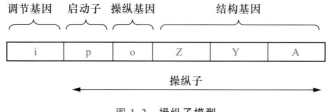

图 1.2 操纵子模型

2. 跳跃基因

跳跃基因是指 DNA 能在个体的染色体组内从一个地方移动到另一个地方，就是说它们能从一个位点切除，然后插入同一或不同染色体上的另一个位点。跳跃基因的结构非常简单，由几个促进移位的转座元件组成。基因的跳动能够产生突变和染色体重排，进而可能影响其他基因的表达。

目前相当一部分已知的自发突变是由跳跃基因所致，甚至，有些跳跃基因不仅是在个体的染色体组内移动，而且可能发生在单物种的个体间以及物种间。这样看，跳跃基因是在物种进化长河中一个非常重要的因素。正是它的发现动摇了一个传统的观念——基因在染色体上有

一固定位置。

3. 断裂基因

过去人们一直认为,基因的遗传密码子是连续不断地并列在一起,形成一条没有间隔的基因实体。但后来通过对真核生物蛋白质编码基因结构的分析发现,一个基因中会有与编码无关的 DNA 间隔区,使一个基因分隔成不连续的若干区段。这种编码序列不连续的间断基因被称为断裂基因(图 1.3)。

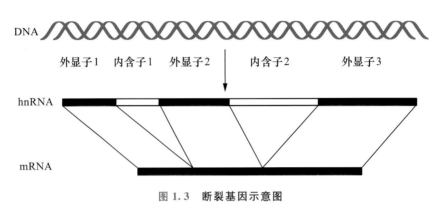

图 1.3　断裂基因示意图

不连续的断裂基因的表达顺序是先转录为初级转录物,即核内不均一 RNA,又叫前体RNA;然后经过删除和连接,除去无关的 DNA 间隔序列的转录物,便形成了成熟的 mRNA 分子。mRNA 从细胞核中输送到细胞质,再转译为相应的多肽链。

4. 假基因

1977 年,G. Jacp 在对非洲爪蟾 5S rRNA 基因簇的研究过程中,提出了假基因的概念。假基因现已在很多真核生物中发现。这是一种核苷酸序列同其相应的正常功能基因基本相同,但却没有合成出功能蛋白质能力的失活基因。

5. 重叠基因

一直以来,人们认为同一段核苷酸序列中是不可能存在不同的读码框的。不过,随着DNA 核酸序列测定技术的发展,人们已经在一些噬菌体和动物病毒中发现,不同基因的核苷酸序列有时是可以共用的。换种说法,不同基因的核苷酸序列是彼此重叠的。这样的基因被称为重叠基因。它修正了关于各个基因的多核苷酸链是彼此独立、互不重叠的传统观念。

随着生物科学的不断发展,人们对基因概念的理解也不断深入。在世界科学技术飞速发展、不断更新的今天,生物科学将会有更多新的突破性进展,基因的概念不可避免地将会被赋予新的内容,而对于今天已知的关于基因的理解,也终将随着进一步的研究而被推翻或被赋予新的含义。

1.1.2　真核生物的基因结构

1.1.2.1　理想中的基因结构

本泽尔(Benzer)对大肠杆菌 T4 噬菌体的基因结构的研究揭示了基因内部的精细结构,提出了基因的顺反子(cistron)概念。这是最早试图揭示基因内部精细结构的研究工作。顺反子是一个遗传功能单位。一个顺反子决定一条多肽链。这就是以前一个基因一种酶的假说发展为一个基因一种多肽的假说。

真核基因转录产物为单顺反子,即一个基因编码一条 RNA 链。每个基因转录有各自的调节元件。

简单地说,一个基因可以大致分为 3 个主要部分,即转录区、启动子和终止子。

1. 转录区

无论真核基因还是原核基因的转录区都可划分成编码区和非编码区 2 个基本组成部分。编码区含有大量的可以被细胞质中翻译机器阅读的遗传密码,从起始密码子(通常为 AUG)开始,结束于终止密码子(UAA,UAG 或 UGA)。非编码区结构中的 5′-末端非翻译区(5′UTR)和 3′-末端非翻译区(3′UTR),虽然它们都不会被翻译成多肽序列,但这对于基因遗传信息的表述是必要的。真核基因编码区中有内含子,也是一类特殊的非编码序列。

2. 启动子

在转录区上游紧挨着转录起点的是启动子(promoter),它是引导 RNA 聚合酶同基因的正确部位结合形成转录起始复合体的区域;在许多情况下,它还包括促进这一过程的调节蛋白的结合位点。这些区域将在下一段真核与原核基因结构比较中详细讲述。启动子就像"开关",决定基因的活动。既然基因是成序列的核苷酸(nucleotides),那么启动子也应由核苷酸组成。启动子本身并不控制基因活动,而是通过与转录(transcription)因子这种蛋白质(proteins)结合而控制基因活动的。转录因子就像一面"旗子",指挥着酶(RNA 聚合酶 polymerases)的活动。这种酶指导着 DNA 的转录。

3. 终止子

在转录区 3′-端下游与终止密码子相邻的一段非编码的核苷酸短序列叫做终止子(terminator),具有转录终止信号的功能(图 1.4)。这就是说,一旦 RNA 聚合酶完全通过了基因的转录单位,它就会阻断酶分子使之不能再继续向前移动,从而使 RNA 分子的合成活动终止。

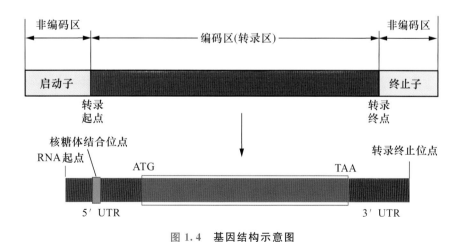

图 1.4　基因结构示意图

1.1.2.2　原核生物与真核生物基因结构异同

1. 转录区

转录区是遗传信息被转录并最终翻译成蛋白质的直接作用部位。其包含了所有蛋白质翻译所需的遗传密码信息。原核和真核基因转录区结构特点可简单地概括如下：

①真核生物中编码区包括外显子和内含子。其中内含子在 mRNA 的进一步加工中被删除,两个相邻外显子会相连并最终组成一条成熟的 mRNA;而在原核生物中不存在内含子,不会发生 RNA 的间接过程。

②真核生物一般为单顺反子结构,原核是多顺反子结构。

③在 RNA 水平上,真核有 5′帽子结构和 3′尾巴,而原核没有。

④在 RNA 水平上,真核有甲基化修饰,而原核没有。

2. 启动子

一般来说,原核基因的启动子比较简单,只有数十个碱基对的大小。真核基因启动子则庞大许多,即使相距数千碱基对之遥,有的调控元件也能对基因的转录效率产生巨大影响。原核生物对于每个基因的表达水平调控精细程度的要求并不是那么高,相反,在复杂的高等真核生物中基因种类之多,相互之间调控互作之复杂,使得启动子所担负的任务就理所当然地繁重了。它们需要一个在数量上庞大的调控体系去满足如此复杂而又精细的调控任务。因此,它们必须从空间和数量上去延伸,故我们看到了在真核生物中如此多的顺式调控元件以及它们如此之广的在基因组上的分布范围。

RNA 聚合酶与其启动子之间相互作用的关键在于蛋白质如何识别特定启动子序列,酶是否有一个活性位点可以识别特殊的化学结构或 DNA 双螺旋中某一特殊碱基序列。

设计一个启动子的时候就是要设计一段能被 RNA 聚合酶特异识别的 DNA 序列。每个启动子必须或至少要包括这样的一段序列。在小小的细菌基因组中,假设能够提供足够信号的最小长度是 12 bp(随着基因长度增加特异识别所需的最小长度也应相应增加),这 12 bp 可以不相邻;如果 2 个碱基数恒定的短序列被某一特定数目的碱基对所隔开,它们若组合到一起,长度可短于 12 bp,因为所形成的碱基之间的距离本身也提供了部分信息。

所有启动子都拥有被认为是保守的基本核苷酸序列。公认的 DNA 识别位点可以用启动子在每个位置上最常出现的理想化碱基的序列来表示。由此引申出了共有序列这一概念,就是将所有已知启动子排列起来以求它们最大的相似性。如果一个序列被认为是共有的,则每一个特定碱基都理应在相应的位置上有分布优势,且大多数真实的启动子序列与它的差异要很小,一般不超过 1~2 个碱基。

不论是真核生物还是原核生物的基因中,短共有序列的保守性是调控位点的典型特征。

细菌启动子中有 4 个保守的序列特征:起始转录点、−10 区、−35 区以及−10 区和−35 区之间的间隔。现已查明,−10 位的 TATA 盒子和−35 位的 TTGACA 区是 RNA 聚合酶与启动子的结合位点,能与 σ 因子相互识别而具有很高的亲和力。

在真核生物基因中,Hogness 等先在珠蛋白基因中发现了类似 Pribrow 区的 Hogness 盒子(Hogness box)。这是位于转录起始点上游−30～−25 bp 处的共同序列 TATA,也称为TATA 盒子。另外,在起始位点上游−78～−70 bp 处还有另一段共同序列 CAAT,这是与原核生物中−35 区相对应的序列,称为 CAAT 盒子(CAAT box)。

3. 终止子

原核生物中,除了加到 RNA 上最后一个碱基的位置之外,原核生物的终止子序列没有什么相似之处。终止作用责任在于被 RNA 聚合酶转录出的序列。因此,终止子需要正在转录的 RNA 二级结构形成的发卡结构,而不是单纯依靠 DNA 的序列来决定的。

终止子可分为2类。一类不依赖于蛋白质辅因子就能实现终止作用。另一类则依赖蛋白质辅因子才能实现终止作用。这种蛋白质辅因子称为释放因子,通常又称 ρ 因子。两类终止子有共同的序列特征。在转录终止点前有一段回文序列。回文序列的2个重复部分(每个 7～20 bp)由几个不重复的 bp 节段隔开。回文序列的对称轴一般距转录终止点 16～24 bp。

两类终止子的不同点是:不依赖 ρ 因子的终止子的回文序列中富含 GC 碱基对,在回文序列的下游方向又常有 6～8 个 AT 碱基对(在模板链上为 A,在 mRNA 上为 U);而依赖 ρ 因子终止子中回文序列的 GC 碱基对含量较少,在回文序列下游方向的序列没有固定特征,其 AT 碱基对含量比前一种终止子低。

和原核生物相比,对真核生物终止子结构的了解较少。不同的 RNA 聚合酶有不同的终止子。RNA 聚合酶 I 和 III 有类似于原核生物的终止元件,RNA 聚合酶 II 是否有类似的终止元件目前还不十分清楚。RNA 聚合酶 I 的终止子序列为 18 bp,可被辅助因子识别。RNA 聚合酶 III 的终止子类似原核生物,也具有发夹结构和 U 串,发夹结构中有一段富含 GC 碱基对的序列。

1.1.2.3　真核生物基因特点

1. 真核生物的不连续基因

DNA 与 mRNA 杂交发现许多不配对区(R-环结构),说明转录的前体-mRNA 经过加工产生成熟的 mRNA 时发生了剪接,前体-mRNAs 比成熟 mRNA 产物一般长 5～10 倍。比较 mRNA 基因,hnRNAs 和成熟 mRNAs 发现了编码 mRNA 的基因中存在间插序列(intervening sequence)。它们以间隔形式存在而在成熟 mRNA 中已加工剪除,称为内含子(intron),保留在成熟 mRNA 中的片段称为外显子(exon)(Crick,1979)。

外显子区域与蛋白质的结构域的比较发现二者有一定的相关,外显子两端相当于剪接结构域的"铰链区"。几乎所有 mRNA 基因的内含子两端都相同,即开始 5' 端为 GU,3' 端为 AG(GU/AG 原则,DNA 中以 GT/AG 表示)。一些内含子中还有其他基因。

2. 真核生物的奢侈基因

在真核生物中,根据基因的功能不同可分为持家基因和奢侈基因。持家基因(house keeping gene)是指在各类型的细胞中均要表达的基因,如组蛋白、核糖体蛋白、线粒体蛋白、糖酵解酶基因等。这些基因的产物是维持细胞正常生命活动所必需的。在哺乳动物中,持家基因大约有 10 000 个。另一类基因是组织特异性基因(tissue-specific gene),又称为奢侈基因(luxury gene)。这类基因与细胞的特定功能有关,是在各种组织中选择性表达的基因,如表皮的角蛋白基因、肌细胞中的肌动蛋白基因和肌球蛋白基因等。这类基因的表达调控甚为复杂。

(1) 基因复制现象

自从 Susumuohno 在 35 年前预测基因复制在进化形成的过程中是一个关键作用因子以来,这种模型以及他带来的大体上的预测一直吸引着很多科学家的注意。

基因复制是推进遗传革新的一个重要因素。基因复制产生很多新的遗传变异体,基因复制能够产生很多的表型变化以及一些病理表型。近期研究表明,这种由基因复制导致的表型变化和病理产生远远超过之前所预料的(Conrad,Antonarakis,2007)。

基因复制大致可分为单基因的复制和基因家族的复制。

单基因的复制:大部分的单基因复制产生的拷贝都会丧失其功能,在少数情况下会进化出新的与原本基因不一样的功能,通常是有益的;还有一种情况就是亚功能化,就是说原基因和复制出的基因拷贝都发生功能上的变异,它们同时去行使补充原基因的功能。最后一种就是原基因与其拷贝都会发生功能上的变化,只是单一地增强了此基因的表达。

基因家族的复制:基因家族进化通常是以一种协同的模式来进行的,复制出来的家族会同原始家族在功能上保持一致。对于基因家族的复制,目前有 2 种主流的模式。一种是协同进化。这种模式假定在既定的基因家族中所有的成员以协同的方式进化,并且在基因转换的作用下最终在染色体上串联排列。不过目前最受青睐的是另一种模式即生死进化模式。在这种模式下,一个家族中成员间蛋白序列相似性被有力地进化选择进一步加强,如通过沉默同义核苷酸替换(Nei,et al,2000)。

多基因家族中单个成员的失活突变并不意味着进化的终结。这点在 less is more 假说中有着更详细的解释(Olson,1999)。比如说,人类 CASP12 假基因位于一串有功能的 Caspase 基因中,表明蛋白缩减突变可以是积极选择,很可能是因为多样的等位基因可以抵制严重的败血症(Wang,et al,2006)。

(2) 基因家族

基因家族的产生是基因复制的结果。真核生物中有许多来源相同、结构相似、功能相关的基因。它们在基因组上成簇排列或分散在不同的位置。尽管一个结构基因家族的成员可以在不同时期或不同类型的细胞中表达,但是它们经常是相互关联或甚至具有相同的功能。胚胎和成人红细胞中表达的珠蛋白是不同的,而肌肉细胞和非肌肉细胞中利用不同的肌动蛋白。

基因家族可大致分为编码蛋白质基因家族和 rRNA 基因家族。

编码蛋白质基因家族:编码蛋白质基因家族通常大量存在,如肌球蛋白、微管蛋白、组蛋白、胶原蛋白、血红蛋白和免疫球蛋白。基因家族中的每个基因可成簇或分散于染色体上,顺序可相同或差异很大,如肌动蛋白和微管蛋白差异很小且分散存在,而组蛋白各种类型有差异即有的成簇存在、有的分散存在。

组蛋白基因家族:组蛋白基因家族主要是组成染色体上核小体的 H1、H2A、H2B、H3、H4。其基因作为一个单元重复数百次形成若干个串联的基因家族,主要在细胞分裂间期 S 期转录翻译。组蛋白基因无内含子,其 mRNA 无 poly(A)尾部。

珠蛋白基因家族:血红蛋白由珠蛋白 $\alpha2\beta2$ 亚基组成四聚体。人 α、β 珠蛋白基因组成基因家族,分别集中在染色体第 16 和第 11 染色体上。α 基因家族含 ζ 基因、α 基因及其假基因,β 基因家族含 5 个功能基因——ϵ、$\gamma(2)$、δ、β、$\psi\beta1$(假基因)。不同个体发育时期血红蛋白的珠蛋白亚基表达组装是不同的(Efstratiadis,et al,1980)。

rRNA 基因家族:真核生物上百或上千个前体 rRNA 基因重复成簇集中于一条或多条染色体组成的核仁组织区(NOR),但其编码 DNA 只占基因组的 1%～2%。5S rRNA 基因在核仁区外成簇存在,不同物种基因重复可达几百到几千。rRNA 基因间的基因间隔或基因内的间隔的差异物种间较明显(Brosius,et al,1981)。

1.2　真核生物基因的表达与调控

基因在生物体内执行功能,需要经历 DNA 的复制、转录和翻译过程。真核生物基因表达过程中,通过对染色质结构、DNA 及 RNA 水平进行干预,按照我们的需要来调控基因的表达,可以为动物转基因育种以及疾病的防治提供新的手段。

转录是基因表达的起始。转录是指以 DNA 的一条链为模板,在 DNA 依赖的 RNA 聚合酶催化下生成与之互补的 RNA 链的过程。最终 RNA 翻译成蛋白质,在生物体内行使功能(图 1.5)。基因表达调控最明显的特征是能在特定"时间"、特定"细胞"中激活特定"基因"。真核生物中,转录是一个由多种信号(DNA、多种蛋白和 RNA 转录本身之间的协同互作)紧密、瞬时调节的一个复杂过程。

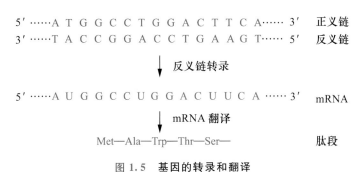

图 1.5　基因的转录和翻译

真核生物在进化上比原核生物更高级,有更复杂的细胞结构、庞大的基因组和染色体结构。真核生物的基因表达系统与原核生物相比有很大的不同。首先,转录的激活与被转录区域的染色质结构变化有关。其次,真核基因的转录与翻译在时空上是分开的,转录在细胞核内进行,翻译在细胞质中进行(图 1.6)。大多数的真核生物转录出的 RNA 要经过加工才能成为成熟的 RNA。另外,细菌多数基因按功能相关成串排列,组成操纵子基因表达调控单位,共同开启或关闭,转录出多顺反子(polycistron)mRNA;真核生物则是一个结构基因转录出 mRNA,外显子被内含子隔开,为单顺反子(monocistron),基本上没有操纵子的结构。

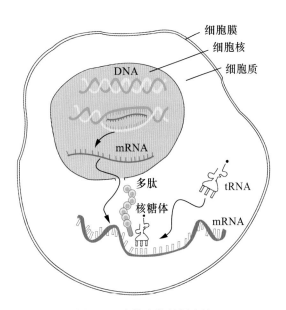

图 1.6　真核生物基因表达

1.2.1　DNA 水平的基因表达调控

真核生物 DNA 分子庞大,结构复杂。其 DNA 水平基因表达调控远比原核生物复杂,而这种调控主要表现在染色质修饰上。

染色质修饰主要包括组蛋白修饰和 DNA 甲基化修饰。这 2 种修饰可作为活化和抑制状态的染色质的表观遗传学标志,对基因转录调控起着重要的作用。越来越多的文献显示,这些修饰不是独立发挥作用的,通常情况下对某一基因表达的调控,需要多种形式的修饰协同作用来完成。

1.2.1.1 DNA 甲基化

哺乳动物中,DNA 甲基化(参考图 1.7)主要发生在 CpG 二核苷酸上,主要是由 2 类 DNA 甲基转移酶催化完成的。DNA 甲基转移酶 1(Dmnt1)是维持 DNA 甲基化的酶,在细胞周期过程中,随着 DNA 的复制维持 DNA 甲基化和半甲基化,使新合成的 DNA 维持在一种稳定的甲基化的状态下。在发育过程中,生物体内的 Dmnt3a 和 Dmnt3b 对于从头甲基化从而形成新的甲基化模式是必需的。通常情况下,这 2 种酶与组蛋白去乙酰化酶(HDACs)协同发挥作用抑制基因表达。

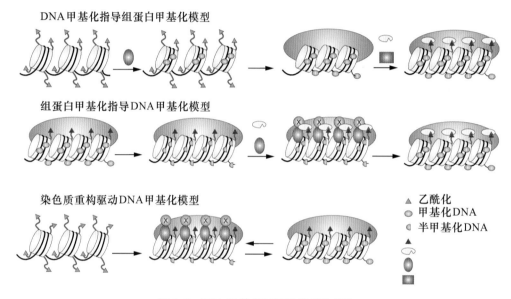

DNA甲基化指导组蛋白甲基化模型

组蛋白甲基化指导DNA甲基化模型

染色质重构驱动DNA甲基化模型

▲ 乙酰化
甲基化DNA
半甲基化DNA

图 1.7　DNA 甲基化对转录调控的影响

DNA 甲基化通常对转录呈抑制作用。高度甲基化的区域表现为基因沉默,去甲基化又能够诱导基因重新活化并表达。大部分的启动子区一般有成簇的 CpG 位点,但这些 CpG 岛一般是非甲基化的。DNA 超甲基化是导致人类癌症的重要因素,抑癌基因启动子区的 CpG 岛发生甲基化,抑制基因正常表达,最终导致癌症发生。

DNA 甲基化对基因表达调控的机制有很多种。DNA 甲基化可以直接阻断转录因子与目标序列的结合。DNA 甲基化还可以通过多种 DNA 甲基结合蛋白(MeCPs)共同发挥作用来抑制基因的表达。例如,MeCP2 形成的复合体能与 HDACs 以及一种辅助抑制蛋白 Sin3a 来抑制转录发生。这种转录抑制机制,同样需要 DNA 超甲基化和组蛋白的去乙酰化的协同作用。然而,需要注意的是,DNA 甲基化不只与基因沉默相关,有研究表明,DNA 甲基化能通过阻断转录抑制蛋白与调控元件的结合,从而增加 IGF2 的表达。

1.2.1.2　组蛋白修饰

组蛋白是碱性蛋白质,带正电,可与 DNA 链上带负电的磷酸基相结合,遮蔽 DNA 分子,影响转录的发生。大多数的修饰作用在组蛋白尾部的氨基和羧基末端,也有一些发生在组蛋白球体结构域上。组蛋白的乙酰化、磷酸化、甲基化、泛素化和 SUMO 修饰对基因表达调控起着重要的作用,通常情况下是通过组蛋白甲基转移酶、组蛋白乙酰转移酶、组蛋白去乙酰化酶等来发挥作用(Li,2002)。

DNA甲基化以及组蛋白修饰都是动态的,并且出现某种特异的修饰也并不意味着唯一的调控模式(开或关)。最近对于转录调控新的观点是,转录是受一些动态的标记调控的而不是静态的开/关调节。组蛋白修饰被归类为正调控,可以募集活化和抑制作用蛋白。除了正调控标记之外,一类负调控标记也在转录过程中发生作用并存在于ORFs中。对于这些表观修饰的机制在转录过程中是活化或者是抑制基因表达的分类越来越困难,并且更加复杂,需要更细致的了解(Berger,2007)。

1.2.2　真核生物转录水平的基因表达调控

真核生物基因表达受多个层次的影响,但转录水平的调控仍是最关键的环节。

细菌中的基因经诱导可使表达效率提高千倍以上。真核生物基因诱导表达不能达到原核生物的水平,但大多数真核生物基因经诱导也可提高几倍至数十倍的表达效率。多数真核生物基因转录水平的调控是正调控。

1.2.2.1　顺式作用元件

顺式作用元件(cis-acting element)是指与真核基因表达调控相关的能被特定转录调控蛋白识别的DNA序列。其包括启动子、增强子(enhancer)、沉默子(silencer)、绝缘子(insulator)、边界元件(boundary element)和应答元件(response element)。

1. 启动子

启动子是转录因子和RNA聚合酶的结合位点,包括核心启动子(core promoter)和上游启动子元件(upstream promoter element,UPE)。真核生物中有3种RNA聚合酶,每种RNA聚合酶都有自己的启动子。

其一,核心启动子中的共同DNA元件。

TATA盒子:TATA盒子位于转录起始位点上游28～34个碱基。TATA盒子是目前被了解得最清楚的一个转录因子结合位点。它的共有序列是TATA。TATA盒子结合蛋白(TBP)是起始前复合物(PIC)的一部分。TATA盒子是和组织特异性启动子联系在一起的。TBP结合到TATA盒子上迫使PIC在有限的基因组空间里选择一个转录起始位点。改变TATA盒子中任何一个碱基都会显著降低转录活性。例如,人类的β珠蛋白基因启动子中TATA序列发生突变,β珠蛋白产量就会大幅度下降而引起贫血症。

Inr元件: Inr含有YYANWYY共有序列。其中A在+1位置,不受TATA盒子支配,是相对独立的一个元件,尽管二者可以同时出现并起着协同作用。TATA盒子和Inr元件是目前仅有的2个能够单独募集PIC和起始转录的核心启动子元件。

DPE:果蝇中,DPE在TSS下游28～32个碱基,TATA盒子缺失的启动子中存在,类似TATA盒子功能。

TFⅡB识别元件(BRE):TFⅡB识别元件含有SSRCGCC共同序列,位于TATA盒子依赖的启动子中TATA盒子上游。它既能加强又能削弱转录速率,不过这样一种调控机制目前还并不是很清楚。

CpG岛: CpG岛是基因组上以CG双核苷酸高频出现为特征的一段序列。根据最初的

CpG 岛计算定义,人类启动子中有 1/2 是与它有关的;随后的统计学衍生出的定义将这一概率提升到了 72%。CpG 相关的启动子大多数都是持家基因的启动子,或者是一些普遍存在的基因。当然这里面也存在着例外,如脑组织特异性基因(Sandelin,et al,2007)。

其二,上游启动子元件。

上游启动子元件是 TATA 盒子上游的一些特定的 DNA 序列,包括 CAAT 盒子和 GC 盒子等结构。CAAT 盒子位于 −80～−70 位置,共有序列 GGCC(T)CAATCT。决定启动子的起始频率。兔的 β 珠蛋白基因的 CAAT 盒子变成 TTCCAATCT,其转录效率只有原来的 12%。GC 盒子位于 −110 位置,共有序列 GGGCGG,增强转录活性。

不同启动子包含的元件种类、数目和位置不同,如图 1.8 所示。

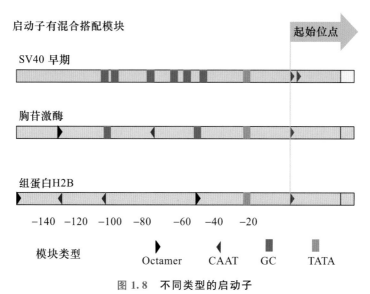

图 1.8 不同类型的启动子

(Croniger, et al,1998;Smale, 2001;Tora, 2002)

2. 增强子

增强子是一种远端调控元件,能使与它连锁的基因转录水平明显增加的 DNA 序列。增强子存在于它调控基因的上游或者下游,通常可距离 1～4 kb,个别情况距基因 30 kb 也能发挥作用。转录调控区通常含有多个自主的增强子。这些增强子大小在 50 bp～1.5 kb 范围内。每一个增强子都是为了一个特异的功能而被设计出来的。例如,在一类特异的细胞类型中或者一个细胞的特定阶段去激活它的同源基因。因此,一个基因需要含有很多这样的增强子模块,以满足在不同的时间和空间的特定环境下去调控基因的表达。

增强子的作用方式分为 2 种:一种是序列特异性 DNA 结合蛋白直接作用在增强子上,另一种是辅助激活因子与已结合到 DNA 上的因子作用,从而间接地作用于增强子。此外,染色质模板以及染色质重构因子也能参与到增强子的调控作用中。增强子与启动子不同,其作用与序列方向正反无关,将其倒置仍能发挥作用。增强子的活性依赖于启动子,但对启动子没有特殊要求,同一增强子可以影响不同类型的启动子转录。例如,当含有增强子的病毒基因组整合入宿主细胞基因组时,能增强整合区附近宿主某些基因的转录,当增强子随某染色体片段移位时,也能提高新环境中某些基因的转录,使某些异常基因转录表达增强,成为肿瘤发生的因素之一。

LCR(locus control region)：LCR 是在研究珠蛋白调控时发现的。它分布于整个基因上游的 15 kb 的区域里，其功能类似于增强子；所不同的是，它控制着下游好几个基因的转录激活。它可以使下游几个基因进入一种预激活状态，使得这些基因可以有"资格"进入到下一步的激活过程(Blackwood，Kadonaga，1998)。

增强子的增强作用十分明显，许多商业化的载体中都会利用到增强子。例如，CMV 启动子，一般由增强子和启动子两部分组成，由其增强后的珠蛋白基因表达频率比正常情况下高600～1 000 倍。增强子的增强作用可以累积，如 SV40 增强子可以被分为两部分，但只有在两部分序列同时存在并发挥作用时增强作用才能明显。

3. 沉默子

沉默子与增强子类似，但是作用相反，沉默子是能使与其连锁的基因转录水平下降的一类DNA 序列。

4. 绝缘子

绝缘子是能够阻断激活或失活效应的 DNA 元件。绝缘子一般位于基因边界可以阻止异染色质或其他染色质对基因的沉默作用，保护基因座的独立性，维持基因的完整性。利用这一特点可以克服转基因的"位置效应"。绝缘子具有方向性，在转基因中应用这个特点，可以屏蔽增强子对不同启动子的无选择性顺势作用。

5. 边界元件

边界元件是一段长度在 0.5～3 kb 范围内的 DNA 片段，被认为是转录水平上的中性DNA 元件(参考图 1.9)。边界元件能够阻挡不论是正调控还是负调控的 DNA 元件的影响。此外，它还能阻止染色质样的抑制效应(Gerasimova，Corces，2001)。

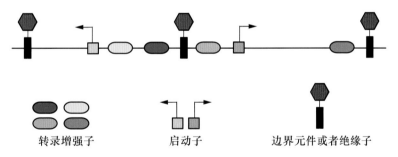

转录增强子　　　　启动子　　　　边界元件或者绝缘子

图 1.9　影响二型转录的 DNA 元件

(Blackwood，Kadonaga，1998)

6. 应答元件

应答元件是位于基因上游能被转录因子识别和结合从而调控基因专一性表达的 DNA 序列，如热激应答元件(heat shock response element，HSE)、金属应答元件(metal response element，MRE)、糖皮质激素应答元件(glucorticoid response element，GRE)和血清应答元件(serum response element，SRE)等。应答元件含有短重复序列，通常位于转录起点上游200 bp 内。

热激应答是多个基因受单一转录因子调控，温度升高后，在关闭一些基因转录的同时打开热激基因(heat shock gene)的转录。无论是细菌还是高等真核生物，热激基因散布在不同染色体上或同一染色体的不同部位,即生物处在最适温度范围以上时,受到热的诱导,就会使许多热激基因转录,合成一系列热激蛋白。热激蛋白是一种分子陪伴,可以使因温度升高而构型发生改变的蛋白质恢复合成,并维持原有的三维构象,不致丧失功能,使机体得以存活。

1.2.2.2 反式作用因子

可以直接或间接地与顺式作用元件相结合并对基因的表达调控起重要作用的蛋白质因子称为反式作用因子(trans-acting factor)。真核生物的转录调控是通过顺式作用元件与反式作用因子的相互作用实现的。

反式作用因子有2个重要的功能结构域即DNA结合结构域和转录活化结构域。它们是发挥转录调控功能的必需结构。此外还包含有连接区。反式作用因子可被诱导合成,其活性受多种因素的调节。

转录因子与DNA结合结构域通常有以下几种(参考图1.10):

①螺旋-转角-螺旋结构域(helix-turn-helix,HTH)。最早被发现的DNA结构识别蛋白有一个共同的保守结构——螺旋-转角-螺旋,称为HTH(螺旋-转角-螺旋结构域)。现在已经证明它能够被许多HTH蛋白和蛋白-DNA复合物所识别。HTH结构至少有2个α螺旋,由短肽段连接形成转角或环,其中一个α螺旋刚好嵌入DNA的深沟。

HTH最保守的结构是在转弯处的甘氨酸和一些疏水尾巴。这些保守的残基帮助稳定HTH单位里的2个螺旋并让这部分与蛋白的其他部分分开。需要指出的是,HTH不是一个独立的稳定的区域,它往往不能自我折叠并发挥功能,而是作为更大的一个DNA结合区域的一部分去发挥作用。

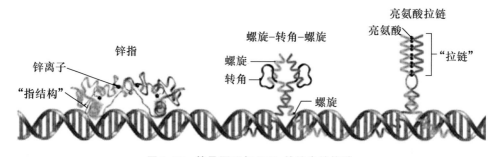

图 1.10 转录因子与 DNA 的结合结构域

②锌指结构。锌指(zinc finger)这个名称来源于它的结构。锌指结构首次是在爪蟾中发现的,是蛋白质和DNA互作相关的又一种重要的结构位点。锌指结构参与真核生物基因调控中的很多方面。锌指家族由分化和生长信号诱导产生,包括原癌基因、果蝇发育调节基因以及真核生物的调节基因都有锌指参与调控。这个家族中的蛋白一般包含30个残基的锌指串联重复,其中每个重复的"指"状结构约含23个氨基酸残基,在蛋白质中形成独立的功能域。

③亮氨酸拉链(leucine zipper)。亮氨酸拉链在分化和发育过程中起着重要的作用。另外,它还有一个很有意思的地方就是解释了为什么异质二聚体的形成对基因的调节有着重要的影响。

亮氨酸拉链最初被发现时,人们认为它只是在几个转录因子中的一个保守的序列模式。后来才清楚,其实这种序列模式广泛存在于从真菌、植物到动物的很多的转录因子中。亮氨酸拉链蛋白中 DNA 结合区域通常包含 60～80 个氨基酸残基,并包括 2 个完全不同的亚结构即亮氨酸拉链区(参与二聚化)和基本区域(结合 DNA)。

亮氨酸拉链序列的特点是 30～40 个残基里出现连续 7 个亮氨酸重复,在亮氨酸 N 端 3 个残基区域通常有一个保守的疏水残基(一般是缬氨酸和异亮氨酸)重复。二级结构的特点是 2 个平行的 α 螺旋以卷曲螺旋方式排列。基本区域包含约 30 个残基,富含精氨酸和赖氨酸。目前该结构还没有权威的核磁共振图。

虽然没有直接的结构数据,不过对于亮氨酸拉链现在有一个普遍认同的模型。这个模型认为,多肽呈 Y 字形结构,平行的亮氨酸拉链形成 Y 字的茎部,基本区域形成的 α 螺旋延伸成 Y 字的分叉部分(Pabo,Sauer,1992)。

④转录因子的转录激活结构域。除了了 DNA 结合结构域外,转录因子还具有与其他因子结合的结构域,称为转录激活结构域。转录因子的各结构域是相互独立的。

转录因子的转录激活结构域由 30～100 个氨基酸残基组成。这些结构域有富含酸性氨基酸、富含 Gln 和富含 Pro 等不同种类。

⑤RNA 聚合酶起始转录。真核生物包含有 3 种不同功能类型的 RNA 聚合酶:

RNA 聚合酶 Ⅰ,它负责转录一些大的 rRNA 基因如 45S rRNA 前体。前体加工成 5.8S、18S、28S RNA。

RNA 聚合酶 Ⅱ,它负责转录 mRNA 以及一些 snRNA。

RNA 聚合酶 Ⅲ,它一般转录产生 tRNA、5S RNA 和其他 snRNA。

不同的 RNA 聚合酶所需的起始转录因子不同。

RNA 聚合酶 Ⅰ 起始转录需要 2 个转录因子,即上游结合因子 UBP 和 SL1。

RNA 聚合酶 Ⅱ 起始转录所需的起始转录因子包括 TFⅡA、TFⅡB、TFⅡD、TFⅡE、TFⅡF 和 TFⅡH 等普遍性转录因子。其中 TFⅡD 是核心启动子识别元件,其 TBP 亚基能结合在 TATA 盒子起始转录。这些转录因子结合在一起形成转录起始复合物前体(pre-initiation complexes,PICs)起始转录。这些因子在转录过程中是必需的,称为普遍性转录因子。

RNA 聚合酶 Ⅱ 还包括其他种类的转录因子:

①特异性转录因子(gene-specific DNA-binding regulatory factor),如激活因子和抑制因子。其能与靶基因启动子和增强子(或沉默子)特异结合从而增强或者抑制基因转录的进行。这类因子具有特异性。

②种类多样的协调因子(co-regulatory factors)。其可以通过改变染色质局部构象(如组蛋白酰基转移酶和甲基转移酶),还可以直接在转录因子和起始复合物前体之间发挥桥梁作用(如 mediator),推动起始复合物前体形成和发挥作用。

图 1.11 为含 TATA 盒子的核心启动子的 Ⅱ 型基因起始转录过程中,普遍性转录起始因子形成转录起始复合物前体的组装通路,以及一些基因特异因子和互作的辅助因子的调控。PICs 的组装包括 RNA 聚合酶 Ⅱ 和普遍性起始因子通过 TFⅡD 结合到核心启动子上的 TATA 元件上形成核心部分。PICs 组装并生效的调控模型包括以下几步:

第 1 步,调控因子结合到远侧的调控元件上。

第 2 步,调控因子与辅助因子通过相互作用来调整染色质结构以便更多的作用因子间发生互作。

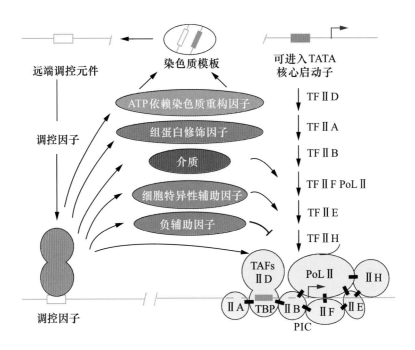

图 1.11　Ⅱ型基因转录调控

第 3 步,染色质结构改变后,调控因子与辅助因子进一步互作,包括直接接触、募集以及辅助 GTFs 功能的行使。

Ⅲ型基因转录调控如图 1.12 所示。

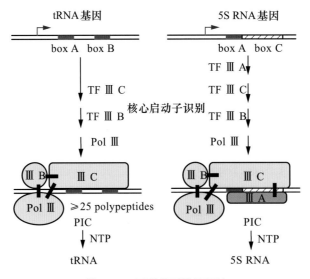

图 1.12　Ⅲ型基因转录调控

RNA 聚合酶Ⅲ起始转录所需的起始转录因子包括 TFⅢC 和 TFⅢB,其中 TFⅢC 为核心启动子识别元件。

在 tRNA 基因的启动子中,功能性 PIC 包含 RNA 聚合酶Ⅲ和 GTFs,通过 TFⅢC 稳定结合到 box A 和 box B 元件形成核心区域。相比之下,5S RNA 基因启动子的 PIC 组装受到更加严格的调控,并需要 5S 基因特异性激活子 TF Ⅲ A 提前结合到 box A 和 box B 元件上以稳定 TF Ⅲ C 的结合。TF Ⅲ B 由 TF Ⅲ C 募集而 RNA 聚合酶Ⅲ由 TF Ⅲ B 和 TF Ⅲ C 来募集。这一点在 tRNA 基因和 5S RNA 基因中是一样的(Roeder,2005)。

1.2.3　转录后调控

虽然转录过程的调控是基因表达调控中最重要的一环,但是转录后水平的调节对基因的表达调控也是十分重要的。实验证明,仅提高某一基因的转录活性并不一定能有效地提高细胞中相应的 mRNA 水平与蛋白质含量,这说明转录后水平的调控也影响着基因的表达。

真核生物的 hnRNA 在核内合成后,通过一系列的修饰、剪切、编辑等加工过程形成成熟的 RNA,参与蛋白质的合成(参考图 1.13)。

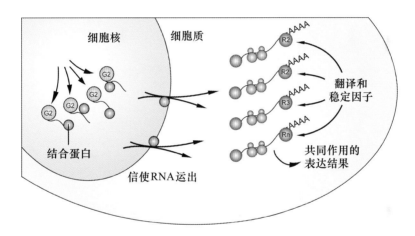

图 1.13　真核生物 mRNA 从转录到翻译的过程

RNA 在体内的成熟过程包括 5′帽子形成、3′尾添加 polyA 以及 hnRNA 的剪切、加工及运输。基因的不连续性是真核生物基因的一大特点。hnRNA 需经过剪接的过程去掉结构基因中的内含子,将外显子连接到一起。这一过程称为剪切(splicing)。对 hnRNA 的剪切包括组成型剪切和可变剪切 2 种类型。组成型剪切过程中,一个转录单位只产生一种成熟的 RNA。可变剪切意味着同一个 RNA 前体能够形成多种成熟的 RNA,并最终翻译成不同的蛋白质。这是生物进化的一种表现(Keene,2007)。

1.2.3.1　Non-coding RNA 对转录的调控

在过去,对基因表达的调控、催化作用以及细胞内基础过程反应控制的参与者一直被认为是蛋白。然而越来越多的研究表明,RNA 分子在这些方面也起着至关重要的作用,并且已经发现它们参与了大部分细胞的调控反应。这些具有调控功能的却不编码蛋白质的 RNA 被称作 non-coding RNA(ncRNA)。ncRNA 有 3 种作用方式:催化反应、结合到蛋白质上调节蛋白质活性和与目的核酸碱基配对。

ncRNA 在基因表达的转录后调控中起着重要的作用。其中一类重要的 ncRNA 就是

miRNA。miRNA 是一类小的大约 21 nt 的非编码 RNA。研究证明,在哺乳动物中 miRNA 能参与所有的细胞过程,并且被预测能调控大约 30％的蛋白质编码基因的活性。

1.2.3.2 microRNA 的发生和组装

microRNA 是由前体分子 pri-miRNA 加工而成(图 1.14)。pri-miRNA 的产生有 2 条途径。一条途径来自独立的 miRNA 基因。另一条途径来自Ⅱ型蛋白编码基因转录的内含子。很有趣的是,一个 pri-miRNA 可以作为好几个 miRNA 的前体。pri-miRNA 折叠成发卡结构,茎的部分是不完全配对的。miRNA 的成熟包括两步,首先由Ⅲ型 RNA 内切酶 Drosha 切,然后由 Dicer 酶来最终使之成熟。这 2 个酶都是在复合物中行使功能。复合物中含有 dsRNA 结合蛋白(dsRBDs)。Drosha 复合物首先将 pri-miRNA 加工成 70 nt 左右长度的茎环结构,称为 pre-miRNA。有些来自内含子的 miRNA 直接被自我剪切出来,叫做 mitrons,因此,就避免了 Drosha 加工这一步。pre-miRNA 形成之后由 exportin5 将其从核中运输到细胞质中。进入到细胞质后,Dicer 酶(哺乳动物中与 TAR RNA 结合蛋白

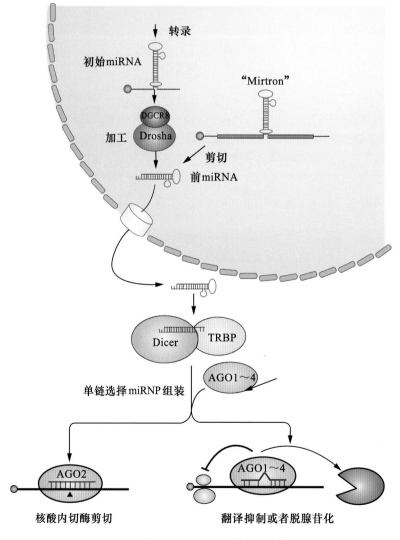

图 1.14　**miRNA 合成及功能**

TRBP)加工 pre-miRNA 形成 20 bp 左右的双链 RNA。其中一条被选中最终成为成熟的 miRNA,而另一条则遭到被降解的厄运。如何选出其中一条而丢弃另外一条的,这其中的机制目前还不是很清楚。

紧接着是加工过程,成熟的 miRNA 被组装到蛋白中形成 miRNP[又称 miRNA 诱导的沉默复合体(miRISCs)]。miRNP 的核心作用蛋白是 Argonaute(AGO)家族蛋白。这个蛋白也在 siRNA 通路中发挥作用。哺乳动物中 4 个 AGO 蛋白(1～4)均在 miRNA 抑制过程中发挥作用,不过在 RNAi 通路里只有 AGO2 发挥作用(Filipowicz,et al,2008)。

1.2.3.3　ncRNA 4 种代表作用方式

1. 辅助激活子

SRA 为类固醇受体 RNA 激活子、几个类固醇激素受体的转录辅助激活子,长 700 nt,酵母双杂交筛选验证与人类黄酮受体一个区域互作激活转录。不过有趣的是,最初认为 SRA 是一个蛋白因子。后来实验证实,它是 ncRNA,作为核糖核蛋白复合物的一部分行使功能;更为重要的是,它本身对这个复合物来说是必需的。较新的结构模型和缺失实验已经表明,SRA 中一段特异的序列对它的共同激活转录是必需的。不过现在还不能完整解释清楚这种共同激活转录机制。如果 SRA 确实是一个辅助激活子的话,它很有可能是让一般情况中转录机制的成员发生直接接触,如将核激素受体连接到核心启动子上。

2. 改变抑制子的调节特性

NRSE RNA 为神经元限制性沉默子元件双链 RNA,长 20 bp。它能够激活干细胞神经元基因的表达。它之所以被发现是因为它与启动子中一段与抑制子 NRSF 结合的区域互补。但是它并不是通过碱基互补配对的作用方式来发挥功能的,而是直接与抑制子作用,因为它有和启动子元件同源的序列结构。它可以在抑制子 NRSF 与启动子结合的情况下依然激活转录,而且很有效地将抑制子转换成了一个激活子。有人提出,它可能是通过与抑制子结合从而阻止其他的共同抑制子结合。

3. 调控一个激活子的低聚化和活性

HSR1 为热激 RNA-1,在热休克情况下做出反应调动转录激活子——热休克因子蛋白-1(HSF1)。不被应激的时候细胞内的 HSF1 是以单体的形式存在的,热应激时在 HSR1 的帮助下形成三聚体。三聚体 HSF1,而不是单体,能够结合到热休克诱导基因启动子上并激活转录。HSR1 并不是单独作用的,而是与众所周知的翻译因子——eEF1A(真核翻译延长因子-1A)搭档。这个新的发现揭示了一个崭新的功能汇合——翻译因子,ncRNA 和转录因子共同作用。

4. 控制激活子在细胞内的定位

NRON RNA 是通过调控核运输来发挥功能的。在细胞水平对可调节转录激活子 NFAT(激活 T 细胞的核转录因子)活性的 ncRNA 筛选发现了 NRON。它比一般的 ncRNA 要大,northern blot 分析结果显示其长度在 2～4 kb。这可能与可变剪切有关。NRON 的表达高度组织特异性并在淋巴组织中含量很高。这刚好与其调节 NFAT 的作用相一致。特别是 NRON 并不是针对 NFAT 的转录活性,而是调节它的核定位。在多种胞外信号的刺激下,NFAT 会脱磷酸并定位到细胞核。而 NRON 很有可能通过与多种核运输因子相互作用去扰乱 NFAT 的核定位,从而阻断它的激活转录(Goodrich,Kugel,2006)。

1.2.4 真核生物翻译水平的基因表达调控

1.2.4.1 mRNA 的稳定性

mRNA 是翻译的模板。mRNA 在细胞内持续的时间直接决定它翻译的水平。在细胞质中,mRNA 都要受到降解调控。一般情况下,rRNA 和 tRNA 是比较稳定的。相比之下,mRNA 分子稳定性就存在着很大的差异,有的可以持续好几个月之久,而有的在短短几分钟内就被降解了。

影响 mRNA 稳定性的因素有很多种。首先是我们所熟悉的 5′帽子和 3′尾巴。其次,mRNA 进入细胞质后并不是立即作为模板参与到蛋白质的合成,而是与一些蛋白质结合形成核糖核蛋白(RNP)。这些蛋白的组分对 mRNA 的稳定性有着很大的影响。这样的一种结构也能在某种程度上延长 mRNA 的半衰期。最后,与 mRNA 本身的结构特点也有关。例如,mRNA 的选择性降解就是核酸酶和 mRNA 内部结构相互作用的结果。

1.2.4.2 翻译起始复合物的形成

血红素对珠蛋白表达调控就是通过翻译起始复合物的形成来实现的。血红素的存在,能够抑制 R2C2(蛋白激酶)中 C2 的释放,而 C2 可使无活性的 EIF-2 激酶磷酸化从而活化,进而使翻译起始因子 EIF-2 磷酸化失去活性,最终的结果就是血红素的存在可以阻止翻译起始因子失活,帮助合成珠蛋白。这样的例子还有受精卵中蛋白质的表达。未受精卵胞质中含有大量的成熟 mRNA,但蛋白质的表达一直处于一个很低的水平,只有受精后才开始翻译出大量的蛋白质。

1.2.4.3 mRNA 的结构和翻译效率

5′帽子不但影响 mRNA 的稳定性,而且它的结构和易于接近 EIF-4 的程度对翻译的效率又有着十分显著的影响。此外,起始密码子的位置和其侧翼的序列也能影响翻译效率。它们是通过与调控蛋白、核糖体与 RNA 的亲和性的改变从而影响起始复合物的形成,最终影响到翻译的效率。

1.3 应用于转基因动物的基因表达调控

目的基因在转基因动物中的表达受多种因素的影响,如启动子的选择、插入染色体区域的活跃状态、翻译调控元件及 mRNA 的稳定性等。构建一个动物转基因表达载体同样要考虑多种调控元件的综合利用。本处主要从基因表达调控元件(启动子和内含子)、染色体变构、开放调控元件(基质附着区和绝缘子)和转录后翻译调控元件(非翻译区和内部核糖体识别位点)等方面介绍构建一个动物表达载体所涉及的主要因素。

1.3.1 组成型启动子

组成型启动子是指这类启动子驱动的目的基因在各种组织、细胞中的表达水平相对恒定,没有明显的差异。目前使用最广泛的组成型启动子有病毒基因启动子和非病毒基因启动子。

　　巨细胞病毒(CMV)的启动子是目前最为广泛使用的用于构建真核表达载体的高效启动子之一。市场上很多高效真核表达载体都是以 CMV 启动子驱动目的基因表达的。例如，Invitrogen 公司 pcDNA 系列载体、pLenti6 系列和 pBudCE 载体，Promega 公司的 pCI 系列载体和 pCMV 载体，Sigma 公司的 pFlag-CMV 系列载体。这个启动子一般由 CMV 的立即早期基因的增强子和启动子两部分组成，几乎在所有的哺乳动物细胞上都能诱导较高水平的表达，所以，在基因工程和基因治疗等方面得到广泛应用。这个启动子中含有多个转录因子结合位点，在不同的物种中数量不一。灵长类 CMV 增强子中含有更多 CREB/ATF 位点，而非灵长类 CMV 增强子中含有更多的 AP1 位点(Stinski，Isomura，2008)(图 1.15)。人 CMV 增强子有一些独特的转录因子结合位点，如 Elk1、CBP、gamma 干扰素激活位点等。这些序列可能使得人 CMV 更适应在各种细胞中增殖(Meier，Stinski，1996；Netterwald，et al，2005)。所以，人 CMV 立即早期启动子被广泛用来构建动物表达载体。

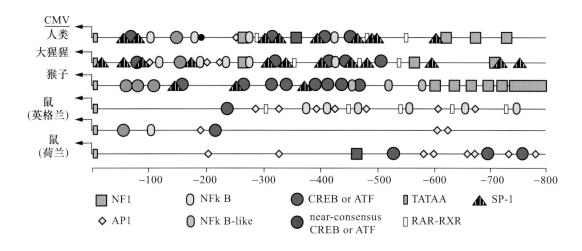

图 1.15　灵长类与非灵长类 CMV 的启动子/增强子

(Stinski，Isomura，2008)

　　除了 CMV 启动子之外，很多其他病毒的启动子由于能在动物细胞中起始蛋白表达，所以也被用来构建各种真核表达载体，如人免疫缺陷病毒(HIV)、猿猴病毒 40(SV40)、Rous 肉瘤病毒(RSV)、人单纯疱疹病毒(HSV)以及乙型肝炎病毒(HBV)等(Leiden，et al，1992；Baumert，et al，1996；Mobley，Sealy，2000；Zhu，et al，2010；Longo，et al，2011)。同时，人们也在研究利用非病毒启动子指导目的基因在动物中的组成性表达，比较常用的启动子有泛素基因启动子(pUB)、延伸因子 1α 基因启动子(pEF-1α)、3-磷酸甘油酸激酶基因启动子(pGK)、鸡 β 肌动蛋白基因启动子(pCAG)、U6 和 H1 启动子等。

　　泛素(ubiquitin)是在所有细胞中都广泛存在的一种小分子蛋白质，主要参与蛋白质的蛋白酶体降解途径。利用泛素基因启动子表达外源蛋白已经在真核表达载体中得到广泛运用，如 Invitrogen 公司的 pUB6 载体就是利用这个启动子表达外源蛋白的，可以在很多细胞中表达目的蛋白。Kerkvliet 等利用泛素启动子在转基因小鼠中表达了小鼠脑脊髓炎病毒的 3D 基因,检测到几乎所有细胞中都有 3D 基因表达(Kerkvliet,et al,2009)。延伸因子 1α 是真核生物参与蛋白质合成过程中帮助氨基酸残基与肽链形成肽键,从而延长肽链的一种蛋白质因子。它的启动子由于在增殖缓慢的细胞中仍维持较高的转录活性,在真核载体构建时也得到了广泛应用。商业化的 pEF1 载体就是一个比较成功的具有 EF-1α 启动子的真核表达载体,在各种细胞中都可表达外源蛋白(图 1.16)。Lai 等利用 EF-1α 启动子提高了外源基因在 CHO 细胞中的表达水平(Lai,et al,2004)。这个启动子也在基因治疗、功能分析等方面得到了应用(Chan,et al,2008;Almeciga-Diaz,et al,2009;Mori-Uchino,et al,2009)。鸡 β 肌动蛋白基因启动子(pCAG)也是一个常用的真核表达启动子。商业化的载体有 Addgene 公司的 pCAG-GFP 和 pCAGGS 载体。张伟等构建了鸡 β 肌动蛋白基因启动子表达肝素结合性表皮生长因子的真核表达载体,结果在全身各个组织中都发现目的基因表达增强的现象。研究表明,CMV 增强子和 CAG 启动子组成的杂合启动子能显著提高目的基因的表达水平。这使得pCAG 的应用范围更加广泛(Kosuga,et al,2000;Garg,et al,2004;Alexopoulou,et al,2008)。

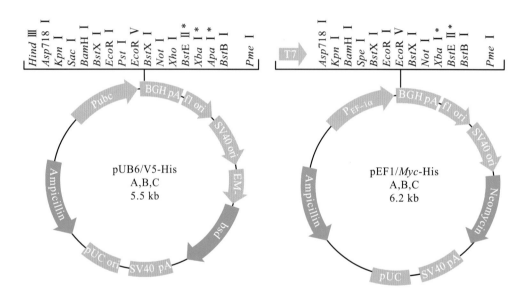

图 1.16　泛素基因启动子和延伸因子 1α 基因启动子的商业化载体

上述启动子均属于 RNA 聚合酶 Ⅱ 型启动子。近年来,随着 siRNA 技术的迅猛发展,RNA 聚合酶 Ⅲ 型启动子也得到了广泛应用,其中 U6 和 H1 启动子是发展最早也最为成熟的启动子。Golding 等(2006)利用 H1 启动子驱动针对山羊朊蛋白(PrP)的 shRNA、PrP-shRNA 在转基因山羊机体所有组织中均有表达,且明显抑制了 PrP 在大脑中的表达。Lyall 等(2011)采用鸡 U6 启动子驱动一段小 shRNA(针对禽流感病毒基因组复制相关的 5′端和 3′端保守序列)制作转基因鸡,在攻毒实验中有效地保护了共同饲养的其他鸡免受禽流感病毒感染。该类启动子的商业化载体中应用比较成熟的主要有 Invitrogen 公司的pSilencer 系列。该系列载体分别包含 U6 和 H1 启动子,能有效促进外源小 RNA 的表达(图 1.17)。

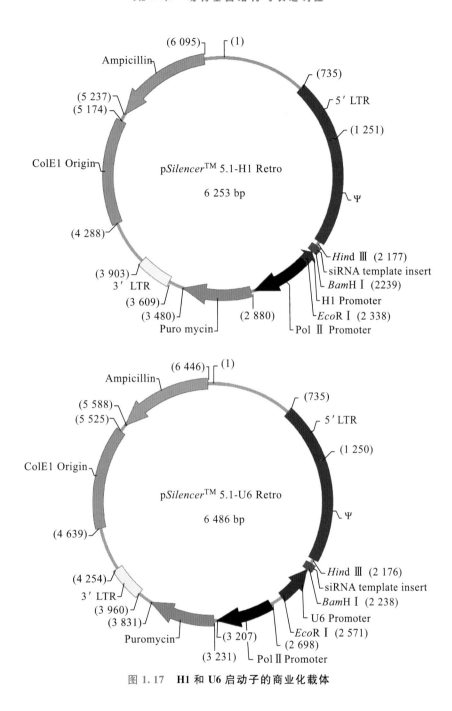

图 1.17 **H1 和 U6 启动子的商业化载体**

1.3.2 特异性启动子

特异性启动子指在它的指导下目的基因只在某些器官或组织表达并与发育有一定相关性,如乳腺组织特异性启动子、肝组织特异性启动子、神经组织特异性启动子和肠道组织特异性启动子等。

利用动物乳腺作为生物反应器来表达目的蛋白具有其他方法无法比拟的优势,所以,对乳

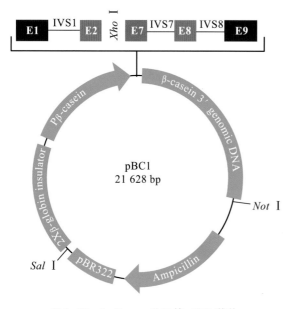

图 1.18　**Invitrogen 公司的 pBC1 载体**

腺组织特异表达载体的研究吸引了大批优秀的科学家。这也大大促进了人们对乳腺组织特异性启动子的认识。最常用的乳蛋白启动子有 β 乳球蛋白启动子、酪蛋白启动子和乳清酸蛋白启动子。Invitrogen 公司的 pBC1 载体是目前市场上比较成熟的乳腺特异表达载体(图 1.18)。该载体大小为 21 kb,启动子采用 β 酪蛋白基因启动子,含有 β 球蛋白的绝缘子,适于在各种哺乳动物中表达。并不是所有乳蛋白启动子都适合表达外源蛋白,因为有些乳蛋白的启动子效率很低,如 κ 酪蛋白和 αS_2 酪蛋白(Houdebine,2000),而乳清酸蛋白(WAP)、山羊的 αS_1 酪蛋白和绵羊的 β 乳球蛋白的启动子却有很强的启动效率,被广泛用来在乳腺中表达外源蛋白(Krnacik,et al,1995;Houdebine,2000)。van Berkel 等(2002)利用牛 αS_1 酪蛋白基因启动子表达人乳铁蛋白 cDNA,在转基因牛乳中表达量最高达到 2.8 g/L。而本实验室利用人乳铁蛋白启动子得到表达水平为 3.4 g/L 的转基因牛(Yang,et al,2008)。多项研究表明,利用乳蛋白基因启动子能获得高效特异乳腺组织表达载体,为利用动物乳腺大规模药用蛋白开辟了新的天地。

对于肝、神经及肠道等其他组织特异性启动子的研究,主要目的在于构建特定疾病模型或进行基因治疗。肝组织特异启动子主要有白蛋白基因和甲胎蛋白基因的启动子(王亚莉,2009)。白蛋白启动子位于转录起点上游大约 250 bp 的范围内,内部含有多个结构区,可以与肝中多种转录因子结合,从而刺激在肝中特异表达白蛋白(Vorachek,et al,2000)。自从 1989 年 Izban 首次克隆了小鼠的白蛋白基因启动子后,该启动子被广泛用于转基因动物和基因治疗领域(Izban,Papaconstantinou,1989)。更有研究表明,把白蛋白基因启动子和甲胎蛋白增强子组合成杂合启动子能增强目的蛋白在肝中的特异表达水平。这为有效控制肝疾病提供了很好的思路(Chen,et al,2011)。

1.3.3　诱导型启动子

诱导型启动子是指在某些物理或化学因子的参与下,该启动子呈现出高效表达目的基因的能力,而没有诱导因子时,目的基因不表达或表达水平很低。早期的研究主要集中在宿主细胞内源性基因的启动子区,如干扰素启动子、金属硫蛋白启动子和糖皮质激素启动子等。但是这些启动子都存在不足,当利用激素或细胞因子诱导时,不仅目的基因表达增强,还有很多下游基因也同时表达了,这样就干扰了目的基因的特异性表达。所以,人们开发出了非哺乳动物调控元件。目前常用的诱导型表达系统分为化学诱导和物理诱导 2 种形式。化学诱导系统有四环素诱导表达(图 1.19)、蜕皮激素诱导表达、他克莫司诱导表达、RU486 诱导表达(徐诚望,杨晓明,2005)。物理诱导表达系统有电离辐射诱导表达、热诱导表达和缺氧诱导表达等(梁硕,李艳博,等,2010)。

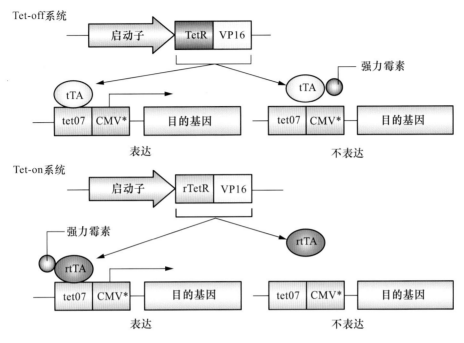

图 1.19　四环素诱导系统

(Kohan,2008)

1.3.3.1　内含子

人们很早就知道内含子对促进外源基因的表达有重要的作用(Palmiter, et al,1991)。内含子序列也被广泛用来构建真核表达载体。Kim 把小鼠 CMV-IE 启动子和人 EF-1α 的第一内含子组合成杂合启动子,构建表达载体,在各种细胞中的表达水平比人 CMV-IE 启动子高4.3~64.5 倍(Kim, et al,2002)。Sam 等(2010)把大鼠醛缩酶 B 基因的内含子分别与 hAAT 启动子和 CMV 启动子连接,发现人因子 9 基因的表达水平能提高 3~8 倍。现在大多数商业化的真核表达载体中都包含内含子。例如,pUB6 系列载体在泛素 C 的启动子下游包含 1 个内含子,pBudCE4 载体在 EF-1α 下游也含有外显子 1、外显子 2 和内含子 1。这样可以有效地增强对目的蛋白的表达。

1.3.3.2　核基质附着区

核基质附着区(MAR)是在真核生物的染色质中与核基质特异结合的一段 DNA 序列,在细胞基因组复制和基因转录中发挥着非常重要的作用。研究表明,在目的基因两侧加上MAR 后,可以增强目的基因的表达水平,降低基因整合进基因组时可能产生的位置效应。这是因为外源基因插入基因组的位置是随机的。如果外源基因插入位点是转录活跃区域,则外源基因表达;如果插入位点是不活跃区域,则基因沉默。当在基因两侧加入 MAR 后,MAR 可以和核基质结合,锚定在核基质上,使得外源基因形成突出的环状结构,不受异染色质的影响,所以,同样可以表达(Spiker,Thompson, 1996)。Wang 等在氯霉素乙酰转移酶(CAT)基因两侧加入了 2 个人 β 球蛋白基因的 MAR 序列,结果表明,报告基因在 CHO 细胞中的表达增强了 5.5 倍(Wang，et al，2008；Wang，et al，2010)。

1.3.3.3 绝缘子

绝缘子可以阻止异染色质或其他染色质对基因的沉默作用，保护基因座的独立性，维持基因的完整性。正是由于绝缘子具有这样独特的特点，所以，人们期望能利用它的优势克服转基因的"位置效应"。Rival-Gervier 等(2003)把鸡 α 球蛋白基因的绝缘子 5′HS4 插入到兔 WAP 启动子上游，以 Luc 为报告基因，构建表达载体，得到的所有 6 个系的转基因小鼠都表达目的蛋白，而 8 个不含 5′HS4 的转基因小鼠系中只有 2 个品系表达目的蛋白，而且 5′HS4 转基因小鼠目的蛋白的表达水平是非 5′HS4 转基因小鼠的 7 倍。这充分说明，绝缘子可以有效调控转基因在细胞中的表达，最大限度地降低"位置效应"的副作用。Furlan-Megaril 等(2011)研究了绝缘子 αEHS-1.4 对转基因的影响，发现 αEHS-1.4 能够改善转基因的位置效应，使鸡 α 球蛋白在各种细胞系和转基因小鼠中都能稳定地表达。

1.3.3.4 非翻译区

非翻译区是转录产物中不翻译为蛋白质的那部分序列。非翻译区分为 5′非翻译区(5′UTR)和 3′非翻译区(3′UTR)。非翻译区在转录后翻译水平对目的蛋白的表达起着重要的作用。5′UTR 中含有很多调控序列能影响蛋白的翻译，如一些小结构元件，核糖开关和内部核糖体进入位点(IRES)等(余光创，秦宜德，等，2007)。铁离子反应元件(IRE)是一种比较重要的小结构元件，存在于铁代谢相关的基因上，细胞质中的铁离子调节蛋白(IRP)可以与 IRE 结合，从而抑制相关基因的翻译；当胞质中铁离子浓度升高时，铁离子与 IRP 结合，导致相关基因的翻译(Martin，et al，1998)。另一个重要的调控元件是 IRES。最初 IRES 是在小 RNA 病毒基因组中被发现的，后来发现在真核生物中也广泛存在(Molla，et al，1992；Hellen，Sarnow，2001)。IRES 不依赖于帽子结构就能指导 mRNA 的翻译。这使得人们想到利用 IRES 构建真核表达载体，增强目的蛋白的翻译。早在 1988 年，Jang 等就利用 EMCV 病毒的 IRES 构建了一个双顺反子载体。在第 1 个报告基因和第 2 个报告基因中间插入 EMCV 病毒的 IRES，结果表明，第 2 个报告基因的翻译不受第 1 个报告基因的影响。这为以后广泛开展构建双顺反子的研究奠定了基础(Jang，et al，1988)。不仅 5′UTR 具有促进翻译的作用，3′UTR 也同样具有类似的作用。Bung 等(2010)研究发现，HCV 3′UTR 不仅能增强 HCV 的 IRES 翻译能力，还能增强 PTV 和 EMCV 的 IRES 功能。这说明 3′UTR 不仅在维持 mRNA 稳定性方面有作用，而且还能增强 mRNA 的翻译。

1.3.3.5 其他

除了上述因素外，还有很多能够影响目的基因表达的元件。人们也在陆续开发新的基因表达调控元件，以促进外源基因的表达水平。例如，口蹄疫病毒基因组中有一段编码蛋白酶的序列(2A)，由于其表达产物具有自身切割的特性，近年来被广泛应用于构建多基因共表达载体。Fang 等(2005)把口蹄疫病毒 2A 蛋白插入小鼠单克隆抗体的重链和轻链之间，构建了能同时表达抗体重链和轻链的载体(参考图 1.20)。虽然重链 C 端还保留着一点 2A 蛋白序列，但是生成的抗体活性并没有受到影响。随后该小组又在重链和 2A 之间插入了一个 Furin 切割位点序列(RKKR)，这样表达产物中重链 C 端就不含 2A 序列，产生的抗体结构更完整。这些研究为探索应用新的基因表达元件调控目的基因在动物中的表达提出了新的思路。相信在不久的未来，随着人们对生命本质认识的不断深入，人们会发现越来越多的新调控元件；基因表达调控元件的应用将大大促进转基因动物的研究进展。

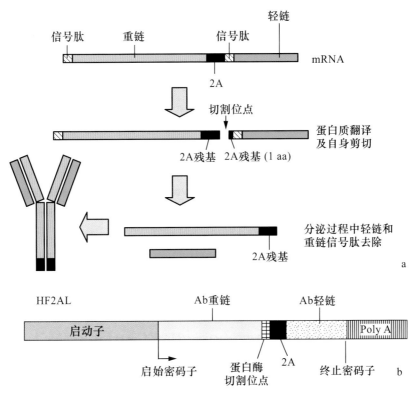

图 1.20 2A 构建双基因表达载体

参 考 文 献

[1] 余光创，秦宜德，等.2007. 依赖于 5′端非编码区高级结构的真核生物 mRNA 翻译调控. 中国生物化学与分子生物学报，23(11)：881-887.

[2] 徐诚望，杨晓明.2005. 真核细胞诱导表达系统研究进展. 军事医学科学院院刊，29(2)：182-185.

[3] 梁硕，李艳博，等.2010. 有关基因表达及相关问题. 中国实验诊断学，14(8)：1346-1347.

[4] Alexopoulou A N，Couchman J R，et al. 2008. The CMV early enhancer/chicken beta actin(CAG)promoter can be used to drive transgene expression during the differentiation of murine embryonic stem cells into vascular progenitors. BMC Cell Biol，9：2.

[5] Almeciga-Diaz C J，Rueda-Paramo M A，et al. 2009. Effect of elongation factor 1alpha promoter and SUMF1 over in vitro expression of N - acetylgalactosamine - 6 - sulfate sulfatase. Mol Biol Rep，36(7)：1863-1870.

[6] Baumert T F，Rogers S A，et al. 1996. Two core promotor mutations identified in a hepatitis B virus strain associated with fulminant hepatitis result in enhanced viral replication. J Clin Invest，98(10)：2268-2276.

regulated by TFII-I. J Virol，74(14)：6511-6519.

[41] Molla A，Jang S. K，et al. 1992. Cardioviral internal ribosomal entry site is functional in a genetically engineered dicistronic poliovirus. Nature，356(6366)：255-257.

[42] Mori-Uchino M，Takeuchi T，et al. 2009. Enhanced transgene expression in the mouse skeletal muscle infected by the adeno-associated viral vector with the human elongation factor 1alpha promoter and a human chromatin insulator. J Gene Med，11(7)：598-604.

[43] Nei M，Rogozin I B，et al. 2000. Purifying selection and birth-and-death evolution in the ubiquitin gene family. Proceedings of the National Academy of Sciences，97(20)：10866-10871.

[44] Netterwald J，Yang S，et al. 2005. Two gamma interferon-activated site-like elements in the human cytomegalovirus major immediate-early promoter/enhancer are important for viral replication. J Virol，79(8)：5035-5046.

[45] Olson M V. 1999. When less is more：gene loss as an engine of evolutionary change. Am J Hum Genet，64(1)：18-23.

[46] Pabo C O，Sauer R T. 1992. Transcription factors：structural families and principles of DNA recognition. Annu Rev Biochem，61：1053-1095.

[47] Palmiter R D，Sandgren E P，et al. 1991. Heterologous introns can enhance expression of transgenes in mice. Proc Natl Acad Sci U S A，88(2)：478-482.

[48] Rival-Gervier S，Pantano T，et al. 2003. The insulator effect of the 5′HS4 region from the beta-globin chicken locus on the rabbit WAP gene promoter activity in transgenic mice. Transgenic Res，12(6)：723-730.

[49] Roeder R G. 2005. Transcriptional regulation and the role of diverse coactivators in animal cells. FEBS Lett，579(4)：909-915.

[50] Sam M R，Zomorodipour A，et al. 2010. Enhancement of the human factor IX expression，mediated by an intron derived fragment from the rat aldolase B gene in cultured hepatoma cells. Biotechnol Lett，32(10)：1385-1392.

[51] Sandelin A，Carninci P，et al. 2007. Mammalian RNA polymerase II core promoters：insights from genome-wide studies. Nat Rev Genet，8(6)：424-436.

[52] Smale S T. 2001. Core promoters：active contributors to combinatorial gene regulation. Genes & Development，15(19)：2503-2508.

[53] Spiker S，Thompson W F. 1996. Nuclear Matrix Attachment Regions and Transgene Expression in Plants. Plant Physiol，110(1)：15-21.

[54] Stinski M F，Isomura H. 2008. Role of the cytomegalovirus major immediate early enhancer in acute infection and reactivation from latency. "Med Microbiol Immunol，197(2)：223-231.

[55] Tora L. 2002. A unified nomenclature for TATA box binding protein(TBP)-associated factors(TAFs)involved in RNA polymerase II transcription. Genes & Development，16(6)：673-675.

[56] van Berkel P H，Welling M M，et al. 2002. Large scale production of recombinant

human lactoferrin in the milk of transgenic cows. Nat Biotechnol，20(5)：484-487.

[57] Vorachek W R，Steppan C M，et al. 2000. Distant enhancers stimulate the albumin promoter through complex proximal binding sites. J Biol Chem，275(37)：29031-29041.

[58] Wang T Y，Yang R，et al. 2008. Enhanced expression of transgene in CHO cells using matrix attachment region. Cell Biol Int，32(10)：1279-1283.

[59] Wang T Y，Zhang J H，et al. 2010. Positional effects of the matrix attachment region on transgene expression in stably transfected CHO cells. Cell Biol Int，34(2)：141-145.

[60] Wang X，Grus W E，et al. 2006. Gene losses during human origins. PLoS Biol，4 (3)：e52.

[61] Yang P，Wang J，et al. 2008. Cattle mammary bioreactor generated by a novel procedure of transgenic cloning for large-scale production of functional human lactoferrin. PLoS One，3(10)：e3453.

[62] Zhu Q C，Wang Y，et al. 2010. Herpes simplex virus(HSV)immediate-early(IE) promoter-directed reporter system for the screening of antiherpetics targeting the early stage of HSV infection. J Biomol Screen，15(8)：1016-1020.

第2章

动物基因组编辑技术

2.1 动物基因组编辑技术的概述和方法

2.1.1 原核期胚胎显微注射技术

显微注射技术(microinjection)产生最早、使用最广,是效果比较稳定的转基因导入的方法之一,由美国人 Gordon 发明,后经过 Brinster 等人的一系列改进,一直沿用至今(Brinster,et al,1985)。其原理是通过显微操作仪将外源基因直接用注射器注入受精卵的原核内,在 DNA 的复制过程中使外源基因整合到动物基因组中,再通过胚胎移植到受体的子宫内继续发育成转基因动物(参考图 2.1)。这种方法目前仍然是制作转基因小鼠最常用的方法。但是在家畜上由于卵的不透明性而使这种技术不能有效地利用。

显微注射技术的优点是外源基因的转移率较高,试验周期短;可直接用不含原核载体 DNA 片段的外源基因进行转移;转入的 DNA 片段大小不受限制。但其也有不足之处。一是整合效率低,成本比较高。二是不能定点整合,且插入拷贝数也是随机的。所以,基因的表达和遗传稳定性得不到保证,容易导致内源有利基因结构破坏,失活或激活有害基因(如原癌基因)。三是显微操作技术复杂,需要专门的技术人员。虽然显微注射技术存在这些缺点,但就目前来看,仍然是转基因的首选。

显微注射的外源基因转移整合率,小鼠为 6%～10%,猪为 0.98%,羊为 1%,鱼类通常可达 10%～15%;其转基因效率,小鼠为 20%～30%,家兔为 1%～2%,猪为 3%～4%,绵羊为 1%～5%,牛不超过 0.5%(陈永福,2001)。

2.1.2 体细胞核移植技术

体细胞核移植技术(nuclear transfer,NT)也称为克隆动物技术,是采用核移植与胚胎生

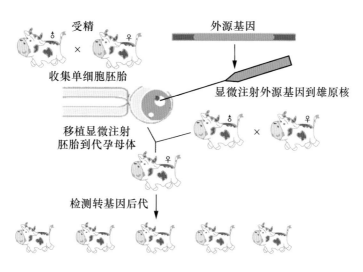

图 2.1 原核显微注射生产转基因动物

物工程技术相结合,将一个个体的体细胞核移植到另一个体的卵细胞中去,最终产生一个与供体细胞个体遗传性状一致的动物个体的技术。

制备转基因克隆动物的操作步骤与克隆动物稍有不同。首先,将外源基因导入到体细胞中,筛选出已整合目标基因的细胞克隆,再用这种细胞的细胞核进行核移植(把体细胞的细胞核植入一个去了核的未受精的卵中,融合并激活),将重组胚进行体外培养或者植入同步化的假孕动物输卵管(参考图 2.2)。

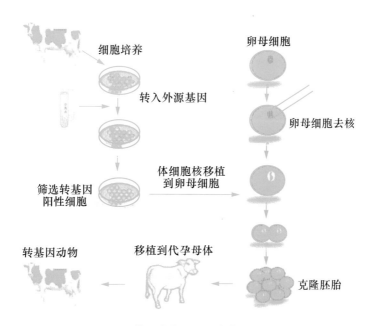

图 2.2 体细胞核移植生产转基因动物

体细胞核移植制备转基因动物具有以下优点:
①转基因技术的效率得到很大提高,比显微原核注射法所需动物减少 2.5 倍(表 2.1)。

②移植前可选择后代的性别。

③仅通过一代就可建立转基因群体,因其遗传背景和遗传稳定性一致,不需要选配。

④能实现大片基因的转移。但体细胞核移植的胎儿成活率较低,操作方法也不易掌握,生出的部分个体表现出各种生理或免疫缺陷。对一些高繁殖的动物来说(小鼠、兔、猪),显微注射法仍保持着优越性。

表 2.1　显微注射法和体细胞核移植法生产转基因羊的比较(陈永福,2001)

项　　目	显微注射(1989—1996)	体细胞核移植
卵母细胞供体羊/只	982	68
中间受体羊/只	—	14
终末受体羊/只	1 985	22
用羊总数/只	2 877	104
妊娠羊数/只(占终末受体比例/%)	912(48)	9(41)
活羊羔数/只	1 286	6
转基因活羊羔数/只	56	6
转基因羊比例/%	4.35	100
生产一头转基因羊使用的羊数/只	51.4	20.8

可以看出,通过体细胞核移植生产转基因动物的突出优点是可以减少受体动物的数目,因为事先在细胞中进行基因转移和对阳性细胞进行筛选,非转基因的胚胎将不需要受体母畜来承载;一旦核移植成功,从理论上讲,转基因成功率为 100%。体细胞核移植技术简化了转基因生产过程中的许多环节,同时节约了人力和物力,凸显了此方法的优越性。此外,利用体细胞核移植法可对转基因动物进行性别选择,如果想得到在乳腺中表达的蛋白质,可以使克隆的转基因动物全是雌性动物。

2.1.3　逆转录病毒载体技术

用携带外源基因的逆转录病毒感染胚胎是较早使用的动物转基因方法。其基本原理主要是利用逆转录病毒的长末端重复(long terminal repeat,LTR)区域具有转录启动子活性这一特点,将外源基因连接到 LTR 下游进行重组,再使之包装成为高滴度病毒颗粒,去直接感染受精卵或微注射入囊胚腔。携带外源基因的逆转录病毒进入细胞后,RNA 反转录成 cDNA,依靠逆转录病毒的整合酶及其末端特异的核苷酸序列,DNA 可以整合到染色体上,从而将其所携带的外源基因插入到染色体中。Jaenisch(1976)最早建立这种技术,用组装的小鼠白血病病毒侵染胚胎后获得了外源基因可遗传的转基因动物,但胚胎阶段的侵染注定了获得嵌合体的命运。1987 年,Salter 等人采用禽白血病病毒感染早期的鸡胚胎制作了转基因鸡。应用此法还获得了转基因的兔(Snyder,et al,1995)、牛(Haskell,Bowen,1995)、大鼠(Orwig,et al,2002)、小鼠(Kanatsu-Shinohara,et al,2004)(参考图 2.3)、猪(Hofmann,et al,2003)、山羊(Golding,et al,2006)。2007 年,Rvu 等(2007)提议利用慢病毒载体感染精原干细胞(SSCS),再将其注射到大鼠睾丸中,拓宽了慢病毒载体法的思路。

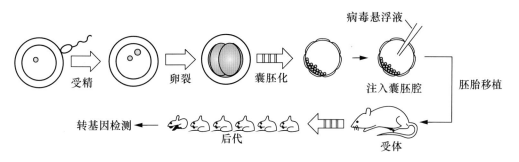

图 2.3　通过逆转录病毒载体技术制备转基因小鼠

逆转录病毒载体技术(retrovirus-mediated gene transfer)操作简单,外源基因的整合率较高。但由于逆转录病毒载体存在着宿主范围狭窄,仅能感染分裂细胞,感染效率较低,病毒滴度较低,很容易被血清补体灭活;逆转录病毒作为载体具有致癌性且会影响外源基因的表达。这些缺点限制了逆转录病毒载体在基因治疗中的广泛运用。慢病毒(lentivirus)属是逆转录病毒科下的一个属,能够广泛感染各种非分裂细胞(如神经元、肝细胞和肌细胞等),其目的基因整合至靶细胞基因组能够长期表达,具有免疫反应小等优点,将成为一个有发展潜力的基因转移载体(Philippe,et al,2006;Chai,et al,2007;Katzourakis,et al,2007)。由于鸡的受精卵产出后已经发育到桑葚胚期,不能对其进行显微注射操作,所以,此项技术是培育转基因鸡最有效和最成功的方法,并在鸡的良种培育及抗病毒感染等方面取得了显著成效。

用逆转录病毒载体技术生产转基因动物优点如下:

①整合率高且技术难度不大。

②成本低,无须昂贵的显微操作仪器。

③无导入基因的串连环化现象,可引入单拷贝的基因。

逆转录病毒载体技术有以下缺点:

①外源基因难以植入生殖系统,成功率低,产生的动物嵌合体比例较大,而且操作比较繁琐,实验周期长。

②外源基因的大小受到逆转录病毒颗粒大小的限制,一般小于 10 kb。

③进一步的分析证实,该方法易产生基因沉默现象。

④具有潜在的致癌性。

逆转录病毒载体技术的缺点限制了逆转录病毒制备转基因动物的广泛应用。

2.1.4　胚胎干细胞技术

胚胎干细胞(embryonic stem cell,ES 细胞)的研究萌芽于畸胎瘤干细胞(teratocarcinoma stem cell)或胚胎癌细胞(embryonic carcinoma cell,EC 细胞)。1958 年,Steven 最早发现 EC 细胞。她把小鼠早期胚胎移植到 129 只小鼠精囊或肾的被膜下,得到了该细胞。1981 年,Evans 和 Kaufman 用 7~8 年的时间利用延迟着床的小鼠早期胚胎体外培养,分离出小鼠 ES 细胞,从此开辟了哺乳动物 ES 细胞研究的新纪元。

胚胎干细胞是从哺乳动物的囊胚内细胞团(inner cell mass,ICM)和原始生殖细胞

(primordial germ cells，PGCs)经体外分化、抑制培养并分离克隆出来的一种原始、高度未分化的细胞，具有自我复制、更新和发育全能性并有产生后代能力的早期胚胎细胞。胚胎干细胞在特定条件下可分化为200多种细胞类型，并可构建成心、肝、肾等各种组织和器官，最后能发育成一个完整的个体。

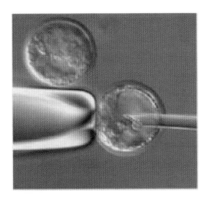

图2.4 ES细胞囊胚注射示意图

从胚胎分割出胚胎干细胞，通过转录将外源基因导入细胞内，再将其转入、植入前胚胎的胚泡腔，带有外源基因的胚胎干细胞可嵌入宿主囊胚的内细胞团中参与胚胎发育（参考图2.4），将来出生的动物其生殖系可能整合上外源基因，通过杂交繁育可得到具有纯合目的基因的个体，即转基因动物（参考图2.5）。

胚胎干细胞技术的优点是：在将胚胎干细胞植入胚胎前，可以在体外选择一个特殊的基因型，用外源DNA转染以后，胚胎干细胞可以被克隆，继而可以筛选含有整合外源DNA的细胞用于细胞融合，由此可以得到很多遗传上相同的转基因动物。其缺点就是需经嵌合体途径，试验周期长，ES细胞系的建立和培养技术还不完善。ES细胞法大多只能建立嵌合体动物，许多嵌合体转基因动物生殖细胞内不含有转基因。用这种方法制作转基因小鼠的阳性率接近100%。但遗憾的是到目前为止，世界范围内只有小鼠干细胞的建系方法比较成熟，而大家畜干细胞系的建立方法还不够成熟。

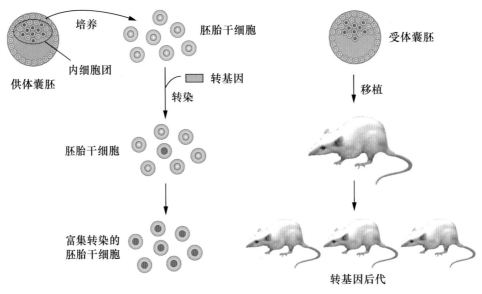

图2.5 通过胚胎干细胞技术制备转基因小鼠

2.1.5 精子载体技术

精子载体技术（sperm mediated gene tranfer）是一种直接用精子作为外源DNA载体的基

因转移方法。精子直接与外源 DNA 混合培养使外源 DNA 直接进入精子头部,受精后能发育成转基因动物。根据外源 DNA 与精子的结合方式,精子载体法大致可分为体外导入、体内导入以及 ICSI 介导的基因转移法。其中体外导入又包括自然孵育法、脂质体法等;体内导入则包括输精管注射法、曲细精管显微注射法等。

2.1.5.1 体外(内)受精法

将活动精子放入 DNA 溶液中,所有动物的活体精子头部都能捕获并整合外源 DNA;当精子吸附外源基因后,用这些精子进行体外受精,再进行胚胎移植,使外源基因得到表达,这就是体外受精法。这种较为简单的方法又称为自然孵育法。1989 年,Lavitrano 等用此法得到了转基因小鼠(Lavitrano,et al,1989),Rottman 等(1992)对此方法进行了改进,用脂质体包埋外源 DNA 形成脂质体 DNA 复合体与精子共孵育。这种复合体更易与精子细胞膜融合,从而进入细胞内部。这种改进以后的方法在转基因鸡上获得了较高的转基因阳性率。

体内受精法是将外源基因直接注射到输精管或是曲细精管,使其中的精子能与外源 DNA 接触,进而使外源 DNA 转染到精子内。目前人们已经用精子载体法制备了转基因的小鼠、鸡、猪、牛、羊、兔和鱼。

体外(内)受精法的优点如下:

①方法简单,容易操作,成本低。依靠生理受精过程,免去了人为机械操作给原核造成的损伤。

②可通过活体方法获得未受精卵,不需宰杀母畜。

体外(内)受精法在大型农场动物应用具有巨大潜能。但真正的整合阳性率在不同的动物存在差异,条件很难控制,导致结果不稳定,总的来说还是比较低。精子可以介导外源基因在宿主基因组中的整合,但进入精子核内的 DNA 结构是否完整、DNA 进入核内的精子比例有多少及受精后是否能成功嵌入胚胎。这些都是体外(内)受精法亟待解决的问题。

2.1.5.2 卵母细胞胞质内精子微注射法

卵母细胞胞质内精子微注射法(intracytoplasmic sperm injection,ICSI)是指通过显微操作,将单个(死)精子(头)显微注射到成熟分裂Ⅱ期(MⅡ)的卵母细胞质中,精子细胞质中的激活因子(或者人工的方法)可以激活 MⅡ期的卵母细胞从而获得有正常发育能力的受精卵。鉴于精子载体法中体外受精法的不甚完善,1992 年,Perry 等建立了 ICSI 技术生产转基因小鼠。通过用去污剂、冻融和冻干处理破坏精子质膜,与外源 DNA 短时间(1 min)共孵育,然后用显微注射法注入 MⅡ期卵母细胞质中,出生的后代中转基因阳性率可达 20% 以上(Perry,et al,1999)。ICSI 具有较大的优势,因其使用的注射针比原核注射针口径大 100 倍,所以能处理较大的基因构建体。例如,酵母或哺乳动物人工染色体,能大大提高外源基因的整合表达水平。对大型动物如牛、猪等而言,其合子是不透明的,原核不易见,原核显微注射较为困难,应用该法可克服此缺陷。在不同物种中,精子可以保存并且能支持完全发育。这些特性使该法具有更广泛的实用性。但由于家畜的 ICSI 技术本身比较复杂,往往需要人工激活卵母细胞,胚胎发育率低,故国际上还未见应用 ICSI 技术生产转基因家畜的报道。

2.1.6 原始生殖细胞介导技术

原始生殖细胞是起源于性腺以外的组织、形成实际配子的早期细胞。它们位于早期胚胎的胚芽区内或血液中,在胚胎发生的初期移行到性腺形成部位,在生殖脊定居后增殖分化为生殖细胞。分离其血液或胚芽区内的 PGCs 可以进行体外培养和外源基因导入等处理,再将其注入早期胚胎后,PGCs 可掺入胚体,参与胚胎的发育,成为胚胎性腺的一部分。性腺中的生殖细胞一旦携带外源目的基因就可能世代遗传。外源基因的导入可直接进行转化,也可利用逆转录病毒进行转染。

PGCs 介导的转基因技术在原理和方法上与 ES 细胞技术相似,应用这一方法在制作转基因家禽方面有明显的优势。Natio 等从早期鸡胚血液分离得到了 PGCs,利用脂质体法导入 *LacZ* 基因,然后注入受体胚,53 只鸡胚发育到第 3 天且在生殖脊表达了 *LacZ* 基因,制作了转基因鸡。对于大家畜 PGCs 可否像小鼠 ES 细胞那样抑制分化并增殖到目前还不是很确定。若能实现,将这项技术结合基因定位整合技术极有可能在较短时间内得到转基因家畜纯品系。

2.1.7 人工染色体技术

高等真核生物的基因大多数是多外显子结构并且有较长的内含子。为将大片段的外源 DNA 转移进动物细胞核中,人们开始将酵母人工染色体(yeast artificial chromosomes,YAC)技术引入到转基因动物中来。酵母人工染色体由酵母染色体的着丝粒(cen-4)、自主复制序列(ARS)和来自四膜虫的端粒(Tel)等功能性 DNA 序列组成,可携带长达 200~1 000 kb 的 DNA 片段。其具有以下优点:

①保证大片段 DNA 的完整性。

②保证较长外源片段在转基因中的整合。

③由于保证了目的基因上下游的侧翼序列的完整性,因而可以消除或减弱基因整合后的位置效应。

Schedl 等(1993)将 250 kb 的 YAC-酪氨酸酶基因座转入小鼠中,酪氨酸酶的表达量达到了内源水平,完全拯救了白化病表型。酪氨酸酶的表达模式呈现位点非依赖、拷贝数依赖的特点。Fujiwara 等(1999)用 210 kb 的 YAC 载体携带人 α-乳白蛋白基因制备了转基因大鼠。关于 YAC 制备相关转基因小鼠的研究报道还有很多。1996 年,Berm 等通过此法获得转基因兔;1997 年,Fuiiwara 等建立了 210 kb 人类乳清蛋白 YAC DNA 转基因小鼠。

但 YAC 的不足也极大地制约了以 YAC 为基础的大基因和大基因簇的转基因研究。一是 YAC 内部存在嵌合及重组等现象,即在一个 YAC 克隆里含有 2 个本来不相连的独立片段,某些克隆不稳定,在传代培养时可能会缺失或重排其中的片段。二是由于 YAC 与酵母染色体具有相似的结构,因此,YAC 很难与酵母染色体区分开,并且在转基因操作时必须特别小心,否则将难以保持 YAC DNA 的结构完整,进而导致大片段转基因研究失败。

细菌人工染色体(bacterial artificial chromosomes,BAC)与 YAC 相似,是基于大肠杆菌的 F 质粒构建的高通量低拷贝的质粒载体。每个环状 DNA 分子中携带一个抗生素抗性标记,一个来源于大肠杆菌 F 因子(致育因子)的严谨型控制的复制子 *oriS*,一个易于 DNA 复制的由 ATP 驱动的解旋酶(RepE)以及 3 个确保低拷贝质粒精确分配至子代细胞的基因座(*par A*,*par B* 和 *par C*)。1992 年,Shizuya 等构建出细菌人工染色体。尽管 BAC 克隆容量(350 kb)较 YAC 小,却具有许多 YAC 所不可比拟的特点。BAC 的复制子来源于单拷贝质粒 F 因子,故 BAC 在宿主菌内只有极少数拷贝数,可以稳定遗传,无缺失、重组和嵌合现象,而且 BAC 易于进行遗传修饰,甚至能进行同源重组。2008 年,中国农业大学的李宁等利用细菌人工染色体生产出能够大量表达人体乳铁蛋白的转基因奶牛(Brem,et al,1996)。

线粒体是半自主性的细胞器。有人也想到将外源的线粒体转移进动物体内,形成转线粒体动物。2002 年,Carl、Kimiko 等分别报道了转线粒体小鼠的建立。Sokolova 等 2004 年报道出了转人线粒体 DNA 的小鼠,并能传递给后代。

上述几种技术的比较见表 2.2。除上述方法外,还有一些其他方法,如激光导入法、受体介导的基因转移法、脂质体介导法、电转移法、微弹袭击法、原生殖细胞介导法等。这些方法都是为了目的 DNA 更好地与受体细胞结合,但总体看来仍不十分理想,效率不高。

表 2.2 几种常见转基因技术比较

项目 \ 方法	原核显微注射法	逆转录病毒载体法	精子载体法	胚胎干细胞法	体细胞核移植法
转入基因的大小	无限定	<10 kb	无限定	无限定	无限定
定点整合	不可以	不可以	不可以	可以	可以
胚胎操作技巧要求	高	低	低	低	高
胚胎存活率	低至中等	高	中等	高	低至中等
胎儿存活率	中等	高	中等	中等	低
转基因阳性率	1%～30%	约 100%	约 30%	100%	100%
嵌合体发生率	中等	低	低	高	无
外源基因拷贝数	高	低	低	可选择	可选择
多位点插入	低	中至高等	中等	可控制	低
外源基因表达效率	50%	可能出现问题	50%	高	50%
优点	可无须载体直接转移,片段长度不受限制	无须特殊仪器,转染率、成活率高	简单、高效	定点整合	不受有性繁殖限制,效率高,胚胎成本低
缺点	整合率不高,操作复杂,成本高,胚胎早期死亡率高	非同源整合,片段长度受限,嵌合性高	重复性差、低水平表达,胚胎易死亡	建立 ES 细胞系难度较大	技术环节有待完善
效果评价	目前最常用的转基因方法	最有效的方法之一	目前较简单高效的方法	较常用的方法	常用且先进的方法

2.1.8 基因打靶技术——基因的定点整合技术

基因打靶技术是 20 世纪 80 年代发展起来的一项重要分子生物学技术。2007 年 10 月 8 日，基因打靶技术的创始人——美国犹他大学的 Mario Capecchi、北卡罗来纳大学的 Oliver Smithies 以及英国卡迪夫大学的 Martin Evans（图 2.6）因为在分离小鼠胚胎干细胞以及建立基因打靶小鼠模型等方面做出的奠基性贡献而一起分享了 2007 年诺贝尔生理学或医学奖。他们的发现使得科学家可以确定某一特定基因在发育、生理和病理上的功能。基因打靶技术的发明和应用使生命科学研究发生了革命性的变化，而且在开展医学治疗方面发挥重要作用。

(A) Mario Capecchi　　　　(B) Martin Evans　　　　(C) Oliver Smithies

图 2.6　2007 年诺贝尔生理学或医学奖得主

[参阅资料]

北京时间 10 月 8 日下午 5 点 30 分，2007 年诺贝尔生理学或医学奖揭晓：70 岁的美国犹他大学马里奥·卡佩奇（Mario Capecchi）、82 岁的美国北卡罗来纳州大学教会山分校奥立佛·史密斯（Oliver Smithies）与 66 岁的英国卡迪夫大学马丁·埃文斯（Martin Evans），凭借基因打靶（gene targeting）技术共同分享了这一奖项。据悉，3 位科学家将分享约合 154 万美元的奖金。为他们赢得这项自然科学领域的崇高奖赏的，实际上是一种被称为"小鼠中的基因打靶"的技术。这项技术目前已经被广泛应用在几乎所有生物医学领域——从基础研究到新疗法，使得人类对于心脏病、癌症和糖尿病等多种疾病有了更加深入的了解。

"这是一个突破性的技术，它使我们对基因功能的认识至少提前了 10 年。"在美国国立卫生研究院邓初夏博士看来，早在 20 世纪 90 年代，这一技术就已经在诺贝尔生理学或医学奖的"大名单"中。实际上，这在业内也已经成为共识，即基因打靶技术获奖只是时间问题。

早在 1986 年，邓初夏赴犹他大学留学，即师从卡佩奇教授。当时，卡佩奇刚在美国

《细胞》杂志发表了基因打靶技术的论文,并在学术界引起了轰动。这一技术的萌芽形成于20世纪80年代初。卡佩奇设想将小鼠自身一个结构已知而功能未知的基因敲除,然后从整体观察实验动物,推测相应基因的功能。虽然这个想法在原则上并没有太大障碍,但实际操作起来却困难重重:从几万个基因中敲除特定的基因,难度绝对堪比大海捞针。在这种情况下,当时很多人都不相信这种设想能够实现,美国国立卫生研究院也拒绝了卡佩奇的项目申请。无奈之下,卡佩奇只好拆东墙补西墙,从自己的其他研究项目中挤出经费来开展研究。

而几乎在同一时期,美国北卡罗来纳州大学教会山分校的奥立佛·史密斯也为基因打靶做出了重大贡献。他的技术路线与卡佩奇有所不同——卡佩奇采用的方式是人为地让某个基因缺失,失去功能。这就像有一天没人扫地了,大家才会想到清洁工老王的存在。而史密斯则致力修饰已经发生突变的基因,使其恢复原来的功能。英国卡迪夫大学的马丁·埃文斯发明的胚胎干细胞技术,则为基因打靶技术的具体实现奠定了重要基础。因为科学家利用这种技术,可以将胚胎干细胞培育为小鼠,从而最终得到"基因敲除"的小鼠。

自1989年基因打靶技术在老鼠身上获得实际成功至今,已经有一万多个小鼠基因被敲除,预计科学家们将很快实现所有小鼠基因的敲除,从而确定单个基因在健康和疾病中的角色。目前,基因打靶技术已经形成了500多个不同的人类疾病小鼠模型,涉及心血管疾病和神经退化疾病、糖尿病和癌症等。随着这一技术的广泛应用,2001年,3位科学家共同获得了拉斯克(Albert Lasker)基础医学奖。由于近半数的拉斯克基础医学奖得主后来获得了诺贝尔奖,该奖项也一直被看做诺贝尔生理学或医学奖的"风向标"。

在3位获奖者中,来自美国犹他大学的卡佩奇经历最具传奇色彩。由于在4岁的时候,母亲就被作为政治犯关进集中营,出生在意大利的卡佩奇不得不在街头或者孤儿院中整整流浪了4年之久。直到第二次世界大战结束,母亲才在街头找到他,然后远赴美国投奔其叔父。幸运的是,他此后获得了良好的教育机会,并在哈佛大学获得博士学位,其导师也是一位科学大师——DNA双螺旋发现者之一,诺贝尔奖得主詹姆斯·沃森(James Waston)。或许是小时候的历经磨难,使得卡佩奇养成了非常节约的习惯。邓初夏回忆说,有一次实验室搬家,学生们认为是"破烂儿"的一些东西,他也没舍得扔。和很多优秀的科学家一样,卡佩奇对研究工作有着非常严格的要求。当时是6个学生上他的课程,结果有4人不及格,只有他和另外一位学生过关。攻读博士的6年里,邓初夏的主要任务是提高"基因打靶"的命中率。但前4年里,他面临的几乎都是失败,仅电穿透实验就进行了200多次。

据说,基因打靶的论文发表以后,卡佩奇便声名鹊起,处境比以前好了许多,母校哈佛大学也邀请他回去做正教授。但他考虑2个月后,还是向学生们宣布,决定留在犹他大学,因为犹他的研究条件也不错。但如果你觉得这只是一个古板的科学家,那就大错特错了。和很多意大利人一样,卡佩奇一生酷爱体育运动,尤其是足球。一直到了60多岁时,他还流连在绿茵场上,并且自愿给女儿学校的足球队做教练。让邓初夏记忆深刻的是,在其攻读博士期间,这位导师每天中午都要跑上8英里。

——《财经》2007年诺贝尔奖系列报道之一

2.1.8.1 基因打靶的原理和发展

基因打靶,又称基因敲除(gene knockout),是一种利用外源DNA分子与染色体DNA之间的同源重组（homologous recombination，HR）定点改造基因组 DNA 的技术（Jasin，et al，1996）。通过基因同源重组原理对生物体基因组进行基因灭活、点突变引入、缺失突变、外源基因定位引入、染色体组大片段删除等修饰和改造，并使修饰和改造后的遗传信息经生殖系遗传，使后代表达突变性状。基因打靶关键是设计和合成一个合适的靶载体（targeting vector），将目的基因以及与细胞内靶基因两端特异片段同源的 DNA 分子重组到带有标记基因的载体上，然后将此载体用基因转移的方法导入靶细胞，通过外源载体和内源靶位点相同的核苷酸序列之间的同源重组，使外源 DNA 定点整合到靶细胞的特定基因座上。基因打靶技术理论依据是自然界广泛存在的同源重组机制。同源重组机制在原核生物和真核生物中普遍存在，是保证物种遗传信息稳定性和多样性的一种重要机制（Sung，Klein，2006）。HR 指发生在减数分裂或者有丝分裂过程中相同或者相似 DNA 序列间的重组。它通常通过一对同源分子非姊妹染色体间的断裂而产生新的重组片段（San Filippo，et al，2008）。目前关于 HR 的分子机制尚未阐明。早期 Robin Holliday 提出了双链侵入模型。它是通过要发生重组的 2 个 DNA 分子的 2 条单链在同一部位断裂，断裂的游离末端彼此交换形成异源双链，然后 2 条杂合单链彼此连接形成 Holliday 连接体；Holliday 连接体发生重排，从而使链的彼此关系发生改变而形成不同的构象；链的构象决定了 Holliday 连接体在拆分时是否发生重组。这是第 1 个被广泛接受的重组模型（Holliday，1974）。Meselson 等（1975）将 Holliday 模型做了改进，提出了单链侵入模型。Lin 等（1984）提出的不同单链退火模型为理解 HR 机制提供了新的思路。此外，一些学者还提出了其他的 HR 模型，如三链 DNA 模型、RNA 介导重组模型等（Derr，et al，1991；Rao，et al，1991；Stasiak，1992）。相信随着研究的深入，对 HR 的机制会有更合理的解释。

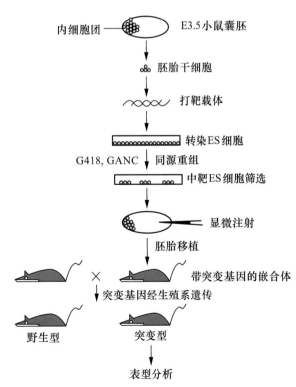

图 2.7　在小鼠中利用 ES 细胞进行基因打靶流程图

基因打靶技术的产生和发展是建立在 HR 技术和胚胎干细胞技术成就的基础之上。ES 细胞是从着床前的哺乳类胚胎中分离的全能干细胞，具有较强的增殖能力，经过长期体外培养后仍然具有分化成所有 3 种胚层的发育潜能（Fuchs，Segre，2000）。1981年，Evans 和 Martin 分别独立地从正常小鼠囊胚中分离出 ES 细胞（Evans，Kaufman，1981；Martin，1981）。尤为重要的是，随后 Bradley 证实，通过显微注射引入囊胚的 ES 细胞可以分化为成体的各种组织并整入生殖系（Bradley，et al，1984）（参考图 2.7）。小鼠 ES 细胞的分离和应用是 ES 细胞技术发展过程中的里程碑。它与同源重组技术的结合使得定向改变生物活体的遗传信息成为可能。1987年，Evans 和 Monk 的研究小组通过改造小鼠 ES 细胞的次黄嘌呤磷酸转移酶基因(*Hprt*)分别建立了经生殖系遗传的突变小鼠(Hooper et al,1987；Kuehn，et al，1987)。1988 年，Mansour 等发展了一种称为正负筛选的策略(positive and negative selection，PNS)，使中靶 ES 细胞克隆数增加 3～10 倍，真正使得同源重组技术可以作为修饰哺乳动物基因组的常规手段(Mansour，et al，1988)。1989 年，真正通过同源重组获得的基因敲除小鼠相继诞生(Koller，et al，1989；Thompson，et al，1989；Zijlstra，et al，1989)，开启了遗传学新纪元的大门。

1994 年，Gu 等基于 Cre/LoxP 系统首次建立了组织特异性剔除小鼠。条件基因剔除技术由于克服重要基因剔除小鼠在胚胎发育早期致死表型，迅速取代了传统的完全基因剔除技术成为主流。条件基因敲除技术利用 Cre/LoxP 和 FLP/FRT 位点特异性重组酶系统使得时空特异性基因剔除变为现实。在特定阶段特定组织或细胞中表达 Cre 或 FLP 重组酶的转基因小鼠通过与在基因组中引入 LoxP 或 FRT 锚定序列的小鼠交配，可导致子代鼠中特定组织或细胞中的靶基因被剔除。条件基因剔除技术为研究重要功能基因在组织器官发育、生理过程以及疾病发生作用中提供有用的手段。

2000 年，McCreath 等首次在羊的 α1 原骨胶原(α1 procollagen，*COL1A1*)基因位点定点插入由羊 β-乳球蛋白(β-lactoglobulin，*BLG*)基因启动子调控的人 α1-抗胰蛋白酶(α1-antitrypsin，*AAT*)基因，并成功获得了基因打靶羊(图 2.8A；表 2.3)。其中 *AAT* 的表达量高达 650 μg/mL，远高于之前报道的 *AAT* cDNA 随机整合的转基因羊的表达量 18 μg/mL(McCreath，et al，2000)。2002 年，英国 Roslin 研究所的 Dai 等和美国 Missouri 大学的 Lai 等利用无启动子基因打靶载体先后获得存活的 α-1,3-半乳糖苷转移酶(α-1,3-galactosyltransferase，

（A）*AAT* 基因打靶克隆羊(McCreath, et al，2000)

（B）*GGTA1*⁻ᐟ⁻ 克隆猪(Phelps, et al，2003b)

（D）*CFTR*⁺ᐟ⁻ 基因敲除雄雪貂(Sun, et al，2008)

（C）*PRNP*⁻ᐟ⁻ 克隆牛(Richt, et al，2007)

图 2.8　各种通过基因打靶(敲除)生产的动物

GGTA1)单敲除克隆猪。2003 年,Phelps 等成功获得了 4 头健康存活的 *GGTA1⁻/⁻* 克隆猪
(图 2.8B)。2004 年,Kolber-Simonds 等人也成功获得了 *GGTA1⁻/⁻* 克隆猪。2006 年,上海
转基因研究中心成国祥课题组同样利用无启动子打靶载体获得了 5 头健康存活 3 个月以上的
朊蛋白(*PRNP*;该蛋白异常能引起传染性海绵状脑病,在羊中称为"瘙痒病",在牛中称为"疯
牛病")单敲除克隆山羊(Yu,et al,2006)。2007 年,Richt 等通过连续打靶的方法最终成功获
得了健康存活 20 个月大的 *PRNP⁻/⁻* 克隆牛(图 2.8C,参考图 2.9)。2007 年,Shen 等通过正
负筛选基因打靶策略获得了在羊 β-酪蛋白(β-casein)基因位点定点插入人组织纤溶酶原激活
因子突变蛋白(human tissue plasminogen activator mutant,htPAm)cDNA 的细胞,以获得的
阳性细胞为供体进行核移植,有 3 头妊娠到 90 d,但遗憾的是没有获得健康存活的动物。2008
年,Rogers 等通过基因打靶成功获得 9 头 *CFTR⁺/⁻*(该基因出现功能缺陷会引起囊肿性纤维
化症)克隆猪。同年,东北农业大学和吉林大学与美国科学家合作,利用重组腺病毒介导的体
细胞基因打靶技术成功获得 8 只健康存活的 *CFTR⁺/⁻* 雄雪貂(图 2.8D)(Sun,et al,2008)。

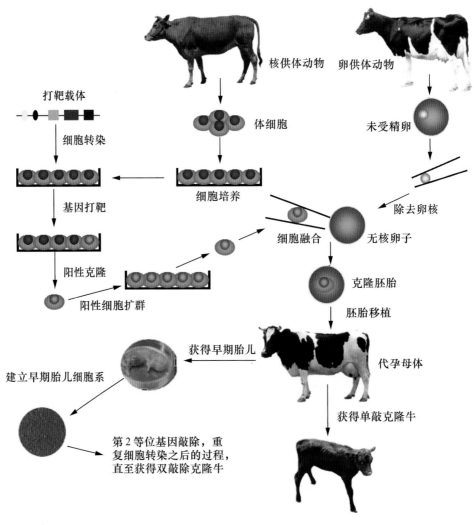

图 2.9　基因打靶(敲除)克隆牛生产流程图

表 2.3 基因打靶技术重要历史事件表

时间	基因打靶事件
1981 年	Martin 和 Evans 等建立小鼠 ES 细胞系
1985 年	Smithies 等在癌细胞系内第 1 例基因打靶事件首次成功
1987 年	Smithies 和 Capecchi 2 个科研小组分别完成了在小鼠胚胎干细胞系内 *Hprt* 基因敲除的工作
1993 年	Lesch-Nyhan 综合征基因敲除小鼠模型建立(Wu,Melton,1993)
2000 年	英国 PPL 公司第 1 次在羊的体细胞进行基因敲入工作并得到抗胰蛋白酶基因敲入克隆羊(McCreath,et al,2000)
2002 年	锌指核酸酶介导的基因打靶技术问世
2002—2003 年	α-1,3-半乳糖苷酶基因敲除的克隆猪诞生(Dai,et al,2002；Phelps,et al,2003)
2004 年	朊蛋白和免疫球蛋白 μ2 个基因都敲除的克隆牛(连续基因打靶)诞生(Kuroiwa,et al,2004)
2008 年	第 1 个疾病模型基因敲除克隆猪诞生(Rogers,et al,2008)

2.1.8.2 基因打靶的优缺点

迄今为止,在所有使细胞系特定基因失活的技术中,应用最多的是引起基因表达下调的 RNA 干涉(RNA interference,RNAi)技术。与同源重组介导的基因打靶技术相比,RNAi 技术更方便、快捷,成本较低,且适合于高通量筛选(Hannon,2002)。但应用 RNAi 技术所得结果在不同的实验室及不同的实验之间会有差别,且 RNAi 技术只能用于下调而不能彻底消除基因的表达,故其不能用于不同遗传变异体之间的比较,无法彻底取代基因敲除或敲入技术。其他的一些基因操作技术如过表达显性失活突变也取得了成功,但其不能精确地重演自然发生的遗传改变。由此可见,基因敲除或敲入技术有其独特性,可以用于帮助解决许多用其他实验方法无法解决的问题。

像所有实验系统一样,针对人源细胞的基因敲除或敲入技术既有其独特的贡献,也有明显的局限性。最主要的局限性是该项技术大多数应用于培养的人肿瘤细胞。肿瘤细胞形成时会产生很多获得性或选择性遗传改变,从而使肿瘤细胞与正常细胞有明显的差别(Vogelstein,et al,1988；Wang,et al,2002)。所以,当应用遗传背景不完全清楚的细胞系时,就应该非常小心。另外,这种遗传不稳定性在细胞培养过程中还可能产生额外的无法预期突变的亚克隆,理论上会混淆对表型的分析(Lengauer,et al,1998)。在实际操作过程中,细胞基因组会随机发生自发的改变,但是发生频率较低,在可接受的范围内。例如,错配修复缺陷细胞发生突变的频率比正常细胞高 3 个数量级,但突变主要发生在重复序列元件中,每代每个碱基的突变频率大约为 10^{-8}。经过认真地设计和适当的对照实验,可以将遗传不稳定性造成的干扰降到最低。例如,通过比较亲代细胞、独立的靶向基因敲除或敲入细胞以及非靶向细胞,对目的基因功能分析的结果就会具有较高的可信度。

针对有 ES 细胞的物种(人、小鼠、大鼠),利用 ES 细胞进行基因打靶实现起来已经没有多大困难。但是,对于尚未分离出 ES 细胞的动物如猪、牛、羊等,要想生产基因打靶个体,必须结合体细胞克隆技术,利用体细胞先进行中靶细胞的筛选。体细胞在培养过程中,由于寿命周期短,发生同源重组效率低,难以进行多步骤的基因操作,如载体转染、药物筛选、选择标记删除、核移植等,大大限制了基因打靶技术的应用。乳腺细胞是乳腺生物反应器研究的一种理想细胞模型,它可通过乳蛋白基因启动子调控标记基因的表达,直接进行中靶细胞的筛选,以便利用无启动子载体,但乳腺细胞的建系和基因打靶却很难实现(Templeton,2000;van Berkel,et al,2002)。成纤维细胞在基因打靶和核移植这 2 个方面比乳腺细胞、肌肉细胞等其他类型细胞有明显优势,并且易于培养传代和核移植操作(Dai,et al,2002b;Denning,et al,2001;Lai,et al,2002)。

2.2 动物基因组编辑技术的策略

2.2.1 载体表达策略

2.2.1.1 如何设计一个表达载体

表达载体是指能携带外源 DNA 并使之在宿主细胞中表达。表达载体包括原核表达载体和真核表达载体。表达载体可以是质粒、噬菌体或病毒等。表达载体分为 4 部分即目的基因、启动子、终止子和标记基因。表达载体常用细菌质粒进行构建,构建过程中运用限制性核酸内切酶切割出与目的基因相吻合的末端(多为黏性末端,也有平末端),采用 DNA 连接酶连接,导入生物体实现表达。标记基因可帮助识别质粒并检测是否成功整合到染色体 DNA 中。构建表达载体需要多种元件,要仔细考虑它们的组合,以保证最高水平的蛋白质合成。

以 E. coli 表达载体为例(图 2.10)。启动子位于核糖体结合位点(RBS)上游 10~100 bp 处,由调节基因(R)控制。调节基因可以是载体自身携带,也可以整合到宿主染色体上。E. coli 的启动子由位于转录起始位点上游约 35 bp 的核苷酸序列(−35 区)和一短序列隔开的另一核苷酸序列(−10 区)组成。有许多启动子可用于 E. coli 中的基因表达,包括来源于革兰氏阳性菌和噬菌体的启动子。理想的启动子具有以下特性:作用强,可以严格调控,容易转导入其他 E. coli 以便筛选大量的用于生产蛋白的菌株,而且对其诱导是简便和廉价的。在启

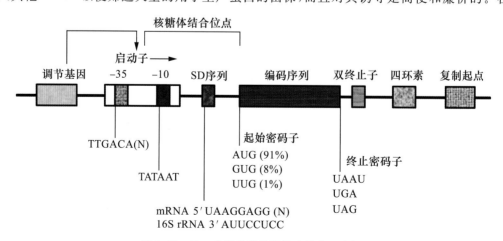

图 2.10 *E. coli* 表达载体的基本结构示意图

动子下游是 RBS,其跨度约为 54 个核苷酸,两端限定在 $-35(\pm 2)$bp 和 mRNA 编码序列的 $19\sim22$ bp。Shine-Dalgarno(SD)位点在翻译起始阶段与 16S rRNA 的 $3'$ 端相互作用。SD 与起始密码子间的距离为 $5\sim13$ bp,而且此区的序列在 mRNA 转录物中应避免出现二级结构,否则将会降低翻译起始的效率。在 RBS 的 $5'$ 端和 $3'$ 端均为 A 丰富区。转录终止子位于编码序列的下游,作为转录终止的信号和组成发卡结构的保护性元件,阻止核酸外切酶对 mRNA 的降解,从而延长 mRNA 的半衰期。

2.2.1.2　已有的高效表达载体及存在的问题

高效表达载体就是在克隆载体基本骨架的基础上增加表达元件(如启动子、RBS、终止子等)并使目的基因能够有效表达的载体。如表达载体 pKK223-3 是一个具有典型表达结构的大肠杆菌表达载体,其基本骨架为来自 pBR322 和 pUC 的质粒复制起点和氨苄青霉素抗性基因。在表达元件中,有一个杂合 tac 强启动子和终止子,在启动子下游有 RBS 位点(如果利用这个位点,要求与 ATG 之间间隔 $5\sim13$ bp),其后的多克隆位点可装载要表达的目标基因。本处简介若干例真核细胞常见表达载体。

1. pCMVp-NEO-BAM 载体

pCMVp-NEO-BAM 载体为真核细胞表达载体,分子质量为 6.6 kb;主要由 CMVp 启动子、兔 β-球蛋白基因内含子、聚腺嘌呤、氨苄西林抗性基因和抗 *neo* 基因以及 pBR322 骨架构成(图 2.11);在大多数真核细胞内都能高水平稳定地表达外源目的基因。更重要的是,由于该真核细胞表达载体中抗 *neo* 基因存在,转染细胞后,用 G418 筛选,可建立稳定的高表达目的基因的细胞株。

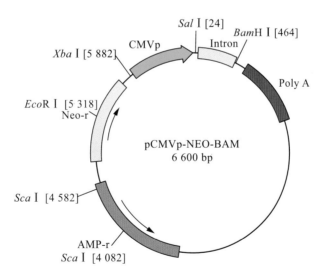

图 2.11　pCMVp-NEO-BAM 表达载体结构示意图

2. pIRES2-EGFP 增强型绿色荧光蛋白表达载体

pIRES2-EGFP 增强型绿色荧光蛋白表达载体(图 2.12)中含有绿色荧光蛋白,在 pCMV 启动子驱动下,在真核细胞中高水平表达。载体骨架中的 SV40origin 使该载体在任何表达 SV40 T 抗原的真核细胞内进行复制。Neo 抗性盒由 SV40 早期启动子、Tn5 的 neomycin/ kanamycin 抗性基因以及 *HSV-tk* 基因的聚腺嘌呤信号组成,能应用 G418 筛选稳定转染的真核细胞株。此外,载体中的 pUC origin 能保证该载体在大肠杆菌中的复制,而位于此表达盒上游的细菌启动子能驱动 kanamycin 抗性基因在大肠杆菌中的表达。借助该载体可确定外源基因在细胞内的表达和/或组织中的定位。

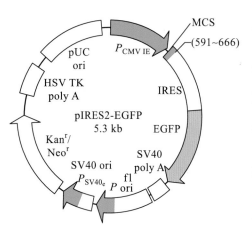

图 2.12　pIRES2-EGFP 增强型绿色荧光蛋白表达载体结构示意图

3. pEGFP-Actin 增强型绿色荧光蛋白/人肌动蛋白表达载体

pEGFP-Actin 增强型绿色荧光蛋白/人肌动蛋白表达载体(图 2.13)中含有绿色荧光蛋白和人胞浆 β-肌动蛋白基因,在 pCMV 启动子驱动下,在真核细胞中高水平表达。载体骨架中的 SV40 origin 使该载体在任何表达 SV40 T 抗原的真核细胞内进行复制。Neo 抗性盒由 SV40 早期启动子、Tn5 的 neomycin/kanamycin 抗性基因以及 *HSV-tk* 基因的聚腺嘌呤信号组成,能应用 G418 筛选稳定转染的真核细胞株。此外,载体中的 pUC origin 能保证该载体在大肠杆菌中的复制,而位于此表达盒上游的细菌启动子能驱动 kanamycin 抗性基因在大肠杆菌中的表达。

pEGFP-Actin 增强型绿色荧光蛋白/人肌动蛋白表达载体在真核细胞表达 EGFP-Actin 融合蛋白。该蛋白能整合到胞内正在生成的肌动蛋白,因而在活细胞和固定细胞中观察到细胞内含肌动蛋白的亚细胞结构。

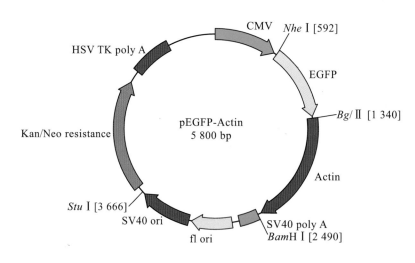

图 2.13　pEGFT-Actin 增强型绿色荧光蛋白/人肌动蛋白表达载体结构示意图

4. pSV2 表达载体

pSV2 表达载体(图 2.14A)是以病毒 SV40 为启动子在真核细胞中驱动目的基因进行表达的,克隆位点为 Hind Ⅲ。SV40 启动子具有组织/细胞的选择特异性。此载体不含 *neo* 基因,故不能用来筛选、建立稳定的表达细胞株。

5. pCMV4 表达载体

pCMV4 表达载体(图 2.14B)为真核细胞表达载体,由 CMV 启动子驱动,多克隆区域酶切位点选择性较多,含有氨苄西林抗性基因和生长基因片段以及 SV40 复制原点和 f1 单链复制原点。但值得注意的是,该表达载体不含 neo 基因,转染细胞后不能用 G418 筛选稳定的表达细胞株。

6. 其他表达载体

常用到的高效表达载体还包括 pBudcE4.1(图 2.14C)、pBS185(图 2.14D)、pBC1、pMAM neo-Blue、pEMSV、pECE、pEGFPN3、pEGFPC3、pCDNA3.0、pCDNA3.1/v5his//lacZ 等。

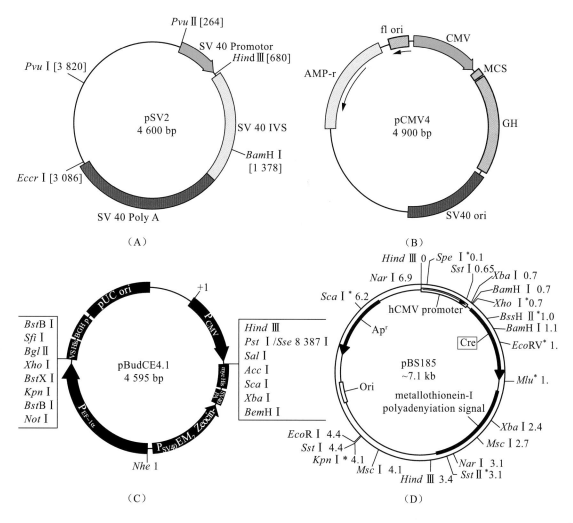

图 2.14 4 个真核表达载体结构示意图

细胞的生命活动是一个复杂的调控过程,有些生命活动的机理还不完全清晰。由于插入的目的基因不同,载体构建采用的顺式组件不同,组装的空间位置不同,采用的表达系统不同,目的基因表达水平和阳性克隆筛选率都会有很大差异。另外,由于所有的顺式元件存在种属和组织特异性,所构建的高效表达载体不一定在所有细胞株中均高效表达。再者,细胞生长状态的差异、转染方法的不同、培养时间的长短、筛选药物浓度的高低都对表达量都有很大影响。所以,需要综合评价一个表达载体和表达系统,排除一些不确定的因素,筛选出最佳组合。

真核表达载体趋向于既有利于扩增目的基因又有利于筛选阳性克隆的载体的构建。许多有效的应用范围广的强启动子和增强子被人发现并应用于载体中,大大提高了目的基因的表达量。另外,一些强的组成型启动子如 SV40 早期启动子＋PHTLv 已应用于大规模生产的细胞系中。但目前仍有以下主要因素困扰着真核高效表达载体的设计与构建:

①外源蛋白表达水平低,不具备开发价值。

②异位表达,外源蛋白不能组织特异性地表达,在动物其他组织中的渗漏表达可能危及动物健康。

③位点效应影响严重,导致需要大量筛选转基因动物,造成研发成本大幅提升。

为了解决上述问题,我们需要对表达载体进行进一步的研究与探讨。

2.2.1.3 理想的高效表达载体所应具备的条件

目的基因在哺乳动物细胞中的表达受整合目的基因的染色体区域的状态、目的基因的拷贝数及目的基因的转录、翻译和翻译后加工修饰的效率影响。构建一个高效表达的哺乳动物细胞表达载体,应从表达载体在染色体上整合位点的优化、转录翻译效率的提高以及目的基因拷贝数的增加等方面综合考虑。

1. 转录水平

转录作为基因表达的第 1 步,提高转录效率对一个理想高效表达载体的构建来说显得尤为重要。启动子及其相应增强子、转录终止信号及多聚腺苷酸加尾信号对转录水平的高低及mRNA 的稳定性有很大影响。其中强启动子、强增强子是提高转录水平的关键因素。因此,通过寻找转录起始效率高、适用范围广的启动子、增强子可以提高目的基因转录水平的表达效率。目前常用病毒源性和细胞源性的强启动子有 mCMV、hCMV、hEF-1α、人的 c-fos、鸡胞浆 β-肌动蛋白等启动子。此外,用含有不同启动子、增强子的组成元件构建转录效率更高的杂合启动子或杂合增强子也不失为提高转录效率的一个好方法。Masayuki 等发现,CMV 增强子能提高 hEF-1α 启动子控制下的目的基因表达量 4～9 倍(Kobayashi,et al,1997)。绝缘子是基因座的边缘区域,被认为不仅能阻止邻近基因增强子的激活影响,而且能阻止非活性染色质的形成(Bell,Felsenfeld,1999)。表达载体中引入天然或人工合成的内含子序列有利于引导外源蛋白前体 mRNA 的稳定性(Huang,Gorman,1990),从而增加翻译效率,提高蛋白质的表达。在转录过程中,转录因子通过 DNA 结合结构域特异识别并结合目标基因的特异调控序列,通过转录激活结构域调节或将转录作用因子募集至启动子从而启动基因的转录和表达。因此,提高宿主细胞转录因子的表达水平也能增强目的基因的表达。

2. 翻译水平

除了转录水平的调控外,翻译水平的调控(如 mRNA 寿命、mRNA 的翻译起始效率)和翻译产物的加工修饰的效率等也对目的基因的表达产生重要的影响。poly-A 的存在不但能影响 mRNA 的稳定性,而且也能起到部分“翻译增强子”的作用,提高 mRNA 翻译水平;内部核糖体进入位点(IRES)能使同一 mRNA 中除第 1 个基因之外的其他基因也得到有效表达;翻译增强子可提高翻译效率;通过使用宿主细胞偏爱的密码子来对目的基因的密码子进行优化也可以大幅度提高翻译效率。

3. 目的基因拷贝数

单拷贝或低拷贝目的基因,无论表达载体调控元件如何优化、整合的染色体位点多么合适,其外源基因表达量都是有限的。因此,能有效增加目的基因拷贝数是构建理想高效表达载体所必须考虑的。目的基因的扩增常采用目的基因和选择标记基因共扩增的方法。二叶酸还原酶(*dhfr*)和谷氨酰胺合成酶(GS)是常用的扩增基因。例如,CHO-dhfr 扩增系统常采用 *dhfr* 基因缺陷的细胞株,可使目的基因的拷贝数扩增 1 000 余倍。Werner 等在 *neo* 基因的内部人工内含子中放置目的基因和 *dhfr* 基因偶连的表达单元,通过用 MTX 对阳性克隆的 *dhfr* 基因扩增,CD20 单克隆抗体的表达量高达 2 g/L(Werner,et al,1998)。

4. 整合位点

目的基因在染色体上整合位点区域的状态对于目的基因的表达与否、表达高低以及目的基因在宿主细胞中的稳定性起着决定性的作用。只有那些整合位点处于染色体转录活跃区的细胞形成的克隆才可高水平表达目的基因。因此,保证将表达载体整合在染色体上转录活跃位点的克隆挑选出来是提高目的基因表达水平必需的一步。可以采取选择基因(如 *neo*、*dhfr*)的弱化表达策略,使大量整合在低表达整合位点的细胞由于选择标记基因表达量不够而在选择培养基条件下死亡,只有那些少量整合在转录活跃区的细胞由于表达足够的选择基因产物而存活下来形成克隆。也可以在载体上添加染色体上的某些特定序列(如骨架/基质附着区,SAR/MAR)使表达载体整合到宿主细胞的染色体后能模拟染色体的高转录活跃区,从而使形成的阳性克隆较均一地高效表达目的基因。另一种策略就是先将含有定点重组位点的选择标记基因整合在染色体高表达区,然后将表达目的基因的表达载体和表达重组酶载体共转染上述带有重组位点的细胞系,在重组酶介导下,表达载体通过位点特异性重组定点整合在染色体高表达区。目前常用 Cre-Loxp 和 Flp-Frt 2 种位点特异性重组系统。

5. 人工染色体

人工染色体是体外重组的含有类似天然染色体组件的具有特定结构的 DNA 分子,主要包括细菌人工染色体(BAC)和酵母人工染色体(YAC)2 种。由于其片段大(BAC 可承载 300 kb 的插入片段,而 YAC 的承载能力可达 1 000 kb)并携带有完整的基因调控元件,因此,目的基因两侧的侧翼序列可以消除或减弱基因整合后的位置效应,从而稳定表达外源蛋白。而其侧外基因远端的调控序列能够很好地调控转基因的表达时空特异性以及实现转基因表达量的精细控制。日本研究者 Fujiwara 等分别用转 YAC 的转基因大鼠高效表达了人乳清白蛋白和人生长激素,表明人工染色体是高效稳定表达目的蛋白的理想载体(Fujiwara,et al,1997;Fujiwara,et al,1999)。目前,国际上很多课题组仍然在围绕人工染色体开展大片段基因转移和基因置换的研究。

2.2.2 基因打靶策略

2.2.2.1 基因打靶载体类型

所有的基因打靶事件都是通过基因打靶载体介导实现的。基因打靶载体通常都包含有 2 段与打靶区域附近同源的 DNA 序列,同源臂之间含有某种药物筛选标记基因的 DNA 序列(图 2.15)。同源序列用来与目的基因位点发生同源重组。正选择标记基因有 2 个功能。一是作为选择标记从转染细胞中分离整合了外源基因的细胞。二是作为突变原(mutagen)插入或置换靶基因的编码外显子,使靶基因产生突变。负选择标记基因用来对抗打靶过程中的非同源重组随机整合,起富集中靶克隆的作用(Mansour,et al,1988)。

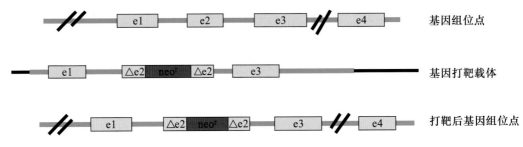

图 2.15　基因打靶(敲除)示意图

e 为外显子的简称,// 之间序列省略,黑色为载体序列。通过在第 2 外显子特异位点上插入新霉素 (neo)G418 抗性基因,破坏目的基因的同时,通过 G418 的药物筛选获得基因打靶阳性细胞系。

根据同源重组时载体插入基因组的方式,可将打靶载体分为 2 种类型即基因置换型载体和基因插入型载体。这 2 种载体的区别在于载体 DNA 同源序列双链断裂位点的位置不同。置换型载体的断裂位点在同源重组指导序列的两侧或外侧;目的基因在同源臂内。同源臂与染色体靶位进行 2 次交换才能完成同源重组,其结果是只有载体的同源臂及其以内的部分取代染色体的靶位序列,同源臂以外的部分被切除。插入型载体的断裂位点在同源臂内,目的基因可在载体的任何位置;载体与染色体靶位点进行一次交换即可完成同源重组,其结果是整个载体整合到染色体靶位点上(图 2.16)。对于相同的打靶序列,由于插入型载体只需要发生一

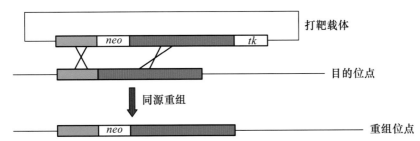

(A)置换型载体作用。浅绿色和深绿色条框为与靶位点同源区域;neo 为正筛选标记基因;tk 为负筛选标记基因

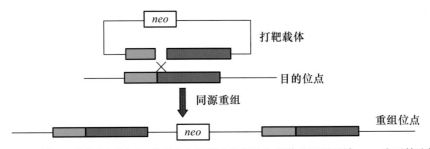

(B)插入型载体作用图示。浅蓝色和深蓝色条框为与靶位点同源区域;neo 为正筛选标记基因

图 2.16　2 种基因打靶载体类型作用示意图

(娄彦坤,2008)

次同源重组,而置换型则需要 2 次,因此,通常插入型载体的打靶效率比置换型高 5～10 倍。但插入型载体有一些缺点,使得人们在打靶过程中更倾向于使用置换型载体。首先,利用插入型载体不能直接区别和筛选出外源 DNA 定点整合的细胞克隆和随机插入的细胞克隆,留下的选择标记及其启动子和其他调控元件可能会影响邻近基因的表达,并且产生的串联重复序列不稳定。再者,插入型载体在打靶时有许多拓扑构型,重组后基因的剪接和翻译的可能形式也有多种。

2.2.2.2 基因打靶载体构建原则

运用基因打靶技术可以将靶基因在细胞或者动物个体中的活性完全消除。在这个过程中,首要的问题就是在体外进行目的基因功能的突变,即构建携带突变基因的打靶载体。携带突变基因的打靶载体在细胞中通过同源重组将基因组中的野生型基因置换下来,使打靶位点产生突变。打靶载体的构成部分主要有与靶基因的基因组同源的 DNA 序列(根据其相对于正筛选基因的位置分别称为 5′同源臂和 3′同源臂)、药物筛选标记基因(正/负)、质粒的基本骨架等。

打靶载体的构建是很繁琐而细致的工作。载体设计应该周全,预先考虑到将来会出现的各种可能性,否则会对后续的筛选工作带来障碍。基因打靶载体构建需要注意以下几点:

①载体类型的选择。如果目的基因在细胞内表达,无启动子或者 poly-A 缺失打靶载体应为首选。

②同源臂的设计。要在某个重要基因功能结构域两侧设计同源臂,一般在基因的上游外显子上。

③同源臂的大小。一般为 5～10 kb。

④同源臂的同源性分析。一般要保证同源性≥99%。如果用 PCR 扩增同源序列,要经测序验证其同源性,并考虑多肽性(SNP)问题。

⑤酶切位点的选择。载体线性化所需要的单一酶切位点。另外,后续的分子检测也需要在相应位点插入限制酶切位点。

⑥筛选基因的选择以及筛选基因表达调控元件的优化。

对于 Cre/loxP 系统的载体设计,还需要特别留意 2 个问题。其一,loxP 序列添加到同源臂的什么位置,有时 loxP 插入位点会受到打靶载体酶切位点的限制。其二,loxP 插入方向的正确性。酶切鉴定只能确定 loxP 是否成功插入,不能确定方向;PCR 可以确定 loxP 插入方向,但是不能排除多个 loxP 序列以不同方向串联插入的可能。因此,最终必须对打靶载体进行测序(周江,2001)。

2.2.2.3 基因打靶事件的筛选

通常情况下,哺乳动物细胞中同源重组发生的概率为 10^{-6} 或更低(Deng,Capecchi,1992;Thomas,Capecchi,1987),而随机整合的概率则比同源重组高 1 000 倍左右;在小鼠 ES 细胞中,同源重组发生的概率为 10^{-6}～10^{-5}(Templeton,et al,1997),而体细胞中同源重组的概率约低于小鼠 ES 细胞 2 个数量级(Sedivy,Dutriaux,1999)。因此,非常有必要建立有效的细胞筛选方法以筛选出极少数发生同源重组的细胞(Clark,et al,2000)。通常有 4 种策略用以富集基因打靶事件,即 PCR 筛选策略、正负筛选策略、无启动子筛选策略(Promoter - less selection)以及 Poly-A 缺失筛选策略(Poly-A-less selection)。

1. PCR 筛选策略

通过 PCR 筛选的方法,以扩增特定 DNA 片段的有无来筛选基因打靶操作中的阳性克隆。Evans 等（1987）首先将其应用于小鼠 ES 细胞的 $Hprt$ 基因突变（Hooper，et al，1987；Kuehn，et al，1987）；Joyner 等（1989）利用 PCR 方法对小鼠 ES 细胞的 $En-2$ 基因的定点诱变进行了筛选。由于该筛选策略比较繁琐，工作量巨大，宛如海底捞针，现在已不再单独采用，而是结合其他筛选策略，利用 PCR 方法进行鉴定和筛选。

2. 正负筛选策略

1988 年，Capecchi 等人发明了正负筛选。这种置换型基因打靶筛选策略（Mansour，et al，1988）可以同时应用于筛选标记基因和非筛选标记基因。采用置换型基因打靶载体，可将正向选择基因如 neo 插入载体的目的片段中，负筛选基因如 $HSV-tk$（Herpes simplex viral thymidine kinase）置于目的片段的外侧（图 2.17）。在这个过程中 neo 基因具有双重作用。一是形成靶位基因的插入突变，二是作为正向筛选的标记。负选择基因如 $HSV-tk$ 基因的作用在于可使得丙氧鸟苷（ganciclovir）转变为毒性核苷酸。对于发生随机重组的转化细胞来说，由于它们整合有 $HSV-tk$（对 ganciclovir 敏感），在含有 Ganc/FIAU 的培养基中将不能存活

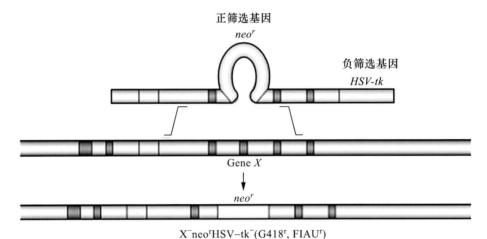

（A）基因打靶。同源重组后的细胞为 $X^{+/-}$、neo^{r+} 和 HSV^-tk^-，neo^r 恰好整合在基因 X 的外显子上，细胞对 G418 和 FIAU 都具有抗性

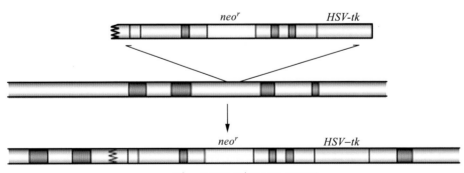

（B）随机整合。随机整合后细胞为 $X^{+/+}$、neo^{r+} 和 $HSV-tk^+$，细胞对 G418 具有抗性但会被 FIAU 杀死

图 2.17　正负筛选作用示意图

（Mario R. Capecchi，2005）。

(Jasin，Berg，1988)。在这样的筛选条件下，发生同源重组的转化细胞含有 neo 基因，而位于同源序列外侧的 HSV-tk 基因被去除，因此，同源重组细胞具有 G418 和 Ganc/FIAU 双重抗性。采用这种方法，富集效率被有效提高，在 Jasin 等的报道中超过 2 000 倍(Yanagawa，et al，1999)，虽然有些报道中富集率却只提高了 3 倍(Hanson，Sedivy，1995)。由于正负筛选系统不受打靶基因功能和表达情况的影响，已经成为使用最广泛的一种筛选方法。

3. 无启动子筛选策略

该法通过在基因敲除载体的目的片段中插入启动子缺失的筛选基因如 neo 来进行筛选，目的基因片段不包含该基因的启动序列。如果打靶载体和细胞基因组发生同源重组，则筛选基因能在靶位点的基因启动子的驱动之下，表达功能性产物，使阳性细胞具有 G418 抗性，从而可以在药物选择培养基中得到同源重组阳性克隆(图 2.18)。启动子缺失方法可能是使用频率最高且最为可靠的一种方法(Sedivy，Sharp，1989)。Charron 等人在小鼠 ES 细胞中对 N-Myc 基因进行了定点突变，在 G418 抗性细胞中得到了 20% 的同源重组克隆(Charron，et al，1990)。事实上，在人体细胞中实现的 23 种基因打靶成功报道都是采用此种设计(Sedivy，Dutriaux，1999)。此外，还有在 neo 基因前加入内部核糖体启动序列(IRES)的载体构建策略(Doetschman，et al，1988)。采用这种策略的载体一旦和目的区域发生同源重组，可在重组子中表达新霉毒，从而获得 G418 抗性。

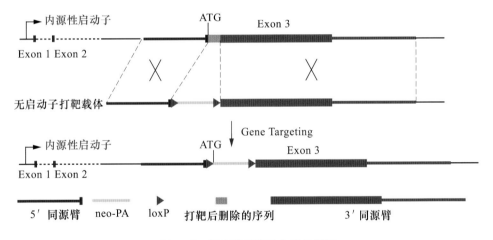

图 2.18 无启动子筛选作用示意图

(王少华，2009)

4. Poly-A 缺失筛选策略

Poly-A 缺失(Poly-A-less)的策略类似于启动子缺失策略。位于置换型载体内的正筛选基因(如 neo)缺失转录终止信号，使得它的表达在转录水平受到抑制。在发生同源重组的细胞中，筛选基因如 neo 可以利用中靶基因的转录终止信号序列，使 neo 基因得到有效表达，阳性细胞获得 G418 抗性;非同源重组的细胞中，因为 neo 基因的转录存在障碍，不能产生 G418抗性，从而不能在筛选培养基中存活，进而实现同源重组转化细胞的富集，富集效果显著(Joyner，et al，1989；Maarten Zijlstra，1989)(参考表 2.4)。这种筛选策略与单纯的正筛选基因筛选相比富集效率提高 5～50 倍(Sorrell，Kolb，2005)。但是，基因打靶富集效率低使之不适合应用于体细胞基因打靶，Poly-A 缺失筛选策略目前使用频率比较低。

表 2.4　大动物基因打靶效率的比较(王少华,2009)

细胞来源	靶基因	筛选策略	转染细胞数	细胞克隆点数[1]	打靶细胞克隆点数[2]	载体富集效率[3]	同源重组概率	数据来源
绵羊	COL1A1	无启动子	0.5×10^6	70	46	65.7%	9.2×10^{-5}	McCreath,2000
绵羊	GGTA1	无启动子	5×10^6	568	35[#]	6.2%	7.0×10^{-6}	Denning,2001
	PRNP	无启动子	5×10^6	533	55[@]	10.3%	1.1×10^{-5}	
猪	GGTA1	无启动子	8×10^6	1 105	17	1.5%	2.1×10^{-6}	Dai,2002
猪	GGTA1	无启动子	4.9×10^7	159	8	5.0%	1.6×10^{-7}	Lai,2002
猪	GGTA1	正负筛选	NA	1 400	1	0.07%	NA	Harrison,2002
		无启动子	NA	395	9	2.3%	NA	
猪	GGTA1	正负筛选	2×10^6	68	4	6.0%	2.0×10^{-6}	Jin,2003
猪	GGTA1	无启动子	1.3×10^8	19 738	32	0.16%	2.5×10^{-7}	Takahagi,2005
猪	GGTA1	无启动子	2×10^6	217	3	0.9%	1.0×10^{-6}	Ramsoondar,2003
			2×10^6	299	4	1.3%	2.0×10^{-6}	
			2×10^6	656	8	1.2%	4.0×10^{-6}	
山羊	β-酪蛋白	正负筛选	8×10^6	312	33	10.6%	4.1×10^{-6}	Shen,2007
山羊	PRNP	无启动子	1×10^7	163	1	0.6%	1.0×10^{-7}	Yu,2006[&]
			1×10^7	204	10(5+5)	5.0%	1.0×10^{-6}	Zhu,2008[&]
牛	PRNP	AAV-neo	NA	37	8	21.6%	NA	Hirata,2004
牛	IGHM	正负筛选	NA	446	2	0.45%	NA	Kuroiwa,2004[&]
			NA	1 211	5(3+2)	0.41%	NA	
牛	PRNP	正负筛选	NA	203	13	6.4%	NA	Kuroiwa,2004[&]
			NA	327	17(16+1)	5.2%	NA	
牛	PRNP	无启动子	4×10^6	2	2	100%	5.0×10^{-7}	李宁课题组,2009[&]
			1×10^7	5	3	60%	3.0×10^{-7}	

注:1. 细胞经过转染筛选后获得的具有抗药性的细胞克隆点数。

2. 经过鉴定后证明是经过了预期打靶的细胞克隆点数。

3. 经过了预期打靶的细胞克隆点数/具有抗药性的细胞克隆点数,该数值反映打靶载体及细胞筛选系统排除随机整合细胞的效率。

这 35 个基因敲除细胞克隆点包括 17 个混有随机整合细胞的克隆点、15 个不能扩繁的克隆点和 1 个核型不稳定的细胞克隆点,真正能用于核移植的只有 2 个细胞克隆点。

@ 这 55 个基因敲除细胞克隆点包括 50 个混有随机整合细胞的克隆点和 4 个不能扩繁的克隆点,真正能用于核移植的只有 1 个细胞克隆点。

& 对同一个基因的 2 个等位基因进行了连续基因打靶。红色数字表示的是 2 个等位基因都发生了预期打靶的细胞克隆点数。绿色数字表示的是第 2 次打靶时打靶载体与已经发生打靶的等位基因发生同源重组的细胞克隆点数。

2.2.2.4 精细基因位点修饰

无论是传统的基因打靶还是条件性基因打靶都会在靶基因的位置留下真核筛选基因或 loxP 序列。然而,当需要对某一基因的编码框或调控区域进行微小的突变甚至单碱基突变以研究基因的功能时,就要求在引入精细突变的同时,不能引入筛选基因或载体骨架序列。为此,研究者建立了精细基因打靶的策略。精细基因打靶需要对靶位点进行 2 轮同源重组才能实现,常用的有"Hit-and-run"(Reid,et al,1991)和"Tag-and-exchange"(Askew,et al,1993) 2 种策略。这 2 种基因打靶策略的出现,实现了精细修饰基因的目标,同时不会留下外源的选择标记基因。但是,这些策略需要进行 2 次基因打靶的过程才能实现。第 1 次打靶将目的基因破坏并引入筛选基因,再经过第 2 次基因打靶将筛选基因替换为经过修饰的基因序列。采用这些策略虽然能够取得成功,但是由于基因打靶的概率较低,连续 2 次敲除可操作性较差,故在实际工作中并没有被广泛采用。

2.2.2.5 Cre/loxP 系统介导的条件性基因打靶

一些在发育过程中具有重要功能的基因,在胚胎期将其失活会导致胚胎早期死亡。还有一些组织特异性表达的基因,为了更好地研究这些基因的功能,具有时空特异性的条件性基因打靶(conditional gene targeting)策略应运而生。条件性基因打靶可狭义地定义为将某个基因的修饰限制于某些特定类型的细胞或小鼠发育的某一特定阶段的一种特殊的基因打靶方法。它实际上是在常规的基因打靶的基础上,利用重组酶介导的位点特异性重组技术,在对小鼠基因修饰的时空范围上设置一个可调控的按钮,从而使对小鼠基因组的修饰范围和时间处于一种可控状态。

条件性基因打靶的基本原理是利用一种位点特异性的重组酶 Cre。Cre 是一种主要存在于低等生物体中但在哺乳动物细胞中能有效地发挥作用的重组酶(Nagy,2000)。这个酶的特点是可特异性识别具有 34 个碱基的不对称的核酸序列 loxP,使得 2 个位于 loxP 之间的序列发生重组。Cre/loxP 系统首先是使目的基因位于 2 个同向的 loxP 位点之间,然后在 ES 细胞内发生同源重组,选择性标记筛选后,将其注入胚囊中,最后再注入假孕小鼠子宫内以繁殖转基因小鼠。这与传统的敲除技术一样,但是产生的小鼠却与正常小鼠表型一致,仅在基因组上目的基因的两端含有 loxP 位点。当 Cre 出现时,loxP 位点间的目的基因被敲除(图 2.19)。因此,这个系统不但需要目的基因位于 loxP 位点间的转基因小鼠,还需要 Cre 转基因小鼠。将 Cre 序列的前端插入组织特异性的启动子,就使得 Cre 在特定的组织或细胞中表达,导致这些组织或细胞中的靶基因被敲除,而其他组织或细胞中 Cre 不表达,靶基因不会被改变,也就形成不同组织特异性的 Cre 转基因小鼠(Lakso et al,1992;Rajewsky et al,1996)。因此,当目的基因位于 loxP 位点间的转基因小鼠与组织特异性的 Cre 转基因小鼠交配后,则目的基因就可在特异的组织中被敲除,达到了敲除组织类型上的控制。

2.2.2.6 连续基因打靶策略

在实际研究中,人们往往需要获得 2 个等位基因都被敲除的动物个体。在小鼠中,由于其生殖周期不是很长,一般通过杂交的方法获得双等位基因敲除小鼠。然而在大动物中,由于其生殖周期都很长,如果采用杂交育种的方法获得双等位基因敲除的个体往往需要花费很长的时间。尤其是牛,不但生殖周期长,而且是单胎动物,通过杂交育种获得纯合的基因敲除牛约需要 6 年的时间(Yang,et al,2004)。

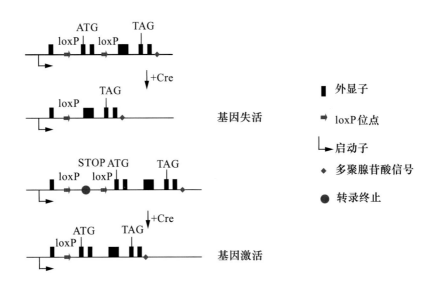

图 2.19 Cre 重组酶介导的 DNA 片段的删除

通过删除 2 个方向一致的 loxP 位点之间的基因编码框序列可以实现基因失活的目的；反之，通过删除 2 个方向一致的 loxP 位点之间的转录终止序列可以达到激活某基因表达的目的。

(Sorrell，Kolb，2005)

2004 年，Kuroiwa 等人在对 2 个不同的基因——*IGHM* 基因和 *PRNP* 基因进行打靶时，提出了连续基因打靶(sequential gene targeting)策略，不仅解决了双等位基因敲除的问题，还成功实现了同一细胞中对多个基因进行打靶(Kuroiwa，et al，2004)。针对体细胞体外培养寿命有限不能在同一细胞系中进行多次基因操作的缺点，他们采用取早期胚胎建立胎儿成纤维细胞系的方法再克隆恢复细胞活力，在新的细胞系中用不同的真核抗性基因对第 2 个等位基因进行打靶，获得的双等位基因敲除的细胞作为核供体进行核移植，再取克隆胚胎建系，经过 Cre/loxP 系统对其中的标记基因进行去除后再克隆再建系然后再对第 2 个基因进行打靶。利用连续打靶的方法，他们对 2 个不同的基因实现了 4 次基因打靶，仅用 14 个月就可以获得某一基因的双等位基因敲除牛(图 2.20)。2009 年，该课题组又利用连续基因打靶的策略实现了对 2 个免疫球蛋白基因的 4 次基因打靶以及 1 次转基因操作，经过 6 次克隆后获得了表达人多克隆抗体的克隆牛(Kuroiwa，et al，2009)。

2.2.3 新型基因编辑策略

2.2.3.1 基因抓捕技术

基因抓捕又称为 ET 克隆(ET-cloning)或者 Red 重组技术(red recombineering)，是近年来兴起的遗传工程新技术。在 RecE/RecT 或者 Redα/β/γ 蛋白酶的作用下仅仅通过约 50 bp 长度的同源臂就可以在大肠杆菌体内高效地完成同源重组，实现特定 DNA 序列的亚克隆、插入、删除以及碱基的定点修饰，而且对同源臂序列组成没有特异性要求(Zhang，et al，1998；Copeland，et al，2001)。其中 RecE 和 Redα 功能类似，编码一种 $5' \rightarrow 3'$ 的核酸外切酶，能够从

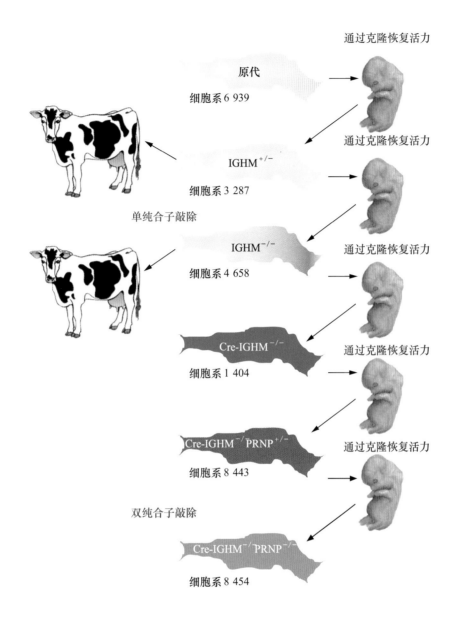

通过克隆恢复活力

原代

细胞系 6 939

通过克隆恢复活力

IGHM$^{+/-}$

细胞系 3 287

单纯合子敲除

通过克隆恢复活力

IGHM$^{-/-}$

细胞系 4 658

通过克隆恢复活力

Cre-IGHM$^{-/-}$

细胞系 1 404

通过克隆恢复活力

Cre-IGHM$^{-/-}$ PRNP$^{+/-}$

细胞系 8 443

双纯合子敲除

通过克隆恢复活力

Cre-IGHM$^{-/-}$ PRNP$^{-/-}$

细胞系 8 454

图 2.20 牛成纤维细胞中连续基因打靶的流程图

(Kuroiwa,et al,2004)

DNA 链的 5′端向 3′端降解,形成双链 DNA 的 3′黏末端;RecT 和 Redβ 功能相同,编码一种单链 DNA 结合蛋白,可以结合到 3′黏末端,促进链退火(参考图 2.21);Redγ 编码的蛋白能抑制大肠杆菌核酸外切酶 RecBCD 的活性,虽不是重组过程必需的,却能显著提高重组的效率(Liu,et al,2003)。

2.2.3.2 RNAi 介导基因敲除

2006 年 10 月 2 日,诺贝尔生理学或医学奖被授予 2 位年轻的科学家,即 47 岁的 Andrew Z. Fire 和 45 岁的 Craig C. Mello(图 2.22),以表彰其在 RNAi 及基因沉默研究领域所做出的

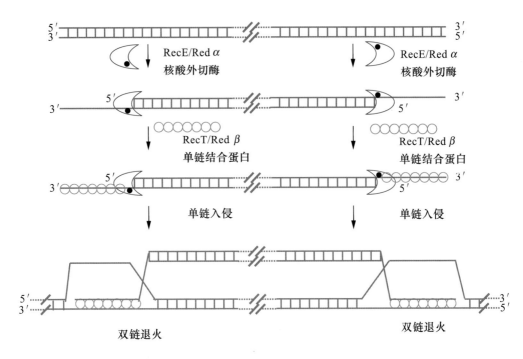

图 2.21　基因抓捕技术（ET 克隆/Red 重组）基本原理示意图

杰出贡献。这距离他们 1998 年在《Nature》杂志上发表研究成果仅 8 年时间，足以证明这项技术带给科学界的巨大影响。

（A）Andrew Z.Fire　　　　　　（B）Craig C.Mello

图 2.22　2006 年诺贝尔生理学或医学奖得主

RNAi 是指由内源性或外源性双链 RNA（double‐strand RNA，dsRNA）介导细胞内 mRNA 发生特异性降解，从而抑制或者沉默靶基因表达的现象（参考图 2.23）。1990 年，Jorgensen 等在植物中发现了这一现象。为加深矮牵牛花的紫色，他们将一个强启动子控制表达的色素基因导入了植物体内，结果许多花瓣颜色不但没有加深，反而呈杂色甚至白色。

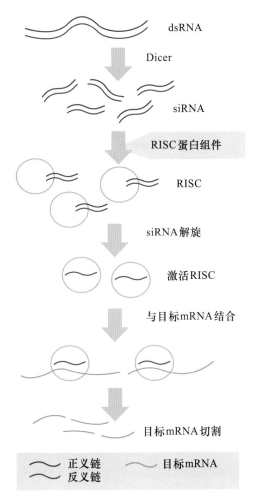

图 2.23 RNAi 分子原理

红色为正义 RNA 链;蓝色为反义 RNA 链;绿色为目标 mRNA。dsRNA 触发了高效的基因沉默机制并极大降低了靶 mRNA 水平,达到干扰基因表达的目的。

(http://www.ambion.com/techlib/append/RNAi_mechanism.html)

Jorgensen 等(1996)将其命名为共抑制(co-suppression),意为内源和外源基因的表达共同被抑制。Guo 等在线虫中进行反义 RNA 实验时,也观察到正义 RNA 具有很高的基因沉默活性,可惜他们只是在文章中报道了这一现象,而没有对其进行解释(Yu,et al,2005)。1998 年,Andrew Fire 和 Craig Mello 将反义 RNA 和正义 RNA 同时注射到秀丽隐杆线虫(*Caenorhabditis elegans*)中,发现比单独注射反义 RNA 诱导基因沉默的效率高 10 倍。由此他们推断,双链 RNA 能够触发和引导高效的基因沉默机制,降低靶基因 mRNA 水平。接着,在果蝇中也发现了 RNAi 现象(Kennerdell,Carthew,2000)。大量研究表明,RNAi 是一个广泛存在于从低等的原核生物、真菌、植物、无脊椎动物到哺乳动物的生命现象。从遗传学、分子生物学和生物化学角度进行的研究指出,转录后基因沉默(PTGS)和 RNAi 机制可能在生命进化的早期就存在。有观点认为,转录后基因沉默可能是进化过程中形成的一种抵御转座子随机插入基因组或者 RNA 病毒侵入的防御机制,作为一种生物体进化保守的防御机制而存在。上述结论和观点解释了此前一系列令人们感到困惑的现象,揭示出一种新的遗传信息流动的控制机制。至此,RNAi 被用来作为进行基因功能以及其他生物学问题研究的技术方法,为生命科学开拓了一片新的研究领域(参考图 2.24)。

在线虫、植物、真菌等物种中的 RNAi 具有持续性、特异性以及可传递性等特点,RNAi 信号在细胞之间的传递和扩增是系统性基因沉默所必需的。不同物种基因沉默的基本过程非常相似,但就 RNAi 信号的扩增与否却存在着很大差异。高等动物 RNAi 的效率远比线虫的低,也未发现 RNAi 信号的传递与系统性基因沉默现象。或许正是这种差异反映了不同物种之间基因沉默机制和功用的本质差别,RNAi 的某些功能在生物进化过程中被更有效的机制所替代,如哺乳动物的干扰素效应。RNAi 信号扩增的机制仍不很清楚,能否在高等动物细胞引入 RNAi 信号扩增机制使 RNAi 的效率大大增加还需要深入地研究。

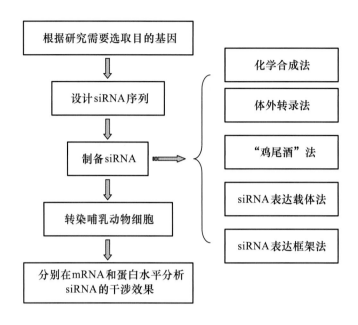

图 2.24　RNAi 实验设计方案流程

[参阅资料]

据诺贝尔奖官方网站消息,当地时间 10 月 2 日上午 11 时 30 分(北京时间 17 时 30 分),瑞典皇家科学院诺贝尔奖委员会宣布,将 2006 年度诺贝尔生理学或医学奖授予 2 名美国科学家安德鲁·法尔和克雷格·梅洛,以表彰他们发现了 RNAi 现象。法尔和梅洛将分享奖金。法尔和梅洛将分享一千万瑞典克朗的奖金(137 万美元、107 万欧元)。

安德鲁·法尔出生于 1959 年,美国公民,1983 年获美国麻省理工学院生物学博士学位,现任斯坦福医学院病理学和遗传学教授。克雷格·梅洛出生于 1960 年,美国公民,1990 年获得哈佛大学生物学博士学位,现任马萨诸塞州医学院分子医学教授。

卡罗林斯卡医学院在颁奖声明中称,今年诺贝尔医学奖获得者发现了一个有关控制基因信息流程的关键机制。人们的基因组通过从细胞核里的 DNA 向蛋白质的合成机制发出生产蛋白质的指令运作,这些指令通过 mRNA 传送。美国科学家法尔和梅洛公布了他们发现一种可以从特定基因降解 mRNA 的方式,在这种 RNAi 现象中,双链 RNA 以一种非常明确的方式抑制了基因表达。

植物、动物、人类都存在 RNAi 现象。这对于基因表达的管理、参与对病毒感染的防护、控制活跃基因具有重要意义。RNAi 已经作为一种强大的"基因沉默"技术而出现。这项技术被用于全球的实验室来确定各种病症中哪种基因起到了重要作用。RNAi 作为研究基因运行的一种研究方法已被广泛应用于基础科学,它可能在将来产生新的治疗方法。

获得今年诺贝尔生理学奖或医学奖的美国科学家克雷格·梅洛今天称,他曾认为有关基因信息流程的研究可能有一天会获得诺贝尔奖,但他没有想到这一刻会来得这么快。他的同事安德鲁·法尔称,诺贝尔奖委员会半夜打来的电话使他感到很惊讶。

在美国马萨诸塞州医学院工作的梅洛与在斯坦福大学医学院工作的法尔分享了一千

万瑞典克朗(137万美元)的奖金。克雷格·梅洛在他位于马萨诸塞州的家中表示:"这令人感到惊奇。我至今仍难以相信自己获奖了。我曾想到我可能会获奖,但我现在只有45岁。我想我可能在10年或20年后获奖。"47岁的安德鲁·法尔则称,诺贝尔委员会的电话通知使他感到很惊讶。他在接受电话采访时称:"我可能在是做梦,或者诺贝尔委员会打错了电话。我最感激的是我的工作得到了承认。"

瑞典卡罗林斯卡医学院宣布,安德鲁·法尔和克雷格·梅洛在基因技术的使用方面提供了"令人激动的可能性"。这2位科学家进行的实验发现了一种有效中止有缺陷的基因运转的机制,这为研发控制这种基因和与疾病作斗争的新药提供了可能性。安德鲁·法尔称:"克雷格和我的工作是研究为什么一些基因会停止运行,我们试图去控制它们,我们发现了一些东西可以有效地中止它们。知道这些基因并不能告诉你它们能做什么,所以如果你能中止它们,你就可以开始了解它们能做什么。"

不过,最初发现RNAi现象的是一位华人学者,可惜他没有进一步弄清这是为什么。

——《2006诺贝尔医学奖:花落RNAi》生物谷报道

2.2.3.3 转座子介导的基因编辑技术

转座子又称跳跃因子,其实质是基因组上不必借助于同源序列就可移动的DNA片段。它们可以直接从基因组内的一个位点移到另一个位点。自1951年美国McClintock在玉米中首先发现了DNA转座子以来,转座子已成为各种生物基因分析的有效工具之一。利用转座子特有的转座功能,可以将带有标记的转座子插入目的基因或基因组,从而产生了转座子标签技术、转座子定点杂交技术、转座子基因打靶技术和非病毒载体基因增补技术等。

1. PiggyBac 转座子介导基因编辑

PiggyBac(PB)转座子来源于鳞翅目昆虫,最初是1989年Cary在杆状病毒侵染粉纹夜蛾 *Trichoplusiani* 昆虫 TN-368 细胞株时首次分离得到的。PB在分类上属于真核生物第2类转座子,全长 2 472 bp,含有1个RNA聚合酶II启动子区和1个聚腺苷酸信号。该信号侧面为约1.8 kb开放读码框,编码1个68 ku的转座酶。该转座酶是转座子高频率的切出和转座所需的。PB转座子的末端是长13 bp的反向重复序列,两端还不对称地分布着19 bp的亚末端反向重复序列(图2.25)。PB转座子属于DNA转座子,其转座也遵循"切割-粘贴"机制。与其他转座子不同,PB可以在动物体内进行准确的切出和转座,切出和插入时都需要其本身编码的转座酶的作用,并发生在特征性(TTAA)核苷酸序列目标位点(图2.26)。

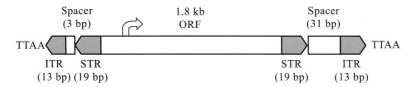

图 2.25 全长为 2 472 bp 的可自主转座的 PB 转座子(各部分长度非等比例)

ITR 为反向末端重复;Spacer 为间隔区;STR 为亚末端方向重复。

PB转座子的准确切出和转座为获得转基因动物提供了条件。转座子在切出时总是伴随着转座,在转座时能够携带外源基因进入受体基因中,并且允许其在新的基因组中表达。携带的基因没有大小限制且能长期稳定地表达。PB转座子在转基因昆虫的研究中应用十分广泛,目前已成功获得转基因地中海果蝇、黑腹果蝇和家蚕。此后,有研究人员将一种源于飞蛾的 PB 转座子用于小鼠和人类细胞的基因功能研究,他们发现,PB 转座子可在哺乳动物细胞和小鼠中高效转座(图 2.27),并成功培育出带有荧光的转基因小鼠(Ding,et al,2005)。这是在世界上首次创立了一个高效实用的哺乳动物转座子系统,为大规模研究哺乳动物基因功能提供了崭新的途径。随后利用 PB 转座子系统对哺乳动物转基因的研究如火如荼地展开了。2007 年,Sen Wu 等利用 PB 转座子与 Cre-loxP 系统相结合培育出大量基因突变小鼠进行了广泛的功能基因研究。2009 年,Woltjen 及 Yusa 课题组开展利用 PB 转座子进行多因子转移诱导 iPS 重编程的研究。

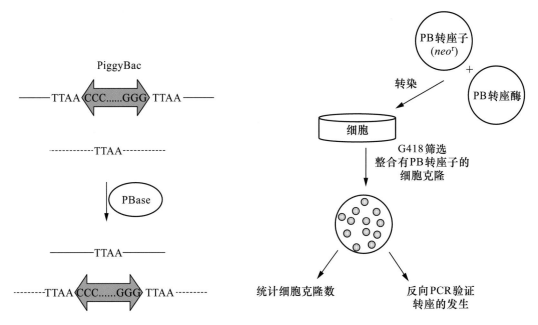

图 2.26　**PB 转座子的"切割-粘贴"转座方式**　　图 2.27　**检测 PB 转座子在哺乳动物细胞中的转座活性**

目前 PB 转座子是哺乳动物中转座活性最强的 DNA 转座子。它的优势如下:

①整合效率高。

②承载容量大,可同时携带多个基因。

③外源基因可长期稳定地表达。

④转基因以单拷贝形式整合,易于模拟内源基因的表达。

⑤可用非损伤性的可见标记代替 PCR 等传统方法在活体中跟踪外源基因。

⑥易于确定整合位点。

基于上述理由,PB 转座子在介导体外细胞转基因、转基因动物培育、动物体内引起基因诱变以及基因治疗等领域都具有广泛的应用前景。

2. Sleeping Beauty 转座子介导基因编辑

Sleeping Beauty(SB)转座子又称"睡美人",属于 Tcl/mariner 家族,在结构上与Ⅱ型短的插入性转座子相关,在分类上属于第 2 类型。这一类型的转座子还包括 Hobo、Hermers、mariner、Tcl、CA 和 PiggyBac 等。SB 转座子全长 1.6 kb。与其他转座子相似,它也是由转座酶基因和两端的反向重复序列组成(图 2.28)。转座酶基因的开放式阅读框编码 340 个氨基酸的蛋白质。它可以与两端的反向重复序列相结合,促进转座的发生,主要包括 5 个保守结构域:N端的DNA结合域;靠近转座酶中心的一段未知功能的富糖结构域;C端催化转座的DDE 3个区域。SB转座子的末端反向重复序列(inverted terminal repeats,ITRS)大约长为230 bp,由外侧的32 bp末端反向重复序列(IR)、内侧与IR相似的同向重复序列(DR)及两者间相距的165~166个碱基3个部分组成(图2.28)。2个ITRS的DR均能与转座酶相结合,这是高效转座所必需且位置不可互换。在转座子两端ITRS的外侧存在的TA双核苷酸,对于转座是非常重要的,去除任意一端的TA会使转座效率明显降低。若将两端的TA均除去,则转座子完全失去转座功能。

末端反向重复序列:5′—CAGTtGaaGTCgGAAGTTTACATACACTtA—3′
同向重复序列:5′—CAGTgG—GTCaGAAGTTTACATACACTaA—3′

图2.28　SB转座子结构示意图

SB和PB一样,都是采取“切割-粘贴”的转座方式。整个转座过程分为以下4步(Izsvak, Ivics,2004):

第1步,转座酶结合到DR内的位点上。

第2步,突起复合物的形成。

第3步,从原整合位点切除。

第4步,整合到新的靶位点(图2.29)。

在转座的起始阶段,转座酶能从仅相差3个碱基对的序列中特异性识别DR区。在SB转座子切除的过程中,转座子末端产生一个向内3个核苷酸的交错切口,在转座子后面的供体位点也产生一个3′端悬垂,然后一些非同源性末端连接因子将链接处修复。这样就产生了3个碱基的转座子足迹(Luo,et al,1998;Izsvak,et al,2004)。但不同修复因子对应的修复机制不同,因此,转座子足迹也不完全相同(Liu,et al,2004)。

SB转座子能将LacZ和GFP等报告基因整合,进入多个物种和细胞系中,并可以稳定地表达。Dupuy等(2002)将带有GFP或agodi基因(决定小鼠毛色)的转

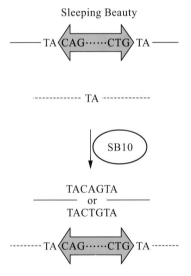

图2.29　SB转座子的“切割-粘贴”转座方式

座子线性化后,与体外转录的编码SB10转座酶的mRNA一同注射入小鼠的单细胞胚胎中,结果显著提高了转基因效率,转入的外源基因也能通过生殖细胞传递给后代。Harris等(2002)选取稳定转染SB-RFP质粒的克隆放于不含G418的培养基中继续传代培养6个月,有90%的HeLa细胞仍可以高效地表达红色荧光蛋白,表明外源基因已经稳定地整合到染色体中。

SB 作为基因转移载体具有以下优势:

①结构简单,与外源基因共同整合进入受体基因组的只是两侧各 250 bp 的 IR/DR 序列,对外源基因的影响较小,在整合位点也没有发现大片段的丢失和染色体重排现象。

②与反转录病毒载体相比,对插入片段的长度限制较小。

③转座的外源基因可以稳定地整合到染色体中,而且通过生殖细胞传代后也能够长期表达。

④转座酶可以催化单拷贝的基因精确插入受体序列中,不再依靠随机整合且插入片段的大小也不会发生变化。

⑤转座子系统可全部以裸露的 DNA 形式给予,也可以 DNA(转座子)与 RNA/蛋白质形式提供的转座酶相结合进行转座,所以,其免疫原性较低。

2.2.3.4 **诱导多能干细胞转基因技术**

诱导多能干细胞转基因技术,最早是 2006 年由日本东京大学再生医学研究院的 Yamanaka 及其同事在《细胞》杂志上提出的(Takahashi,Yamanaka,2006)。他们通过逆转录病毒载体向小鼠胚胎成纤维细胞和成年小鼠尾部皮肤成纤维细胞中导入编码 4 种限定因子(Oct4、Sox2、Klf4 和 c-Myc)基因,可使成纤维细胞逆向重编程回到胚胎干细胞样状态,并将这种类似于胚胎干细胞的多能性细胞称之为诱导多能干细胞(induced pluripotent stem cells,iPS 细胞)(图 2.30)。该细胞

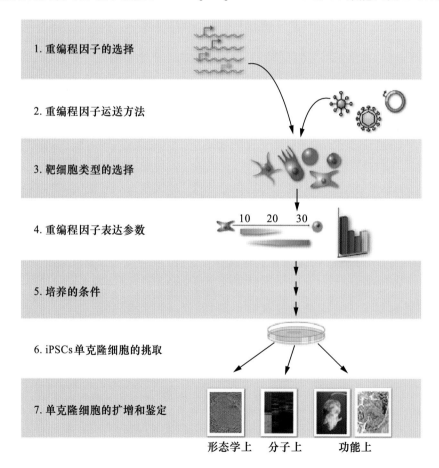

图 2.30 **诱导多能干细胞的技术步骤**

(Maherali,Hochedlinger,2008)

在细胞形态和生长特性方面与小鼠 ES 细胞非常相似,且能表达 ES 细胞表面标记物;皮下注射到免疫缺陷鼠体内可产生畸胎瘤。这一研究结果证实了分化细胞可以通过外源导入少数几个限定因子基因而被重编程回到多能性状态,因而受到了整个生命科学领域的广泛关注。它一方面在疾病治疗方面有广阔的应用前景;另一方面,它在转基因研究和克隆上也具有潜在优势。2007 年,日本(Takahashi,et al,2007)和美国(Yu,et al,2007)的 2 个研究小组在同一天发布,建立了人的 iPS 细胞系。

[参阅资料]

两组研究不谋而合!

2007 年 11 月 20 日,美国和日本的 2 个科学小组同时宣布,它们的研究人员成功地将人体皮肤细胞改造成了几乎可以和胚胎干细胞相媲美的干细胞。这一成果有望使胚胎干细胞研究避开一直以来面临的伦理争议,从而大大推动与干细胞有关的疾病疗法研究。该项研究分别在美国《科学》杂志和《细胞》杂志上发表了关于同一研究成果的报告。在这场科研竞赛中"同日撞线",并将分别获得专利。

不仅如此,2 个研究小组制造人工干细胞的思路也不谋而合。他们都从人体中提取了一种名为"纤维原细胞"的皮肤细胞,然后向其中植入 4 种新基因。这些基因能对皮肤细胞本身的基因进行重新编排,从而制出一种名为"iPS"的细胞。它具有类似胚胎干细胞的功能,能够最终培育成人体组织或器官。

所不同的是,詹姆斯·汤姆森实验室的"纤维原细胞"来自一名新生儿的阴茎包皮,而由京都大学教授山中伸弥领导的研究小组则是从一名 36 岁女性的脸部提取的细胞。此外,2 个小组选择的 4 个"重组基因"也有一半不同,制造出的 iPS 细胞的基因组合和最终培育出的人体组织细胞也不同。

传统上转基因小鼠的生产主要是通过胚胎干细胞介导的方法。然而目前胚胎干细胞仅在小鼠、大鼠和人的早期胚胎中分离到,家畜如猪、牛、羊等大动物还没有成功建系,所以,家畜的转基因生产还是体细胞核移植。这些动物在转基因上与小鼠相比,效率低很多。其主要原因如下:

①成纤维细胞与 ES 细胞相比生长缓慢,容易衰老,不易获得大量的阳性细胞。

②体细胞核移植成功率很低,只有 1‰~5‰,所以,成功生产转基因后代需要付出更大的代价。

动物的 iPS 细胞由于和 ES 具有极类似的功能,可以克服以上的不足,极大地提高体细胞克隆的效率。iPS 细胞是体细胞的体外重编程,完全或一定程度上被逆转到多能性的状态,在后续的核移植中将会显著提高转基因生产的效率。可以说,iPS 技术对动物转基因生产将是革命性的。

相信随着猪、牛、羊等大动物的 iPS 细胞被陆续诱导成功,一旦 iPS 细胞在家畜上被证明能用于生产克隆动物,它在转基因研究和克隆上具有的潜在优势也必将逐渐浮现出来,有助于人们借助此类细胞开展动物转基因、基因打靶等对供体细胞要求苛刻的研究,丰富体细胞克隆的供体细胞选择,服务于畜牧业的发展(图 2.31)。

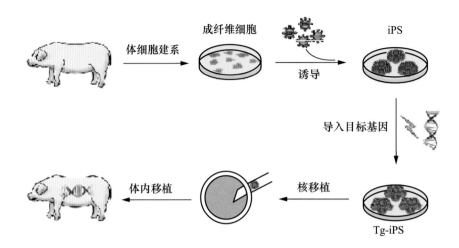

图 2.31　应用 iPS 细胞技术生产转基因家畜（猪）

［参阅资料］

　　Shinya Yamanaka 在回日本之初曾有一段没有帮手而自己养 400 只小鼠的痛苦经历，并得了一种病即 PAD［Post America Depression（从美国回去后的沮丧症）］。独立建实验室之后还是没有研究生愿意到他的实验组。为了吸引学生，Yamanaka 提出了一个非常 ambitious 的目标：把分化后的细胞逆转成多能干细胞。他的假设是存在 maintain 干细胞多能性的转录因子，如果把这些转录因子过表达，可能会实现细胞分化的逆转。

　　他根据已有的线索找到了 24 个在干细胞中高表达而在分化细胞低表达的转录因子。他把抗 G418 的基因 knock in 到其中一个转录因子，建立了一个简便的区分干细胞和分化细胞的办法。也就是这个 knock in 小鼠的干细胞因为这个因子高表达，所以是抗 G418 的，而分化的细胞却会被 G418 杀死。

　　他的一个学生将这 24 个因子一一转到分化的 MEF 细胞中（G418 敏感），试图筛到抗 G418 的克隆，不过实验失败了。这时他的学生提出了一个非常大胆的提议，就是同时把 24 个因子转到 MEF 中。结果就真筛出了几十个抗 G418 的克隆。那么究竟这 24 个因子中哪些因子是最重要的呢？他们从这 24 个因子中每次去掉一个因子再转化，于是就鉴定出 4 个最重要的因子。若去掉其中一个因子就不能产生克隆（其中 cmyc 不是必需的，但是去掉后克隆数减少很多）。

　　于是一个划时代的工作诞生了！

2.2.3.5　锌指核酸酶介导基因打靶

　　利用锌指蛋白分子特异结合 DNA 序列的特性，Kim 等（1996）首先研制出在体内高效特异切割双链 DNA 的锌指核酸酶（zinc finger nucleases，ZFN）。ZFN 由三部分组成：N-末端锌指 DNA 结合域（3 个或 3 个以上锌指结构域），能够高度特异地识别靶位点；可变的中间连接区；C-末端 Fok Ⅰ 限制性内切核酸酶的催化域，能够非特异地切断 DNA 双螺旋分子（图 2.32）。在最初的研究中认为，ZFN 以单体的形式催化特异 DNA 序列的断裂（Smith，et al，

1999）。但是随着对锌指核酸酶进一步的深入研究发现,该酶以二聚体的方式发挥作用,最佳的反应条件是两锌指结合位点方向相反,且2个结合位点之间有6个核苷酸的空间序列。酶切反应不仅在体外发挥作用,在体内同样能高效地产生DNA双链断裂(DNA double-strand breaks,DSBs),诱发同源重组的发生(Bibikova,et al,2001;Smith,et al,2000)。在酵母和真核细胞中,靶基因上引入DSB后,同源重组的频率提高3～4个数量级(Brenneman,et al,1996;Choulika,et al,1995;Sargent,et al,1997;Smith,et al,1995)。在哺乳动物细胞中,ZFN的存在使同源重组频率提高了上千倍(Porteus,Baltimore,2003)。除此之外,在哺乳动物细胞中,DSB修复还包括非同源重组的末端连接(non-homologous end-joining,NHEJ)。NHEJ是把2个DNA末端直接连接起来,也容易在DNA断裂区域引入突变,如小的插入和缺失等(Valerie,Povirk,2003)。

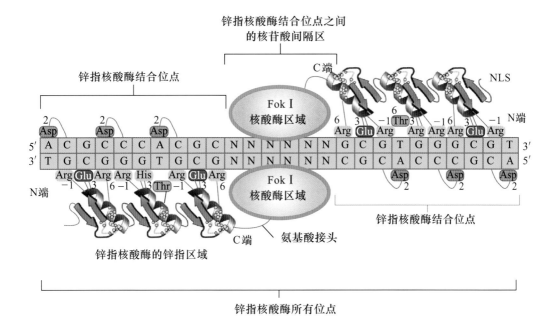

图 2.32　锌指核酸酶结构和作用方式

由于锌指蛋白分子组合构成的嵌合型限制性内切核酸酶具有较强的灵活性,不同锌指蛋白分子相互组合,可以特异结合不同的DNA序列。所以,自2000年起,其应用广泛,为基因的定点修饰方面做出了卓越贡献(参考图2.33)。2005年,Urnov等研究发现,ZFN可以识别人细胞内源 *IL2RG* 基因,刺激11%的细胞在 *IL2RG* 一个等位基因上发生基因打靶,6.5%的细胞在2个等位基因上都发生了同源重组(Urnov,et al,2005)。Moehle等研究证明,利用含4个锌指ZFN产生DSB,可将一段新的DNA序列插入人类细胞基因组特定位点,效率高达15%。在无选择压力条件下,ZFN可将含有3个不同转录单位的8 kb序列插入到基因组相应位点,效率高达6%(Moehle,et al,2007)。ZFN介导的基因打靶技术使在动植物基因组对现基因的精细修饰可操作性大大增加,克服了以往基因打靶技术中的最大难题——打靶效率。目前利用锌指核酸酶来提高基因打靶效率的方法在动植物中已经广泛被应用(表2.5)。

表 2.5　锌指核酸酶在不同物种之间基因打靶

年份	物种	基　　因	打靶类型	打靶效率*	ZFN 形式
2001	爪蟾卵母细胞	质粒(含有重复序列)	基因修复	与 ZFN 蛋白注射量成正比	蛋白质注射
2002	果蝇	黄色基因(y gene)	基因敲除	50%(雄性体细胞)	表达质粒
2003	293 细胞	GFP(功能缺失后整合在基因组内)	基因修复	30%	表达质粒
2004	拟南芥	基因组序列(含有单一酶切位点)	点突变	20%	表达质粒
2005	人 T 细胞	免疫缺陷基因(IL2RG)	基因修复	18%	表达质粒
2005	烟草	新霉素磷酸转移酶(NPTⅡ)	基因修复	20%	表达质粒
2005	293 细胞	CD8 基因(阳性率 85%)	基因敲除	CD8 基因阳性率由 85% 下降到 20%	表达质粒
2006	293 细胞	8 kb 外源基因	基因敲入	6%	表达质粒
2006	果蝇	y、ry、bw 基因	基因敲除	25%	表达质粒
2007	人类干细胞	IL2RG 基因	基因修饰	13%～39%(293 细胞系) 5%(干细胞)	病毒载体
2007	CHO	DHFR	基因修复	≥1%	表达质粒
2008	斑马鱼受精卵	生长因子-2 受体(kdr)	基因敲除	20%	注射 mRNA
2008	斑马鱼受精卵	金色和无尾基因 (golden and no tail gene)	基因敲除	20%	注射 mRNA

*基因打靶效率指在细胞中单个等位基因发生基因打靶的效率。质粒表达是指在受体细胞中转染锌指核酸酶表达质粒。注射 mRNA 和蛋白质注射是指直接在受体细胞注射。

2.2.3.6　miRNA 介导基因沉默

微小 RNA(microRNA,简称 miRNA)是生物体内源长度为 20～23 个核苷酸(在 3′端可以有 1～2 个碱基的长度变化)的非编码小 RNA。它本身不具有开放阅读框架(ORF)。成熟的 miRNA 5′端有一磷酸基团,3′端为羟基。这一特点使它与大多数寡核苷酸和功能 RNA 的降解片段区别开来。它通过与靶 mRNA 的互补配对而在转录后水平上对基因的表达进行负调控,导致 mRNA 的降解或翻译抑制。到目前为止,已报道有几千种 miRNA 存在于动物、植物、真菌等多细胞真核生物中,进化上高度保守,此外还具有时序性和组织特异性。

微小 RNA 介导的基因沉默不同于 RNAi,这是一种新的不依赖于 RNAi 的基因沉默机制。早在 2007 年,《Nature》上 2 篇论文报告了关于用微小 RNA 来进行基因沉默的研究结

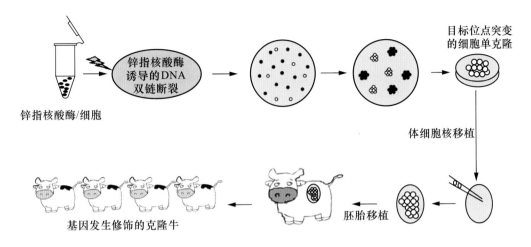

图 2.33 应用 ZFN 技术生产转基因家畜(牛)

果。Chendrimada 等(2007)发现,三分子复合物 RISC(该复合物已知能产生微小 RNA)与 MOV10 复合物发生相互作用,后者包括核糖体抗关联因子 eIF6。这一发现表明,eIF6 所起 的作用是在演化过程中保留下来的由微小 RNA 引导的基因沉默的调控因子。Rolf Thermann 和 Matthias Hentze(2007)发现,果蝇的微小 RNA"miR2"通过生成与核糖体非常 相似的大 miRNA 复合物来阻止蛋白形成,而所形成的"假多核糖体"中的信使 RNA 的作用 便被有效阻止了。2010 年,Basel Khraiwesh 等取得重大发现,DNA 甲基化引起的表观遗 传学沉默过程是由 miRNA 调控的靶 RNA 的转录率决定的。该研究结果作为该年度 《Cell》杂志第 1 期的封面发表(图 2.34)。这些研究都进一步揭示了生物体中基因沉默的 多样化。

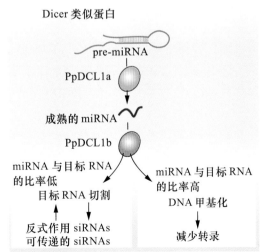

图 2.34 miRNA 调控的靶 RNA 的转录率决定了
DNA 甲基化引起的表观遗传学沉默过程

2.3 动物基因组编辑技术的困难与展望

2.3.1 动物基因组编辑技术亟待解决的问题

动物基因组编辑技术是人类按着自己的意愿去改变动物的遗传组成,涉及生物学、畜牧学、分子遗传学和细胞遗传学等多门学科的知识,是一项富有挑战性的实验技术。动物基因组编辑在改善畜产品质量、提高生产能力、研究人类疾病模型、生产生物医药产品等方面都显示出了广阔的应用前景。然而,动物基因组编辑技术在研究过程中也存在着一些迫切需要解决的问题。

2.3.1.1 基因打靶技术存在的问题

基因打靶效率始终是一个最关键性的问题,也是限制该技术广泛应用的主要因素。基因打靶研究中存在的问题主要有以下几个方面:

其一,由于同源臂的长度是影响基因打靶的关键因素,一般同源序列的总长度需要 10 kb以上,因此,基因打靶载体的构建比较困难。

其二,基因定向敲除的成功率很低,检测发生同源重组细胞的工作比较困难,所需时间比较长,尤其是在体细胞中进行基因打靶还必须考虑细胞寿命的问题。

其三,尽管小鼠的繁殖周期为 19～21 d,但从定向敲除干细胞基因到筛选出具备理想基因型的基因敲除小鼠模型依旧耗时极长,而在体细胞中进行基因打靶,效率一般会比在小鼠 ES细胞中低 2 个数量级(约为 10^{-6})(Koller,Smithies,1992;Waldman,1992),并且由于克隆技术本身的问题导致基因敲除存活动物不易获得。

其四,最为重要的问题是基因敲除后该基因的功能可能被其他基因的代偿作用填补,因此,并不表现表型缺陷。

Gerlai 等指出,目前基因敲除的结果忽略了背景基因的作用,由于敲除基因的缺失,动物机体可能产生一种雪崩式的代偿过程,引起基因的第 2 次改变,因此,有理由相信一个复杂的表型改变与某一特定的基因不是完全一对一的因果关系。对于如何消除背景的混淆效应,一个经典的方法是回交,从而降低背景基因发挥作用的可能性。另一种方法是导入一个外源基因或直接导入蛋白,恢复丢失的功能,如果突变动物表型转为正常,说明表型的改变与基因敲除有关。

2.3.1.2 转基因技术存在的问题

在对转基因动物研究中存在的问题主要包括以下几个方面:

其一,目前转基因动物研究存在理论基础积累不足的问题,特别是对转基因过程中的精细理论及其过程不甚清楚。

其二,转基因技术支撑体系不够完善,致使目前转基因动物的成功率和成活率极低。这是限制转基因动物发展的主要因素。

其三,外源基因在目的基因中的整合率低,效果不稳定,可能对内源基因产生影响,对宿主基因组造成破坏,也可能激活动物正常情况下关闭的基因,使其表达,进而导致动物出现异常。

其四,转基因动物还存在一些安全性问题。例如,外源基因的插入可能对宿主动物自身有影响,造成基因污染,对生态平衡以及物种的多样性造成威胁;转基因动物制品可能存在有毒性或过敏等食品安全性问题;转基因动物也可能会加大"人畜共患病"的传播机会,危害人类健康。因此,要认真考虑转基因动物的安全性问题,修改或制定相关的法律法规,在保证安全的前提下,使转基因动物发挥其最大的优势,造福于全人类。

2.3.1.3　体细胞克隆技术存在的问题

除了基因打靶效率低下问题之外,在体细胞中还存在的问题是体细胞的体外培养世代是有限的,得到的阳性克隆细胞不仅要用于细胞水平的分子鉴定,还要用于后续的核移植克隆等工作。体细胞基因打靶时,对于体细胞的状态要求比较严格,一般要取早期胎儿细胞进行建系,这样才能保证单个体细胞最后能形成单个阳性克隆,并且保证阳性克隆细胞活力能够用于后续克隆动物的生产。就目前而言,体细胞克隆存在的一些问题主要表现如下:

其一,克隆总体效率不高。现阶段制约动物克隆技术发展的关键问题是克隆胚胎移植后的流产率相当高。研究发现,供体细胞类型对克隆效率有影响。例如,颗粒细胞和胎儿成纤维细胞的克隆效率相对高于其他类型的体细胞。

其二,出生动物成活率低。引起这种结果的原因除核移植胚胎本身的缺陷外,在核移植操作过程中,体外培养体系等一系列过程都可能对胚胎造成损伤。卵母细胞和重构胚在体外的长期培养也会增加基因突变、基因组正常时空表达的改变,从而引起胎儿生长调节失控和发育异常。

尽管基因打靶效率低下一直是科学家难以改变的现实,但是经过不懈努力,这个难关必将会被攻破。借助于 ZFN,使得宿主细胞基因组内产生 DSB,在一定程度上提高了基因打靶效率,这为基因打靶效率的提高打开了一个重要的突破口。此外,伴随着技术的进步,家畜等大动物的 iPS 技术一旦成功获得,势必极大地提高在这些动物中进行基因组编辑和克隆的效率。

2.3.2　动物基因组编辑技术展望

自转基因动物问世以来,动物基因组编辑技术得到迅猛发展,为转基因动物和基因敲除动物的制备提供了更多更好的平台。通过生殖干细胞法提高了转基因的效率,通过基因打靶技术实现了外源基因的定点整合,而发展基因打靶技术,将其与 RNAi 结合在一起,使目的基因表达的时间和空间可控性成为可能,也为基因的精确调控提供了全新的途径。另外,转基因动物和基因敲除动物又能够作为 miRNA 功能研究、iPS 细胞研究等近几年一系列热点问题的研究工具,新技术提供了更多新的思路,从而给人类的医药卫生、家畜改良等领域带来革命性的变化,特别是作为生物反应器以及在药物生产和供人类移植所用器官的生产等方面,其经济效益和社会效益将是难以估量的。

但是目前转基因、基因敲除动物的应用主要集中在医药方面,在食品工业上的应用很有限。其主要原因是转基因和基因敲除的效率太低,建立优良转基因动物品系的时间太长。今后的工作还应集中在现有的技术水平上建立更加简便、经济、有效的动物基因组编辑技术,制备出基因能稳定遗传的有生产应用价值的健康动物。随着家畜基因组计划的完成,人类将更有针对性地改良家畜基因,把外源基因插入到对动物生长影响较小的 DNA 片段中,从而克服随机整合和异常表达给家畜健康带来的问题;而基因打靶等新的转基因技术创造了这种可能。同时,动物基因组编辑技术的发展需要更多的相关法律法规给予一定的支持。

总之,动物基因组编辑的研究是一个需要不断探索和创新的过程,寻找简易、可靠、高效的编辑技术成为转基因动物的关键。纵观 20 多年的发展,相信经过科学工作者的不断探讨,结合各种生物技术,不久的将来会出现更加简便、更加新颖的动物基因组编辑技术,更多的基因改造动物及其相关的产品必将走向产业化和市场化,改善人们的生活水平,对人类的生产和发展起推动性的作用。

参 考 文 献

[1] 王少华. 2009. 利用无启动子打靶载体研制朊蛋白基因敲除奶牛:博士学位论文. 北京:中国农业大学.

[2] 周江. 2001. 基于 Cre/LoxP 系统的 Smad2 条件基因打靶小鼠的建立:博士学位论文. 北京:中国人民解放军军事医学科学院.

[3] 娄彦坤. 2008. 在猪和小鼠中沉默肌肉生长抑制素基因表达的研究:博士学位论文. 北京:中国农业大学.

[4] Askew G R,Doetschman T,et al. 1993. Site-directed point mutations in embryonic stem cells:a gene-targeting tag-and-exchange strategy. Mol Cell Biol,13(7):4115-4124.

[5] Bell A C,Felsenfeld G. 1999. Stopped at the border:boundaries and insulators. Curr Opin Genet Dev,9(2):191-198.

[6] Bradley A,Evans M,et al. 1984. Formation of germ-line chimaeras from embryo-derived teratocarcinoma cell lines. Nature,309(5965):255-256.

[7] Brem G,Besenfelder U,et al. 1996. YAC transgenesis in farm animals:rescue of albinism in rabbits. Mol Reprod Dev,44(1):56-62.

[8] Brinster R L,Chen H. Y,et al. 1985. Factors affecting the efficiency of introducing foreign DNA into mice by microinjecting eggs. Proceedings of the National Academy of Sciences of the United States of America,82(13):4438-4442.

[9] Charron J,Malynn B A,et al. 1990. High-frequency disruption of the N-myc gene in embryonic stem and pre-B cell lines by homologous recombination. Mol Cell Biol,10(4):1799-1804.

[10] Chendrimada T P,Finn K J,et al. 2007. MicroRNA silencing through RISC recruitment of eIF6. Nature,447(7146):823-828.

[11] Clark A J,Burl S,et al. 2000. Gene targeting in livestock:a preview. Transgenic Res,9(4-5):263-275.

[12] Copeland N G,Jenkins N A,et al. 2001. Recombineering:a powerful new tool for mouse functional genomics. Nature Reviews Genetics,2(10):769-779.

[13] Dai Y,Vaught T D,et al. 2002. Targeted disruption of the alpha1,3-galactosyltransferase gene in cloned pigs. Nature biotechnology,20(3):251-255.

[14] [Ding S,Wu X,et al. 2005. Efficient transposition of the piggyBac(PB)transposon in mammalian cells and mice. Cell,122(3):473-483.

［15］Doetschman T，Maeda N，et al. 1988. Targeted mutation of the Hprt gene in mouse embryonic stem cells. Proc Natl Acad Sci U S A,85(22):8583-8587.

［16］Dupuy A J,Clark K,et al. 2002. Mammalian germ-line transgenesis by transposition. Proc Natl Acad Sci U S A,99(7):4495-4499.

［17］Fire A,Xu S,et al. 1998. Potent and specific genetic interference by double-stranded RNA in Caenorhabditis elegans. Nature,391(6669):806-811.

［18］Fuchs E,Segre J A. 2000. Stem cells:a new lease on life. Cell,100(1):143-155.

［19］Golding M C,Long C R,et al. 2006. Suppression of prion protein in livestock by RNA interference. Proceedings of the National Academy of Sciences of the United States of America,103(14):5285-5290.

［20］Gu H,Marth J D,et al. 1994. Deletion of a DNA polymerase beta gene segment in T cells using cell type-specific gene targeting. Science,265(5168):103-106.

［21］Hannon G J. 2002. RNA interference. Nature,418(6894):244-251.

［22］Hanson K D,Sedivy J M. 1995. Analysis of biological selections for high-efficiency gene targeting. Mol Cell Biol,15(1):45-51.

［23］Harris J W,Strong D D,et al. 2002. Construction of a Tc1-like transposon Sleeping Beauty-based gene transfer plasmid vector for generation of stable transgenic mammalian cell clones. Anal Biochem,310(1):15-26.

［24］Haskell R E,Bowen R A. 1995. Efficient production of transgenic cattle by retroviral infection of early embryos. Molecular Reproduction and Development,40(3):386-390.

［25］Hofmann A,Kessler B,et al. 2003. Efficient transgenesis in farm animals by lentiviral vectors. EMBO Reports,4(11):1054-1060.

［26］Holliday R. 1974. Molecular aspects of genetic exchange and gene conversion. Genetics,78(1):273-287.

［27］Huang M T,Gorman C M. 1990. Intervening sequences increase efficiency of RNA 3′ processing and accumulation of cytoplasmic RNA. Nucleic Acids Res,18(4):937-947.

［28］Izsvak Z,Ivics Z. 2004. Sleeping beauty transposition:biology and applications for molecular therapy. Mol Ther,9(2):147-156.

［29］Izsvak Z,Stuwe E E,et al. 2004. Healing the wounds inflicted by sleeping beauty transposition by double-strand break repair in mammalian somatic cells. Mol Cell,13(2):279-290.

［30］Jasin M,Berg P. 1988. Homologous integration in mammalian cells without target gene selection. Genes Dev,2(11):1353-1363.

［31］Jasin M,Moynahan M E,et al. 1996. Targeted transgenesis. Proc Natl Acad Sci U S A,93(17):8804-8808.

［32］Jorgensen R A,Cluster P D,et al. 1996. Chalcone synthase cosuppression phenotypes in petunia flowers:comparison of sense vs. antisense constructs and single-copy vs. complex T-DNA sequences. Plant Mol Biol,31(5):957-973.

［33］Joyner A L,Skarnes W C,et al. 1989. Production of a mutation in mouse En-2 gene by homologous recombination in embryonic stem cells. Nature,338(6211):153-156.

[34] Kanatsu-Shinohara M,Toyokuni S,et al. 2004. Transgenic mice produced by retroviral transduction of male germ line stem cells in vivo. Biology of Reproduction,71(4):1202-1207.

[35] Kennerdell J R,Carthew R W. 2000. Heritable gene silencing in Drosophila using double-stranded RNA. Nat Biotechnol,18(8):896-898.

[36] Khraiwesh B,Arif M A,et al. 2010. Transcriptional control of gene expression by microRNAs. Cell,140(1):111-122.

[37] Kim Y G,Cha J,et al. 1996. Hybrid restriction enzymes:zinc finger fusions to Fok I cleavage domain. Proc Natl Acad Sci U S A,93(3):1156-1160.

[38] Koller B H,Smithies O. 1992. Altering genes in animals by gene targeting. Annual review of immunology,10(1):705-730.

[39] Kuroiwa Y,Kasinathan P,et al. 2004. Sequential targeting of the genes encoding immunoglobulin-mu and prion protein in cattle. Nat Genet,36(7):775-780.

[40] Kuroiwa Y,Kasinathan P,et al. 2004. Sequential targeting of the genes encoding immunoglobulin-μ and prion protein in cattle. Nature genetics,36(7):775-780.

[41] Lavitrano M,Camaioni A,et al. 1989. Sperm cells as vectors for introducing foreign DNA into eggs:Genetic transformation of mice. Cell 57(5):717-723.

[42] Lengauer C,Kinzler K W,et al. 1998. Genetic instabilities in human cancers. Nature, 396(6712):643-649.

[43] Lin F L,Sperle K,et al. 1984. Model for homologous recombination during transfer of DNA into mouse L cells:role for DNA ends in the recombination process. Mol Cell Biol,4(6):1020-1034.

[44] Liu G,Aronovich E L,et al. 2004. Excision of Sleeping Beauty transposons:parameters and applications to gene therapy. J Gene Med,6(5):574-583.

[45] Luo G,Ivics Z,et al. 1998. Chromosomal transposition of a Tc1/mariner-like element in mouse embryonic stem cells. Proc Natl Acad Sci U S A,95(18):10769-10773.

[46] Maarten Z,Li E,et al. 1989. Germ-line transmission of a disrupted 2microglobulin gene produced by homologous recombination in embryonic stem cells. Nature,342:435-438.

[47] Maherali N,Hochedlinger K. 2008. Guidelines and techniques for the generation of induced pluripotent stem cells. Cell Stem Cell,3(6):595-605.

[48] Mansour S L,Thomas K R,et al. 1988. Disruption of the proto-oncogene int-2 in mouse embryo-derived stem cells:a general strategy for targeting mutations to non-selectable genes. Nature,336(6197):348-352.

[49] McCreath K J,Howcroft J,et al. 2000. Production of gene-targeted sheep by nuclear transfer from cultured somatic cells. Nature,405(6790):1066-1069.

[50] McCreath K J,Howcroft J,et al. 2000. Production of gene-targeted sheep by nuclear transfer from cultured somatic cells. Nature,405:1066-1069.

[51] Meselson M S,Radding C M. 1975. The structures observed were consistent with

predicted intermediates according to the model for genetic recombination proposed by Mesels on and Radding. Proc Nat Acad Sci USA,72:358-361.

[52] Moehle E A,Rock J M,et al. 2007. Targeted gene addition into a specified location in the human genome using designed zinc finger nucleases. Proc Natl Acad Sci U S A,104(9):3055-3060.

[53] Nagy A. 2000. Cre recombinase:the universal reagent for genome tailoring. Genesis,26(2):99-109.

[54] Orwig K E,Avarbock M R,et al. 2002. Retrovirus-mediated modification of male germline stem cells in rats. Biology of Reproduction,67(3):874-879.

[55] Perry A C F,Wakayama T,et al. 1999. Mammalian transgenesis by intracytoplasmic sperm injection. Science,284(5417):1180-1183.

[56] Phelps C J,Koike C,et al. 2003. Production of α1,3-galactosyltransferase-deficient pigs. 299:411-414.

[57] Porteus M H,Baltimore D. 2003. Chimeric nucleases stimulate gene targeting in human cells. Science,300(5620):763.

[58] Reid L H,Shesely E G,et al. 1991. Cotransformation and gene targeting in mouse embryonic stem cells. Mol Cell Biol,11(5):2769-2777.

[59] Richt J A,Kasinathan P,et al. 2007. Production of cattle lacking prion protein. Nat Biotechnol,25(1):132-138.

[60] Rogers C S,Stoltz D A,et al. 2008. Disruption of the CFTR gene produces a model of cystic fibrosis in newborn pigs. Science,321(5897):1837.

[61] Ryu B Y,Orwig K E,et al. 2007. Efficient generation of transgenic rats through the male germline using lentiviral transduction and transplantation of spermatogonial stem cells. Journal of Andrology,28(2):353-360.

[62] San F J,Sung P,et al. (2008). Mechanism of eukaryotic homologous recombination. Annu Rev Biochem,77:229-257.

[63] Sedivy J M,Dutriaux A. 1999. Gene targeting and somatic cell genetics-a rebirth or a coming of age? . Trends Genet,15(3):88-90.

[64] Sedivy J M, Sharp P A. 1989. Positive genetic selection for gene disruption in mammalian cells by homologous recombination. Proc Natl Acad Sci U S A,86(1):227-231.

[65] Smith J,Berg J M,et al. 1999. A detailed study of the substrate specificity of a chimeric restriction enzyme. Nucleic Acids Res,27(2):674-681.

[66] Snyder B W, Vitale J,et al. 1995. Developmental and tissue-specific expression of human CD4 in transgenic rabbits. Molecular Reproduction and Development,40(4):419-428.

[67] Sorrell D A,Kolb A F. 2005. Targeted modification of mammalian genomes. Biotechnol Adv,23(7-8):431-469.

[68] Sun X,Yan Z,et al. 2008. Adeno-associated virus-targeted disruption of the CFTR

gene in cloned ferrets. J Clin Invest,118(4):1578-1583.

[69] Sung P,Klein H. 2006. Mechanism of homologous recombination:mediators and helicases take on regulatory functions. Nat Rev Mol Cell Biol,7(10):739-750.

[70] Templeton N S,Roberts D D,et al. 1997. Efficient gene targeting in mouse embryonic stem cells. Gene Ther,4(7):700-709.

[71] Thermann R,Hentze M W. 2007. Drosophila miR2 induces pseudo-polysomes and inhibits translation initiation. Nature,447(7146):875-878.

[72] Valerie K,Povirk L F. 2003. Regulation and mechanisms of mammalian double-strand break repair. Oncogene,22(37):5792-5812.

[73] Waldman A S. 1992. Targeted homologous recombination in mammalian cells. Critical reviews in oncology/hematology,12(1):49-64.

[74] Werner R G,Noe W,et al. 1998. Appropriate mammalian expression systems for biopharmaceuticals. Arzneimittelforschung,48(8):870-880.

[75] Yanagawa Y,Kobayashi T,et al. 1999. Enrichment and efficient screening of ES cells containing a targeted mutation:the use of DT-A gene with the polyadenylation signal as a negative selection maker. Transgenic Res,8(3):215-221.

[76] Yang X,Tian X C,et al. 2004. Cattle call for gene targeting. Nat Genet,36(7):671-672.

[77] Yu G,Chen J,et al. 2006. Functional disruption of the prion protein gene in cloned goats. J Gen Virol,87(Pt 4):1019-1027.

[78] Zhang Y,Buchholz F,et al. 1998. A new logic for DNA engineering using recombination in Escherichia coli. Nature genetics,20(2):123-128.

第3章

动物配子发生、受精及繁殖技术

 动物配子发生即配子形成的过程。在配子发生过程中,二倍体的原始生殖细胞(primordial germ cells,PGCs))要通过减数分裂和分化才能转化成单倍体的卵子或精子。已有的研究结果表明,小鼠 PGCs 源于早期胚胎胚外中胚层(Ginsburg,et al,1990),首次出现在尿囊基处,随着胚胎发育不断迁移,经过卵黄囊和后肠内胚层,最终到达生殖嵴。PGCs 经过几次有丝分裂形成所谓生殖母细胞或称性原细胞(gonocytes)。13.5 d 时雄性 PGCs 进入有丝分裂休止期,但仍保留增殖潜力,而雌性 PGCs 则开始减数分裂形成卵原细胞后休止于减数分裂前期(图 3.1)。

3.1　精子发生

 出生后,睾丸中性原细胞经历有丝分裂的再激活,而且必须从中心部向发育的睾丸曲精细管(seminiferous tubule)周边部迁移,沿着基底膜形成二倍体的前精原细胞的前体细胞群(Alison,et al,2002;Sakai,et al,2004)。这些前精原细胞的一部分将形成自我更新的未分化精原干细胞(spermatogonial stem cells,SSCs)(Oatley,Brinster,2008),而多数细胞(大多数小鼠品系)将在青春期 4~6 周时增生、变形,最终形成完整精子(spermatozoon)(图3.1)。

 精子发生(spermatogenesis)过程在睾丸曲精细管中进行(图 3.2A、图 3.2B、图 3.2C)。精原细胞发育完全后脱离支持细胞(sertoli cell)进入管腔内,通过睾丸网汇集至睾丸输出管,然后运输至附睾管。精子在附睾中发生一系列的生化改变,变成具有受精能力的成熟精子。

 精子发生可分为 3 个时期即有丝分裂期、减数分裂期和精子形成(spermiogenesis)期。

3.1.1　有丝分裂期

 单个的 A 型精原(A-single spermatogonia,As 型)细胞是精子发生的起点。它紧靠在曲

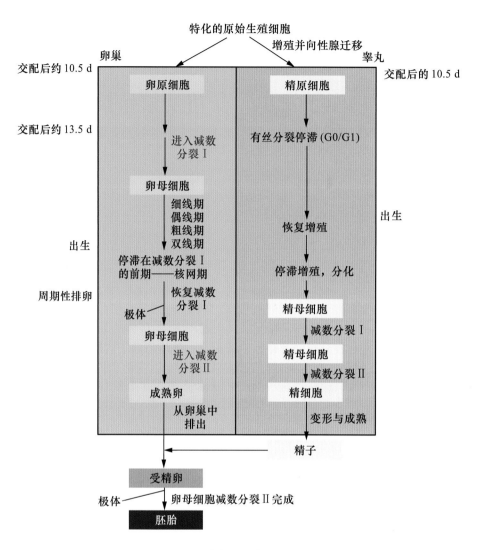

图 3.1　小鼠配子发生流程图

(Bowles,Koopman,2007;有修改)

精细管的基底膜上,属于精原干细胞。As 型细胞可自我更新。每个 As 型细胞通过有丝分裂产生 2 个干细胞。进入精子发生过程时,一部分 As 型细胞分化为配对的 A 型精原(A-paired spermatogonia,Apr 型)细胞(图 3.2E)。Apr 型细胞分裂产生的子细胞通过细胞间桥(intercellular bridge)保持连接,成对存在。Apr 型细胞进一步发育,分裂成链状排列的 A 型精原(A-aligned spermatogonia,Aal 型)细胞。开始是 4 个细胞的链,然后出现 8 个、16 个,偶尔有 32 个细胞的链。从 As 型细胞到 Apr 型细胞是精原细胞发育过程中的第 1 个分化步骤。第 2 个分化步骤则是 Aal 型细胞分化成 A1 型精原细胞,A1 型精原细胞再分裂成 A2 型精原细胞,然后再进行 5 次分裂,分别成为 A3 型精原细胞、A4 型精原细胞、中间型精原细胞和 B 型精原细胞及初级精母细胞(primary spermatocytes)。总体上讲,在精原细胞发育期间有 9～11 次有丝分裂。

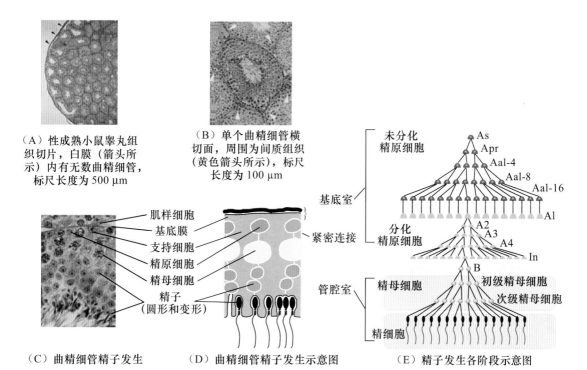

（A）性成熟小鼠睾丸组织切片，白膜（箭头所示）内有无数曲精细管，标尺长度为 500 μm

（B）单个曲精细管横切面，周围为间质组织（黄色箭头所示），标尺长度为 100 μm

（C）曲精细管精子发生

（D）曲精细管精子发生示意图

（E）精子发生各阶段示意图

图 3.2　小鼠睾丸解剖学结构与精子发生

（Yoshida，2010；有修改）

3.1.2　减数分裂期

B 型精原细胞的最后一次有丝分裂，形成前细线期的初级精母细胞。这一步通常被认为是进入减数分裂（成熟分裂）的入口。但实际上 A1 型精原细胞就"已经上了通往减数分裂的单行道"。

刚形成的初级精母细胞经过一段休止期，然后进入生长期，直径逐渐增大。初级精母细胞进入减数分裂 I（第一次减数分裂）。减数分裂 I 包括前期（prophase）、中期（metaphase）、后期（anaphase）和末期（telophase）4 个时期。其中前期所需时间很长，变化复杂，要经过细线期（leptotene）、偶线期（zygotene）、粗线期（pachytene）、双线期（diplotene）和终变期（diakinesis）5个时期。经过减数分裂 I，染色体数减半，每个初级精母细胞分裂成 2 个单倍体的次级精母细胞（secondary spermatocytes）。

次级精母细胞的间期很短，它们很快进入减数分裂 II（第二次减数分裂）。这是一次染色体数目不减少的均等分裂，结果每个次级精母细胞形成 2 个精子细胞（spermitids）（图 3.2E）。

3.1.3　精子形成期

精子细胞的变形和精子的形成称为精子形成期。最初的精子细胞为圆形，随后，在形态上发生明显变化，细胞核变为精子头的主要部分，高尔基体形成顶体，中心小体变成精子的尾，线粒体逐渐聚集在尾的中段形成该段特有的线粒体鞘膜,细胞的原生质浓缩为一个球形的原生质滴并附着在精子的颈部。核蛋白会发生磷酸化与去磷酸化等修饰。蛋白质—SH 向—S—S—键转变,以富含精氨酸的鱼精蛋白逐步取代以组氨酸为主的核组蛋白。这是因为鱼精蛋白是一种碱性蛋白,其中包含的大量正电荷吸引着带负电的 DNA 发生凝集,这样就保证了精子基因处于浓缩包装和不活跃状态。通过这个变形过程,使圆形的精子细胞逐渐形成蝌蚪状的精子(图 3.2C、图 3.2D),并脱离精细管上皮的足细胞,游离于精细管。

3.1.4　精子体外发生与体外诱导

在过去近 1 个世纪的时间里,生物学家们一直致力于尝试在体外合成精子,但均以失败而告终。失败通常发生在减数分裂期染色体交叉互换及染色体平均分配至子细胞的过程中。目前,科学家通过改变标准培养条件,利用实验小鼠的睾丸组织切片,在试管中人工培育出了可受精的精子(Sato,et al,2011)。

此外,作为遗传物质的传递者的生殖细胞,在体外也可由胚胎干细胞(embryonic stem cell,ES 细胞)诱导分化而来。美国和日本已经成功地由 ES 细胞体外培养获得精子(Toyooka,et al,2003;Geijsen,et al,2004)。当小鼠 ES 细胞培养在不含白细胞抑制因子(leukocyte inhibitory factor,LIF)的培养液中,利用胚状小体(embryoid bodies,EB)培养法培养出 PGC;经 20 d 的培养,PGC 可分化发育为成熟的精子(Geijsen,et al,2004)。英国首次成功地用 ES 细胞诱导获得的精子培育出了子代小鼠,但小鼠均出现健康问题而夭折(Nayernia,et al,2006)。最近,日本研究人员成功将小鼠 ES 细胞转化为精子,并最终培育出健康且具生殖能力的小鼠(Hayashi,et al,2011)。此外,人的 ES 细胞体外也可诱导生成圆形精子细胞(Kee,et al,2009)。

尽管 ES 细胞的分化机制尚不十分清楚,加之利用胚胎干细胞进行研究在伦理上也一直存在争议,但上述研究成果将推动科学家们更深入地揭示精子形成的机制,并有望帮助那些患有不育症的男性拥有自己的孩子。

3.2　卵　子　发　生

卵子发生(oogenesis)是指雌性配子的形成、发育和成熟,包括卵原细胞的增殖、卵母细胞的生长发育和成熟。卵子产生于卵巢,其发生过程较为复杂。在胚胎期,卵原细胞已分裂形成初级卵母细胞并于减数分裂Ⅰ前期停滞,直到青春期一些初级卵母细胞才继续进行分裂,并终止于第二次成熟分裂中期(metaphase Ⅱ,MⅡ)。第二次成熟分裂持续时间很短促,是在与精子受精过程中借助精子的刺激完成的,最终形成成熟卵子(图 3.1)。

3.2.1　卵子的形态与结构

3.2.1.1　卵子的形态

哺乳动物的正常卵子为圆形。凡是椭圆形或扁形、有大型极体或无极体、卵黄内有大空泡、特大或特小、异常卵裂等都属于畸形卵子。造成畸形卵子的原因包括遗传、环境性应激、营养和年龄等因素。另外,卵母细胞成熟过程不正常或不完全,可能导致极体不能排出,也是引起畸形卵子的因素。

3.2.1.2　卵子的结构

卵子呈球形,其结构包括放射冠、透明带、卵黄膜及卵黄等部分。

1. 放射冠

卵子周围致密的颗粒细胞呈放射状排列,故名放射冠(corona radiata)。放射冠细胞的原生质伸出部分穿入透明带,并与存在于卵母细胞本身的微绒毛相交织。排卵后数小时,由于输卵管黏膜分泌纤维蛋白分解酶,在其作用下使放射冠细胞松散、脱落,于是引起卵子裸露。比较各种动物放射冠发生脱落的时间和部位,发现牛、绵羊等的卵子运行到输卵管膨大部时,放射冠细胞消失。马在排卵时,卵子没有放射冠细胞,但被一层不整齐的胶状物所包裹,2~3 d内即被分离掉。而猪、兔和鼠类等动物的卵子在精子进入后才发生脱落。猫和犬等动物的卵子在受精后,放射冠仍然存在。

放射冠的作用是在卵子发生过程中起到营养的供给和保护作用,有助于卵子在输卵管伞中运行,在受精过程中对精子有引导和定位作用。

2. 透明带

透明带(zona pellucida,ZP)是位于放射冠和卵黄膜之间的均质而明显的半透膜,主要由糖蛋白组成。哺乳动物的透明带是位于放射冠和卵黄膜之间的透明物质,主要由糖蛋白组成。其厚度约为:小鼠 5 μm、兔 15 μm、猪 16 μm、羊 14.5 μm、牛 27 μm、人 13 μm。哺乳类动物卵的透明带除猪和兔外,其余的动物卵透明带均由透明带蛋白质 1(ZP1)、透明带蛋白质 2(ZP2)、透明带蛋白质 3(ZP3)共同组成。

透明带的作用是保护卵子以及在受精过程中发生透明带反应,对精子有选择作用,可以阻止多个精子入卵,还具有无机盐离子的交换和代谢作用。

3. 卵黄膜

卵黄膜(vitlline membrane)为卵黄外周包被卵黄的一层薄膜,由 2 层磷脂质分子组成。用透射电子显微镜观察,呈典型的 2 层结构,具有微绒毛和细胞质突起等结构;在微绒毛间有散在的吞噬细胞存在。用扫描电子显微镜观察,可见长度不等的微绒毛,形状各异。卵黄膜的作用:保护卵子;在受精过程中发生卵黄膜封闭作用,防止多精子受精;使卵子有选择性地吸收无机盐离子和代谢物质。

4. 卵黄

卵黄(vitellus)位于卵黄膜内,由线粒体、高尔基体、核蛋白体、多核糖体、脂肪滴、糖原和卵核等成分组成。卵核由核膜、核糖核酸等组成。刚排卵后的卵核处于第 1 次成熟分裂中期状态,染色质呈分散状态。受精前,核呈浓缩的染色体状态,雌性动物的主要遗传物质就分布在核内。卵黄的主要作用是为卵子和早期胚胎发育提供营养物质。

排卵时的卵母细胞,卵黄占据透明带以内的大部分容积,而受精后卵黄收缩,并在卵黄膜与透明带之间形成间隙,称为卵黄周隙(perivitelline space),以供极体储存。

3.2.2　卵原细胞的形成与增殖

动物在胚胎期性别分化后,雌性胎儿的原始生殖细胞便分化为卵原细胞(oogonium)。卵原细胞的染色体为二倍体,含有典型的细胞成分。卵原细胞通过多次有丝分裂的方式增殖成许多卵原细胞。这个时期称为增殖期或有丝分裂期。

增殖期的长短因动物种类而异,通常是在出生前或出生后不久即停止。牛和绵羊的卵原细胞增殖开始较早,持续时间相对于整个妊娠期较短,一般在胎儿期的前半期便已结束。猪和兔的卵子发生开始较晚,但持续时间相对于整个妊娠期较长,而且结束较晚,一般在出生后7 d(猪)或10 d(兔)才结束。

卵原细胞经过最后一次有丝分裂即发育为初级卵母细胞并进入成熟分裂前期,尔后便被卵泡细胞所包围而形成原始卵泡。当原始卵泡出现后不久,有的卵泡开始发生闭锁,随即卵母细胞退化。各种动物卵母细胞开始退化的时间不同,平均胚龄时间为:牛 90 d,绵羊 65 d,猪64 d,兔为出生后 14 d。此后,新的卵母细胞不断产生的同时又不断退化,到出生时或出生后不久,卵母细胞的数量已经减少很多。例如,牛在胚龄 110 d 时,卵母细胞约有 270 万个,出生时仅有 7 万个。以后随着年龄的增长,卵母细胞数量继续减少,最后能达到发育成熟至排卵的只有极少数。例如,一头母牛出生时有 6 万~10 万个卵母细胞,一生中有 15 年的繁殖能力,如发情而不配种,平均每 3 周发情排卵 1 次,总共排卵数仅有 260 个左右,排卵者仅占 0.2%~0.4%。这是理论上的最高值。当然在自然繁殖情况下,由于妊娠期、哺乳期、疾病等原因实际排卵数目更少。

3.2.3 卵母细胞的生长发育

卵原细胞开始减数分裂后,称为初级卵母细胞(primary oocyte)。随着卵母细胞的不断生长,卵黄颗粒增多,卵母细胞的体积增大,并出现透明带。卵母细胞周围的卵泡细胞通过有丝分裂而增殖,由扁平形单层变为立方形多层。当其通过减数分裂Ⅰ前期的细线期、偶线期、粗线期后,一直到初情期到来之前,卵母细胞的生长发育处于停滞状态,称为静止期或称核网期(dictyotene stage)。卵母细胞的营养由卵泡细胞提供。

3.2.4 卵母细胞的成熟

一般认为,卵母细胞成熟的标准有以下 3 条:

①生发泡破裂(germinal vesicle breakdown,GVBD),排出第 1 极体,形成次级卵母细胞(secondary oocyte)并被阻滞在减数分裂Ⅱ中期,然后被排出卵泡。

②达到一定体积,细胞质内含有充足的蛋白质、细胞器、RNA、DNA 和能量,达到胞质成熟(Fulka,et al,1998)。

③卵母细胞膜及透明带发生变化,为接纳精子做好准备(Gosden,et al,1997)。直至受精时再次恢复减数分裂并排出第 2 极体,形成受精卵(图 3.1,图 3.3)。但也有少数哺乳动物(如马和犬)排卵前卵泡内的卵母细胞是在排卵后才开始恢复减数分裂Ⅰ的。

3.2.5 卵母细胞的体外诱导

生殖生物学家们一直认为卵母细胞的数量在个体中是有限的,并且不能补充。但成年小

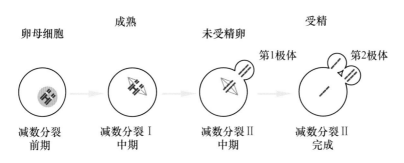

图 3.3　哺乳动物卵母细胞成熟过程示意图

鼠的卵巢能更新卵母细胞(Johnson, et al, 2004);并且从卵巢中可分离出雌性生殖干细胞(female germline stem cells, FGSCs),体外培养 15 个月仍保持高端粒酶活性和正常的核型,当移植到不孕的雌性小鼠体内,成功生下了幼崽(Zou, et al, 2009)。此外,来源于小鼠外周血和骨髓中的干细胞也可更新卵母细胞(Johnson, et al, 2005)。这些结果与以往的研究不同,故目前仍存有争议。

2003 年,人类首次成功获得 ES 细胞来源的卵子(Hubner, et al, 2003);在小鼠 ES 细胞体外培养过程中,所用培养基无须经过特别处理即可获得卵子。这说明,由 ES 细胞分化为卵子的过程是一个自然发生的过程。在连续培养过程中,发现这些卵子在一些因素的诱导下可进行孤雌生殖,形成囊胚状结构;但 ES 细胞来源的卵母细胞是否能受精或成熟后是否能经去核后供核移植研究尚未明确。

ES 细胞除体外可自然分化为卵母细胞样细胞外,另一种被称为"两步法"体外诱导分化策略已用于 ES 细胞向生殖细胞诱导分化(图 3.4)(Lacham-Kaplan, et al, 2006; Qing, et al, 2007; Kee, et al, 2009; Nicholas, et al, 2009)。以新生小鼠睾丸制备睾丸细胞条件培养基,其中添加了干细胞分化为配子所需的多种生长因子,小鼠 ES 细胞在半悬浮培养条件下形成类胚体;培养 6~7 d 后,EB 形态发生明显的变化,发育成卵巢结构,直径尺寸大的有 70~80 μm,当用机械方法分离后,出现 15~35 μm 直径的卵母细胞样结构,卵母细胞特异的标记如 Fig-α 和 ZP$_3$ 被发现表达在卵巢结构,并且周围有 1~2 层扁平的细胞包裹,但没有发现透明带的形成(Lacham-Kaplan, et al, 2006)。该实验结果尽管出现了卵的形态,但并未对其形态包括染色体的核型、减数分裂状态等进行检测。

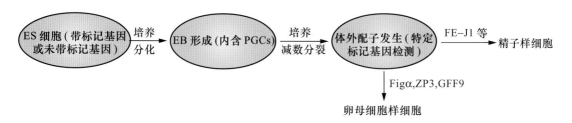

图 3.4　ES 细胞体外分化为生殖细胞"两步法"诱导策略示意图

(Zhou, et al, 2010;有修改)

尽管多能干细胞向生殖细胞分化已取得上述成绩,但仍然存在许多问题,如 ES 向生殖细胞分化过程中,由于对 ES 细胞进行重组基因转染,增加了病毒基因组整合到 ES 细胞基因组中的风险(Nayernia,et al,2006;Nicholas,et al,2009);转染 ES 细胞的效率、诱导剂的添加对 ES 细胞产生一定的毒性作用并呈浓度依赖性,其安全性也需要进一步验证;筛选后目的细胞的分离和扩增,需要合适的培养体系;ES 细胞分化为成熟配子的效率极低,具有功能的配子的数量极少,而且性别不可预测(Hubner,et al,2003;Geijsen,et al,2004);形成的卵母细胞透明带非常脆弱,进行核移植操作非常困难,而且容易发生自激活而形成孤雌胚(Hubner,et al,2003);不能回答"生殖细胞的诱导生成过程是否能够真实地反映体内精子和卵子的生成过程"。

在未来的研究中,以下几个方面值得关注:

①ES 细胞转染后,如何筛选出目的细胞不含病毒基因组。

②如何提高 ES 细胞向生殖细胞分化的效率,要么使尽量多的 ES 细胞向生殖细胞定向分化,要么改善培养条件促进分化的生殖细胞在体外增殖。

③生殖细胞性别的控制,即如何使 ES 细胞定向分化为特定性别的生殖细胞,并具备受精能力,能完成胚胎的后续发育,获得健康后代。

④基因印记,即研究这些生殖细胞是否和如何发生基因印记重塑。

相信在不久的将来,随着 ES 细胞向生殖细胞的定向分化与调控机制理论的成熟,能够实现应用所获得的生殖细胞治疗生殖细胞因素导致的不育不孕症;能采用诱导的卵母细胞作为来源充足的供质细胞,通过体细胞克隆得到自体胚胎干细胞;也能为研究精子和卵子的发生发育提供良好的体外模型。

3.3 受 精

受精(fertilization)是精子与卵子相互结合形成双倍体合子(zygote)的过程。合子是新个体发育的始发点。受精的实质是把父本精子的遗传物质引入母本的卵子内,使双方的遗传性状在新的生命中得以表现,促进物种的进化和家畜品质的提高。

3.3.1 受精研究简史

1875 年和 1876 年,Hertwig 和 Fol 分别在各自独立的研究中首先在海胆中发现了受精现象,到此结束了胚胎学上争论 200 余年的"精源学说"和"卵源学说"。Hertwig 发现了海胆精子入卵后雌雄原核融合的现象,而 Fol 发现了精子接近和穿入卵子以及受精膜形成的过程。1883 年,比利时生物学家 van Beneden 在其发表的研究论文"马副蛔虫受精细胞生物学的研究"中,肯定了 Hertwig 在遗传上父母贡献均等的理论,并使精、卵合作的研究更为深入。van Beneden 在马副蛔虫受精卵第 1 次分裂的纺锤体上看到 4 条染色体,其中 2 条来自父方,2 条来自母方,提出父母的染色体通过精卵的融合传给子代。后来,德国生物学家 H. T. Boveri 在马副蛔虫上的工作进一步巩固了上述理论,把染色体看做是遗传信息的载体。

20 世纪以来,受精研究转向探讨两性配子结合的机制。1912 年以后,美国学者 F. R. Lillie 根据沙蚕和海胆上的研究,首先指出卵子可分泌出称为受精素(fertilin)的物质,这种物质可使精子运动能力加强并促使其向卵子聚集。20世纪40年代前后,另一美国学者 A.Tyler就受精素的生物学、化学和免疫学特征展开了一系列工作,进一步强调卵子成熟过程中排出物对受精的重要意义。与此同时,德国学者 M.Hartmann 认为在海胆受精过程中,不但卵子能排出雌配素,精子也能排出雄配素,两者相互抗衡的程度决定着受精成功与否。不久以后,在两栖类上发现卵外胶膜在精卵相互作用中发挥重要功能,乃受精所必需。

哺乳动物受精研究起步较晚,一个可能的原因是哺乳动物无法实现体外受精(in vitro fertilization,IVF)。直到1951年,Austin和美籍华人张明觉提出精子必须在雌体生殖道逗留一段时间,获得穿入卵子的能力——获能,才能有效地使卵子受精。精子获能(capacitaiton)的发现使人们找到过去哺乳类卵子离体受精不成功的原因,从而把高等哺乳动物和人类卵子受精的研究推向一个新阶段。

3.3.2　受精过程

受精过程是精子与卵子相互作用,产生一系列生理生化反应的复杂过程。它包括:卵母细胞成熟、精子获能、精子发生顶体反应、精子穿越放射冠、精子穿透透明带、精子与卵子的质膜相融合、卵子的皮质反应、恢复减数分裂、形成雄雌原核、融合后成为合子,最终启动卵裂。

3.3.2.1　**精子穿越放射冠**

精子与卵母细胞接触时,首先要穿过包围卵母细胞的放射冠(排裸卵动物除外,如马等)。放射冠细胞以胶样的基质彼此相连,基质则主要由透明质酸多聚体组成。在受精过程中,精子顶体帽基质内的透明质酸酶释放,起到水解透明质酸,从而精子穿过放射冠(图3.5);而那些没有获能的或顶体反应后的精子则无法通过。

3.3.2.2　**精子穿越透明带**

在哺乳动物的受精过程中,获能的精子穿过卵丘细胞层接触到卵母细胞的透明带后,精子头部便结合在透明带的表面上。小鼠的精子和透明带结合以后,并不立即钻入透明带,而是被能动地黏附在透明带的表面上。精子发生顶体反应后,其(顶体)内膜上的顶体素与透明带结合,并溶解糖蛋白。结合以后,精子头部围绕顶体内膜或赤道板中心摆动。穿过透明带的精子强有力地摆动其尾部,凭借尾部振动力将自身缓慢地向前推进。精子尾部运动所产生的力量最高可达 $3\,000\times10^{-11}$ N。这一力量足以打断共价键,从而打开透明带,在透明带上留下一条细长的穿卵通道。电镜扫描观察,田鼠精子首先在透明带表面脱去顶体帽,然后精子头端黏附于透明带上,

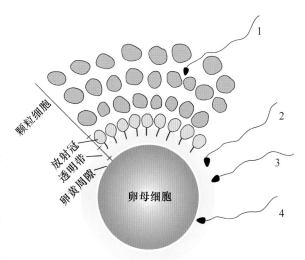

图 3.5　小鼠精卵相互作用各阶段示意图

1.顶体完整的精子通过卵丘细胞的最内层,即放射冠。2.精子受体接合到透明带上启动信号传导级联反应最终引起顶体反应。3.发生顶体反应后的精子穿过透明带。4.精子穿过卵周间隙与卵黄膜融合。

(Tulsiani,2000;有修改)

尾部在做螺旋状的前进运动,钻入透明带。

获能后的精子,在受精部位与卵子相遇,会出现顶体帽膨大,精子质膜和顶体外膜相融合。融合后的膜形成许多泡状结构,随后这些泡状物与精子头部分离,造成顶体膜局部破裂,顶体内酶类释放出来,以溶解卵丘、放射冠和透明带。这一过程叫顶体反应(acrosome reaction)(图3.6)。传统的观点认为,顶体反应是在精子与卵子透明带接触时发生的。而最近的研究表明:受精过程中,大多数小鼠精子在接触透明带前就开始发生顶体反应(Jin,et al,2011)。

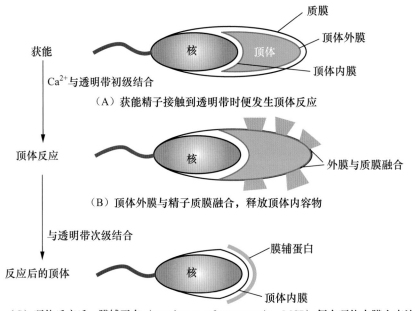

图 3.6　人精子顶体反应示意图

(Riley-Vargas,et al,2005;有修改)

3.3.2.3　精子进入卵黄膜

穿过透明带的精子才与卵子的质膜即卵黄膜接触。由于卵黄膜表面具有大量的微绒毛,当精子与卵黄膜接触时,即被微绒毛抱合,精子实际是躺在卵子的表面,通过微绒毛的收缩将精子拉入卵内。随后精子质膜和卵黄膜相互融合,使精子的头部完全进入卵细胞内。

当精子进入卵黄膜时,卵黄膜立即发生一种变化,具体表现为卵黄紧缩、卵黄膜增厚,并排出部分液体进入卵黄周隙。这种变化称为卵黄膜反应(vitelline membrane reaction)。卵黄膜反应具有阻止多精子入卵的作用,故又称为卵黄膜封闭作用(vitelline block reaction)或多精子入卵阻滞。这可看做在受精过程中防止多精受精的第2道屏障。对某些动物如兔来说是十分重要的。

3.3.2.4　雌雄原核形成

精子进入卵细胞后,核开始破裂。精子核发生膨胀,解除凝聚状态,形成球状的核,核内出现多个核仁。同时,形成核膜,核仁增大,并相互融合,最后形成一个比原精细胞核大的雄原核。

精子进入卵子细胞质后,卵子减数分裂Ⅱ完成,排出第2极体。核染色体分散并向中央移动。在移行的过程中,逐渐形成核膜,原核由最初的不规则最后变为球形,并出现核仁。除猪外,其他家畜的雌原核都略小于雄原核。

3.3.2.5 原核融合

两原核形成后,卵子中的微管、微丝也被激活,重新排列,使雌、雄原核相向往中心移动,彼此靠近。原核相接触部位相互交错。松散的染色质高度卷曲成致密染色体。随后两核膜破裂,核膜、核仁消失,染色体混合、合并,形成二倍体的核。随后,染色体对等排列在赤道部,出现纺锤体,达到第1次卵裂的中期。受精至此结束。受精卵的性别由参与受精的精子性染色体决定。

3.4 繁殖技术

体外受精是指哺乳动物的精子和卵子在体外人工控制的环境中完成受精过程的技术。由于它与胚胎移植(embryo transfer,ET)技术密不可分,又简称为IVF-ET。在生物学中,把体外受精胚胎移植到母体后获得的动物称为试管动物(test-tube animal)。在医学上,由IVF-ET获得的婴儿,称为试管婴儿(test-tube baby)。这项技术成功于20世纪50年代,在最近20年发展迅速,现已日趋成熟而成为一项重要而常规的动物繁殖生物技术。因此,本节将主要介绍这2种繁殖技术的研究概况、技术程序和应用前景。

3.4.1 体外受精

3.4.1.1 概述

哺乳动物体外受精的研究已有100多年的历史。早在1878年,德国科学家Schenk就开始进行哺乳动物卵母细胞体外受精的尝试。1959年,Chang利用获能处理的精子进行体外受精实验,获得体外受精兔,成为世界上首例"试管动物",为哺乳动物体外受精技术奠定了基础。目前体外受精技术已经取得了巨大进步,已获得体外受精的金黄仓鼠、小鼠、猫、豚鼠、中国仓鼠、岩石猴、大鼠、犬、恒河猴、狒狒、黑猩猩、大熊猫、山羊、猪、绵羊、牛等动物。其中,我国自20世纪80年代以来,已先后在人和牛等8种动物取得成功(表3.1)。特别是人和牛的体外受精技术已达到国际先进水平,每年约有近千例试管婴儿诞生,数百头试管牛出生。

表 3.1 我国试管动物的首创纪录

动物种类	研究者	工作单位	时间	卵母细胞来源
小鼠	陈秀兰等	中国科学院遗传所	1986年	体内成熟
兔	范必勤等	江苏省农业科学院	1987年	体内成熟
人	张丽珠等	北京医科大学	1988年	体内成熟
绵羊	旭日干等	内蒙古大学	1989年	体外成熟
牛	旭日干等	内蒙古大学	1989年	体外成熟
山羊	钱菊汾等	西北农业大学	1990年	体内成熟
猪	范必勤等	江苏省农业科学院	1990年	体外成熟
水牛	蒋和生等	广西农业大学	1993年	体外成熟

(引自桑润滋的《动物繁殖生物技术》第2版)

3.4.1.2 体外受精技术程序

哺乳动物体外受精的基本操作程序如图3.7所示。

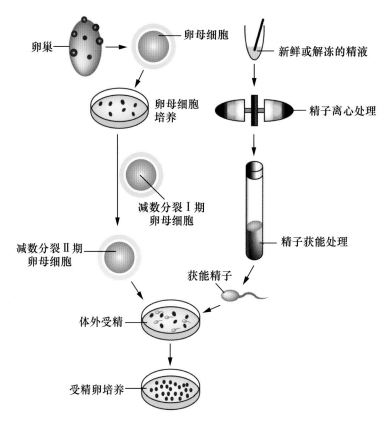

图 3.7 哺乳动物体外受精示意图

1. 卵母细胞的采集与体外成熟

（1）卵母细胞的采集

卵母细胞的采集方法通常有以下3种：

①超数排卵。雌性动物用促卵泡素和促黄体素处理后，从输卵管中冲取成熟卵子，直接与获能精子受精。这种采卵方式多用于小鼠、大鼠和家兔等实验动物，也可用于山羊、绵羊和猪等小型多胎家畜。在大家畜中，由于操作程序复杂，成本较高，很少使用。这种方法的关键是掌握卵子进入输卵管和卵子排出后维持受精能力的时间，一般要求在卵子具有旺盛受精力之前冲取。

②活体卵巢采集。这种方法是借助超声波探测仪或腹腔镜直接从活体动物的卵巢中吸取卵母细胞（图3.8）。

在临床医学上，常对卵子捐赠者用促性腺激素处理后，用B型超声波观察卵泡直径，借助腹腔镜吸取直径超过2 cm卵泡中的卵母细胞。这些卵母细胞绝大部分已发育成熟，取出后可直接与精子受精。

在家畜中，绵羊和猪等小家畜常用腹腔镜取卵。但牛和马等大家畜常用超声波探测仪辅助取卵。其方法是用手从直肠把握卵巢，经阴道壁穿刺插入吸卵针，借助B型超声波图像引导，吸取大卵泡中的卵母细胞。按照目前的技术水平，一头健康母牛每周可获得5~10个卵子。在家畜中,活体采集的卵母细胞一般要经成熟培养后才能与精子受精。这种方法对扩繁优良母畜具有重大意义,在有些国家已用于商业化生产。

③离体卵巢采集。这种方法是从刚屠宰母畜体内摘出卵巢,经洗涤、保温(30～37℃)后,快速运到实验室,在无菌条件下用注射器或真空泵抽吸卵巢表面一定直径卵泡中的卵母细胞(牛卵泡直径要求 3～10 mm,绵羊要求 3～5 mm,猪为 3～6 mm)。也可用手术刀片对卵巢进行切片,收集卵母细胞。用此方法获得的卵母细胞多数处于生发泡期(GV 期),需要在体外培养成熟后才能与精子受精。从废弃卵巢中采集卵母细胞的关键是注意卵

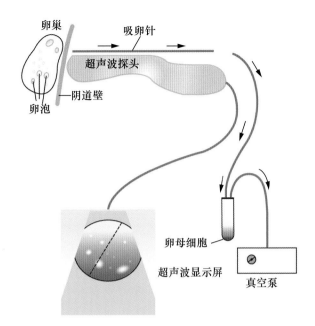

图 3.8　牛活体采卵示意图

巢的保温和防止细菌污染。因此,卵巢从畜体摘取出后须放入含有生理盐水或磷酸缓冲液(PBS)的保温瓶中;吸卵前卵巢要用生理盐水或 PBS 多次洗涤;所用溶液都要添加抗生素。

离体卵巢采集方法的最大优点是材料来源丰富,成本低廉,但确定母畜的系谱困难。

(2)卵母细胞的选择

采集的卵母细胞绝大部分与卵丘细胞形成卵丘细胞卵母细胞复合体(cumulus oocyte complex,COC)。无论用何种方法采集的 COC 都要求卵母细胞形态规则,细胞质均匀,卵母细胞不能发黑或透亮,外围有多层卵丘细胞紧密包围。在家畜体外受精研究中,常把未成熟卵母细胞分成 A、B、C 和 D 4 个等级。A 级卵母细胞要求有 3 层以上卵丘细胞紧密包围,细胞质均匀。B 级要求卵母细胞质均匀,卵丘细胞层低于 3 层或部分包围卵母细胞。C 级为没有卵丘细胞包围的裸露卵母细胞。D 级是附着蜘蛛网状卵丘细胞的卵母细胞。在体外受精实践中,一般只培养 A 级和 B 级卵母细胞。

(3)卵母细胞成熟培养

由超数排卵或从排卵前卵泡中采集的卵母细胞已在体内发育成熟,不需培养可直接与精子受精;对未成熟卵母细胞需要在体外培养成熟。培养时,先将采集的卵母细胞在实体显微镜下经过挑选和洗涤后,然后放入成熟培养液中培养。家畜卵母细胞的成熟培养液目前普遍采用 TCM199 添加胎牛血清、促性腺激素、雌激素和抗生素等成分。通常采用微滴培养法。微滴体积为 50～200 μL,每滴中放入的卵母细胞数按每 5 μL 中 1 个计算。卵母细胞移入小滴后放入二氧化碳培养箱中培养,培养条件为温度 39℃、湿度 100% 和 5% CO_2 的空气。牛、绵羊和山羊卵子的培养时间为 20～24 h,猪为 40～44 h。卵丘细胞母细胞复合体经成熟培养后,卵丘细胞层扩散,靠近卵母细胞周围的卵丘细胞呈放射状排列,出现放射冠,用 DNA 特异性染料染色后,在显微镜下进行核相观察,可见卵母细胞处于第二次成熟分裂中期。

2. 精子采集与体外获能

精子的分离与制备是体外受精技术中的一个关键环节,其目的是选择活力较强的精子。

通常采用"上浮分离法",即在去除精清的精液中加入少量受精液,有活力的精子会游到受精液的上部,通过收集受精液中上部的精子用于体外受精。

精子表面附着有"去能因子"(一种糖蛋白)。它可以和精子顶体帽可逆性结合,从而掩盖精子膜表面的 Ca^{2+} 结合位点和顶体酶系,进而抑制精子的受精能力。去能因子的清除主要依靠子宫和输卵管液中的 β 淀粉酶、胰蛋白酶、β 葡糖苷酶及唾液酸酶。这些酶可以水解糖蛋白等"去能因子",使精子顶体酶活性恢复,具有受精能力。这种现象称为"精子获能"。目前可以实现精子体外获能的方法有:在培养液中添加肝素、钙离子或血清白蛋白等物质,或将精子与含有卵泡液的培养液进行孵育。

3. 体外受精

(1) 共培养体外受精

获能精子与成熟卵子共培养,除钙离子载体诱导获能外,精子和卵子(牛、羊)一般在获能液中完成受精过程。受精培养时间与获能方法有关,在 BO 液中一般为 $6 \sim 8$ h,而用 TALP 或 SOF 液作受精液时可培养 $18 \sim 24$ h。精子和卵子常在小滴中共培养,受精时精子密度为 $(1 \sim 9) \times 10^6$ 个/mL,每 10 μL 精液中放入 $1 \sim 2$ 枚卵子,小滴体积一般为 $50 \sim 200$ μL。

(2) 显微授精(microinsemination)

对于不能穿过透明带和卵黄膜的精子,可以通过显微授精技术使精子和卵子完成受精过程。这项技术起源于 20 世纪 60 年代,在 80 年代得到迅速发展,在医学上已成为治疗某些男性不育症的主要措施之一;在畜牧业上,对挽救濒危动物和充分利用优良种公畜等有重要意义;在基础生物学中,它对研究哺乳动物受精和发育机理有很重要的价值。目前哺乳动物的显微授精技术有透明带修饰和精子注入 2 种方法。

透明带修饰法:透明带修饰法是运用显微操作仪对卵母细胞的透明带进行打孔、部分切除或撕开缺口或选用透明质酸去除卵丘细胞,然后用酸式 Tyrode 氏溶液局部溶解透明带,或者选用波长为 193 nm 的氟化氩激光束破坏透明带,为精子进入卵黄周隙打开通道,尔后把卵子与一定浓度的精子共培养以完成受精过程。这种方法适用于具有一定运动能力但顶体反应不全而无法穿过透明带的精子。它的优点是对卵子的损伤小,但对于靠透明反应阻止多精入卵的动物易造成多精子受精,影响胚胎继续发育。目前这种方法仅在小鼠中取得成功。

精子注入法:精子注入法是利用显微操作仪直接把精子注入卵黄周隙或卵母细胞的胞质中。前者称透明带下授精法(subzonal inseminatiom,SUZI),后者称胞质内精子注射法(图 3.9)。透明带下授精要求注入的精子数有严格要求:具有活力且已发生顶体反应的精子要单个注入;没有发生顶体反应的精子,注入的数目可加大。SUZI 的优点是对卵母细胞的损伤小,已在临床医学上得到运用,但多精入卵是制约这一技术发展的主要原因。胞质内精子注射对精子活力、形态和顶体反应没有特殊要求,只需注入单个精子即可。为提高受精率,注射后卵子需要人为激活。胞质内注射精子作为治疗由男性引起受精障碍症的方法已在许多国家得以应用。

4. 胚胎培养

精子和卵子受精后,受精卵需移入发育培养液中继续培养以检查受精状况和受精卵的发育潜力,质量较好的胚胎可移入受体母畜的生

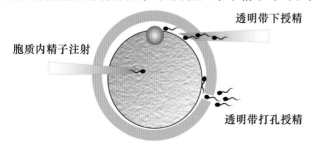

透明带下授精

胞质内精子注射

透明带打孔授精

图 3.9 显微授精示意图

殖道内继续发育成熟或进行冷冻保存。

目前，用于体外受精卵的培养系统最广的是微滴法。具体做法是，在塑料培养皿中用培养液做成微滴，上覆石蜡油，然后每滴放入胚胎。胚胎与培养液的比例为一枚胚胎用 $3\sim10~\mu L$ 培养；一般 $5\sim10$ 枚胚胎放在一个小滴中培养以利用胚胎在生长过程中分泌的活性因子，相互促进发育。胚胎在培养过程中要求每 $48\sim72$ h 更换 1 次培养液，同时观察胚胎的发育状况。

3.4.1.3　应用前景

未来畜牧业的发展，有赖于配子与胚胎生物技术的应用。体外受精技术作为其中一员，已成为一项最为基本而又核心的关键技术。通过体外受精技术，可以从屠宰场收集卵巢，生产大量价廉质优的胚胎，为胚胎移植技术的大面积推广应用创造了必备的条件；结合活体采卵技术，可反复从良种动物体内采集卵母细胞生产胚胎，从而使其繁殖潜力得到充分发挥，大大加快动物的育种进程；通过体外受精可为外源基因的导入提供充足的胚胎来源；为克隆技术提供成熟卵母细胞和克隆胚胎的培养体系；用分离的 X 精子和 Y 精子与卵子体外受精可对哺乳动物进行性别控制。同样，胚胎干细胞的分离也需要 IVF 技术提供胚胎和培养体系。因此，体外受精技术和其他配子与胚胎生物技术之间存在着相辅相成的关系。其他配子与胚胎生物技术离开了体外受精技术将失去其研究开发的意义和价值，体外受精技术没有其他配子与胚胎生物技术的配合，其开发应用的前景亦将得不到充分体现。这些生物技术的综合发展将对人类生活产生重大影响。

3.4.2　胚胎移植

胚胎移植是指将体内、外生产的哺乳动物早期胚胎移植到同种的生理状态相同的雌性动物生殖道内，使之继续发育成正常个体的生物技术。胚胎移植又称受精卵移植，俗称"借腹怀胎"。提供胚胎的雌性动物叫供体(donors)，接受胚胎的动物称受体(recipients)。在畜牧生产中，家畜的超数排卵和胚胎移植通常同时应用，合称超数排卵胚胎移植技术(multiple ovulation and embryo transfer，MOET)。

3.4.2.1　概述

1. 胚胎移植的意义

如果说人工授精是提高良种公畜配种效率的有效方法，那么胚胎移植则为提高良种母畜的繁殖力提供了新的技术途径。胚胎移植和人工授精是分别从母畜和公畜 2 个方面提高家畜繁殖力的有效方法，同时也是进行育种工作的有效手段。从目前看，胚胎移植的意义体现在以下几个方面：

①充分发挥优良母畜的繁殖潜力，提高繁殖效率。作为供体的优良母畜，通过超数排卵处理，一次即可获得多枚胚胎。所以，不论从一次配种还是从一生来看，都能产生更多的后代，比在自然情况下增加若干倍。

②用 MOET 培育种公牛，加大选择强度，缩短世代间隔。据 Smith(1985)报道，应用 MOET，牛、羊生长性状的年遗传进展分别提高 33% 和 62%。

③代替活畜进行洲际、国际引种。胚胎的冷冻保存可以使胚胎的移植不受时间和地点的限制，通过胚胎的运输代替种畜的进出口，节约购买和运输种畜的费用。此外，通过引进胚胎

繁殖的家畜,由于在当地生长发育,较容易适应本地区的环境条件,也可从养母得到一定的免疫能力。

④建立基因库,保存品种资源。胚胎的长期保存是保存某些特有家畜品种和野生动物资源的理想方式,把优良品种的胚胎储存起来,还可以避免某一地区的良种一旦因遭受自然灾害或战争的意外打击而绝种,而且比保存活畜的费用低得多,容易实行。冷冻胚胎、冷冻精液和冷冻卵母细胞共同构成动物优良性状的基因库。

2. 胚胎移植发展里程碑事件

1890 年 4 月 27 日,英国剑桥大学 Walter Heape 首次获得兔受精卵移植成功,生出 2 只安哥拉仔兔(移植胚胎后代)和 4 只比利时仔兔(本品种自然交配后代)。这次试验第 1 次证实受精卵(早期胚胎)在寄主母体内发育的可能。

1934 年,Warwicik 等绵羊胚胎移植获得成功。

1951 年,美国诞生了第 1 头胚胎移植犊牛。

1971 年,首家家畜胚胎移植商业公司成立(加拿大的 Alberta 家畜胚胎移植有限公司)。

1972 年,Sugie 设计的带有气囊装置的非手术采卵技术获得成功,使该技术得到进一步发展,并作为一种有效的技术应用到畜牧生产中去。

1974 年,第 1 头胚胎移植登记的荷斯坦奶牛在美国出生。

1975 年 1 月,在美国科罗拉多州的丹佛市召开了第 1 届国际胚胎移植学会(International Embryo Transfer Society,IETS)的成立大会,会上进行了学术交流,并规定每年召开 1 次年会。IETS 的成立标志着胚胎移植技术的发展已有美好的前景。

1976 年,奶牛的非手术法移植获得成功。牛非手术采卵和移植技术的成功使操作程序大大简化,减少了因为手术对供体、受体母牛的伤害,使奶牛的胚胎移植迅速得到推广并于 1977 年开始进入商业化应用。

1979 年,法国诞生了第 1 头胚胎牛,并于当年成立了欧洲第 1 家胚胎移植公司。

1988 年,爱尔兰建立全世界第 1 家生产体外受精胚胎的公司(Ovamass),不仅降低了胚胎移植成本,而且极大地促进了胚胎工程研究与开发。

3. 国内外牛胚胎移植技术发展规模

牛的胚胎移植虽然比羊晚,但由于牛的经济价值高,加之采卵和移植均可用非手术方法,所以,牛胚胎移植的研究和应用近 30 年来发展最快,成果最多。

国外,牛胚胎移植技术发展迅速,1978 年以来已完全商业化(表 3.2)。而我国与欧美还有较大差距,尽管目前已进入胚胎移植产业化中期(表 3.3),但离完全商业化运作还有很长的路要走。

表 3.2 国外牛胚胎移植技术发展规模及速度

年份	区域	生产 ET 牛犊规模	品种	注册登记的 ET 奶牛	运作形式
1978 年	北美	近 1 万头	奶牛、肉牛	—	完全商业化
1980 年	北美	近 10 万头	30% 奶牛、70% 肉牛	8 298 头	完全商业化
1991 年	全世界	移植 240 730 头	奶牛、肉牛	18 727 头(北美)	完全商业化
1996 年	全世界	移植 412 573 头	奶牛、肉牛	142 598 头(美国)	完全商业化
2002 年	全世界	移植 50 万头	奶牛、肉牛(北美 36 万头奶牛)		完全商业化

(余文莉提供)

表 3.3 我国牛胚胎移植技术发展规模及速度

年度	发展阶段	生产规模	运作形式
1978—1990 年	实验室研究阶段	—	国家及省市研究项目资助
1991—1995 年	中试阶段	每年生产移植犊牛几百头	国家重大科技项目资助
1998—2001 年	产业化初期	每年生产移植犊牛几百头	国家重大科技项目资助
2002 年	产业化初期	移植近万头	农业部"万枚高产奶牛胚胎移植富民工程"资助
2003—2009 年	产业化中期	每年生产移植犊牛几千头	国家引种专项经费;养殖户和省政府共同筹资(河北);企业自筹(河北、黑龙江、海南、辽宁等)

(余文莉提供)

3.4.2.2 胚胎移植技术程序

胚胎移植的主要技术程序包括超数排卵技术(供体、受体选择,供体、受体同期发情处理,超数排卵,供体的配种)、胚胎采集技术、胚胎鉴定与保存技术、胚胎的移植技术。以无菌小鼠生产为例,胚胎移植流程见图 3.10。

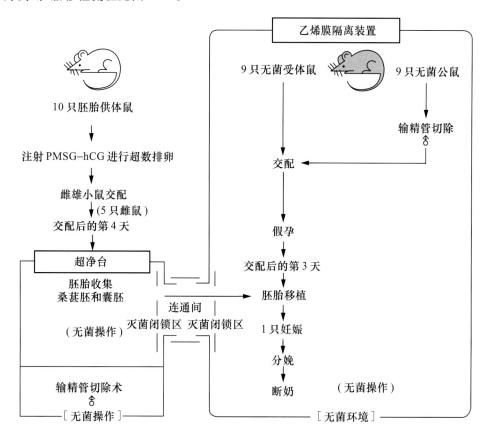

图 3.10 胚胎移植技术生产无菌小鼠实验流程图

(Okamoto,Matsumoto,1999)

3.4.2.3　应用前景

胚胎移植技术在胚胎工程的研究中发挥了重要作用,因胚胎移植是胚胎性别鉴定、体外受精、胚胎分割、嵌合、胚胎细胞核移植、体细胞核移植、转基因动物等技术的下游工作(图3.11)。上述技术最终都得通过胚胎移植技术产下后代才能获得成功。如果胚胎移植技术不过关,很可能使上述胚胎工程研究前功尽弃,其重要性不言而喻。同时随着胚胎移植产业化,必将在家畜良种扩繁、品种改良上产生巨大的经济效益和社会效益。

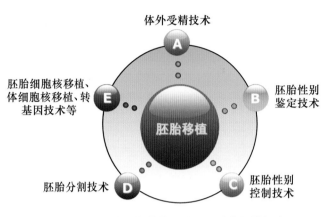

图 3.11　胚胎移植与其他胚胎生物技术相辅相成

参 考 文 献

[1] 朱士恩 . 2009. 家畜繁殖学 . 第 5 版 . 北京:中国农业出版社 .

[2] 杨增明,孙青原,夏国良 . 2005. 生殖生物学 . 北京:科学出版社 .

[3] 桑润滋 . 2006. 动物繁殖生物技术 . 第 2 版 . 北京:中国农业出版社 .

[4] Alison M R,Poulsom R,et al. 2002. An introduction to stem cells. The Journal of Pathology,197(4):419-423.

[5] Bowles J,Koopman P. 2007. Retinoic acid,meiosis and germ cell fate in mammals. Development,134(19):3401-3411.

[6] Fulka J,J,First N L,et al. 1998. Nuclear and cytoplasmic determinants involved in the regulation of mammalian oocyte maturation. Molecular Human Reproduction,4(1):41-49.

[7] Geijsen N,Horoschak M,et al. 2004. Derivation of embryonic germ cells and male gametes from embryonic stem cells. Nature,427(6970):148-154.

[8] Ginsburg M,Snow M H,et al. 1990. Primordial germ cells in the mouse embryo during gastrulation. Development,110(2):521-528.

[9] Gosden R,Krapez J,et al. 1997. Growth and development of the mammalian oocyte. BioEssays:News and Reviews in Molecular,Cellular and Developmental Biology. 19(10):875-882.

[10] Hayashi K,Ohta H,et al. 2011. Reconstitution of the mouse germ cell specification pathway in culture by pluripotent stem cells. Cell,146(4):519-532.

[11] Hubner K,Fuhrmann G. ,et al. 2003. Derivation of oocytes from mouse embryonic stem cells. Science,300(5623):1251-1256.

[12] Jin M, Fujiwara E, et al. 2011. Most fertilizing mouse spermatozoa begin their acrosome reaction before contact with the zona pellucida during in vitro fertilization. Proceedings of the National Academy of Sciences of the United States of America, 108 (12): 4892-4896.

[13] Johnson J, Bagley J, et al. 2005. Oocyte generation in adult mammalian ovaries by putative germ cells in bone marrow and peripheral blood. Cell, 122(2):303-315.

[14] Johnson J, Canning J, et al. 2004. Germline stem cells and follicular renewal in the postnatal mammalian ovary. Nature, 428(6979):145-150.

[15] Kee K, Angeles V T, et al. 2009. Human DAZL, DAZ and BOULE genes modulate primordial germ-cell and haploid gamete formation. Nature, 462(7270):222-225.

[16] Lacham-Kaplan O, Chy H, et al. 2006. Testicular cell conditioned medium supports differentiation of embryonic stem cells into ovarian structures containing oocytes. Stem Pells, 24(2):266-273.

[17] Nayernia K, Nolte J, et al. 2006. In vitro-differentiated embryonic stem cells give rise to male gametes that can generate offspring mice. Developmental Cell, 11(1):125-132.

[18] Nicholas C R, Haston K M, et al. 2009. Transplantation directs oocyte maturation from embryonic stem cells and provides a therapeutic strategy for female infertility. Human Molecular Genetics, 18(22):4376-4389.

[19] Oatley J M, Brinster R L. 2008. Regulation of spermatogonial stem cell self-renewal in mammals. Annual Review of Cell and Developmental Biology, 24:263-286.

[20] Okamoto M, Matsumoto T. 1999. Production of germfree mice by embryo transfer. Experimental Animals / Japanese Association for Laboratory Animal Science, 48(1): 59-62.

[21] Qing T, Shi Y, et al. 2007. Induction of oocyte-like cells from mouse embryonic stem cells by co-culture with ovarian granulosa cells. Differentiation; Research in Biological Diversity, 75(10):902-911.

[22] Riley-Vargas R C, Lanzendorf S, et al. 2005. Targeted and restricted complement activation on acrosome-reacted spermatozoa. The Journal of Clinical Investigation, 115 (5):1241-1249.

[23] Sakai Y, Noce T, et al. 2004. Cleavage-like cell division and explosive increase in cell number of neonatal gonocytes. Development, Growth & Differentiation, 46(1):15-21.

[24] Sato T, Katagiri K, et al. 2011. In vitro production of functional sperm in cultured neonatal mouse testes. Nature, 471(7339):504-507.

[25] Toyooka Y, Tsunekawa N, et al. 2003. Embryonic stem cells can form germ cells in vitro. Proceedings of the National Academy of Sciences of the United States of America, 100(20):11457-11462.

[26] Tulsiani D R. 2000. Carbohydrates mediate sperm-ovum adhesion and triggering of the acrosome reaction. Asian Journal of Andrology, 2(2):87-97.

[27] Yoshida S. 2010. Stem cells in mammalian spermatogenesis. Development, Growth &

Differentiation,52(3):311-317.

[28] Zhou G B,Meng Q G,et al. 2010. In vitro derivation of germ cells from embryonic stem cells in mammals. Molecular Reproduction and Development,77(7):586-594.

[29] Zou K,Yuan Z,et al. 2009. Production of offspring from a germline stem cell line derived from neonatal ovaries. Nature Cell Biology,11(5):631-636.

第4章

体细胞克隆

体细胞克隆(somatic cell cloning)[又称体细胞核移植(somatic cell nuclear transfer)]是指利用一定的设备和技术手段,将动物的体细胞移入到去核的成熟卵母细胞内,形成一个新的体外重组胚胎,然后再于特定的发育时期将重组胚胎移植到代孕母体的子宫内,完成发育,生产与体细胞供体核遗传上同质后代的过程。由于体细胞克隆产生的动物不经过雌雄配子结合阶段,因此又被称为无性生殖。

自从1996年世界首例体细胞克隆动物——绵羊"Dolly"(Wilmut,et al,1997)的诞生,越来越多的课题组和科学家纷纷投入到体细胞克隆这一研究领域。因为体细胞克隆技术不仅仅在保护优良品质及濒危物种中具有潜在的广泛的应用前景,更将在生物医学及动物生殖发育的基础理论研究中发挥巨大的作用。基于此,本章将着重介绍对体细胞克隆的发展、可能的机理、技术环节和影响因素以及该技术存在的问题和应用前景。

4.1 体细胞克隆的发展

4.1.1 体细胞克隆的相关概念

为了更好地理解体细胞克隆这一具有突破性意义的技术,首先介绍一下体细胞克隆的相关概念。

克隆:克隆是对英文单词"clone"的音译。广义而言,克隆可以理解为复制和拷贝,就如同美猴王用自己的毛发变出一群跟自己一模一样的小猴子。在DNA水平上,DNA的克隆即是将一段DNA片段通过酶切、连接等DNA重组技术连接到可以在宿主细胞中(通常是大肠杆菌)进行自我复制的载体上,然后通过宿主细胞的繁殖以及载体在宿主细胞中的自我复制获得大量目的DNA片段。在细胞水平上,细胞克隆是由一个细胞在体外的培养液中分裂若干代所形成的一个遗传背景完全相同的细胞集体。在个体水平上,克隆是用一些特殊的设备和技术获得一群遗传背景即基因完全一致的个体。

核移植：利用显微操作技术将供体细胞核（含有完整基因组的细胞核）移植到去除细胞核的卵母细胞中并在体外条件下形成重组胚胎的过程。在形成的重组胚胎中，基因组 DNA 完全来自于供体细胞的细胞核，因为作为受体的卵母细胞的细胞核在操作过程中已被提前去除掉。在一定程度上，核移植等同于克隆。对大多数哺乳动物而言，在实际操作中，为方便操作，通常用整个供体细胞代替供体细胞的细胞核移植到去核的卵母细胞中。因为大多数哺乳动物的细胞核非常小，通常难以操作，而卵母细胞的细胞核除外。

核供体：提供完整基因组的细胞，可以是胚胎细胞或不同细胞类型的体细胞。根据核供体细胞的类型，克隆可以分为胚胎细胞克隆和体细胞克隆。体细胞克隆是本章介绍的重点。

核受体：核受体通常指去除细胞核的卵母细胞。卵母细胞含有一些重组胚胎早期发育所必需的物质，但具体是什么尚在研究中。根据核供体和核受体是否来自同一物种，克隆又可分为同种克隆和异种克隆。如没有明确指出异种克隆，体细胞克隆通常指同种克隆。

图 4.1 简单介绍了体细胞克隆的技术路线，由此可以更好地理解上述体细胞克隆的相关概念。

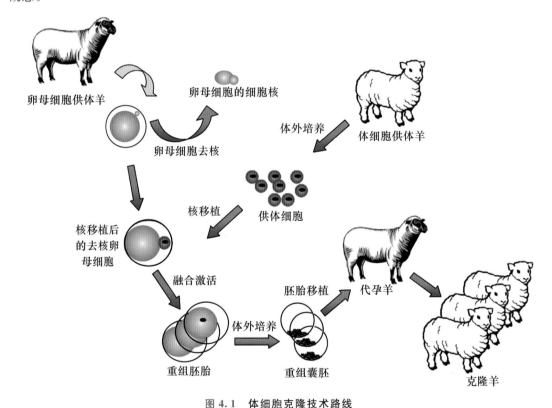

图 4.1　体细胞克隆技术路线

4.1.2　体细胞克隆的发展历史

可以说《西游记》中美猴王那一吹毛发就能变出一个跟自己一模一样的小猴子是中国文学艺术家对体细胞克隆的最早遐想。19 世纪进化生物学在取得巨大进步的同时，发育生物学也紧跟其上。此时,德国生物进化学家 August Weismann 提出了一种震惊发育生物学的理论,即遗传信息只能从生殖细胞向体细胞传递,反之不可逆转。基于此,发育生物学家 Loeb 于1894年、法国生物学家 Yves Delage 于1895年利用无脊椎动物海胆研究胚胎细胞核的遗传信息是否能够逆转发育至个体,以期推翻体细胞遗传信息不可逆转的理论;尽管实验没有获得最后的成功,但这是最早提出细胞核移植实验的首创思路,也是现代核移植实验的奠基。1936年德国胚胎生物学家 Hans Spemann 利用无脊椎动物蝾螈胚胎进行细胞核延迟生成实验(图4.2);尽管实验没有获得核移植动物后代,但他首次提出了可以尝试在脊椎动物进行类似的核移植实验的思想。

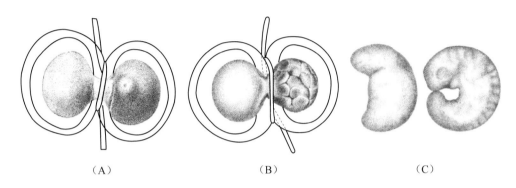

（A）　　　　　　　　　　　　　　（B）　　　　　　　　　　　　　　（C）

图 4.2　蝾螈胚胎细胞核延迟生成实验

（A）蝾螈胚胎被头发丝分开(左侧:无核,右侧:有核);（B）左侧胚胎逐渐获
得细胞核,右侧胚胎已快速卵裂;（C）左侧胚胎发育至胎儿,但未能发育至全期

最早成功获得克隆低等脊椎动物的是蛙类。1952年,美国科学家 Robert Briggs 和 Thomas King 将豹蛙(*Rana pipiens*)未分化的囊胚细胞核注入去核的卵母细胞中,形成一个新胚胎。这种重组胚胎经过适当刺激后,部分可以发育为蝌蚪,甚至经过变态可以变成幼蛙(Briggs,King,1952)。这是历史上首次成功完成的细胞核移植实验。随后,1958年,瑞士胚胎学家 Michael Fischberg 和他的合作者 Gurdon 报道了成功利用非洲爪蟾(*Xenopus laevis*)的早期囊胚细胞进行核移植。非洲爪蟾也是在这个时期由于其诸多优点尤其是卵母细胞易操作而成为胚胎学家竞相研究的模式动物(Gurdon,Byrne,2003)。

在我们国家,最早进行动物细胞核移植研究的是我国著名生物学家童第周教授。1963年,童第周教授及其学生首次报道了鱼类的细胞核移植。之后,他们在金鱼的2个亚科上还成功实现了异种核移植,并获得了发育正常的异种克隆鱼。可以说,童第周教授是世界上最早进行异种克隆的科学家。

相对于两栖类和鱼类的细胞核移植研究,哺乳动物的细胞克隆发展的比较缓慢。其主要原因是,哺乳动物的卵母细胞比较小,且易受损伤,显微操作难度大(Gurdon,Byrne,2003)。因此,哺乳动物克隆需要很好的体外操作技术对这些相对很小的卵母细胞进行去核、融合、体外培养等。可以说,近20年,体细胞克隆技术的蓬勃发展,无不得益于一些显微操作技术及仪器的大力发展和协助。

鉴于两栖类细胞核移植最早使用的都是囊胚细胞,早期哺乳动物的细胞克隆也是采用了囊胚细胞作为核供体,这一时期的细胞克隆也被称之为哺乳动物胚胎细胞克隆。1981年,Karl Illmensee 和 Peter C. Hoppe 等将小鼠囊胚内细胞团细胞(图4.3)直接注入合子后,再去除合子核,最终获得了 3 只克隆小鼠。这是哺乳动物克隆成功的最早报道(Illmensee,Hoppe,1981)。然而,由于该方法采用的是胞质内直接注射法,对卵母细胞的损伤很大,实验难以被重复。1983 年,McGrath 和 Solter 对该技术进行了一次革命性的改进,即引入了细胞融合技术,开创了哺乳动物胚胎细胞克隆的时代。他们首先使用微细玻璃管穿过透明带,将受精卵原核及周围部分胞质吸出,然后将核供体细胞注入去核的受精卵透明带下,并注入少量灭活的仙台病毒诱发供体细胞和受体胞质进行融合形成重组胚胎,成功获得了克隆小鼠。1986 年,Steen Willadsen 改进了细胞核移植的细胞融合方法,首次引入了电融合法,并成功获得了 2 头克隆绵羊,为今天的体细胞克隆方案奠定了坚实的基础。此后,相继有胚胎细胞克隆的牛(Prather,et al,1987)、兔(Stice,Robl,1988)、猪(Prather,et al,1989)、小鼠(Kono,et al,1989;Cheong,et al,1993)、猴(Meng,et al,1997)和山羊(Yong,Yuqiang,1998)等动物的诞生。

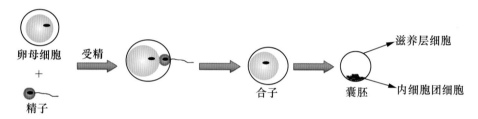

图 4.3　受精过程及囊胚发育

尽管哺乳动物的胚胎细胞克隆在很多物种中取得了成功,但由于克隆效率低及胚胎期供体细胞数量少等限制因素,胚胎细胞克隆在应用上仍存在很大的不足。于是,许多课题组纷纷尝试用高度分化的体细胞作为核供体细胞进行核移植以期获得克隆动物。这无疑是对高度分化的哺乳动物体细胞是否具有发育全能性这一问题进行挑战。

最终,让全世界科学家震惊的事情发生了。1996 年,英国罗斯林研究所的 Ian Wilmut 及其同事 Keith Campbell 利用一只 6 岁绵羊的乳腺上皮细胞作为核供体进行核移植,成功获得了世界首例体细胞克隆哺乳动物——克隆羊"Dolly"(图 4.4)。"Dolly"的诞生,不仅回答了在发育生物学领域中关于高度分化的体细胞是否具有全能性的问题,而且引发了全世界关于克隆可能带来的各种问题的探讨。这一里程碑事件更拉开了哺乳动物体细胞克隆的大幕,之后,多个物种的体细胞克隆获得成功。Ian Wilmut 也当之无愧地被世人称为"克隆之父"。

在克隆羊"Dolly"诞生之后,相继诞生了体细胞克隆小鼠(Wakayama,et al,1998)、牛(Kato,et al,1998)、山羊(Baguisi,et al,1999)、猪(Onishi,et al,2000;Polejaeva,et al,2000)、印度野牛(Lanza,et al,2000)、欧洲盘羊(Loi,et al,2001)、家猫(Shin,et al,2002)、兔(Chesne,et al,2002)、马(Galli,et al,

图 4.4　克隆羊"Dolly"和"克隆之父"伊恩·威尔默特

2003)、骡子(Woods,et al,2003)、大鼠(Zhou,et al,2003)、非洲野猫(Gomez,et al,2004)、犬(Lee,et al,2005)、水牛、雪貂(Li,et al,2006)、狼(Kim,et al,2007)、马鹿(Berg,et al,2007)、黄羊(Chen,et al,2007)、沙猫(Gomez,et al,2008)、野生山羊(Folch,et al,2009)和骆驼(Wani,et al)等动物。值得骄傲的是,我国科学家对哺乳动物体细胞克隆的发展做出了不可磨灭的贡献。像美国克隆泰斗杨向中教授、首次克隆大鼠的周琪教授、首次克隆雪貂的李子义教授、首次克隆水牛的石德顺教授、首次获得基因敲除猪的赖良学教授以及拥有世界最大克隆动物群体及转基因克隆牛、猪的李宁教授。

　　体细胞克隆技术的另一大优点是可以在体细胞水平对供体细胞的基因组进行修饰以获得可预期的转基因克隆动物。

　　既然利用体细胞克隆技术可以成功获得克隆动物,那么对于一些濒危物种由于其卵母细胞数有限,可不可以利用其他物种的卵母细胞作为受体进行体细胞克隆以获得克隆后代,即异种克隆? 对某一濒危物种或珍稀物种进行异种克隆,需要两个方面的材料:一是这一物种的体细胞;二是来源于其他哺乳动物的合适的卵母细胞。供体细胞可以使用体外培养存活动物的体细胞获得。核心问题是如何找到合适的异种卵母细胞。目前仅有2例异种克隆动物获得成功。2000年,Lanza等把印度野牛的皮肤成纤维细胞移入去核的牛的卵母细胞中,成功获得了一头发育正常的异种克隆野牛(图4.5)。2001年,Loi等将欧洲盘羊的颗粒细胞移植到绵羊的去核卵母细胞中,成功获得了一只发育正常的异种克隆盘羊(图4.6)。这说明,哺乳动物的异种克隆是可以获得成功的,但需要更进一步的研究。

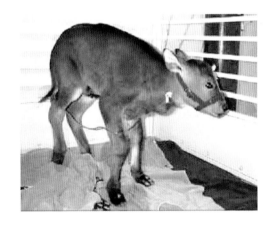

图4.5　异种克隆印度野牛　　　　　　图4.6　异种克隆欧洲盘羊和其代孕绵羊

　　此外,高效、稳定、经济、简易的新型克隆技术(手工克隆技术)应用可能会进一步加快体细胞克隆技术在制备转基因育种中商业化生产的步伐。自体细胞核移植技术诞生以来,在生产克隆胚胎时几乎所有课题组都要依赖昂贵显微操作系统的传统克隆技术,这不仅对研究者的技术要求特别高而且非常耗时。科学家们为了降低生产克隆动物的成本和提高克隆的效率,2001年,由匈牙利科学家发明一种不依赖于显微操作系统且更加简易、经济、高效的手工克隆技术(Vajta,Lewis,2001)。这种"傻瓜式"的手工克隆技术已经在奶牛(Vajta,Lewis,2001)、猪(Du,Kragh,2007)、水牛、山羊上得到充分的验证。手工克隆技术以其独有的优势正在推动农业动物克隆技术迈向规模化、产业化。

4.2　体细胞克隆的分子机理研究

随着克隆羊"Dolly"的诞生,越来越多的克隆动物相继问世。然而克隆效率低(1%～3%)、克隆动物异常仍然是目前克隆技术存在的最大问题。利用体细胞克隆技术获得克隆动物需要通过很多环节才能得以实现,其中最为关键的材料是卵母细胞和供体细胞。供体细胞被移植到去核的卵母细胞中后,发生了怎样的变化使得高度分化的体细胞可以重新获得发育的全能性继而发育成成活的克隆动物?而克隆效率低及许多克隆动物的发育异常又是由什么原因造成的呢?对这些问题的研究,有助于我们更好地了解和改进体细胞克隆技术,以提高克隆效率和克隆动物的健康,使体细胞克隆技术在科学研究和实际应用中发挥更大的作用。

要想研究体细胞克隆的分子机制,我们首先需要了解一下哺乳动物生殖细胞发育、受精及胚胎发育的过程。哺乳动物有性生殖的最早阶段是配子发生(gametogenesis),即精子的发生和卵母细胞的发生。精子的发生包括精原干细胞的增殖和更新。精母细胞经过一次复制和两次连续的减数分裂,形成单倍体的精子细胞,再经过变态形成精子。哺乳动物卵原细胞的分裂和卵原细胞向卵母细胞的转化在出生前或出生后不久就已经完成了;如此产生的大量的数目已定的卵母细胞都处于有丝分裂前期Ⅰ,并存在于原始卵泡中。从青春期开始,原始卵泡开始生长发育为生长卵泡、次级卵泡、成熟卵泡,与此同时存在于原始卵泡中的初级卵母细胞经过一次有丝分裂和连续两次的减数分裂后排出 3 个极体发育成为单倍体的成熟卵母细胞。成熟的精子和卵母细胞中,基因组 DNA 是高度甲基化的。这也是成熟的精子和卵母细胞中很多基因转录不活跃的原因。受精后,精子与卵母细胞融合形成二倍体合子。合子经过数次分裂后形成囊胚。在小鼠中,在这一过程中,来自精子高度甲基化的 DNA 在酶的作用下进行了主动的甲基化的去除,即 DNA 的去甲基化。这些去除 DNA 甲基化的酶也被命名为去甲基化酶。随后,来自于卵母细胞的高度甲基化的 DNA 在合子分裂过程中通过 DNA 的复制也清除了原有的甲基化标记。这被称之为被动去甲基化(图 4.7)。这时胚胎中基因组 DNA 的甲基化程度最低(Reik,Dean et al,2001)。

囊胚含有 2 个明显不同的细胞群:内细胞团细胞和滋养层细胞(图 4.3)。在胚胎随后的发育中,滋养层细胞侵入到母体的子宫壁细胞从而使胚胎植入(implantation)到母体子宫内,逐渐发育为胎盘组织,而内细胞团细胞逐渐发育为成熟的个体。在胚胎附植过程中,胚胎细胞的 DNA 开始了不同程度的甲基化,所以成熟个体中不同组织或器官的细胞 DNA 甲基化程度是不同的。这也是一些基因能够组织特异性表达的一个原因。

在哺乳动物细胞中,还存在着许多类似于 DNA 甲基化这种不通过改变基因组 DNA 序列而是通过改变染色体 DNA 和组蛋白的修饰从而调控基因表达的机制。这种机制被称为表观调控(epigenetic regulation)。这些修饰被称为表观修饰(epigenetic modification)。表观修饰包括 DNA 甲基化、组蛋白乙酰化(histone acetylation)、X 染色体失活(X - chromosome inactivation)、印记基因(imprinting gene)等方面。胚胎发育过程中,表观修饰严格、准确的变化从而确保基因表达的正常开启与关闭,进而形成了不同类型的细胞。在不同类型的细胞中染色体的表观修饰是不同的,而且这些修饰能够在细胞分类过程中稳定地遗传给后代。受精

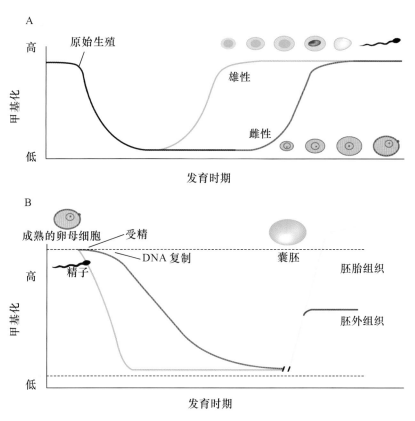

图 4.7　原始生殖细胞和附植前胚胎甲基化变化的模式图

A:生殖细胞的甲基化重编程。小鼠中原始生殖细胞的去甲基化发生在发育早期。雄性配子细胞中重新甲基化发生在原始精原细胞阶段(胚胎期 E 16 d),雌性配子细胞中重新甲基化作用发生在出生后卵母细胞成熟过程中。图中显示了生殖细胞发育的一些时期。B:附植前胚胎的甲基化重编程。父本基因组(蓝线)在受精后立刻进行主动地去甲基化,母本基因组(红线)的去甲基化是依赖于 DNA 复制的被动去甲基化过程。二者重新甲基化都发生在胚胎附植期左右,而且在胚胎组织(EM)和胚外组织(EX)甲基化水平不同。甲基化的印记基因和一些重复序列(虚线)不发生去甲基化,未甲基化的印记基因(虚线)也不重新甲基化。

(Wolf Reik,Wendy Dean, Jorn Walter,2001)

后,合子打破精子和卵母细胞原有的表观修饰,在胚胎发育过程中建立一套新的特有的表观修饰,就像前文所述的 DNA 甲基化一样。这一过程就是通常所说的表观修饰的重编程(reprogramming)。表观修饰的重编程是胚胎正常发育所必需的。体细胞克隆技术是通过核移植使供体细胞的细胞核取代精卵融合的细胞核。如果体细胞的基因组能够像正常受精的基因组一样进行正确的表观修饰重编程,那么这个重构胚胎就有可能发育成正常的克隆动物;否则,体细胞基因组没有发生重编程或发生部分重编程都会导致重构胚胎的迅速死亡或克隆胚胎在不同发育阶段死亡,甚至导致获得的克隆动物的快速死亡及表型异常。

目前认为,体细胞克隆效率低的主要原因是供体细胞核的不正常重编程导致胚胎在发育过程中起重要作用的基因没有表达或异常表达。那么供体细胞核在移植到去核的卵母细胞后是如何激活体细胞核的重编程以及如何才能保证重编程的正常进行从而使正确调控基因的表达是科学家们不断研究的问题。

4.2.1　供体细胞核重构

供体细胞核重构(nuclear remodeling)与核重编程是 2 个不同的概念。细胞核重构是一个 DNA 重新包装导致染色质的空间结构发生了变化的物理过程;而重编程则是由染色质空间结构的变化引起的表观修饰的改变及基因表达的变化(Whitworth,Prather,2010)。可以说,重编程的正常进行首先需要供体细胞核重构的正确进行,供体细胞核的重构不充分将会影响克隆胚胎整个的后期发育。

为了更好地理解体细胞克隆后供体细胞核结构的改变,首先需要对供体细胞核和受精卵原核的结构进行一下了解。受精卵的原核被包裹在一个几乎没有基因转录发生的受精后的胞质环境中,最开始的几次分裂是由储存在卵母细胞胞质中的物质引发的。随后,根据物种的不同在不同的发育阶段,胚胎开始转录出大量的 RNA。这一特定的大量转录发生的时期称为胚胎基因组激活(embryonic genome activation,EGA)。胚胎基因组激活在小鼠上发生在 2 细胞期,人、大鼠和猪是 4 细胞期,牛和羊是 8 细胞期至 16 细胞期。在这一时期,与细胞核相结合的蛋白发生了变化如核纤层蛋白(nuclear lamins)、SnRNPs 等,发育中的胚胎的细胞核开始真正的调控胚胎的发育。在内细胞团细胞和滋养层细胞形成过程中,不仅一组不同的基因发生了转录,而且与核相联系的蛋白也不同。随着胚胎发育的进行,形成了多种不同的组织,每种组织的细胞含有特定的细胞核结构和转录开启的基因。在胚胎发育过程中,存在许多这种类似"多米诺骨牌效应"的过程。受精开始了原核转录的停止,胚胎基因组的激活开启了胚胎发育过程中最早一批基因的转录,而这一过程则可能引起 2 种效应,即内细胞团细胞和滋养层细胞的形成,它们各自转录不同的基因。依此类推,在此后胚胎发育过程中,类似的过程不断发生,越来越多的信号通路将会被打开,直到形成所有组织。

当利用体细胞克隆技术将体外培养的胎儿成纤维细胞移植到去核的卵母细胞中后,胎儿成纤维细胞的细胞核也应该发生类似正常受精原核这样的结构变化,从而引发胚胎发育过程中基因表达的重编程。衡量细胞核结构重构的方法有很多,包括供体细胞核移植到去核卵母细胞胞质后总体的结构变化、体细胞核膨胀到类似原核的大小以及重新形成紧密的核仁。Gurdon 最早在爪蟾中的研究表明,位于供体细胞核的蛋白释放到卵母细胞胞质中,而一些存在于卵母细胞胞质中的蛋白则可以被供体核捕获。最近在哺乳动物中,利用大量的抗体检测到核质之间相互交换的蛋白,正如在爪蟾中的研究,发现了许多供体核释放到受体胞质以及受体胞质中被供体核捕获的蛋白。组蛋白 H1 是核质蛋白相互交换的蛋白之一。组蛋白 H1 将组蛋白 H2A、H2B、H3、H4 与 DNA 连接到一起形成核小体。H1FOO 是卵母细胞特异的组蛋白 H1 的变异体。当体细胞核移植到受体胞质中后,体细胞中的组蛋白 H1 迅速被卵母细胞中的 H1FOO 替代。这一蛋白交换过程是一个主动发生的过程,而且可以在核膜存在的情况下进行(Gao,et al,2004)。与 H1FOO 不同,MacroH2A 是另外一种组蛋白变异体,存在于体细胞中。但在受精后的原核和最开始的几次分裂中没有 MacroH2A 的存在。当体细胞核移植到卵母细胞胞质中后,MacroH2A 从染色体上解离下来并被降解,当胚胎发育至桑葚胚期,MacroH2A 被重新合成并组装到染色体中。这与受精胚胎中 MacroH2A 的正常表达恰巧一致(Chang,Gao et al)。在体细胞克隆中,供体细胞核与受体胞质之间的物质交换是保证供体核重构的条件。

4.2.2 卵母细胞的激活

受精是精子与卵母细胞质膜相互作用的一系列过程,精子穿透卵丘层和透明带与卵母细胞质膜发生反应。受精后,卵母细胞质膜启动一个信号使卵母细胞转变成新的二倍体胚胎。这一过程称为卵母细胞激活。卵母细胞激活包括大量形态学和生物学的变化,一些变化发生在精子与卵母细胞质膜反应后的几秒或几分钟内,而另一些变化发生可能要持续几个小时。卵母细胞激活发生的一系列反应是胚胎发育所必需的。

大多数哺乳动物的成熟卵母细胞由于促成熟因子(maturation promotion factor,MFP)的存在,都停滞于减数分裂 II 期。减数分裂 II 期卵母细胞受精后在精子刺激下发生活化,呈现细胞质内 Ca^{2+} 浓度升高、MFP 活性快速降低、卵母细胞减数分裂恢复、核膜破裂、染色体凝集、细胞骨架重构、细胞形态变化等。Ca^{2+} 浓度升高是卵母细胞激活重要的诱导信号。

在体细胞克隆中,可以利用高电压的直流电脉冲模拟精子激活卵母细胞的过程。电脉冲本身并不能激活卵母细胞,脉冲过程中造成细胞膜穿孔,进而引起融合液中 Ca^{2+} 的内流,造成卵母细胞的激活,同时也将供体与受体的细胞膜融合。但电脉冲刺激只能引起 Ca^{2+} 浓度的单次升高,不能像受精过程中发生的持续时间长达数小时的 Ca^{2+} 振荡,因而,电脉冲的激活率不高。也有学说认为:电脉冲刺激的同时使质膜破裂,启动磷酸戊糖途径;某些膜表面受体激活后,促进肌醇磷酸酯水解成三磷酸肌醇,刺激细胞内 Ca^{2+} 作为第 2 信使释放,使细胞外 Ca^{2+} 内流[付博,博士学位论文,东北农业大学]。

体细胞克隆过程中,卵母细胞的激活是供体核与受体细胞质蛋白交换的先决条件,因此也影响着供体细胞核的结构重构。

4.2.3 供体细胞核重编程

在体细胞克隆后,除了供体细胞核与受体卵母细胞胞质的蛋白交换和细胞核重构外,高度分化的供体细胞核还要去分化后进行表观修饰的重编程,以获得发育的全能性。供体细胞核重编程(nuclear reprogrammming)主要包括 DNA 甲基化(DNA methylation)、组蛋白乙酰化(histone acetylation)和甲基化、X 染色体失活(X - chromosome inactivation)、印记基因(imprinting gene)以及端粒长度(telomere length)等。

4.2.3.1 DNA 甲基化

DNA 甲基化是一种主要的基因组表观遗传修饰,它在调节基因表达方面起着主要的作用。DNA 甲基化通常发生在与鸟嘌呤相连的胞嘧啶上,即 CpG 二核苷酸的 C 上的第 5 位碳原子上。哺乳动物基因组 DNA 中的胞嘧啶约有 5% 被甲基化成 mCpG 形式,其中的 70% 在富含 CpG 的 CpG 岛(CpG islands)上。CpG 岛是 G+C 含量大于 50%、CpG=GpC 的区域,长 200～500 bp。CpG 岛通常位于基因的启动子区或是第 1 个外显子区。体内基因组 DNA 甲基化有以下 3 种存在状态:

①高度甲基化,如雌性动物中的一条失活的 X 染色体。

②在诱导下去甲基化,如发育的特异性阶段。

③保持低水平甲基化,如持家基因。

大多数情况下,基因组 DNA 的甲基化抑制基因的转录活性是:甲基化程度越高,基因表达越不活跃。DNA 甲基化可能通过以下 5 种机制调控基因的表达:

①直接抑制转录因子结合到甲基化的启动子区域。

②富集转录抑制因子到甲基化的启动子区域。

③DNA 甲基转移酶介导的染色质重构。

④在转录过程中,延缓高度甲基化的基因的延伸效率。

⑤屏蔽增强子发挥作用。

基因组 DNA 的甲基化模式在分化的体细胞中通常是稳定且可以遗传的。哺乳动物成熟的精子和卵母细胞的 DNA 是高度甲基化的。当精卵结合发生受精以后,高度甲基化的 DNA 立刻开始了去甲基化的过程。首先是父源的 DNA 发生了主动地去甲基化。这一过程需要很多去甲基化转移酶的参与。然后母源的 DNA 在 DNA 复制过程中发生了被动地去甲基化。所以在受精后胚胎的早期发育过程中,有一个时期的基因组 DNA 的甲基化程度最低,随后基因组 DNA 开始建立新的甲基化模式。胚胎的原始生殖细胞最早出现在胚胎外部的外胚层,这时生殖细胞的基因组 DNA 甲基化程度还很低,随着胚胎的发育,雄性生殖细胞的 DNA 再甲基化不断进行,一直持续到动物出生后;而雌性生殖细胞中的 DNA 再甲基化则发生在出生后的卵母细胞成熟过程中(Wolffe,Matzke,1999;Reik,et al,2001)。虽然不同物种受精后基因组 DNA 的去甲基化、再甲基化的具体时间不尽相同,但都要经历类似的重新甲基化的过程。

体细胞克隆技术将体细胞核移植到去核的卵母细胞中经过融合、激活后形成重构胚。在重构胚的发育过程中,体细胞核必须模拟受精后精子和卵母细胞的基因组 DNA 进行去甲基化、再甲基化,否则,DNA 的去甲基化不充分或提前再甲基化将会导致胚胎的异常发育。2001年,Dean 等利用抗甲基化胞嘧啶的抗体对体细胞克隆牛胚胎和正常胚胎的全基因组 DNA 甲基化模式进行研究发现,正常牛胚胎在 8 细胞期至 16 细胞期发生主动和被动去甲基化,之后开始重新甲基化,而克隆胚胎中尽管进行了部分去甲基化但去甲基化不完全且再甲基化在 4 细胞期至 8 细胞期就过早地发生(图 4.8)(Dean,et al,2001)。这可能是因为体细胞核中 DNA 甲基转移酶 1(DNA methyl-transferase 1)的存在形式和卵中的不同。他们还发现,克隆胚胎的 DNA 甲基化模式更接近于供体体细胞的甲基化模式。这说明在体细胞克隆后,供体细胞重编程不充分,分化的体细胞的表观修饰没有被充分清除。

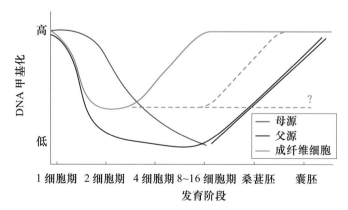

图 4.8 正常牛和克隆牛植入前胚胎的 DNA 甲基化重编程比较

(Wallaim,2001)

2001 年,Kang 等对体细胞克隆牛的桑葚胚和囊胚的几个重复序列和单一序列的甲基化水平进行了亚硫酸盐测序检测,发现克隆胚胎的 DNA 甲基化水平高于体外受精胚胎,且体外受精胚胎中发现长的散布的核因子序列的去甲基化现象,但在克隆胚中没有发现此现象。2003 年,Cezar 等利用高效液相色谱法分析克隆牛流产胎儿的全基因组甲基化状态,发现甲基化的胞嘧啶水平降低,从而提出全基因组的甲基化降低可能导致了克隆牛胎儿发育异常。2001 年,Ohgane 等检测克隆小鼠胎盘和皮肤的 DNA 甲基化状态,在检测的 7 个甲基化位点中,有 4 个出现异常或未被甲基化;这 4 个位点中的 3 个在正常胚胎中与组织特异性有关。而克隆猪的植入前胚胎的着丝粒微卫星和 PRE-1 短散布重复序列的甲基化状态却与正常受精卵中检测到的相似,说明克隆动物的供体核基因组的甲基化表观修饰的重编程存在种间差异(Dean,et al,2001;Kang,et al,2001;Hyun,et al,2003)。

尽管大部分体细胞克隆胚胎不能发育为存活个体,但很多克隆胚胎都能建立妊娠、形成胎儿和胎盘,这说明供体细胞核的 DNA 还是进行了一定程度的重编程。此外,DNA 甲基化模式在发育过程中是动态变化的,甲基化状态可能会受环境的影响而改变。妊娠过程中或出生后很快死亡的克隆动物的异常甲基化状态或水平可能与胚胎早期发育的甲基化状态有所不同。我们不清楚是一开始基因组错误的甲基化引起基因表达异常还是在胎儿发育的关键时刻某一随机事件的发生改变了胎儿发育的环境从而引起错误的甲基化。这些改变都有可能在胚胎发育过程中出现,导致后代的死亡(Niemann,et al,2008)。

4.2.3.2　组蛋白乙酰化和甲基化

在哺乳动物细胞中,基因组 DNA 在核心组蛋白八聚体(由组蛋白 H2A、H2B、H3 和 H4 各两分子组成)上缠绕大约 2 圈形成核小体。各核小体之间又由组蛋白 H1 连接在一起。正是由于组蛋白和 DNA 组成的这种染色体的基本结构,使基因组 DNA 可以被压缩上万倍,装配在细胞核里。但这种致密的结构给基因的表达提出了一个问题,RNA 聚合酶和其他转录因子是如何接近并结合到 DNA 上的。研究发现,组蛋白的 N 末端氨基酸残基可发生乙酰化、甲基化、磷酸化和泛素化等多种共价修饰作用。组蛋白的修饰可以影响组蛋白与 DNA 双链的亲和性,从而改变染色质的疏松或凝集状态,或通过影响其他转录因子与结构基因启动子的亲和性来发挥基因调控作用。在这些作用中,组蛋白的乙酰化和甲基化是目前研究比较多的 2 种组蛋白修饰。

组蛋白乙酰化通常发生在核心组蛋白 N 端碱性氨基酸集中区域的特定赖氨酸残基上。组蛋白乙酰转移酶(histone acetyl-transferase,HAT)将乙酰辅酶 A 的乙酰基转移到赖氨酸的 εNH_3^+ 上,中和掉 1 个正电荷,这样可减弱 DNA 与组蛋白的相互作用,使组蛋白末端从 DNA 上脱离开来,提高 DNA 与其他转录因子的结合几率。而组蛋白甲基化根据甲基化位点的不同,可以提高或抑制转录活性。通常组蛋白 H3 第 4 位赖氨酸的三甲基化(H3K4me3)、第 36 位赖氨酸的甲基化(H3K36me)或第 79 位赖氨酸的甲基化(H3K79me)是转录活性的标记。这些修饰多存在于常染色质上。而组蛋白 H3 第 9 位赖氨酸的二甲基化或三甲基化(H3K9me2/3)、第 27 位赖氨酸的三甲基化(H3K27me3)和组蛋白 H4 第 20 位赖氨酸的三甲基化(H4K20me3)是转录抑制的标记,多存在于异染色质上。

如同 DNA 甲基化一样,组蛋白的修饰在胚胎发育过程中也发生很多的变化。在小鼠中,刚受精时,来自于双亲的染色体组蛋白的修饰并不对称。雄原核组蛋白 H4 的乙酰化程度远高于雌原核的。而雌原核中,H3K4me1/2/3、H3K9me2/3、H3K27me3 和 H4K20me3 的甲基化程度很高。胚胎发育到囊胚期时,内细胞团细胞中组蛋白 H3 的第 9 位赖氨酸的乙酰化(H3K9ac)和 H3K27me1/2/3 的甲基化远高于滋养层细胞的,而 H3K9me2/3 在两类细胞群中几乎一致。在猪和牛的正常胚胎中,组蛋白乙酰化和甲基化的变化又与小鼠的不同。

在体细胞克隆中,关于组蛋白乙酰化和甲基化的研究还不是很多。2003 年,Santos 等研究了体细胞克隆的牛胚胎和体外受精的牛胚胎的组蛋白 H3 第 9 位赖氨酸(H3K9)的甲基化和乙酰化状态,发现在正常的胚胎中,H3K9 的甲基化和 DNA 的甲基化变化趋势是一致的,而在大部分克隆牛的胚胎中,H3K9 的甲基化程度过高并伴随着 DNA 的过高甲基化,DNA 甲基化和 H3K9 的甲基化模式存在一定的平行性;至于 H3K9 的乙酰化状态,在正常胚胎的 4 细胞期,H3K9 乙酰化水平降低,8 细胞期后开始升高,而克隆胎儿的整个早期发育的胚胎中 H3K9 的乙酰化水平一直很高(Santos,et al,2003)。同年,Enright 等利用荧光共聚焦显微镜和免疫荧光流式细胞仪研究了体细胞克隆牛的供体核的组蛋白乙酰化水平,发现不同的细胞类型、细胞周期的不同阶段以及不同的处理过程均影响供体细胞的组蛋白乙酰化水平。其中,G0/G1 期和 G2/M 期的卵丘细胞和成纤维细胞的连接组蛋白 H1 和组蛋白 H3 第 18 位赖氨酸的乙酰化水平随着细胞代数的增加而增加;G0/G1 期的卵丘细胞的组蛋白 H4 第 8 位赖氨酸的乙酰化水平也随着细胞代数的增加而增加。在卵丘细胞和成纤维细胞中,上述组蛋白的乙酰化水平均随着细胞周期从 G0/G1 期到 S 期和 G2/M 期而增加。这些结果表明,供体细胞的组蛋白乙酰化的状态在体外培养过程中可能发生重构。这对体细胞克隆可能有一定的影响(Enright,et al,2003)。为了促进供体细胞核的重编程,Enright 等用一种组蛋白去乙酰化抑制剂 TSA 和 DNA 甲基化转移酶抑制剂 5-氮-2′-脱氧胞苷(5-aza-dC)处理核供体,分别用来增加供体核的组蛋白乙酰化水平和降低供体核的 DNA 的甲基化水平;结果发现,用 TSA 处理供体细胞后,克隆囊胚的囊胚率可以从 25.1% 提高到 35.1%;而 5-氮-2′-脱氧胞苷的处理使囊胚率降低至 4.2%(Enright,et al,2003)。

体细胞克隆猪的胚胎经过组蛋白去乙酰化抑制剂 TSA 的处理后可以显著提高囊胚率和囊胚细胞数,且组蛋白 H3 的乙酰化水平提高到类似于体外受精的胚胎(Yamanaka,et al,2009)。最近,Prather 课题组的研究表明,多种组蛋白去乙酰化抑制剂包括 TSA 处理体细胞克隆猪的胚胎可以提高克隆胚胎体内和体外的发育能力(Zhao,et al)。以上研究表明,体细胞克隆胚胎中,组蛋白乙酰化的重编程是不完全的,组蛋白去乙酰化抑制剂的加入可以促进供体细胞的重编程。

组蛋白修饰的重编程远比 DNA 甲基化复杂得多,到目前为止还没有一个通用的模型。而且,与 DNA 甲基化一样,组蛋白修饰的改变也是因物种不同而异的。组蛋白修饰变化的精细调控也说明其在基因表达调控中的重要作用。

4.2.3.3 X 染色体失活

在哺乳动物中,雌性动物含有 2 条 X 染色体,而雄性动物含有 1 条 X 染色体和 1 条 Y 染色体。X 染色体约 160 Mb,编码上千个具有不同功能的基因,而 Y 染色体编码不足 100 个基因,且这些基因主要与性别决定和生殖有关。为了保证雌雄动物中 X 染色体上 X-linked 的基因拷贝数和表达的一致性,通常在胎儿发育过程中,雌性胎儿会选择性的失活一条 X 染色体,即通常所说的 X 染色体失活。在胚胎植入前,雌性胚胎的 2 条 X 染色体(无论是来自父亲的还是来自母亲的)均具有转录活性;当胚胎发育到囊胚期时,内细胞团细胞及其在后期发育过程中会随机失活一条 X 染色体(或者是来自母亲的 X 染色体,或者是来自父亲的 X 染色体);

而在滋养层细胞及后期发育过程中,往往是失活来自于父亲的哪条 X 染色体(Dementyeva,et al,2009)。XIST(X-inactive specific transcript)基因在 X 染色体失活中起重要作用。在 X 染色体失活过程中,将要被失活的那条 X 染色体上的 XIST 基因得以转录,转录出的非翻译 RNA 启动该染色体的失活。那么在体细胞克隆胎儿发育过程中,是否在内细胞团细胞中随机失活一条 X 染色体,而在滋养层细胞中选择性的失活来自于父亲的那条 X 染色体呢?

2000 年,Eggan 等用 X-linked 绿色荧光蛋白检测克隆小鼠中 X 染色体的失活情况,发现大部分克隆小鼠的胚胎可以进行 X 染色体的正确失活,即体细胞核移植后,来自于供体细胞的 2 条 X 染色体都被重新激活,具有转录活性;随后,滋养层细胞中的父源的 X 染色体被选择性失活,内细胞团细胞则随机失活一条 X 染色体(Eggan,et al,2000)。而其他研究却表明,在克隆小鼠胚胎中,尽管来自供体细胞的 2 条 X 染色体在受体细胞质中可以重新获得转录活性,但在后期的 X 染色体失活却发生了异常,克隆小鼠的囊胚细胞中出现了 0 条、1 条或 2 条 X 染色体的失活的情况(Nolen,et al,2005)。

在体细胞克隆牛的流产胎儿和新生死亡牛中,X 染色体的失活是异常的。研究的 10 个与 X 染色体连锁的基因中有 9 个在死亡克隆牛的不同组织和器官中表达异常,而且 XIST 基因处于过低甲基化水平。这表明,不完全的核重编程可能在 X 染色体上产生了异常的表观标记,影响了随机的和印记的 X 染色体的失活,使克隆胚胎 X 染色体上的部分基因异常表达,最终导致了克隆动物在不同孕期流产和死亡(Xue,et al,2002)。

4.2.3.4　印记基因

哺乳动物的基因都有来自父母的 2 个拷贝。一般情况下,这 2 个拷贝的基因都可以表达,但基因组有一些特定的基因,只能选择性的表达来自于父方或母方的等位基因,而来自另一方的等位基因不表达。这种基因称为印记基因。印记基因的最大特点是成簇存在,且由印记控制中心(imprinting control regions,ICRs)调控基因的表达。

在成熟的精子和卵母细胞中已经建立起作为下一代亲本的印记模式。受精后,在基因组 DNA 发生去甲基化和再甲基化的过程中,印记模式并不发生变化,等到胚胎期出现原始生殖细胞时,在早期的原始生殖细胞中,亲本的印记才被去除,之后才开始建立新的印记模式直到生殖细胞成熟。大多数的父源表达的印记基因是促进胚胎生长的,而大多数母源表达的印记基因则是抑制胚胎生长的。这种现象可以通过印记的亲本冲突学说(parental conflict hypothesis)来解释。此学说认为,父源表达的印记基因通过从母体获取更多的营养来促进胚胎生长,而相反,母源表达的印记基因为了成功妊娠需要协调胎儿需求与母体供应间的平衡(Moore,Haig,1991)。

胚胎发育异常在体细胞克隆动物中是普遍存在的现象,且许多异常的表型与人类的印记相关疾病的表型非常像。一些研究已经阐述了这些异常与印记基因的表达异常存在着一定的关系。在克隆小鼠的研究中发现,印记基因的表达与正常对照存在很大的差异,只有 4% 的体细胞克隆小鼠的植入前胚胎表现出印记基因 H19、Meg3、IGF2R、ascl2 和 Snrpn 的正常表达(Mann,et al,2003)。

在人和小鼠中,胎儿过度生长与 H19、IGF2 和 IGF2R 等印记基因的异常表达有关。在巨胎症的克隆绵羊中,IGF2R 的第 2 内含子中 DMR2 甲基化程度降低,导致 IGF2R 的表达较正常胎儿降低 30%～60%(Young,et al,2001)。

2004 年,杨向中教授课题组的研究发现,在自然交配产生的牛中,H19 基因发生了印记,母源 H19 基因得以表达。在 4 头出生后很快死亡或者是由于发育异常导致出生过程死亡的克隆牛的器官中,其中 3 头牛的 H19 是双等位基因表达的,也就是说 H19 基因没有进行正常的印记。这证实了他们的假说,在发育异常的克隆牛中存在着印记状态的异常。而在克隆牛人工授精产生的后代中,H19 基因的表达情况与正常对照没有明显的差异。这说明克隆牛异常的印记在自然受精过程中或者得到了纠正,或者是健康存活的具有自然繁殖后代能力的克隆牛中不存在印记的异常(Zhang,et al,2004)。Curchoe 等进一步研究了克隆牛中印记基因 IGF2 和 H19 的甲基化情况。他们在出生后立即死亡或检查出异常而屠宰的克隆牛的肝、大脑、肺脏、肾和胎盘中,检测到 IGF2 和 H19 的 DMR(differentially methylated region)区的甲基化程度偏低。克隆牛肝和胎盘中 IGF2 和 H19 的 DMR 区甲基化程度低,与上述发现的 H19 双等位基因表达的结果一致,但 IGF2 没有双等位基因表达。这说明这一 DMR 区调节 H19 的表达,可能存在其他的机制调控 IGF2/H19 的表达(Curchoe,et al,2009)。

与克隆羊、小鼠和牛不同,克隆猪在出生时体重往往比正常猪偏轻。一些印记在调节胎儿体重方面发挥着重要的作用。于是,Jiang 等研究了克隆猪心脏、肺、肝、肾、大脑和脾中印记基因 IGF2、PEG3、IGF2R 和 GRB10 的表达,发现除了 IGF2 外,其他 3 个印记基因的表达与对照猪有很大的差别。但是,并没有发现这些基因的表达水平与克隆猪体重偏轻的直接关系(Jiang,et al,2007)。

4.2.3.5　端粒长度

端粒是真核细胞染色体末端的一种特殊结构,由端粒 DNA 和端粒蛋白质组成。其功能是完成染色体末端的复制,防止染色体融合、重组和降解,起着保护染色体末端的作用(Blackburn,1991;Shore,1997)。其中,端粒的 DNA 部分主要由富含鸟嘌呤(G)的简单重复序列构成。人类端粒 DNA 主要由"5-TTAGGG-3"片段重复串联组成,大约重复 2 000 次,长度范围为 2～15 kb。在正常情况下,由于染色体的"末端复制问题",细胞每分裂 1 次,端粒 DNA 将丢失 50～150 个碱基对。端粒的长度随着胎儿的发育、出生到变老会逐渐变短。当端粒缩短到一定的极限时,细胞分裂停止,细胞走向衰老和死亡。

端粒酶(telomerase)位于端粒末端,是一种特殊的核糖核蛋白逆转录酶。端粒酶的主要作用是合成端粒中重复的 DNA 序列并将其添加到端粒末端从而维持端粒的长度,以抵消或延缓端粒长度随细胞分裂的不断缩短。端粒酶通常在癌细胞、生殖细胞和胚胎发育早期有活性,而大多数正常体细胞不表达端粒酶活性。哺乳动物受精后,胚胎的端粒长度由于端粒酶的表达而得到调整;体细胞一旦开始分化,端粒长度便会逐渐缩短。在体细胞克隆中,由于供体细胞来自体细胞并在体外培养若干代,其端粒的长度已经变短很多,那么体细胞克隆动物的端粒会不会比相同年龄的非克隆动物要短呢?

克隆羊"Dolly"的供体细胞是成年乳腺上皮细胞,其端粒的长度比同龄的自然交配的羊短20%。这一研究结果曾一度引起科学界和公众对克隆动物老化问题的担忧(Shiels,et al,1999)。但随后在大量克隆动物中的研究表明,克隆牛、克隆猪、克隆山羊和克隆小鼠的端粒长度与同龄的自然交配的对照动物相比没有明显变短,有的甚至变长(Jiang,et al,2004;Betts,et al,2005;Jeon,et al,2005;Schaetzlein,Rudolph,2005)。克隆动物端粒长度的调节有时与供体细胞的类型有关。供体细胞来自于成纤维细胞或肌肉细胞的克隆牛的端粒长度与同龄对照牛没有差别,而供体细胞来自于上皮细胞的克隆牛的端粒长度要比同龄对照牛短。在牛和小鼠中,端粒延长的时期发生在桑葚胚到囊胚的发育过程中;在克隆囊胚的桑葚胚中,端粒的长度维持在供体细胞的长度,而囊胚中端粒的长度已经恢复到正常的长度。在这一特殊时期,端粒长度的恢复与端粒酶的表达直接相关,因为端粒酶缺失的小鼠在这一时期没有出现端粒的延长(Schaetzlein,et al,2004)。

4.3 体细胞克隆的技术环节及其影响因素

哺乳动物体细胞克隆技术是一个复杂的过程。其主要包括以下6个主要技术环节:

①供体细胞的准备。

②受体卵母细胞的准备。

③供体细胞核移植。

④供体细胞与去核卵母细胞的融合。

⑤重构胚胎的激活和体外培养。

⑥重构胚胎的胚胎移植。

上述6个环节中的任何一个环节都可能影响体细胞克隆的成功与否,在此,本小节对体细胞克隆技术的各个环节及其影响因素作一简单的介绍。

4.3.1 供体细胞准备

在体细胞克隆中,供体细胞提供重构胚胎后续发育几乎所有的遗传信息。有研究表明,不同细胞类型的供体细胞可能具有不同的重编程潜力,对体细胞克隆效率具有一定的影响。

4.3.1.1 供体细胞类型

哺乳动物含有200多种细胞,除了少数的细胞不含有细胞核(如血红细胞),大部分体细胞都含有完整的遗传信息。理论上讲,所有含有细胞核的体细胞都可以经过克隆重新发育成一个新的动物个体。但事实上只有少数几种细胞(不到5%)可以用来进行体细胞克隆。获得成活后代的有卵丘/颗粒细胞、输卵管上皮细胞、皮肤成纤维细胞、肌肉细胞、子宫细胞、肝细胞、未成熟塞托利细胞(Sertoli)、神经元细胞、淋巴细胞(Hochedlinger,Jaenisch,2002)、白细胞、星型胶质细胞等。这些细胞有来自胎儿的和成年动物的,也有来自已经死亡的动物的体细胞(Oback,Wells,2002)。甚至还有人利用肿瘤细胞作供体得到了克隆囊胚或者成活后代(Blelloch,et al,2004)。当然,有些细胞如巨噬细胞、脾细胞、脑细胞和成熟塞托利细胞都不能发育到附植阶段(Wakayama,Yanagimachi,2001)。

有人认为分化程度较低的细胞如胚胎干细胞、成体干细胞等作供体时,克隆效率会好些。的确,在小鼠上ES细胞克隆小鼠后代成活率比卵丘细胞克隆时高10%~20%。但是,在其他物种上,由于还没有成熟、稳定、可靠的ES细胞系,所以只能选用成体干细胞。在猪上的研究(Zhu,et al,2004)表明,成体干细胞获得早期囊胚的效率是比较高的,但不知其后期发育情况如何。在小鼠上,选用胚胎期10.5 d的原始生殖细胞可以得到克隆后代,而选用12.5~13.5 d的没有获得成功。利用牛的原始生殖细胞还没有得到克隆后代(Zakhartchenko,et al,1999)。目前,在猪、牛、羊等家畜的体细胞克隆中,由于成纤维细胞具有体外培养简单且易于进行体外基因改造而被广泛使用。同时,为了尽量保持成纤维细胞的活力,通常取妊娠早期的胎儿建立原代细胞系,进行后续的实验。

4.3.1.2 细胞系建立和传代次数

供体细胞的获得主要有2种途径。一条途径是直接从新鲜组织消化分离,不经过体外培养直接用于体细胞克隆。另一条途径是通过一定的方法建立体细胞的原代细胞系,经过体外培养后用于体细胞克隆。前一种方法多用于卵丘细胞等易于分离的细胞。其优点是操作迅速、简便,细胞不易发生遗传变异;缺点是不能进行细胞周期同期化和基因的改造。后一种方法多用在成纤维细胞等易于体外培养的细胞。其优点是在体外培养过程中,可以进行基因改造并可以进行细胞周期的同期化处理,还可以获得很多遗传背景相同的克隆动物;缺点是体外培养可能影响克隆胚胎的重编程能力,从而影响克隆效率。

目前,建立成纤维细胞的原代细胞系主要有2种方法即组织破碎法和胰酶消化法。顾名思义,组织破碎法就是利用剪刀等器械将去除头、内脏和骨骼的胎儿或动物的耳组织表皮尽量破碎成 1 mm² 大小的组织块,将小组织块均匀铺到细胞培养瓶底,体外培养 1～2 d 后,待组织块贴壁时补加充分的细胞培养基,直到细胞培养瓶底长满细胞,然后冻存或传代培养。胰酶消化法就是在得到 1 mm² 大小的组织块后,用浓度为 0.1%～0.25% 的胰蛋白酶在 37℃ 水浴中消化 30 min 左右,期间每隔 5 min 左右混匀 1 次;当看到有絮状物出现时,待组织块沉下去后,吸取上清细胞悬液;以 1 300 r/min,离心 4 min 并收集细胞;剩余组织块继续消化,直到组织块被完全消化;将收集到的细胞接种到培养瓶中,放入培养箱中培养,待细胞长满后冻存或传代培养。组织破碎法操作简单,但需要等待成纤维细胞从小组织块中"爬出来"贴壁,且有可能混有少量其他类型的细胞;胰酶消化法获得的细胞比较纯,细胞量比较大,但不确定长时间的胰酶消化会不会对细胞产生一定的副作用。

供体细胞体外培养的传代次数可能对体细胞克隆效率也有一定的影响。大多数研究者使用原代培养或短期培养的细胞作为体细胞克隆的供体细胞。有研究表明,供体细胞体外培养用的血清可能影响核移植后供体细胞核的重编程。供体细胞的长期体外培养,可能导致细胞老化、染色体损伤等,从而影响体细胞的克隆效率。

4.3.1.3 细胞周期同期化处理

体细胞克隆是两个不同来源的细胞之间核质的重新组合的过程,因此,核质的协调是保证克隆效率的重要条件。细胞处于不同的细胞周期具有不同的细胞核结构和胞内蛋白组分。通常,体细胞克隆所用的受体卵母细胞是在体外培养成熟的处于 MⅡ 的卵母细胞。处于这一时期的卵母细胞中,MPF 的表达水平最高,高水平的 MPF 可导致核膜破裂和染色体凝集。而这两种事件又有利于细胞核的重编程。为了配合受体卵母细胞的胞质成分,用于体细胞克隆的供体细胞核通常处于 G0/G1 期。血清饥饿法和接触抑制法是获得 G0/G1 期供体细胞的常用方法。此外,还可以用－70℃ 或者液氮冻存的细胞直接复苏后用作供体细胞。

除此之外,有人尝试了一些改变供核体细胞表观遗传状态的处理,主要使用一些有助于后续细胞核重编程的药物处理供体细胞,如去乙酰化酶抑制剂(TSA)等,可以提高克隆胚胎的囊胚率。

4.3.2 受体卵母细胞的准备

在克隆动物实践中,已经有用原核期受精卵(Polejaeva,et al,2000)、MⅡ期卵母细胞、

TⅡ期卵母细胞(Baguisi,et al,1999)和2细胞期卵裂球细胞等作为受体胞质。其中应用最普遍的是MⅡ期卵母细胞。鉴于经济原因以及操作容易和大规模生产等诸多因素的需要,人们倾向于从屠宰场获取卵巢、抽吸卵泡、挑选卵丘细胞卵母细胞复合体(COC),在体外成熟培养使其达到MⅡ期。此外,还可利用超声波诱导活体采集技术,从遗传背景清晰的母畜卵巢上抽吸卵母细胞进行体外成熟;再就是用激素处理,诱导动物超数排卵,获取体内成熟的卵母细胞。因此,卵母细胞的提供者可以是性成熟之后的动物,也可以是初情期之前的动物。许多的研究表明,体内成熟的卵要比体外成熟的卵好;性成熟后动物的卵往往优于初情期以前动物的卵,尤其是在支持后期发育方面。

目前在准备卵母细胞时,一种方法是先对卵母细胞进行激活处理,使细胞内的MPF活性下降,从而可以接受处于任何细胞周期阶段的供体细胞(Campbell,et al,1996)。另外一种就是不进行预先激活,这样的卵母细胞可能对供体细胞的重新程序化有利。这也是目前使用较多的一种方法。

4.3.2.1 卵母细胞的体外成熟

卵母细胞的质量是决定克隆胚胎发育的关键因素。体外培养条件在很大程度上可以帮助卵母细胞实现其作用。卵母细胞在体外培养的时间、培养的气相环境、培养基等对卵母细胞的质量有较大影响。各个物种的卵母细胞在体外成熟时间一般是根据各自在发情后的生理排卵时间来确定的。成熟时间较长的老龄卵,极体与卵母细胞核中期板相对位置相距变化大,去核时容易不彻底。成熟时间短的年轻卵子,虽然第1极体与卵母细胞核位置接近,容易除去,但是细胞质成熟不理想。所以,在不同动物卵母细胞成熟终止时间都有一个比较好的"窗口期"。例如,在牛上是卵母细胞体外成熟培养开始后的17~24 h,猪上为42~44 h。

4.3.2.2 卵母细胞去核

卵母细胞去核也是体细胞克隆中一个关键的步骤。如果去核不完全,在移入供体细胞后,重构胚中就会出现染色体倍数的异常;如果在去核的过程中去除了过多的胞质,又可能对后续克隆胚胎的发育有影响。卵母细胞去核的方法通常有以下几种:

①示核法。Hoechst33342染料能够特异的结合DNA,在荧光显微镜的紫外光照射下,结合了该染料的DNA能够发出蓝色荧光,可以显示出极体与卵母细胞中期板的相对位置,从而进行100%的去核。该方法也可以用来判断去核是否成功。尽管使用此方法可以达到100%的去核效率,但采用这种方法需要使用紫外光照射,而紫外线可能会对卵母细胞造成不同程度的伤害,从而会影响克隆胚胎的后续发育。所以,人们也在积极寻找新的示核方法。在小鼠和牛的卵母细胞成熟的一定阶段,加入不同浓度的蔗糖(Wang,et al,2001),可以帮助去核。另外,有人用长波激发光染料如X-罗丹明-微管蛋白指示剂以及Sybr14示核法帮助去核(Dominko,et al,2000)。这些染料对卵母细胞的毒害小,但操作起来可能比较麻烦。

②盲吸法。停滞在MⅡ的卵母细胞,染色体高度浓缩,分布于纺锤体中期赤道板上,但对于很多动物如猪而言,由于细胞质脂肪滴的干扰,无法在显微镜下清楚观察到中期染色体。但是大量证据表明,刚刚成熟的MⅡ卵母细胞的核处于第1极体附近,因此,以第1极体为参照,利用注射针(内径一般在20~25 μm)吸去第1极体和其周围的1/4~1/3的胞质,从而去除卵母细胞核。该方法不需要紫外光的照射,也避免了Hoechst33342可能对卵母细胞的不利影响(Lai,Prather,2003)。但由于操作过程中,卵母细胞核相对于第1极体可能发生了移动,所

以,去核率最高只能达到90%左右。而且,去核过程中约有1/3的细胞质被一同去除,其中可能含有一些细胞核重编程或胚胎发育的重要因子。但综合考虑各方面因素,该方法仍是目前应用较多的一种去核方法。

③化学法。上述去核方法虽然常用,但每次只能处理1个卵母细胞,而且操作的技能要求高,去除的胞质体积大,对卵母细胞常常造成机械性的伤害。因此,有人利用一些化学试剂在卵母细胞成熟期间添加到成熟液中,造成卵母细胞分裂、分离的动力系统发生改变,使得中期板和极体一同排出,从而达到去核的目的。目前,人们在小鼠和猪上进行了尝试,并且已经获得了克隆后代。小鼠体外成熟液中添加 etoposide 后,能使 M Ⅰ 期卵母细胞的染色体结合紧密,然后将处于后期和末期的卵母细胞放入含有放线菌酮和 etoposide 的培养液中,所有染色体均随第1极体而排出。这种两步去核法可得到96%的去核率。但去核卵母细胞的 MPF 活性消失,需要将这些卵再放入不含放线菌酮和 etoposide 的培养液中培养15 h,恢复 MPF活性。

④挤压法。在卵母细胞成熟的一定阶段,如在牛的卵母细胞体外培养16~17 h,在多数卵的第1极体即将排出的时候,在极体附近挑破透明带,然后挤压使极体排出;由于此时极体尚未完全与中期板分开,从而可以带着相邻的核一同排出。这种方法已经在牛和猪上进行了尝试,并且取得了成功(Hyun,et al,2003;Lee,et al,2003)。

⑤半卵法。用显微分割刀将卵母细胞一分为二,选择2个没有核物质的半卵,夹住一个供体细胞,经过融合获得重组胚胎。这也是绵羊首次胚胎克隆成功应用的方法。此方法不用使用显微注射装置,但卵母细胞胞质去除体积量大,机械伤害也大。现今此方法使用较少。

⑥末期去核法。在减数分裂第2次成熟分裂的末期,以第2极体为指示,去除与其相邻的部分胞质。由于此时卵母细胞染色体与第2极体连在一起,所以去除少量胞质就可以达到去核的目的,且去核效率可以接近100%。但此时的卵母细胞已经处于 S 期,不知是否影响克隆后的重编程。

⑦离心法。由于卵母细胞核与细胞质、极体之间的质量不同,可以利用梯度离心法处理使细胞核和极体一同排出。但目前还没有获得成功的克隆动物(Savard,et al,2004)。

⑧功能法。利用物理或化学处理,使卵母细胞的核变性,失去功能,从而达到类似去核的目的。韩国的科研人员(Kim,et al,2004)用 X-射线照射牛卵母细胞,这种非机械法去核得到的克隆囊胚率以及胚胎细胞遗传学、核型以及微管组成都和常规机械法处理没有太大的区别。但使用较少。

⑨极化显微镜法。可以不用任何染料,普通光路下即可看到清晰的极体以及中期板,在小鼠和水牛上已经进行了尝试,但没有关于成活克隆后代的报道。

4.3.3　克隆胚胎的构建方法

利用显微操作技术将供体细胞移植到去核的卵母细胞并将细胞核融入到卵母细胞胞质中是体细胞克隆中最为精细的一步。此操作通常需要借助显微操作仪,对操作技能要求比较高。此操作通常有2种方法,即间接的细胞融合法和直接注入法。

4.3.3.1　间接细胞融合法

间接细胞融合法就是将供体细胞注射到卵周隙中,通过细胞融合使供体细胞核进入到受体胞质中。该技术发源于 20 世纪 70 年代,最初是使用灭活的仙台病毒介导细胞质膜的融合,而后逐渐被毒性较低的聚乙烯乙二醇代替(Campbell,et al,2001)。

与化学诱导膜融合同时发展起来的电融合技术是目前最为常用的方法。其原理是电脉冲可以使细胞膜上出现微小孔洞;如果微小孔洞出现在两个相互靠近的细胞接触部位就会引发两者之间的膜融合。电融合效率高,操作简便,但其受到的影响因素很多,如温度、电脉冲参数、融合液的渗透压、离子种类和浓度等。其中融合液及电脉冲参数对细胞融合的影响最大。常用的融合液一般是以一定浓度的甘露醇、山梨醇或蔗糖为基础液,添加少量的钙、镁离子。为了减少卵母细胞透明带的黏性,还要在融合液中加入一些牛血清白蛋白。融合液的渗透压对融合效果有直接的影响;通常渗透压要稍稍高于卵母细胞的渗透压,这样对卵母细胞的有一定的保护作用。

4.3.3.2 直接注入法

由于小鼠卵胞质膜较脆、抗电击能力差,而且小鼠体细胞较小,因此电融合率较低;再者,小鼠胚胎基因组激活发生在二细胞期,甚至在受精卵后期就开始表达,留给移入核的重编程时间短。因此,Wakayama 等利用 Piezo 驱动的注射装置,将小鼠的体细胞注射到卵母细胞质内,重组胚胎,最终得到了克隆小鼠以及继代连续克隆小鼠 50 多只(1998)。目前人们使用此法已经得到了牛(Renard,et al,2002)、猪(Onishi,et al,2000)、马(Galli,et al,2003)、骡子(Woods,et al,2003)和大鼠(Zhou,et al,2003)的体细胞克隆后代。另外,还有人不使用 Piezo 驱动而直接使用普通的显微操作设备注射,也得到了山羊、小鼠(Zhou,et al,2001)和猪(Lee,et al,2003)的克隆后代。胞质内注射重构胚胎技术强调在注射前,要将供核体细胞的细胞膜撸破,然后再行注射。有研究表明,这也不是必须的,用全细胞注射同样得到了克隆猪,虽然 4 头小猪出生后 6 个月都死了。有人在猪的克隆时对 piezo 驱动胞质内注射和融合法进行了比较,发现两者差异不明显。但 piezo 注射需要另外添加设备,尽管可以省略融合步骤(Kurome,et al,2003)。也有研究表明,对小鼠用胞质内注射法比较好,因为该方法对卵的伤害较轻(Chen,et al,2004)。值得指出的是,周琪等建立的胞质内注射法比传统的方法有所改进。他们是先将体细胞注入卵胞质内,在撤针时才把卵母细胞核吸出(Zhou,et al,2003)。

在体细胞克隆的研究和生产中,绝大部分是借助于显微操作仪获得成功的。鉴于显微操作设备价格昂贵,对操作者的技能要求高,人们也在不断尝试一些新的方法以简化克隆操作步骤,减少对显微操作的依赖性,实现操作的批量进行。已经有利用无透明带-显微操作辅助的重组胚方案,并且在牛上取得了极大的成功(Oback,Wells,2003)。值得注意的是,Vajta 等建立了一种手工的体细胞克隆方案,不用显微操作仪得到了克隆牛后代,尽管效率仍然很低,而且也存在各种异常表型(Tecirlioglu,et al,2003),但成本比较低。

4.3.4 克隆胚胎的激活

克隆胚胎的激活是体细胞克隆技术的关键环节。体细胞克隆胚胎的充分激活是保证胚胎正常发育的先决条件,只有在去核卵母细胞充分激活的情况下才可以指导移入的核发生重编程。目前对克隆胚胎的激活方法有电激活、化学激活和电刺激结合化学激活。

4.3.4.1 电激活

电刺激可产生显著的跨膜 Ca^{2+} 内流。一般认为短而高的直流电脉冲可导致真核生物质膜脂双层不稳定。这种可逆的不稳定使得质膜瞬间产生小孔洞,便于细胞内外离子和大分子的交换。孔洞的大小受质膜电位变化、脉冲时程、培养液离子强度以及细胞类型等多个因素影响。质膜在温度高时恢复快。这与膜脂和蛋白质的流动性有关,也因细胞种类而异。在细胞外 Ca^{2+} 存在时,电穿孔可在多种动物上诱导卵母细胞活化。如兔卵被刺激激活的效果取决于操作液中 Ca^{2+} 的有无。这表明是 Ca^{2+} 内流而非电刺激本身具有直接的激活作用。

根据在核移植前或核移植后进行激活而分为融合前激活、融合激活和融合后激活。融合前激活,获得的卵母细胞是万能受体,即供体细胞不需要同期化,处于任何细胞周期的供体核移入该卵母细胞质中都有发育为成活个体的潜能。首例体细胞克隆山羊就是通过这种方案取得成功的。融合同时激活和融合后激活是最常采用的激活方法,尤其是融合后激活法,可以使供体核与卵胞质充分的相互作用,有利于供体核的重编程。Wells 等在克隆牛研究中比较了上述 3 种激活方法对重构胚发育的影响,发现在融合后延迟激活,增加 G0 期供体细胞核暴露在受体卵胞质的时间,优质囊胚率显著高于同时融合与激活。

4.3.4.2 化学激活

常用克隆胚胎的化学激活物质有乙醇、离子霉素、钙离子载体、放线菌酮和 6-DMAP。7%乙醇,把需激活的重组卵放入含 7%乙醇的培养液中,在 37℃、CO_2 培养箱中处理 5 min 或室温下处理 7 min,洗净后进行培养。离子霉素(ionomycin),使用浓度为 5 mol/L,处理时间为 4~5 min。钙离子载体 23 187,使用浓度为 5 mol/L,处理时间为 5 min。6-DMAP,使用浓度为 1.9~2 mmol/L,处理时间为 3~5 h 或更长。可将放线菌酮(cycloheximide)与上述试剂联合使用。还可以用单纯的化学激活剂之间联合处理:重构卵融合后先培养 2~3 h,再用含钙离子载体 23 187 或离子霉素的培养液滴处理 5 min,然后再移入含 6-DMAP 或放线菌酮的培养液滴处理 3~5 h 或更长。此方案已经有人在山羊、牛、绵羊以及猪(Betthauser,et al,2000)的体细胞克隆上获得成功。

4.3.4.3 电刺激结合化学激活

首先以电刺激激活重构胚胎,然后再放入含放线菌酮的培养液滴培养一段时间,进一步维持 MPF 活性处于低水平。为了减少重编程期间对供体核染色体的过度作用,放线菌酮的作用时间一般是 3~5 h,之后将克隆胚胎放入不含放线菌酮的相同培养液滴中培养。已有研究表明,电刺激结合化学激活可以提高重构胚的发育能力(Roh,Hwang,2002)。

克隆胚胎的激活是哺乳动物体细胞克隆成功的关键环节之一。上述的激活方案中最为常用的是电刺激诱导融合,在融合的同时往往就完成了激活,而且电激活法比较简单,容易操作。但化学激活的应用使克隆的效率得到显著提高。郭继彤等用离子霉素联合 6-DMAP 激活山羊克隆胚胎获得了较高的激活率,而且还得到了克隆后代。Loi 等证明,采用离子霉素处理重构胚后再 6-DMAP 处理 3 h,可避免出现染色体凝集,并且明显增加羊重构胚的发育率和克隆后代的出生率(Loi,et al,2002)。

目前比较流行的电激活仪器是美国 BTX 公司的 ECM2001 细胞融合仪,0.5 mm 或者 1 mm 电极宽度的融合槽。而融合/激活液一般有 0.25~0.3 mol/L 的甘露醇或者 0.25 mol/L 山梨醇,含 0.05~1.0 mmol/L $CaCl_2$、0.1 mmol/L $MgCl_2$、0.5 mmol/L HEPES、0.03%BSA

和 Zimmermann's 融合液。因物种不同电激活使用的电场强度参数也有差异。在猪上,电刺激的电场强度一般在 $100\sim200$ V/mm,一个或多个持续 $30\sim100$ μs 不等的直流脉冲激发。

4.3.5 克隆胚胎的体外培养

与正常交配获得的胚胎相比,克隆胚胎染色体倍型的异常率高很多,核糖体 RNA 基因的活性以及许多蛋白质编码基因的表达异常。体外培养系统的缺陷也是导致胚胎吸收、死亡、流产、死胎或出生后死亡以及巨胎症的一个重要原因。但随着胚胎早期发育对环境的需求及自身的代谢特征的认识不断增加,根据不同发育阶段营养和代谢特征的不同,各种克隆胚胎的体外培养系统得以建立。

体外培养主要是将克隆胚胎放到培养液内,置于 CO_2 培养箱中,在 5% CO_2、95% 空气或 5% CO_2、88% N_2、7% O_2、100% 湿度及 $37\sim39℃$ 进行培养。使用的培养基有含血清或 BSA (牛血清白蛋白)或者是无蛋白的化学限定培养基。在猪上,最常用是 NCSU-23+0.4% BSA (Lai and Prather,2003)。有人开发了 PZM-3+0.3% BSA、PZM-4+0.4% PVA 等新的培养基(Yoshioka, et al,2002)。

有研究认为,培养气相中氧分压低对胚胎的体外发育有利,因为低氧条件下活性氧自由基少,对克隆胚胎的氧化损伤较轻。克隆胚胎的体外培养使用的培养系统主要是微滴培养。此外,还有人建立了培养无透明带重构胚的孔中孔法(well-to-well,WOW)(Vajta, et al,2001)和玻璃输卵管(glass oviduct,GO)(2003)等新的培养策略。实验发现,后两种方法可以提高胚胎的发育质量。在猪上还有人使用流体培养法进行卵母细胞成熟以及胚胎培养。

4.3.6 克隆胚胎的胚胎移植

克隆胚胎在体外培养发育至一定阶段就可以移植到同期发情处理过的代孕母体输卵管或子宫内进行后期发育。目前在大家畜如牛上,非手术法移植技术已经成熟,但对一些中小家畜如山羊、猪,目前多采用麻醉后手术移植。与牛和绵羊相比,体细胞克隆山羊和猪的新生动物发育异常和流产率较少(Rudenko,Matheson,2007)。这可能是因为克隆猪和山羊通常采用合子期或分裂早期的重构胚胎移植到代孕母体,而克隆牛的重构胚胎一般要在体外培养到囊胚期再进行胚胎移植,克隆绵羊的重构胚也要在体外培养至桑葚胚或囊胚再进行胚胎移植。克隆动物重构胚胎体外培养时间短可能对克隆动物后期发育比较好(Keefer,2008)。在大鼠中,克隆获得的 2 细胞期重构胚胎直接进行胚胎移植比体外培养的重构囊胚发育效果要好(Popova, et al,2006)。

由于克隆胚胎的生长动力学和自然交配的体内胚不同,往往表现为发育迟滞,所以在开展胚胎移植时,如何掌握好受体动物的发情时间,确定移植最佳时机就显得比较重要。如在猪上,人们认为将胚胎移植给比供体发情稍迟 $1\sim2$ d 的受体,妊娠率比较高。这就是说,"老胚胎(old embryo)"和"年轻子宫(young uterus)"的兼容性比"年轻胚胎(young embryo)"与"老子宫(old uterus)"之间要好(Hazeleger,Kemp,2001)。

4.4　体细胞克隆的应用前景与存在的问题

自从首例体细胞克隆羊诞生以来,体细胞克隆技术以其不可比拟的优势日益在畜牧业生产、医药学研究及基础生物学研究中发挥巨大的作用,具有无法估计的广泛的应用前景。然而,克隆技术本身存在的问题仍是阻碍体细胞克隆技术进一步发展的制约因素。这也是目前亟待解决的问题。

4.4.1　体细胞克隆的应用前景

4.4.1.1　体细胞克隆在畜牧业生产中的应用

畜牧业的发展关系到整个国家人民的生活水平。因此,培育和扩繁品质优良的家畜品种成为畜牧业研究者的共同目标。与传统的杂交育种相比,利用体细胞克隆技术扩繁品质优良的家畜可以节约大量的时间和成本,且能最大限度的保存该优良基因。例如,Westhusin 等保存了具有天然抗牛布鲁氏菌病的祖代牛的体细胞。在这头牛死亡后,通过体细胞克隆技术获得的克隆后代仍然具有很好的抗病性(Westhusin,et al,2007)。而且,越来越多的研究表明,体细胞克隆牛的牛奶、肉质和自然交配产生的后代没有明显差异(Walker,et al,2007;Yamaguchi,et al,2007;Yang,et al,2007)。因此,利用体细胞克隆技术对品质优良的家畜如高产、优质、具有抗病性、繁殖力高等品种进行保种和扩繁是一个很好的选择。此外,体细胞克隆技术结合基因修饰等技术可以在传统遗传育种的基础上培育新的优质品种。

1. 改善肉奶品质

牛奶含有丰富的营养物质,被广泛用作婴幼儿配方奶粉的原料和一些功能性饮料、食品的添加剂。但牛奶中的一些成分如 β-乳球蛋白会引起牛奶过敏(cow's milk allergy)或乳糖不耐受症(lactose intolerance)。李宁教授课题组利用先进的基因敲除技术结合体细胞克隆技术获得了牛奶中不含 β-乳球蛋白的克隆牛,而这样的牛奶就不会引起人们对牛奶的过敏症。2003年,Brophy 等在 Nature Biotechnology 上报道了通过转基因克隆技术提高牛自身基因组 β-酪蛋白基因、κ-酪蛋白基因的拷贝数,从而使牛奶中 β-酪蛋白的含量提高了 8%～20%,κ-酪蛋白的含量提高了 2 倍,大大提高了 κ-酪蛋白与总蛋白的比例,进而提高了乳酪的产量(Brophy,et al,2003)。

猪肉是我国主要的食用肉类,而猪肉中大量的饱和脂肪酸是引起心血管疾病的主要因素。2006 年 4 月,美国密苏里-哥伦比亚大学的赖良学等获得了转线虫 fat-1 基因(ω-3 去饱和酶基因)的体细胞克隆猪。其体内表达的转基因可以将猪体内的 ω-6 系饱和脂肪酸转化为 ω-3系不饱和脂肪酸,大大提升了猪肉的营养价值(Lai,et al,2006)。

肌肉生长抑制素(Myostatin)是肿瘤生长因子-β(Tumour Growth Factor-β,TGF-β)家族的一员,是一种骨骼肌生长抑制因子。Myostatin 基因敲除小鼠与野生型相比骨骼肌明显增多,主要是肌纤维数量的增加和体积的变大(McPherron,et al,1997)。Myostatin 自然突变的"双肌(double muscle)"牛也表现出明显的肌肉增加(Grobet,et al,1997)。在猪或羊中培育Myostatin 基因敲除新品种,可能会带来很大的经济效益。

2. 提高家畜抗病性

家畜的各种传染性疾病严重危害着畜牧业的发展和人类的健康。利用转基因技术结合体细胞克隆技术可以极大地提高家畜的抗病力。

奶牛乳房炎是严重危害奶牛养殖业的一种传染性疾病,严重影响奶牛产奶量、乳脂率以及牛奶的品质。世界范围内每年因奶牛乳房炎造成奶产量下降 380 万 t,直接经济损失高达 350 亿美元,仅美国的经济损失就达 20 亿美元。2005 年,Wall 等将编码溶葡萄球菌酶的基因转入奶牛基因组中获得转基因克隆牛,其乳腺中表达的溶葡萄球菌酶可以有效预防由葡萄球菌引起的乳房炎(Wall,et al,2005)。

疯牛病(mad cow disease)和羊的瘙痒病(scrapie)是一种严重危害畜牧业发展和人类健康的传染性疾病。20 世纪末,疯牛病的暴发给世界经济造成了高达数百亿美元的损失,人们甚至到了"谈牛色变"的程度。2007 年,Richt 等人通过基因敲除技术获得了不能扩增疯牛病致病因子的克隆牛。这些牛在临床解剖、生理发育、组织病理以及免疫和生殖发育方面都很正常,且在体外实验中这些牛的脑组织提取物能够抑制疯牛病致病因子的扩增(Richt,et al,2007)。上海转基因研究中心成国祥教授课题组利用同样的技术结合传统杂交育种获得了抗瘙痒病的克隆羊(Yu,et al,2006;Zhu,et al,2009)。

3. 环保型家畜的培育

动物产生的磷污染在农业上是一个很严重的问题。2001 年,加拿大某大学的科学家通过基因修改技术,将在大肠杆菌中发现的一种可产生植酸酶的基因与从老鼠身上取出的一种可调控唾液腺产生的酶的启动子进行组合,培育出粪便含磷量减少 75% 的转基因猪,并将这种猪的商标确定为"环保猪"(Golovan,et al,2001)。这种新型猪的唾液所产生的植酸酶可以有效地消化植物磷,对于环保大有裨益。

4.4.1.2　体细胞克隆在动物生物反应器中的应用

动物的乳腺可以分泌大量有功能且比较容易纯化的蛋白。自从转基因克隆技术诞生,人们就开始利用大动物的乳腺作为生物反应器生产大量医用蛋白或药物。

人 α1-抗胰蛋白酶是一种抑制弹性蛋白酶活性、阻止过度炎症反应引起组织大量死亡的血清蛋白,在治疗囊肿性纤维化肺病和其他结缔组织不可修复的疾病中具有很大的应用价值(Denning,Priddle,2003)。2000 年,McCreath 等首次在羊的 α1 原骨胶原基因位点定点插入由羊 β-乳球蛋白基因启动子调控的人 α1-抗胰蛋白酶基因,获得的基因打靶克隆羊奶中 α1-抗胰蛋白酶的表达量高达 650 μg/mL(McCreath,et al,2000)。从 2002 年至今,中国农业大学李宁教授课题组先后获得了转有人乳铁蛋白基因、人乳清白蛋白基因、人溶菌酶基因和人岩藻糖基转移酶基因的转基因克隆奶牛。这些在牛奶中表达的人源蛋白具有与天然蛋白相同的生物活性且在医学上具有不同的杀菌保健功能。

多克隆抗体经常用于疾病的治疗,如细菌和病毒的感染、癌症以及各种自身免疫缺陷综合征。仅在美国,人多克隆抗体就有 20 亿美金的市场。要获得治疗某种疾病的多克隆抗体,一般需要对人进行免疫。这存在很大的困难和局限性,包括疫苗的类型、可进行的免疫次数、佐剂的类型以及能够获得的血浆量。尽管已经有转人免疫球蛋白基因的小鼠可以产生抗原特异的人的多克隆抗体(Lonberg,2005),但由于小鼠个体太小无法生产足够的抗体用于治疗。因此,迫切需要对生产人多克隆抗体的体系进行改进。2009 年,James Robl 课题组经过 6 次克隆对牛的基因组进行了多次改造,最终获得了表达人 IgG 高达 2 000 μg/mL 的克隆牛

(Kuroiwa,et al,2009)。

2006 年 6 月 2 日,美国 GTC 公司利用转基因羊生产的重组人凝血酶Ⅲ药物已经在欧洲获准上市,成为世界第 1 例成功上市的转基因动物乳腺生物反应器药物。由此不难预测出体细胞克隆技术在动物生物反应器中将创造的巨大价值。

4.4.1.3 体细胞克隆在异种器官移植和动物疾病模型中的应用

器官移植已经成为器官功能丧失的晚期病人的最佳治疗方法。等待器官移植的病人远多于器官供体,每年都有许多病人由于等不到合适的器官而死亡。解决这一问题的一种最新方法就是异种器官移植(xenotransplantation)。所谓异种器官移植,就是将动物的器官、组织或细胞导入人体体内进行疾病治疗。基于对伦理道德方面的考虑以及动物的繁殖特点、疾病传染、器官匹配、生理学过程等诸多方面的考虑,家猪成为首选对象(Ye,et al,1994)。猪的器官移植给灵长类动物存在的一个关键问题就是猪细胞表面存在半乳糖-α-1,3-半乳糖苷抗原表位(galactosyl-α-1,3-galactose)。在进化过程中,人和其他灵长类动物已经丢失了合成 α-1,3-半乳糖苷抗原表位的 α-1,3-半乳糖苷转移酶的活性,因此会对猪的器官产生超级排斥反应(hyperacute rejection,HAR)(Galili,et al,1985)。通过基因敲除的方法灭活猪的 GGTA1 基因可以永久地完全地解决这一问题。2002 年,英国罗斯林研究所的戴一凡等和美国密苏里大学的赖良学等利用基因打靶技术获得了灭活 GGTA1 基因的克隆猪。将灭活的 GGTA1 基因的克隆猪的心脏或肾分别移植到狒狒身上,移植后的器官可以在狒狒体内存活 2～6 个月,彻底消除异种器官移植中的免疫排斥还需进一步研究。

许多人类疾病小鼠模型并不能很好地表现出人类疾病的临床症状,如人的囊肿性纤维化症(cystic fibrosis,CF)。CF 是常染色体隐性突变疾病。CFTR 基因编码上皮细胞氯通道因子,在 CF 病人中出现功能缺陷。但缺失 CFTR 的小鼠模型可能存在另外一种上皮细胞氯通道因子的补偿机制从而缺少很多人 CF 的表型特征(Heeckeren,et al,1997)。研究者推测,在大动物中建立人类疾病模型可能会更好地表现出疾病特征。2008 年,Rogers 等人通过基因打靶成功获得 9 头 CFTR$^{+/-}$ 克隆猪。同年,东北农业大学和吉林大学与美国科学家合作用重组腺病毒介导的体细胞基因打靶技术成功获得 8 个健康存活的 CFTR$^{+/-}$ 基因敲除雄雪貂(Sun,et al,2008)。他们认为家养雪貂以其肺生物学与人类的极大相似性已经作为多种肺疾病的研究模型如 SARS 和流感,而且雪貂和人的 CFTR 基因的表达谱非常相似,从而可以作为一种新的人 CF 疾病模型。

4.4.1.4 体细胞克隆在治疗性克隆中的应用

胚胎干细胞具有诱导分化成所有成年细胞类型的潜能。因此,自从人的胚胎干细胞建系以来,科学家们一直尝试着将胚胎干细胞定向诱导分化为特定类型的细胞、组织或器官,用以替代病人体内受损伤的组织、器官,达到治病救人的目的。然而,目前人的胚胎干细胞系种类有限,而且这些胚胎干细胞并不表达主要组织相容性抗原复合物(MHC),但在分化的过程中又会表达这种抗原。这将会导致由胚胎干细胞分化的细胞、组织或器官在进行移植时出现排斥反应。体细胞克隆获得成功以后,许多科学家大胆地提出了治疗性克隆(therapeutic cloning)的设想,如图 4.9。他们设想从病人身体获取病人的体细胞,经过体细胞克隆后移植到去核的卵母细胞中获得重构胚胎,重构胚胎体外培养至囊胚期,取囊胚内细胞团细胞建立该病人特有的胚胎干细胞系,然后将其定向诱导分化为病人所需要的细胞、组织或器官,将这些细胞、组织或器官移植到病人体内,理论上讲是不存在免疫排斥。

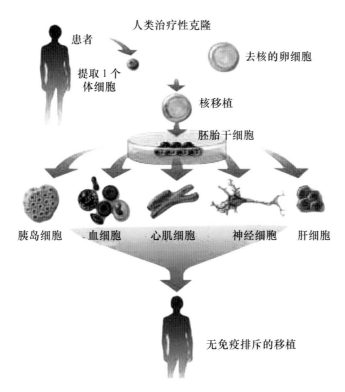

图 4.9　治疗性克隆示意图

(Lanza,et al,1999)

4.4.1.5　体细胞克隆在保护濒危物种和珍稀动物中的应用

濒危物种和珍稀动物一般都是由于环境或内在因素影响其繁殖力,从而使个体数量减少,如我国国宝级动物大熊猫、金丝猴、东北虎等。自从体细胞克隆技术建立以来,人们在尝试对家畜进行克隆的同时,也在进行着对这些濒危物种和珍稀动物的保护性克隆研究。然而,由于这些濒危物种的数量有限,卵巢卵母细胞的数量不能满足常规体细胞克隆的需求。1999 年,Dominko 等证明,绵羊、猪、猴和大鼠的体细胞通过体细胞克隆到牛的去核卵母细胞中获得的重构胚胎可以发育到囊胚。尽管这些重构胚胎在移入受体后不能建立妊娠,但这一研究为利用异种克隆技术拯救濒危动物开拓了新的思路(Dominko,et al,1999)。于是有人开始尝试利用这些濒危物种的体细胞体外培养建立细胞系,冷冻保存,用来自其他常见动物如牛、兔的卵母细胞作为胞质受体进行种间或亚种间的异种克隆。目前,已经成功获得了印度野牛(Lanza,et al,2000)、欧洲盘羊(Loi,et al,2001)、非洲野猫(Gomez,et al,2004)等物种的异种克隆,为其他物种的异种克隆带来了希望。中国科学院动物研究所陈大元研究员多年来一直致力于利用异种克隆拯救大熊猫的研究。1999 年,他们将大熊猫的子宫上皮细胞、骨骼肌细胞和乳腺上皮细胞分别移植到去核的兔卵母细胞中,分别获得了 9.9%、6.8% 和 11.7% 的囊胚率。线粒体 DNA 和核 DNA 分析证实,这些重构胚胎的基因组 DNA 是来源于大熊猫体细胞的。2002 年,陈大元实验室将大熊猫-兔重构胚胎和猫-兔重构胚胎同时移植到家猫体内,获得了怀有 6 个胎儿的一只受体猫。经过微卫星分析表明,2 个胎儿来源于大熊猫的异种克隆胚胎。

因此,通过找寻合适的受体卵母细胞和代孕母体,我们有望通过异种体细胞克隆技术繁衍出大量的大熊猫。中国农业大学的李宁教授课题组对牦牛、羚羊的异种克隆进行了探索性的研究。目前,还有很多实验室正在利用异种克隆技术进行老虎、大熊猫、熊、羚羊等动物的异种克隆。

4.4.1.6 体细胞克隆在基础研究中的应用

体细胞克隆技术除了上述应用外,还为许多生物学基础问题的研究提供了一个强大的技术平台(Galli,et al,2003)。体细胞克隆技术本身涉及细胞生物学、发育生物学、胚胎生物学、遗传学、分子生物学、生物化学等诸多学科的理论问题。利用这一技术为人们进一步研究发育、分化、生长、衰老、肿瘤发生等常见的长期困扰人们的生物学问题提供了可能。Li 等(2004)利用小鼠嗅觉神经元得到了克隆小鼠后代,证明了细胞分化过程中基因表达本身是不可逆的,但是经过核移植技术可以重新编程。Jaenisch 研究组连续利用黑色素瘤细胞(Blelloch,et al,2004)和畸胎瘤细胞(Hochedlinger,et al,2004)进行核移植,只有前者可以得到成活后代,而后者尽管在建立 ES 细胞系上看不出什么问题,但所形成的胎儿细胞很容易发生类似供体细胞的肿瘤化。由此证明,有些癌细胞的发生可能是表观遗传方面发生改变所致,通过核移植可以纠正;但有些可能是由于基因组发生突变引起,核移植无法纠正。体细胞克隆技术还对以下研究会有所帮助:开展细胞核质互作、线粒体遗传学、表观遗传学等的研究,干细胞全能性以及体细胞重新程序化的分子机制的揭示,对胚胎发生发育的早期在细胞学、分子生物学水平上对信号转导/传递以及基因表达调控网络的了解。

4.4.2 体细胞克隆存在的问题

自从克隆羊"Dolly"诞生以来,相继有体细胞克隆小鼠、牛、山羊、猪、印度野牛、欧洲盘羊、家猫、兔、马、骡子、大鼠、非洲野猫、犬、水牛、雪貂、狼、马鹿、黄羊、沙猫、野生山羊和骆驼等 20多种动物获得成功(图 4.10)。尽管如此,体细胞克隆技术依然存在一些亟待解决的问题。

4.4.2.1 克隆效率低

体细胞克隆存在的最大问题是克隆效率低(图 4.11)。克隆效率通常是指重构胚胎经过胚胎移植到代孕母体中获得的克隆动物个体数。2008 年,Keefer 对牛、山羊、绵羊和小鼠的克隆效率进行分析发现,通常牛的克隆效率为 $10\% \sim 20\%$,山羊为 $3\% \sim 5\%$,绵羊为 $3\% \sim 10\%$,猪为 $0.5\% \sim 3\%$,小鼠为 $4\% \sim 5\%$(Keefer,2008)。克隆胎儿流产率高、围产期死亡率高、新生动物死亡率高是导致体细胞克隆效率低下的主要原因。Well 等将 988 枚克隆胚胎移植到受体后,有 133 头克隆牛出生;其中,出生 1 d 后死亡率高达 21.8%;3 月龄内死亡率为 14.4%,只有 63.8% 的犊牛存活超过 3 个月。由此可见,克隆牛死亡率远远高于自然繁殖牛。克隆效率低加大了克隆动物的生产成本,极大地影响了体细胞克隆技术的广泛应用。

4.4.2.2 克隆动物发育异常

克隆动物发育异常也是体细胞克隆常见的问题。其中,呼吸困难和循环系统的问题被认为是导致新生动物死亡的主要原因(Wilmut,et al,1997;Young,et al,1998;Hill,et al,1999)。中国农业大学李宁教授课题组对死亡克隆牛进行多年的研究发现,克隆牛的心脏、肝和肺的发育异常较为严重,心脏发育异常主要表现为心脏肥大、右心室增大、卵圆孔闭合不全以及瓣膜发育不全,肝发育异常主要表现为肝肿大和充血;肺发育异常主要表现为出生时肺未充起以及肺形态发育异常;即使是存活的外表正常的个体,也可能存在免疫缺陷、关节炎和肾、脑

（B）克隆小鼠（黑色）和代孕母亲（白色）

（C）克隆山羊

（D）克隆猪（不同品种）

（A）克隆绵羊

（E）克隆家猫和代孕母亲

（F）克隆兔

（G）克隆马和代孕母亲

（H）克隆骡子

（I）克隆大鼠

（J）克隆野猫

（K）克隆狗和代孕母亲

（L）克隆雪貂（黑色）和代孕母亲（白色）

（M）克隆狼

（N）克隆马鹿

（O）克隆黄羊

（P）克隆沙猫

（Q）克隆骆驼

（R）克隆牛

（S）克隆水牛和石德顺教授

图 4.10　克隆动物

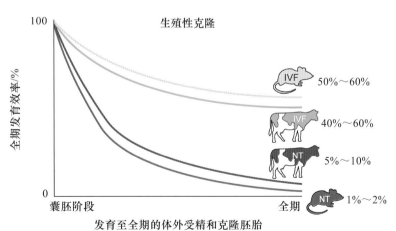

图 4.11　生殖性克隆效率比较

（Yang，et al，2007）

畸形等问题，而这些异常有可能导致克隆动物生长过程中的死亡。Renard 等利用耳成纤维细胞为供体获得的克隆牛出生 1.5 个月后死于贫血，尸体解剖发现脾脏、胸腺和淋巴结等淋巴组织都没有得到正常发育。

4.4.2.3 克隆胎儿胎盘发育异常

通常通过体细胞克隆获得的重构胚胎有 30%～50% 可以发育到囊胚期,与体外授精的胚胎没有太大的差异(30%～40%)。然而,大部分克隆胚胎在附植后发育期死亡,能够发育到期的重构胚胎只有 1%～5%,远远低于体外受精胚胎(30%～60%);很多胎儿在妊娠过程中死亡(Yang,et al,2007)。

克隆胎儿妊娠过程中死亡通常与胎盘发育异常有关。胎盘是哺乳动物胚胎发生过程中特有的器官,是母体与胎儿气体、营养和代谢废物交换的主要场所。同时胎盘也是妊娠相关的激素、生长因子以及胎儿免疫蛋白的重要来源。克隆动物往往出现胎盘肥大,但可用于母体和胎儿进行物质交换的部位减少,即胎盘功能存在障碍。

胎盘发育异常是克隆动物普遍存在的问题。在克隆小鼠、牛、羊和猪中都有克隆胎儿胎盘发育异常的报道。克隆牛中,胎盘发育异常多发生在胎盘小体上。有研究表明,克隆牛的胎儿从 30 d 到 90 d 的发育过程中,胎盘的血管发育和胎盘子叶数目都减少,一些胎盘含有异常的绒毛上皮和血管化程度低的尿囊。因此,克隆牛早期胎儿的流产很可能是胎盘发育缺陷造成的(Chavatte-Palmer,et al,2006)。另外的研究表明,克隆牛胎儿胎盘的异常发育可能会引起MHC 的异常表达从而引起母体对克隆胎儿的排斥(Chavatte-Palmer,et al,2007)。克隆猪的胎盘胚外膜比正常胎盘要小,且外表具有很多变异。克隆猪 30 d 胎儿的胎盘胚外膜的基因表达与正常胎儿的胎盘胚外膜具有很大的差异,其中表达明显上调的基因有参与血液循环和气体交换、细胞表面受体介导的信号转导、G-蛋白介导的信号、MHC1 介导的免疫应答等通路的蛋白。PAG2 在正常胎盘中表达量很高,但在克隆猪胎盘中表达明显降低。克隆猪胎盘的发育异常可能是由这些基因的异常表达和定位引起的(Whitworth,Prather)。

4.4.2.4 克隆胎儿的巨胎症

当体细胞克隆胚胎的细胞核重构或重编程不完全时,就会引起基因表达的异常,从而导致胎盘和胎儿的发育异常。通常这些被称为巨胎症(large offspring syndrome,LOS)。在妊娠期,巨胎症的明显特征是尿囊增大、没有乳腺发育和妊娠期延长等。在出生时,典型的特征是体重增大、器官大小异常、丧失运动神经调节、大舌头等。巨胎症在克隆牛、克隆羊、克隆猪和克隆小鼠中都普遍存在,只是表型不尽相同。克隆牛、克隆羊在出生时多数超重,克隆猪发生体重减少并伴随胎盘变小,克隆小鼠却有着过度生长的胎盘(Young,et al,1998)。

4.4.2.5 克隆胎儿重编程异常

正常的胚胎发育包括许多表观修饰的重编程。体细胞克隆动物要想获得成功,就必须经历类似的重编程过程。在体细胞核移植到去核的卵母细胞中后,为了成功地进行重编程,会发生许多事情,包括供体和核的结构重构、核膜的破裂、染色质浓缩、核质间蛋白的交流并形成一类似原核的结构。所有这些都是为了去除供体细胞核已有的分化标记,重新建立供体核的发育全能性。在体细胞克隆过程中,从供体细胞表达谱的废除到新的胚胎特异表达谱的建立,发生了巨大的表观重编程。在这一过程中,有 8 000～10 000 个体细胞特异表达的基因的关闭以及约 10 000 个胚胎特异表达基因的开启(Niemann,et al,2008)。如前文所述,供体细胞核重编程的异常普遍存在于克隆胚胎和克隆动物中,是引起体细胞克隆效率低的主要原因。然而,如何提高供体细胞核的重编程依然是一个亟待解决的问题。

4.4.2.6　细胞质遗传问题

动物的遗传信息主要储存在核 DNA 上,但还有极少量的遗传信息包含在线粒体中。线粒体 DNA 经过卵母细胞胞质的分配而呈母系遗传方式。在体细胞克隆过程中,供体细胞通过融合进入受体细胞质后,不但将核 DNA 带入卵母细胞中,而且供体细胞的线粒体 DNA 也同时进入。因此,克隆胚胎中存在受体和供体两种来源的线粒体 DNA。这两种来源的线粒体 DNA 在克隆胚胎随后发育过程中的命运以及对克隆胚胎发育的潜在影响,已经引起研究者的注意(侯健,博士毕业论文)。Steinborn 等在体细胞克隆牛的不同组织中发现了供体细胞和受体细胞线粒体 DNA 共存的现象,但二者线粒体 DNA 所占比例从克隆前到克隆后整个发育过程基本保持不变,供体线粒体 DNA 约占总比例的 1‰(Steinborn,et al,2000)。虽然线粒体 DNA 的异质性似乎并不影响克隆牛的正常发育,但线粒体 DNA 与核 DNA 之间的不正确协调是否是造成克隆胚胎活力低下的原因之一尚有待研究。

此外,在小鼠和牛的克隆研究中,人们发现细胞质的遗传物质影响克隆后代的表型,如花斑、毛色等。这是由供体细胞线粒体 DNA 还是由卵子细胞质中的遗传物质引起目前尚不明了。细胞质的遗传物质对克隆后代的其他性状是否产生影响还需要进一步探究。

4.4.2.7　克隆机理不是很清楚

哺乳动物体细胞克隆技术是一项系统工程,需要由分子遗传学、发育生物学、细胞学等相关基础学科提供可靠的理论指导与技术支持,否则提高体细胞克隆的成功率如建空中楼阁。迄今为止,人们虽然在克隆技术的研究上积累了一定的经验使克隆效率有了一定的提高,但克隆机理的研究才是解决克隆效率的关键所在。

体细胞克隆过程中,高度分化的供体细胞核被移植到去核的卵母细胞中后发生的分子事件和细胞核的去分化与重编程达到什么程度才能保证胚胎正常发育以及移植核的抑制性染色质的解除及 DNA 的去甲基化和后续的再甲基化的具体机制尚不清楚。在克隆动物中,有关克隆动物表型异常是否与特定基因相联系以及供体核的异常重编程是否导致一些基因的随机异常表达的研究很重要。目前,许多新兴的研究方法如生物芯片、二维凝胶电泳和质谱技术已应用于动物克隆机理的研究之中。通过对表观遗传的分析,我们期望能够揭示表观遗传的分子机制,同时揭示体细胞克隆中表观遗传的异常重新编程,提高克隆效率。

参 考 文 献

[1] 丁波,施鹏,向余劲攻,等 . 2000. 微卫星 DNA 分析证明异种克隆大熊猫重构胚的核来自大熊猫供体. 科学通报,46(13):1398-1400.

[2] 王少华 . 2009. 利用无启动子打靶载体研制朊蛋白基因敲除奶牛:博士学位论文. 北京:中国农业大学 .

[3] 付博 . 2010. 猪体细胞核移植重构胚构建的影响因素研究:博士学位论文 . 哈尔滨:东北农业大学 .

[4] 李世杰 . 2004. 发育相关基因在新生死亡的体细胞克隆牛中的表达:博士学位论文 . 北京:中国农业大学 .

[5] 李彦欣 . 2004. 异种克隆牦牛、羚羊及相关机理的分析:博士学位论文 . 北京:中国农

业大学.

[6] 张运海. 2005. 利用体细胞核移植技术生产猪克隆胚胎的研究:博士学位论文. 北京:中国农业大学.

[7] 张磊. 2004. 组蛋白乙酰化在体细胞克隆牛肺脏中的研究:博士学位论文. 北京:中国农业大学.

[8] 陈大元,孙青愿,刘冀珑,等. 1999. 大熊猫供核体在兔卵胞质中去分化而支持早期重构胚发育. 中国科学(C 辑),29(3):324-330.

[9] 陈大元. 2000. 克隆大熊猫取得阶段性成果. 中国科学院院刊,(2):1398-1400.

[10] 林莉. 2007. 体细胞克隆牛功能基因 DNA 甲基化及其表达差异:博士学位论文. 北京:中国农业大学.

[11] 侯健. 2001. 利用体细胞核移植技术生产转基因兔的研究:博士学位论文. 北京:中国农业大学.

[12] Baguisi A,Behboodi E,et al. 1999. Production of goats by somatic cell nuclear transfer. Nat Biotechnol,17(5):456-461.

[13] Berg D K,Li C,et al. 2007. Red deer cloned from antler stem cells and their differentiated progeny. Biol Reprod,77(3):384-394.

[14] Betthauser J,Forsberg E,et al. 2000. Production of cloned pigs from in vitro systems. Nat Biotechnol,18(10):1055-1059.

[15] Betts D H.,Perrault S D,et al. 2005. Telomere length analysis in goat clones and their offspring. Mol Reprod Dev,72(4):461-470.

[16] Blackburn E H. 1991. Structure and function of telomeres. Nature,350(6319):569-573.

[17] Blelloch R H,Hochedlinger K,et al. 2004. Nuclear cloning of embryonal carcinoma cells. Proc Natl Acad Sci U S A,101(39):13985-13990.

[18] Brophy B,Smolenski G,et al. 2003. Cloned transgenic cattle produce milk with higher levels of beta-casein and kappa-casein. Nat Biotechnol,21(2):157-162.

[19] Campbell K H,Alberio R,et al. 2001. Nuclear transfer in practice. Cloning Stem Cells,3(4):201-208.

[20] Campbell K H,Loi P,et al. 1996. Cell cycle co-ordination in embryo cloning by nuclear transfer. Rev Reprod,1(1):40-46.

[21] Cezar G G. 2003. Epigenetic reprogramming of cloned animals. Cloning Stem Cells,5(3):165-180.

[22] Chang C C,Gao S,et al. Rapid elimination of the histone variant MacroH2A from somatic cell heterochromatin after nuclear transfer. Cell Reprogram,12(1):43-53.

[23] Chavatte-Palmer P,de Sousa N,et al. 2006. Ultrasound fetal measurements and pregnancy associated glycoprotein secretion in early pregnancy in cattle recipients carrying somatic clones. Theriogenology,66(4):829-840.

[24] Chavatte-Palmer P,Guillomot M,et al. 2007. Placental expression of major histocompatibility complex class I in bovine somatic clones. Cloning Stem Cells,9(3):

346-356.

[25] Chen D Y,Jiang M X,et al. 2007. Cloning of Asian yellow goat(C. hircus)by somatic cell nuclear transfer：telophase enucleation combined with whole cell intracytoplasmic injection. Mol Reprod Dev,74(1):28-34.

[26] Chen S U,Chao K H,et al. 2004. Technical aspects of the piezo,laser-assisted,and conventional methods for nuclear transfer of mouse oocytes and their efficiency and efficacy：Piezo minimizes damage of the ooplasmic membrane at injection. J Exp Zool A Comp Exp Biol,301(4):344-351.

[27] Cheong H T,Takahashi Y,et al. 1993. Birth of mice after transplantation of early cell-cycle-stage embryonic nuclei into enucleated oocytes. Biol Reprod,48(5):958-963.

[28] Chesne P,Adenot P G,et al. 2002. Cloned rabbits produced by nuclear transfer from adult somatic cells. Nat Biotechnol,20(4):366-369.

[29] Curchoe C L,Zhang S,et al. 2009. Hypomethylation trends in the intergenic region of the imprinted IGF2 and H19 genes in cloned cattle. Anim Reprod Sci,116(3-4):213-225.

[30] Dai Y,Vaught T D,et al. 2002. Targeted disruption of the alpha1,3-galactosyltransferase gene in cloned pigs. Nat Biotechnol,20(3):251-255.

[31] Dean W,Santos F,et al. 2001. Conservation of methylation reprogramming in mammalian development：aberrant reprogramming in cloned embryos. Proc Natl Acad Sci U S A,98(24):13734-13738.

[32] Dementyeva E V,Shevchenko A I,et al. 2009. X-chromosome upregulation and inactivation：two sides of the dosage compensation mechanism in mammals. Bioessays,31(1):21-28.

[33] Denning C,Priddle H. 2003. New frontiers in gene targeting and cloning：success,application and challenges in domestic animals and human embryonic stem cells. Reproduction,126(1):1-11.

[34] Dominko T,Chan A,et al. 2000. Dynamic imaging of the metaphase II spindle and maternal chromosomesin bovine oocytes：implications for enucleation efficiency verification,avoidanceof parthenogenesis,and successful embryogenesis. Biol Reprod,62(1):150-154.

[35] Dominko T,Mitalipova M,et al. 1999. Bovine oocyte cytoplasm supports development of embryos produced by nuclear transfer of somatic cell nuclei from various mammalian species. Biol Reprod,60(6):1496-1502.

[36] Du Y,Kragh P. 2007. Piglets born from handmade cloning,an innovative cloning method without micromanipulation. Theriogenology,68(8):1104-1110.

[37] Eggan K,Akutsu H,et al. 2000. X-Chromosome inactivation in cloned mouse embryos. Science,290(5496):1578-1581.

[38] Enright B P,Jeong B S,et al. 2003. Epigenetic characteristics of bovine donor cells for nuclear transfer：levels of histone acetylation. Biol Reprod,69(5):1525-1530.

［39］Enright B P, Kubota C, et al. 2003. Epigenetic characteristics and development of embryos cloned from donor cells treated by trichostatin A or 5 - aza - 2′ - deoxycytidine. Biol Reprod,69(3):896-901.

［40］Folch J, Cocero M J, et al. 2009. First birth of an animal from an extinct subspecies (Capra pyrenaica pyrenaica)by cloning. Theriogenology,71(6):1026-1034.

［41］Galili U, Macher B A, et al. 1985. Human natural anti - alpha - galactosyl IgG. II. The specific recognition of alpha(1----3)-linked galactose residues. J Exp Med,162(2):573-582.

［42］Galli C, Lagutina I, et al. 2003. Pregnancy:a cloned horse born to its dam twin. Nature,424(6949):635.

［43］Galli C, Lagutina I, et al. 2003. Introduction to cloning by nuclear transplantation. Cloning Stem Cells,5(4):223-232.

［44］Gao S, Chung Y G, et al. 2004. Rapid H1 linker histone transitions following fertilization or somatic cell nuclear transfer:evidence for a uniform developmental program in mice. Dev Biol,266(1):62-75.

［45］Golovan S P, Meidinger R G, et al. 2001. Pigs expressing salivary phytase produce low - phosphorus manure. Nat Biotechnol,19(8):741-745.

［46］Gomez M C, Pope C E, et al. 2004. Birth of African Wildcat cloned kittens born from domestic cats. Cloning Stem Cells,6(3):247-258.

［47］Gomez M C, Pope C E, et al. 2008. Nuclear transfer of sand cat cells into enucleated domestic cat oocytes is affected by cryopreservation of donor cells. Cloning Stem Cells,10(4):469-483.

［48］Grobet L, Martin L J, et al. 1997. A deletion in the bovine myostatin gene causes the double-muscled phenotype in cattle. Nat Genet,17(1):71-74.

［49］Gurdon J B, Byrne J A. 2003. The first half - century of nuclear transplantation. Proc Natl Acad Sci U S A,100(14):8048-8052.

［50］Hazeleger W, Kemp B. 2001. Recent developments in pig embryo transfer. Theriogenology,56(8):1321-1331.

［51］Heeckeren A, Walenga R, et al. 1997. Excessive inflammatory response of cystic fibrosis mice to bronchopulmonary infection with Pseudomonas aeruginosa. J Clin Invest,100(11):2810-2815.

［52］Hill J R, Roussel A J, et al. 1999. Clinical and pathologic features of cloned transgenic calves and fetuses(13 case studies). Theriogenology,51(8):1451-1465.

［53］Hochedlinger K, Blelloch R, et al. 2004. Reprogramming of a melanoma genome by nuclear transplantation. Genes Dev,18(15):1875-1885.

［54］Hochedlinger K, Jaenisch R. 2002. Monoclonal mice generated by nuclear transfer from mature B and T donor cells. Nature,415(6875):1035-1038.

［55］Hyun S H, Lee G S, et al. 2003. Effect of maturation media and oocytes derived from sows or gilts on the development of cloned pig embryos. Theriogenology,59(7):

1641-1649.

[56] Illmensee K, Hoppe P C. 1981. Nuclear transplantation in Mus musculus: developmental potential of nuclei from preimplantation embryos. Cell,23(1):9-18.

[57] Jeon H Y, Hyun S H, et al. 2005. The analysis of telomere length and telomerase activity in cloned pigs and cows. Mol Reprod Dev,71(3):315-320.

[58] Jiang L, Carter D B, et al. 2004. Telomere lengths in cloned transgenic pigs. Biol Reprod,70(6):1589-1593.

[59] Jiang L, Jobst P, et al. 2007. Expression levels of growth-regulating imprinted genes in cloned piglets. Cloning Stem Cells,9(1):97-106.

[60] Kang Y K, Koo D B, et al. 2001. Aberrant methylation of donor genome in cloned bovine embryos. Nat Genet,28(2):173-177.

[61] Kato Y, Tani T, et al. 1998. Eight calves cloned from somatic cells of a single adult. Science,282(5396):2095-2098.

[62] Keefer C L. 2008. Lessons learned from nuclear transfer(cloning). Theriogenology,69(1):48-54.

[63] Kim M K, Jang G, et al. 2007. Endangered wolves cloned from adult somatic cells. Cloning Stem Cells,9(1):130-137.

[64] Kim T M, Hwang W S, et al. 2004. Development of a nonmechanical enucleation method using x-ray irradiation in somatic cell nuclear transfer. Fertil Steril,82(4):963-965.

[65] Kono T, Tsunoda Y, et al. 1989. Development of chimaeric two-cell mouse embryos produced by allogenic exchange of single nucleus from two-and eight-cell embryos. Gamete Res,24(4):375-384.

[66] Kuroiwa Y, Kasinathan P, et al. 2009. Antigen-specific human polyclonal antibodies from hyperimmunized cattle. Nat Biotechnol,27(2):173-181.

[67] Kurome M, Fujimura T, et al. 2003. Comparison of electro-fusion and intracytoplasmic nuclear injection methods in pig cloning. Cloning Stem Cells,5(4):367-378.

[68] Lai L, Kang J X, et al. 2006. Generation of cloned transgenic pigs rich in omega-3 fatty acids. Nat Biotechnol,24(4):435-436.

[69] Lai L, Kolber-Simonds D, et al. 2002. Production of alpha-1,3-galactosyltransferase knockout pigs by nuclear transfer cloning. Science,295(5557):1089-1092.

[70] Lai L, Prather R S. 2003. Creating genetically modified pigs by using nuclear transfer. Reprod Biol Endocrinol,1:82.

[71] Lanza R P, Cibelli J B, et al. 2000. Cloning of an endangered species(Bos gaurus)using interspecies nuclear transfer. Cloning,2(2):79-90.

[72] Lee B C, Kim M K, et al. 2005. Dogs cloned from adult somatic cells. Nature,436(7051):641.

[73] Lee G S, Hyun S H, et al. 2003. Improvement of a porcine somatic cell nuclear transfer technique by optimizing donor cell and recipient oocyte preparations. Theriogenology,

59(9):1949-1957.

[74] Li J,Ishii T,et al. 2004. Odorant receptor gene choice is reset by nuclear transfer from mouse olfactory sensory neurons. Nature,428(6981):393-399.

[75] Li Z,Sun X,et al. 2006. Cloned ferrets produced by somatic cell nuclear transfer. Dev Biol,293(2):439-448.

[76] Loi P,Clinton M,et al. 2002. Nuclei of nonviable ovine somatic cells develop into lambs after nuclear transplantation. Biol Reprod,67(1):126-132.

[77] Loi P,Ptak G,et al. 2001. Genetic rescue of an endangered mammal by cross-species nuclear transfer using post-mortem somatic cells. Nat Biotechnol,19(10):962-964.

[78] Lonberg N. 2005. Human antibodies from transgenic animals. Nat Biotechnol,23(9):1117-1125.

[79] Mann M R,Chung Y G,et al. 2003. Disruption of imprinted gene methylation and expression in cloned preimplantation stage mouse embryos. Biol Reprod,69(3):902-914.

[80] McCreath K J,Howcroft J,et al. 2002. Production of gene-targeted sheep by nuclear transfer from cultured somatic cells. Nature,405(6790):1066-1069.

[81] McGrath J, Solter D. 1983. Nuclear transplantation in the mouse embryo by microsurgery and cell fusion. Science,220(4603):1300-1302.

[82] McPherron A C,Lawler A M,et al. 1997. Regulation of skeletal muscle mass in mice by a new TGF-beta superfamily member. Nature,387(6628):83-90.

[83] Meng L,Ely J J,et al. 1997. Rhesus monkeys produced by nuclear transfer. Biol Reprod,57(2):454-459.

[84] Moore T,Haig D. 1991. Genomic imprinting in mammalian development:a parental tug-of-war. Trends Genet,7(2):45-49.

[85] Niemann H,Tian X C,et al. 2008. Epigenetic reprogramming in embryonic and foetal development upon somatic cell nuclear transfer cloning. Reproduction,135(2):151-163.

[86] Nolen L D,Gao S,et al. 2005. X chromosome reactivation and regulation in cloned embryos. Dev Biol,279(2):525-540.

[87] Oback B,Wells D. 2002. Donor cells for nuclear cloning:many are called,but few are chosen. Cloning Stem Cells,4(2):147-168.

[88] Oback B,Wells D N. 2003. Cloning cattle. Cloning Stem Cells,5(4):243-256.

[89] Ohgane J,Wakayama T,et al. 2001. DNA methylation variation in cloned mice. Genesis,30(2):45-50.

[90] Onishi A,Iwamoto M,et al. 2000. Pig cloning by microinjection of fetal fibroblast nuclei. Science,289(5482):1188-1190.

[91] Polejaeva I A,Chen S H,et al. 2000. Cloned pigs produced by nuclear transfer from adult somatic cells. Nature,407(6800):86-90.

[92] Popova E,Bader M,et al. 2006. Full-term development of rat after transfer of nuclei

from two-cell stage embryos. Biol Reprod,75(4):524-530.

[93] Prather R S,Barnes F L,et al. 1987. Nuclear transplantation in the bovine embryo: assessment of donor nuclei and recipient oocyte. Biol Reprod,37(4):859-866.

[94] Prather R S,Sims M M,et al. 1989. Nuclear transplantation in early pig embryos. Biol Reprod,41(3):414-418.

[95] Reik W,Dean W,et al. 2001. Epigenetic reprogramming in mammalian development. Science,293(5532):1089-1093.

[96] Renard J P,Zhou Q,et al. 2002. Nuclear transfer technologies:between successes and doubts. Theriogenology,57(1):203-222.

[97] Richt J A,Kasinathan P,et al. 2007. Production of cattle lacking prion protein. Nat Biotechnol,25(1):132-138.

[98] Rogers C S,Hao Y,et al. 2008. Production of CFTR-null and CFTR-DeltaF508 heterozygous pigs by adeno-associated virus-mediated gene targeting and somatic cell nuclear transfer. J Clin Invest,118(4):1571-1577.

[99] Roh S,Hwang W S. 2002. In vitro development of porcine parthenogenetic and cloned embryos:comparison of oocyte-activating techniques,various culture systems and nuclear transfer methods. Reprod Fertil Dev,14(1-2):93-99.

[100] Rudenko L,Matheson J C. 2007. The US FDA and animal cloning:risk and regulatory approach. Theriogenology,67(1):198-206.

[101] Santos F,Zakhartchenko V,et al. 2003. Epigenetic marking correlates with developmental potential in cloned bovine preimplantation embryos. Curr Biol,13(13):1116-1121.

[102] Savard C,Novak S,et al. 2004. Comparison of bulk enucleation methods for porcine oocytes. Mol Reprod Dev,67(1):70-76.

[103] Schaetzlein S,Lucas-Hahn A,et al. 2004. Telomere length is reset during early mammalian embryogenesis. Proc Natl Acad Sci U S A,101(21):8034-8038.

[104] Schaetzlein S,Rudolph K L. 2005. Telomere length regulation during cloning, embryogenesis and ageing. Reprod Fertil Dev,17(1-2):85-96.

[105] Shiels P G,Kind A J,et al. 1999. Analysis of telomere lengths in cloned sheep. Nature,399(6734):316-317.

[106] Shin T,Kraemer D,et al. 2002. A cat cloned by nuclear transplantation. Nature,415 (6874):859.

[107] Shore D. 1997. Telomerase and telomere-binding proteins:controlling the endgame. Trends Biochem Sci,22(7):233-235.

[108] Steinborn R,Schinogl P,et al. 2000. Mitochondrial DNA heteroplasmy in cloned cattle produced by fetal and adult cell cloning. Nat Genet,25(3):255-257.

[109] Stice S L,Robl J M. 1988. Nuclear reprogramming in nuclear transplant rabbit embryos. Biol Reprod,39(3):657-664.

[110] Sun X,Yan Z,et al. 2008. Adeno-associated virus-targeted disruption of the CFTR

gene in cloned ferrets. J Clin Invest,118(4):1578-1583.

[111] Tecirlioglu R T,J. French A,et al. 2003. Birth of a cloned calf derived from a vitrified hand-made cloned embryo. Reprod Fertil Dev,15(7-8):361-366.

[112] Vajta G,Lewis I. 2001. Somatic cell cloning without micromanipulators. Cloning,3(2):89-95.

[113] Vajta G,Lewis I M,et al. 2001. Somatic cell cloning without micromanipulators. Cloning,3(2):89-95.

[114] Wakayama T,Perry A C,et al. 1998. Full-term development of mice from enucleated oocytes injected with cumulus cell nuclei. Nature,394(6691):369-374.

[115] Wakayama T,Yanagimachi R. 2001. Mouse cloning with nucleus donor cells of different age and type. Mol Reprod Dev,58(4):376-383.

[116] Walker S C,Christenson R K,et al. 2007. Comparison of meat composition from offspring of cloned and conventionally produced boars. Theriogenology, 67 (1): 178-184.

[117] Wall R J,Powell A M,et al. 2005. Genetically enhanced cows resist intramammary Staphylococcus aureus infection. Nat Biotechnol,23(4):445-451.

[118] Wang M K,Liu J L,et al. 2001. Sucrose pretreatment for enucleation:an efficient and non-damage method for removing the spindle of the mouse MII oocyte. Mol Reprod Dev,58(4):432-436.

[119] Wani N A,Wernery U,et al. Production of the first cloned camel by somatic cell nuclear transfer. Biol Reprod,82(2):373-379.

[120] Westhusin M E,Shin T,et al. 2007. Rescuing valuable genomes by animal cloning:a case for natural disease resistance in cattle. J Anim Sci,85(1):138-142.

[121] Whitworth K M,Prather R S. Somatic cell nuclear transfer efficiency:how can it be improved through nuclear remodeling and reprogramming? . Mol Reprod Dev, 77 (12):1001-1015.

[122] Willadsen S M. 1986. Nuclear transplantation in sheep embryos. Nature,320(6057): 63-65.

[123] Wilmut I,Schnieke A E,et al. 1997. Viable offspring derived from fetal and adult mammalian cells. Nature,385(6619):810-813.

[124] Wolffe A P,Matzke M A. 1999. Epigenetics:regulation through repression. Science, 286(5439):481-486.

[125] Woods G L,White K L,et al. 2003. A mule cloned from fetal cells by nuclear transfer. Science,301(5636):1063.

[126] Xue F,Tian X C,et al. 2002. Aberrant patterns of X chromosome inactivation in bovine clones. Nat Genet,31(2):216-220.

[127] Yamaguchi M,Ito Y,et al. 2007. Fourteen-week feeding test of meat and milk derived from cloned cattle in the rat. Theriogenology,67(1):152-165.

[128] Yamanaka K,Sugimura S,et al. 2009. Acetylation level of histone H3 in early

embryonic stages affects subsequent development of miniature pig somatic cell nuclear transfer embryos. J Reprod Dev,55(6):638-644.

[129] Yang X,Smith S L,et al. 2007. Nuclear reprogramming of cloned embryos and its implications for therapeutic cloning. Nat Genet,39(3):295-302.

[130] Yang X,Tian X C,et al. 2007. Risk assessment of meat and milk from cloned animals. Nat Biotechnol,25(1):77-83.

[131] Ye Y,Niekrasz M,et al. 1994. The pig as a potential organ donor for man. A study of potentially transferable disease from donor pig to recipient man. Transplantation,57 (5):694-703.

[132] Yong Z,Yuqiang,L. 1998. Nuclear-cytoplasmic interaction and development of goat embryos reconstructed by nuclear transplantation:production of goats by serially cloning embryos. Biol Reprod,58(1):266-269.

[133] Yoshioka K,Suzuki C,et al. 2002. Birth of piglets derived from porcine zygotes cultured in a chemically defined medium. Biol Reprod,66(1):112-119.

[134] Young L E,Fernandes K,et al. 2001. Epigenetic change in IGF2R is associated with fetal overgrowth after sheep embryo culture. Nat Genet,27(2):153-154.

[135] Young L E,Sinclair K D,et al. 1998. Large offspring syndrome in cattle and sheep. Rev Reprod,3(3):155-163.

[136] Yu G,Chen J,et al. 2006. Functional disruption of the prion protein gene in cloned goats. J Gen Virol,87(Pt 4):1019-1027.

[137] Zakhartchenko V,Durcova-Hills G,et al. 1999. Potential of fetal germ cells for nuclear transfer in cattle. Mol Reprod Dev,52(4):421-426.

[138] Zhang S,Kubota C,et al. 2004. Genomic imprinting of H19 in naturally reproduced and cloned cattle. Biol Reprod,71(5):1540-1544.

[139] Zhao J,Hao Y,et al. Histone deacetylase inhibitors improve in vitro and in vivo developmental competence of somatic cell nuclear transfer porcine embryos. Cell Reprogram 12(1):75-83.

[140] Zhou Q,Jouneau A,et al. 2001. Developmental potential of mouse embryos reconstructed from metaphase embryonic stem cell nuclei. Biol Reprod, 65 (2): 412-419.

[141] Zhou Q,Renard J P,et al. 2003. Generation of fertile cloned rats by regulating oocyte activation. Science,302(5648):1179.

[142] Zhu C,Li B,et al. 2009. Production of Prnp-/-goats by gene targeting in adult fibroblasts. Transgenic Res,18(2):163-171.

[143] Zhu H,Craig J A,et al. 2004. Embryos derived from porcine skin-derived stem cells exhibit enhanced preimplantation development. Biol Reprod,71(6):1890-1897.

第5章

鸡转基因技术

转基因技术的发展日新月异,转基因动物由于在农业生产、生物医药、环保等方面都具有广阔的市场前景,因而成为国内外研究的热点。但是目前转基因家禽尤其是鸡转基因技术的发展略微滞后。哺乳动物转基因可以通过原核显微注射或者体细胞克隆来实现,而鸡则不然。相对于哺乳动物来说,鸡的转基因要更加困难。目前鸡高效的转基因技术在理论上已经相对成熟,在方法上也已经有了长足发展。本章将分别介绍鸡转基因技术的发展现状及应用前景、鸡转基因技术的发展历程和如何制备转基因鸡。

5.1 鸡转基因技术介绍

5.1.1 什么是鸡转基因技术

从前面的章节我们已经知道,所有生物的遗传物质都是 DNA,通过从 DNA 中转录出 RNA 或者经由 RNA 翻译出的蛋白质行使细胞的各项机能;DNA 处于生命活动的中心。我们可以通过增加、减少或者改变动物的 DNA 而改变动物的性状,或者使动物能够表达原本不存在的蛋白质。将 DNA 导入动物的基因组,并且使之遗传到下一代的过程,就是转基因过程。由此得到的动物的基因组中含有人为导入的外源 DNA 序列。这种动物称为转基因动物。当转基因的对象是鸡时,得到的转基因动物就是转基因鸡。在转基因鸡制备的过程中,我们常常得到只有部分细胞整合了外源基因的个体(嵌合体),只有这些细胞包括部分或全部生殖系细胞时,转基因才能被遗传给后代,得到所有细胞都含有外源 DNA 的个体;有时只有这种所有细胞都稳定整合了外源 DNA 的个体才被称为转基因鸡。

从广义上来讲,和转基因动物的概念一样,转基因鸡可以涵盖一切经过人为的有目的的对其基因组进行修饰过的鸡以及其后代。这有别于自发突变、化学诱变、辐射诱变以及自然发生的病毒侵染。从技术角度来说,转基因鸡通常需要借助 DNA 重组技术、显微注射或病毒介导、电穿孔等方法。本章主要从技术角度来阐述,因此,后文的转基因鸡包括但可能不限于以下的情况:

①通过显微注射或者病毒介导的方法使外源基因随机整合入鸡的基因组而得到转基因鸡(图 5.1)。

②通过同源重组,使外源基因定点整合到鸡基因组而得到转基因鸡。

③导入锌指酶 DNA、mRNA 或者蛋白质,最后通过锌指酶切割特定的位点,在基因组修复时产生突变,得到某个基因发生突变的鸡。通过转入特定蛋白质的编码 DNA、mRNA 或蛋白质而改变特定的 DNA 区域的甲基化形式,并能传给后代。这是针对表观组的修饰,但其方法与转基因一样,而不是简单的通过改变饲料等产生不确定的影响。

图 5.1 通过胚盘下腔注射慢病毒法获得的转基因鸡

上图显示一只胚盘下腔注射慢病毒所得的公鸡的 5 只 G1 代后代,最右一只为非转基因的。下图显示这只公鸡 G2 代后代,中间一只为非转基因的。这些转基因鸡因为表达绿色荧光蛋白(GFP)而发荧光,特别是嘴和脚等没有被毛挡住的部分。

(McGrew,et al,2004)

5.1.2 为什么要发展鸡转基因技术

发展鸡转基因技术是为了给人类带来福利。转基因鸡可以用来生产药物蛋白。转基因鸡可以具有独特的性能而满足人们的需要,如具有更强的抗病能力、更鲜美的肉质及更高的饲料转化效率等。转基因鸡还可以用于生物学和医学研究,阐明人类发育以及疾病的机理,从而开发或筛选有效的药物。

5.1.2.1 鸡转基因技术用于生产药物蛋白

许多人源化的蛋白具有药用或者保健价值,诸如抗体、人血清白蛋白、凝血因子以及胰岛素等。这些蛋白最初只能从人的血液或者其他组织中得到。但是，我们知道，这些来源极其有限。例如，人血清白蛋白只能来自于人们的献血，由此导致这些药品成本极高、产量极低，使广大民众无法享受到这些药物带来的福利，亟需找到其他动物的同源蛋白作为替代品或者使用其他的生物或者体外培养的细胞来合成这些蛋白。然而，其他动物的同源蛋白往往因为一些氨基酸的差异而会引起人的免疫反应，或者因为结构的微小差别而影响其效果。因此，使用其他生物来表达人源化蛋白是必然的选择，而这种选择需要考虑产量、纯化方法、蛋白折叠、糖基化以及生产成本等因素。

目前药用蛋白主要利用大肠杆菌、酵母或者体外培养的人类细胞等进行生产。然而，人源化蛋白在大肠杆菌或者酵母中往往不能正确折叠或者缺乏合适的糖基化修饰而影响此类蛋白的效果。尽管人类细胞体外培养的方法能够得到正确折叠以及糖基化修饰的蛋白，但是培养细胞使用的培养基和设备价格高昂，而且小量生产的条件通常不能直接用于大量生产，扩大生产非常困难。而转基因的牛、猪、羊、鸡等动物因为进化上更接近于人，因而表达的蛋白也更接近于天然的人源化蛋白；而且一旦得到高效表达人源化蛋白的转基因动物，很容易通过育种的方法扩大生产。为了实现高效表达以及容易纯化等目的，人们通常选择动物的乳汁（乳腺）、血液（肝）、蛋（输卵管）等部位生产目的蛋白。由于乳腺和输卵管能够实现持续生产的目的，因此是更好的选择。

用羊生产的重组人抗凝血酶Ⅲ（ATryn）的成功上市标志着动物生物反应器时代的到来。随着转基因鸡技术的成熟，鸡的输卵管反应器也将在生物反应器中大放光芒。与转基因牛、转基因羊相比，转基因鸡有以下优势：

①鸡蛋特有的结构（详见5.2）使得表达的蛋白与外界隔离，便于运输；在鸡蛋的保质期内，目的蛋白稳定。

②从鸡蛋中提取溶菌酶、抗体等成分的技术非常成熟，可直接用于提纯新的药用蛋白。

③鸡蛋蛋清成分简单，卵清蛋白启动子产能巨大（表5.1）。

除了水以外，鸡蛋清中90%以上的物质都是蛋白质，而且其中近50%为卵清蛋白。这方便重组蛋白的提取。卵清蛋白启动子是一个组织特异性强并且表达效率高的启动子。我们可以利用卵清蛋白启动子来启动外源蛋白的表达，也可以通过基因置换的方式将卵清蛋白编码区置换成为外源蛋白的编码区，从而实现目的蛋白的高效表达。我们可以粗略计算一下，按一个鸡蛋60 g计算，蛋清中总蛋白含量大致为3.6 g，其中约1/2是卵清蛋白。这就是说，卵清蛋白启动子贡献了近1.8 g的蛋白质。如果能够利用好卵清蛋白启动子，那么我们可以在一个60 g的鸡蛋得到近1 g的蛋白，这是任何其他的生物反应器无法企及的。

表5.1　鸡蛋成分表　　　　　　　　　　　　　　　　　　　%

鸡蛋组成成分及其所占百分比以及蛋清与奶成分对比						
类别	项目	水	蛋白	脂类	碳水化合物	矿物质	各部占全蛋百分比
鸡蛋	全蛋	66.1	12.8～13.4	10.5～11.8	0.3～1.0	0.8～1.0	100
	蛋壳	1.6	6.2～6.4	0.03	微量	91～92	9～11
	蛋黄	48.7	15.7～16.6	31.8～35.5	0.2～1.0	1.1	28～29
	蛋白	87.6	9.7～10.6	0.03	0.4～0.9	0.5～0.6	60～63

续表 5.1　　　　　　　　　　　　　　　　　　　　　　　　　　　　　　　　　　　　　%

鸡蛋组成成分及其所占百分比以及蛋清与奶成分对比							
类别	项目	水	蛋白	脂类	碳水化合物	矿物质	各部占全蛋百分比
奶	奶牛	87.8	3.2	3.9	4.8	/	/
	山羊	88.9	3.1	3.5	4.4	/	/
	绵羊	83.0	5.4	6.0	5.1	/	/
	水牛	81.1	4.5	8.0	4.9	/	/

鸡蛋蛋清中各种蛋白质所占比例			
类　别	比例	类　　别	比例
卵清蛋白(Ovalbumin)	49	卵清蛋白 Y(Ovalbumin Y)	6
卵转铁蛋白(Ovotransferrin)	12	卵类黏蛋白(Ovomucoid)	11
卵黏蛋白(Ovomucin)	3.5	溶菌酶(Lysozyme)	3.4
卵球蛋白 G2(Ovoglobulin G2)	4	卵球蛋白 G3(Ovoglobulin G3)	4
卵蛋白酶抑制剂(Ovoinhibitor)	1.5	卵糖蛋白(Ovoglycoprotein)	1.0
卵核黄素结合蛋白(Ovoflavoprotein)	0.8	卵巨球蛋白(Ovomacroglobulin)	0.5
抑半胱氨酸蛋白酶蛋白(Cystatin)	0.05	抗生物素蛋白(Avidin)	0.05
Tenp	含有	Clusterin	含有
Ch21	含有	卵黄膜外层蛋白 1(VMO-1)	含有

注：根据 Mine 等(2008)整理；奶的数据来自 U.S. Department of Agriculture(2010)。

④制备转基因鸡成本低。转基因牛、转基因羊的成本是很高的。这些动物一般一年只生 1 胎，而且每胎一般只生 1 头或几头。鸡则不同，一般一只蛋鸡每年产蛋高达 300 枚，蛋的价格低廉，转基因操作之后直接孵化，不像转基因哺乳动物那样需要代孕母亲。另外，鸡达到性成熟的时间只需半年，一年多的时间就能得到成群的转基因母鸡。这些都使得转基因鸡的成本要远远低于转基因牛和转基因羊。

⑤鸡的饲养成本低，饲料转化率高。毫无疑问，大家对鸡肉、鸡蛋的价格和牛、羊肉以及牛奶的价格孰高孰低是很清楚的。在鸡蛋里表达药用蛋白，从鸡蛋中提取，由于鸡蛋的成本低，因而也会降低药用蛋白的成本。另外，因为鸡耐精饲料、生产空间需求小等使得鸡场可以离城市更近，节约原料到药厂的距离，从而进一步节约成本。

⑥鸡蛋中蛋白糖基化形式更接近于人源化蛋白，表达的蛋白的活性也将更好。

因为鸡具有上述优势，世界上不少科学家近 20 年来为制备转基因鸡生物反应器做出了很多的研究。从转基因鸡技术的发展到输卵管特异表达外源蛋白的转基因鸡的诞生，一步步将输卵管生物反应器推向现实。到如今，这些技术在理论上以及技术上都已经成熟。相信在不久的将来，转基因鸡输卵管生物反应器就能在市场上大放光芒。

5.1.2.2　鸡转基因技术用于改良鸡的品种

肉鸡和蛋鸡的选择育种在过去的几十年取得了辉煌的成就，然而这些育种都是针对鸡的生长速度以及饲料转化效率的，其过程必然导致一些其他性状的丢失，同时也使得鸡群的遗传背景高度一致，使世界养鸡业只限于有限的品种。这样使得现在市场上的鸡肉品质以及风味不如一些地方的品种；同时因为养鸡场的鸡遗传背景高度一致，抗病能力减弱，一只鸡染病，很容易传染其他的鸡，从而导致疾病的大暴发。

由于养鸡业的不断增长以及人类社会的发展,养鸡业的一些问题日益突出而且越来越受到人们的关注,而其中大部分问题可以通过鸡转基因技术来解决。

1. 鸡转基因技术与抗病育种

鸡传染病的暴发不仅会给养鸡业带来极大的损失(图5.2),而且给公共卫生事业带来巨大的威胁,如禽流感。通过转基因技术,在鸡的基因组中转入对这些疾病具有抵抗力的基因,或者对这些疾病的病原微生物的受体进行改造,使这些病毒不能侵染鸡,从而培育出对这些疾病具有抵抗力的鸡。这是传统的育种方法所不能实现的,因为有时这些抗病基因可能来自于其他的物种或者人为的设计,而只有通过转基因技术才能突破种间隔离的限制。

抵抗禽流感的育种已经取得长足的进步。英国罗斯林研究所的 Helen Sang 实验室获得的转基因鸡能够抑制禽流感病毒的复制,从而抑制禽流感病毒的传播。然而这些鸡并不能抵抗禽流感的侵染,也就是说,鸡在感染禽流感之后,这些鸡仍然会死。因此,我们还需要更多的努力来培育能够抵抗禽流感的鸡。

当然,除了禽流感以外,还有其他的许多疾病可以通过转基因的方法来克服。通过转基因提高鸡的抵抗力,通过转基因的手段将在鸡育种的过程中丢失的性状转回去。如果实现这些,养鸡业将不需要使用那么多的抗生素,不需要打那么多的疫苗。这不仅节约饲养的成本,而最关键的是这样的鸡肉会更健康。

图 5.2　2009 年某地农民正准备焚烧病死的鸡

(引自 www.life.com)

2. 鸡转基因技术改良鸡的生产性状

尽管现在被广泛养殖的肉鸡和蛋鸡在饲料转化率和生长速度上都已经达到难以想象的地步,但是这些鸡种却在肉品质、风味、适应能力等性状方面不如一些地方的鸡种。要使市场化的肉鸡和蛋鸡获得这些地方品种所具有的性状,可以从两个方向来实现:一方面可以对现有的肉鸡或蛋鸡品种进行改良,使之获得地方鸡种的优良性状;另一方面可以对地方的品种进行改良,使它们具有更快的生长速度以及更高的饲料转化率。例如,藏鸡的耐低氧能力使其适合在高原地区生长,但是其生长速度慢,可以对藏鸡进行转基因,提高其生长速度。而一些独具风味的地方品种或者被大众所热爱的品种如乌骨白鸡等,可以通过转基因提高其生长速度及饲料转化率。

3. 鸡转基因技术缓解鸡粪污染的问题

植物性饲料中 2/3 的磷以植酸(肌酸六磷酸)的形式存在,而单胃动物因为没有植酸酶而无法利用,因此,在猪、鸡等的饲料中需要额外添加磷酸盐或者植酸酶,而无法利用的磷却成为其粪便中对环境不友好的成分,正因如此便诞生了转植酸酶的"环保猪"。这些猪能够利用植酸,从而其饲料中无需再添加磷,其粪便中的磷也能降低 30%～65%。同样,也可以有"环保鸡"。

4. 鸡转基因技术用于解决动物福利问题

"仓廪实而知礼节"。当人类物质生活满足到一定程度,礼将达于动物,越来越多的人将会关注动物福利。而现在的养鸡业,却在很多方面有悖于动物福利的原则,鸡需要承受许多的痛苦,如去喙、蛋鸡行业中淘汰公鸡等。

在蛋鸡养殖中,由于公鸡不会产蛋,养起来提供鸡肉又不合算,全世界每年有超过 10 亿只公鸡一出壳就被处死。如果我们能够区分鸡蛋的性别,那么在蛋鸡鸡雏孵化时,我们就有目的地只孵化雌性的鸡蛋,就不会再有那么多的小公鸡一出壳就面临被淘汰的厄运;同时,那些雄性的鸡蛋也被省下来为人类提供更多的价值,也节省了孵化的成本以及性别鉴定的成本。这是可以实现的,新下种蛋中的鸡胚由 5 万～6 万个细胞组成(见 5.2),我们可以通过在这些细胞中差异表达荧光蛋白区分鸡蛋的性别。有人正在寻找新生鸡蛋中雌雄鸡差异表达的基因,通过这些启动子来启动荧光蛋白的表达,从而判定鸡蛋的性别。因为母鸡性染色体组成是 ZW 而公鸡是 ZZ,这样,我们可以将报告基因插在 Z 染色体上,从而能够很方便地区分出雌性的鸡蛋。这是很有用的方法,有人正在从事这方面的努力。

随着人们对鸡肉需求的日渐增长,要想对鸡进行散养是极不现实的。我们可以想象,如果给以鸡足够的福利,那么鸡肉的生产无论在价格还是产量上都很难满足人们的需求。现代鸡场的饲养方式(图 5.3),使得鸡处于高压的环境。在这种环境下,鸡会互啄羽毛、出现暴力行为等。这样,人们就不得不将鸡嘴的一部分切掉,也就是所谓的"去喙"(图 5.4),去喙的一个作用是能够让鸡在狭小的空间内吃到槽中的食物。但是,去喙的过程不仅给小鸡带来极大的痛苦,而且有的鸡还会长出新的组织而影响进食进水而被饿死或渴死。当然,我们可以换个角度思考,如果有一些鸡的品种,它们在遗传上已经摆脱了野鸡的天性,而非常适合现代化的养殖方式,上面的问题便可迎刃而解。研究人员可以通过转基因的手段,改造决定鸡嘴的基因,从而改变鸡的嘴型和改造鸡的性情,从而使鸡很愉快地生活在现代化的养殖环境中。

5. 鸡转基因技术改造鸡蛋品质

和耐储存转基因西红柿带来的现实价值一样,如果能够延长鸡蛋的储存时间,那么将会为鸡蛋的生产以及鸡蛋的销售带来极大的好处,不仅能够减少养鸡场捡蛋的次数,也可以延长市场的货架期。这是可以实现的,如通过转基因使鸡蛋含有抗菌的蛋白、多肽或者改变鸡蛋壳的结构等。现在已有科学家在做这方面的努力。由于人溶菌酶的活性比鸡的溶菌酶活性高,通过转入人溶菌酶基因,使鸡蛋中含有人溶菌酶,这不仅得到生产人溶菌酶的输卵管生物反应器,还可以通过人溶菌酶提高鸡蛋的储存时间。当然,鸡蛋在储存过程中的变化不完全是细菌的原因,所以,改变鸡蛋的储存时间可能还需要其他方面的努力。

设想某一天人们吃鸡蛋就能够预防许多的疾病,这可以通过转基因鸡,使鸡蛋中含有一些病毒的蛋白,从而在人们吃鸡蛋的时候就能接触到这些抗原,像是经受过免疫接种。

除此之外,凡是研究人员能够想到的性状,都可以通过鸡转基因技术实现。

图 5.3　某养鸡场

（引自 www.dsq.gov.cn）

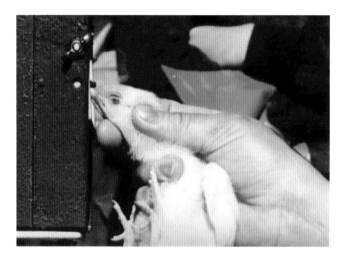

图 5.4　小鸡正忍受被去喙的痛苦

（引自 www.upc-online.org）

6．鸡转基因技术的其他运用

随着鸡转基因技术的常规化，除了用于迫切需要解决的问题外，鸡转基因技术还可以有许多很个性的运用。例如，鸡转基因技术可以用于制作宠物鸡。大家都知道，刚出生不久的小鸡毛绒绒的，叫声非常悦耳，是非常好玩的宠物。然而，当鸡继续生长之后就不同了。如果通过转基因技术进行遗传改造，获得发育停滞的鸡是完全可能的，再加上多彩的毛色，这将为人类精神生活增添许多的光彩。

一些育种单位可以在自己培育的鸡品种的基因组中插入一段特殊的 DNA 序列，这个序列在其他鸡中均不存在，从而给自己培育的新品种打上分子标记，保护自己的研发成果。

转基因鸡技术能够延伸到生活的方方面面，给人类带来许多的益处。

5.1.2.3　转基因鸡用于生物学和医学研究

鸡被用于生物学研究有长远的历史（Stern，2005）。远在古埃及，就有人和亚里士多德一样，在鸡胚发育的不同时期打开鸡蛋观察；直到 19 世纪，哲学家门通过观察鸡胚不同时期的发育来支持预成论或者支持后生论。在这个过程中，哲学家们取得了很多成果，如血岛的形成以及动脉和静脉功能上的区别。后来随着显微技术的发展以及遗传学的发展,对鸡胚的研究又有了新的发现。

鸡作为生物学和医学研究的重要的模式生物,具有以下优势:受精卵非常便宜,容易获得;鸡胚生活于含钙的蛋壳中,个体较大,容易实现羊膜穿刺技术;除氧气外,鸡蛋可以提供鸡胚发育所需要的所有养分,因此,鸡胚的发育很少受到外部物质的影响;可根据需要将受精卵放入孵化器中进行孵化,很容易得到大量的发育同步的鸡胚。

虽然在一定的历史时期,小鼠作为重要的模式动物被更广泛地应用。随着转基因鸡技术的成熟,特别是鸡胚换壳培养技术(见 5.2)、鸡原始生殖细胞(PGCs)体外培养技术等的发展,鸡作为重要的生物学和医学研究的模式生物的优势更加凸显出来。鸡必将在发育学、毒理学、卵巢癌、组织修复和再生研究等各方面发挥更重要的功能。

5.1.3 鸡转基因技术发展现状

转基因鸡的运用前景,特别是诱人的输卵管生物反应器,使得近 20 年来多个国家的研究单位和商业机构都投入了大量的人力物力,特别是英国和美国走在前列。表 5.2 中列举了一些在转基因鸡方面具有一定成就的科研单位及公司,全世界还有许多的科研单位或者公司从事有这方面的研究或运用而这里没有被列出。

表 5.2　国内外一些从事转基因鸡相关研究或运用的公司与科研单位

公司或科研单位	网　址
Advanced Cell Technology	http://www.advancedcell.com/
BioAgri	http://www.bioagricorp.com/
Crystal Bioscience	http://www.crystalbio.biz/
Origen Therapeutics,Inc	http://www.origentherapeutics.com/
Synageva BioPharma(曾为 AviGenics,Inc.)	http://www.synageva.com/
TranXenoGen	http://www.tranxenogen.com/
Vivalis	http://www.vivalis.com/en/
英国爱丁堡大学 Helen Sang 实验室	http://www.roslin.ed.ac.uk/helen-sang/
美国北卡罗来纳州立大学 James N. Petitte 实验室	http://www.cals.ncsu.edu/poultry/staff.php?content=j_petitte&id=16
中国农业大学李宁实验室	http://cbs.cau.edu.cn/TeacherSynopsis.aspx?teacherId=92027&id=104

尽管有许多实验室做了持久的努力,直至 21 世纪,鸡转基因技术才得到实质性的突破。现在被广泛使用的方法还是胚盘下腔注射慢病毒载体的方法(图 5.1),然而慢病毒载体能够承载的 DNA 长度有限,而且整合位点是随机的。另外的方法是借助体外培养的 PGCs 的方法,在体外对 PGCs 进行培养并遗传修饰之后移回受体鸡胚。这些 PGCs 参与受体的生殖细胞的形成,从而在受体的后代中将有一定比例的转基因鸡。2006 年,M. C. van de Lavoir 等报道基于 PGCs 体外培养的方法获得了转基因鸡,但是至今没有后续的报道证实这个方法得到了实质性的运用,不过现在的 Crystal Bioscience 公司 CEO Robert J. Etches 称他们对 PGCs 的运用已经相当纯熟。也有报道称,通过白消安对受体鸡胚进行处理,将使得 PGCs 对

受体子代的贡献率接近100%(图5.5)。

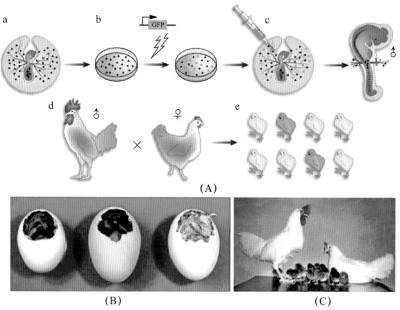

图5.5　PGCs用于制备转基因鸡

图A示PGCs制备转基因鸡的过程。将横斑芦花鸡(BPR)PGCs注射到经过白消安处理的白来航(WL)公鸡第15期至第16期(HH)鸡胚血管中。因为白消安几乎杀尽了白来航受体原来的PGCs,从而所得到的嵌合体鸡生殖细胞几乎全来自于注入的PGCs。图B从左到右依次是嵌合(BPR)PGCs的WL公鸡与WL母鸡配种所得鸡蛋、自然BPR鸡蛋、自然WL鸡蛋。图C显示嵌合体公鸡与野生型母鸡及它们的后代,所有后代都来自注入的PGCs。如果使用的是经过转基因或者其他遗传修饰的PGCs,那么得到的后代中绝大多数都是转基因鸡。这足以见得PGCs在鸡转基因技术上的运用前景。

(Helen Sang,2006;Nakamura,et al,2010)

胚盘下腔注射慢病毒的方法是报道比较多的方法,一些实验室能够得到很高的效率,而有的实验室却不能得到同样高的效率。同样,也不是所有实验室都能对PGCs运用自如。表5.3中列出转基因鸡发展过程中的重大突破。

表5.3　转基因鸡发展历程中的重大突破性事件

发表时间	作者	首次成功的事件
1970年	G. Marzullo	制备嵌合体鸡,发育到胚胎期第15天
1985年	Karen Rowlett 等	换壳培养成功孵化小鸡
1988年	M. M. Perry	通过换壳培养成功从受精卵培养到孵化
1989年	R. A. Bosselman 等	使用复制缺陷型慢病毒获得转基因鸡
1994年	Jamie Love 等	通过向鸡受精卵中注射DNA获得转基因鸡
2002年	A. J. Harvey 等	胚盘下腔注射逆转录病毒载体制备输卵管特异表达的转基因鸡
2004年	M. J. McGrew 等	胚盘下腔注射慢病毒载体高效地制备转基因鸡
2005年	B. B. Scott 等	利用慢病毒载体制备组织特异表达的转基因鸡
2006年	M. C. van de Lavoir 等	成功培养具种系嵌合能力的原始生殖细胞(PGCs),得到转基因鸡
2011年	J. Lyall 等	能够被禽流感病毒感染而不传播病毒的转基因鸡[同M. J. McGrew 等(2004)的方法]

鸡转基因技术发展落后于哺乳动物,这归咎于鸟类有别于哺乳动物的生殖发育特点,然而鸡的发育特点,特别是原始生殖细胞的发生以及迁移过程又使得鸡转基因具有独特的优势。随着 PGCs 技术的发展,转基因鸡技术对鸡基因组做出任意修饰的技术都会变得更加常规以及高效。这可能会使得鸡的遗传修饰技术的发展超过小鼠和大鼠以外的其他哺乳动物。

5.2 鸡转基因技术发展

早在 20 世纪 80 年代,原核注射就已成为哺乳动物转基因的常规技术。然而,同样的方法却没能在鸟类得到运用。"超级小鼠"的横空出世,加剧了人们对鸡转基因技术的渴望,可是,直到 21 世纪初,鸡转基因技术才得到实质性的突破。这归咎于鸟类有别于哺乳动物的生殖特点。要理解转基因鸡的发展历程,首先要了解鸡的生殖发育。

5.2.1 鸡的生殖发育

5.2.1.1 母鸡生殖系统

理解鸡的生殖发育首先要了解母鸡的生殖系统(图 5.6),而公鸡的生殖系统这里不再描述,因为公鸡做的只是"踩蛋",而且精子可以存在母鸡输卵管阴道与子宫交接处的储精腺中长达 10~15 d。母鸡下蛋时,部分精子被挤出,进入漏斗部,等待卵细胞的到来。

无论卵子在漏斗部是否受精,都会经历输卵管中的过程,最后形成鸡蛋(图 5.7)。除氧气外,鸡蛋为鸡胚发育提供所有的养分;并且提供鸡胚受保护的环境。蛋壳(图 5.8)具有精细的结构,为鸡胚的发育提供钙质以及保证气体交换,即便是鸡蛋的形状,也是鸡胚发育所要求的,无论哪一环节出了问题都可能会影响到鸡胚的发育。

5.2.1.2 鸡生殖细胞的发育

Eyal-Giladi 和 Kochav(1976)将新

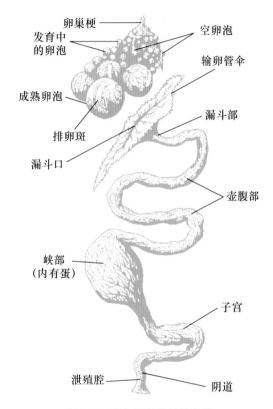

图 5.6 鸡左侧卵巢及输卵管

鸡通常只有左侧的卵巢及输卵管发育成熟,而右侧的只有在左侧输卵管发育早期受破坏时才能得到发育。当卵泡发育成熟后,经激素的刺激,排卵斑破裂;充满蛋黄的卵子(直径达 3 cm)排出后被输卵管伞卷入漏斗部(长约 8 cm),完成受精过程(如果有精子的话);其后在漏斗椎体与漏斗颈接口处被一层膜包裹(即系带膜,系带膜纵向延伸部分就是系带),紧接着被漏斗颈部分泌一小层蛋清包裹,在漏斗部历时大致 15 min;然后进入壶腹部(长约 30 cm),壶腹部分泌蛋清中的蛋白,鸡蛋通过时被这些蛋清包裹,历时大约 3 h;接着鸡蛋进入峡部(长约 10 cm),在峡部获得内外两层蛋壳膜,大致历时 75 min;再进入子宫(也叫蛋壳腺,长约 11 cm),在这里停留大致 20 h,液体透过蛋壳膜流入鸡蛋,这种流向将构成蛋壳的物质带到蛋壳膜周围形成蛋壳;最后经过阴道和泄殖腔(共长约 10 cm),蛋壳表面将被镀上一层皮,这里停留的时间可以忽略(以上数字在不同鸡及鸡品种间会有所差异)。

(Bellairs,Osmond,2005)

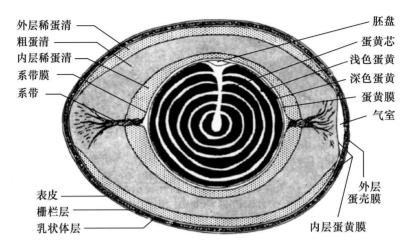

外层稀蛋清　　　　　　　　　　　　　　　　　　胚盘
粗蛋清　　　　　　　　　　　　　　　　　　　　蛋黄芯
内层稀蛋清　　　　　　　　　　　　　　　　　　浅色蛋黄
系带膜　　　　　　　　　　　　　　　　　　　　深色蛋黄
系带　　　　　　　　　　　　　　　　　　　　　蛋黄膜
　　　　　　　　　　　　　　　　　　　　　　　气室
表皮　　　　　　　　　　　　　　　　　　　　　外层蛋壳膜
栅栏层
乳状体层　　　　　　　　　　　　　　　　　　　内层蛋黄膜

图 5.7　鸡蛋结构示意图

　　鸡蛋从内到外主要分为蛋黄、蛋清和蛋壳 3 个部分。蛋黄为鸡胚发育提供营养。当煮熟的鸡蛋纵切开的时候,能够看到蛋黄从内向外分为深浅色相间的几层。蛋白的功能还不甚清楚,至少提供鸡胚发育所需部分营养、水分和缓冲环境。蛋壳主要为胚胎发育提供钙以及保护,而钙质的吸收需要依赖蛋壳膜。总之,鸡蛋的完整是鸡胚发育所必需的,无论是蛋壳破裂还是蛋壳的质量都会影响鸡胚的发育,而且母鸡的营养状况以及年龄都会影响鸡蛋的孵化率。关于鸡蛋更详细的结构以及各个部分的组成可以参考 Egg Bioscience and Biotechnology(Mine,2008)。

(USDA,2002)

图 5.8　白来航鸡蛋壳扫描电镜照片

　　蛋壳结构也是非常精细的,从内向外可以分为蛋壳膜(两层)、乳状体层、栅栏层和表皮(有人称之为角质层)。乳状体层和栅栏层的主要成分是方解石(碳酸钙晶体),其间有蛋白质构成的网络骨架。

(Dennis, et al, 1996)

生蛋以前的鸡胚划分为 10 个时期,用罗马数字标注,即第Ⅰ期～第Ⅹ期(EG&K)。

大概在受精后 3 h 雌原核和雄原核才融合;再经过 1 h 受精卵开始第一次分裂,此时鸡蛋大概在输卵管峡部,随后在蛋壳腺里继续分裂,直到胚盘中间的透明区和边沿的暗区能被明显区别。新生的受精鸡蛋就停滞在这个时期,也就是第Ⅹ期(EG&K)(图 5.9),在孵化开始后鸡胚重新开始发育,直至出壳。

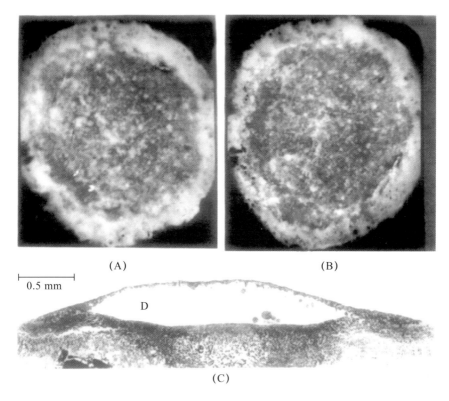

0.5 mm

图 5.9　第Ⅹ期(EG&K)鸡胚

(A)从上边观察胚盘的图像。(B)从下面观察胚盘的图像。(C)胚盘的纵切图,字母 D 标注胚盘下腔。

鸡胚的发育会因孵化条件以及鸡品种的变化而出现差异,处在相同孵化时间的胚胎可能处于不同的发育阶段,如果都以孵化时间来界定发育进程,势必会对各个研究之间的比较以及结论的统一造成干扰。一个更好的选择就是,通过鸡胚孵化过程的形态特征来界定鸡胚的发育进程。1992 年,Viktor Hamburger 和 Howard L. Hamilton 将鸡胚从开始孵化到孵化出壳划分为 46 个时期(图 5.10),用阿拉伯数字标注,为第 1 期至第 46 期(HH)。刚出壳的小鸡即是 HH 第 46 期,羊膜通常在第 18 期(HH)闭合。

鸡生殖细胞的发生还有许多的问题有待研究。我们还不知道鸡的生殖细胞是怎么发生的,也不知道是什么决定了一些细胞将来要分化为生殖细胞。根据目前的认识,在第Ⅹ期(EG&K)时才开始有一些细胞被限定命运,将来要分化成为生殖细胞。这些细胞就是原始生殖细胞。这个时期,PGCs 的细胞数 50～150 个。这个数据可能和鸡的品种有关,也可能是不同实验方法之间的差异导致的。在第Ⅹ期的时候,原始生殖细胞集中在胚盘明区的中央。随后,这些细胞脱离明区,进入胚盘下腔;随着原条的形成,PGCs 向前移动到胚外区域的边沿。

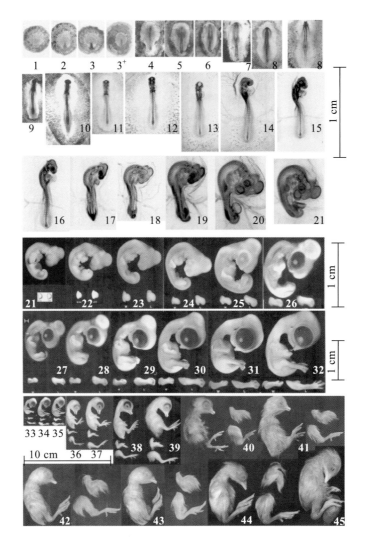

图 5.10　HH 第 1 期至第 45 期

HH 第 46 期为刚孵出的时期，HH 第 1 期至第 2 期大致与 EG&K 第 Ⅻ 期至
ⅩⅣ 期相对应。图中 1～21、21～26、27～32、33～45 各组使用的标尺不同。对于
翅膀和腿脚，图 21 和图 22 是画的，其余为实物拍摄。

(Viktor Hamburger, Howard L. Hamilton, 1992)

到第 10 期（HH）的时候，原始生殖细胞聚集在生殖新月区。然后开始从这个区域进入血管系
统，并随着血液进行循环；到第 15 期（HH），PGCs 开始聚集在间中胚层，也就是将来要发育成
为性腺的区域；到第 17 期（HH），这个区域的 PGCs 数量都持续增加。PGCs 完全迁移到生殖
脊的时间还不清楚。到第 20 期（HH）的时候，绝大多数 PGCs 都已经积聚在了生殖脊（图
5.11）。雌性在胚胎发育第 8 天的时候 PGCs 开始分化成为卵，雄性要到胚胎发育第 13 天才
开始分化。其实，对于鸡 PGCs 的发生以及迁移的很多问题都不清楚。这在某种程度上是因
为缺乏可靠的标记来跟踪 PGCs。如果在鸡上建立比较有效的遗传修饰方法，那么我们相信，
对 PGCs 的研究也将更为深入。

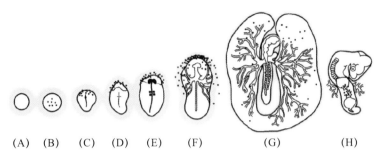

图 5.11　鸡 PGCs 的发生以及迁移

在第 Ⅹ 期(EG&K)时 PGCs 开始出现[(A)、(B)],随着原条的延伸而进入生殖新月区[(C)至(E)],在血岛和血管的形成过程中,PGCs 进入胚盘的血液循环[(F)至(G)],最后进入生殖脊[(H)]。

(Mozdziak,Petitte,2004)

5.2.2　各种技术的发展

鸡转基因技术的目的是将外源 DNA 导入鸡的生殖细胞,或者最后有可能分化成为生殖细胞的细胞,如受精卵、原始生殖细胞以及那些将分化为原始生殖细胞的细胞。

将 DNA 导入细胞的主要方式如下:

①显微注射,即直接将 DNA 注射到细胞或者是细胞核中。

②借助病毒的侵染能力,构建重组病毒载体,而这些载体还保留侵染能力,却不再能够复制。

③借助化学物质如脂质体,将 DNA 包裹后与细胞膜融合,从而将 DNA 导入细胞。

④借助电穿孔技术,通过电击使细胞膜瞬间开孔,从而 DNA 顺势进入细胞。

⑤借助微小颗粒如基因枪以及借助趋磁细菌产生纳米磁粒的方法,从而将 DNA 导入细胞。

⑥其他方法,参阅维基百科(http://en.wikipedia.org/wiki/Transfection)。

如果有一种稳定方法,能够将鸡 PGCs 或者 PGCs 之前的细胞分离并培养,在体外转染后再移植回鸡胚而仍然能够参与生殖细胞形成,那么显然,我们可以采用各种各样的方法对培养细胞进行转染,然后经过筛选,这样确保移植回去的细胞带有我们想要的遗传修饰。然而,实际却不简单,PGCs 或更早期的细胞分离及培养都非常困难。因而,在鸡胚内对这些细胞直接进行修饰也就不失为一种选择。在体内的操作首先需要考虑的就是效率问题,因为我们无法像在体外一样进行筛选而只能对子代进行检测。这样可供选择的转染方法其实就只剩下显微注射和病毒载体。这样,可以预想,鸡转基因技术的发展无外乎 3 条主线:基于显微注射,基于病毒载体,基于 PGCs 或 PGCs 以前的细胞体外培养(其实主要是基于 PGCs 体外培养)。当然,无论是哪种方法,大概都离不开早期胚胎的操作,因此,我们首先介绍鸡胚培养技术。

5.2.2.1　鸡蛋的替代蛋壳培养法以及鸡蛋开窗技术的发展

从希波克拉底依次打开每天孵化的鸡蛋,到亚里士多德第 1 次解剖鸡胚,鸡胚很早就成为人类研究发育的一个模型。当人们不再满足于每天 1 次的观察,更细致的连续观察就需要鸡胚培养技术。

19 世纪 60 年代中期,在美国,最早有人尝试在人工膜里培养鸡胚,但没有成功获得小鸡。

10 年之后，美国 Clemson 大学的 Bruce Dunn 等将鸡胚放在保鲜膜中用高湿度、气热培养箱进行培养，发现鸡蛋孵化 72 h 后将鸡胚拿出来培养效果最好，大多能够存活到 18 d，有一些能够存活到 21 d，但没能得到小鸡。当时人们猜测，可能是由于膜的形状不同于鸡壳，限制了鸡胚的生长以及包围胚胎的膜的生长。这样培养的囊托底部总有没完全吸收的蛋清。另外一个因素可能是因为没有蛋壳，鸡胚血液中钙离子浓度太低而严重影响了骨骼的发育。随后，Bruce Dunn 证明，蛋壳膜是胚胎从蛋壳中获取钙质所必需的，而 Rocky Tuan 在培养体系中植入蛋壳片后发现在某种程度上缓解了胚胎钙的匮乏。同时，日本的 Tamo Ono 尝试在鸡蛋壳中培养鹌鹑胚胎。然而，这些尝试都没有能够成功孵化出鸡或者鹌鹑。难道真的需要一个完整的蛋壳么？难道鸡胚只能在来源一个母鸡的蛋壳之中发育，也就是说存在免疫上的排斥？还是因为在转移到培养容器中的时候破坏了蛋黄的特殊结构？那么将鸡胚转移到另一种鸟类的更大的壳中是否会更容易操作而减少这种对蛋黄的破坏呢？如果那样，不同的鸟类的蛋壳之间的差异会影响到鸡胚的发育么？到底要怎样的蛋壳才能替代原来的蛋壳？

"替代蛋壳"这个概念的产生可能源于人们对蛋壳在鸡胚发育中功能的争论。Hermann Rahn 等认为蛋壳确保了鸡胚发育的气体交换以及水分恰好合适。Ken Simkiss 等在实验中发现，胚胎在发育的过程中会根据环境来做出调节，水分丢失多了就分泌更多的尿素并且加大重复利用，而二氧化碳积累了就增加血液中碳酸氢根离子的浓度来调节。为了证明自己的观点，Ken Simkiss 等就想找一个替代蛋壳，这个蛋壳和要培养的蛋不那么匹配，但是又能够支持鸡胚发育。为了继续这些研究，Ken Simkiss 等构件了一个恒温且湿度很高的屋子，经过过滤净化空气中的微生物，这样他们能够直接在鸡蛋的正常孵化条件下对鸡胚进行操作。他们将孵育 2 d 或 3 d 的鸡胚转移到火鸡蛋壳中，蛋壳开口端用培养皿盖住，大概过了 19 d，有的鸡胚开始有呼吸的迹象；增加空气中二氧化碳的浓度能够增强这种运动，说明的确是肺呼吸了。再过 24 h，经过一系列快速而有力的运动，小鸡重调好体位然后就孵化了。这样的孵出表现完全正常，并且很快就开始吃食和生长。这说明鸡胚可以通过替代蛋壳孵化（图 5.12）。

图 5.12　一只鸡正从火鸡蛋壳中孵化出来

(Ken Simkiss,1985)

　　1987 年,Ken Simkiss 等进一步确定了这项结果,并且确证蛋壳的形状是确保尿囊绒毛膜正常长合所必需的(图 5.13)。这时他们将第 3 天的鸡胚拿出来在火鸡蛋壳中培养,最后得到大概 20% 的孵化率,而在鸡蛋壳中能得到 21.7% 的孵化率,并没有明显区别。然而,遗憾的是,在第 3 天时,鸡胚已经发育到大概第 18 期(HH),这时鸡的 PGCs 随着血液循环或者在生殖脊,并不容易对他们进行修饰,而且那时要分离培养 PGCs 还是很困难的。

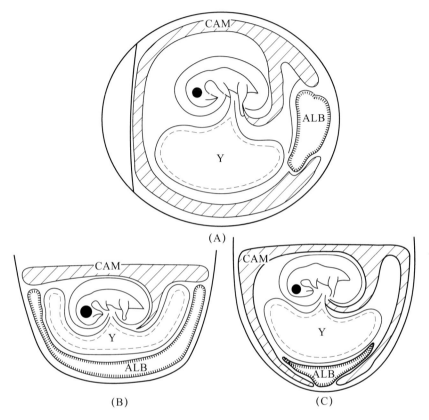

图 5.13　蛋壳的形状影响尿囊绒毛膜的发育

CAM 表示尿囊绒毛膜;Y 表示蛋黄;ALB 表示蛋清。

(Rowlett,Simkiss,1987)

　　由上述可知,蛋壳在鸡胚的孵化中的主要功能。英国爱丁堡大学的 M. M. Perry(1998)将鸡胚从受精卵开始,分 3 期进行培养(图 5.14)。第 Ⅰ 期,模拟鸡蛋在输卵管中的条件,培养 1 d,到 EG&K 第 Ⅹ 期;第 Ⅱ 期,模拟孵化前 3 d;第 Ⅲ 期,与 Ken Simkiss 等从第 3 天往后的培养方法相同。这样,从漏斗部分离得到受精卵,在体外经过 3 期培养,最后孵化率能达到 7%。如果从新生的鸡蛋开始进行第 Ⅱ 期然后进行第 Ⅲ 培养的话,能够得到 22% 的孵化率。

　　Perry 的鸡胚 3 期培养方法给鸡的转基因技术带来革命性的突破,因为不管通过哪种转基因方法制备转基因鸡,鸡胚都不再遥不可及。然而,7% 的孵化率还是显得有些低。经过 M. Naito(1989)的改进,用 3 期培养的方法培养鸡胚,孵化率能够达到 22.5%;而新生种蛋经过第 Ⅱ 和第 Ⅲ 期培养,孵化率能够达到 62.5%。后来,M. Naito(1990)回到日本,将从受精卵开始培养的方法进行改进,其孵化率进一步提高到 34.4%。Takaharu Kawashima 等(2002)指出,第 Ⅱ 期培养转到第 Ⅲ 期培养的最佳时期是在 HH 第 18 期,而到 20 期的时候蛋黄就很容易破。这是因为第18期的时候鸡胚的羊膜才闭合,这时候才给整个鸡胚提供了一个缓冲的环境,因而才能够暴露在空气中;第Ⅲ期培养的时候鸡胚上方就是气室,这时候鸡胚经过第Ⅱ期至第Ⅲ期的培养,孵化率达到正常孵化的65%。当然,这与 M. Naito 62.5%的区别不一定就显著。S. Borwornpinyo 等对透气性不同的保鲜膜进行实验,发现使用透气性良好的保鲜膜(handi wrap)能使新生蛋经过第Ⅱ期和第Ⅲ期的孵化达到86.8%的孵化率。效果最好的是第Ⅱ期使用透气透水都很低的保鲜膜(saran wrap)而第Ⅲ期使用透气性良好的保鲜膜。至此,对于从新生鸡蛋到出壳的替代蛋壳培养法可以说已经登峰造极了。当然,自从 M. Naito (1990)报道过从受精卵开始培养的最高纪录以来,未见有更好的报道,这可能和后来转基因鸡技术的发展有关,因为从新生蛋开始培养才是人们的选择。

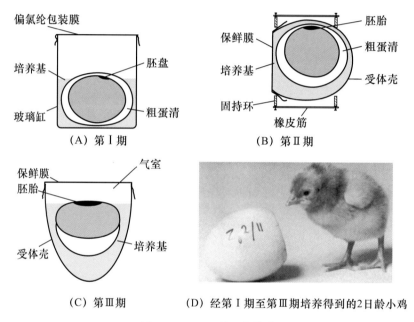

图 5.14 Perry 的 3 期培养

(Perry,1988)

实际上,使用得更多的方法可能是蛋壳开窗技术。这项技术一开始是用于研究鸡胚的发育。早在1970年,G. Marzullo 就在鸡蛋壳上开个小口并往白鸡胚盘下腔注射有色鸡种的胚盘细胞,然而得到的鸡胚只发育到15 d,他就把它们拿了出来。J. N. Petitte(1990)首次通过蛋壳开孔的技术得到经过注射操作的鸡,而且不做任何操作只是开孔后封闭再孵化的孵化率为正常孵化的9.5%。G. Speksnijder 等(2000)对传统的开窗技术进行改进之后,平均孵化率能达到正常孵化的32%。再经过 Tracy Andacht 等(2004)的进一步优化,使平均孵化率达到正常孵化的63%。这些是专门提及开窗技术的,而实际上,很多文献使用开窗技术却没有去详述过程以及效率,这里叙述其发展过程,能够看出这个技术在运用过程中的不断改进。

蛋壳开窗技术和替代蛋壳技术各有特长:蛋壳开窗技术省事,但是操作的空间相对较小,而且在鸡胚的孵化过程中不易观察;替代蛋壳技术可以将鸡蛋打到碗里进行操作之后再继续培养,这样有更大的操作空间,而且在鸡胚的发育过程中可以透过保鲜膜实时观察。无论是替代蛋壳技术还是蛋壳开窗技术,理论上来说都可以得到很高的孵化率,然而不同的实验室之间手法的差异可能会导致结果不那么一致,有的实验室可能更擅长于替代蛋壳培养技术,而有的实验室可能更喜欢蛋壳开窗技术。

5.2.2.2　DNA 显微注射技术的发展

尽管原核显微注射技术在 20 世纪 80 年代初期就成为哺乳动物转基因的常规方法,在鸡上的运用却严重滞后。其主要原因是要像小鼠那样将注射后的受精卵重新移植回输卵管,让它形成完整的鸡蛋,是很难做到的事情。在鸡排卵后,卵细胞(蛋黄)被输卵管伞主动卷入,人为移入很容易损坏蛋黄,因此,直到 M. M. Perry(1988)建立 3 期培养的方法,DNA 显微注射技术在鸡上的运用才成为现实。然而,往往注射到鸡胚盘细胞质中的 DNA 却以游离的形式存在,并没有整合到鸡的基因组中,因而后代中没有观察到转基因个体。通过显微注射方法得到转基因鸡的概率只有 0.4%,而这些转基因鸡一般都为嵌合体,只能将转基因传给 1%~5% 的后代。后来,Sherman(1998)使用果蝇的 mariner 转座原件,能够提高 DNA 整合到基因组上的效率。此后鲜见报道,因为 DNA 显微注射技术有它的局限:鸡的卵细胞不像小鼠卵细胞那样能够在显微镜下轻易看到原核,因而不能如小鼠卵细胞注射那样很容易就注射到原核中,导致 DNA 整合到基因组的效率低;获得一个受精卵就要杀掉一只母鸡,因为鸡卵在峡部的时候就开始分裂,而且杀鸡取卵的过程很容易破坏蛋黄;体外培养效率和转基因效率均非常低,因此,难以推广。DNA 显微注射技术的优势为转基因片段的大小可以不受限制。自从病毒介导的鸡转基因方法被广泛研究以后,DNA 显微注射技术就被搁置了,至于将来某一天它是否会东山再起,我们拭目以待。

5.2.2.3　慢病毒法的发展

慢病毒属于逆转录病毒。与普通逆转录病毒不同,慢病毒能够感染非分裂期的细胞。首次将逆转录病毒载体用于鸡胚的是 Lawrence M. Souza 等(1984),他们将劳斯肉瘤病毒 src 基因替换成鸡生长素编码序列,得到的第 1 代慢病毒载体,包装后未经浓缩就注射到第 9 天的胚的蛋黄膜血管化区域的附近,他们得到的鸡的血液中生长素浓度增加 3~10 倍。他们的实验表明,逆转录病毒载体可以将外源基因导入鸡的细胞,并使外源基因得到表达。

真正尝试使用逆转录病毒制备转基因鸡的是 Salter 等。他们于 1986 年和 1987 年分别将野生或重组鸟类白血病病毒(ALV)注射到胚盘周围的蛋黄中,得到亲代个体能将转基因传递给后代,是最早用慢病毒载体制备转基因鸡的研究。1989 年,R. A. Bosselman 等将网状内皮组织增殖病毒(REV)载体注射到胚盘下,得到亲本个体,其中 8% 的雄性个体为转基因阳性。所有这些雄性个体都能将转基因传递给后代,概率在 2%~8%。2002 年,Harvey 等将承载由 CMV 启动子控制 β-内酰胺酶表达的 ALV 病毒载体注射到胚盘下腔中,得到全身表达目的基因的转基因鸡个体,这些鸡的鸡蛋能够产生目的蛋白。

2004 年,英国爱丁堡大学的 Helen Sang 课题组在替代蛋壳培养技术的基础上,将马传染性贫血病毒(EIAV)的包膜蛋白换成 VSV-G 得到重组慢病毒载体,并注射到胚盘下腔得到了转基因个体。几乎所有雄性个体都能将转基因传递给后代,概率在 4%~45%。这主要得益于慢病毒既能侵染分裂期的细胞,也能侵染非分裂期的细胞,而且使用 VSV-G 包膜蛋白后,增强了慢病毒侵染细胞的能力。至此,逆转录病毒介导的转基因鸡制备技术无论在实践上还是在理论上都已经达到比较成熟的程度。2007 年,Helen Sang 课题组发表基于慢病毒介导的方法制备输卵管特异表达药物蛋白的转基因鸡的文章;2010 年,他们使用同样的方法获得了能够抑制禽流感病毒传播的转基因鸡。

慢病毒载体介导的转基因鸡制备技术的基础是鸡PGCs的发生和迁移理论。在EG&K第Ⅹ期,PGCs位于胚盘的中央,此后迁移至生殖新月区、血液,并最终定植于生殖原基处。在第Ⅹ期,将病毒载体注射到胚盘下腔,病毒侵染PGCs,并最终定植于生殖原基发育为生殖细胞。此过程中要考虑病毒有效粒子数以及病毒液的毒性,以及转基因操作对对鸡胚胎发育的影响。

总之,病毒载体介导的转基因鸡制备技术的发展不仅与胚胎操作技术的发展有关,而且与病毒载体的发展密切相关。鸡胚替代蛋壳培养技术、蛋壳开窗技术、慢病毒载体的运用以及慢病毒载体包装与纯化浓缩的技术,都是这项技术的基础。

5.2.2.4　基于PGCs体外培养技术的发展

PGCs技术的发展源于早期的移植实验。在早期的胚胎学实验中,将胚胎的部分组织移植到另外一个胚胎的相同的或者不同的部位,它将参与胚胎的发育。在小鼠的实验中发现,在胚胎早期将一个胚胎的细胞移植给另一个胚胎,这个细胞能够参与到所有的组织中。首先在鸡上尝试这样的嵌合体实验的是G. Marzullo。1969年,他将有色鸡新生鸡蛋的胚盘细胞移植到白鸡的胚盘下,最后得到了嵌合体鸡。1990年,J. N. Petitte通过新生鸡蛋胚盘细胞的移植得到了生殖系嵌合的鸡。其实,在新生鸡蛋(EG&K第Ⅹ期)胚盘中已经分化出PGCs,在这个时期分离鸡胚胎干细胞并得到生殖系嵌合的个体得益于PGCs。基于PGCs的技术首先要突破的问题为PGCs的分离培养。直到2006年,M. C. van de Lavoir等才成功分离PGCs并在体外完成遗传修饰后移回鸡胚得到了种系嵌合的鸡,发现其后代中有转基因鸡。然而这个结果在后来几年内并没有得到很好的重复,更没有发展成为常规技术。时至今日,PGCs技术依然还在成长,这主要是因为PGCs体外培养缺乏一个稳定的体系,使PGCs经过转基因及筛选后不会发生分化而且能够实现种系嵌合。由于PGCs技术可以不受转基因片段大小的限制,也可以实现基因打靶等目的,所以,PGCs技术的研究正在火热进行。

5.2.2.5　其他技术

除上面提到的3种方法以外,还有一些其他的方法。其中,BioAgri公司(见5.1)使用一种特异结合精子的单克隆抗体,结合于这种单克隆抗体上的DNA进入精子并整合到精子基因组中,从而得到转基因鸡(Alper,2003)。此外,还有人尝试用电穿孔法或者脂质体介导法将DNA导入鸡的精子中。这些方法都未能得到稳定的效果。除了精子介导的方法以外,有人尝试在鸡的卵巢或者睾丸中注射DNA,有的甚至直接将DNA注射到鸡的翅下静脉。这样的方法理论上是行不通的,不过现在还有不少人做着这些尝试。

通过对鸡的生殖特点、PGCs的发生以及迁移的了解,我们可以知道,只要能够将DNA导入并整合入鸡PGCs或者生殖细胞的基因组中,就有可能实现转基因。

5.3　胚盘下腔注射慢病毒法制备转基因鸡

经过前两节对鸡转基因技术及原理的了解,这里我们将专注于胚盘下腔注射慢病毒载体的方法(Scott,Lois,2006)。这个方法是目前报道最多的方法。尽管存在插入位点无法预先确定以及导入外源基因大小受到限制等的局限,但是对于大多数的运用,这种方法已经能够满足。随机插入的问题可以通过筛选来解决,可以筛选那些插入位点不影响鸡的健康同时又能够有比较高的表达的鸡传代。大多数的蛋白质由500个以下的氨基酸组成,折合1 500个核苷酸,因此,慢病毒载体转基因方法其实能够用来生产很多的蛋白质。尽管 PGCs 介导的方法已经紧随其后发展起来,但是,很多实验室对胚盘下腔注射慢病毒的方法运用更为成熟,此法在相当长的时间内仍然会被广泛使用。替代蛋壳培养的方法方便注射操作,成功率高,并且在孵化过程中易于观察鸡胚的发育情况,因此,这里介绍的案例采用替代蛋壳法培养操作过后的鸡胚。我们相信,举一反三,通过对这种方法的认识,读者能够很容易地理解及掌握 PGCs 介导的转基因方法,因为鸡胚培养体系其实是一样的。

胚盘下腔注射慢病毒载体,首先要有高质量的病毒载体。对于慢病毒载体的介绍请参考本书的有关章节。用于转基因鸡制备的慢病毒载体的包膜蛋白使用 VSV-G(疱疹性口腔炎病毒 G 蛋白)。VSV-G 保证了病毒能够高效地侵染大多数细胞,包括 PGCs。这里我们假定已经获得了高质量(高纯度以及高滴度)的慢病毒载体颗粒。

5.3.1　实验材料

5.3.1.1　仪器设备

1. 孵化器

孵化器至少 2 台。一台转动幅度为 90°,用于孵 0～3 d 的鸡胚;一台转动幅度为 30°,用于孵 4～10 d 的鸡胚。

2. 出雏器

出雏器至少 1 台,用于孵化 19 d 至孵化的鸡胚培养。没有出雏器也是可以的,让 4～18 d 的孵化器停止转动,调低温度,等待小鸡出壳。

3. 牙科钻

牙科钻使用直径 6～10 mm、厚度 1～2 mm 的圆片形钻头,用铁架台固定手柄,打磨替代壳时使用。

4. 显微操作系统

显微操作系统包括显微操作臂、显微注射器、体式镜及成像系统,用于鸡胚下腔注射。

5. 冷光源

冷光源为鸡胚下腔注射时提供光源。

6. 水浴锅

水浴锅用于鸡蛋外壳消毒。

5.3.1.2　实验用品

1. 套环

多个内径 38 mm 的套环,四周对称带有 4 个螺钉,用于第 1 次换壳时固定保鲜膜;几个内径为 35 mm 及几个内径为 45 mm 的套环,用于制作替代壳时在蛋壳上画线。几个内径38 mm、高 5 cm 左右的圆筒,用于换壳时放置蛋壳。

2. 皮筋

皮筋为小号的,用于第 1 次换壳时固定套环。

3. 显微注射针

针头直径 30～50 μm,磨口 30°斜面。

4. 保鲜膜

保鲜膜要透气性能好、柔软。

5. 其他用品

烧杯、小碗、眼科剪、眼科镊、锡箔纸、瓷盘、吸水纸、棉签(以上需要使用前灭菌)、灭菌水、84 消毒液(1∶50 稀释)。

5.3.1.3　实验材料

1. 种蛋

根据实验需要选择合适的鸡品种,选择处于产蛋高峰期的种蛋,因这时的种蛋受精率高。种蛋最好是当天的,因为要使用第 X 期(EG&K)的鸡蛋,所以,鸡蛋越新鲜越好。在鸡蛋的运输过程中要注意保持较低的温度,最好在 13℃ 左右,以免鸡胚继续发育。

2. 食品蛋

蛋形好,无破损,蛋重比种蛋重 4～5 g,最好为当日产出,用于制备替代蛋壳 I。

3. 双黄蛋

双黄蛋蛋形好,无破损,蛋重比种蛋重 24～25 g,用于制备替代蛋壳 II。最好用新鲜的双黄蛋,也可以在 13℃ 储存最多 3 个月,但事先不要洗。

5.3.2　准备实验

5.3.2.1　鸡蛋

实验当天取回鸡蛋并称重、配对。这个时候将水浴锅(装的是稀释 50 倍的新洁尔灭)打开,调到 40℃。将挑选好的鸡蛋以及若干没有配对上的蛋(用于取蛋清)在 40℃ 的新洁尔灭溶液中洗净。3 min 后拿出,将残留在蛋壳上的液体擦干,待用。

5.3.2.2　保鲜膜

在实验前,先将滤纸裁成 10 cm 见方的正方形,灭菌待用。在制备用于封口的保鲜膜时,先在一个盘子里分开放上几片滤纸,将保鲜膜铺上,再在保鲜膜上对着下边的滤纸放上几片滤纸;如此反复,最后沿着滤纸将保鲜膜剪开,从而得到夹在滤纸中间裁剪好的保鲜膜,待用。

5.3.2.3　蛋清

用稀蛋清。将没有配对的鸡蛋打到一个烧杯里,向另一个烧杯倾倒,稀蛋清先流出,待粗蛋清及蛋黄要流出时移开烧杯,将它们倒到其他的容器或者垃圾桶里。这样,收集足够多的稀蛋清,搅拌混匀,待用。第 2 次换壳使用的稀蛋清需要加双抗(200 IU/mL)。

5.3.2.4　替代蛋壳 I

将用作替代蛋壳 I 的食品蛋钝端朝下放在套筒上,在锐端套一个内径 35 mm 的套环,使环面与蛋中轴垂直,用铅笔沿套环在鸡蛋上画直径约 35 mm 的圆圈,再用牙科钻沿画好的圆圈将蛋壳锐端切掉,倒出内容物后用灭菌水冲洗干净,将其倒扣在灭菌水浸透的吸水纸上,待用。

5.3.2.5　替代蛋壳 II

制备方法如替代蛋壳 I,只是切掉的是钝端,使用内径 45 mm 的套环。

5.3.3　胚盘注射及 2 次换壳

胚盘下腔注射慢病毒载体制备转基因鸡的方法,其特色操作也就在于胚盘注射及 2 次换壳,如图 5.15 所示。

5.3.3.1　**注射**

1. 病毒处理

将冻于 −80℃ 的病毒液取出置于冰上慢慢复苏;4000 r/min、4℃、2 min 离心去沉淀;加 1/20 体积的 1‰m/v 的 Fast Green Dye 的 PBS 溶液到病毒溶液中。病毒液需要一直置于冰上,使其处于低温状态,以保持其活性。

2. 注射准备

将准备好的注射针安装到操作臂上,调整好位置;可以在针尖处小心用记号笔描黑,以做标记,便于后面注射;在灭菌的 PBS 溶液中,通过注射器控制吸打几次,去除针内的杂质。

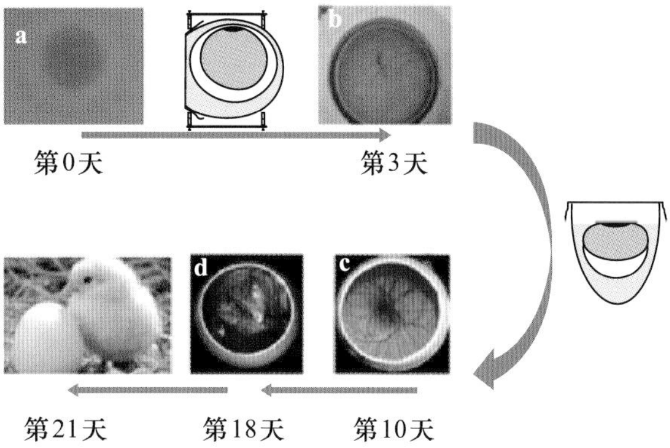

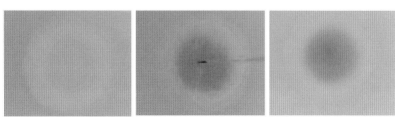

图 5.15　胚盘下腔注射慢病毒载体制备转基因鸡

注射当天算作第 0 天。注射后,鸡蛋被倾倒到替代蛋壳 Ⅰ 中,90° 转蛋培养;大概 72 h 后,鸡胚发育到第 17 期至第 18 期(HH),将鸡蛋转移到替代蛋壳 Ⅱ 中;30° 转蛋培养至第 10 天,停止转蛋;第 18 天时转移到出雏器中,直到小鸡出壳。

3. 注射

吸取准备好的病毒液 1.5~2 μL。将种蛋打到小碗中,置于体视镜下,调整位置及焦距,使得鸡胚清楚地处于视野中央;调整显微操作臂,将针尖移至胚盘中央,再缓慢地将针头插入到胚盘下腔;控制注射器将病毒液缓慢注射至胚盘下腔(通过染料指示,可以观察到病毒液的注射位置,并可以做适当的调整,必要的时候可以重新拉出针头再注射),每个鸡胚注射 1.5~2 μL 病毒液,可以观察到病毒液慢慢充满胚盘下腔;注射后将针头拉出来,并在 PBS 中清洗 2 次后再做下一次注射,以防止蛋黄堵塞针头(图 5.16)。

|（A）未注射的胚盘图|（B）正在注射|（C）注射完成时的效果|

图 5.16　体视镜下向第 Ⅹ 期(EG&K)鸡胚盘下腔注射慢病毒

（慢病毒液中的染料用于显示注射效果）

注意事项:

①病毒在高温环境下,活力丧失较快,必须使其处于低温状态,直至注射至鸡胚中。

②选择外观较好、没有发育的鸡胚进行注射,淘汰掉不好的鸡胚,以保证实验成功率,并且不浪费病毒液。

③注射的深浅很重要:注射过深就注射到了蛋黄中,可以观察到病毒液不易扩散,并且呈现不均匀扩散,此时针尖已经将蛋黄膜戳破,破坏了鸡胚的微环境,不利于鸡胚生长发育,影响孵化效率;注射过浅就注射到了蛋清处,也就是没有注射进胚盘下腔,可以观察到病毒液迅速扩散,并扩散过了暗区,此时病毒液没有进入鸡胚,无法达到转基因的效果,但此时可以再次进行补充注射。

④鸡胚不宜长时间暴露在空气中,因此,操作尽可能快速,并在注射完成后立即进行换壳操作。

⑤保证全过程无菌操作,并注意保护自己,防止病毒感染。

⑥注射过程中所有接触过病毒液的材料,包括枪头、注射针、洗针用的 PBS 溶液及其容器,均需要在 84 消毒液(1∶50 稀释)中浸泡 24 h 后丢弃。

5.3.3.2 第 1 次换壳

1. 换壳操作

将注射后的蛋转移至第 1 个替代壳;如果蛋壳没有填满,用 40℃ 预热的稀蛋清补齐至切口边缘,同时尽量赶走操作过程中产生的气泡及壳屑;用提前裁剪好的双层保鲜膜盖住替代壳的切口,盖的过程可以从一侧向另一侧慢慢放下保鲜膜,并注意不要把大的气泡封在壳内;用一个套环压在保鲜膜上固定住保鲜膜,再用橡皮筋固定住上下 2 个套环,封住蛋壳切口;修整保鲜膜的边缘,保留 1 cm 左右的边缘,用棉签蘸一点蛋清涂到保鲜膜与蛋壳之间,使保鲜膜能够粘到蛋壳上,使其不会漏液;用剪刀背将保鲜膜褶皱中的气泡赶掉,压实,同时用吸水纸将蛋壳上多余的蛋清擦干净;最后在蛋壳上做好标记。

2. 鸡胚培养

将换好壳的鸡蛋纵轴水平放置于孵化器中。温度控制在 37.5～38℃,湿度保持 50%～70%,每 0.5 h 90°转蛋 1 次,培养 3 d。

5.3.3.3 第 2 次换壳

1. 换壳操作

孵化第 3 天,检查鸡胚发育情况,发育至 HH 17～18 期时,进行第 2 次换壳操作。配新鲜的蛋清溶液,向蛋清中加抗生素,使青霉素/链霉素终浓度分别达到 200 IU/mL;放一无菌瓷碗于工作台,用保鲜膜铺好碗底;从孵化器中取出孵化了 2 d 的鸡胚,放置到蛋托或套环上,对称取下皮筋及上面的套环,小心地用镊子揭下保鲜膜;将铺好保鲜膜的瓷碗倒扣于揭去保鲜膜的鸡蛋上,双手按住碗底和鸡蛋,将其翻转,使鸡蛋倒扣在碗底;取相应的替代蛋壳Ⅱ置于蛋托上;一手慢慢提起倒扣于碗底的鸡蛋壳,一手用棉签按住碗底的保鲜膜,缓慢将内容物倒进碗里;收拢保鲜膜的边缘,使其成为一个袋子,以盛下蛋;一手提起盛有蛋的保鲜膜袋子,一手辅助,将其放入替代蛋壳Ⅱ中;直到整个蛋黄都进入到替代壳,落至蛋壳底部,再拆开保鲜膜,剪掉壳外多余部分的保鲜膜,保留 1/4,轻轻向外拉出剩余的保鲜膜,这样就顺利地将鸡胚转移到第 2 个替代蛋壳里;向第 2 个替代蛋壳中加入 1 mL 提前准备好含有抗生素的蛋清,注意尽量不要直接打到鸡胚上;在蛋壳外侧沿蛋壳切口的上边缘涂 1 cm 左右的蛋清,取一层保鲜膜盖到替代蛋壳的切口上,封好替代蛋壳的切口;按照同样的方法再盖一层保鲜膜;修整保鲜膜的边缘,保留 1 cm 左右的边缘,用剪刀背压实并排除保鲜膜中的气泡,使保鲜膜能够紧密黏合到替代蛋壳上;用吸水纸擦净替代蛋壳上的蛋清,做好标记。

2. 鸡胚培养

将蛋开口朝上放入孵化器中,37.5℃,60%～70%湿度;每0.5 h 30°转蛋1次,培养至第10天。

3. 转移孵化器

第10天,检查胚胎的存活情况,可以将鸡胚移至静置不转的孵化器培养,37.5℃,50%湿度孵化8 d,期间每天观察胚胎的发育情况。

5.3.3.4 出雏

①第18天,将鸡胚移到37.5℃保温箱中。

②每天观察小鸡的发育情况。当出现喙穿破尿囊绒毛膜时,开始对保鲜膜扎孔,以便呼吸;呼吸频率达到90次/min时,揭开1/3保鲜膜;快出壳时全部揭去,让小鸡独立出壳。

③如果小鸡蛋黄没有完全吸收,要用纱布将蛋黄包住以防止破裂;如果过大(直径超过1 cm)需要做结扎后剪掉,再用纱布包裹;操作尽量保证无菌。

④当鸡雏的毛干了并能走动的时候,将小鸡移出保温箱;放置小鸡的地方垫好刨花,上方用灯烤着保证周围温度不会太低。

5.3.4 转基因鸡的获得及鉴定

转基因鸡的鉴定方法与其他大动物相似,包括DNA、RNA、蛋白、表型等几个层次的检测,获得转基因的整合及表达情况。G0代获得的是嵌合体,此后需要再通过2代的传代及筛选,才可以获得纯合的转基因鸡。其主要方法如下:

①G0代嵌合体长至性成熟后,筛选精液为转基因阳性的公鸡,将其精液人工授精于非转基因母鸡,得到G1代个体。G1代个体中有转基因的,也有非转基因的,主要依赖于父本的生殖系嵌合率。筛选获得转基因阳性公鸡(这些仅是半合子的转基因鸡),并养至性成熟。

②将筛选获得转基因阳性公鸡与非转基因母鸡交配,获得G2代个体。根据孟德尔遗传规律,转基因阳性个体与阴性个体比例近似1:1。筛选转基因阳性公鸡和母鸡(仅是半合子的转基因鸡),并养至性成熟。

③将筛选获得转基因阳性公鸡与转基因阳性母鸡交配,获得G3代个体。根据孟德尔遗传规律,转基因阳性个体与阴性个体比例近似3:1,其中有纯合子,也有半合子,比例近似1:2。筛选纯和的转基因个体,养至性成熟,再将筛选获得纯合转基因阳性公鸡与纯合转基因阳性母鸡交配,最终得到纯合的转基因品种。

当然,是否需要纯合的转基因鸡是根据需要定的,有的表达可能一个拷贝就足够了,这种情况下,就只需要杂合子。例如,表达的蛋白可能对输卵管具有一定的毒性,那么基因组中只含有一个拷贝的时候表达量可能更低,从而减弱毒性;而如果得到纯合的个体,那么在一个鸡群里,将不会出现分离,从而可以减少扩繁过程中对后代的检测。

参 考 文 献

[1] Alper J. 2003. Biotechnology. Hatching the golden egg：a new way to make drugs. Science，300(5620)：729-730.

[2] Bosselman R A，Hsu R Y，et al. 1989. Germline transmission of exogenous genes in the chicken. Science，243(4890)：533-535.

[3] Dennis J E，Xiao S Q，et al. 1996. Microstructure of matrix and mineral components of eggshells from White Leghorn chickens (Gallus gallus). Journal of Morphology，228(3)：287-306.

[4] Dugan V G.，Chen R，et al. 2008. The evolutionary genetics and emergence of avian influenza viruses in wild birds. PLoS pathogens，4(5)：e1000076.

[5] Eyal - Giladi H，Kochav S. 1976. From cleavage to primitive streak formation：a complementary normal table and a new look at the first stages of the development of the chick. I. General morphology. Dev Biol，49(2)：321-337.

[6] Hamburger V，Hamilton H L. 1992. A series of normal stages in the development of the chick embryo. 1951. Dev Dyn，195(4)：231-272.

[7] Harvey A J，Speksnijder G，et al. 2002. Expression of exogenous protein in the egg white of transgenic chickens. Nat Biotechnol，20(4)：396-399.

[8] Love J，Gribbin C，et al. 1994. Transgenic birds by DNA microinjection. Biotechnology (N Y)，12(1)：60-63.

[9] Lyall J，Irvine R M，et al. 2001. Suppression of avian influenza transmission in genetically modified chickens. Science，331(6014)：223-226.

[10] Marzullo G. 1970. Production of Chick Chimaeras. Nature，225(5227)：72-73.

[11] McGrew M J，Sherman A，et al. 2004. Efficient production of germline transgenic chickens using lentiviral vectors. EMBO Rep，5(7)：728-733.

[12] Mine Y. 2008. Egg bioscience and biotechnology. Hoboken，New Jersey：John Wiley & Sons，Inc..

[13] Mozdziak P E，Petitte J N. 2004. Status of transgenic chicken models for developmental biology. Dev Dyn，229(3)：414-421.

[14] Nakamura Y，Usui F，et al. 2010. Germline replacement by transfer of primordial germ cells into partially sterilized embryos in the chicken. Biol Reprod，83(1)：130-137.

[15] Perry M M. 1988. A complete culture system for the chick embryo. Nature，331(6151)：70-72.

[16] Rowlett K，Simkiss K. 1985. The Surrogate egg. New Scientist，107(1469)：42-44.

[17] Rowlett K，Simkiss K. 1987. Explanted embryo culture：In vitro and in ovo techniques for domestic fowl. British Poultry Science，28(1)：91 -101.

160

［18］Sang H. 2006. Transgenesis sunny-side up. Nat Biotechnol，24(8)：955-956.

［19］Scott B B，Lois C. 2005. Generation of tissue-specific transgenic birds with lentiviral vectors. Proc Natl Acad Sci U S A，102(45)：16443-16447.

［20］Scott B B，Lois C. 2006. Generation of transgenic birds with replication-deficient lentiviruses. Nat Protoc，1(3)：1406-1411.

［21］Stern C D. 2005. The chick：a great model system becomes even greater. Dev Cell，8 (1)：9-17.

［22］U. S. Department of Agriculture，A. R. S.. 2010. USDA National Nutrient Database for Standard Reference，Release 23. http：//www. ars. usda. gov/ba/bhnrc/ndl.

［23］van de Lavoir M C，Diamond J H，et al. 2006. Germline transmission of genetically modified primordial germ cells. Nature，441(7094)：766-769.

第**6**章

动物胚胎干细胞及诱导性干细胞

　　干细胞是一类具有自我更新和分化潜能的多功能细胞群。研究证明,这类细胞存在于动物早期胚胎和出生后动物不同发育阶段的多数组织和器官中(Hipp,Atala,2008)。1981 年,Evans 和 Matin 同时报导,从小鼠早期囊胚内细胞团中成功分离出多能干细胞,命名为胚胎干细胞即 ES 细胞。由于 ES 细胞的无限增殖能力及其潜在的分化成早期 3 个不同胚层的能力,因此可以作为动物早期胚胎发育模型及其新药筛选、细胞再生医学等重要领域。随后从小鼠胚胎不同的发育阶段成功地分离出不同的 ES 样多能干细胞(图 6.1),包括 ES 细胞、Epiblast 细胞、EG 细胞等。由于不同来源的多能干细胞特性不同,而且在小鼠卵裂球时期也成功分离了 ES 细胞,因此,了解 ES 细胞起源及其维持机制显得尤为重要,同时也是解开 ES 细胞之谜的重要钥匙。1998 年,James Thomson 成功分离出人的 ES 细胞,全世界掀起了用人类干细胞

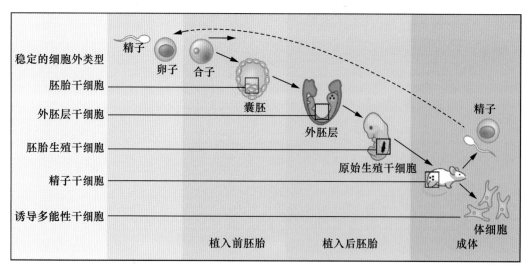

图 6.1　小鼠体外分离的不同多能干细胞

(Hanna,et al,2010)

进行细胞治疗的热潮。胚胎干细胞的研究成果被《科学》杂志选为 1999 年世界十大科学进展榜首。但是由于伦理问题，特别是在欧盟国家，大大限制了干细胞治疗的发展。然而，由于干细胞治疗的巨大诱惑，科研工作者不断努力探求新的方法。2006 年，Yamanak 用自己认为在 ES 细胞干性维持中起重要作用的 24 个候选因子中筛选出 4 个转录因子即 Oct4、Sox2、c-Myc、Klf4，并且成功地将小鼠胎儿成纤维细胞（MEF）诱导为多能干细胞，并命名为 iPS 细胞（Yamanaka，Takahashi，2006）。这些细胞成功绕过了伦理问题，为将来干细胞医学应用提供了新的思路，使干细胞研究更上了一个高度。该项成果被《科学》杂志选为 2007 年世界十大科学进展第 2 位，2008 年荣升第 1 位。因此，理解转录因子在重编程中的作用及其这些重编程因子在发育中的作用显得很重要。但是，要理解这些重要的问题，首先要了解动物的早期胚胎发育过程。因为小鼠作为理想的动物模型，因此，简要介绍小鼠的早期胚胎发育（图 6.2）。

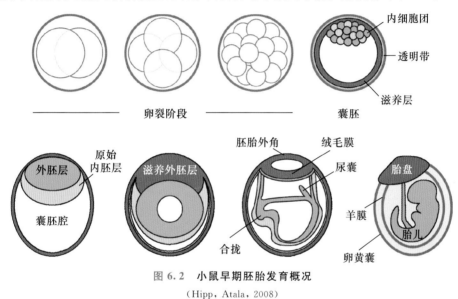

图 6.2 小鼠早期胚胎发育概况
（Hipp，Atala，2008）

6.1 动物早期胚胎发育

6.1.1 小鼠早期胚胎发育概况

各种动物的发育都起始于受精卵，小鼠也不例外。但是小鼠的发育要比低等动物如海胆、果蝇、非洲蟾蜍等慢。小鼠精子与卵子受精后，即雌雄核融合后启动卵裂（cleavage）。卵裂是有丝分裂，以细胞数目增多、细胞体积不变的方式进行。当受精后第 3.5 天时形成囊胚（blastula）。此时形成 2 个谱系：滋养外胚层细胞（trophectoderm）和内细胞团，随后 ICM 发育成为原始外胚层（epiblast）和原始内胚层，滋养外胚层细胞发育为胎盘并为以后的胚胎发育提供支持和营养。当胚胎植入后发育到原肠胚时期时（gastrulation），即受精后第 10 天，形成 3 个原始胚层即外胚层（ectoderm）、中胚层（mesoderm）、内胚层（endoderm）。此时胚胎发育的各个谱系基本确立（图6.2)，也代表着小鼠器官和机体的雏形基本确立。总而言之，小鼠的早期胚胎发育主要包括受精、卵裂、囊胚形成、植入、原肠胚形成、器官发生几个过程（图 6.3）（Ralston，Rossant，2010）。

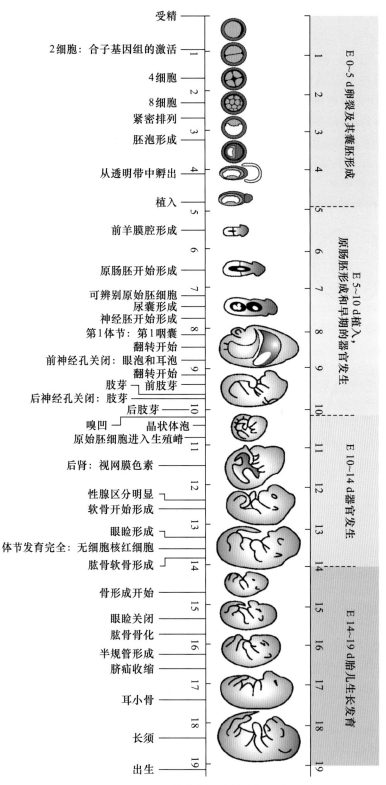

图 6.3 小鼠发育的时间过程

（小鼠胚胎干细胞操作手册）

6.1.2 合子的形成

合子是由精子和卵子受精后形成。精子(sperm)的成熟或者发育过程称为精子发生。精子发生是一个复杂但有序的过程(图 6.4)。这个过程主要包括精原细胞的形成、初级精母细胞形成、次级精母细胞的形成、精子形成、成熟精子形成。卵子(egg)的发育及其成熟过程称为卵子发生。其主要过程包括卵原细胞形成、初级卵母细胞形成、次级卵母细胞的形成、成熟卵子形成。

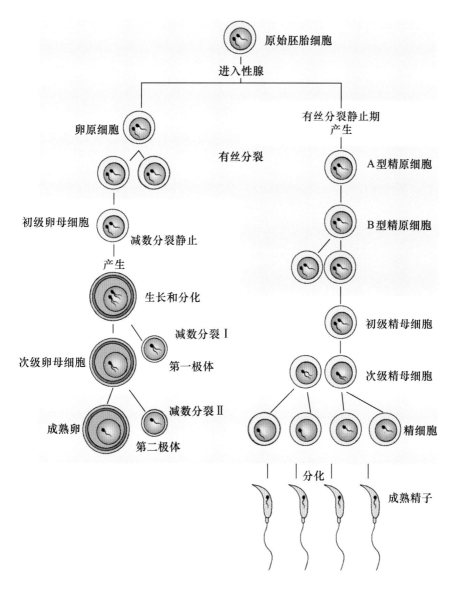

图 6.4 精子与卵子的形成过程
(小鼠发育生物学与胚胎实验方法)

受精过程:首先精子进入雌性生殖道,一部分精子到达壶腹部,但是还没有受精能力,这一过程称为获能。精子穿过卵丘,通过透明带,通过卵子中的 ZP3 糖蛋白特异识别精子开启顶体反应。精子头部的后部同卵膜融合激发级联的连锁反应从而完成受精,受精后形成合子,准备启动卵裂。

6.1.3 卵裂及其囊胚的形成

哺乳动物的发育起始于受精卵。精子与卵子在输卵管部位相遇,融合开始,受精形成,使原来休止在减数分裂Ⅱ期的卵母细胞核继续分裂;两个亲代原核融合形成合子。合子以增加细胞数目但不增加细胞体积的方式进行卵裂、形成囊胚,然后植入,继续发育原肠胚,最后形成成熟胚胎(Ralston,Rossant,2010)。简而言之,小鼠胚胎发育过程主要有植入前发育和植入后发育。其中植入前发育主要形成囊胚,植入后主要形成原肠胚(Yamanaka,et al,2006;Ralston,Rossant,2010)。因为小鼠 ES 细胞是从植入前的囊胚内细胞团分离而来(Evans,Kaufman,1981),因此,小鼠的植入前发育显得尤为重要。本处详细介绍小鼠植入前发育过程(图 6.5)。

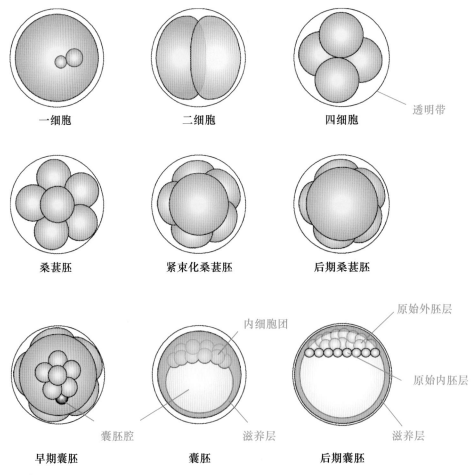

图 6.5　小鼠卵裂及其囊胚的形成过程(也称植入前过程)

(Yamanaka,et al,2006)

小鼠植入前发育过程主要包括卵裂期早期、桑葚胚期、紧束化桑葚胚、囊胚形成、晚期囊胚。

6.1.3.1 卵裂期(早期卵裂和合子基因组激活)

精子和卵子受精后形成合子。合子(zygotic)以增加细胞数目但不增加细胞体积的方式进行卵裂,形成2细胞、4细胞、8细胞,且分别称为2细胞期、4细胞期、8细胞期。这些增加的细胞被称作卵裂球(blastomeres)。最开始,在合子基因组转录激活(ZGA)之前,依赖于母体的mRNA及其贮存的蛋白质,随着卵裂的开始,合子基因组转录开始激活,此过程称为ZGA。小鼠ZGA开始于2细胞期,而人类ZGA晚于小鼠,起始于4细胞期至8细胞期。

6.1.3.2 早期桑葚胚(early morular)

随着卵裂进行,当达到8细胞期时,被称作早期桑葚胚(early morular)

6.1.3.3 紧束化桑葚胚(compacted morula)

当小鼠8细胞期时或者人的8细胞期至16细胞期时,胚胎内部卵裂球之间的相互作用加强,形成更为紧密平滑的球形结构,称为紧束化桑葚胚(compacted morula)。紧束化过程是通过细胞连接互作完成,E-cadherin作为卵裂球之间相互识别的信号,8细胞期E-cadherin开始表达;如果抑制E-cadherin,胚胎发育不能正常紧束化。这个时期的卵裂球都呈伸展状态,最大限度地互相接触,细胞同时出现极性,细胞质形成2个明确的分区即顶区和基底区(即apical-basal轴)。同时,卵裂球之间的缝隙连接也确保细胞之间的互作和通信,从而保证紧束化正常进行。

6.1.3.4 囊胚形成

伴随着紧束化的结束,囊胚形成起始于32细胞期,同时伴随着胚胎发育过程中第1个谱系的分化,滋养层细胞形成(trophectoderm,TE)。TE细胞包围在早期胚胎的外部,形成胚胎的外层结构。这些细胞紧密连接在一起,形成上皮层,对胚胎的发育起重要作用。例如,后期形成胚外组织,为胚胎发育提供营养和支持。同时表达LIF,通过旁分泌方式促进内细胞团的亚全能性维持。此外,细胞顶部和底部膜组分差异变得更加明显,底部细胞膜中聚集了更多的Na^+-k^+-ATP酶。这些差异造成了胚内部空腔的形成(cavitation),最终形成一个囊胚腔(blastocoelic cavity)。囊胚腔的另一侧形成内细胞团。此时,胚胎形成了一个具有外面TE包裹的内有囊胚腔和ICM的结构,称为囊胚。

6.1.3.5 晚期囊胚

随着囊胚的继续发育,早期胚胎发育的第2个谱系分化形成。ICM分化形成了原始外胚层(epiblast)和原始内胚层(primitive endoderm),从而形成了晚期囊胚,为后期胚胎植入做准备。

6.1.4 植入后发育

除了畸胎瘤细胞(EC)、胚胎干细胞、生殖干细胞(EG细胞)通过体外分离获得之外,2007年Tesar和Bron成功从植入后的胚胎当中分离了epiblast stem cell。这类干细胞具有与ES细胞类似的特点(Tesar, et al, 2007):表达Oct4、Nanog、Sox2等多能性marker;具有无限增殖和分化潜能;可以形成畸胎瘤。但是,Episcs与ES细胞也有明显区别:形态扁平;不表达

Rex1(ES 细胞特异 marker),低表达 Gbx2(ICM 特异 marker);依赖于 FGF/ACTIVN 等信号通路维持其多能性,而 ES 细胞依赖于 LIF 信号通路维持其多能性;不能进行生殖嵌合。这些说明植入后的胚胎内也有多能干细胞,但与植入前的胚胎相比还有一定差异,因此,植入后的胚胎发育也显得尤为重要。

植入后的胚胎发育主要包括囊胚的植入(implanting)、远端脏壁内胚层前阶段(pre-DVE)、脏壁内胚层阶段(Shevchenko,et al,2009)、脏壁内胚层后(post-DVE)阶段、原条(primitive streak)形成和胚层(germ-layers)形成等过程(Tesar,et al,2007)。

6.1.4.1 囊胚的植入

与植入前的发育阶段不同,哺乳动物胚胎在植入机制上存在着很大差异,并且母体和胚胎之间的个体化及其高度可调节的交联对话,使植入成为高度复杂的过程。

囊胚植入前已经有 3 个谱系:滋养层细胞(TE)、胚层细胞(epiblast)或称原始外胚层细胞(primary ectoderm)、原始内胚层细胞(primary endoderm)。囊胚一旦达到宫腔,囊胚就从透明带中孵化出来。TE 通过黏附作用,表达整连蛋白使胚胎能够黏附在子宫壁的细胞外基质(extracellular matrix,ECM)上。胚胎和子宫壁黏附后,滋养层细胞开始分泌蛋白酶从而消化子宫内膜的 ECM,使胚胎向内壁浸润。同时,围绕胚胎的子宫组织经历一连串的脱膜反应(decidual response)。这些变化包括形成海绵状的脱膜;招募炎症性细胞和内皮细胞造成的子宫内膜凋亡等,随之各个谱系继续向前发育。其中,TE 发育为 2 个亚细胞群即与 ICM 紧贴的极端 TE(polar TE)和围绕囊胚腔的壁层 TE(mural TE)。TE 的后代细胞产生胎盘等胚外结构,但不参与胚体构成。同时,原始内胚层形成了体壁内胚层(parietal dndoderm,PE),包裹在囊胚的内部。

6.1.4.2 远端脏壁内胚层前阶段

囊胚植入后,各个谱系进一步分化和发育,主要包括以下 3 个方面:

①来源于 ICM 内部的 epiblast 细胞增殖,与植入前相比增殖速度更快,达到几百个细胞。

②原始内胚层细胞分化为 2 个谱系即体壁内胚层和脏壁内胚层(visceral endoderm,VE)。

③来源于 TE 的胚外胚层发育为胎盘组织。

因为起初脏壁内胚层位于 ICM 的远端,因此,其被称为远端脏壁内胚层(distal visceral endoderm,DVE)。此阶段被称为远端脏壁内胚层前阶段(pre-DVE)。

6.1.4.3 脏壁内胚层阶段

随着远端脏壁内胚层前阶段的形成,epiblast 细胞进一步发育,伴随着表皮化形态的改变和中间内部空洞的形成,推测可能是由于细胞凋亡的结果。远端脏壁内胚层继续发育,同时形成了含有祖细胞的 DVE。此时称为脏壁内胚层阶段(Shevchenko,et al,2009)。

6.1.4.4 后脏壁内胚层后阶段(post-DVE)

此时 DVE 的祖细胞向靠近 ICM 方向移动,继续发育形成 anterior DVE,同时原条位置开始出现,并且伴随着 epiblast 细胞内部出现祖细胞,以后发育为原始生殖细胞(PGCs)。

6.1.4.5 原条形成和胚层形成阶段

此时原条位置固定,各个胚层出现明显的形态区别。这个时期也被称为原肠胚时期(gastrulation)。

6.1.5　发育中的印迹作用

生物体发育过程中,有一些基因的表达受到父源的影响,此现象称为印迹作用(imprinting)。哺乳动物中印迹作用的发生最近才被发现,通过对不同种系研究后得出的结论。研究主要包含经典的 X 染色体失活、双倍体单性生殖、雌性生殖、雄性生殖等相关研究。因为本章内容主要是为 ES 细胞提供一些发育相关的基础知识,因此仅介绍与 ES 细胞相关的 X 染色体失活模型。

在雌性哺乳动物中的所有体细胞中,其中一条 X 染色体是失活的。除了在滋养层细胞和原始内胚层的父本 X 染色体的失活有选择性外,其余的失活都是随机的。

早期胚胎发育过程中也伴随着 X 染色体失活(图 6.6)。通过分子生物学的研究表明,X 染色体失活首先发生在滋养层细胞和原始内胚层。尽管在卵子发生期间两条染色体是激活的,但是外胚层中也可能存在失活。对体外 ES 细胞的研究发现,ES 细胞两条 X 染色体全部激活,但一旦分化,就发生随机失活。这个现象被称为 X 染色体失活。同时,X 染色体激活也被作为 ES 细胞的一种 marker。

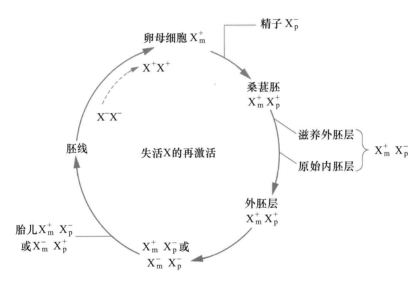

图 6.6　发育过程中 X 染色体失活变化图

m 为母本;p 为父本;+为激活;－为失活。

(小鼠发育生物学与胚胎实验方法)

6.2　胚胎干细胞

6.2.1　干细胞的定义、分类及其研究意义

干细胞是一类具有自我更新和分化潜能的多功能细胞群。研究证明,这类细胞存在于动

物早期胚胎和出生后动物不同发育阶段的多数组织和器官中(Hipp，Atala，2008)。一般来讲，根据干细胞不同的性质，可以对干细胞进行不同的分类。例如，依据干细胞发育潜能的不同，可以将其划分为全能性干细胞(totipotent)、多能干细胞(pluripotent)、谱系性干细胞(multipotent)、单能性干细胞(unipotent)、重编程干细胞、转分化性干细胞(transdifferentiation)，如表6.1所示。同时，根据干细胞不同起源可以分为ES细胞、Epiblast细胞、EG细胞等。由于干细胞在合适的体外培养条件下，可以无限增殖。因此，干细胞可以作为大规模药物筛选的理想模型，用于新型药物筛选和疾病的研究。同时，干细胞又具有分化为机体特定类型和功能的细胞，因此，这些细胞可以用于生物学基础研究及其细胞治疗和器官移植等医学相关领域。

表6.1　干细胞分类及其依据

依发育潜能分类	干细胞类别
全能性	形成完整个体包括胚外组织即受精卵和第1次分裂的卵裂球
多能性	形成所有类型体细胞，但不包括胚外组织即胚胎干细胞
谱系性	形成单一谱系中的多种类型细胞：成体干细胞，如造血干细胞
单能性	形成单一类型的细胞，如精原细胞
重编程	通过核移植、细胞融合、基因操作等方法获得的多能干细胞，如iPS
转分化性	谱系的转化性：成体干细胞可以直接分化其他谱系的细胞

(Jaenisch，Young，2008)

6.2.2　干细胞研究历史及进展

6.2.2.1　小鼠、人、大鼠的ES细胞

干细胞的发现最早可追溯于畸胎瘤的发现和研究(Jaenisch，Young，2008)。1950年发现小鼠129品系具有1%的自发睾丸畸胎瘤，从此揭开了干细胞研究的序幕。畸胎瘤由不同胚层的多种类型的细胞组成，其中有皮肤、毛发、神经上皮、软骨和肌肉细胞等。1970年，小鼠畸胎瘤干细胞的分离及其低效率的嵌合体成功，促进了后来干细胞研究的进展。以上研究处于干细胞研究的初级阶段。1981年，Martin、Evans和Kanfman成功分离小鼠胚胎干细胞。1998年，James Thomson等成功分离人的胚胎干细胞，彻底将干细胞的研究推向顶峰(表6.2)。然而除此之外，虽然其他物种ES细胞也进行了相关的研究，但是仅仅获得胚胎干细胞类似的细胞系，并没有获得真正的胚胎干细胞。直到2008年，Q. L. Ying利用经典的2i或3i(信号通路抑制子)成功分离了大鼠的胚胎干细胞(Li，et al，2008)。随后，在干细胞基础方面包括干细胞异质性及其互换性(Cherry，Daley，2010)、信号通路(Boyer，et al，2005)、表观遗传(Goldberg，et al，2007)、MicoRNA(Mallanna，Rizzino，2010)、核心转录因子(Sridharan，et al，2009)等也进行了深入的研究并取得显著进展。

6.2.2.2　大动物的ES细胞

尽管30年前已经成功分离了小鼠ES细胞，但其他物种ES细胞的研究非常缓慢，特别是大动物。仅仅获得了与ES细胞类似的细胞系，如羊、马、牛、猪等。特别是猪，由于其独有的优点，对于国民生计有重大的作用，因此，猪ES细胞的研究显得极其重要。虽然猪的早期胚

胎发育及其信号通路方面进行了研究(Hall，et al，2009；Brevini，et al，2010)，但是研究水平还是不够深入，这造成了目前还没有获得真正高质量的猪 ES 细胞。

表 6.2　干细胞研究历程

年份	事　　件
1954	畸胎瘤的发现
1974	畸胎瘤干细胞分离
1981	小鼠 ES 细胞分离
1988	仓鼠 ES 细胞分离
1990	猪 ES 细胞类似细胞系分离
1991	羊 ES 细胞类似细胞系分离
1993	貂 ES 细胞类似细胞系分离
1996	兔 ES 细胞类似细胞系分离
1998	人 ES 细胞分离
1998	猴子 ES 细胞分离
2006	犬 ES 细胞类似细胞系分离
2008	猫 ES 细胞类似细胞系分离
2008	大鼠 ES 细胞分离

注：参考 Davor Solter(2006)及 V. L. Bhanu Prakash(2010)。

6.2.3　胚胎干细胞基础生物学机制

哺乳动物早期的胚胎发育过程中，部分阶段的细胞是具有全能性的，如受精卵和 2 细胞期至 4 细胞期中的卵裂球。但是随着胚胎的继续发育，细胞的全能性随之下降，然后在囊胚阶段的 ICM 里存在着亚全能性细胞。通过科研工作者不断努力，目前已经从早期胚胎中分离到了三类不同类型的亚全能性细胞：ES 细胞(Martin Evans，1981)、EC 细胞(Stevens，1970)、EG 胚胎生殖细胞(Matsui，et al，1992)。其中特别是 ES 细胞为研究早期胚胎发育、药物筛选及其细胞治疗提供了强有力的工具。但要使 ES 细胞广泛应用，那么必须了解其维持自身的多能状态的分子机制。本处着重介绍转录因子网络、信号通路维持及其小分子、干细胞的表观遗传学机制。

6.2.3.1　转录因子网络

随着 ES 细胞维持其多能性的机制的不断研究，目前取得了重大的进展，发现了 3 个核心的转录因子 Oct4、Nanog、Sox2。它们之间互作，一起形成自身回路网络从而维持 ES 细胞的多能性。

1. Oct4

Oct4(又名 Oct3、pou5f1 编码产物)是 POU 家族第 5 类转录因子，是一种母系遗传的在小鼠体内进行发育调节的重要转录因子。1998 年，Pesce、Wang 等研究者利用 Oct4/LacZ 转基因小鼠作为研究对象，对 Oct4 的时空表达做了详细的分析，发现 Oct4 低表达于 2 细胞期而高表达于 ICM 和 epiblast 细胞；同时也在 ES 细胞、EC 细胞、EG 细胞等多能性细胞中表达，但是在分化细胞中不表达，从而看出 Oct4 特异表达于多能干细胞中，由此可以推测其在 ES 细胞中的作用。Nichols、Zevnik 等(1998)通过沉默 Oct4 基因，小鼠 ES 细胞向 TE(滋养层)细胞分化证明，Oct4 在小鼠早期胚胎发育及其维持鼠胚胎干细胞中起重要作用，Oct4 缺失的小鼠胚胎死于植入前;形成的囊胚结构中没有卵黄囊和胚胎结构,只有 TE 细胞;ICM 中也没有多能性细胞。同时,这种维持胚胎干细胞多能性的功能是剂量依赖性的(Niwa, et al, 2000)。如果 Oct4 低表达,则 ES 细胞向 TE 细胞分化;反而如果 Oct4 表达高于正常水平的 50% 则向原始内胚层分化。这些说明 Oct4 对建立 ICM 的亚全能性是至关重要的。

2. Nanog

Nanog 是研究者利用数据库表达差异筛选和 cDNA 文库功能差异筛选发现的(Chambers, et al, 2007)。Nanog 是维持 ESCs 多能性的又一重要转录因子,并且功能验证了其在维持多能干细胞中的重要作用。Nanog 缺失使 ICM 当中的 epiblast 细胞向原始内胚层细胞分化,丢掉了 ICM 的多能性细胞。Nanog 缺失的胚胎植入后由于多能性外胚层细胞特化失败转变为内胚层细胞,造成胚胎很快死亡。ES 细胞缺乏 Nanog 同样造成其向原始内胚层分化。Nanog 过表达还可以使 ES 细胞脱离 LIF 和 feeder 的依赖(Silva, et al, 2009)。Nanog 出现在紧密桑葚胚内层细胞、将来的胚泡内细胞群(ES 细胞的源头),在 ES 细胞和胚泡中继续表达,但在植入期表达下调。这些都说明其在 ES 细胞中维持其多能性的重大作用。

3. Sox2

Sox2 属于 Sox(sry 相关的包含 HMG 盒的)蛋白质家族。该家族蛋白质通过 79 个氨基酸的 HMG 保守结构域与 DNA 序列结合行使其调控作用(Yuan, et al, 1995)。Sox2 在早期胚胎发育中呈动态表达模式(Avilion, et al, 2003),在整个成熟的卵母细胞中表达,在 2 细胞期、8 细胞期、ICM 中都在核中表达;在 TE(滋养层)细胞中则在胞质中表达。这些说明 Sox2一直在植入前早期囊胚发育过程中特异表达。Sox2 缺失的胚胎植入后死亡,因缺乏上胚层细胞。这些实验都说明 Sox2 在维持 ES 细胞多能性中的重要作用。

4. Oct4、Nanog、Sox2 通过相互作用维持 ES 细胞的多能性

Oct4 与 Sox2 协同调控的靶基因包括 $Fgf4$、$Utf1$、$Fbx15$、Nanog 以及自身的 Oct4 和 Sox2 等基因(Chew, et al, 2005;Rodda, et al, 2005)。其中多数靶基因都参与了 ESCs 多能性的维持,表明 Oct4/Sox2 转录复合物在 ESCs 转录调控网络中的核心地位。Oct4 和 Sox2 的表达还通过自身正反馈调控得到进一步的巩固。但看似矛盾的一点是,如前所述 ESCs 的多能性对 Oct4 的表达水平相当敏感,Oct4 的过高表达也能导致分化,那么 Oct4 的表达既然存在正反馈调节,必须同时存在负调节机制来彼此平衡,才能使 Oct4 的表达具有一定缓冲能力并维持在特定范围内,以保持干细胞的未分化状态及其细胞多能性。同时,Loh、Wu 等(2006)证明,Oct4 与 Nanog 共同占有 345 个靶基因,各占其自身靶基因的 50% 和 30%。这些数据说明,两者之间有紧密的协同作用。由于三者之间两两的相互作用,使研究者推测这 3 个转录因子的相互作用对于维持 ES 细胞的多能性起重要作用。研究者通过生物信息学及其功能基因组学证明了其之间的网络作用(Boyer, et al, 2005;Chen, et al, 2008;Kim, et al, 2008),并提出了经典的三因子正反馈模型。随着研究的不断深入(Young, 2011),模型进一步完善,详见图 6.7。Oct4、Nanog、Sox2 之间相互作用、相互促进,激活了维持干性的相关基因及其 micoRNA,同时与表观复合物作用抑制谱系基因的表达如外胚层、内胚层、中胚层,从而维持 ES 细胞的多能性。作者提出,ES 细胞干性维持通过 2 种方式控制下游靶基因,从而维持干性及其潜在的分化能力。第 1 种,激活的(active)靶基因。这类基因主要是转录因子、信号通路、细胞互作因子(黏着因子)、表观复合物。这些基因主要起维持干性的作用。第 2 种,蓄势待发的(poised)靶基因。这类靶基因主要是初进各个胚层谱系细胞的分化,通过启动

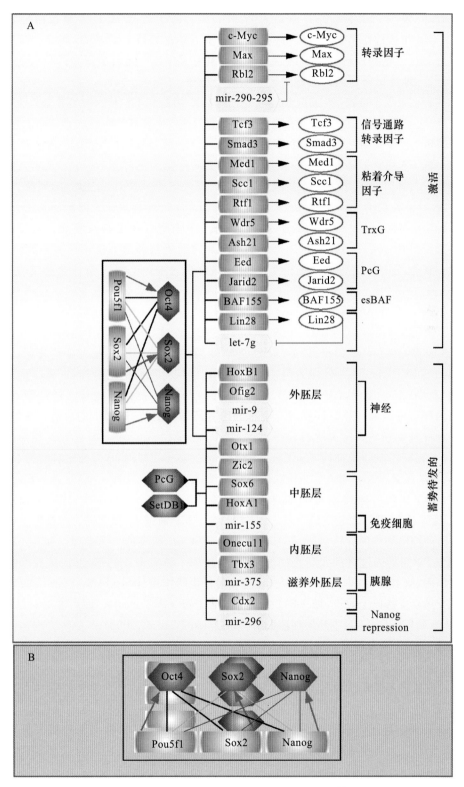

图 6.7　维持 ES 细胞多能性的核心转录因子网络、转录因子

（Young，2011）

子表观 marker 发现。这些基因并不是完全抑制,因为除了含有 H3K27 组蛋白抑制 marker 外,还有 H3K4 组蛋白激活 marker。这些特征赋予了其蓄势待发的能力,即在合适条件下激活从而促进分化。这些也解释了干细胞为什么即具有无限增殖还具有潜在的分化能力。

6.2.3.2 维持信号通路的细胞外因子及其小分子

除了核心转录因子维持 ES 细胞多能性外,最初 EC 细胞和 ES 细胞的培养条件也促进其多能性的维持,这也说明外在的细胞因子和小分子都能促进 ES 细胞多能性的维持,而且可能通过激活重要的转录因子或者基因起作用,很可能与 Oct4、Nanog、Sox2 这 3 个核心转录因子相关。

最初小鼠 ES 细胞的培养利用小鼠胚胎成纤维细胞作为饲养层(feeder layer),在含有血清培养液中进行体外增殖并维持其多能性(Evans,Kaufman,1981)。随后的研究发现,饲养层主要分泌了一种白介素 6 家族的细胞因子——LIF,而且小鼠 ES 细胞可以用 LIF 替换 feeder 即饲养层细胞,揭示了 LIF 信号通路在小鼠 ES 细胞自我更新及多能性维持的过程中起重要作用(Smith,et al,1988)。细胞外的 LIF 信号是通过激活下游转录因子 STAT3 而发挥作用的。首先,LIF 结合细胞膜上的 LIF 受体和跨膜受体 gp130,三者结合形成的复合物激活了 JAK,通过级联反应最后使转录因子 STAT3 磷酸化,形成具有活性的二聚体并入核,最终激活一系列下游基因的转录,如 Klf4,Nanog 等,从而维持 ES 细胞的自我更新及其多能性(Smith,et al,1988;Niwa,et al,2009)。LIF 同时还通过 PI3K 激活下游转录因子 TBX3 从而维持 ES 细胞特性(Niwa,et al,2009)。当培养液中去除 LIF 或表达显性失活(dominant negative)的 STAT3,mESCs 分化为包括中胚层和内胚层等细胞的混合体(Niwa,et al,1998;Niwa,et al,2000)。因此,LIF-STAT3 通路维持 mESCs 多能性可能是通过抑制 mESCs 向中胚层和内胚层细胞的分化。同样,ES 细胞的培养还需要血清;如果不加血清,ES 细胞分化,而且具有神经分化倾向。这说明血清中的某些因子可能激活了另一条与 LIF 相对独立的信号通路,两者相辅相成共同维持了 mESCs 的多能性。由于 BMP4 可以抑制神经分化,实验也证明在 N2B27 无血清培养液中,BMP2、BMP4 或 GDF6 可以与 LIF 一起促进 mESCs 的自我更新。因此,上述信号通路很可能来自 BMP。研究表明,在 mESCs 中,BMP4 通过磷酸化 Smad1/5 激活了 *Id* 基因的表达(Ying,et al,2003)。BMP 通过 *Id* 和或其他通路阻止 mESCs 向外胚层来源的神经细胞的分化,可能是 BMP 维持 mESCs 全能性的一条途径。而在 LIF 存在的情况下,STAT 3 可能通过直接或间接结合 Smad1,减少了游离形式的 Smad1,从而抑制了 BMP 的促分化作用,使 BMP 最终表现出维持 mESCs 未分化的作用(Chambers,Smith,2004)。最近的一项研究结果支持以上假设,即 STAT 3 参与激活了转录因子 Nanog,而后者通过结合 Smad1 抑制了 BMP 诱导 mESCs 向中胚层细胞的分化(Belmonte,et al,2006)。

虽然成功分离了人胚胎干细胞(hESCs),但是人胚胎多能干细胞维持的信号通路与 mES 不同,不依赖于 LIF-STAT3 信号通路(Humphrey,et al,2004;Sato,et al,2004);而且 BMP 在 hESCs 中不仅不能维持其多能性,而且还促进了 hESCs 向滋养外胚层和原始内胚层的分化(Xu,et al,2002)。这些结果提示可能存在不同的分子机制调控了 mESCs 和 hESCs 的多能性。一般情况下,hESCs 的体外培养需要 bFGF 和小鼠饲养层细胞或其条件性培养液,但不需要 LIF。为了 hESCs 在医学领域的应用,人们一直在努力并且尝试如何在避免使用动物来源的饲养层细胞的情况下来维持 hESCs 的未分化状态及其多能性。与 LIF 对于 mESCs 的贡献类似,饲养层细胞分泌的某些因子可能激活了维持 hESCs 多能性所需的信号通路,并且 2010 年成功地建立了确定成分的培养体系,避免了动物来源污染及其不确定成分的影响,为 hESCs 今后的临床应用提供了重要的基础(Chen,et al,2011)。随后研究证明,小鼠饲养层细胞分泌的 Activin 能够代替小鼠饲养层细胞或条件性培养液的作用,从而证明 Activin 在维持 hESCs 的未分化状态及其细胞多能性过程中的重要作用。虽然在缺少饲养层细胞、条件性培养液以及血清的培养条件下,Activin 或 Nodal 的加入可以延迟 hESCs 的分化,但是维持 hESCs 多能性必须是 Activin/Nodal 与 bFGF 的共同作用。与 BMP/GDF 信号通路激活 Smad1/5/8 不同,TGFβ/Activin 信号通路通过激活 Smad2/3 从而维持 hESCs 多能性(James,et al,2005)。在未分化的 hESCs 中,Smad2/3 信号处于活化状态而 Smad1/5 信号被抑制,hESCs 分化后转变为 Smad1/5 的活化和 Smad2/3 的抑制。如果在未分化的 hESCs 中抑制 Smad2/3 信号通路,hESCs 失去多能性开始分化,表明 TGFβ/Activin/Nodal 信号通路对于 hESCs 多能性维持的必要性。此外,Activin/Nodal 也促进了 mESCs 的自我更新,但通过促进 mES 细胞的增殖能力,对 mESCs 的多能性没有作用(Niwa,et al,2007)。有趣的是,mESCs 多能性的维持可能不依赖于 Smad2/3 的活化,然而小鼠 ICM 细胞多能性的维持却需要 Smad2/3 的活化(James,et al,2005)。目前,人们对参与维持 hESCs 多能性的 bFGF 信号的作用机制还不是很清楚,推测可能是 FGF 信号通路抑制神经谱系的分化与 TGFβ/Activin/Nodal 协同作用维持 hESCs 的多能性。除了上述信号通路外,研究发现,通过利用一种具有 GSK3β 抑制剂活性的小分子化合物 BIO(6 - bromoindirubin - 3 ox ime)在 mESCs 和 hESCs 激活 Wnt 信号通路,都可以促进两者多能性的维持(Sato,et al,2004)。在利用小鼠饲养层细胞和 LIF 的正常培养条件下,mESCs 维持未分化状态的部分原因可能是小鼠饲养层细胞分泌的 Wnt 蛋白激活了内源的 Wnt 信号;mESCs 分化后,Wnt 信号也被下调。然而,Wnt 信号通路在维持 ESCs 多能性中的作用存在争议。首先 Wnt 促进干细胞分化甚至定向分化也屡见报道(Ding,et al,2003;Dravid,et al,2005)。其次,在未分化的干细胞中,Wnt/β-catenin 通路是否被真正激活也有待进一步证实。Wnt 通路下游因子 β-catenin 介导的转录激活活性,在未分化的 hESCs 中很低,而在 hESCs 分化后反而上调(Dravid,et al,2005);同时抑制 GSK3β,可以维持 c - Myc 的表达,从而维持干细胞多能性的功能(Cartwright,et al,2005)。人和小鼠的 ES 细胞通路的维持见图 6.8。

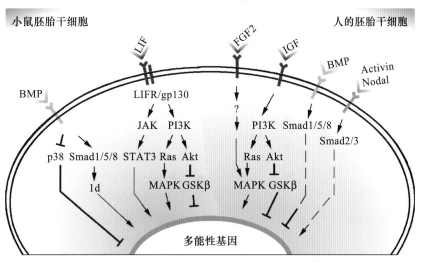

图 6.8 小鼠和人胚胎干细胞信号通路维持

(Mohan,2006)

　　小鼠和人胚胎干细胞多能性的维持通过外界信号通路激活多能性基因从而维持其多能性。例如,小鼠胚胎干细胞通过 BMP 和 LIF 2 个信号通路;人胚胎干细胞通过 FGF2 、IGF、BMP、ACTIVN 和 NODAL 起作用。在人胚胎干细胞中,BMP 起抑制多能性、促进分化的作用。

6.2.3.3　干细胞的表观遗传学机制

　　干细胞表观遗传调控主要在 3 个方面行使作用:DNA 甲基化、染色质修饰以及小 RNA 调控。其中,染色质修饰主要包括组蛋白的甲基化、乙酰化、磷酸化和泛素化等。组蛋白的各种翻译后修饰构成了特异的"组蛋白密码"(Jenuwein, Allis, 2001)。组蛋白的修饰主要调控染色质的转录状态,包括抑制和促进。所以,组蛋白修饰通常作为转录状态的一个指标。一般来说,组蛋白的乙酰化,如在组蛋白 3 第 9 位赖氨酸(H3K9),标志染色质处于转录活化状态;而组蛋白的甲基化可能使转录活化(如 H3K4、H3K36),也可能使转录抑制(如 H3K9、H3K27、H4K20)。这取决于发生甲基化的氨基酸残基的位置及其甲基化程度(一甲基化、二甲基化或三甲基化)(Bernstein, et al, 2007; Kanduri, et al, 2009)。与分化细胞相比,ES 细胞中的染色质结构更松散,使转录因子更容易接近,说明在 ESCs 和分化细胞中,可能存在不同的机制维持了基因的转录状态(Fisher and Spivakov, 2007)。最近的研究显示,ES 细胞中许多不表达的发育调控基因,具有处于转录活化状态的染色质的一些特征,如发生于 S 期早期的复制以及具有转录活化区的组蛋白修饰,但同时也具有抑制转录的组蛋白修饰。这些结果提示了表观遗传调控参与维持 ESCs 的未分化及其多能性可能通过表观复合物对分化细胞和 ES 细胞的转录因子的延伸起作用。PcG 蛋白(polycomb group proteins,PcG)在早期胚胎发育过程中发挥了重要作用(O'Carroll, et al, 2001; Boyer, et al, 2006)。PcG 蛋白通常组成 Polycomb 抑制型复合物(polycomb repressivec omplex,PRC)来发挥作用,如 PRC1 和 PRC2。PRC1 主要由 BMI1、Ring1A 和 Ring1B 组成,PRC2 则包括 Eed、Suz2 和 Ezh2 等(O'Carroll, et al, 2001)。PRC2 能催化 H3K27 发生三甲基化,并且 PRC2 介导的转录抑制依赖于该酶活性。PRC1 则通过结合甲基化的 H3K27,导致染色质形成紧密结构来阻止转录的发生。PRC1 和 PRC2 通常协同抑制了靶基因,但它们的靶基因又不尽相同(Bracken, et al, 2006)。为维持干细胞的多能性并避免分化,调控细胞分化的关键因子需要处于基因沉默状态;而在干细胞向某种特定细胞分化的过程中,调控干细胞向其他方向分化的关键因子也需要保持基因沉默才能避免对某特定方向分化的干扰。最近的一些研究通过阐明 PcG 蛋白在 mESCs 和 hESCs 中调控的靶基因,证实了 PcG 蛋白在上述过程中起重要作用(Ren, 2006)。在 mESCs 中,PRC1 和 PRC2 共同占据了 512 个被 H3K27 甲基化修饰了的靶基因,其中很多编码了在发育过程中发挥重要作用的同源框转录因子(如 Hox、POU、Pax 和 Six 等)以及发育相关的其他转录因子(如 Fox、Sox、Gata 和 Tbx 等)。ESCs 分化后或在 PRC2 Eed 亚基缺失的 ESCs 中,绝大部分靶基因的表达被解除抑制并特异性上调。此外,Eed 缺失的 ES 细胞具有更强的分化倾向(Boyer, et al, 2006),同样 Ezh2 基因缺失的 ES 细胞无法形成(O'Carroll, et al, 2001),这些都说明,PcG 蛋白可能通过抑制发育调控基因的表达,参与维持了 ESCs 的多能性。比较 PRC2 的靶基因以及 Oct4、Sox2、Nanog 的靶基因后发现,PRC2 结合的发育调控基因约有 1/3 被 Oct4、Sox2、Nanog 中任一因子同时占据;而 Oct4、Sox2、Nanog 三者皆参与抑制的发育调控基因,几乎全部被 PRC2 同时占据。这些靶基因包括了调控向 3 个胚层以及胚外组织分化的重要转录因子(Ren, 2006)。因此,ESCs 中发育调控基因的沉默可能是

Oct4/Sox2/Nanog 在转录调控水平以及 PcG 蛋白在表观遗传调控水平共同作用的结果。一种可能的途径是 Oct4/Sox2/Nanog 或其他转录因子通过 DNA 序列识别靶基因,然后将 PcG 蛋白招募至该基因,从而抑制了该基因的转录。虽然 ES 细胞中 PcG 蛋白复合物参与了多能性的维持,通过抑制谱系分化基因,但是表观水平上是否有激活多能性基因行使 ES 细胞多能性维持的作用呢?经过数年研究,2011 年发现,在 ES 细胞中与 PcG 蛋白相反的另一类表观复合物 Trithorax (trxG)通过与 Oct4/Sox2/Nanog 核心网路作用激活核心转录因子(Ang, et al,2011)。因此,PcG 和 trxG 主要通过组蛋白甲基化促进多能性基因表达和抑制分化基因表达维持多能性。

在 ES 细胞中,很多发育调控基因虽然不表达,但其 DNA 复制比在组织原基干细胞及其终末分化细胞中发生更早,并且带有转录活化区的染色质特征,如乙酰化的 H3K9 和甲基化的 H3K4 (Perry, et al,2006)。一般来说,H3K4 甲基化的转录活化型染色质与 H3K27 甲基化的转录抑制型染色质在分布上是相互排斥的。然而,ES 细胞中这些发育调控基因的启动子上,这 2 种修饰共定位于相同或相邻的核小体。这些修饰区域被称为双价修饰区(bivalent domain)(Bernstein, et al,2006;V, et al,2006)。双价修饰区特异存在于 ES 细胞中。当 ES 细胞分化后,基因的双价修饰基本被解除,仅存在其中的一种修饰。而且,ES 细胞向那种组织原基干细胞分化,可能决定或影响了含有双价修饰区的不同基因、那种修饰被解除、那种修饰被保留。例如,当 ES 细胞经诱导分化为神经干细胞后,那些诱导后高表达的基因(如 *Sox21*、*Nkx*2.2)伴随了 H3K27 甲基化的解除,那些未被诱导表达的基因(如 *Pax*5、*Lbx*1h)则伴随了 H3K4 甲基化的解除(Bernstein, et al,2006)。以上研究表明,ES 细胞中存在了一种处于传统观点划分的转录活化状态与转录抑制状态之间的转录半开放状态。而且,这种转录半开放状态是 ESCs 中许多发育调控基因的共同特征。在 ES 细胞中,这些基因虽然也被 PcG 蛋白抑制,但与已分化细胞中处于转录抑制的基因相比,其染色质结构更容易令转录因子接近,而且已经同时具有了激活转录的组蛋白修饰。因此,当 ES 细胞接受胞外某种向特定细胞分化的诱导信号后,各转录因子、染色质修饰蛋白和染色质重建蛋白能够在胞内的基因组和表观基因组上迅速作出响应,将 ES 细胞中建立的一套维持 ES 细胞自我更新和多能性的转录调控和表观遗传调控网络转变为另一套各组织原基干细胞特有的转录调控和表观遗传调控网络,从而保证细胞分化的顺利进行。

除了上述表观调控外,miRNA 通过调控基因表达参与了生物体发育的各个过程(Pasquinelli, et al,2005),在干细胞多能性的维持及其分化过程中起重要作用。Dicer 基因敲除的 ESCs 能进行体外增殖,但失去了向 3 个胚层细胞分化的所有潜能,说明 miRNA 可能在维持 ESCs 多能性的过程中也发挥了重要作用(Kanellopoulou, et al,2005)。

6.3 诱导多能干细胞

6.3.1 诱导多能干细胞概述

6.3.1.1 诱导多能干细胞的定义

诱导多能干细胞(iPS)是 2006 年 Yamanaka 等在体外用 4 个转录因子(Oct4、Sox2、Klf4

和 c-Myc)将体细胞诱导为类似 ES 细胞一类人造的多能干细胞(Yamanaka,Takahashi,2006)。iPS 细胞具有很强的增殖能力和分化潜力,目前是科研界研究的热点。iPS 细胞诱导过程及其诱导方法和体系见图 6.9。

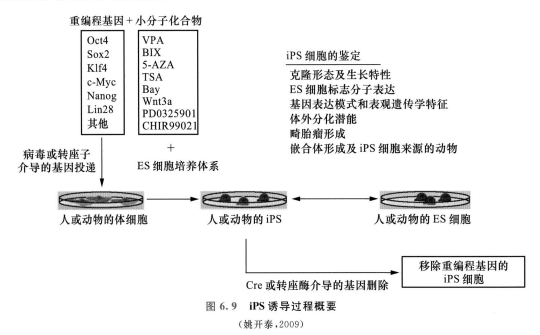

图 6.9　iPS 诱导过程概要

(姚开泰,2009)

6.3.1.2　分类

目前没有严格的和统一的分类标准,主要以物种为基础进行分类。目前有小鼠(Yamanaka,Takahashi,2006)、大鼠(Ying,2008)、人(Yamanaka,et al,2007;Yu,et al,2007)、猪(Pei,et al,2009;Roberts,et al,2009;Telugu,et al,2010;Xiao,et al,2010)、羊(Xiao,et al,2011)等多个物种的 iPS。

6.3.1.3　诱导多能干细胞的发展历程

尽管干细胞具有很多优点特别是细胞治疗及其器官移植方面的应用潜力,然而人的 ES 细胞获得所涉及的伦理道德问题严重限制其发展。2006 年,日本科学家 Takahashi 和 Yamanaka 给科学界一个为之震惊的消息(Yamanaka,Takahashi 2006):用 4 种转录因子(Oct4、Sox2、Klf4 和 c-Myc)在体外将小鼠的皮肤成纤维体细胞诱导成为具有像胚胎干细胞一样有自我更新和分化潜能的多能干细胞。这种新的重编程方法所获得的细胞被称为诱导多能干细胞,但是刚开始时,Yamanaka 用 ES 细胞特异表达基因 *Fbx*15 作为筛选报告系统获得的 iPS 细胞在基因表达模式和 DNA 甲基化模式上都与 ES 细胞有所不同,而且这种细胞无法产生发育到成体期的嵌合小鼠。2007 年,美国 Whitehead 研究所 Jaenisch 研究组重复并改进了 Yamanaka 的 iPS 细胞工作,并且获得了嵌合体和生殖嵌合(Hanna,et al,2007;Jaenisch,et al,2007)。同时,Yamanaka 也在自己研究的基础上利用 Nanog 代替 *Fbx*15 作为筛选报告系统成功获得具有生殖嵌合能力的 iPS 细胞(Yamanaka,et al,2007)。同年,Yamanaka 和 Thomson 成功诱导人类成纤维细胞成为 iPS 细胞(Maherali,et al,2007)。同时,Jaenisch 将 iPS 技术应用到小鼠镰刀状贫血疾病治疗(Aoi,et al,2008)。2009 年,我国周琪课题组和高绍荣课题组分别独立利用四倍体囊胚技术制备出 iPS 小鼠,首次证明了 iPS 细胞与胚胎干细胞一样具有多能性(Zhou，2009)。这些研究成果说明，iPS 细胞可以替换 ES 细胞，绕过伦理道德限制应用于细胞治疗和临床研究。

iPS 技术虽然向细胞治疗迈出了重要的一步，但其效率低，外源基因整合等关系安全性的问题也限制其发展。因此，科研者对这方面不断进行改进，Yamanaka 的研究组(Aoi，et al，2008)尝试用非病毒载体反复转染小鼠成纤维细胞，美国麻省总医院研究组(Stadtfeld，et al，2008)应用非整合性腺病毒导入 4 种转录因子以建立 iPS 细胞。此外，美国哈佛医学院 Melton 博士研究组(Huangfu，et al，2008)仅用 Oct4 和 Sox2 这 2 种转录因子结合应用小分子化合物诱导人原代培养的成纤维细胞成为 iPS 细胞。最近，不整合的新型载体，如 episomal 瞬时表达载体(Ebert，et al，2009)、诱导性表达载体(Maherali，et al，2008；Hanna，et al，2009)、Cre/Loxp 的表达载体(Soldner，et al，2009)。还有研究应用 Oct4 和 Klf4 表达载体结合 2 种小分子化合物诱导小鼠成纤维细胞成为 iPS 细胞(Aoi，et al，2008)。这些手段在不同程度上提高了 iPS 细胞的安全性，但还是有外源 DNA 的导入。2009 年 4 月，美国 Scriptt 研究所 Ding 研究组(Zhou，et al，2009)实现利用体外表达的 4 种转录因子的重组蛋白结合应用组蛋白去乙酰酶抑制剂成功地建立小鼠 iPS 细胞系。这是首次通过非基因改造的方法实现体细胞重编程。2010 年，Ding 只用单因子 Oct4 与小分子结合成功诱导小鼠和人体细胞为 iPS 细胞(Zhou，et al，2009)。如果全部用小分子替换即可解决安全性问题，同时可以解决蛋白诱导的低效率问题。

6.3.2　诱导性干细胞基础生物学机制

自 2006 年 Yamanaka 获得诱导多能干细胞以来，由于其与 ES 细胞的很多相似性，使其成为细胞治疗、药物筛选等重要的模型材料。然而安全性和很多未知性大大限制其未来应用。因此，要解决这些问题，必须对其机制进行深入研究。

2008 年，Jaenisch 研究发现，iPS 形成过程是一个渐进有序的过程，首先是 AP 表达，随后是 SSEA1 表达，最后是内源核心因子 Nanog 和 Oct4 表达。而且作者还证明，外源沉默是 iPS 细胞分化能力的必要条件(Jaenisch，et al，2008)。同年，Hochedlinger 进一步证明，iPS 诱导过程中成纤维细胞 marker 基因 $Thy1$ 下降同时 SSEA1 表达，证明 iPS 诱导过程，是一个渐进过程，具有中间状态的细胞。这些细胞有少部分最终重编程为 iPS 细胞(Stadtfeld，et al，2008)，推断转录因子可能在不同阶段起作用。本处主要从 4 个方面介绍转录因子网络、信号通路维持、细胞外因子及其小分子、干细胞的表观遗传学机制的研究进展。iPS 诱导的模型详见图 6.10。

6.3.2.1　**转录因子**
因为 4 个外源转录因子即 Oct4、Nanog、c-Myc、Klf4 诱导 iPS，因此，主要介绍这 4 个。

1. Oct4

详见 6.2.3.1 相关部分。Oct4 在 iPS 诱导过程也起重要作用(Sridharan，et al，2009)。

2. Sox2

详见 6.2.3.1 相关部分。Sox2 在 iPS 细胞中也起关键作用，并推测可能与 oct4 相互作用有关(Sridharan，et al，2009)。

3. Klf4

Klf4 转录因子是 Kruppel-like 因子家族的成员参与了许多细胞的发育、增殖、分化和凋亡（Dang，et al，2000）。与 Oct4、Sox2、Nanog 一样，Klf4 基因表达在小鼠早期胚胎发育过程中呈现动态性变化（Wei，et al，2006）。Klf4 首先在外胚层中表达，随后在原肠胚时期表达，同时发现在终末端的分化细胞中也有表达，例如皮肤的表皮细胞（Garrett-Sinha，et al，1996），有趣的是 Klf4 在不分裂的细胞中高表达（Shields，et al，1996）。Klf4 敲除的小鼠胚胎可以正常发育和植入，但是出生胎儿死亡，因没有皮肤组织的保护。Klf4 在调节细胞增殖过程中起到重要作用，因此，可能加速重编程的作用。2010 年，2 个课题组分别证明 iPS 诱导过程分为 3 个过程即起始、成熟、稳定，而且 Klf4 在起始 MET 过程中起重要作用（Li，et al，2010；Samavarchi-Tehrani，et al，2010）。2011 年又证明 BMP4 可以替换 Klf4（Chen，et al，2011）。

4. c-Myc

c-Myc 是一个原癌基因，是一个多功能的转录因子，广泛参与了很多细胞的发育、增殖、分化（Dang，et al 2006；Lebofsky，Walter，2007）。生物信息学分析发现，c-Myc 是一个重要的转录因子，10% 的基因组基因都被其调节。c-Myc 还对 non-coding microRNA 起调控作用，同时 microRNA 也对多能性细胞起重要作用。研究者推测，c-Myc 可能是通过加速细胞增殖从而改变表观修饰，使 Oct4、Sox2 等外源基因更容易结合到内源启动子上而起到加速重编程的作用。研究者发现，Oct4、Sox2、Klf4 诱导 iPS 的效率低，并且时间也变长，证明了加速重编程的这个观点。

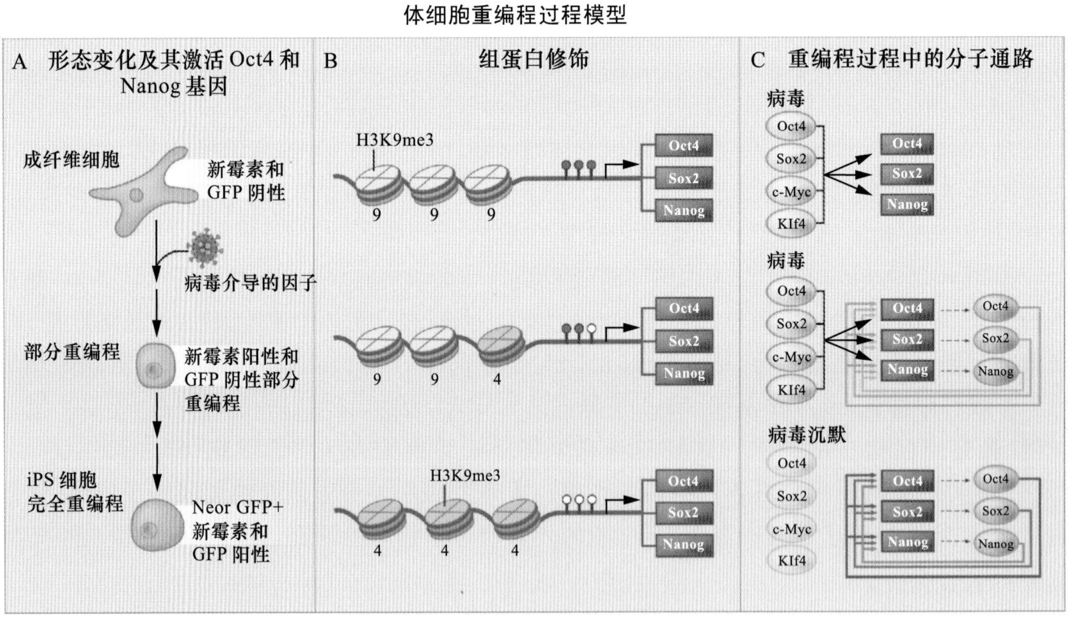

体细胞重编程过程模型

图 6.10　iPS 诱导机制模型

（Jaenisch，et al，2008）

6.3.2.2　信号通路维持及其小分子

由于 iPS 的体外培养条件及其信号通路维持机制与 ES 细胞类似，因此，重点介绍小分子在诱导多能干细胞中的应用。

随着 iPS 细胞研究的深入，重编程因子、转录因子可以自由灵活组合。一般 Oct4、Sox2、c-

Myc和Klf4或Oct4、Sox2和Klf4组合即可将体细胞重编程为iPS细胞,只是后一种组合重编程的效率较前一种低很多。而当选用小分子化合物时,可大幅度提高重编程效率和或减少转录因子使用个数(Kim,et al,2008;Shi,et al,2008;Shi,et al,2008),而当增加转录因子(Oct4、Sox2、Nanog、Lin28、c-Myc和Klf4)使用个数,也可大幅度提高重编程效率(Liao,et al,2008);用Oct4和Klf4甚至只用Oct4即可将神经干细胞或前体细胞转化成iPS细胞(Shi,et al,2008a)。这主要由于这些细胞本身高表达Sox2、c-Myc和Klf4。当在培养液中加入小分子BIX或PD0325901与CHIR99021(Shi,et al,2008;Silva,et al,2008),则可显著提高重编程效率。2010年,我国裴端清课题组发现VC可以大幅度提高iPS效率(Esteban,et al,2010)。Oct4和Klf4与小分子BIX和Bay组合联用时,可高效将小鼠成纤维细胞诱导为iPS细胞。这时BIX和Bay可以弥补外源Sox2的缺失,因小鼠成纤维细胞重编程为iPS细胞至少需要Oct4、Sox2和Klf4 3种因子(Aoi,et al,2008)。小鼠成熟B细胞需要导入Oct4、Sox2、Klf4、c-Myc和CEBPα才能转化成iPS细胞或者B细胞特异转录因子Pax5的特异敲除,而当在培养液中加入5-AZA,Oct4、Sox2、Klf4和c-Myc 4种因子亦可将成熟B细胞诱导为iPS细胞(Hanna,et al,2008)。2009年4月,美国Scrippt研究所Ding研究组(Zhou,et al,2009)实现利用体外表达的4种转录因子的重组蛋白结合应用组蛋白去乙酰酶抑制剂成功地建立小鼠iPS细胞系。这是首次通过非基因改造的方法实现体细胞重编程。随后Ding研究,只用单因子Oct4与小分子结合成功诱导小鼠和人体细胞为iPS细胞(Zhou,et al,2009)。如果全部用小分子替换即可解决安全性问题,同时可以解决蛋白诱导的低效率问题。

6.4　干细胞治疗研究及临床应用

6.4.1　造血干细胞移植治疗血液系统疾病及肿瘤

20世纪50年代,美国华盛顿大学的医学家多纳尔·托马斯发现骨髓中具有一些能分化为血细胞的"母细胞",并把它们称为"干细胞"。1956年,托马斯完成了世界上第1例骨髓移植手术。这也是世界上第1例干细胞移植手术。托马斯由此成为造血干细胞移植术的奠基人。经过将近10年的潜心研究,托马斯于1967年发表了一篇重要的关于干细胞研究的论文。这篇论文详细地阐述了骨髓中干细胞的造血原理、骨髓移植过程、干细胞对造血功能障碍患者的作用。这篇论文为白血病、再生障碍性贫血、地中海贫血等遗传性疾病和免疫系统疾病的治疗展示了广阔的前景。此后,干细胞研究引起各国生物学家和医学家的重视,造血干细胞移植迅速在世界各国开展。托马斯也因此获得了1990年诺贝尔生理学或医学奖。如今,造血干细胞移植已经成为治疗许多恶性/非恶性疾病、遗传性疾病的一线治疗方案。

造血干细胞是一种能够自我复制的原始细胞,可以产生包括淋巴细胞和骨髓细胞在内的所有血细胞谱系,存在于骨髓、胚胎肝、外周血及脐带血中。它既具有高度自我更新能力,又具有进一步分化成各系祖细胞的能力。造血干细胞分化途径如图6.11所示。

造血干细胞移植,按照干细胞来源分类,可分为骨髓移植(BMT)、外周血干细胞(PBSC)移植、脐带血造血干细胞移植及胎肝造血干细胞移植。不同来源的造血干细胞移植的比较见表6.3。造血干细胞移植,按照供者遗传学分类,又可分为自体造血干细胞移植(AHSCT)、同基因造血干细胞移植及异基因造血干细胞移植(Allo-HSCT)。自体造血干细胞移植如图6.12所示。

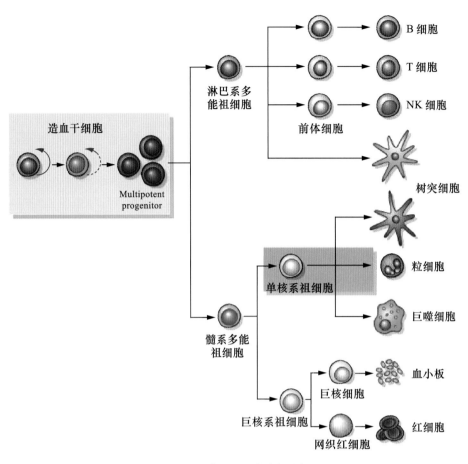

图 6.11　造血干细胞分化途径

（Reya，et al，2001）

表 6.3　3 种来源的造血干细胞移植的比较

移植方式	骨髓造血干细胞	外周血造血干细胞	脐带血造血干细胞
成分	造血干细胞和构成造血微环境的各类基质细胞	造血干细胞，较多的成熟 T 细胞	造血干细胞及其他血液成分
采集方法	在上臂血管采集；采集前注射动员剂；无痛苦	在髓骨上钻孔采集；采集前不需注射动员剂；有痛苦	收集脐带血
移植恢复	2~4 d	半年	—
移植应用	普遍	较少	多限于儿童
优点	可提供造血基质细胞，有利于造血微环境异常的疾病治疗	造血和免疫系统重建迅速；移植后感染及肿瘤复发率较低	脐血中的 T 细胞以抑制性亚群为主，GVHD 发生率低且程度较轻；保存运输方便
缺点	捐献者需住院，需麻醉，不需注射动员剂，有痛苦	易发生移植物抗宿主反应（GVHD）	由于干细胞数目较少，多限用于儿童

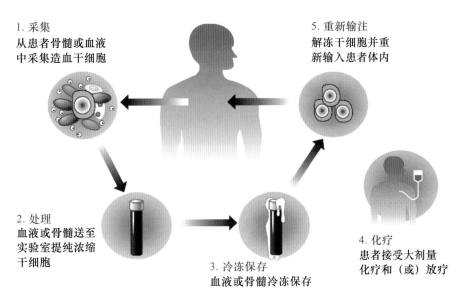

1. 采集
从患者骨髓或血液
中采集造血干细胞

5. 重新输注
解冻干细胞并重
新输入患者体内

2. 处理
血液或骨髓送至
实验室提纯浓缩
干细胞

3. 冷冻保存
血液或骨髓冷冻保存

4. 化疗
患者接受大剂量
化疗和（或）放疗

图 6.12　造血干细胞自体移植过程

造血干细胞移植在血液系统疾病、实体瘤、免疫缺陷疾病、遗传性疾病、自身免疫性疾病等的支持治疗、免疫治疗、替代疗法及基因治疗中具有广泛的用途；最常见的适应症有重症再生障碍性贫血、慢性髓性白血病、重症遗传性免疫缺陷病、多发性骨髓瘤和实体瘤等。

6.4.2　干细胞——糖尿病患者的希望

糖尿病是危害人类身心健康的主要慢性疾病之一，高血糖是导致糖尿病慢性并发症的主要原因。Ⅰ型糖尿病患者高血糖的主要原因是胰岛 β 细胞自身免疫破坏所致的胰岛素绝对缺乏，因而Ⅰ型糖尿病患者需要注射胰岛素来维持生命和控制高血糖。Ⅱ型糖尿病的高血糖则与胰岛素抵抗和（或）进行性的胰岛 β 细胞功能减退有关。Ⅱ型糖尿病患者存在胰岛素分泌水平的相对或绝对不足，许多Ⅱ型糖尿病患者在疾病的晚期需要注射胰岛素来控制高血糖。然而，胰岛素治疗目前尚不能使所有患者血糖得到理想的控制，而且，除给患者带来生活不便和注射疼痛外，胰岛素治疗还有低血糖、体重增加等副作用，故胰岛素治疗还不是治疗糖尿病的理想手段。在正常人中，由于胰岛 β 细胞能够根据血糖水平变化自动调整胰岛素分泌水平，在没有低血糖发生风险的情况下可使血糖控制在正常水平，故重建糖尿病患者体内的功能性胰岛 β 细胞总量是治疗糖尿病的理想目标。

目前，可通过 3 种途径重建糖尿病患者体内的功能性胰岛 β 细胞总量即胰腺移植、胰岛移植及干细胞移植。胰腺移植和胰岛移植已经用于临床治疗糖尿病，特别是Ⅰ型糖尿病。干细胞移植尚处在临床应用前的研究阶段。

胰腺移植和胰岛移植分别于 1966 年、1967 年开展至今，全球已有上万例。对于那些已经丧失胰岛细胞功能的糖尿病患者来说，胰腺移植和胰岛移植可有效缓解糖尿病。但接受移植的患者需要长期应用免疫抑制剂，会产生强烈的副作用，而且胰腺移植常会发生免疫排斥反应，导致移植失败。胰岛移植也存在着供者来源不足和患者体内功能性胰岛细胞无法长期存活等问题。

近些年来,干细胞移植作为替代治疗的新兴力量,已经渐渐受到人们的关注。目前,体外研究和动物实验研究发现可能具有分化为胰岛 β 细胞潜力的干细胞类型主要包括:ES 细胞、诱导多能干细胞及成体干细胞(adult stem cells)。成体干细胞可来源于胰腺、骨髓、肝、肠上皮、神经上皮等不同组织。

干细胞独特的生物学特性为解决供者来源不足、严重的免疫排斥反应等问题开辟了新的途径。干细胞是基因治疗的理想靶点,可以对干细胞进行基因修饰,以避免免疫排斥反应和 I 型糖尿病患者的自身免疫反应。例如,通过遗传操作改变干细胞的 MHC 基因型,使干细胞表达一些免疫调节分子(如 IL-4 等)或分泌抗 CD40 抗体等。目前为止,利用干细胞治疗糖尿病尚处在临床应用前的研究阶段。

干细胞分化成胰岛 β 细胞的过程见图 6.13。

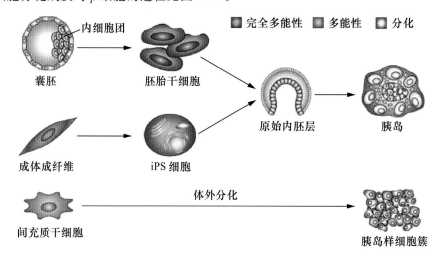

图 6.13 干细胞分化成胰岛 β 细胞的过程

(Calne, et al, 2010)

6.4.3 干细胞治疗烧伤和皮肤溃疡

烧伤和皮肤溃疡在全世界范围内都是导致并发症和死亡的原因,很难用具体并且有效的方法量化这 2 种情况所造成的负担和影响。美国 1985 年对意外伤害造成的损失进行评估,结果烧伤以 3.8 亿美元位居第 4 位,前 3 位分别是机动车、武器和中毒。在我国,每年烧伤在因意外伤害而死亡中所占的比例仅次于交通事故,排在第 2 位。未至死亡的烧伤或皮肤溃疡患者生活质量受到严重影响。

自 19 世纪末 Karl Thiersh 开始应用的断层皮片移植即将自体供皮区的全部表皮层和其下的部分真皮消去进行皮肤移植。供皮区通过毛囊中的干细胞可以再次上皮化,需要 2～3 周的时间,之后供皮区可以再次取皮。这种治疗方法需要很长时间才能完成较大创面的覆盖,导致患者的死亡率和致残率明显增高。

从 20 世纪 70 年代开始,用干细胞相关治疗方法治疗皮肤烧伤和溃疡成为患者的新希望。

Rheinwald 和 Green 创建的体外培养的自体表皮膜片移植,可以提供足以覆盖一个人全身的细胞膜片。这表明经过培养和移植的干细胞仍然具有自我复制的能力,在表皮再生中起重要作用。但这种移植容易感染或者形成水泡。

1998 年,皮肤产品 Apligraf 被美国 FDA 批准上市。它是一种人工的具有活性的双层皮肤替代物,由胎儿的包皮角质细胞、成纤维细胞和牛 I 型胶原培养所得,已用于静脉性溃疡和神经性糖尿病足溃疡的治疗。

表皮干细胞的成功分离为皮肤遗传性疾病的基因治疗提供了靶细胞。例如,表皮松解、鱼鳞病等单基因皮肤退行性疾病,通过导入正常的目的基因可以达到治疗的目的,而且应用基因工程手段使得到的角质细胞产生细胞因子和生长因子,可促进创面的愈合;体外进行修饰的人工皮肤可以产生血管内皮生长因子,促进血管化进程,缩短创面修复时间。

皮肤组织工程已成为临床医治皮肤大面积烧伤、溃疡等疾病的最主要途径。理想的皮肤替代物应该符合以下要求:容易获得、方便冻存和贮藏、制作廉价、应用方便、外观满意。断层皮片移植和人工自体皮肤移植物分别受供皮面积和时间的限制。解决这些问题,我们还面临着许多挑战。证实皮肤干细胞的最终来源及确切位置,寻找更多来源的能够分化成表皮或真皮的干细胞,或者更适合皮肤再生的基质材料,将为组织工程皮肤更好的应用开辟新的道路。

6.4.4　神经干细胞——神经变性疾病患者的希望

长期以来,人们一直认为成年哺乳动物脑内神经细胞不具备更新能力,一旦受损乃至死亡不能再生。这种观点使中枢神经系统疾病的治疗受到了很大限制。虽然传统的药物、手术及康复治疗取得了一定的进展,但仍不能达到满意的效果。

1992 年,Reynodls 等从成年小鼠脑纹状体中分离出能在体外不断分裂增殖且具有多种分化潜能的细胞群,并正式提出了神经干细胞的概念,从而打破了认为神经细胞不能再生的传统理论。Mckay 于 1997 年在《科学》杂志上将神经干细胞的概念总结为:具有分化为神经元、星形胶质细胞及少突胶质细胞的能力以及能自我更新并足以提供大量脑组织细胞的细胞。

神经干细胞存在于室下区、纹状体、海马齿状回、脊髓等广泛区域。由于神经干细胞能充分地分化成神经细胞(参考图 6.14),以多种神经细胞类型完全融入神经实质,对正常发育和再生信号起反应,并且迁移到众多分散的神经病变区域,所以神经干细胞特别适合于广泛、弥散变形过程的分子和细胞治疗。这种广泛神经变形的情况包括髓鞘病、运动神经元变性、阿尔茨海默病、帕金森病或亨廷顿病等。

利用神经干细胞治疗神经相关疾病,有很多优势。一是神经干细胞具有趋向中枢神经系统变性区域的能力。二是对于微环境引发的细胞死亡有一定的抵抗能力,而且可以通过体外遗传工程操作使细胞获得更强的抵抗力。三是神经干细胞有广泛的可塑性,但却不会产生不适于脑的细胞类型(如肌肉、骨骼或牙齿)或者肿瘤。因此,神经干细胞的充分利用可以为解决中枢神经系统功能异常提供多种策略。

神经干细胞的应用中还存在着许多问题需要解答。其一,如何获得更多更有效的神经干细胞用于治疗。其二,是应该建立适用于所有患者的稳定的神经干细胞系还是应该从每一例患者身上提取神经干细胞然后做自体移植。其三,体外诱导 ES 细胞而获得的神经干细胞能否用于神经系统疾病的治疗。其四,非神经源的成体干细胞通过组织转化或转分化形成的神经干细胞,其有效性及安全性如何。这些问题都将引导我们的科学工作者和临床医生不断深入探索。

目前为止,大部分临床试验都集中于帕金森病的治疗;用于治疗脊髓损伤的Ⅰ期临床试验也正在进行中。其他疾病多在进行动物实验研究。虽然还没得到安全性数据资料,但毋庸置疑,这些试验将为未来的临床应用铺平道路。

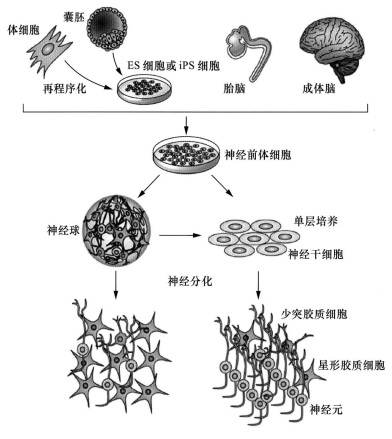

图 6.14　单层神经干细胞的分化
(Conti,Cattaneo，2010)

6.5　伦理与规则

2001 年 7 月 23 日,刚刚竞选成功的美国总统小布什在首次访问欧洲时,梵蒂冈教皇保罗二世就给他出了个不大不小的难题。在约半个小时的会见中,这位教皇拉着布什的手,语重心长地说:"总统先生,一定不要给那些进行胚胎干细胞研究的科学家资助,因为他们正在毁灭生命、践踏道德、败坏伦理。"然而教皇的谈话,却使这位虔诚基督教的教徒处于两难的尴尬境地,是大力扶持这项潜在价值巨大的医学研究,还是尊重教皇的意见,避免这种研究带来可能的伦理道德冲击？于是,小布什谨慎地回答教皇:"等我回去再研究研究吧！"

最终布什还是做出了一个自称为在尊重生命同挽救生命之间取了平衡的决定——美国政府仍然支持对现有干细胞的研究,但对获取新的干细胞的研究不再动用联邦资金予以支援。

6.5.1 争论的由来

1998 年 11 月 6 日,《Science》杂志发表了一篇题为"Embryonic stem cell lines derived from human blast ocytes"的研究论文,引起了生命科学界的强烈反响。众所周知,囊胚是受精卵在分裂的早期且尚未植入子宫之前形成的一个球囊状结构,大约由 200 个细胞组成,包括一个分化的胎盘外层和未分化的(全能的或者亚全能的)内细胞团。它们在胚胎以后的发育过程中,可以进一步分化为内胚层、中胚层和外胚层,并随后分化为不同的组织器官,最终形成一个完整的生物体。本文作者美国威斯康星大学的 Thomson 教授(J. A,Thomas,1998)指出,如果在人的囊胚阶段,将这种内细胞群取出,在体外进行培养,就称为人的胚胎干细胞(hES cells)。很显然,通过这种方法得到的 hES 细胞能够为探索人体发育的规律提供一个独特的研究系统,在发育生物学的基础研究上具有重要意义(参考图 6.15);此外,如果能够获得源源不断的人 ES 细胞,就可以在体外诱导产生不同的细胞、组织甚至器官,因而在临床医学上也具有广阔的应用前景。因此,Thomson 等的工作一公布,立即被认为是生命科学及医学研究中的一项重大突破,是一个具有里程碑式的革命!

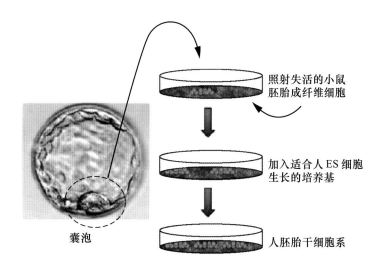

照射失活的小鼠胚胎成纤维细胞

加入适合人 ES 细胞生长的培养基

人胚胎干细胞系

囊泡

图 6.15 从人囊泡中得来的人胚胎干细胞系的培育过程
(Hoffman,Carpenter,2005)

当所有的生物学家以及医学工作者都正为这一重要的科学发现而欣欣鼓舞的时候,宗教人士和一些社会伦理学者则为此表示出了极大的惶恐,认为这是打开了生命科学领域中的又一个潘朵拉魔盒。其主要理由如下:

①即使仅仅发育了几天的人类早期胚胎干细胞也是神圣不可侵犯的生命,只为了获取一些有用的细胞而创造一个生命再毁灭它,是不合乎伦理道德的,在伦理上是不可以接受的。

②如果克隆人类早期胚胎干细胞成为合法的行为,这就意味着对克隆人研究管制的放松,将可能导致克隆人的出现,那么由此所引发的社会伦理混乱的后果将不敢设想。

6.5.2　争论的焦点

由上所述不难看出,人类胚胎干细胞的来源是引发干细胞研究伦理之争的源头。目前,人类胚胎干细胞的获得主要有 4 种方法。一是从人工流产或者死亡胎儿组织中获得;二是通过体外授精产生的人类胚胎及治疗不育症的夫妇不再需要的胚胎中获得。三是用捐赠者的配子通过体外授精创造出的人类胚胎中获得。四是通过体细胞核移植技术以无性生殖方法产生的人类胚胎中获得。正是胚胎干细胞的这个来源现状引发了这场旷日持久的争论。争论的焦点如下:

第一,人类胚胎的伦理地位。获得胚胎干细胞系必然会导致胚胎在囊胚期时的死亡。我们面临的问题在于:我们可不可以在胚胎的囊胚期时有目的性地杀死一个正在发育的生命,以推动生命科学和医学的发展?

争论的一方认为,人类胚胎自从受精和 DNA 第 1 次重组就是一个应该得到保护的被完全赋予灵魂的人。而胚胎干细胞的研究无疑于谋杀,理应严格禁止。很多罗马天主教徒、基督教新教教徒和一些正统犹太教教徒是此观点的忠实支持者。争论的另一方对生命的起源持发展和渐进的观点。他们认为从道德伦理来说,胚胎(囊胚期)还不能完全等同于人,只是具有成为人类的潜能,只有经过完整的孕期才能逐渐发展出人的特征,包括人体的形状、感觉和思考能力等。所以他们认为,早期胚胎作为人的初始形态理应得到尊重,但是一个发育完全的人的生命和健康比任何要求都要重要,也就是说,以牺牲前期胚胎为前提的胚胎干细胞研究是可以谨慎地进行的。

澳大利亚天主教伦理神学家 Norman M. Ford(1988)提出的 14 d 理论支持了早期胚胎不能等同于人的观点,并逐步获得大多数人的认可。他指出,在受精卵发育到 14 d 之后,才能围成一个有组织的个体,那时的一个统一的整体才能称之为“自我组织的”,而之前细胞的高度一致性都不会允许个体的识别,那么我们就不可以推测一个个体已经存在了。

第二,治疗性克隆与生殖性克隆的伦理问题。生殖性克隆(reproductive cloning)就是以产生新个体为目的的克隆,就是通过克隆技术产生胚胎,并将其植入人体子宫产生一个独立生存的个体。研究性克隆或治疗性克隆(therapeutic cloning)是指产生研究所用的克隆细胞,不产生可独立生存的个体。也就是说治疗性克隆通过干细胞定向分化,培育出用于医学治疗的细胞、组织和器官。这个争论引发的伦理问题使我们更加难以回答:为了获得一个用于治疗或科学研究的胚胎干细胞系,道德上伦理上允许我们有目的地去创造一个胚胎吗? 即使这些克隆的胚胎不是有性受精的结果。

反对者认为,虽然克隆胚胎发育成人的潜力比较低,但是它和有性受精产生的胚胎具有生物的相似性,并且都有发育成人的潜能。更为担忧的问题是,随着治疗性克隆技术的日益完善,生殖性克隆就越来越有可能实现,而生殖性克隆的极端是克隆人的诞生。在科学界和伦理学界,人们普遍认为,目前克隆技术的现状对任何一个克隆人都会带来严重的生命危险;并且由于克隆人的出现对现行的社会伦理冲击将是难以预见的。然而对于治疗性克隆的支持者来说,因噎废食是绝不可取的,禁止治疗性克隆非但不能保护人类的生命健康和社会稳定,反而只会阻碍有益的干细胞基础研究和医学研究;而如何制定严格规范的人类胚胎干细胞研究和治疗性克隆研究的科学、伦理准则才是当务之急。

6.5.3　规则的制定

为了防止治疗性克隆转化为以生殖或商业为目的,就必须严格地制定相应的伦理准则来规范人类胚胎干细胞的研究和临床实验。本小节结合了世界上主要国家关于干细胞研究的管理条例,基本能够得到以下共识:

第一,捐献者权利。凡涉及胚胎捐献者、流产死亡胎儿的捐献者及卵母细胞的捐献者,均应视同组织器官捐献一样,必须认真贯彻其知情同意的原则,保护他们的隐私,最大限度地减少捐赠者可能承担的风险。研究者应用科学的通俗易懂的语言向捐献者解释胚胎捐献的目的、意义以及可能出现的问题和预防措施等,在签署知情同意书后方可实行。

第二,研究行为。为了防止治疗性克隆向以生殖为目的的转变,必须严格执行一些公认的社会伦理基本准则。例如,必须严格要求在从事人类胚胎干细胞或治疗性克隆研究中,胚胎的发育时间不能超过 14 d(Norman M. Ford,1988)。虽然人类胚胎在 14 d 内只是生物细胞组织,不具道德和法律意义上的"人",但是它具有发展为人的生命的潜能,它对人类有一定的社会和科研价值,应得到一定程度的尊重。

第三,移植研究。一旦人类胚胎干细胞系可以用于移植研究,研究者或者医疗工作者须严格遵守不伤害原则。干细胞在研究和临床应用中,如果出现利弊并存的矛盾,在权衡时应采取"两利相较取其重,两害相权取其轻"的原则,并尽可能采取措施予以避免。对研究者和临床应用者的计划和行为要做出科学的判断,如果对人体有可能出现伤害的情况,那么就应该立即停止或禁止它。

6.5.4　真理是不变的,伦理是发展的

从英国科学家伊恩·威尔穆特(Wilmmt)于 1997 年 2 月宣布克隆羊"Dolly"诞生,到 1998 年 11 月美国威斯康星大学等机构的科学家成功地培育出人体胚胎干细胞,再到 2007 年 11 月京都大学的山中伸弥(Shinya Yamanaka)团队和威斯康星大学的詹姆斯·汤姆森(James Thomson)团队同时诱导出人的多功能干细胞(hiPS Cells),生命科学研究所迈出的每一个前进的脚步都一直面临着社会学、宗教、伦理、道德、法律等多种层面上的激烈争论。

其实早在在 1998 年,作为美国科学进步促进会(AAAS)的官方杂志,《科学》就已经明确地预感到 Thomson 等的研究论文一经发表一定会引发一场有关这项研究在道德伦理学上的争论,因此,在发表此文的同时专门配发了一篇题为"Publishing controversial research"的编辑部文章。该文提到这样的问题:"杂志编辑部发表这篇文章有什么不妥之处吗? 我们在接受、编辑一篇新的科学论文时,难道必须墨守一些教条的伦理道德规范而限制自己的进步吗?""不! 我们只发表那些通过同行科研工作者严格评议的带有确定结果的论文,而不能屈从于赫尔辛基条约中有关人权的协议以及其他所谓的安全法! 因为限制发表这类社会伦理上有争议的科学研究论文,并不符合公众的最大利益和科学的进步。"

十几年来,随着干细胞研究成果在生命科学领域和基础临床医学领域呈"J"形的指数增长,《科学》当年的远见卓识正在逐步得到大多数科研工作者、医疗工作者、各国政府组织甚至部分教会信众的认可。2009 年 3 月 9 日,美国总统奥巴马正式在白宫签署行政命令,宣布解

除对用联邦政府资金支持胚胎干细胞研究的限制。一时间,世界各国纷纷效仿,逐渐将生命科学特别是干细胞研究工作提高到国家战略层次上来。

其实,在这场没有硝烟的战争当中,各方代表虽各执一词,但目标却是一致的,那就是维护人类生命的尊严,敬重任何状态存在的生命,促进人类的健康和福祉,促进社会的进步与和谐。干细胞在实验室的研究继续发展,而人文社会领域关于干细胞的研究也是与日俱增,只要这两者观点的合理碰撞是基于这一共同目标,那么在干细胞的发展之路上,我们就应该继续畅听并尊重来自更多方面的声音。科学的进步和社会的发展理应是相辅相成的,没有一成不变的伦理观念,只有永恒存在的真理。

参 考 文 献

[1] 罗伯特·兰扎. 2009. 精编干细胞生物学. 刘清华译. 北京:科学出版社.

[2] 金岩. 2005. 小鼠发育生物学与胚胎实验方法. 北京:人民卫生出版社.

[3] 中华医学会糖尿病学分会. 2011. 中华医学会糖尿病学分会关于干细胞治疗糖尿病的立场声明. 北京:科学出版社.

[4] 裴雪涛. 2003. 干细胞生物学. 北京:科学出版社.

[5] Ang Y S, Tsai S Y, et al. 2011. Wdr5 Mediates Self-Renewal and Reprogramming via the Embryonic Stem Cell Core Transcriptional Network. Cell,145(2):183-197.

[6] Aoi T, Yae K, et al. 2008. Generation of pluripotent stem cells from adult mouse liver and stomach cells. Science,321(5889):699-702.

[7] Avilion A A, Nicolis S K, et al. 2003. Multipotent cell lineages in early mouse development depend on Sox2 function. Genes Dev,17(1):126-140.

[8] Belmonte J C I, Suzuki A, et al. 2006. Nanog binds to Smad1 and blocks bone morphogenetic protein-induced differentiation of embryonic stem cells. Proceedings of the National Academy of Sciences of the United States of America, 103 (27): 10294-10299.

[9] Bernstein B E, Meissner A, et al. 2007. The mammalian epigenome. Cell,128(4):669-681.

[10] Bernstein B E, Mikkelsen T S, et al. 2006. A bivalent chromatin structure marks key developmental genes in embryonic stem cells. Cell,125(2):315-326.

[11] Boyer L A, Lee T I, et al. 2005. Core transcriptional regulatory circuitry in human embryonic stem cells. Cell,122(6):947-956.

[12] Boyer L A, Plath K, et al. 2006. Polycomb complexes repress developmental regulators in murine embryonic stem cells. Nature,441(7091):349-353.

[13] Bracken A P, Dietrich N, et al. 2006. Genome-wide mapping of Polycomb target genes unravels their roles in cell fate transitions. Genes & Development,20(9):1123-1136.

[14] Brevini T A, Pennarossa G, et al. 2010. No shortcuts to pig embryonic stem cells. Theriogenology,74(4):544-550.

[15] Calne R Y, Gan S U, et al. 2010. Stem cell and gene therapies for diabetes mellitus. Nat Rev Endocrinol,6(3):173-177.

[16] Cartwright P, McLean C, et al. 2005. LIF/STAT3 controls ES cell self-renewal and pluripotency by a Myc-dependent mechanism. Development,132(5):885-896.

[17] Chambers I, Silva J, et al. 2007. Nanog safeguards pluripotency and mediates germline development. Nature,450(7173):1230-1234.

[18] Chambers I,Smith A. 2004. Self-renewal of teratocarcinoma and embryonic stem cells. Oncogene,23(43):7150-7160.

[19] Chen G. , Gulbranson D R, et al. 2011. Chemically defined conditions for human iPSC derivation and culture. Nat Methods,8(5):424-429.

[20] Chen J, Liu J, et al. 2011. BMPs functionally replace Klf4 and support efficient reprogramming of mouse fibroblasts by Oct4 alone. Cell Res,21(1):205-212.

[21] Chen X, Xu H, et al. 2008. Integration of external signaling pathways with the core transcriptional network in embryonic stem cells. Cell,133(6):1106-1117.

[22] Cherry A,Daley G Q. 2010. Another horse in the meta-stable state of pluripotency. Cell Stem Cell,7(6):641-642.

[23] Chew J L, Loh Y H, et al. 2005. Reciprocal transcriptional regulation of Pou5f1 and Sox2 via the Oct4/Sox2 complex in embryonic stem cells. Mol Cell Biol,25(14):6031-6046.

[24] Conti L,Cattaneo E. 2010. Neural stem cell systems:physiological players or in vitro entities? . Nat Rev Neurosci,11(3):176-187.

[25] Dang C V, O'Donnell K A, et al. 2006. The c-Myc target gene network. Semin Cancer Biol,16(4):253-264.

[26] Dang D T, Pevsner J, et al. 2000. The biology of the mammalian Kruppel-like family of transcription factors. Int J Biochem Cell Biol,32(11-12):1103-1121.

[27] Ding S, Wu T Y H, et al. 2003. Synthetic small molecules that control stem cell fate. Proceedings of the National Academy of Sciences of the United States of America, 100 (13):7632-7637.

[28] Dravid G. , Ye Z H, et al. 2005. Defining the role of Wnt/beta-catenin signaling in the survival, proliferation, and self-renewal of human embryonic stem cells. Stem Cells, 23(10):1489-1501.

[29] Ebert A D, Yu J, et al. 2009. Induced pluripotent stem cells from a spinal muscular atrophy patient. Nature,457(7227):277-280.

[30] Esteban M A, Wang T, et al. 2010. Vitamin C enhances the generation of mouse and human induced pluripotent stem cells. Cell Stem Cell,6(1):71-79.

[31] Evans M J,Kaufman M H. 1981. Establishment in Culture of Pluripotential Cells from Mouse Embryos. Nature,292(5819):154-156.

[32] Evans M J,Kaufman M H. 1981. Establishment in culture of pluripotential cells from mouse embryos. Nature,292(5819):154-156.

[33] Fisher A G,Spivakov M. 2007. Epigenetic signatures of stem‐cell identity. Nature Reviews Genetics,8(4):263‐271.

[34] Garrett‐Sinha L A, Eberspaecher H, et al. 1996. A gene for a novel zinc‐finger protein expressed in differentiated epithelial cells and transiently in certain mesenchymal cells. Journal of Biological Chemistry,271(49):31384‐31390.

[35] Goldberg A D, Allis C D, et al. 2007. Epigenetics:a landscape takes shape. Cell,128(4):635‐638.

[36] Hall V J, Christensen J, et al. 2009. Porcine pluripotency cell signaling develops from the inner cell mass to the epiblast during early development. Dev Dyn,238(8):2014‐2024.

[37] Hanna J, Markoulaki S, et al. 2008. Direct reprogramming of terminally differentiated mature B lymphocytes to pluripotency. Cell,133(2):250‐264.

[38] Hanna J, Saha K, et al. 2009. Direct cell reprogramming is a stochastic process amenable to acceleration. Nature,462(7273):595‐601.

[39] Hanna J, Wernig M, et al. 2007. Treatment of sickle cell anemia mouse model with iPS cells generated from autologous skin. Science,318(5858):1920‐1923.

[40] Hanna J H, Saha K, et al. 2010. Pluripotency and cellular reprogramming:Facts, hypotheses, unresolved issues. Cell,143(4):508‐525.

[41] Hipp J,Atala A. 2008. Sources of stem cells for regenerative medicine. Stem Cell Rev,4(1):3‐11.

[42] Hoffman L M,Carpenter M K. 2005. Characterization and culture of human embryonic stem cells. Nat Biotechnol,23(6):699‐708.

[43] Huangfu D, Osafune K, et al. 2008. Induction of pluripotent stem cells from primary human fibroblasts with only Oct4 and Sox2. Nat Biotechnol,26(11):1269‐1275.

[44] Humphrey R K, Beattie G M, et al. 2004. Maintenance of pluripotency in human embryonic stem cells is STAT3 independent. Stem Cells,22(4):522‐530.

[45] Jaenisch R, Brambrink T, et al. 2008. Sequential expression of pluripotency markers during direct reprogramming of mouse somatic cells. Cell Stem Cell,2(2):151‐159.

[46] Jaenisch R, Wernig M, et al. 2007. In vitro reprogramming of fibroblasts into a pluripotent ES‐cell‐like state. Nature,448(7151):318‐U312.

[47] Jaenisch R,Young R. 2008. Stem cells, the molecular circuitry of pluripotency and nuclear reprogramming. Cell,132(4):567‐582.

[48] James D, Levine A J, et al. 2005. TGF beta/activin/nodal signaling is necessary for the maintenance of pluripotency in human embryonic stem. Development,132(6):1273‐1282.

[49] Jenuwein T,Allis C D. 2001. Translating the histone code. Science,293(5532):1074‐1080.

[50] Kanduri C, Whitehead J, et al. 2009. Regulation of the mammalian epigenome by long noncoding RNAs. Biochimica Et Biophysica Acta‐General Subjects,1790(9):936‐947.

[51] Kanellopoulou C，Muljo S A，et al. 2005. Dicer-deficient mouse embryonic stem cells are defective in differentiation and centromeric silencing. Genes & Development，19 (4)：489-501.

[52] Kim J，Chu J，et al. 2008. An extended transcriptional network for pluripotency of embryonic stem cells. Cell，132(6)：1049-1061.

[53] Kim J B，Zaehres H，et al. 2008. Pluripotent stem cells induced from adult neural stem cells by reprogramming with two factors. Nature，454(7204)：646-650.

[54] Lebofsky R，Walter J C. 2007. New Myc-anisms for DNA replication and tumorigenesis?. Cancer Cell，12(2)：102-103.

[55] Li P，Tong C，et al. 2008. Germline competent embryonic stem cells derived from rat blastocysts. Cell，135(7)：1299-1310.

[56] Li R，Liang J，et al. 2010. A mesenchymal-to-epithelial transition initiates and is required for the nuclear reprogramming of mouse fibroblasts. Cell Stem Cell，7(1)：51-63.

[57] Liao J，Wu Z，et al. 2008. Enhanced efficiency of generating induced pluripotent stem (iPS) cells from human somatic cells by a combination of six transcription factors. Cell Res，18(5)：600-603.

[58] Loh Y H，Wu Q，et al. 2006. The Oct4 and Nanog transcription network regulates pluripotency in mouse embryonic stem cells. Nat Genet，38(4)：431-440.

[59] Maherali N，Ahfeldt T，et al. 2008. A high-efficiency system for the generation and study of human induced pluripotent stem cells. Cell Stem Cell，3(3)：340-345.

[60] Maherali N，Sridharan R，et al. 2007. Directly reprogrammed fibroblasts show global epigenetic remodeling and widespread tissue contribution. Cell Stem，Cell 1(1)：55-70.

[61] Mallanna S K，Rizzino A. 2010. Emerging roles of microRNAs in the control of embryonic stem cells and the generation of induced pluripotent stem cells. Dev Biol，344(1)：16-25.

[62] Matsui Y，Zsebo K，et al. 1992. Derivation of pluripotential embryonic stem cells from murine primordial germ cells in culture. Cell，70(5)：841-847.

[63] Nichols J，Zevnik B，et al. 1998. Formation of pluripotent stem cells in the mammalian embryo depends on the POU transcription factor Oct4. Cell，95(3)：379-391.

[64] Niwa H，Burdon T，et al. 1998. Self-renewal of pluripotent embryonic stem cells is mediated via activation of STAT3. Genes & Development，12(13)：2048-2060.

[65] Niwa H，Miyazaki J，et al. 2000. Quantitative expression of Oct-3/4 defines differentiation，dedifferentiation or self-renewal of ES cells. Nat Genet，24 (4)：372-376.

[66] Niwa H，Ogawa K，et al. 2007. Activin-nodal signaling is involved in propagation of mouse embryonic stem cells. Journal of Cell Science，120(1)：55-65.

[67] Niwa H，Ogawa K，et al. 2009. A parallel circuit of LIF signalling pathways maintains pluripotency of mouse ES cells. Nature，460(7251)：118-122.

［68］O'Carroll D，Erhardt S，et al. 2001. The Polycomb‐group gene Ezh2 is required for early mouse development. Molecular and Cellular Biology,21(13)：4330‐4336.

［69］Pasquinelli A E，Hunter S，et al. 2005. MicroRNAs：a developing story. Current Opinion in Genetics & Development,15(2)：200‐205.

［70］Pei D Q，Esteban M A，et al. 2009. Generation of Induced Pluripotent Stem Cell Lines from Tibetan Miniature Pig. Journal of Biological Chemistry,284(26)：17634‐17640.

［71］Pesce M，Wang X，et al. 1998. Differential expression of the Oct‐4 transcription factor during mouse germ cell differentiation. Mech Dev,71(1‐2)：89‐98.

［72］Ralston A,Rossant J. 2010. The genetics of induced pluripotency. Reproduction,139 (1)：35‐44.

［73］Ren X F. 2006. Comments on control of developmental regulators by polycomb in human embryonic stem cells. Medical Hypotheses,67(6)：1469‐1470.

［74］Reya T，Morrison S J，et al. 2001. Stem cells，cancer，and cancer stem cells. Nature, 414(6859)：105‐111.

［75］Roberts R M，Ezashi T，et al. 2009. Derivation of induced pluripotent stem cells from pig somatic cells. Proceedings of the National Academy of Sciences of the United States of America,106(27)：10993‐10998.

［76］Rodda D J，Chew J L，et al. 2005. Transcriptional regulation of nanog by Oct4 and SOX2. J Biol Chem,280(26)：24731‐24737.

［77］Samavarchi‐Tehrani P，Golipour A，et al. 2010. Functional genomics reveals a BMP‐driven mesenchymal‐to‐epithelial transition in the initiation of somatic cell reprogramming. Cell Stem Cell,7(1)：64‐77.

［78］Sato N，Meijer L，et al. 2004. Maintenance of pluripotency in human and mouse embryonic stem cells through activation of Wnt signaling by a pharmacological GSK‐3‐specific inhibitor. Nature Medicine,10(1)：55‐63.

［79］Shevchenko A I，Medvedev S P，et al. 2009. Induced pluripotent stem cells. Genetika, 45(2)：160‐168.

［80］Shi Y，Desponts C，et al. 2008. Induction of pluripotent stem cells from mouse embryonic fibroblasts by Oct4 and Klf4 with small‐molecule compounds. Cell Stem Cell,3(5)：568‐574.

［81］Shi Y，Do J T，et al. 2008. A combined chemical and genetic approach for the generation of induced pluripotent stem cells. Cell Stem Cell,2(6)：525‐528.

［82］Shields J M，Christy R J，et al. 1996. Identification and characterization of a gene encoding a gut‐enriched Kruppel‐like factor expressed during growth arrest. Journal of Biological Chemistry,271(33)：20009‐20017.

［83］Silva J，Barrandon O，et al. 2008. Promotion of reprogramming to ground state pluripotency by signal inhibition. PLoS Biol,6(10)：e253.

［84］Silva J，Nichols J，et al. 2009. Nanog is the gateway to the pluripotent ground state. Cell,138(4)：722‐737.

［85］Smith A G．，Heath J K，et al. 1988. Inhibition of pluripotential embryonic stem-cell differentiation by purified polypeptides. Nature,336(6200)：688-690.

［86］Soldner F，Hockemeyer D，et al. 2009. Parkinson's disease patient-derived induced pluripotent stem cells free of viral reprogramming factors. Cell,136(5)：964-977.

［87］Sridharan R，Tchieu J，et al. 2009. Role of the murine reprogramming factors in the induction of pluripotency. Cell,136(2)：364-377.

［88］Stadtfeld M，Maherali N，et al. 2008. Defining molecular cornerstones during fibroblast to iPS cell reprogramming in mouse. Cell Stem Cell,2(3)：230-240.

［89］Stadtfeld M，Nagaya M，et al. 2008. Induced pluripotent stem cells generated without viral integration. Science,322(5903)：945-949.

［90］Stevens L C. 1970. The development of transplantable teratocarcinomas from intratesticular grafts of pre-and postimplantation mouse embryos. Dev Biol,21(3)：364-382.

［91］Telugu B P V L，Ezashi T，et al. 2010. Porcine induced pluripotent stem cells analogous to naive and primed embryonic stem cells of the mouse. International Journal of Developmental Biology,54(11-12)：1703-1711.

［92］Tesar P J，Chenoweth J G．，et al. 2007. New cell lines from mouse epiblast share defining features with human embryonic stem cells. Nature,448(7150)：196-199.

［93］Thomson J A，Itskovitz-Eldor J，et al. 1998. Embryonic stem cell lines derived from human blastocysts. Science,282(5391)：1145-1147.

［94］Thomson M，Liu S J，et al. 2011. Pluripotency factors in embryonic stem cells regulate differentiation into germ layers. Cell,145(6)：875-889.

［95］Azuara V，Perry P，et al. 2006. Chromatin signatures of pluripotent cell lines. "Nature Cell Biology,8(5)：532-U189.

［96］Wei D，Kanai M，et al. 2006. Emerging role of Klf4 in human gastrointestinal cancer. Carcinogenesis,27(1)：23-31.

［97］Xiao L，Bao L B，L，et al. 2011. Reprogramming of ovine adult fibroblasts to pluripotency via drug-inducible expression of defined factors. Cell Research,21(4)：600-608.

［98］Xiao L，Wu Z，et al. 2010. Generation of pig-induced pluripotent stem cells with a drug-inducible system (vol 1, pg 46, 2009). Journal of Molecular Cell Biology,2(2)：104-104.

［99］Xu R H，Chen X，et al. 2002. BMP4 initiates human embryonic stem cell differentiation to trophoblast. Nature Biotechnology,20(12)：1261-1264.

［100］Yamanaka S，Okita K，et al. 2007. Generation of germline-competent induced pluripotent stem cells. Nature,448(7151)：313-U311.

［101］Yamanaka S，Takahashi K. 2006. Induction of pluripotent stem cells from mouse embryonic and adult fibroblast cultures by defined factors. Cell,126(4)：663-676.

［102］Yamanaka S，Takahashi K，et al. 2007. Induction of pluripotent stem cells from adult human fibroblasts by defined factors. Cell,131(5)：861-872.

[103] Yamanaka Y，Ralston A，et al. 2006. Cell and molecular regulation of the mouse blastocyst. Dev Dyn,235(9)：2301-2314.

[104] Ying Q L，Nichols J，et al. 2003. BMP induction of Id proteins suppresses differentiation and sustains embryonic stem cell self - renewal in collaboration with STAT3. Cell,115(3)：281-292.

[105] Young R A. 2011. Control of the embryonic stem cell state. Cell,144(6)：940-954.

[106] Yu J Y，Vodyanik M A，et al. 2007. Induced pluripotent stem cell lines derived from human somatic cells. Science,318(5858)：1917-1920.

[107] Yuan H B，Corbi N，et al. 1995. Developmental - Specific Activity of the Fgf - 4 Enhancer Requires the Synergistic Action of Sox2 and Oct-3. Genes & Development，9(21)：2635-2645.

[108] Zhou H，Wu S，et al. 2009. Generation of induced pluripotent stem cells using recombinant proteins. Cell Stem Cell,4(5)：381-384.

[109] Zhou Q. 2009. IPS cells produce viable mice through tetraploid complementation. Nature,461(7260)：86-90.

第7章

动物生物反应器

7.1 动物生物反应器概述

7.1.1 动物生物反应器的概念

将外源目的基因导入、整合到动物基因组中,且该外源基因可以遗传给后代并能够高效表达目的蛋白以进行工业化生产,所获得的个体表达系统就是动物生物反应器。几乎任何有生命的器官、组织或其中一部分都可经过人为驯化为生物反应器。从生产的角度考虑,生物反应器选择的组织和器官要方便产物的获得如乳腺、膀胱、血液等,由此发展出了动物乳腺生物反应器、动物血液生物反应器和动物膀胱生物反应器等。其中,又以转基因动物乳腺生物反应器的研究成果最为引人注目,其不断被看好的应用前景和商业价值,加速了乳腺生物反应器产业化的发展。自从第1篇研究报道发表以后,科学界和商界都在积极探索用动物乳腺生产医用蛋白质和其他高附加值的可能性,并形成一种风险投资产业。

7.1.2 动物生物反应器简史

生物体内任何一个蛋白的产生都是由一个基因控制的。这个基因分为两部分,一部分为基因编码区,像密码一样能翻译出蛋白质;另一部分为基因调控区,像火车头一样启动和保证蛋白质的翻译顺利进行,并决定蛋白质从生物体内什么部位进行翻译。由于有些具有重要功能的蛋白质自身表达水平较低,或者人们希望在某一特定位置表达目的蛋白以进行工业化生产,有人提出将目的基因编码区与另一个基因调控区构成重组基因,在细菌、哺乳细胞或转基因动植物内高效生产目的蛋白,从而产生了基因工程技术。基因工程生产目的蛋白主要经历了3个发展阶段即细菌基因工程、细胞基因工程、生物反应器。

1972年,美国斯坦福大学的 P. Berg 领导的研究小组在世界上第1次成功地实现了 DNA

体外重组。他们使用限制性内切酶 EcoRI,在体外对猿猴病毒 SV40 的 DNA 和 λ 噬菌体的 DNA 分别进行酶切,然后再用 T4DNA 连接酶把 2 种酶切的 DNA 片段连接起来,结果获得了包含有 SV40 和 λDNA 重组的杂种 DNA 分子,标志着基因工程雏形的形成。1973 年,斯坦福大学的 S. Cohen 等人也成功地进行了另一个体外重组实验并实现了细菌间性状的转移。他们将大肠杆菌(E. coli)的抗四环素(TCʳ)质粒 PSCl01 和抗新霉素(Neʳ)及抗磺胺(Sʳ)的质粒 R6-3 在体外用限制性内切酶 EcoRI 切割,连接成新的重组质粒,然后转化到大肠杆菌中,结果在含四环素和新霉素的平板中选出了抗四环素和抗新霉素的重组菌落。这是基因工程发展史上第 1 次实现重组体转化成功的例子。基因工程从此诞生了。

细菌是单细胞、结构简单的原核微生物。其物种和代谢类型繁多,对于环境因子变化敏感,易获得各种突变株,目前对于细菌的生理代谢途径以及基因表达的调控机制研究比较透彻。另外,细菌生长速度快,便于大规模培养,易进行遗传操作。基于上述特点,基因重组技术首先在细菌中获得成功并得到了广泛的应用。细菌基因工程是通过原核细胞(常用大肠杆菌)经一系列的基因操作来表达目的基因的过程。自 1973 年 S. Cohen 等首次完成外源基因在大肠杆菌中的表达以来,细菌基因工程得到了快速发展并应用于农业、制药、环境、食品等各个领域。1978 年,Goeddel 等首次实现了通过 E. coli 生产由人工合成基因表达的人胰岛素。1982 年,美国首先将重组胰岛素投放市场,标志着世界第 1 个基因工程药物的诞生。然而不少人类或哺乳动物的基因在细菌等原核生物中不能表达,或者表达的目的产品往往没有生物活性,必须经过一系列的修饰加工、剪切后才能成为有活性的蛋白。这个过程是相当复杂的,成本和工艺上也存在很多问题。

细菌基因工程的缺陷,使人们想到用哺乳动物细胞株来替代工程细菌,这样就产生了细胞基因工程。细胞基因工程是指把目的基因通过适当的改建后,导入哺乳动物细胞来表达目的基因蛋白。细胞基因工程克服了细菌基因工程的缺点,它能够表达人或哺乳动物的蛋白并具备对蛋白进行修饰加工的条件。然而细胞基因工程也有不足之处,因为人或哺乳动物细胞培养要求的条件相当苛刻,成本太高,这就限制了细胞基因工程的发展(参考表 7.1)。

表 7.1　利用转基因奶山羊和细胞培养技术生产抗体蛋白的成本比较

项　　目	中国仓鼠卵母细胞(CHO)	转基因奶山羊
合成方式	分批培养	乳腺
表达水平	1 g/ L*,周期 10 d	8 g/L,周期 300 d
生产时间	200 d(＝20 批)	300 d×2 L/只
纯化效率	60 %	60 %
年产 100 kg 纯蛋白所需原料总量	170 000 kg	21 000 kg
所需反应器容量	8 500 L	35 只羊
每克成本	300～3 000 美元	105 美元**

　*.　目前只有极少数公司宣称抗体蛋白表达水平 1 g/L,而其他药用蛋白则几乎不可能。

　**.　完全在 GAP 和 GMP 条件下的生产成本,表达水平是决定成本的关键。

动物生物反应器由于是真核生物表达目标蛋白,所以,它可克服原核生物不能合成复杂的有活性的蛋白质的缺点。此外,动物饲养较细胞培养容易,可克服细胞培养条件苛刻、成本高的缺点。

　　动物生物反应器是在转基因技术体系基础上发展起来的。1982 年,Palmiter 用金属硫蛋白基因启动子驱动大鼠的生长激素基因表达,获得了成年体重是对照组小鼠 2 倍的超级鼠(图7.1、图 7.2),首先证明了外源基因可在受体中表达,并且具有生物活性(Palmiter, et al, 1982;Stinnakre, et al, 1999)。"超级鼠"事件被认为是动物转基因研究历程上的里程碑事件。

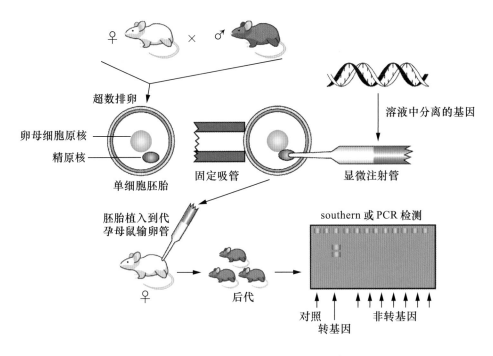

图 7.1　显微注射获得转基因超级鼠示意图

图 7.2　转基因超级鼠

左边为转基因小鼠,右边为野生型小鼠,转基因鼠比它同胎所生的小鼠生长速度快 2～3 倍。

图7.3 转 α_1- 抗胰蛋白酶绵羊"Tracy"

1987 年，Gordon 等利用小鼠乳清酸蛋白（WAP）基因的启动子启动组织型纤溶酶原激活剂（tPA）的表达，成功地培育出了 37 只在乳汁中能表达 tPA 的转基因小鼠，为转基因大家畜新的开发方式带来了曙光。1990 年，荷兰科学家 Krimpenfort 用酪蛋白启动子与人乳铁蛋白（hLF）的 cDNA 构建了转基因载体，通过显微注射法获得世界上第 1 头名为 Herman 的转基因公牛，其 1/4 后代母牛乳汁中表达了人乳铁蛋白，含量高达 1 000 $\mu g/mL$，预计每年从牛奶中生产含人乳铁蛋白的奶粉的销售额为 50 亿美元。Herman 的诞生极大地推动了对转基因牛的研究。1991 年，英国科学家 Wright 等将人的 α_1- 抗胰蛋白酶基因转入绵羊受精卵，成功获得了 5 只转基因绵羊，其中 4 只母绵羊乳中都表达，而且从绵羊乳中纯化的 α_1-抗胰蛋白酶与人血浆中的 α_1-抗胰蛋白酶具有相同的生物学活性，表达水平达到 3.5～35 g/L。其中表达量最高的绵羊 Tracy（图 7.3），表达的 α_1-抗胰蛋白酶占奶中蛋白的 50%。α_1-抗胰蛋白酶是一种天然蛋白酶抑制剂，需求量很大，被发展用于治疗肺病如肺气肿和囊性纤维变性。这种转基因羊的羊奶每升含有价值达 6 000 美元的蛋白酶。这立即引起了科学界和企业界的巨大轰动。动物乳腺生物反应器技术被认为是生物技术中最充满活力和前景最为灿烂的高技术之一（Niemann and Kues，2000）。随着人们对转基因技术的熟练应用和蛋白质基因表达调控认识的不断深入以及当前市场需求，人们利用动物生物反应器可以表达传统方法难以表达的蛋白，弥补人类基因表达的缺陷。1997 年，Wilmut 等首创体细胞克隆技术生产出第 1 只克隆羊"Dolly"（Wilmut，et al，1997），开创了哺乳动物细胞核移植的里程碑。随后，英国罗斯林研究所与英国 PPL 公司通力合作，通过体细胞克隆的方法培育出世界上第 1 头转基因绵羊"Polly"（Schnieke，et al，1997），掀开了转基因技术崭新的篇章，转基因和动物克隆也成为动物生物反应器制备的核心技术。2000 年，英国 PPL 公司将人类 α_1-抗胰蛋白酶基因定点整合到胎儿成纤维细胞的前胶原基因座，用转基因细胞生产了转基因打靶绵羊（McCreath，et al，2000）。随着基因打靶和敲除技术的不断发展和成熟，更多的基因打靶和敲除动物应用于动物生物反应器，进一步推动了生物反应器技术的发展。随着外源基因在动物乳腺特异和高效表达技术的进一步成熟，作为一项核心技术，用动物乳腺生产高价值产品被称为动物乳腺生物反应器。其不断被看好的应用前景和商业价值，加速了乳腺生物反应器产业化的发展。

7.2 转基因动物生物反应器的种类

动物生物反应器包括血液、尿液、精液、蛋清、蚕茧、乳腺等多种类型，而且都有成功表达外源活性蛋白质的报道（Houdebine，2000）。其中最有效也是目前国际上唯一证明可以达到商业化应用的就是乳腺生物反应器。各种生物反应器的优缺点见表 7.2。

表 7.2　各种生物反应器优缺点比较

类　型	优　点	缺　点
动物血液生物反应器	活性高,产量大	产品提取需宰杀动物,成本高,活性目标产品易对动物健康产生影响
动物膀胱生物反应器	不受动物性别、年龄影响,对动物伤害小	蛋白含量低
动物唾液腺生物反应器	有活性,易于分离纯化	产量较低,不适合产业化
动物禽蛋生物反应器	产量大、安全,易纯化,成本低,对动物无影响	受动物性别、年龄影响,受禽类转基因技术限制
家蚕生物反应器	易饲养,成本低廉,产品易于分离纯化	产量较低,不适合产业化
动物乳腺生物反应器	安全性好,产品产量高,活性高,易于纯化,成本低,利润高,易于产业化	受动物性别、年龄影响

7.2.1　动物血液生物反应器

7.2.1.1　动物血液生物反应器的定义和发展

将外源目的基因导入、整合到动物基因组中,且该外源基因可以遗传给后代并能够在血液中表达相应目标蛋白,所获得的个体表达系统就是动物血液生物反应器。简言之,外源基因在血液中表达的转基因动物称为血液生物反应器。大家畜的血液容量较大,利用动物血液生产某些蛋白质或多肽等药物已取得了一定进展。外源基因编码产物可直接从血清中分离出来,血细胞组分可通过裂解细胞获得。

1994 年,Sharma 等用同源性猪 β-球蛋白基因做启动子连接人的 β-球蛋白基因组编码区在转基因猪中高效表达了人的血红蛋白(Sharma,et al,1994)。Swarson 等用人在 LCR 区与 2 个拷贝的 α、一个拷贝的 β-珠蛋白基因连接进行重组构建,获得了 3 头表达人血红蛋白的转基因猪,并成功分离到人血红蛋白,而且证实了重组血红蛋白与人血红蛋白的氧结合特异性是一致的。该转基因猪表现正常,未出现贫血症。美国 DNX 公司等对此研究表示,其猪血中的人血红蛋白可占 9％ 以上,但目前的问题是其转基因血红蛋白是在红细胞外的,与 O_2 结合太牢固不易释放给组织,难以发挥输送 O_2 的功能。但它提供了一种重组血红蛋白代替人血红蛋白的重要的途径,说明转基因家畜大规模生产人血红蛋白的可行性。在转基因动物血液中生产医疗上诊断或治疗用的抗体,已在转基因小鼠得以验证,并且获得表达小鼠 IgA 的转基因猪(K. M. Ebert, et al,1988)。另外,已在转基因家畜血液中得到人免疫球蛋白、胰蛋白酶、干扰素和生长激素等,并均具有正常的生物活性。血液生物反应器比较适合生产人血红蛋白、抗体和生产非生物学活性状态的融合蛋白,而有活性的蛋白或多肽(如激素、细胞分裂素、组织血纤维溶酶因子等)由于进入了动物血液循环系统而影响动物的健康。到目前为止,已有多种通过转基因动物生产的具有生物学功能的人血红蛋白问世。

7.2.1.2　动物血液生物反应器的优缺点

利用动物血液生物反应器表达外源基因时必须考虑表达产物对动物机体健康的影响。有些基因不能在保证动物健康的状态下表达,就不能应用血液生物反应器。人造血液的开发将人血红蛋白基因转入猪,定位表达于血液,使其猪血成为人血的代用品,可避免输血时的交叉感染。血液生物反应器比较适合生产人血红蛋白、抗体和生产非生物学活性状态的融合蛋白,而有活性的蛋白或多肽(如激素、细胞分裂素、组织血纤维溶酶因子等)由于进入了动物血液循环系统而影响动物的健康。要想获得血液生物反应器的产品需宰杀动物,因此,其代价相对于乳腺生物反应器要大一些。此外,动物血液中含有较多内源性毒素和蛋白,不易分离和去除,下游工作的复杂性由此增加。不过,由于人血红蛋白等价格昂贵,血液生物反应器仍具有一定的商业价值和应用前景。

7.2.2 动物膀胱生物反应器

7.2.2.1 动物膀胱生物反应器的定义和发展

将外源目的基因导入、整合到动物基因组中,且该外源基因可以遗传给后代并能够在尿液中表达相应目标蛋白,所获得的个体表达系统就是动物膀胱生物反应器,即外源基因在膀胱中表达的转基因动物称为膀胱生物反应器。膀胱尿乳头顶端表面可表达一组尿血小板溶素的膜蛋白,这种蛋白在膀胱中表达具有专一性,而且它的基因是高度保守的。将外源基因插入5′端调控序列中,就可以指导外源基因在尿中表达。尿液是比较容易收集的体液,周期较短,转基因动物出生后不久就可以从雌雄动物尿中收获表达产物,而且外源基因表达的产物不进入血液循环。Kerr 等利用小鼠 *uroplakin* Ⅱ 基因作为启动子,在小鼠的尿液中表达了人生长激素,表达量达 100~500 ng/mL(Kerr, et al, 1998)。Ryoo 等也利用小鼠 *uroplakin* Ⅱ 基因作为启动子,在小鼠的尿液中表达了人粒状巨噬细胞刺激因子,在尿液中蛋白的分泌量达 180 mg/mL,生物活性正常(Ryoo, et al, 2001)。Zbikowska 等利用尿调蛋白启动子指导人重组促红细胞生成素在转基因鼠尿中的表达,表达量达到 6 mg/L(Zbikowska, et al, 2002)。

7.2.2.2 动物膀胱生物反应器的优缺点

利用尿腺合成和分泌蛋白的功能来作为生物反应器有着自身的以下优点:

①可以非侵入性地收集目的产物,减少对动物自身的损伤。

②尿中几乎不含脂肪和其他蛋白,容易纯化(韩玉刚等,2002)。

③转基因动物不论公母和年龄都将产生尿液,不受年龄和性别的限制,具有较长的生产寿命。

但是,尿液中的蛋白含量较低,这就限制了目标蛋白的表达量,从而限制了膀胱生物反应器的广泛应用。

7.2.3 动物唾液腺生物反应器

7.2.3.1 动物唾液腺生物反应器的定义和发展

将外源目的基因导入、整合到动物基因组中,且该外源基因可以遗传给后代并能够在唾液腺中表达相应目标蛋白,所获得的个体表达系统就是动物唾液腺生物反应器,即外源基因在唾液腺中表达的转基因动物称为唾液腺生物反应器。唾液腺生物反应器是一类最近才发展起来的新型生物反应器。其特点是在唾液腺中利用唾液分泌蛋白的调控区调控各种酶类和人类基因治疗蛋白的特异性表达。常用的唾液分泌蛋白为腮腺分泌蛋白 PSP、α-唾液淀粉酶和富含脯氨酸的蛋白。Mastrangeli 等利用腺病毒调控的 α-抗胰蛋白酶基因载体转染唾液腺,结果导致 α-抗胰蛋白酶在唾液中表达(1994)。利用唾液腺生物反应器在表达人基因治疗蛋白方面也获得了很大进展。Mikkelsen 等(1992)利用小鼠腮腺分泌蛋白基因的调控区构建人血凝结因子Ⅷ表达载体,在小鼠的唾液腺中成功地表达了人血凝结因子Ⅷ。这些结果为唾液腺作为生物反应器的可行性研究做了有效的尝试。

7.2.3.2　动物唾液腺生物反应器的优缺点

唾液腺生物反应器是一类最近才发展起来的新型生物反应器。其特点是利用唾液分泌蛋白的调控区在唾液腺中特异性表达各种酶类和人类基因治疗的蛋白。不过动物唾液腺生物反应器所生产的目的蛋白的产量相对于血液和乳腺生物器来说要少得多,不能直接用于商业生产。

7.2.4　动物禽蛋生物反应器

7.2.4.1　动物禽蛋生物反应器的定义和发展

将外源目的基因导入、整合到禽类基因组中,且该外源基因可以遗传给后代并能够在禽蛋中表达相应目标蛋白,所获得的表达系统就是动物禽蛋生物反应器,或称为卵生物反应器。2002 年,美国 TranXenoGen 公司宣布其在转基因鸡蛋蛋清中表达了可用于治疗的单克隆抗体,现阶段的表达量为 1.5 ng/mL。Rapp 等也在鸡蛋蛋清中成功地表达出了人 α-干扰素。2005 年,zhu 等利用鸡胚胎干细胞制备嵌合体转基因鸡,在嵌合体鸡蛋中表达人单克隆抗体,最高能达到 3 mg 含量,具有很好的抗原识别能力,且能够明显加强抗体的细胞毒性作用(Zhu, et al, 2005)。2007 年,罗斯林所的 Helen Sang 和 Lillico 等通过慢病毒载体培育出了 2 种转基因鸡品系,分别可以从蛋清中提取出治疗性蛋白 miR24(治疗恶性黑色素瘤)和人 IFN-β-1α,并成功获得生殖系遗传(Lillico, et al, 2007)。图 7.4 为获得转基因鸡的示意图。

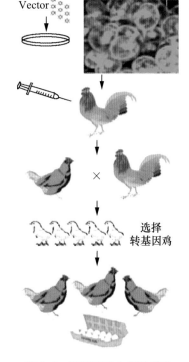

图 7.4　转基因鸡生产示意图

7.2.4.2　动物禽蛋生物反应器的优缺点

禽蛋生物反应器是唯一可与乳腺生物反应器媲美的生物反应器。禽蛋生物反应器具有以下优势:

①价廉。禽类繁殖速度快,繁殖能力强。鸡 5 个月即可达到性成熟;一只母鸡一年可产约 300 枚蛋。这大大缩短了反应器的制作周期。据估算,每生产 1 g 重组蛋白的成本,用细胞培养生产需 100 美元,用转基因羊需 10 美元,而用转基因鸡蛋生产则只需 0.1～0.25 美元。

②蛋白质下游加工程序简单。禽蛋蛋清中蛋白种类较少,浓度高,表达后的加工过程简单,给纯化带来许多便利。

③质优。禽类输卵管可表达糖蛋白和磷蛋白等复杂结构的蛋白质。据报道,鸡蛋内表达的糖蛋白结构比之牛羊表达的更接近人体的糖蛋白。

④外源蛋白随产蛋过程排到体外,不会漏入血循环危害宿主动物。

⑤宿主动物可采用 SPF 鸡品系,容易符合制药要求。

禽蛋生物反应器具有以下不足:

①禽蛋生物反应器与乳腺生物反应器一样受性别和鸡的产蛋周期的影响。

②转基因鸡技术还不像哺乳动物转基因技术那样成熟,效率相对较低。这也是禽蛋生物反应器发展相对滞缓的原因。

7.2.5　家蚕生物反应器

7.2.5.1　家蚕生物反应器的定义和发展

将外源目的基因导入、整合到家蚕基因组中,且该外源基因可以遗传给后代并能够在家蚕中表达相应目标蛋白,所获得的表达系统就是家蚕生物反应器。2003 年,Tomita 等将原骨胶原蛋白Ⅲ基因成功转入蚕体内,表明了某些昆虫的茧可以作为生产外源蛋白的良好生物反应器。2007 年,Yoshizato 实验室有报道,将 Ser1 启动子调控人血清白蛋白(HAS)基因的载体导入蚕卵获得转基因蚕个体,研究表明所结蚕茧中含有 3.0 μg/mg 的重组 HAS(Ogawa,et al,2007)。

7.2.5.2　家蚕生物反应器的优缺点

家蚕易于饲养,成本低廉,一天内可合成 3.69 mg 外源蛋白。血淋巴具有储存蛋白的能力。淋巴内含有蛋白分解酶的抑制物,对目的蛋白起到保护作用。此外,外源蛋白很容易从家蚕体液中分离纯化出来,还可以将家蚕直接磨碎用作药物或食品添加剂。因此,用家蚕生物反应器生产有用蛋白具有很大的优越性。

7.2.6　动物乳腺生物反应器

7.2.6.1　动物乳腺生物反应器的定义和发展

利用基因工程技术将目的基因编码区与乳蛋白基因调控区构建成乳腺特异表达的重组基因,通过转基因动物技术或体细胞克隆技术将重组基因转入宿主动物基因组中制备出转基因动物,雌性动物泌乳时该重组基因也会在乳腺中生产出重组蛋白。这种能在其乳腺中源源不断生产目的蛋白的转基因动物即为动物乳腺生物反应器。

动物乳腺生物反应器是目前研究和应用最为广泛的一类生物反应器。其核心内容是通过各种转基因技术将乳腺组织特异性启动子驱动的外源基因在动物乳腺组织中高效表达,从而在乳汁中生产目的蛋白。1987 年,Gordon 等利用小鼠乳清酸蛋白基因的启动子培育出了 37 只在乳汁中能表达 tPA 的转基因小鼠,开启了乳腺生物反应器时代。随后,在英国诞生了世界上第 1 只能从乳汁中高表达 α_1-抗胰蛋白酶的转基因绵羊(Wright,et al,1991)。这立即引起了科学界和企业界的巨大轰动。动物乳腺生物反应器技术被认为是生物技术中最充满活力和前景最为灿烂的高新技术之一(Niemann,Kues,2000)。

7.2.6.2　动物乳腺生物反应器所不可比拟的优势

用动物乳腺生产重组蛋白的优越性如下:

①成本低。奶牛乳腺生物反应器就像一个"药厂",能长期生产出药用蛋白,不需昂贵的生产设备。其重组蛋白生产成本是细菌发酵系统和哺乳动物细胞体系的 1/50～1/10。

②产出高。转基因动物重组蛋白表达量为每升奶 1～20 g,哺乳动物细胞培养蛋白表达量则为每升培养液 0.1～1 g,而细菌发酵系统仅为 0.01～0.1 g,而且转基因奶牛或山羊产奶量高,往往一头转基因牛相当一个大型发酵罐。

③能生产结构复杂的重组蛋白,能对重组蛋白进行修饰,而且生产的蛋白具有天然活性。这是其他系统无法比拟的优势。例如,细菌发酵系统只能生产一些简单的蛋白质或多肽,而哺乳细胞培养系统则会产生一些错误的修饰,使蛋白质活性降低。

④安全环保。由于动物乳腺生物反应器是一头头转基因动物,不消耗能源,不产生工业废料,是一种可持续发展的生产模式。图 7.5 显示了产业化生产中转基因羊在洁净、安全的环境中生产转基因羊奶的情形。

由于动物乳腺生物反应器具有如此多优点,具有广阔的市场前景,必将成为应用前景最为灿烂的生产技术,必将发展成为一种新兴的生物技术产业。世界各国特别是美英等发达国家正在加大对动

图 7.5　转基因羊奶的产业化生产

物乳腺生物反应器产业化开发投资力度,并逐渐形成在这一新的生物技术产业中的垄断地位。

7.3　转基因动物乳腺生物反应器的应用

7.3.1　转基因动物乳腺生物反应器的发展及现状

目前全球有 20 多家生物技术公司采取不同的技术路线和合作方式开展乳腺生物反应器的研究和开发工作,主要集中在美国、英国、加拿大、法国、荷兰等少数几个西方发达国家,且这些国家的政府也支持有关生物反应器技术平台的基础性研究工作。目前有重组药物蛋白产品进入临床实验阶段的仅有美国的 Genzyme Tansgenics(GTC)、英国的 PPL Therapeutics(PPL)和荷兰的 Pharming B. V.(PBV)3 家公司。值得一提的是,2006 年 6 月,美国 GTC 公司生产的重组人抗凝血酶Ⅲ蛋白(商业名为 ATryn®)已经获得欧洲医药评价署正式批准上市,其获准的适应症是先天性抗凝血酶缺失症患者的深静脉血栓症和外科血栓栓塞症。据估计,该适应证全球潜在市场每年高达 1.5 亿美元。ATryn® 的主要成分重组人抗凝血酶Ⅲ具有抑制血液中凝血酶活性和抗炎症活性,预防和治疗急慢性血栓血塞形成,对治疗抗凝血酶缺失症有显著效果。利用哺乳动物细胞培养体系则成本太高,产量也较低,无法满足该药的临床需求。动物乳腺生物反应器制药技术是目前唯一能高效生产这类蛋白药物的方法。这是欧盟批准的首例转基因重组蛋白药物,具有重大意义,使得转基因乳腺生物反应器生产药用蛋白的前景更加明朗。该药物的获准上市,标志着动物生物反应器制药技术经过 20 多年的发展终于走向成熟,也标志着动物生物反应器制药技术时代的来临,即将引发生物制药产业的革命。据美国权威机构预测,到 2015 年转基因动物生产的重组蛋白产品销售额将达到 500 亿美元。随

着人们对转基因技术的熟练应用和蛋白质基因表达调控认识的不断深入以及当前市场需求，人们将利用动物乳腺生物反应器表达各种药用蛋白、抗体以及营养蛋白。

兔、猪、羊和牛的乳腺生物反应器均具有较高的商业价值，可根据目的基因表达的难易、蛋白产品的成本及需求量、动物的产奶量、繁殖周期等因素开发适宜的药用蛋白（表 7.3）。

表 7.3　制备乳腺生物反应器常用动物比较

动物	泌乳期/月	产仔数/个	性成熟时间/月	年产奶量/L	乳腺生物反应器研发价值
小鼠	0.6～0.7	10～12	1～2	0.015	乳腺生物反应器模型
兔	1	8	4～6	4～5	乳腺生物反应器模型、生产年需求量几千克以下珍贵药用蛋白，如 c1—抑制因子
猪	4	10	7～8	16～18	生产年需求量在几千克至几十千克的药用蛋白，如凝血因子类
绵羊	5	1～2	6～8	400～600	食草为主的反刍动物。生产年需求量在几十千克至几百千克的药用蛋白，如抗凝血酶Ⅲ
山羊	5	1～2	6～8	800～1 000	食草为主的反刍动物。生产年需求量在几十千克至几百千克的药用蛋白，如抗凝血酶Ⅲ
牛	9	1	12～15	8 000～10 000	草为主的反刍动物，生产年需求量在 1 000 kg 以上的重组蛋白，如人血清蛋白。

7.3.1.1　兔

与牛、猪、羊等大动物相比，兔的产奶量虽然比较低，但是，兔的繁殖周期短，生产转基因动物的效率高，而且兔奶蛋白质的含量（约 14%）比奶牛（5%）约高 3 倍。到目前为止，通过转基因兔生产的重组蛋白包括人 α_1-干扰素、白细胞介素-2、tPA、促红细胞生成素、胰岛素样生长因子-1、生长激素、α-葡萄糖苷酶、马绒毛膜促性腺激素、神经生长因子-β、蛋白 C 和凝乳酶等。PBV 公司致力于研究构建转基因兔的技术平台，重点研发 C1-抑制因子（C1-INH）、纤维蛋白原（hFIB）、胶原蛋白（hCOL）等；拥有 36 项专利，其专利多涉及牛乳腺生物反应器的商业开发。PBV 公司在兔乳腺中表达的药用蛋白 C1-INH 已经批准上市。该蛋白对治疗遗传性的血管性水肿有特效。

7.3.1.2　猪

猪的血液和内脏与人的十分相似。因此，用猪的血液生产人血中有效成分是一个很好的选择。1992 年，Swanson 等将人血红蛋白（hHb）基因转入猪体内，获得了 3 头含有人血红蛋白的转基因猪，并证实该 hHb 的氧结合特性与人体血红蛋白完全相同。2004 年，韩国 Park 等通过精子微注射猪受精卵成功培育出 4 头在乳汁和尿液中能表达人重组促红细胞生成素的转基因猪。人重组促红细胞生成素是排除脑血栓的治疗药物。分析表明，乳汁中人重组促红细胞生成素与商业化人重组促红细胞生成素完全相同（Park，et al，2006）。

7.3.1.3 牛

通过转基因技术可以制备出不同特性的牛奶,特别是生产"人源化牛奶"能有力地改善乳制品的质量,具有广阔的发展空间和市场。2003 年,Brophy 等通过转基因克隆牛胚胎细胞提高牛自身基因组 β-酪蛋白基因、κ-酪蛋白基因的拷贝数,使牛奶中 β-酪蛋白的含量提高了20%,并使 κ-酪蛋白的含量增加 1 倍,显著改变了这 2 种蛋白与总蛋白的比例。德国科学家在转基因牛乳中高效生产双特异性抗体 r28M;r28M 能够抗击黑色素瘤,表达稳定,有活性(Grosse-Hovest, et al, 2004)。李宁等(2008)首次在国际上利用核移植技术通过转人乳铁蛋白 BAC 制备出表达人乳铁蛋白的牛乳腺生物反应器,表达量高达 3.4 mg/mL(Yang, et al, 2008)。2005 年,Wall 等获得乳腺中表达溶葡球菌酶的转基因泽西岛牛,体外实验证实转基因牛奶具有杀死金黄色葡萄球菌的能力。乳腺中表达溶葡球菌酶等抗菌蛋白,可以有效地防止和降低乳房炎发生的几率。Echelard 等通过细胞核移植技术建立表达人血清白蛋白(hSA)高达 40 mg/mL 的乳腺转基因牛群,在表达量和表达规模上实现新突破。该重组蛋白已在 GTC 公司产业化之中。Kuroiwa 等(2009)将微细胞介导的转染色体法(MMCT)与体细胞克隆技术相结合,把含有整个人类免疫球蛋白重链基因 IgH 和轻链基因 Igλ 的染色体片段转入牛的原代胎儿成纤维细胞,并敲除朊蛋白双等位基因,成功获得了生产高比例的抗原特异性人源抗体的转染色体牛。这些转染色体牛无疑会极大地促进利用动物生物反应器大量生产人源化的抗体酶、牛奶和其他药用蛋白的研究工作,同时为生产不含朊蛋白的肉、奶制品提供了一种很好的方法,是转基因动物生产药用蛋白的又一个里程碑。

7.3.1.4 羊

转基因羊的研究是转基因动物研究中较为活跃的领域,尤其是羊生物反应器的研究。Wright 等(1991)在绵羊乳房中成功地表达了人抗胰蛋白酶(mATT),引起了科学界和企业界的巨大轰动。1997 年,克隆羊"Dolly"的诞生开创了哺乳动物体细胞核移植技术的先河。同年,Schnieke 与 Wilmut 等(1997)将体细胞核移植技术与细胞转染技术相结合,培育出了乳腺中表达人凝血因子 IX 的转基因克隆羊"Polly"。2000 年 7 月,PPL 公司的 McCrearh 等报道原胶原基因在胎儿成纤维细胞内进行基因打靶,成功获得乳汁中表达抗胰蛋白酶的转基因克隆绵羊,且乳中 AAT 蛋白含量高达 650 mg/L(McCreath, et al, 2000)。这是第 1 例成功通过核移植生产的体细胞基因打靶绵羊。2004 年,Reh 等生产出转大鼠硬脂酰辅酶 A 基因的转基因羊,羊乳汁中单不饱和脂肪酸和共轭亚油酸含量明显提高。食用这样的羊奶对心血管病人的健康非常有益。同年,Sanchez 等将携带人生长素基因的腺病毒载体通过乳头导管分别直接转染小鼠和山羊泌乳期乳腺上皮细胞,结果它们的乳汁中人生长素(hGH)表达量分别达到 2.8 mg/mL 和 0.3 mg/mL(Sanchez, et al, 2004)。2007 年,Han 等也应用此技术制得表达人促红细胞生成素(hEPO)的转基因山羊,乳中 hEPO 含量达 2.6 mg/mL。Maga 等(2006)培育出转人溶菌酶基因的山羊,山羊乳腺中的表达量提高到 270 mg/mL;奶样的饲喂实验表明,转基因奶能显著降低仔猪胃肠道的大肠杆菌等细菌数量,从而表明该转人溶菌酶基因的山羊奶可以用于预防婴幼儿腹泻等疾病。2006 年,美国 GTC 公司利用羊乳腺反应器生产的重组人抗凝血酶Ⅲ获准在欧洲上市,成为世界上第 1 例成功上市的转基因动物乳腺生物反应器药物,开启了转基因动物制药的新纪元。2009 年,重组人抗凝血酶Ⅲ获准进入美国市场,转基因动物制药正逐步走向商业化。

除药用蛋白和抗体外,动物生物反应器在生物反恐中也有重要作用。丁酰胆碱酯酶是生物体内天然的生物清道夫,像海绵一样能吸收和降解有机磷等毒剂(如神经毒),以防导致神经破坏。2007 年,Huang 等制备了乳腺特异表达重组人丁酰胆碱酯酶的转基因山羊,表达量为 0.1～5 g/L(Maga, et al,2006；Huang, et al,2007),为其商品化奠定了基础。次年,Hernan 等报道,重组人丁酰胆碱酯酶(rBChE)在哺乳期山羊乳中的表达量达到 1～5 g/L (Baldassarre, et al,2008)。美国 PharmAthene 公司利用转基因山羊生产人重组丁酰胆碱酯酶,并将该产品注册为 Protexia。2006 年 9 月,PharmAthene 获得了美国国防部多年资助合同,总值高达 2.2 亿美元,用于 Protexia 的开发,其中大约 0.4 亿美元用于前期研发。

此外,利用转基因羊乳腺表达生物材料也取得了重大的成果。2003 年,加拿大 Nexia 公司的研究人员将蜘蛛体内的牵丝蛋白基因转入山羊基因组中,培育出乳腺特异表达牵丝蛋白的转基因山羊。该人造蜘蛛丝比钢还强 4～5 倍,被称作"生物钢"。这种人造蜘蛛丝既有蚕丝的质感和光泽,且弹性极强,可以用来制造手术缝线、耐磨服装,还能制成柔软的防弹衣,可广泛应用于医疗、军事、建材、航天、航海等领域。

7.3.2　转基因动物乳腺生物反应器的技术路线

通过转基因动物乳腺生物反应器获得重组蛋白产品主要包括目的基因的选择、乳腺特异性表达载体的构建、转基因小鼠模型的构建、转基因克隆牛/羊生产平台的建立、重组蛋白高效表达转基因牛/羊的生产、重组蛋白的纯化以及功能评价和安全评价、临床前试验、临床试验、政府审批、产品生产、产品上市等过程。图 7.6 为转基因动物乳腺生物反应器技术路线示意图。

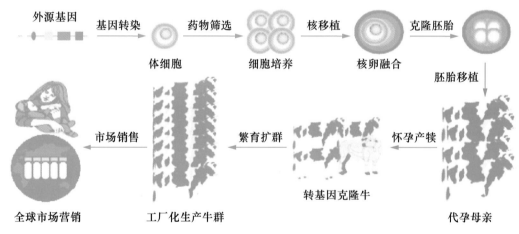

图 7.6　转基因动物乳腺生物反应器技术路线示意图

(张然,2010)

与普通转基因动物技术相比,乳腺生物反应器的最大特点就是乳腺特异性表达载体的构建。乳腺特异性表达载体是利用乳腺特异性调控元件主要是乳蛋白基因调控序列调控目的蛋白基因的表达载体。目前已经应用的乳腺特异性表达载体主要包括普通质粒乳腺表达载体、YAC 和 BAC 的大片段表达载体和杂合乳蛋白基因座表达载体。

7.3.2.1 普通质粒乳腺表达载体

普通质粒表达载体主要由乳蛋白的调控元件加上外源蛋白的 cDNA 或 genomic DNA、MAR 序列和 polyA 位点组成的,另外还可能增加一些附加调控元件如增强子、内含子、外源剪切元件的供体与受体,以保证外源基因的高效表达。构建乳腺特异性表达载体使用较多的启动子有牛、绵羊、山羊的珠蛋白上游调控区、牛 β-乳球蛋白基因启动子、绵羊 β-乳球蛋白基因启动子、小鼠乳清酸性蛋白启动子(mWAP)、大鼠乳清酸性蛋白启动子以及兔乳清酸性蛋白启动子等。Invitrogen 公司的商业化乳腺特异性表达载体 pBC1(图 7.7)包含:山羊 β-酪蛋白启动子,外显子 1、2 和 7、8、9 的非编码区、β-酪蛋白 3′终止子区,2 拷贝的鸡 β-globin 隔离子以及原核序列。该载体既可用于转基因小鼠的研究,也可在大动物中进行重组蛋白的大规模表达与生产。它使用具有组织特异性的山羊 β-酪蛋白启动子来驱动重组蛋白在乳腺组织中的高效表达。在 β-酪蛋白的外显子 2 和 7 之间存在一个 XhoI 限制性内切酶位点,用于将外源基因连接上去。2009 年,中国农业大学李宁实验室利用 pBC1 表达载体制备了重组人抗甲肝及乙肝病毒单克隆抗体的转基因小鼠,其乳

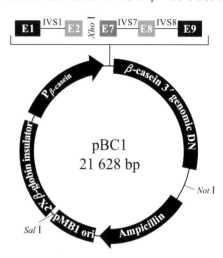

图 7.7 pBC1 表达载体示意图

汁中重组单抗的表达量分别高达 32.2 mg/mL 和 9.1 mg/mL(Zhang,et al,2009)。

7.3.2.2 YAC 和 BAC 的大片段表达载体

位置效应是影响外源基因表达的一个重要因素。Y.Fujiwara 等(1997)研究表明,具有前后 50 kb 序列的乳蛋白转基因大鼠不受整合位点的影响,而只有上下游 20 kb 序列的转基因大鼠则呈现位点依赖性的表达。因此,大容量表达载体有望更好地表达外源重组蛋白。YAC 和 BAC 载体能容纳几百 kb 的外源片段,为避免位置效应制备乳腺生物反应器开辟了新的途径。1997 年,Fujiwara 使用 210 kb 的人 α-乳白蛋白 YAC 制备转基因大鼠,鼠奶中人 α-乳白蛋白的表达量为 2.0～4.3 mg/mL,达到了内源性的水平,没有观察到位点效应的影响(Fujiwara,et al,1997)。Stinnakre 等(1999)制备出含山羊 α-乳白蛋白基因的 BAC 转基因小鼠,与 YAC 相似,α-乳白蛋白的表达呈现出了位点非依赖性和拷贝依赖性。2008 年,杨鹏华等(2008)利用人乳铁 BAC 获得的转基因克隆牛的表达量高达 3.4 g/L,为后续商业化生产奠定了坚实的基础。

7.3.2.3 杂合乳蛋白基因座表达载体

利用同源重组的方法对 BAC 进行操作使得杂合乳蛋白表达载体更多地应用于各种重组蛋白的表达。陈红星等用 3 步连续地对 BAC 上小鼠 WAP 基因 12 kb 的 5′端侧翼序列和 9 kb 的 3′端侧翼序列以及人乳铁蛋白(LTF)基因的 29 kb 基因组序列进行抓捕,构建了一个 42 kb 的小鼠 WAP-人 LTF 杂合型基因座(Shi,et al,2009)。刘燊等以人乳铁蛋白 BAC 为调控区,构建了包含 91 kb 5′调控区、31 kb 3′调控区、4.8 kb 人溶菌酶(hLZ)基因组 DNA 及一个真核细胞抗性筛选标记 Neo 的杂合乳体 BAC 载体。该载体能高效地使溶菌酶在小鼠乳腺中表达,表达量高达 1.76 g/L,并具有很高的活性。这种杂合基因座载体将成为乳腺高效表达

载体发展的一个重要方向。

7.3.3 转基因动物乳腺生物反应器的国内外产业化现状

随着乳腺生物反应器应用的逐步扩大,世界范围内表达水平达到商业化生产要求的重组药用蛋白已达到 45 种。许多重组蛋白如抗胰蛋白酶、葡萄糖苷酶、tPA 等已进入最后的临床研究阶段(表 7.4)。其中已进入临床实验阶段的有美国的 Genzyme Biotherapeutics(GTC)、英国的 PPL Therapeutics(PPL)和荷兰的 Pharming B. V.(PBV)3 家公司。2006 年 6 月,美国 GTC 公司利用转基因羊生产的重组人抗凝血酶Ⅲ(图 7.8),被欧洲药监局获准作为治疗一种被称为遗传性抗凝血酶缺乏症的疾病(Schmidt,2006)。2009 年 2 月,这项药物获得了美国食品和药品管理局的批准,成为全球第 1 例成功上市的转基因动物乳腺生物反应器药物。它的上市标志着转基因动物药物真正迈入产业化阶段,开启了转基因动物制药的新纪元。据美国 Amy Brock 咨询公司预测,到 2013 年全球重组蛋白药物销售额将达 1 600 亿美元,其中重组抗体药物销售额将达 370 亿美元。

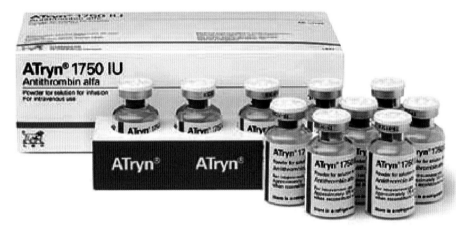

图 7.8　全球第 1 例成功上市的转基因动物乳腺生物反应器药物 ATryn®

目前,世界上还有许多公司进行通过转基因动物乳腺生产营养保健蛋白的研究。近年来,全球营养医用品市场的平均增长率超过 187%,其中营养医用蛋白的发展潜力最大,已经成为营养医用品的支柱。欧美等发达国家在此领域已经开始了激烈的竞争,几乎全球最大的一些制药公司(如 Johnson&Johnson、Novartis、American Home Products)都纷纷投资营养医用蛋白的研究开发,而另一些巨型生物技术公司(如 Genzyme Corp、Zeneca Group PLC)则更是将某些营养保健品作为拳头产品来发展(表 7.5)。

此外还有公司通过转基因动物乳腺进行治疗性抗体的生产。2002 年,Kuroiwa 等敲除牛自身抗体基因,把包含人抗体基因重链和轻链的人工染色体整合到奶牛中,筛选得到具有人源化抗体的奶牛,通过检测发现成功表达了功能性的免疫球蛋白(Kuroiwa, et al, 2002)。用这种方法生产的治疗性抗体将在治疗疾病方面发挥巨大的作用。此外,GTC 公司还利用乳腺生物反应器进行了多种治疗性抗体药物的生产(表 7.6)。

表 7.4　乳腺生物反应器表达人重组药物蛋白产品的研发状况

研发单位	蛋白名称	转基因动物	表达量/(g/L)	用　途	研发阶段
美国的 GTC	人抗凝血酶Ⅲ(欧洲)	山羊	14	遗传缺陷症	2006 年获准上市
	人抗凝血酶Ⅲ(美国)	山羊	14	遗传缺陷症	2009 年获准上市
	人凝血因子Ⅶα	兔	6	血友病	临床Ⅰ期
	抗胰蛋白酶	山羊	8	肺纤维囊肿等	临床前期
	血清白蛋白	山羊	5	烧伤、血量扩积	临床前期
	MSP-1 疫苗	绵羊	2	疟疾	临床前期
	CD137 单抗	山羊	10	肿瘤	临床前期
荷兰的 PBV	葡糖苷酶	兔	10	肌肉糖原贮积病	临床Ⅱ 期
	胶原蛋白	兔	1	类风湿等	临床前期
	纤维蛋白原	兔	4	外伤、外科	临床前期
	C1 酯酶抑制因子	兔	12	遗传性血管水肿	上市审核中
英国的 PPL	抗胰蛋白酶	绵羊	12	肺纤维囊肿等	临床Ⅲ期完成
	血纤维蛋白原	绵羊	6	外科创伤等	临床Ⅲ期
	蛋白 C	绵羊	0.3	深部静脉血栓等	临床Ⅰ期

注:数据来自美国商业交流公司、Genzyme 公司和 D&MD 医药投资发展公司报告

表 7.5　乳腺生物反应器表达人重组营养保健蛋白产品的研发状况

名　称	主要功能	潜在市场/(亿美元/年)	发展阶段
人乳铁蛋白	抗胃肠道感染	50	临床前期,奶牛 1.5 g/L
人溶菌酶	抗胃肠道感染	5	奶牛 2 g/L
人乳清白蛋白	苯丙酮尿症	5	奶牛 5 g/L
人催乳素	提高免疫力	3	临床前期,奶牛 1 g/L
人胆盐激活酯酶	助脂消化	6	临床前期,奶牛 2 g/L
人免疫球蛋白	提高免疫力	10	奶牛 2.5 g/L
人乳清过氧化物酶	提高免疫力等	3	奶牛 0.5~2.5 g/L
人分泌性抗体	尿道感染,蛀牙等	5	乳牛 3 g/L

表 7.6　利用动物乳腺生物反应器生产单克隆抗体药物研发状况

抗体名称	公司	研发状况	适应证	转基因动物
ABX-IL18 单抗	Abgenix	临床Ⅰ期	牛皮癣	小鼠
ABX-IL18 单抗	Abgenix	临床Ⅱ期	风湿性关节炎	小鼠
ABX-EGF 单抗	Abgenix	临床前研究	EGF 相关癌症	小鼠
ABX-RB2 单抗	Abgenix	临床前研究	自身免疫紊乱	小鼠
D2E7 单抗	GTC	研发阶段	关节炎	小鼠
CTKA41G 单抗	GTC	研发阶段	牛皮癣	山羊
PRO542 单抗	GTC	研发阶段	艾滋病	山羊
CD137 单抗	GTC	临床前研究	肿瘤	山羊
Antegren 单抗	GTC	研发阶段	神经紊乱症	山羊
BR96-doxorubicin	GTC	研发阶段	癌症	山羊
MDX-CD4 单抗	Medarex	临床Ⅰ期	风湿性关节炎	小鼠

1996年,我国"863"计划将动物乳腺反应器列入重大项目,目前已表达了10余种外源基因,但还没有产品进入到临床阶段。同年,上海医学遗传研究所与复旦大学遗传所合作研究,成功地在转基因山羊乳汁中表达了人凝血因子Ⅸ。2002年之后,中国农业大学陆续成功获得转人乳铁蛋白、人α-乳清蛋白、人岩藻糖转移酶、人溶菌酶的转基因奶牛。其中人乳铁蛋白的表达量为3.4 mg/mL,为世界重组人乳铁蛋白在乳汁中最好表达水平。此外,人α-乳清蛋白的表达量达到1.55 g/L,β-乳球蛋白敲除牛也在试验当中。这些将为我国的"人源化牛奶"产业化奠定重要的基础。邹贤刚等利用转基因克隆奶山羊乳腺生物反应器大量生产重组人的抗凝血酶Ⅲ(rhATⅢ)蛋白,其中1头转基因克隆羊后代的奶中rhATⅢ的含量为3 g/L。国家"863"计划项目"利用崂山奶山羊乳腺生物反应器制备药用蛋白项目"取得重大突破,已经成功获得经纯化的抗凝血酶Ⅲ蛋白,这是在国内首次获得利用乳腺生物反应器生产的抗凝血酶Ⅲ蛋白纯品。最近,胚胎工程技术研究中心运用优化核移植供体细胞和移植胚胎的技术建立了表达人葡萄糖苷酶的萨能山羊乳腺生物反应器(Zhang, et al, 2010)。周琪等首次利用诱导多能干细胞通过四倍体囊胚注射得到存活并具有繁殖能力的小鼠"小小",从而在世界上第1次证明了iPS细胞系的发育潜能(Zhao, et al, 2009)。此成果入选了《时代周刊》公布的2009年十大医学突破。这项研究对尚未建立胚胎干细胞系的大动物兔、猪、羊和牛来讲,为通过iPS细胞系的基因打靶制备乳腺转基因动物奠定了基础。

动物生物反应器是最新一代的生物制药和功能性保健食品生产技术,与现代生物发酵制药技术相比,效率可以提高上百倍,对拓展畜牧业产业链、提高畜牧业附加值、实现我国生物制药跨越式发展具有重要意义。为此,我国应该加快动物生物反应器产业化进程,政府在制定相应的政策来推动其发展的同时也要不断完善对动物生物反应器制品的审核办法,从而使得该产业能有序、稳健地发展。相信在不久的将来,"营养蛋"、"生物钢"、"人源化牛奶"会出现在现实生活之中,给人们带来切实利益。

参 考 文 献

[1] Baldassarre H, Hockley D K, et al. 2008. Lactation performance of transgenic goats expressing recombinant human butyryl-cholinesterase in the milk. Transgenic Res, 17 (1): 73-84.

[2] Brophy B, Smolenski G, et al. 2003. Cloned transgenic cattle produce milk with higher levels of beta-casein and kappa-casein. Nat Biotechnol, 21(2): 157-162.

[3] Fujiwara Y, Miwa M, et al. 1997. Position-independent and high-level expression of human alpha-lactalbumin in the milk of transgenic rats carrying a 210-kb YAC DNA. Mol Reprod Dev, 47(2): 157-163.

[4] Grosse-Hovest L, Muller S, et al. 2004. Cloned transgenic farm animals produce a bispecific antibody for T cell-mediated tumor cell killing. Proc Natl Acad Sci U S A, 101 (18): 6858-6863.

[5] Han Z S, Li Q W, et al. 2007. High-level expression of human lactoferrin in the milk of goats by using replication-defective adenoviral vectors. Protein Expr Purif, 53(1): 225-

231.

[6] Houdebine L M. 2000. Transgenic animal bioreactors. Transgenic Res, 9(4-5): 305-320.

[7] Huang Y J, Huang Y, et al. 2007. Recombinant human butyrylcholinesterase from milk of transgenic animals to protect against organophosphate poisoning. Proc Natl Acad Sci U S A, 104(34): 13603-13608.

[8] Kerr D E, Liang F, et al. 1998. The bladder as a bioreactor: urothelium production and secretion of growth hormone into urine. Nat Biotechnol, 16(1): 75-79.

[9] Kuroiwa Y, Kasinathan P, et al. 2002. Cloned transchromosomic calves producing human immunoglobulin. Nat Biotechnol, 20(9): 889-894.

[10] Kuroiwa Y, Kasinathan P, et al. 2009. Antigen-specific human polyclonal antibodies from hyperimmunized cattle. Nat Biotechnol, 27(2): 173-181.

[11] Lillico S G, Sherman A, et al. 2007. Oviduct-specific expression of two therapeutic proteins in transgenic hens. Proc Natl Acad Sci U S A, 104(6): 1771-1776.

[12] Maga E A, Walker R L, et al. 2006. Consumption of milk from transgenic goats expressing human lysozyme in the mammary gland results in the modulation of intestinal microflora. Transgenic Res, 15(4): 515-519.

[13] Mastrangeli A, O'Connell B, et al. 1994. Direct in vivo adenovirus-mediated gene transfer to salivary glands. Am J Physiol, 266(6 Pt 1): G1146-1155.

[14] McCreath K J, Howcroft J, et al. 2000. Production of gene-targeted sheep by nuclear transfer from cultured somatic cells. Nature, 405(6790): 1066-1069.

[15] Mikkelsen T R, Brandt J, et al. 1992. Tissue-specific expression in the salivary glands of transgenic mice. Nucleic Acids Res, 20(9): 2249-2255.

[16] Niemann H, Kues W A. 2000. Transgenic livestock: premises and promises. Anim Reprod Sci, 60-61: 277-293.

[17] Ogawa S, Tomita M, et al. 2007. Generation of a transgenic silkworm that secretes recombinant proteins in the sericin layer of cocoon: production of recombinant human serum albumin. J Biotechnol, 128(3): 531-544.

[18] Palmiter R D, Brinster R L, et al. 1982. Dramatic growth of mice that develop from eggs microinjected with metallothionein-growth hormone fusion genes. Nature, 300(5893): 611-615.

[19] Park J K, Lee Y K, et al. 2006. Recombinant human erythropoietin produced in milk of transgenic pigs. J Biotechnol, 122(3): 362-371.

[20] Reh W A, Maga E A, et al. 2004. Hot topic: using a stearoyl-CoA desaturase transgene to alter milk fatty acid composition. J Dairy Sci, 87(10): 3510-3514.

[21] Ryoo Z Y, Kim M O, et al. 2001. Expression of recombinant human granulocyte macrophage-colony stimulating factor (hGM-CSF) in mouse urine. Transgenic Res, 10(3): 193-200.

[22] Sanchez O, Toledo J R, et al. 2004. Adenoviral vector mediates high expression levels

of human growth hormone in the milk of mice and goats. J Biotechnol，114(1-2)：89-97.

[23] Schnieke A E，Kind A J，et al. 1997. Human factor IX transgenic sheep produced by transfer of nuclei from transfected fetal fibroblasts. Science,278(5346)：2130-2133.

[24] Shi G，Chen H，et al. 2009. A mWAP-hLF hybrid gene locus gave extremely high level expression of human lactoferrin in the milk of transgenic mice. Transgenic Res,18(4)：573-582.

[25] Stinnakre M G，Soulier S，et al. 1999. Position-independent and copy-number-related expression of a goat bacterial artificial chromosome alpha - lactalbumin gene in transgenic mice. Biochem J,339 (Pt 1)：33-36.

[26] Tomita M，Munetsuna H，et al. 2003. Transgenic silkworms produce recombinant human type III procollagen in cocoons. Nat Biotechnol,21(1)：52-56.

[27] Wall R J，Powell A M，et al. 2005. Genetically enhanced cows resist intramammary Staphylococcus aureus infection. Nat Biotechnol,23(4)：445-451.

[28] Wilmut I，Schnieke A E，et al. 1997. Viable offspring derived from fetal and adult mammalian cells. Nature,385(6619)：810-813.

[29] Wright G，Carver A，et al. 1991. High level expression of active human alpha-1-antitrypsin in the milk of transgenic sheep. Biotechnology (N Y),9(9)：830-834.

[30] Yang P，Wang J，et al. 2008. Cattle mammary bioreactor generated by a novel procedure of transgenic cloning for large - scale production of functional human lactoferrin. PLoS One,3(10)：e3453.

[31] Zbikowska H M，Soukhareva N，et al. 2002. Uromodulin promoter directs high-level expression of biologically active human alpha1-antitrypsin into mouse urine. Biochem J,365(Pt 1)：7-11.

[32] Zhang R，Rao M，et al. 2009. Functional recombinant human anti - HAV antibody expressed in milk of transgenic mice. Transgenic Res,18(3)：445-453.

[33] Zhang Y L，Wan Y J，et al. 2010. Production of dairy goat embryos，by nuclear transfer，transgenic for human acid beta-glucosidase. Theriogenology,73(5)：681-690.

[34] Zhao X Y，Li W，et al. 2009. IPS cells produce viable mice through tetraploid complementation. Nature,461(7260)：86-90.

[35] Zhu L，van de Lavoir M C，et al. 2005. Production of human monoclonal antibody in eggs of chimeric chickens. Nat Biotechnol,23(9)：1159-1169.

第 **8** 章

异种器官移植

器官移植是将健康的细胞、组织或脏器移植到另一部位(自体或异体),使其恢复生理功能的过程。一个世纪以来,快速发展的器官移植研究挽救了大量器官衰竭病人的生命,但器官移植也遇到了巨大的局限。据世界卫生组织统计,全世界需要进行器官移植手术的病人数量与所捐献的人体器官的数量之比为 20∶1。这种移植器官严重不足的现象制约了人类器官同种移植的广泛应用。于是人们将目光投向动物,希望能将动物的器官、组织或细胞移植到人体内,并且发挥相应的功能。如果这一途径能够实现,就能突破器官不足的瓶颈,从而挽救更多患者的生命,而且可以推动器官移植技术的迅速发展。这种有别于人类自身器官移植的方法叫做异种器官移植(xenotransplantation)。

异种器官移植通常是指将动物的细胞、组织、器官或在体外接触过上述物质的人类体液、细胞、组织或器官移植、注入或培植于人体内的过程。由于物种间存在着种别差异,如果对动物器官不加以修饰就移植到人体内,这样不仅不能起到治疗的作用反而会加速病人的死亡。因此,现代异种器官移植技术需要免疫学、分子生物学和遗传学的知识,以掌握异种器官移植的机理,最终改造动物器官,使其更好地在人体内发挥作用。

8.1 器官移植的历史与现状

8.1.1 远古时代

早在远古时代器官移植的概念尚未形成时,人类就已经在幻想利用动物肢体代替自身器官以获得超凡的能力。在法国拉斯克斯岩洞中,人们发现了一幅 15 000 年前史前壁画(图 8.1),展示了一个拥有鸟头人身的人类画像。古埃及的神灵大多都是人类与动物的混合体(chimera),如著名的吉萨金字塔狮身人面像以及有着豺狼头的亡灵守护神阿努比斯。人类历史上最早关于异种器官移植的文字描述来自公元前 12 世纪印度神话故事。Shiva 和 Parvati

是印度的神,他们的孩子 Ganesha 正好在 Shiva 外出打猎的时候出生。由于 Ganesha 是个巨人,Shiva 回来看到这个奇怪的东西就把他的头误砍了,最后没有办法只好将一颗大象的头移植给 Ganesha,从此 Ganesha 就成为半人半神。再有就是古希腊神话中的牛头人、胜利女神和半人马。离我们现代社会较近的传说有吸血鬼和狼人……这些故事都说明了人类对于异种器官移植的模糊概念(Deschamps J-Y,2005)。

8.1.2　器官移植的产生和发展

最早关于器官移植的报道来自公元前 600 年的印度医生 Susrata。他将人类的皮肤移植到因遭受惩罚被割掉鼻子的人身上。公元前 225 年,中国著名医生扁鹊将 2 名士兵麻醉后,对他们进行了心脏交换手术。据称,这 2 名士兵术后都康复得很好。最著名的移植案例来自于一幅图画——“黑腿的奇迹”(“miracle of the black leg”)。图 8.2 中,2 名叙利亚医生 Cosmas 和 Damian 将一名患气性坏疽的教堂守护人的腿切除,用一名死亡的黑人的腿进行了替换。在 16 世纪,意大利外科大夫 Gaspare Tagoliacozzi 改进了 Susrata 的鼻移植术,并且发现了与器官移植相关的障碍。虽然这些早期的尝试现在看来并不一定成功,而且也未突破物种的界限,但利用健康器官替换受损器官从而延长生命的概念随着人类社会的进步,逐步诞生和发展(Deschamps J-Y,2005)。

图 8.1　史前壁画中的鸟头人身像

图 8.2　黑腿的奇迹

8.1.3　异种器官移植的先驱

细胞和组织(血液、皮肤、骨骼、睾丸等)是最早被使用的异种器官移植物,而异种整体器官移植的开展时间则稍晚。这是因为早期人们无法控制器官摘除后引发的出血以及如何恢复移植后的异种器官的血液循环。最早的异种输血始于 1667 年法国医生 Jean-Baptiste Denis,他将羊羔的血输入一个高烧病人的体内,最后病人治愈。1668 年,荷兰人 Job van Meekeren 报道了一例骨骼的异种器官移植,将犬的颅骨用来修复人脑受损的部位。1863 年,法国人 Paul Bert(图 8.3)发表了一篇题为"On Animal Transplantation"的博士论文,文中论述了同种移植的可能性,但是他建议禁止动物对人的异种器官移植(Deschamps J-Y,2005)。

8.1.4 异种器官移植的近现代发展

1905 年,法国医生 Princeteau 将切成薄片的兔肾植入一例急性肾衰竭患者的肾,患者尿量明显增加,但 16 d 后死于肺水肿。1906 年,法国医生 Jaboulay 首次报告了应用血管吻合技术将猪肾移植于一例肾衰竭患者的肘窝,术后 2 d 内移植肾总尿量达 1.5 L,术后第 3 天由于移植肾血栓形成而告失败。此例报告被认为是最早的临床异种器官移植试验。1909 年,德国医生 Unger 尝试将猕猴肾移植于肾衰竭患者的大腿,术后 32 h 因移植肾静脉血栓形成而告失败。1923 年,美国医生 Neuhof 将羊肾移植于水银中毒患者,患者存活 9 d 后死亡。由于当时的条件下人们对免疫排斥的机理认识还严重不足,这些移植案例都没有使用免疫抑制剂而导致失败。此后 40 年时间里,再没有临床异种器官移植的报告(石炳毅,2005)。

20 世纪中叶,免疫抑制剂硫唑嘌呤和泼尼松的出现使得人们对异种器官移植的探索重新兴起。1964 年,美国医生 Reith Reemtsma(图 8.4)将猩猩的肾移植于肾衰竭患者,同时给予患者硫唑嘌呤、泼尼松及全身照射等免疫抑制治疗,其中一例患者移植肾功能保持正常,在存活 9 个月后死于电解质紊乱。在还没有更为有效的免疫抑制剂应用于临床的情况下,这一成绩在当时引起医学界的轰动,因为其第 1 次说明异种器官移植物长期且有功能的存活是有可能实现的。这也是迄今为止异种器官移植物存活时间最长的纪录。1964 年,美国医生 Hardy 报告了首例猩猩供体心脏移植于心源性休克患者,但患者在心脏移植 90 min 后死亡。同年,美国医生 Starzl 和 Hitchcock 报告了 6 例狒狒到人的肾移植,受者最长存活时间为 98 d,最终 4 例死于脓毒血症,2 例死于排斥反应。1969—1974 年,Starzl 进行了 3 例猩猩到人的肝移植,受者最长存活时间只有 14 d。与此同时,还有一些学者报告了将不同种类动物心脏移植于人类患者的试验,但这些努力均没有使患者或移植物达到 9 个月以上的存活期(石炳毅,2005)。

图 8.3 Paul Bert 肖像

(图片引自互联网)

图 8.4 Keith Reemtsma

(图片引自互联网)

图 8.5 Baby Fae

（图片引自互联网）

20 世纪 80 年代以来，由于同种器官移植的快速发展，出现供体器官严重不足的现象，使得移植学家们又把目光重新投向异种器官移植领域。临床异种器官移植再次兴起始于 1984 年，其标志是美国医生 Baney 为一名叫 Baby Fae（图 8.5）的早产女婴实施了狒狒供体心脏移植，最终 Baby Fae 于术后 20 d 死亡。1990 年，波兰医生 Religa 为一例 Marfan 综合征患者实施猪供体心脏移植作为暂时过渡。术前患者接受体外猪心灌流以吸附天然抗体，但最终由于移植心脏大小与受者不匹配而导致失败。90 年代初，活动性乙型肝炎被认为是同种肝移植的禁忌证，Starzl 认为狒狒肝对乙肝病毒不易感，并于 1992 年为一例患者进行了狒狒供体肝移植，同时应用了新型的强效免疫制剂 FK506，接受移植的患者存活 70 d 后死于脑霉菌感染。1993 年，Starzl 又为一例患者实施了狒狒供肝移植，然而术后患者始终处于昏迷状态而最终死亡。1995 年，美国医生 Makowka 报告了将猪肝移植于一例暴发性肝衰竭患者，目的是维持患者的生命以等待同种肝移植。患者在术前接受了血浆置换以清除天然抗体，术后肝功能逐渐恢复，然而在 34 h 后移植肝出现严重的排斥反应，患者最终死于弥漫性脑水肿。1996 年，印度医生 Baruah 将猪心移植于一例室间隔缺损的患者，术后 7 d 患者死于脓毒血症。临床异种器官移植试验的失败教训告诉人们，即使应用高效的免疫抑制剂，异种间的免疫学障碍也很难克服（石炳毅，2005）。

随着分子生物学、遗传学和免疫学等学科的快速发展，20 世纪 90 年代人们已经对异种器官移植的机理有了深入的认识，并在此基础上运用基因工程学的手段改造动物的基因，使之能够成为人类器官的提供者。1995 年，McCurry 根据人补体调节蛋白的作用机制，提出利用转基因技术将人补体调节蛋白转入猪体内，可以抑制补体系统的激活。随后，他构建了带有人衰变加速因子（decay accelerating factor，DAF）的转基因猪，将猪的心脏移入狒狒，发现超急性免疫排斥反应得到了抑制，3 例接受猪心的狒狒有 2 例存活数小时至十几小时。2002 年和 2003 年，中国学者赖良学和戴一凡分别利用基因敲除技术构建了 $\alpha 1,3GalT$ 敲除的小型猪，为克服超急性免疫排斥反应带来了希望（周光炎，孙方臻，2006）。

8.2 正在进行的异种器官移植

虽然人们很早就进行了异种器官移植尝试，但以失败的例子居多，导致异种器官移植在很长的一段时间被人们所遗忘。随着科学技术的发展，免疫学障碍和异种感染障碍逐渐被克服，异种器官移植又一次进入了临床试验阶段。根据世界卫生组织的定义，异种器官移植是指将其他物种的器官、组织、细胞或与其他物种的活组织接触过的人类器官、组织、细胞、体液移植或植入人体的过程。因此，根据定义我们可以将异种器官移植分为四类：一为整体器官移植；二为组织和细胞移植；三为体外灌注〔指人的血液在体外流经动物的器官（如猪肾和肝）〕；四为细胞或组织暴露于动物来源的活体上再植回人体内。本节所列举的异种器官移植只包括前三类。

根据世界卫生组织、瑞士日内瓦大学医院和国际异种器官移植联合会发布的信息，从 1994 年至 2009 年全球总共有 29 项应用于人的异种器官移植项目。这些异种细胞、组织和器官来自于猪（22 例）、绵羊（2 例）、牛（1 例）、兔（5 例）和仓鼠（1 例）。主要的移植物为细胞，包括胰岛(7例)、肾细胞(1例)、嗜铬细胞(1例)、胚胎干细胞(4例);另外还有体外灌注的肝细胞(6例)、整体肝灌注(3例)、整体肾灌注(1例)(Antonino Sgroi,2010)。

8.2.1　胰岛移植

Valdez-Gonzalez 在 2005 年的文章中报道,将猪的胰岛组织和睾丸支持细胞共同包裹于特富龙(聚四氟乙烯)中,使之与人组织相隔离,再将其植入到 12 个患有胰岛素依赖的糖尿病儿童皮下,并且不使用免疫抑制剂;经过 4 年的跟踪研究发现,6 名患儿对外源胰岛素的需求下降,其中有 2 例患儿可以暂时不需要注射胰岛素。Wang 和 Bin 在 2005 年的国际胰脏和胰岛移植会议上发表了他们的研究成果,将新生猪的胰岛植入 20 例Ⅰ型糖尿病患者体内,并且使用类固醇类抑制免疫系统;在 2 年的连续监测中,这些患者对外源胰岛素的依赖减少了 30%～60%;在患者的外周血中还发现了猪的 C 肽,但人的 C 肽并没有受到影响,也没有发现 PERV 病毒的感染。莫斯科儿童临床医院的 Volkov 及他的团队使用兔胰岛组织给多名 0.5～16 岁的糖尿病患儿进行了异种器官移植。移植后发现,患儿对糖基化的血红蛋白含量和外源胰岛素需求量下降,血液中 C 肽含量稍有上升。检查糖尿病肾病(diabetic nephropathy)患者的白蛋白指标发现,尿液中白蛋白含量从 220 mg/d 下降到 60 mg/d。以上结果充分证明了异种胰岛移植可以有效治疗糖尿病。因此,新西兰 Live Cell Technologies 公司目前建立了一个猪异种胰岛移植的项目,以期将异种胰岛移植商业化。首批 6 名患者已经在 2007 年 6 月接受了猪胰岛移植,目前该项目还在进行中。

8.2.2　体外灌注

肝移植是急性肝衰竭的一种有效治疗方法。但是由于器官供需严重紧张,造成了很多患者在等待供体肝的过程中死亡。利用猪肝器官或者含猪肝细胞的设备对患者进行体外灌注,可以延长患者生命并且可以刺激患者肝细胞再生。

阿姆斯特丹医学中心发明了一种中空的生物反应器,其主要构造是将猪肝细胞吸附在一个三维的结构上。这个装置还包括了一个血浆置换器。Van de Kerkhove 等(2002)在意大利对 12 名肝衰竭病人应用该装置进行临床操作,其中 11 名病人在使用该设备后肝功能恢复并且成功等到了供体肝,进行了肝移植,另外 1 名病人在进行了两轮治疗后肝功能完全恢复,无须进行肝移植。

在整体肝灌注方面,Chari 对 4 名暴发性肝衰竭(fulminant liver failure)的病人进行了猪肝整体体外灌注。术后病人肝功能逐渐恢复,但最后只有 1 名患者完全康复(Chari, et al, 1994)。在另一项实验中,Levy 使用转人 CD55 和 CD59 的猪肝对 2 名暴发性肝衰竭患者进行了猪肝整体体外灌注,结果 2 名病患在灌注期间代谢指标均得到改善,最后都通过同种肝移植恢复了健康,且在治疗过程没有发现 PERV 的感染(Levy, et al,2000)。

8.2.3　神经细胞移植

目前有 3 个临床试验利用猪神经细胞来治疗神经性疾病。Savitz 等(2005)利用猪神经元细胞治疗基底节坏死,5 名病患中有 2 名在语言和运动功能上得到了改善,但有 1 名病人却由于异种器官移植而患上了癫痫。Schumache 和 Fink 在各自的临床试验中,使用胚胎期猪腹侧中脑细胞移植到患有帕金森综合征和亨廷顿综合征的患者体内。这些异种细胞耐受性良好,没有发生免疫排斥反应,而且病人的症状也得到了改善(Fink,et al,2000;Schumacher,et al,2000)。Deacon 等(1997)对一名帕金森综合征的患者植入猪神经细胞后发现,猪细胞在病人体内存活了 7 个月以上,但最终病人死于肺栓塞。

8.2.4 其他细胞或组织移植

德国 Lenggries 的一家医疗中心使用绵羊细胞的异种器官移植来治疗心脏病等老年疾病,并且对于不同的疾病采用注射不同类型的细胞来进行治疗。例如,利用大脑皮质细胞悬液治疗睡眠障碍或利用生殖腺细胞治疗老年疾病。德国的 G. Von Falkenhayn、俄罗斯的 Vargas、尼日利亚的 P. Iloegbunam 领导的 3 个研究所与 Bio-cellular Research Organization LLC 公司合作,使用兔胚胎干细胞异种器官移植的方法治疗人类疾病。Turchin 报道,利用新生猪肾上腺皮质组织移植的方法,治疗 94 名患有 Cushing's 病的病人,结果发现肾上腺皮质功能的衰退得到了缓解,对激素替代疗法的依赖减弱。Turchin 报道,将猪睾丸组织移植入性功能异常的男子体内后,血浆中睾酮含量发生了明显的增加(Sichinava,et al,1997)。

[参阅资料]

参与异种器官移植研究、开发和商业化的公司

1 Revivicor

Revivicor 公司是一家成立于 2003 年的高科技生物技术公司,位于美国佛吉尼亚州。该公司致力于应用先进的动物生物技术生产高品质人用可替换的组织和器官,用于人类退行性疾病的治疗。作为克隆出世界上第 1 只克隆羊的 PPL Therapeutics 公司的子公司,Revivicor 第 1 次克隆了基因工程改造的猪,并利用这些猪生产可用于临床异种器官移植的猪胰岛、其他器官和医疗设备。

为了生产可用于异种器官移植的猪,Revivicor 公司首先利用基因敲除的方法得到了 α1,3GalT 敲除猪,从而在很大程度上避免了移植过程中的超急性免疫排斥反应。为了更好地避免异种器官移植中的体液排斥反应,随后他们将人 CD46 基因转入了 α1,3GalT 敲除猪的成纤维细胞中,获得了转入 CD46 基因的 α1,3GalT 敲除猪。在非人灵长类动物异种器官移植实验中,他们将转入 CD46 基因的 α1,3GalT 敲除猪的心脏移植入狒狒体内,在免疫抑制类药物的作用下,改造的猪心脏存活了 6 个月以上。

目前 Revivicor 公司的这项技术主要应用于 3 个方面:

①猪胰岛的异种器官移植。在前期的动物实验阶段,5 只患有Ⅰ型糖尿病的猴接受了该公司生产的猪胰岛移植。据该公司报道,治疗效果极其显著。在接受胰岛移植后 1 d,病猴病情得到了改善;在接下来的 12 个月调查中,病猴都不需要接受胰岛素注射。这一结果使 Revivicor 宣布在 3 年内猪胰岛异种器官移植进入人类临床试验阶段。

②整体器官移植。

③和其他医疗器械厂商合作,利用基因改造猪生产皮肤衍生物制品,首批产品包括用于前十字韧带修复的肌腱和疝气治疗的医疗支架。

另外,心脏瓣膜和血管也在制造计划中,Revivicor 估计 2 年内这些产品就能投放市场。

2　Bio-cellular Research Organization LLC

Bio-cellular Research Organization LLC 公司成立于 1989 年。目前该公司位于爱尔兰。Bio-cellular Research Organization LLC 公司主要利用胎儿前体干细胞进行异种器官移植治疗疾病。利用的原理是机体免疫系统对器官原基或胚胎期细胞的免疫应答能力减弱,早期的器官原基或干细胞是没有血管的,因此,避免了受者体内抗体和补体对内皮细胞的攻击。目前该公司主要利用胎儿干细胞移植技术治疗糖尿病引发的疾病和神经系统疾病,如唐氏综合征、脑瘫和自闭症。据公司网站报道,这项技术对疾病治愈率大都在 60% 以上。

3　Live Cell Technologies

Live Cell Technologies 公司 1987 年成立于新西兰。该公司主要利用猪细胞异种器官移植治疗Ⅰ型糖尿病和神经退行性疾病。其产品 DIABECELL 即利用其公司专利技术包裹的猪胰岛细胞植入病人腹腔,在病人自身血糖浓度的调节下,猪胰岛细胞能够分泌胰岛素和胰高血糖素达到治疗糖尿病的目的,并且病人不需要接受免疫抑制剂。目前该产品已经进入临床Ⅱ期试验。该公司另一项产品是 NTCELL,即利用移植猪的脉络丛细胞植入患者体内以治疗帕金森氏综合征、亨廷顿氏综合征、中风和听力缺失。该项产品正在进行临床前研究。

8.3　异种器官移植所面临的生理学及解剖学障碍

目前人们普遍认为,成功的异种器官移植需要器官供者与受者具有相似的解剖学和生理学特征。因此,与人类亲缘关系接近的灵长类动物就成了候选目标。但是选用灵长类生物面临很多的障碍。首先,灵长类与人类亲缘关系接近,智商很高,使用猩猩和猴子作为实验动物时面临大量的伦理学问题。其次,灵长类动物繁殖速度慢,一胎往往只有 1 个后代,且发育时间较长,造成繁育成本高。再次,灵长类可能携带大量的致病原,从而导致人类患病如我们目前耳熟能详的艾滋病。综合以上因素,人们目前主要选用猪作为异种器官移植的供体动物。猪具有个体相对较小、器官与人类接近(表 8.1)、繁育速度快、产仔多等特点,而且人们还可以在特定的环境中饲养猪,以防止特定的疾病(SPF 猪)。另外,由于猪是世界上大部分民族的主要肉食来源,每年需要屠宰大量的猪以满足人们的需要,所以再屠宰一部分作为人们器官来源也不会引起人们的反感。

表 8.1　猪与人器官比较

器　　官	人 (70 kg)	猪 (55 kg)
肌肉和脂肪	57.0	56.0
皮肤和皮下组织	8.7	16.5
骨骼	10.0	6.8
肝	2.4	2.0
脑	2.1	0.16
肺	1.4	0.5

续表 8.1

器　　官	人 (70 kg)	猪 (55 kg)
肾	0.43	0.43
心	0.43	0.43
脾	0.21	0.15
胰	0.10	0.12
睾丸	0.057	0.65
眼球	0.043	0.027
甲状腺	0.029	0.018
肾上腺	0.029	0.000 6
其他	9.4	8.3

(Bustad,1968)

生理学方面,用于异种器官移植的器官必须满足受者生理需要,能在受者体内和其他器官相互作用共同维持其功能。哺乳类动物虽然都具有基本相同的代谢特征如 pH、渗透压、器官血流量、心每搏输出量等,但毕竟不是同一物种,必然存在着差异。因此,在使用异种器官移植前,必须进行大量的工作,检测供者和受者器官的生理学特征,以寻求合适的移植器官。先前在猪肾到灵长类动物异种器官移植实验中,已经证明,猪肾能够维持其正常功能,如水盐平衡和酸碱平衡。猪肾在大小和结构上与人类相似,最大尿浓缩浓度为 1 080 mol/L,肾小球滤过率为 126~175 mL/h,都与人肾类似(Kirkman,1989)。Sablinski 等(1997)证明,猪肾移入猴子体内后,猴子能够存活 15 d,肌酐含量在发生排斥反应前控制在 0.8~1.3 mg/dL。Alexandre 等(1989)将猪肾移植到经过天然抗体和补体去除的狒狒体内,5 只移植狒狒中的 3 只存活时间长于 10 d,其中最长的个体存活 23 d;最终这些狒狒死于双侧肾坏死。检查血清肌酐含量为 2.0 mg/dL,但是这些狒狒必须接受不断的输血以维持血红蛋白含量大于 8 g/dL。这一现象说明猪肾分泌的促红细胞生成素与狒狒的红细胞生成可能不兼容。关于猪肾异种器官移植最好的结果来自于 Zaidi 的工作(Zaidi, et al, 1998),接受移植的猴子存活时间长达 78 d,钠离子、钾离子、肌酐含量、体液平衡、酸碱平衡和体重都在正常值。这一结果证明,除了促红细胞生成素,影响猪肾异种器官移植的主要因素不是来自于器官功能的差异。

在其他器官方面,猪心异种器官移植已经证明可以维持灵长类存活数周,而狒狒接受转人 CD55 基因的猪肝后,4~8 d 可以撤出呼吸机,也可以进食和喝水,各项生理指标都正常(Ramirez, et al,2005)。但是上述实验都是在短时间内监控受者生理生化指标,缺少一个长期的监控数据,因此,用于异种器官移植的器官是否能够长时间维持正常功能还需要进一步的研究。随着分子生物学和基因工程的发展,我们可以设想将猪的器官人源化,使之表达人类的相关基因,从而可以突破潜在的生理学障碍。

8.4　异种器官移植中的免疫学障碍及解决办法

8.4.1　异种器官移植的免疫学障碍简介

异种器官移植是将其他物种器官移入人体,所以,异种器官移植涉及大量的免疫学原理。

了解这些过程并克服免疫学障碍是异种器官移植成败的关键。在异种器官移植中免疫学障碍主要分为四类,即超急性免疫排斥反应(HAR)、急性血管性排斥反应(AVR)、急性细胞性排斥反应(ACR)和慢性异种排斥反应(CXR)。这 4 种排斥反应关系如 8.6 所示(Samstein,Platt,2001)。

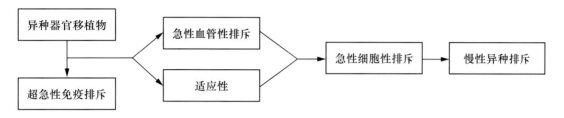

图 8.6　异种器官移植的免疫排斥反应

8.4.1.1　超急性免疫排斥反应

1. 超急性免疫排斥反应简介

超急性免疫排斥反应(hyperacute xenograft rejection,HAR)是指与人类种属关系较远的异种器官移入人体后在短时间(通常是几分钟到几个小时)内发生的强烈的免疫排斥反应。这个过程发生的原理是:人体内存在的天然抗体(xenoreactive natural antibody,XNA)与猪内皮细胞表面糖蛋白或糖脂的末端双糖结构 $Gal\alpha1,3Gal\beta$ 结合,激活补体系统和凝血级联反应,导致移植物出血和血小板血栓的形成,破坏移植物的内皮细胞而引起的免疫排斥反应(图 8.7)。

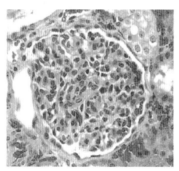
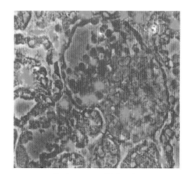

(A) 超急性免疫排斥
反应所引起的出血症状

(B) CD41染色显示
血小板聚集在肾小囊中

图 8.7　超急性免疫排斥反应的症状

(Samstein,Platt,2001)

超急性免疫排斥是异种器官移植所面临的首要问题。$Gal\alpha1,3Gal\beta1,4GlcNAc$ 存在于哺乳动物中,由 $\alpha1,3$-半乳糖苷转移酶($\alpha1,3GalT$)合成。在人类、类人猿和 old world monkey(旧世界猴)中不含有编码 $\alpha1,3GalT$ 的功能基因。但通过序列比对人们发现,这些物种中存在 $\alpha1,3GalT$ 的假基因,如人类基因组中有 2 个假基因 *HGT-2* 和 *HGT-10*。与 A、B、O 血型转移酶基因比较后,人们发现这些基因可能来自于同一个祖先的基因。因此,$\alpha1,3GalT$ 可以被视作一个血型基因(图 8.8、图 8.9)(Joziasse,et al,1991;Joziasse,Oriol,1999)。

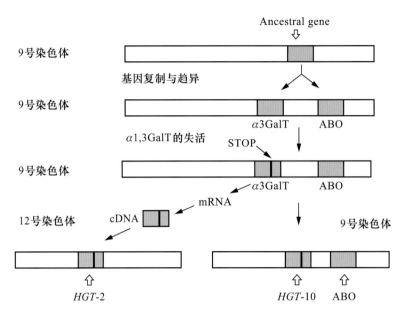

图 8.8　α1,3GalT 的分子进化

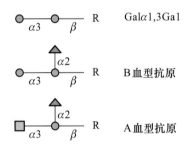

图 8.9　Galα1,3Gal、B 血型抗原和
A 血型抗原的结构

从图中可以看出 B 血型抗原仅仅比 Galα1,3Gal 多了
一个果糖基团(Joziasse, Oriol,1999)。

有趣的是,与这些物种分离不过 4 000 万年的新世界猴中发现了该基因的表达。由此人们推测,在人类等物种与新世界猴分离后,由于生活环境的改变导致了 α1,3GalT 的突变,从而使人类失去了产生这一类型抗原的能力。而由于胃肠道微生物含有 Galα1,3Galβ1,4GlcNAc 结构,使得人、猿和旧世界猴在出生后能够表达此抗原的抗体。但正是由于这个抗体的存在给异种器官移植带来了巨大的障碍。人血清中的 XNA 是由 $CD5^+$ B 细胞产生的,包括 IgM、IgG、IgA,发挥作用的主要为 IgM。IgM 与 Galα1,3Gal 表位结合,引发补体系统的激活,从而导致 HAR。

2. 其他引起超急性免疫排斥反应的基因

人们在啮齿类和猪中发现另外一种能够合成 Galα1,3Gal 糖基的酶,叫做 iGb₃ 合成酶。用表达此基因的载体转染人的肾细胞系后,Galα1,3Gal 糖基的含量大大增加,并且在 α1,3GalT 敲除小鼠中引起抗 α1,3Gal 的抗体大量产生。由此说明,iGb₃ 合成酶具有免疫原性(图 8.10)。但是有报道提出,在敲除 α1,3GalT 的猪中并没有抗 α1,3Gal 自体免疫反应产生,说明 iGb₃ 合成酶合成的 Galα1,3Gal 糖基还不足以引发免疫耐受和自体免疫。由此得出一个结论:iGb₃ 合成酶合成 Galα1,3Gal 糖基可能并不能诱发免疫应答。iGb₃ 合成酶是否能引起 HAR 或 AVR 还需要进一步的实验证据(Keusch, et al,2000; Byrne, et al, 2003; Sharma, et al, 2003; Kuwaki, et al, 2005)。

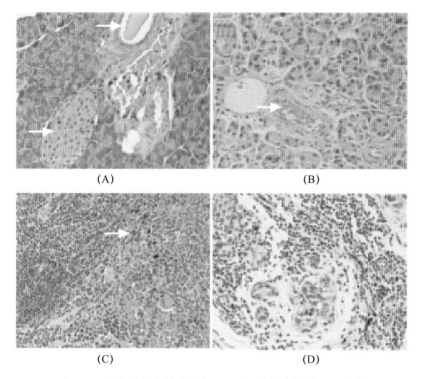

图 8.10　用免疫组化的方法在 αGalT 敲除鼠中检测 αGal 抗原

(A) αGalT 敲除鼠的胰脏血管内皮细胞，langerhans 细胞和腺泡细胞被抗 αGalT
的抗体着色（箭头）。(B) 人类胰脏中没有出现 αGalT 抗原，但是由于红细胞含有少量
内源性过氧化物酶导致人类血管有少量着色。(C) 小鼠脾脏淋巴细胞也出现 αGalT
信号。(D) 人类脾脏呈现 αGalT 阴性。

(Milland，et al，2006)

3. 补体系统

由于参与超急性免疫排斥反应的主要是 IgM，其免疫学活性主要是通过经典途径激活补
体而实现，另外也有提出通过旁路途径激活补体而实现。这样有争议的研究结果可能与供受
动物不同搭配有关。在猪与人肝异种器官移植中，移植物血管内有 C1q、C3、C4、B 因子、D 因
子沉着，提示补体激活的经典途径和旁路途径均介入了 HAR。但在豚鼠和大鼠移植模型中，由
于缺乏 XNA 或 XNA 的水平很低，不足以激活补体经典途径，则以旁路途径激活补体为主。

4. 血管内皮细胞

超急性免疫排斥反应的靶细胞是内皮细胞，反应过程开始于内皮细胞发生死亡之前的 Ⅰ
型内皮细胞活化。Ⅰ型内皮细胞的激活不需要新基因的表达。这与 Ⅱ 型内皮细胞激活相对。
补体激活导致受损的内皮细胞发生形态学和信号通路的改变，使内皮细胞的抗凝血作用转变
为促凝血作用，从而引起血小板纤维蛋白聚集形成血凝块，黏附分子表达增加，血细胞与大分
子蛋白质渗出血管。其后果是使内皮细胞丧失正常的屏障功能，出现血管内血栓，纤维蛋白沉
积，间质出血、水肿和炎症，造成组织缺血和坏死，最终丧失移植物的功能。

8.4.1.2　急性血管性排斥反应

急性血管性排斥反应（acute vascular rejection，AVR）又被称为急性体液异种排斥反应

（acute humoural xenograft rejection，AHXR）或者延迟性异种排斥反应（delayed xenograft rejection，DXR）。它产生于协调性移植（concordant xenotransplantation）（如大鼠与小鼠之间）或非协调性移植（discordant xenotransplantation）（如猪到灵长类动物）的超急性免疫排斥反应被阻止后。急性血管性排斥以内皮细胞的Ⅱ型激活为特征，伴随着巨噬细胞和自然杀伤细胞的浸润和血管内血栓形成以及缺血、血栓性微血管病等特点（图8.11）。AVR与超急性免疫排斥反应的机理不同。首先，AVR往往发生在补体系统被抑制之后。其次，AVR能够在补体缺陷的动物中发生，而超急性免疫排斥反应则不能。再次，抑制AVR的方法如注射抗白细胞抗体并不对HAR起作用。最后，AVR的病理特征有内皮细胞膨胀、局部缺血性损伤、血管内散布性血栓，而这些现象在HAR中都没有发现。

AVR的产生主要与以下3个因素有关：

①天然抗体和诱发性抗体与供体器官结合。

②供体器官内皮细胞的激活。

③自然杀伤细胞和巨噬细胞介导的免疫排斥。

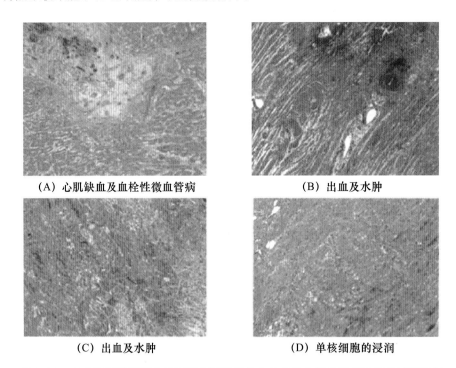

（A）心肌缺血及血栓性微血管病　　　　（B）出血及水肿

（C）出血及水肿　　　　（D）单核细胞的浸润

图8.11　α1,3GalT敲除猪心脏移植入狒狒后发生的急性血管性排斥反应的病理特征

8.4.1.3　急性细胞性异种排斥反应

在实体器官异种器官移植后，我们可以采用很多种方法避免超急性免疫排斥反应和急性血管性排斥反应。但是，我们随后将遇到异种器官移植中的第3个障碍即急性细胞性排斥反应（acute cellular xenograft rejection，ACR）。在排斥反应中会有多种免疫细胞参与反应，如先天免疫中发挥作用的巨噬细胞、中性粒细胞、NK细胞等；又如在适应性免疫中起排斥反应的T淋巴细胞和B淋巴细胞。在异种器官移植中，并不是所有与细胞有关的排斥反应都叫急性细胞性异种排斥。在AVR过程中，我们发现NK细胞和巨噬细胞会对异种器

官移植物浸润(infiltration),同时还可以释放各种细胞因子激活内皮细胞,从而导致供体器官的坏死。但是,这里所讲的 ACR 过程只包括 T 淋巴细胞介导的异种器官移植排斥反应。

由于抗体介导的排斥反应(HAR 和 AVR)的作用很强,很多异种器官移植物都不能存活到细胞免疫排斥发生时期,导致人们对 ACR 的研究远不及 HAR 和 AVR。早期人们对 ACR 的认识主要来自于体外实验和异种胰岛移植实验。Yamada 等(1995)和 Bravery 等(1995)分别利用人类淋巴细胞与猪细胞共培养的方法,证明了人类 T 淋巴细胞能够直接对猪 SLA 分子进行免疫应答,或者通过间接方式识别在人类自身 MHC 分子上的猪 SLA 抗原。人们选取胰岛移植研究 ACR 主要是因为胰岛在受者体内不会形成血管且胰岛并不表达 αGal,能够避免抗体介导的排斥反应。异种器官移植的胰岛在度过原发性无功能期(primary nonfunction)后就直接遭受 T 细胞介导的排斥反应。因此,胰岛是研究 ACR 的一个很好材料(图 8.12)。Kirchhof 等(2004)使用成猪胰岛组织移植入经 STZ 诱导患糖尿病的猕猴门静脉内,移植后猕猴没有经过任何免疫抑制处理,在 12 h、48 h、72 h 分别取胰岛组织利用免疫组化检测发现,在这一段时间内 $CD4^+$ 和 $CD8^+$ T 细胞大量增加,说明胰岛组织在植入猕猴体内 72 h 后遭到了 ACR(图 8.13)。

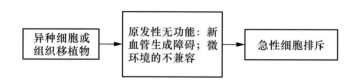

图 8.12　异种器官移植细胞或组织后的机体排斥反应

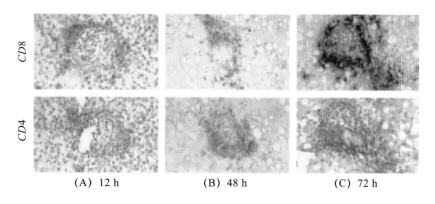

(A) 12 h　　　　(B) 48 h　　　　(C) 72 h

图 8.13　移植后的胰岛遭到 T 细胞攻击,*CD4*、*CD8* 免疫组化染色显示 T 细胞

在 2006 年,Davila 等将转人类 CD46 的猪心移植入去除 αGal 的狒狒体内,在未对狒狒使用 T 细胞免疫抑制剂的情况下,移植物在第 5 天到第 7 天被排斥。在对移植物进行免疫组化研究后发现,猪心脏中存在大量体液和细胞免疫排斥反应的特征,而其中以 $CD4^+$ T 细胞的浸润最为明显(图 8.14)。

这些体内和体外的实验都证明了 T 淋巴细胞在异种器官移植免疫排斥反应中的作用,为了使移植物在人体内存活更长的时间,克服 ACR 的研究逐渐展开。

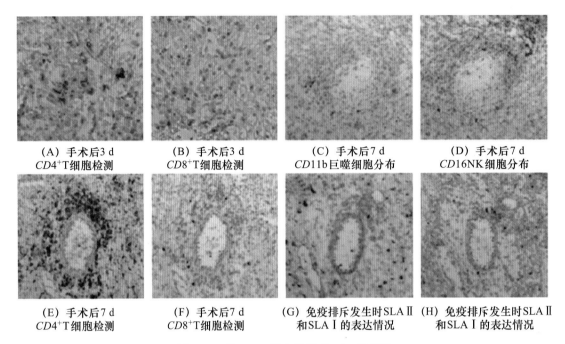

(A) 手术后3 d
$CD4^+$T细胞检测

(B) 手术后3 d
$CD8^+$T细胞检测

(C) 手术后7 d
CD11b巨噬细胞分布

(D) 手术后7 d
CD16NK细胞分布

(E) 手术后7 d
$CD4^+$T细胞检测

(F) 手术后7 d
$CD8^+$T细胞检测

(G) 免疫排斥发生时SLAⅡ
和SLAⅠ的表达情况

(H) 免疫排斥发生时SLAⅡ
和SLAⅠ的表达情况

图 8.14 转 CD46 猪心脏受到 ACR 的证据

8.4.1.4 慢性异种排斥反应

慢性异种排斥反应是临床器官移植中导致移植失败的主要原因。由于慢性异种排斥反应出现时间较晚,在异种器官移植实验中很少有移植个体能够存活到慢性异种排斥反应发生,所以,目前对慢性异种排斥反应的了解很少,人们只能在为数不多的实验个体中观察到 CXR。在过去的几年中,Houser、McGregor 和 Kuwaki 在猪到狒狒心脏异种器官移植实验中发现了慢性异种排斥反应的症状,表现为心肌和心包膜血管内膜同心圆型的增厚(Houser,et al,2004;Kenji Kuwaki,2004;McGregor,et al,2004)。这一症状与同种移植慢性排斥中的血管疾病症状类似(图 8.15)。

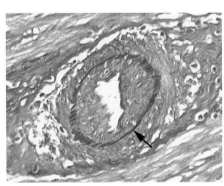

(A) 转人 CD55 猪心肌血管

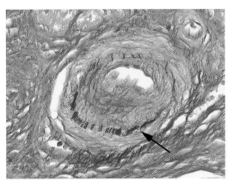

(B) αGalT$^{-/-}$敲除猪心肌血管

图 8.15 猪心肌血管内膜增厚

箭头所指为内膜增厚。

在猪至狒狒异种肾移植实验中,人们并没有观察到 CXR 现象。这是由于异种肾移植的狒狒存活时间不如异种心脏移植个体。所以,现在人们对 CXR 的了解还很片面,并没有提出一些有效的解决办法。

8.4.2 免疫学障碍的应对办法

8.4.2.1 超急性免疫排斥反应的应对方法

1. $\alpha1,3$GalT 敲除猪的构建

猪 $\alpha1,3$GalT 基因编码的是一个含有 371 个氨基酸的多肽,这个多肽属于糖基转移酶 6 家族。它能催化 UDP-Gal 与 Gal$\beta1,4$GlcNAc-R 反应,在其糖链末端的 $\alpha1,3$ 键加上半乳糖。其反应式如下:

$$UDP-Gal+Gal\beta1,4GlcNAc-R \xrightarrow[\alpha1,3GalT]{Mn^{2+}} UDP+Gal\alpha1,3\beta1,4GlcNAc-R$$

$\alpha1,3$GalT 在猪成纤维细胞中也能表达,存在于细胞表面。$\alpha1,3$GalT 基因含有 9 个外显子,起始密码子位于 4 号外显子,9 号外显子含有终止信号和大部分的编码序列,其中包括重要的催化结构域。有了以上信息,人们设计了无启动子的打靶策略。打靶目的位点位于 4 号到 9 号外显子的功能区域(图 8.16)。

第 1 只 $\alpha1,3$GalT 敲除猪是由赖良学等在 2002 年构建的。猪成纤维细胞来自于近交系小型猪(近交系数=0.86)。打靶载体长 21 kb。其中,9 号外显子催化结构域的上游插入了一个含内部核糖体的进入位点(internal ribosome entry site,IRES)、新霉素抗性基因和终止密码子的片段;左同源臂长 4.9 kb,右同源臂长 1.9 kb。经过体细胞核移植后(SCNT),获得了 $\alpha1,3$GalT 单敲的小猪。然后,从这些小猪中获得基因型为 $\alpha1,3$GalT$^{+/-}$ 的成纤维细胞,经过反复使用抗 Gal$\alpha1,3$Gal 的抗体筛选这些细胞,人们获得了 $\alpha1,3$GalT$^{-/-}$ 的细胞系;再通过克隆技术最终获得了不含有 $\alpha1,3$GalT 基因的猪(Kolber-Simonds,et al,2004)。在其他敲除策略中,戴一凡等(2002)使用类似的方法得到了 $\alpha1,3$GalT 单敲个体,但是在获得双敲个体的方法上略有所不同。他使用的是一种细菌毒素——毒素 A(toxin A)。这种分子能特异地结合 Gal$\alpha1,3$Gal 抗原决定簇,并且杀死带有这类糖基的细胞,从而存活的细胞就是 $\alpha1,3$GalT 双敲细胞。最终他们筛选得到了一个位于 9 号外显子的突变等位基因。这个基因含有 T→G 的错义突变使相应的蛋白氨基酸从酪氨酸变为天冬氨酸,从而导致整个蛋白功能丧失。随后人们利用 $\alpha1,3$GalT 敲除猪的器官进行了大量实验,发现猪心脏移植至狒狒体内能存活 3~6 个月,肾能存活 3 个月,肝能存活几天,而肺只能存活几个小时。虽然 $\alpha1,3$GalT 敲除猪的获得让人们对 HAR 有了新的认识,但以上的实验证明,若只使用 $\alpha1,3$GalT 敲除猪的器官并不能延长受者的寿命。

表 8.2 总结了目前已经构建的 $\alpha1,3$GalT 敲除猪的信息(Nikolai Klymiuk,et al,2010)。

2. RNA 干扰 $\alpha1,3$GalT 基因

RNAi 是指一种分子生物学上由双链 RNA 诱发的基因沉默现象。其机制是通过阻碍特定基因的翻译或转录来抑制基因表达。在体内,双链 RNA 被降解为小分子干扰 RNA(siRNA)后,可特异地使基因"沉默"。因此,利用针对 $\alpha1,3$GalT 基因的 siRNA,可望实现特异干扰 $\alpha1,3$GalT 的生成,从而达到减少 αGal 抗原的目的。例如,Zhu 等(2005)用 $\alpha1,3$GalT

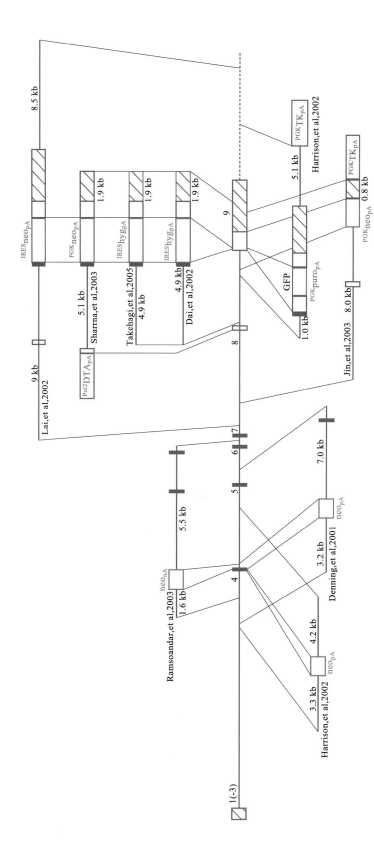

图8.16 对α1,3GalT的各种敲除策略

(Nikolai Klymiuk, et al, 2010)

表8.2 已构建 α1,3GalT 猪的信息

目的外显子	无启动子策略	正性筛选标记	负筛选标记	形成的单克隆数	打靶效率/%	怀孕率	单敲猪数目	参考文献
4	是	neo	无	215	9.3	ND	ND	Denning, et al, 2001
4	是	neo	无	395	1.0	4/10	18	Harrison, et al, 2002
4	是	neo	无	217	0.9	3/20	6	Ramsoondar, et al, 2003
4	是	neo	无	1055	1.3~8.7	ND	ND	
9	是	neo	无	159	5.0	3/29	7	Lai, et al, 2002
9	是	neo	无	1 005	0.5~2.3	3/21	7	Dai, et al, 2002
9	否	puro	HSV-TK	1 400	0.1	ND	ND	Harrison, et al, 2002
9	否	neo	DTA	ND	ND	ND	1	Sharma, et al, 2003
9	否	neo	HSV-TK	681	0.7	ND	ND	Jin, et al, 2003
9	是	hygro	无	19 738	0.7	2/12	2	Takahagi, et al, 2005

注:ND 为没有计算

特异 siRNA 转染猪血管内皮细胞,转染 48 h 后,α1,3GalT 表达量减少了约 70%;αGal 相对表达水平降至 10.5%~32.7%;天然抗体/补体结合水平下降程度,IgG 为 44.8%,IgM 为 68.1%,C3c 为 51.4%。正常人的血清对 siRNA 转染的细胞杀伤水平较对照组下降至 59.8%~69.5%,有效地减轻了细胞损伤。但使用 RNAi 有一些缺陷。首先,RNAi 并不能达到完全抑制 α1,3GalT 表达的目的。其次,siRNA 作用可能存在潜在的脱靶效应,从而影响其他基因的表达。因此,在使用 siRNA 沉默目的基因时必须选择特异性高的靶位点。

3. 糖基化竞争策略——转 α1,2FT 猪

Galα1,3Gal 的合成依赖 α1,3GalT 的活性。人类 α1,2-岩藻糖苷转移酶(α1,2FT)和 α1,3GalT 作用的底物相同,均为 Galβ1,4GlcNAc。此外,α1,2FT 的活性明显高于 α1,3GalT。因此,人们开始尝试将 α1,2FT 转入猪中使得其与 α1,3GalT 竞争底物,从而减少 Galα1,3Gal 生成。1996 年,Koike 等首次报道了转人 α1,2FT 的转基因猪。此外,Sharma 等(1996)使用 500 bp 的鸡 beta-actin 启动子片段或 4.3 kb 的鼠 MHC 基因 H-2K 启动子片段与人类 1.1 kb 的 α1,2FT cDNA 相连,然后利用共转染的方式成功地将 2 种质粒转入猪的受精卵中。α1,2FT 的表达可降低 Galα1,3Gal 的生成,并且可对人类血清介导的细胞裂解产生一定的抵抗作用。但是,此方法有一个明显的缺陷,就是在转基因猪体内仍存在不少的 Galα1,3Gal 抗原,并不能有效地阻止超急性免疫排斥反应。因此,这种方法只能是其他方法的一种补充,不能单独使用。

4. 转补体调节蛋白

在异种器官移植中,活化的补体对内皮细胞的激活起主要作用。由于异种器官移植物的补体调节蛋白不能对受者补体系统进行调控,导致受者补体系统对供者器官进行攻击,并激活内皮细胞破坏移植器官。因此,将人类补体调节蛋白转入猪体内构建转基因新品种猪是一种阻止超急性免疫排斥反应的有效方法。

膜辅蛋白 CD46(membrane cofactor protein)是一个在内皮细胞中广泛而大量表达的 I 型跨膜糖蛋白。它能辅助血清中的 I 因子裂解 C3b 和 C4b,抑制 C3 和 C5 转化酶的形成。这种对补体激活早期的抑制作用可有效地抑制后续级联反应的发生,使供者细胞免遭受者

补体攻击。人类 *CD46* 基因含 14 个外显子,长约 43 kb。由于 7 号到 14 号外显子存在可变剪切位点,因此,不能直接将 cDNA 克隆到表达载体。Diamond 等(2001)利用人 P1 噬菌体文库克隆了 *CD46* 的 60 kb 片段,包括其 3′ 和 5′ 的非翻译区和调控区。其转基因猪能够高表达人的 *CD46* 蛋白。将基因猪心脏移植到狒狒体内后,较好地抑制了超急性免疫排斥反应并使狒狒存活了 23 天,而且免疫组化结果显示,转 *CD46* 的供体心脏上的膜攻击复合物沉淀较少。

衰变加速因子(decay accelerating factor,DAF)*CD55* 编码一个 70 ku 的蛋白,其抑制超急性免疫排斥反应的作用在小鼠中已经得到证实。White 等(1992)在小鼠实验中证明,表达人 *CD55* 的小鼠细胞在天然人抗鼠抗体存在的情况下,可以免受人补体系统介导的细胞裂解作用。White(1996)在 1996 年又将转人 *CD55* 基因猪的心脏移植到猴体内,猴子平均存活 40 d,最长的为 61 d,并且 HAR 被有效抑制。Garcia 等(2004)报道,1999—2002 年期间,他观察了 27 头移植了转人 *CD55* 基因猪肾的狒狒,存活时间为 4~75 d,其中 15 只死于经典的体液排斥,12 只死于与免疫排斥无关的其他并发症。

终末补体抑制因子(terminal complement inhibitor)*CD59* 是一个长度为 33 kb、含 4 个外显子的基因,它编码一个 18 ku 的糖蛋白。*CD59* 在血细胞和内皮细胞中高表达。它能结合到 C8 和 C9 上,干扰膜攻击复合体的组装。2001 年,Niemann 等(2001)的研究表明,转人 *CD59* 基因猪的心脏、肾、骨骼肌、皮肤及脾脏能高表达人 *CD59*,转基因肾的平均存活时间相对于没有转基因的对照个体明显延长。

5. 去除受者的补体和抗体

前面介绍的阻止超急性免疫排斥反应的方法都是从改造供体角度进行的,然而从受者角度出发,去除天然抗体和补体也是 2 种有效的方法。过去的 30 年中,人们发明了各种去除受体的天然抗体和补体系统的方法(Pierson,2009):

①血浆替换法。这个方法首先分离和去除血浆中的某些成分如血清蛋白,然后代之以白蛋白、各种胶体和电解质。由于不仅天然抗体被去除,而且受体血液中的各种促凝血蛋白、抑凝血蛋白、补体通路中的蛋白被一并去除,因此,这种方法可以阻止促凝血反应和补体激活级联反应。但是,血浆替换法也有很多弊端。因为它会造成受者由于抗体缺失带来的感染风险,而且促凝血系统去除后,受者大出血的风险也被提高。因此,这种方法不能被经常使用。

②免疫吸附法。此方法使用免疫吸附柱,利用抗原抗体特异结合的原理,去除流经吸附柱中血浆的抗体。蛋白 A 吸附柱可以吸附血浆中的 IgG,抗吸附柱可以吸附 IgM。但由于这 2 种吸附柱没有特异性,能吸附所有相关的抗体,因此,这会增大受体感染的风险。利用天然或者人工合成的 α-gal 寡糖作为吸附柱,可以特异地去除受者血浆中的抗 Gal 的天然抗体。虽然免疫吸附法能减少受者抗体的数量,但并不能阻止抗 Gal 的恢复。因此,体外的免疫吸附往往需要反复进行。

③器官灌注法。将受者血液灌注到一个被称为"海绵"的供者器官中,利用此"海绵"中的异种抗原特异地吸附受者血液中的天然抗体,以达到去除抗体的目的。为了避免受者血液中血细胞的损失,血液往往先经过成分分离,再将分离后的血浆灌注入"海绵"器官中。这些"海绵"器官往往使用猪的肾、肝、肺或者脾。其中肝和肺由于具有更大的内皮细胞面积,它们的吸附效果要好于其他器官。

④眼镜蛇蛇毒法。眼镜蛇蛇毒因子(CVF)又称为抗补体因子。它是一种来源于眼镜蛇蛇毒的性质稳定的抗补体糖蛋白。它具有 C3、C5 转化酶的作用,可在血清其他蛋白因子(如 B 因子、D 因子)参与下,通过激活补体旁路途径而不断地激活补体 C3、C5,直至其最终耗竭,从而造成血清补体水平下降,经典及旁路途径均失活。

8.4.2.2 抑制急性血管性排斥反应的方法

1. 去除异种抗体

越来越多的证据表明,AVR 是由受者血液中的异种抗体启动的。其一,在发生 AVR 的供体器官中发现了血管内皮细胞上的抗体沉积。其二,植入供体器官后,受者体内的血液中异种抗体水平增加。其三,用抗供体的抗体灌注可引起 AVR。其四,去除这些抗体可以延迟 AVR。Baumann 等(2007)利用人天然血清对一系列猪原代细胞(包括红细胞、内皮细胞、成淋巴细胞)进行流式分析,结果发现,除了天然抗 Gal 抗体外,还有一些抗非 Gal 抗体可以激活补体系统和抗体依赖的细胞杀伤系统。由此说明,在 AVR 中抗 Gal 抗体和诱发性的抗 non-Gal 的抗体都发挥了作用。诱发性的抗 non-Gal 的抗体主要识别 non-Gal 抗原,但目前具体有哪些 non-Gal 抗原尚不明了。Byrne 等(2008)利用 western blot 和蛋白质组学分析鉴定了一系列潜在的 non-Gal 抗原,其中包括 fibronectin、MG-160、各种胞质蛋白、热激蛋白、annexin、vimentin 等。Saethre 等(2007)证明人类血清中有抗 Hanganutziu-Deicher 抗原抗体,而这些抗体可能与 $\alpha1,3$GalT 敲除的供体器官中的内皮细胞激活有关。

去除 Gal 抗体的方法已在前面介绍,而抑制抗 non-Gal 抗体的方法主要是阻断 CD154/CD40 共刺激途径。Kuwaki 等(2005)在 $\alpha1,3$GalT 敲除猪的心脏异种移植模型中,将 CD154 单克隆抗体注射到经免疫抑制的狒狒中,干扰其 T 细胞和 B 细胞的相互作用,以达到阻止新抗体产生的目的。结果表明,狒狒体内抗非 Gal 抗体水平并没有升高,$\alpha1,3$GalT 敲除猪的心脏在狒狒体内最长的存活时间达到了 179 d。在 Larsen(Cardona, et al, 2006)的实验中,通过抗体阻断 CD154/CD40 途径,使得猪胰岛在恒河猴体内存活长达 4~6 个月。Richard Pierson(2009)总结了 CD154 在阻断诱发性抗体中的作用:

①阻断 CD154 途径的实验表明,诱发性抗体的生成是 CD154 途径依赖性的,受者体内淋巴细胞对猪抗原为低免疫应答。

②通过对狒狒异种器官移植的研究表明,使用 CD154 阻断剂比使用常规免疫抑制剂安全。

③若在异种器官移植中只使用 CD154 阻断剂而不添加霉酚酸酯(MMF)和抗胸腺球蛋白(ATG),则不能抑制诱发性抗体的生成。

④在异种器官移植过程中添加 CTLA4-Fc 以抑制 CD28/B7 相互作用,可以增强抗 CD154 抗体的治疗效果。

2. 抗血栓和抗凝血方法

血栓性微血管病(thrombotic microangiopathy)和弥散性血管内凝结(disseminated intravascular coagulation)是 AVR 的 2 个主要特征。这一过程主要由补体和抗体介导的 II 型内皮细胞活化所致或由内皮细胞释放非抗体、补体依赖途径的 vWF(von Willebrand factor)因子所致(图 8.17)。在供体器官移植到人体后,由于猪的 TFPI(tissue factor pathway inhibitor)和 Fgl-2 不能阻止凝血酶催化血液中的纤维蛋白原成为纤维蛋白,导致血栓形成。此外,由于供体的 CD39 和 CD73 不能降解血液中的 ATP 和 ADP,也加速了血液凝结。这些因素均加速了血栓性微血管病和弥散性血管内凝结的进程,从而诱发 AVR 的发生。

Kim 等(2008)在猪肺异种器官移植实验中,使用了药物 desmopressin 抑制 vWF 的活性,结果发现猪肺中血小板凝结现象显著减少,血管内凝结也得到了控制。Cantu 等(2007)将 vWF 敲除和转入 CD46 的猪肺移植到去除巨噬细胞的狒狒体内,与对照相比,狒狒的存活时间延长。Chen 等(2004)将转入 TFPI 的小鼠心脏移植到大鼠体内,发现除了在移植物上有补体和抗体沉淀外,并没有其他明显的 AVR 现象,移植后的大鼠可以正常存活。Mendicino 等(2005)使用相同的研究模型发现,野生型小鼠心脏移植到大鼠,3 d 后发生严重的 AVR,并且 Fgl-2 表达量上升;而使用 Fgl-2 敲除的小鼠心脏移植的实验组,其移植物的血栓和纤维蛋白沉淀与对照组相比均明显减少。Imai(2000)利用 CD39 过表达的器官异种器官移植,与 CD39 敲除的结果相比,发现 CD39 明显减轻了 AVR 的症状,而 CD39 敲除的器官中则发现了大量血小板和纤维蛋白凝块。这些结果表明,通过转基因和敲除的办法,改造供体器官,可以有效抑制凝血反应,最终阻止 AVR 的发生。

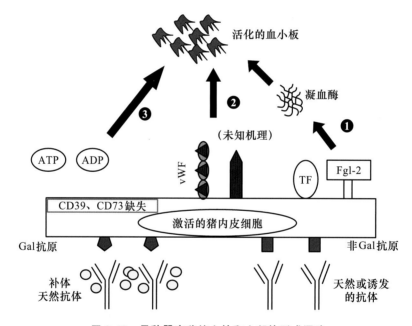

图 8.17　异种器官移植血栓和血凝块形成通路

(Lin, et al, 2009)

3. NK 细胞和巨噬细胞活性抑制

NK 细胞(natural killer cell)在异种免疫排斥反应中作用的证据来自以下 4 个方面:

①人类 NK 细胞能够在体外激活猪内皮细胞。

②啮齿类动物异种器官移植实验中,发现了 NK 细胞对供者器官的排斥作用。

③在猪到灵长类动物异种实验中,人们发现 NK 细胞的浸润(infiltration)。

④用人类血液灌注猪的器官后发现,猪器官遭到人 NK 细胞浸润(Le Bas-Bernardet, Blancho,2009)。

NK 细胞在 CD16 的介导下能够识别人体内的天然异种抗体与异种抗原的结合,并通过抗体依赖的细胞毒性作用(antibody dependent cell-mediated cytotoxicity)对供体内皮细胞发动攻击(参考图 8.18)。对付这一类型 NK 细胞活性的方法在前面已经介绍过了,就是去除天然抗体或天然抗原。另外,NK 细胞能够与供者内皮细胞直接作用而破坏内皮细胞。这一反应的机制有 2 种。第 1 种是由于供者细胞表面的 MHC 分子与受者 NK 细胞表面的 MHC 受体的不兼容,人类的白细胞抗原(human leukocyte antigen)能与 NK 细胞表面的抑制型 MHC 受体(inhibitory MHC receptor)结合阻止 NK 细胞的激活,防止其攻击自身细胞。而异种器官移植中,猪的 SLA 不能与抑制型受体作用导致 NK 细胞激活攻击供者细胞。人们目前采用转基因的方法将人类 MHC 分子基因如 HLA-B27、HLA-CW3、HLA-CW4、HLA-G 或 HLA-E 转入猪体内,产生的转基因器官能够很好地抑制人类 NK 细胞活性(Crew, et al, 2005; Forte, et al, 2005; Lilienfeld, et al, 2007)。第 2 反应机制是在异种器官移植反应中,NK 细胞表面的 2 个受体 NKp44 和 NKG2D 与猪内皮细胞表面的配体(ligand)结合,激活 NK 细胞。Lilienfeld 等(2006、2008)鉴定出猪 ULBP-1 在激活 NKG2D 起了很大的作用。他们随后使用抗 ULBP-1 的单克隆抗体结合 ULBP-1,结果 NK 细胞的毒性作用大大降低。目前,人们正在探索敲除 ULBP-1 基因的方法。除了直接对内皮细胞的攻击,NK 细胞还能释放细胞因子,通过诱导产生连接分子(adhesion molecule)激活供者内皮细胞。Schneider 等(2002)针对 CD106 在这一途径中所扮演的重要作用,使用了抗 CD106 的抗体阻断其作用。实验发现,这一方法能够有效地阻止 NK 细胞与内皮细胞的结合。

人们在研究异种排斥的器官中除了发现 NK 细胞的踪迹外也发现了巨噬细胞(macrophage)对器官的浸润(Le Bas-Bernardet, Blancho,2009)。研究发现,在存在异种抗原 αGal 的情况下,巨噬细胞表面蛋白 C 型凝集素受体(C-type lectin receptor) Galectin-3 与 αGal 结合,激活 β2 整合素并且增强它们与细胞间连接分子 ICAM-1(intercellular adhesion molecule-1)的结合能力,从而导致巨噬细胞的浸润。在异种抗原 αGal 被去除的情况下,巨噬细胞表面 SIRP-α (signal-regulatory protein-α)受体能与内皮细胞表面的 CD47 结合。如果 CD47 是人源的,则巨噬细胞活性被抑制;如果 CD47 是异种来源的,则巨噬细胞被激活。因此,如果我们将人的 CD47 转入猪器官中,则用这种器官移植入人体内能大大降低巨噬细胞介导的排斥反应(Ide, et al, 2007)。

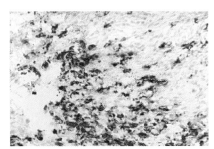 

(A) 巨噬细胞 marker CD68　　　　　　　(B) NK 细胞 marker CD16

图 8.18　猪至狒狒心脏异种器官移植 96 h 后免疫组化结果(没有采用免疫抑制措施)

(Itescu, et al, 1998)

4. 适应性

适应性(accommodation)是指移植的器官在受者体内且在受者抗体存在的情况下正常发

挥功能的一种情况。适应性的概念首先在 1980 年提出。人们当时在 A、B、O 血型不兼容的个体之间进行肾移植,肾移植后数天内采用了免疫抑制和血浆置换的方法减少受者体内的抗体和补体含量。在正常的理解范围内,当受者抗体含量在移植后逐渐升高时,由于血型的不同免疫系统会对移植的肾进行排斥。但研究人员发现,在 80% 的移植病人中并没有出现严重的排斥反应,反而移植物在抗体存在的情形下正常发挥功能。随后人们在仓鼠到大鼠、大鼠到小鼠、小鼠到大鼠心脏协调性异种器官移植实验中也发现了适应性现象。这种在同种和异种器官移植实验中都能出现的现象大大激发了人们研究的兴趣。如果能够在猪至人的异种器官移植实验中诱导适应性的产生将会大大推动异种器官移植的临床实践。通过研究,适应性的诱导主要需要满足以下的条件(Jean-Paul Dehoux,2009):

①移植前,抗移植物的抗体需要被去除。移植后,允许这些抗体的含量慢慢回复。

②在移植物中表达保护基因:HO-1、A20、Bcl-2、Bcl-x。

③在受者体内诱导 Th2 免疫应答。

④利用 CD59 的表达抑制膜攻击复合体的形成。

利用上述几点,人们在同种移植及协调性异种器官移植中很好地诱导了适应性的产生。但是,目前还缺少猪至非人灵长类实验成功的报道,说明利用猪器官进行适应性诱导还需进行大量的工作。

5. B 细胞耐受(B cell tolerance)的诱导

针对异种器官移植中天然抗体和诱导性抗体都是由 B 淋巴细胞生成这一特点,如果诱导 B 细胞产生耐受,那么它们就不会对异种器官或者细胞产生免疫应答,从而能避免大量使用免疫抑制剂(Sachs, et al, 2009)。目前主要诱导 B 细胞耐受的方法是混合异种移植嵌合法(mixed xenogeneic chimerism)。这种方法在异种器官移植过程中将供者骨髓也同时移植入受者体内。混合异种移植嵌合法的原理是:如果受者体内未成熟 B 细胞在面对异种抗原时会通过负筛选作用留下不识别异种抗原的 B 细胞,体内成熟的识别异种抗原的 B 细胞会产生 B 细胞不反应性(B cell anergy)。利用这一特点,Mohiuddin 和 Abe 等(2002)分别在小鼠至大鼠心脏移植和猪到小鼠皮肤移植中成功诱导了 B 细胞耐受。

6. 胚胎期器官移植

使用胚胎期器官进行异种器官移植具有以下几个优点:

①与胚胎干细胞不同,器官原基不需要额外的诱导即可分化成为成体器官,而且只要把握好器官原基移植的时间,就能避免畸胎瘤的形成。根据人们的实验结果,肝肾移植需要在 E 28 d(胚胎期 28 d,embryonic day 28)后,胰脏和脾要在 E 42 d 后而肺需要在 E 56 d 后移植才不会发育成畸胎瘤(Eventov-Friedman, et al, 2005)。

②胚胎期器官原基中的细胞生长能力要强于成体器官中的细胞。

③急性细胞性排斥反应对器官原基的免疫应答能力减弱。

④早期的器官原基是没有血管的,因此,避免了受者体内抗体和补体对内皮细胞的攻击。在这些器官原基发育过程中,受者体内的血管会在器官中生成,从而形成了器官中内皮细胞和上皮细胞来源不同的现象。

⑤某些胚胎期器官移植具有选择性发育的特点。例如,胰脏原基移植过程中外分泌腺不会发育,从而避免了由于外分泌腺分泌胰蛋白酶而对受者组织的影响(Hammerman,2011)。

8.4.2.3 应对急性细胞性排斥反应的方法

1. 转基因方法

T细胞作为排斥反应中关键的效应细胞,它的激活需要2个信号。一是T细胞受体与MHC特异性结合形成的第1信号;二是抗原递呈细胞(antigen presenting cell,APC)和T细胞表面的共刺激分子相互作用的共刺激信号(第2信号)。阻断其中任意一个信号,都可以诱导T细胞的"克隆无能",抑制移植后排斥反应。在诸多的共刺激信号分子中,B7/CD28和CD40/CD40L分子对是参与T细胞活化的最重要的共刺激信号。B7分子(CD80或CD86)有2个受体即CD28和CTLA-4(CD152)。前者与B7结合激活T细胞活性。后者则抑制T细胞活性。CTLA-4Ig是CTLA-4的胞外结构域和人IgG重链恒定区构建的重组融合蛋白。其与B7分子的亲和力比CD28更强,是CD28分子的20多倍。CTLA-4Ig结合B7后发出抑制信号,降低活化T细胞的子代细胞对抗原刺激的敏感性,从而降低了T细胞对免疫应答的强度。Martin等(2005)将人类

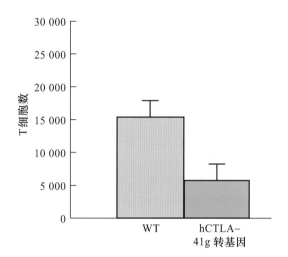

图 8.19　CTLA-4Ig 转基因猪神经元细胞能够在体外抑制共培养的 T 细胞数量

CTLA-4Ig转入幼猪神经元中,在体外T细胞增殖实验中,转基因的猪神经元能够有效抑制与其共培养的人类T细胞增殖,而野生型猪神经元培养基中T细胞数量则是其2倍(图8.19)。随后Martin将猪神经元移植入大鼠脑中,这些神经细胞能够在大鼠体内正常发育数周,这个实验证明了转基因CTLA-4Ig是一个有效抑制ACR的方法。

PD-L1(Programmed death ligand 1)是一种B7家族分子,主要由T细胞、B细胞、树突状细胞和巨噬细胞表达,它能与处于激活状态的T细胞表面PD-1受体结合,导致T细胞活性减弱并诱发凋亡。Jeon等(2007)利用这一信号通路的特点,克隆了猪PD-L1基因并将其在CHO细胞中表达,当带有PD-L1的CHO细胞与人类淋巴细胞共培养时,人类$CD4^+$T细胞增殖减弱。这一实验说明,如果我们将PD-L1在猪内皮细胞中表达,那么在移植入人体后能够在某种程度上抑制T细胞介导的排斥反应。

异种胰岛移植中,人类$CD8^+$T细胞杀伤作用是阻碍移植的关键因素。Fas/FasL信号通路是$CD8^+$T细胞杀伤作用的其中一个通路。在活化的T细胞表面存在FasL分子,它能与靶细胞表面的Fas受体结合,通过其死亡结构域激活靶细胞内部凋亡程序使靶细胞死亡。Kawamoto等(2006)将缺少死亡结构域的人类Fas基因,利用腺病毒载体转入猪胰岛中;实验结果发现,与对照组相比,$CD8^+$T细胞杀伤作用减少了$60\%\sim88\%$。

TRAIL(tumor necrosis factor alpha-related apoptosis inducing ligand)是一种诱导凋亡的分子,其主要靶细胞是肿瘤细胞。但最近的研究发现,TRAIL对浆细胞、中性粒细胞和T

细胞也有抑制增殖和促进凋亡的作用。Klose 等(2005)构建了一系列转入 TRAIL cDNA 的转基因猪;利用这些猪的淋巴细胞与人类 T 细胞共培养,发现 T 细胞数量大大减少;再加入抗 TRAIL 抗体后,T 细胞被抑制的现象消失。这说明人 T 细胞被 TRAIL 分子所特异抑制。

2. 调节性 T 细胞的应用

调节性 T 细胞(regulatory T cells,Treg)又称为抑制型 T 细胞(suppressor T cells)。它是一种特殊的 T 细胞亚群。它通过抑制免疫系统活性来调节免疫系统的稳态和诱导对自身抗原的耐受。根据 Treg 的特点,Porter(2005、2007)在体外实验中评估了 Treg 对于 $CD4^+$ T 细胞在异种免疫排斥中的抑制作用。在实验中 Treg 不仅能降低 $CD4^+$ CD25 - T 细胞分泌细胞因子的能力,还能减少其对猪内皮细胞的杀伤作用。

3. 诱导 T 细胞耐受

胸腺是建立与维持自身免疫耐受的最重要器官。自身反应性 T 细胞在胸腺微环境中发育至表达功能性抗原识别受体阶段,与胸腺基质细胞表面表达的自身抗原肽即 MHC 分子和自身抗原呈高亲和力结合时,引发阴性选择致克隆清除。利用这一原理,在异种器官移植实验中人们首先将经过 T 细胞去除的受者胸腺切除,然后在移植入供者器官的同时移植入供者的胸腺。这样在受者体内的未成熟 T 细胞在胸腺内会受到供者和受者抗原呈递细胞的同时负选择,从而使成熟的 T 细胞不会再攻击供者细胞(Sachs,et al,2009)。

美国麻省综合医院移植生物学研究中心的 Yamada 和同事(Griesemer,et al,2009)用胸腺共移植的方法,在 αGalT 敲除猪肾异种器官移植中成功诱导了 T 细胞耐受。他们使用了 2 种方法进行共移植。第 1 种,胸腺肾(thymokidney)共移植。这种方法首先在异种器官移植前 2 个月左右将胸腺植入肾的肾包膜中,然后以胸腺肾的方式移植入狒狒体内。根据他们的报道,狒狒平均存活 50 d,最长能够存活 83 d。在移植物中没有发现细胞的浸润和 IgG 的沉淀,没有供者器官因为排斥反应而失去功能(图 8.20)。第 2 种方法采用了血管化的胸腺叶(vascularized thymic lobe)共移植。5 只狒狒中有 3 只存活超过 60 d(图 8.21)。

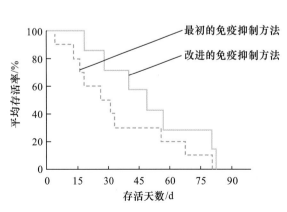

图 8.20　猪胸腺肾共移植狒狒后,
动物存活率与存活天数曲线

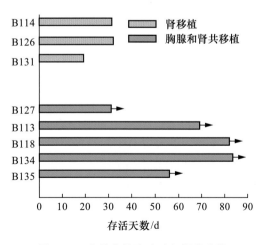

图 8.21　血管化的胸腺叶与肾共移植
狒狒后存活天数统计

8.5　内源性病毒的潜在风险

目前异种器官移植过程中,我们所遇到的那些免疫学障碍随着科学技术的发展已逐渐地被克服,然而一个潜在的风险却仍然需要引起人们的重视。这个风险就是人畜共患病。例如,猪器官移植到人体内后就可能会引发人畜共患症。那么什么是人畜共患病?其又有哪些特点呢?人畜共患病定义为由病原体引起的在脊椎动物和人类之间传播感染的疾病。病原体包括细菌、病毒、螺旋体、衣原体、支原体、真菌、原生动物和寄生虫等。人畜共患病具有以下3个显著特点:

①相同的传染源,包括细菌(革兰氏阴性、阳性菌)、病毒、螺旋体、立克次体、真菌、寄生虫(线虫、绦虫、原虫、吸虫)等生物。

②流行病学上人类和动物对病原同样具有易感染性,而动物又是引起人类疾病发生、传播中重要的一个环节。

③动物和人类之间病原体的传播方式为水平传播,即以通过接触感染的方式为主,包括直接接触的方式(皮肤和黏膜)和通过媒介间接接触的方式(消化道、呼吸道、虫媒介等)。

借助于现代动物饲养技术和饲养条件的进步,目前我们已能够得到无特定病原体或者无病原体的动物。同时,通过对移植器官进行筛查也能够筛除对人类有害的大部分病原体。但是,最新研究发现,猪内源性逆转录病毒(porcine endogenous retrovirus,PERV)的基因是整合在猪基因组中,可遗传给后代,不能利用以上的方法进行排除。所以,在异种器官移植中PERV是否通过移植的途径感染人,是否存在引起受者患病的可能性已成为焦点问题。基于此,在1997年10月,美国食品与药品监督局发布公告:停止所有正在进行的异种器官移植临床试验,直到试验的参与者能够研究出监控PERV感染的方法(Denner,et al,2009)。所以,PERV结构和功能对异种器官移植影响的研究具有重要的意义。

8.5.1　PERV简介

PERV基因序列全长大约8 kb,属于哺乳动物类C型逆转录病毒。利用荧光原位杂交技术对猪14条染色体(包括X染色体、Y染色体)的22个位点进行杂交并克隆作图分析,发现在3p1.5和7p1.1区整合位点呈现出簇状分布特点,而且在每一个整合位点都包含一个PERV拷贝。PERV基因序列由 *gag* 基因、*pol* 基因、*env* 基因及 5′、3′ 两端的长末端重复序列(long terminal repeat)组成(图8.22)。其中,*gag* 基因序列较保守,用于合成病毒核心蛋白;*pol* 基因负责编码病毒生活周期所需的多种酶类蛋白,主要是整合酶、蛋白酶和逆转录酶3种;*env* 基因负责编码囊膜蛋白。囊膜蛋白在跨膜区域表型大体一致,但在表面区域上却有着很多极易发生变异的糖基化位点。这些变异的位点使蛋白分子的受体结合空间区域产生了变化。这样PERV在感染细胞的过程中就会因受体结合区域的变化而能够和不同类的细胞表面受体产生亲和,并由此确定了PERV的亚型和细胞嗜性。PERV按照 *env* 基因的不同可分为PERV-A、PERV-B、PERV-C3个亚群。这三者都含有高度变异的包装序列和高度保守的*gag* 基因、*pol* 基因。LTR结构为感染过程中增强转录的作用,其重复序列的多少正比于病毒感染力的强弱(刘秉乾,2004;邱玉涛,龚海燕,袁静,2006;张保军,段子渊,赵勇,2006;张立,2007;王洋,2008;吴晓丽,邢晓为,2009)。图 8.23 显示了电镜下的 PERV 颗粒。

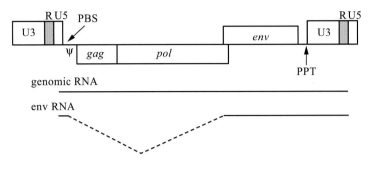

图 8.22　PERV 基因序列结构

PERV 基因序列由 *gag* 基因、*pol* 基因、*env* 基因及 5′、3′两端的长末端重复序列组成。

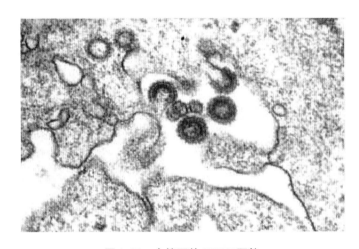

图 8.23　电镜下的 PERV 颗粒

　　猪的各种器官如心、肝、肾、脾、胸腺及淋巴结等和各种组织如血管内皮细胞、外周血单核细胞等均可表达 PERV。PERV 的基因通过整合进入宿主的基因组内,所以,该病毒基因的激活受限于 LTR 的连贯激活。PERV LTR 的 U5 区已被 Quirm 等证实有一单核苷酸多态性区,此部位在雌激素受体结合及其他转录因子的结合方面都起了重要作用。LTR U3 区长度 39 bp 的重复序列起增强启动子活性的功能,Scheef 等利用荧光酶受体技术对活性单克隆 LTR 展开研究,发现这一部位重复序列的数量存在差异。如果 LTR 缺少这些重复序列,启动子强度会有明显的降低。PERV 转录启动后会以典型的逆转录病毒繁殖方式合成病毒颗粒,以出芽的方式从宿主细胞释放。近些年来大量的研究表明,不同种属的猪所携带的 PERV 亚型不同,同时 PERV 在不同猪种之间的负载也不平衡。Edamura 等对日本的猪种进行统计调查,结果发现所有猪种均存在 PERV-A、PERV-B 和 PERV-C 这 3 种亚型;目前还未发现 PERV-C 亚型缺失的猪种。Bosch 等调查发现,C 亚型的 PERV 在 NIH 小型猪中只有极个别的个体有表达,而对于其他猪种如欧洲的 Westran 猪种和 2 个非洲品系猪(疣猪、红河肥猪)中还未发现 C 亚型 PERV 的表达。

8.5.2　PERV 的感染性

体外研究表明,来自猪不同部位的细胞感染人细胞的能力强弱具有很大的差异。猪肾 PK-15 细胞是最早被发现在体外具有感染性的猪细胞。它产生的病毒可感染 HEK293 细胞株、猪细胞和貂细胞(Patience, et al, 1997)。在异种器官移植过程中,引发 PERV 感染的首要部位是作为异种器官移植物和受体的主要接触面的内皮细胞。通过实验发现,PERV mRNA 在不同品系的猪原代内皮细胞、肺细胞、皮肤细胞、肝细胞中均有表达。异种器官移植后,在没有有丝分裂原刺激的情况下猪原代内皮细胞所释放的传染性病毒仍然具有向人传播的危险性。例如,将猪原代内皮细胞表达释放的传染性颗粒同 HEK293 细胞一起培养后,能够感染人细胞并表达出 PERV-A 和 PERV-B。另外,有研究发现,猪外周血液单核细胞和水貂肺上皮细胞也可使与之共培养的人细胞受感染。在电子显微镜下,发现 PERV 感染的水貂细胞中含有正常水貂细胞中没有的典型 PERV-C 亚型病毒和大量的包涵体结构。与以上相反,将 SPF 猪胰岛细胞和人的细胞系共培养 18 个月,在此期间没有在共培养的血液单核细胞和人的细胞系中检测到 PERV 的 DNA 或 RNA。而且将 HEK293 细胞与从胎猪中分离的侧面神经节隆起细胞和腹侧中脑细胞共培养后,也没有发现猪神经细胞把 PERV 传播至人细胞的现象。

最早进行的体内感染实验是 van der Laan 等将胰岛细胞移植到非肥胖性糖尿病、重症联合免疫缺陷型(non-obese diabetic, severe combined immunodeficieney, NOD/SCID)小鼠体内;移植后取实验鼠的组织样品进行 RT-PCR,检测到鼠的部分组织内含有为嵌合体和病毒感染的现象(van der Laan, et al, 2000)。然而,其他体内试验却得到了不一致的结果。在 Paradis 等统计的 160 例接受过猪胰岛细胞、皮肤移植或体外灌注的病人中,有 23 例的病人检查出存在微嵌合体状态,即供体细胞存活于受体中的状态,但所有的病人都未发现 PERV 感染和病毒血症(Paradis, et al, 1999)。Schumacher 等将猪神经组织移植入人体并进行了长达 1 年的跟踪观察。观察数据表明,其中的 3 例病人获得了显著的临床疗效,而且未发现 PERV 或其他猪病原体发生跨种系表达(Schumacher, et al, 2000)。Valdes-Gonzalez 等则将睾丸支持细胞和胰岛细胞采用自体胶原包被移植到病人的皮下组织,并对该病人进行了 3 年随访观察,发现移植后病人的血糖水平下降,同时糖化血红高蛋白水平也随之下降。在用高糖刺激后,病人血清中出现胰岛素,但病人无任何并发症,RT-PCR 和 PCR 检测也没有发现 PERV 感染(Valdes-Gonzalez, et al, 2007)。对猪屠宰场工人和猪异种器官移植者的血液进行猪特异性线粒体 DNA、PERV-DNA、PERV-RNA、Western Blot 印迹检测和 PERV 抗体 PCR,都未检测到 PERV 及其抗体(Hermida-Prieto, et al, 2007)。通过以上的研究发现,具有正常免疫功能的异种器官移植受者和个体被 PERV 感染的几率十分低。近年来,为了验证之前报道的严重免疫缺陷小鼠或裸鼠体内感染 PERV 的情况,Irgang 等将高滴度的病毒液接种至一种严重免疫缺陷的小鼠体内,却发现所有的细胞都未被 PERV 所感染,各种器官中也没有出现前病毒 DNA 整合和 PERV 感染的现象。所以,推测之前报道的感染实验有可能是微嵌合体状态或鼠病毒存在造成的假型化(Irgang, et al, 2005)。

8.5.3　去除和抑制内源性病毒的方法

尽管目前的很多研究证明,PERV 并不能发生由猪到人的跨种感染,但人们仍需要采取措施避免潜在感染,以防万一。

8.5.3.1 供体筛选

根据 Tonjes 等的研究,PERV 感染力最弱的是含有 env-A 和 env-B 2 种囊膜蛋白基因的个体;而感染能力较强的是同时含有 env-A、env-B 和 env-C 3 种囊膜蛋白基因或是只含有 env-A、env-B 基因之一的个体(2000)。PERV-A/C 重组体的感染性也被 Lee 等证实要比 PERV-A 高大概 500 倍(Lee,et al,2008)。Tacke 等研究正常猪的外周血细胞受刺激后产生 PERV 并释放病毒颗粒现象时发现,病毒相应于不同种系的猪细胞具有不同的释放量。从以上研究结果可知,为了降低病毒跨种传播的危险可以筛选培育 PERV 释放量少的猪种。例如,应筛选不含 PERV-C,但同时表达低水平 PERV-A 和 PERV-B 而不是含感染能力最强 PERV-A/C 重组体的猪种作为移植供体培育(Tacke,et al,2003)。

8.5.3.2 抑制药物

是否可以利用药物来降低 PERV 的感染能力呢? Qari 等(2001)通过试用抗 HIV 的药物来对 PERV 进行药物抑制,以验证这一类药物在将来异种器官移植的临床上是否具有应用价值。11 种用于 HIV 治疗的已在 FDA 注册的化学药物(包括 5 种抗核苷酶药物)被选用来抑制 PERV。实验结果显示,齐多呋啶(zidovudine)、扎西他滨(zalcitabine)、地达诺新(didanosinc)、司他呋啶(stavudine)、拉米呋啶(lamivudine)能使 PERV 的复制能力分别降低 3 倍、4 倍、6 倍、26 倍和 20 倍。继而通过药物对体外培养 PERV 感染力的影响进行检测,发现在这些抗核苷酶类药物中只有齐多呋啶可明显降低 PERV 感染力,而其他药物基本无效用。茚地那韦(indinavir)、沙奎那韦(saquinavir)、安泼那韦(amprenavir)、那非那韦(nelfinavir)和利托那韦(ritonavir)5 种蛋白酶抑制剂在 Gag 蛋白加工过程抑制试验中对 PERV 的复制和感染力没有表现出抑制作用。所以,实验所涉及的 11 种抗 HIV 药物中,只有齐多呋啶具有潜在待开发的临床应用价值。相比于上述的抗 HIV 药物,一些单克隆抗体也可降低 PERV 感染力。Fiebig 等研究发现,含有 PERV 跨膜蛋白 p15E 的重组体抗体的绵羊血清,能够有效地抑制 PERV 感染。因此,可以通过使用针对 PERV 主要结构的抗体替代某些抗病毒药物的应用(Fiebig,et al,2003)。Chiang 等(2005)也发现 7C4 和 8E10 的单克隆抗体能够中和 PERV 感染,并最终使抑制受体避免 PERV 感染。

8.5.3.3 基因工程技术抑制 PERV 活性

RNAi 技术目前也被用在研究抑制 PERV 的活性方面。RNAi 技术是一项新的分子生物学方法,通过抑制特定基因从而阻止功能蛋白的产生。RRL-pGK-GFP 和 pLVTHM 2 种慢性病毒载体(图 8.24)首先被 Dieckhoff 等用来研究抑制 PERV 的活性。这 2 种载体在诱导 GFP 报告基因的启动子上有区别(Dieckhoff,et al,2007)。Dieckhoff 在 2 个载体上分别引入 $pSuper$-$poL2$ 基因,使其表达用于抑制 PERV 的 siRNA。然后在六孔板中将所研究的猪细胞(PK15、猪成纤维细胞 E101、SE105、P1 和 F10)转染慢性病毒载体。利用定量 RT-PCR 监测,发现 RRL-GFP-pol2 转染的成纤维细胞 SE105 和 SE101 中 PERV-mRNA 的抑制率能够分别达到 78% 和 82.5%;pLVTHM-pol2 转染的 P1、F10 中 PERV-mRNA 的抑制率可达到 81.8%,1 个月后对 PERV 表达的抑制率仍高达 95%。而分别转染了 RRL-GFP-pol2 和 pLVTHM-pol2 的 PK15 细胞,分别具有 65.8% 和 73.5% 的 PERV 抑制率。由此可以说明,相同细胞情况下不同载体对抑制率的差异有影响(图 8.25)。综上研究可以发现,利用慢性病毒载体表达 siRNA 可以有效抑制 PERV 的表达。

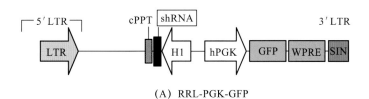

(A) RRL-PGK-GFP

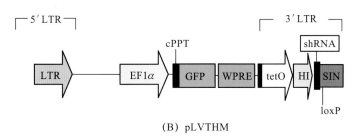

(B) pLVTHM

图 8.24　2 种慢性病毒载体 RRL-pGK-GFP 和 pLVTHM

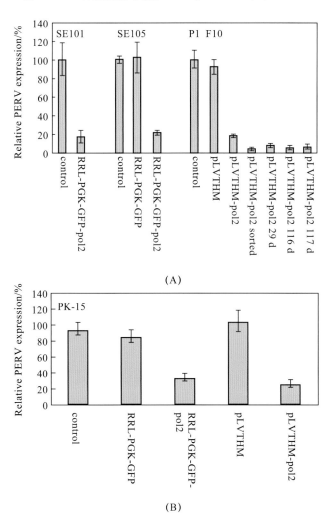

图 8.25　2 种表达 siRNA 的慢性病毒载体 RRL-GFP-pol2 和 pLVTHM-pol2 在 PK15、
猪成纤维细胞 E101、SE105、P1 和 F10 中对 PERV 表达的抑制效率

减少 PERV env 蛋白的 N 端多聚糖(N-Gly)的表达可以对 PERV 的感染力同样产生影响。研究发现,N-Gly 同人源细胞的感染力有关(Yamamoto, et al, 2010)。Miyagawa 等用 PERV-B 感染猪内皮细胞,然后再分别转入 α-甘露糖苷酶Ⅱ、N-乙酰葡萄糖氨基转移酶Ⅰ和 α-1,2-甘露糖苷酶 Ib 的基因,以降低甘露糖的表达水平。将 HEK293 细胞与各组猪内皮细胞共培养,同时监测 PERV 感染力在各组中的变化,发现在转入了 α-1,2-甘露糖苷酶 Ib 的组中未检测到 PERV 感染力的变化变化,而在转入了 α-甘露糖苷酶Ⅱ或 N-乙酰葡萄糖氨基转移酶Ⅰ的组中,PERV 对 HEK293 细胞的感染力则有明显的减弱(Miyagawa, et al, 2006)。

参 考 文 献

[1] 王洋. 2008. 猪内源性逆转录病毒和异种移植的安全性. 国际移植与血液净化杂志, 6(1): 45-47.

[2] 石炳毅, 郑德华. 2005. 异种移植的历史沿革与研究进展. 中华医学信息导报, 20(16).

[3] 刘秉乾. 2004. 异种移植领域猪内源性逆转录病毒的研究进展. 国外医学病毒学分册, 11(4): 104-108.

[4] 吴晓丽, 邢晓为. 2009. 猪内源性逆转录病毒在异种移植中的感染风险. 国际病理科学与临床杂志, 29(2): 148-151.

[5] 邱玉涛, 龚海燕, 袁静. 2006. 猪内源性逆转录病毒对异种组织器官移植影响的研究进展. 动物医学进展, 26(2): 41-45.

[6] 张立. 2007. 猪内源性逆转录病毒分子特性的研究及抗病毒位点的选择. 博士学位论文.

[7] 张保军, 段子渊, 赵勇. 2006. 猪内源性逆转录病毒与异种移植安全性问题. 实验动物科学与管理, 23(2): 45-50.

[8] 周光炎, 孙方臻. 2006. 异种移植. 上海: 上海科学技术出版社, 1-10.

[9] Abe M, Qi J, et al. 2002. Mixed chimerism induces donor-specific T-cell tolerance across a highly disparate xenogeneic barrier. Blood, 99(10): 3823-3829.

[10] Alexandre G P J, Gianello P, et al. 1989. Plasmapheresis and Splenectomy in Experimental Renal Xenotransplantation. Xenograft, 25(880): 259-266.

[11] Sgroi A, Buhler L H, et al. 2010. International human xenotransplantation inventory. Transplantation, 90(6): 597-603.

[12] Baumann B C, Stussi G, et al. 2007. Reactivity of human natural antibodies to endothelial cells from Galalpha (1, 3) Gal-deficient pigs. Transplantation, 83 (2): 193-201.

[13] Bravery C A, Batten P, et al. 1995. Direct recognition of SLA- and HLA-like class II antigens on porcine endothelium by human T cells results in T cell activation and release of interleukin-2. Transplantation, 60(9): 1024-1033.

[14] Bustad L K M, R O, 1968. Miniature swine: development, management, and utilization. Laboratory Animal Care, 18: 280-287.

[15] Byrne G., Sharma A, et al. 2003. Pig cells that lack the gene for alpha 1-3

galactosyltransferase express low levels of the Gal antigen. Xenotransplantation, 10(5): 504-504.

[16] Byrne G W, Stalboerger P G, et al. 2008. Proteomic identification of non-Gal antibody targets after pig-to-primate cardiac xenotransplantation. Xenotransplantation, 15(4): 268-276.

[17] Cantu E, Balsara K R, et al. 2007. Prolonged function of macrophage, von Willebrand factor-deficient porcine pulmonary xenografts. American Journal of Transplantation, 7(1): 66-75.

[18] Cardona K, Korbutt G S, et al. 2006. Long-term survival of neonatal porcine islets in nonhuman primates by targeting costimulation pathways. Nature Medicine, 12(3): 304-306.

[19] Chari R S, Collins B H, et al. 1994. Brief report: treatment of hepatic failure with ex vivo pig-liver perfusion followed by liver transplantation. N Engl J Med, 331(4): 234-237.

[20] Chen D X, Weber M, et al. 2004. Complete inhibition of acute humoral rejection using regulated expression of membrane-tethered anticoagulants on xenograft endothelium. American Journal of Transplantation, 4(12): 1958-1963.

[21] Chiang C Y, Chang J T, et al. 2005. Characterization of a monoclonal antibody specific to the Gag protein of porcine endogenous retrovirus and its application in detecting the virus infection. Virus Res, 108(1-2): 139-148.

[22] Crew M D, Cannon M J, et al. 2005. An HLA-E single chain trimer inhibits human NK cell reactivity towards porcine cells. Mol Immunol, 42(10): 1205-1214.

[23] D, W. 1996. hDAF transgenic pig organs: are they concordant for human transplantation. Xenograft, 25 4: 50-54.

[24] Dai Y F, Vaught T D, et al. 2002. Targeted disruption of the alpha 1, 3-galactosyltransferase gene in cloned pigs. Nature Biotechnology, 20(3): 251-255.

[25] Davila E, Byrne G W, et al. 2006. T-cell responses during pig-to-primate xenotransplantation. Xenotransplantation, 13(1): 31-40.

[26] Deacon T, Schumacher J, et al. 1997. Histological evidence of fetal pig neural cell survival after transplantation into a patient with Parkinson's disease. Nature Medicine, 3(3): 350-353.

[27] Denner J, Schuurman H J, et al. 2009. The International Xenotransplantation Association consensus statement on conditions for undertaking clinical trials of porcine islet products in type 1 diabetes-chapter 5: Strategies to prevent transmission of porcine endogenous retroviruses. Xenotransplantation, 16(4): 239-248.

[28] Deschamps J-Y R F, Sai P, Gouin E, 2005. history of xenotranplantation. xenotransplantation 12: 91-109.

[29] Diamond L E, Quinn C M, et al. 2001. A human CD46 transgenic pig model system for the study of discordant xenotransplantation. Transplantation, 71(1): 132-142.

[30] Dieckhoff B, Karlas A, et al. 2007. Inhibition of porcine endogenous retroviruses (PERVs) in primary porcine cells by RNA interference using lentiviral vectors. Arch Virol,152(3): 629-634.

[31] Eventov-Friedman S, Katchman H, et al. 2005. Embryonic pig liver, pancreas, and lung as a source for transplantation: Optimal organogenesis without teratoma depends on distinct time windows. Proceedings of the National Academy of Sciences of the United States of America, 102(8): 2928-2933.

[32] Fiebig U, Stephan O, et al. 2003. Neutralizing antibodies against conserved domains of p15E of porcine endogenous retroviruses: basis for a vaccine for xenotransplantation?. Virology, 307(2): 406-413.

[33] Fink J S, Schumacher J M, et al. 2000. Porcine xenografts in Parkinson's disease and Huntington's disease patients: preliminary results. Cell Transplant,9(2): 273-278.

[34] Forte P, Baumann B C, et al. 2005. HLA-E expression on porcine cells: protection from human NK cytotoxicity depends on peptide loading. American Journal of Transplantation,5(9): 2085-2093.

[35] Garcia B, Sun H T, et al. 2004. Xenotransplantation of human decay accelerating factor transgenic porcine kidney to non-human primates: 4 years experience at a Canadian center. Transplant Proc,36(6): 1714-1716.

[36] Griesemer A D, Hirakata A, et al. 2009. Results of gal-knockout porcine thymokidney xenografts. American Journal of Transplantation,9(12): 2669-2678.

[37] Hammerman M R. 2011. Xenotransplantation of embryonic pig kidney or pancreas to replace the function of mature organs. J Transplant,2011: 501749.

[38] Hermida-Prieto M, Domenech N, et al. 2007. Lack of cross-species transmission of porcine endogenous retrovirus (PERV) to transplant recipients and abattoir workers in contact with pigs. Transplantation,84(4): 548-550.

[39] Houser S L, Kuwaki K, et al. 2004. Thrombotic microangiopathy and graft arteriopathy in pig hearts following transplantation into baboons. Xenotransplantation,11(5): 416-425.

[40] Ide K, Wang H, et al. 2007. Role for CD47-SIRP alpha signaling in xenograft rejection by macrophages. Proceedings of the National Academy of Sciences of the United States of America,104(12): 5062-5066.

[41] Imai. 2000. Modulation of nucleoside triphosphate diphosphohydrolase-1 (NTPDase-1)/cd39 in xenograft rejection (vol 5, pg 743, 1999). Molecular Medicine,6(12): 1063-1063.

[42] Irgang M, Karlas A, et al. 2005. Porcine endogenous retroviruses PERV-A and PERV-B infect neither mouse cells in vitro nor SCID mice in vivo. Intervirology, 48(2-3): 167-173.

[43] Itescu S, Kwiatkowski P, et al. 1998. Role of natural killer cells, macrophages, and accessory molecule interactions in the rejection of pig-to-primate xenografts beyond the hyperacute period. Human Immunology,59(5): 275-286.

[44] Jean-Paul Dehoux P G. 2009. Accommodation and antibodies. Transplant Immunology, 21:

106-110.

[45] Jeon D H，Oh K，et al. 2007. Porcine PD‐L1：cloning，characterization，and implications during xenotransplantation. Xenotransplantation,14(3)：236-242.

[46] Joziasse D H，Oriol R. 1999. Xenotransplantation：the importance of the Gal alpha 1，3Gal epitope in hyperacute vascular rejection. Biochimica Et Biophysica Acta-Molecular Basis of Disease,1455(2-3)：403-418.

[47] Joziasse D H，Shaper J H,et al. 1991. Characterization of an Alpha-1-]3-Galactosyltransferase Homolog on Human Chromosome‐12 That Is Organized as a Processed Pseudogene. Journal of Biological Chemistry,266(11)：6991-6998.

[48] Kawamoto K，Tanemura M，et al. 2006. Adenoviral‐mediated overexpression of membrane-bound human FasL and human decoy Fas protect pig islets against human CD8[+] CTL-mediated cytotoxicity. Transplant Proc,38(10)：3286-3288.

[49] Kenji Kuwaki Y‐L T，Dor F J M F，et al. 2004. Heart transplantation in baboons using alpha1,3-galactosyltransferase gene-knockout pigs as donors：initial experience. Nature Medicine,11：29-31.

[50] Keusch J J，Manzella S M,et al. 2000. Expression cloning of a new member of the ABO blood group glycosyltransferases，iGb(3) synthase，that directs the synthesis of isoglobo-glycosphingolipids. Journal of Biological Chemistry,275(33)：25308-25314.

[51] Kim Y T，Lee H J,et al. 2008. Pre‐treatment of porcine pulmonary xenograft with desmopressin：a novel strategy to attenuate platelet activation and systemic intravascular coagulation in an ex‐vivo model of swine‐to‐human pulmonary xenotransplantation. Xenotransplantation,15(1)：27-35.

[52] Kirchhof N，Shibata S,et al. 2004. Reversal of diabetes in non‐immunosuppressed rhesus macaques by intraportal porcine islet xenografts precedes acute cellular rejection. Xenotransplantation,11(5)：396-407.

[53] Kirkman R L. 1989. Of Swine and Men‐Organ physiology in different species. Xenograft 25,880：125-132(393).

[54] Klose R，Kemter E,et al. 2005. Expression of biologically active human TRAIL in transgenic pigs. Transplantation,80(2)：222-230.

[55] Koike C，Kannagi R,et al. 1996. Introduction of alpha(1,2)-fucosyltransferase and its effect on alpha-Gal epitopes in transgenic pig. Xenotransplantation,3(1)：81-86.

[56] Kolber-Simonds D,Lai L X,et al. 2004. Production of alpha-1,3-galactosyltransferase null pigs by means of nuclear transfer with fibroblasts bearing loss of heterozygosity mutations. Proceedings of the National Academy of Sciences of the United States of America,101(19)：7335-7340.

[57] Kuwaki K，Tseng Y L，et al. 2005. Heart transplantation in baboons using 1，3-galactosyl transferase gene‐knockout pigs as donors：initial experience. Nature Medicine,11(1)：29-31.

[58] Lai L X，Kolber-Simonds D,et al. 2002. Production of alpha-1,3-galactosyltransferase

knockout pigs by nuclear transfer coning. Science,295(5557):1089-1092.

[59] Le Bas-Bernardet S, Blancho G. 2009. Current cellular immunological hurdles in pig-to-primate xenotransplantation. Transplant Immunology,21(2):60-64.

[60] Lee D, Lee J, et al. 2008. Analysis of natural recombination in porcine endogenous retrovirus envelope genes. J Microbiol Biotechnol,18(3):585-590.

[61] Levy M F, Crippin J, et al. 2000. Liver allotransplantation after extracorporeal hepatic support with transgenic (hCD55/hCD59) porcine livers: clinical results and lack of pig-to-human transmission of the porcine endogenous retrovirus. Transplantation,69(2):272-280.

[62] Lilienfeld B G, Crew M D,et al. 2007. Transgenic expression of HLA-E single chain trimer protects porcine endothelial cells against human natural killer cell-mediated cytotoxicity. Xenotransplantation,14(2):126-134.

[63] Lilienfeld B G, Garcia-Borges C, et al. 2006. Porcine UL16-binding protein 1 expressed on the surface of endothelial cells triggers human NK cytotoxicity through NKG2D. Journal of Immunology,177(4):2146-2152.

[64] Lilienfeld B G., Schildknecht A,et al. 2008. Characterization of porcine UL16-binding protein 1 endothelial cell surface expression. Xenotransplantation,15(2):136-144.

[65] Lin C C, Cooper D K C, et al. 2009. Coagulation dysregulation as a barrier to xenotransplantation in the primate. Transplant Immunology,21(2):75-80.

[66] Martin C,Plat M,et al. 2005. Transgenic expression of CTLA4-Ig by fetal pig neurons for xenotransplantation. Transgenic Res,14(4):373-384.

[67] McGregor C G A, Teotia S S, et al. 2004. Cardiac xenotransplantation:Progress toward the clinic. Transplantation,78(11):1569-1575.

[68] Mendicino M, Liu M F, et al. 2005. Targeted deletion of Fgl-2/fibroleukin in the donor modulates immunologic response and acute vascular rejection in cardiac xenografts. Circulation,112(2):248-256.

[69] Milland J, Christiansen D,et al. 2006. The molecular basis for Gal alpha(1,3)Gal expression in animals with a deletion of the alpha 1,3galactosyltransferase gene. Journal of Immunology, 176(4):2448-2454.

[70] Miyagawa S, Nakatsu S, et al. 2006. A novel strategy for preventing PERV transmission to human cells by remodeling the viral envelope glycoprotein. Xenotransplantation,13(3):258-263.

[71] Niemann H, Verhoeyen E, et al. 2001. Cytomegalovirus early promoter induced expression of hCD59 in porcine organs provides protection against hyperacute rejection. Transplantation,72(12):1898-1906.

[72] Nikolai K,AIGNER B,et al. (2010). Genetic modification of pigs as organ donors for xenotransplantation. Molecular Reproduction & Development,77:209-221.

[73] Paradis K,Langford G, et al. 1999. Search for cross-species transmission of porcine endogenous retrovirus in patients treated with living pig tissue. The XEN 111 Study

Group. Science,285(5431):1236-1241.

[74] Patience C，Takeuchi Y，et al. 1997. Infection of human cells by an endogenous retrovirus of pigs. Nature Medicine,3(3):282-286.

[75] Pierson R N. 2009. Antibody-mediated xenograft injury: mechanisms and protective strategies. 3rd. Transpl Immunol,21(2):65-69.

[76] Porter C M，Bloom E T. 2005. Human CD4$^+$CD25$^+$ regulatory T cells suppress anti-porcine xenogeneic responses. American Journal of Transplantation,5(8):2052-2057.

[77] Porter C M，Horvath-Arcidiacono J A,et al. 2007. Characterization and expansion of baboon CD4$^+$CD25$^+$ Treg cells for potential use in a non-human primate xenotransplantation model. Xenotransplantation,14(4):298-308.

[78] Qari S H，Magre S,et al. 2001. Susceptibility of the porcine endogenous retrovirus to reverse transcriptase and protease inhibitors. J Virol,75(2):1048-1053.

[79] Ramirez P，Montoya M J,et al. 2005. Prevention of hyperacute rejection in a model of orthotopic liver xenotransplantation from pig to baboon using polytransgenic pig livers (CD55，CD59，and H-transferase). Transplantation Proceedings,37(9):4103-4106.

[80] Sablinski T，Gianello P R,et al. 1997. Pig to monkey bone marrow and kidney xenotransplantation. Surgery,121(4):381-391.

[81] Sachs D H,M Sykes,et al. 2009. Achieving tolerance in pig-to-primate xenotransplantation: reality or fantasy. Transpl Immunol,21(2):101-105.

[82] Saethre M，Baumann B C,et al. 2007. Characterization of natural human anti-non-Gal antibodies and their effect on activation of porcine gal-deficient endothelial cells. Transplantation,84(2):244-250.

[83] Samstein B，Platt J L. 2001. Physiologic and immunologic hurdles to xenotransplantation. Journal of the American Society of Nephrology,12(1):182-193.

[84] Savitz S I，Dinsmore J，et al. 2005. Neurotransplantation of fetal porcine cells in patients with basal ganglia infarcts: a preliminary safety and feasibility study. Cerebrovasc Dis,20(2):101-107.

[85] Schneider M K J，Strasser M，et al. 2002. Rolling adhesion of human NK cells to porcine endothelial cells mainly relies on CD49D-CD106 interactions. Transplantation,73(5):789-796.

[86] Schumacher J M，Ellias S A，et al. 2000. Transplantation of embryonic porcine mesencephalic tissue in patients with PD. Neurology,54(5):1042-1050.

[87] Sharma A，Naziruddin B，et al. 2003. Pig cells that lack the gene for alpha 1-3 galactosyltransferase express low levels of the gal antigen. Transplantation,75(4):430-436.

[88] Sharma A，Okabe J，et al. 1996. Reduction in the level of Gal(alpha 1,3)Gal in transgenic mice and pigs by the expression of an alpha(1,2)fucosyltransferase. Proceedings of the National Academy of Sciences of the United States of America,93(14):7190-7195.

[89] Sichinava R M, Rybakov S I, et al. 1997. Transplantation of organic culture of adrenal grand cortical substance in the treatment of post-adrenalectomy hypocorticoidism. Klin Khir,(11-12): 51-53.

[90] Tacke S J, Specke V, et al. 2003. Differences in release and determination of subtype of porcine endogenous retroviruses produced by stimulated normal pig blood cells. Intervirology,46(1): 17-24.

[91] Tonjes R R, Czauderna F, et al. 2000. Molecularly cloned porcine endogenous retroviruses replicate on human cells. Transplant Proc,32(5): 1158-1161.

[92] Valdes-Gonzalez R A, Dorantes L M, et al. 2005. Xenotransplantation of porcine neonatal islets of Langerhans and Sertoli cells: a 4-year study. Eur J Endocrinol,153 (3): 419-427.

[93] Valdes-Gonzalez R A, White D J, et al. 2007. Three-yr follow-up of a type 1 diabetes mellitus patient with an islet xenotransplant. Clin Transplant,21(3): 352-357.

[94] van de Kerkhove M P, Florio E D, et al. 2002. Phase I clinical trial with the AMC-bioartificial liver. Int J Artif Organs,25(10): 950-959.

[95] van der Laan L J, Lockey C, et al. 2000. Infection by porcine endogenous retrovirus after islet xenotransplantation in SCID mice. Nature,407(6800): 90-94.

[96] White D J G, Oglesby T, et al. 1992. Expression of Human Decay Accelerating Factor or Membrane Cofactor Protein Genes on Mouse Cells Inhibits Lysis by Human-Complement. Transplant International,5: S648-S650.

[97] Yamada K, Sachs D H, et al. 1995. Human anti-porcine xenogeneic T cell response. Evidence for allelic specificity of mixed leukocyte reaction and for both direct and indirect pathways of recognition. Journal of Immunology,155(11): 5249-5256.

[98] Yamamoto A, Nakatsu S, et al. 2010. A newly cloned pig dolichyl-phosphate mannosyl-transferase for preventing the transmission of porcine endogenous retrovirus to human cells. Transpl Int,23(4): 424-431.

[99] Zaidi A, Bhatti F, et al. 1998. Kidneys from HDAF transgenic pigs are physiologically compatible with primates. Transplantation Proceedings,30(5): 2465-2466.

[100] Zhu M, Wang S S, et al. 2005. Inhibition of xenogeneic response in porcine endothelium using RNA interference. Transplantation,79(3): 289-296.

第**9**章

人类疾病的动物模型

9.1 概　　论

由于伦理、道德和法律等原因，在人体上进行的实验一直是受到严格控制的，特别是那些有可能危害志愿者的健康甚至生命的实验。虽然在文艺复兴时期，大量的人体解剖实验丰富了人类对于自身结构的了解，但那些解剖实验对象也仅限于死刑犯。所以，我们已有的关于人体生理、内分泌、病理学等方面的知识大部分是来自于对动物模型的研究(Hau,2008)。

历史上有很多关于科学家通过动物实验战胜人类疾病的故事。在18世纪的欧洲，詹尼(Edward Jenner)发现被牛痘轻微感染的挤奶女工不会感染天花，于是发明了通过接种牛痘来预防天花的方法。在19世纪，科赫(Robert Koch)发现豚鼠很容易患肺结核，于是以豚鼠为实验动物证明了是结核杆菌导致肺结核。如果没有豚鼠这种易患肺结核的实验材料，传染病的理论很有可能要用更长时间才能建立。法国著名科学家巴斯德(Louis Pasteur)在研究被炭疽杆菌感染的牛、羊时发现，将毒性减弱的炭疽杆菌注射入牛、羊体内后，这些牛、羊对于炭疽杆菌便有了免疫力。后来，他又用相同方法发明了狂犬病疫苗。

9.1.1 动物疾病模型的定义

1976年，Wessler将动物模型(animal model)定义为："a living organism with an inherited, naturally acquired, or induced pathological process that in one or more respects closely resembles the same phenomenon occurring in man"，即动物模型具备遗传、天然获得或者诱导产生的病理过程，并且该过程在一个或多个方面与发生在人类身上的现象非常相似。显然，动物疾病模型所表现的病理过程不能和人类疾病完全一样，只能看作是在生化、病理、生理等方面与人类疾病有一定程度相似性的一个参照物(Schwartz,1978)。

251

9.1.2 动物疾病模型的分类

动物疾病模型分类如下(Hau,2008;Rand,2008):

①诱发模型[Induced (experimental) models]。

②自发模型[Spontaneous (genetic, mutant) models]。

③基因修饰模型[Genetically modified models]。

④阴性模型[Negative models]。

⑤孤零模型[Orphan models]。

9.1.2.1 诱发模型

诱发模型是指在健康动物上通过实验方法诱导某种病理现象的发生。例如,通过冠状动脉结扎建立心肌梗死的动物模型(Ducharme, et al, 2000);通过部分肝切除研究肝的再生(Hau, et al, 1995)。

9.1.2.2 自发模型

自发模型是指具有天然基因突变的动物。例如,无胸腺的裸鼠(Pantelouris,1968),人们利用其不会发生移植物排斥反应,把人癌细胞移植到其体内进行研究,或者用于无 T 细胞状态下的免疫反应机制的研究。*db/db* 小鼠是一种糖尿病自发突变模型,*ob/ob* 小鼠是一种肥胖症自发突变模型。在研究黑色素瘤时,经过密苏里大学(University of Missouri)选育的辛克莱(Sinclair)小型猪也是很好的自发突变模型(Millikan, et al, 1974)。

9.1.2.3 基因修饰模型

随着基因工程和克隆等技术的飞速发展,包括转基因、基因敲除和基因沉默在内的基因修饰模型已成为数量最多也最重要的一种疾病模型。此外,化学试剂如亚硝基乙基脲(ethylnitrosourea, ENU)引起的基因突变也是产生基因修饰疾病模型的方法之一。

随着人类基因组测序的完成和小鼠等常用实验动物的基因组测序的陆续完成,基因修饰技术将人们从正向遗传学(根据表型定位致病基因)时代带入了反向遗传学时代(根据基因变化得到的表型研究该基因的功能、信号通路、基因-基因互作和基因-环境互作等)。

9.1.2.4 阴性模型

阴性动物模型不会患某种人类疾病,或者不会对某种在人体上有效的刺激产生反应。所以,阴性动物模型的主要用途是研究抗病的机制。一个经典的例子:淋球菌能感染人却不能感染兔子,于是兔子在淋球菌感染的研究中就是一个阴性模型。在基因修饰技术出现后,阴性动物模型的重要性显得更加重要。例如,一种转基因小鼠在被注射自身甲状腺球蛋白后不会因为自身免疫患上甲状腺炎,因为这种小鼠缺乏某种表面抗原(Yan, et al, 2001)。

9.1.2.5 孤零模型

孤零模型与阴性模型正好相反,其所患有的疾病只在非人生物中天然存在,在人类中还没有发现该疾病。但是,当后来在人类中发现该疾病时,孤零模型就变为诱发模型。例如,绵羊疯痒病(scrapie)在历史上就是一个孤零模型,但当在人类中发现海绵状脑病(spongiform encephalopathies)后,疯痒病就成为海绵状脑病的动物疾病模型。后续研究发现,这 2 种疾病都是由朊病毒(prion)引起。该病毒在牛上引发疯牛病(bovine spongiform encephalopathy,BSE or "mad cow disease"),在鹿和麋鹿上引发慢性消瘦症(chronic wasting disease,CWD)。

9.1.3　动物疾病模型的选择

2010年,某公司宣布终止了阿尔茨海默病(Alzheimer's disease)药物 semagacestat 的Ⅲ期研究。该公司终止开发 semagacestat 的决定主要基于一项期中分析。该分析显示:与对照组相比,semagacestat 治疗组患者的认知功能不仅未见改善,反而出现明显恶化。国际著名杂志《The Lancet》还就此发表了一篇社论(Lancet,2010),而在《The Lancet Neurology》上发表的一篇综述则概括了阿尔茨海默病药物(包括 semagacestat、latrepirdine、tramiprosate 和 tarenflurbil 等)研发过程中的问题。在多种神经疾病(包括阿尔茨海默病、中风、多发性硬化和帕金森综合征)的药物研发中,很多种药物在Ⅲ期试验中都失败了(Mangialasche, et al,2010)。后来的分析表明,现有的一些动物模型并不能准确地反映药物功效。在实验室研究结果向临床药物的转化过程中的失败可以归因于两点:动物实验方法本身的缺陷和目前使用的动物疾病模型不能准确地反映人体的病理过程。由于模型的不准确导致我们对这些疾病的发病机理没有清楚、正确的认识而制定了错误的治疗策略(van der Worp, et al,2010)。

因此,选择恰当的动物疾病模型对当今转化医学(translational medicine)中2个重要方面即疾病发病机理的研究和药物的开发都是非常重要的。本处介绍动物疾病模型选择的一般规律,包括科研原则、实验动物护理、自然环境以及动物本身相关因素。

9.1.3.1　科研原则

第1条,相似性。在动物模型上研究的器官与对应的人体器官有相似的功能。这是动物实验结果对人类疾病有参考意义的前提。

第2条,传递性。在动物模型上得到的结果能够被传递、应用到一个更加复杂的系统中。一对一的传递是最基本的形式。但是在现代科学研究中,多对多的信息传递才是主要形式,即给一种疾病所包含的若干方面分别选择合适的动物模型来研究。这种多对多的传递性使科学家能够从不同角度验证某种治疗方法的正确性。

第3条,可重复性。可重复性一方面强调动物实验结果本身必须能够被多次检验,另一方面也强调动物实验结果能够在临床试验中一样被重复。只有这样才对人类疾病的机制研究和治疗方法开发是有意义的。鉴于实验动物的遗传背景一般都比较单一,而人类不同个体的遗传背景却是有差异的,可重复性的重要性就越加明显。

第4条,道德因素。Russell 和 Burch(1959)就实验动物的使用提出了3R原则,即用非动物实验取代动物实验、减少实验动物的数量和改进实验方法减轻动物的痛苦(Replacement of existing experiments with animal-free alternatives, or Reduction in the number of animals used, or Refined methods to reduce animal suffering)。

第5条,实验动物数量。在满足统计学要求的条件下,实验动物数量应该控制在适当范围内。

第6条,"常用"动物。对于是否应该使用其他研究人员常用的实验动物,每个研究人员应该根据自己的实验目的和动物的遗传背景、生理、生化等方面综合考虑,自己做出科学的判断,而不是墨守成规。

第7条,查阅文献。广泛查阅文献既能避免无意中重复了已发表的实验结果,又能使研究人员清楚其所研究的项目中哪些仍是未知的领域,从而确定自己的研究方向(Rand,2008)。

9.1.3.2　实验动物护理

其一,饲养条件。实验动物的饲养条件非常严格,需要有专业知识的人员。例如,选择非人灵长类就比选择小鼠对饲养条件的要求要高,同时花费也更高。

其二,外界刺激。对实验动物的外界刺激来源很多,包括运输、实验操作、饲养环境或者实验本身。这些都会对实验动物的生理、生化和行为等产生影响(Rand,2008)。

9.1.3.3　自然环境

如果需要使用野生动物,特别是珍稀野生动物做实验,必须对数量加以严格限制,以避免生态灾难。例如,一些日本研究人员以科学研究为名大量捕杀鲸鱼,这样的所谓研究会严重威胁鲸鱼的生存;另一方面,还必须考虑生物入侵,一旦实验动物因管理不善进入当地生态环境,可能对当地生态环境带来的影响。此外,动物的生理状态可能会因为自然环境的变化而产生变化,从而给实验带来不确定因素(Rand,2008)。

9.1.3.4　实验动物本身的相关因素

其一,遗传背景。遗传漂变(Genetic drift)是指基因在没有选择压力时也保持不断进化的趋势。遗传漂变发生的速度缓慢而不易察觉,但是却可能使实验结果不准确甚至不可用。关于小鼠遗传漂变的原因、实例、对结果的影响以及应对方法,在 The Jackson Laboratory 的网站 http://jaxmice.jax.org/genetichealth/drift.html 上有详细介绍。

其二,实验动物的生物学背景知识。详细了解实验动物的生理、生化和遗传等相关背景知识有助于我们正确地选择实验动物和设计实验。例如,大鼠没有胆囊,不适合用于胆囊的相关研究。

其三,操作难度。如果条件允许的话,最好选择便于实验操作的动物。例如,在体型较小的动物(比如豚鼠、大鼠和小鼠)上进行细微操作的难度显然要大于在体型大一些的动物(比如猪)上进行细微操作的难度,在习性温和的动物上进行实验的难度也要小于在习性暴烈的动物上进行实验的难度。

其四,寿命。大鼠的寿命一般是 2.5～3.5 年,而恒河猴的寿命却可以长达 30 多年。所以,如果要长期观察,显然应该选择寿命更长的动物。

其五,性别。雌性动物生理周期对实验结果的影响不可忽略。

其六,后代。产仔的数量和周期也要根据实验要求加以考虑。例如,小鼠和大鼠平均每月产仔 5～10 只,而恒河猴平均每年才产仔 1～2 只(Rand,2008)。

最后,医学发展的历史已经显示,一种人类疾病一旦有了合适的动物模型,便会带动相关研究,如发病的分子基础研究、组织病理学研究、治疗方案的更新等领域的突破性进展。因此,动物模型的制备成为开启遗传疾病医学研究大门的金钥匙。由于基因组进化的保守性,对于许多疾病的致病基因,科学家通常能在多种动物中找到同源基因,在不同物种间其结构和功能都具有一定的相似性,它们的突变在不同物种中均可能会导致相似的病理表现。因此,如何筛选、鉴定并确定一个最合适的动物作为疾病模型便成为摆在医学家和遗传学家面前的一道重要题目。

通常需要首先考虑的是模型动物对疾病的模拟程度,即上文所讲的相似性。可以通过深入的临床病理分析和致病分子机制分析,评估不同模型动物对人类相关疾病的模拟程度,从而确定与人类病理变化和分子调控过程最为相近的动物。随着各种动物基因组编辑技术的日趋成熟,利用多种动物制备基因敲除、转基因或者基因沉默的疾病模型逐渐成为常用手段。然而,由于时间成本和经济成本的限制,往往不能在得到各种模型动物以后再详细比较其相似性,因此,通过已有动物模型研究结果的积累,评价不同动物的适用范围,选定一种较为理想的动物作为基因组编辑的对象是一种比较适合的选择,表 9.1 就主要医学模型动物的应用领域提供了一些参考。

表 9.1 主要医学模型动物的应用领域(Simmons,2008)

常用动物模型	拉丁文名	常用研究领域
酵母菌	*Saccharomyces cerevisiae*	细胞生物学过程、基本致病机制研究
果蝇	*Drosophila melanogaster*	大规模基因定位、突变筛查、候选基因功能验证
线虫	*Caenorhabditis elegans*	初级神经系统发育相关疾病研究,衰老相关疾病研究
斑马鱼	*Danio rerio*	器官发育异常相关疾病研究
小鼠	*Mus musculus*	广泛用于各种疾病领域
大鼠	*Rattus norvegicus*	广泛用于各种疾病领域
猪	*Sus scrofa*	心血管系统疾病、代谢相关疾病研究
非人灵长类		神经系统疾病、认知障碍性疾病、心理疾病相关研究

9.1.4 动物疾病模型的制作

9.1.4.1 病毒载体

第 1 例成功的转基因动物是通过病毒载体(viral vector)实现的。1974 年,Jaenisch 和 Mintz 通过将 SV40 病毒 DNA 注射到小鼠胚细胞中得到了含有外源病毒 DNA 的小鼠(Jaenisch and Mintz,1974)。随后,Jaenisch 又通过 MLV 病毒感染胚胎实现了病毒 DNA 的生殖系嵌合(germ line integration)(Jaenisch,1976)。

目前常用的病毒载体包括反转录病毒(retrovirus)和慢病毒(lentivirus),其中慢病毒在分类上也属于反转录病毒,但有一些不同于一般反转录病毒的特点。虽然以一般的反转录病毒作为载体能够产生具备生殖系嵌合的转基因动物,但是一般的反转录病毒有一些缺点:易被沉默(Katz,et al,2007);承载量不超过 10 kb,只能感染分裂细胞;生殖系嵌合率低等。慢病毒的使用改变了上述状况。例如,慢病毒能感染处于细胞周期各个阶段的细胞,能够加入特殊启动子、增强子、四环素表达系统等元件(Blesch,et al,2005)。

9.1.4.2 原核显微注射

原核显微注射(pronuclear microinjection)是将线性化的外源基因通过显微操作仪直接注入处于 1 细胞期的受精卵。1980 年,Gordon 等首次通过此方法获得转基因小鼠(Gordon,et al,1980)。随后,该方法被迅速地运用到生产转基因家畜上。1985 年,Hammer 等(1985)首先报道用显微注射法生产出转基因兔、羊和猪。

9.1.4.3　转座子

转座子(transposon)是基因组上一段能够自我复制并随机整合到基因组其他位点的DNA。1951年,Barbara Mclintock首先在玉米中发现了转座子。果蝇P因子(P element)也是一种转座子,常用于产生基因修饰果蝇。此外,通过转座子成功产生的转基因动物还包括斑马鱼(zebrafish)(Davidson, et al, 2003)、鸡(chicken)(Sherman, et al, 1998)、蚕(silkworm)(Tamura, et al, 2000)和小鼠(mouse)(Dupuy, et al, 2002)。其中使用的转座子系统包括Sleeping Beauty、Mariner和piggyBac。

9.1.4.4　体细胞克隆

随着克隆羊"Dolly"的诞生(Wilmut, et al, 1997),体细胞克隆技术逐渐成熟。体细胞克隆技术是将高度分化的成体细胞的细胞核移入一个去核的卵细胞中,完成核融合、激活和早期发育后,再植入代孕母体中发育成新个体的过程。这项技术随后被用于生产转基因羊(Schnieke, et al, 1997)和牛(Cibelli, et al, 1998),相对于传统的DNA显微注射,其在获得转基因反刍动物方面效率更高(Houdebine, 2005)。接着,体细胞克隆技术还被成功用于生产基因敲除的羊(McCreath, et al, 2000)和猪(Dai, et al, 2002;Lai, et al, 2002)。

9.1.4.5　同源重组

通过载体序列和基因组序列的同源重组(homologous recombination),能够实现基因组上序列的置换,从而实现基因的敲除或敲入(Capecchi,1989)。以小鼠的基因敲除为例,其基本步骤包括:构建敲除载体(载体中含有与靶基因同源的DNA片段),用敲除载体转染小鼠胚胎干细胞,筛选获得完成同源重组的干细胞,将筛选得到的干细胞注入小鼠囊胚并移植到母鼠子宫内,胚胎发育为嵌合体小鼠,最后通过杂交选育获得基因敲除的纯合体小鼠。结合Cre/LoxP或者Flp/FRT系统还可以实现特定组织、器官或者细胞甚至特定时间的条件性敲除(conditional knockout)。与体细胞克隆相结合,该方法还可用于无法获得胚胎干细胞的其他哺乳动物,如羊(McCreath, et al, 2000)和猪(Dai, et al, 2002;Lai, et al, 2002)。

9.1.4.6　精子介导的转基因

1971年,Brackett等首次报道哺乳动物的精子有结合外源DNA的能力。1989年,Spadafora等利用精子结合外源DNA的能力得到转基因小鼠(Lavitrano, et al, 1989)。但是此后一段时间里,由于重复性差等原因,精子介导的转基因(sperm-mediated gene transfer)这种方法一直很受争议,实际应用也很少。于是,出现了很多改进的方法,包括胞质内精子注射法(Perry, et al, 1999)等。但是,由于该方法的机制并不清楚,影响因素较多,所以在广泛应用之前还需要更多深入研究(Robl, et al, 2007)。

9.1.4.7　微染色体

微染色体(Microchromosome)可以承载Mb级别的DNA片段。其在细胞中以独立复制的染色体形式存在。这种载体含有独立的中心体、端粒和复制起始位点(Robl, et al, 2007)。人类人工染色体(Human artificial chromosome, HAC)已被成功转入到小鼠(Tomizuka, et al, 1997;Kuroiwa, et al, 2000;Tomizuka, et al, 2000)和牛(Kuroiwa, et al, 2002)中。

9.1.4.8　锌指核酸酶

锌指核酸酶(Zinc finger nucleases,ZFN)最初被称为嵌合限制性内切酶,含有人工设计合成的锌指DNA结合域和非特异性核酸酶FokI结构域(Kim, et al, 1996)。通过有针对性地设计合成锌指,可以使锌指核酸酶识别切割特定 DNA 顺序,在基因组特定序列上产生双链断裂(double strand break,DSB),进而借助内源的修复机制或同源重组等实现对基因组的改造(Smith,et al,2000；Porteus,Carroll,2005；Mandell,Barbas,2006),如点突变、删除或插入、敲除或敲入(Porteus,Carroll,2005；Moehle,et al,2007；Beumer,et al,2008；Doyon,et al,2008；Meng,et al,2008；Cui,et al,2011；Hauschild,et al,2011)。

除了上述技术,还有很多新技术不断被开发出来用于克服现有技术的缺陷。例如,一种被称为整合酶介导的位点特异转基因(Site-specific integrase-mediated transgenesis)的方法,能将单拷贝的外源 DNA 片段特异地整合到小鼠基因组的特定位点:$Rosa26$ 和 $Hipp11$(Tasic,et al,2011)。这种方法克服了传统转基因方法中的常遇到的一些问题,比如位置效应和拷贝数不能控制等。

9.1.5 动物福利

实验动物对科学发展、人类健康和社会进步做出了巨大贡献。各国都制定了法律、法规来监督、规范实验动物的正确使用,确保实验动物得到应有的福利待遇。

美国的全国研究委员会(National Research Council)颁布的《实验动物护理和使用指南》(第8版)[Institute of Laboratory Animal Resources (U. S.). Committee on Care and Use of Laboratory Animals.]中明确强调了前文中已经提到的"3R"原则：

①取代(Replacement)。取代包括绝对取代(absolute replacement)和相对取代(relative replacement)。绝对取代是用非动物实验(如计算机程序)替代动物实验。相对取代是用低等动物、植物或者微生物替代高等动物。

②减少(Reduction)。在不增加动物痛苦的前提下,用较少的实验动物仍获得相当的信息量,或者从一定量的实验动物上获得尽可能多的信息。其具体方法包括实验设计的改进、先进技术的应用和恰当统计学方法的使用等。

③改进(Refinement)。通过改进饲养、管理和实验方法等来提高动物待遇并减轻其痛苦。例如,实验中使用麻醉剂,实验结束后实施安乐死等。

除此之外,该指南中还特别强调了对实验人员的培训,要求动物实验相关人员还必须接受正规培训,有专业实验人员的监督和指导。

英国农业动物福利委员会(Farm Animal Welfare Council)提出农业动物在饲养、运输和屠宰享有"五大自由(Five Freedom)"：

①免于饥饿和干渴的自由——应该提供充足的水和食物以保持健康与活力。

②免于不适的自由——应该提供舒适的饲养环境。

③免于痛苦、伤害和疾病的自由——应该有预防措施和及时的诊治。

④正常活动的自由——应该有足够的空间、适当的设施和同类的陪伴。

⑤免于恐惧和压力的自由——应该得到良好的待遇以避免精神上的痛苦。

上述"五大自由"也可以作为保障实验动物福利的参考。

国际上为了保障实验动物福利成立了很多组织,其中包括著名的国际实验动物评估和认可管理委员会(Association for Assessment and Accreditation of Laboratory Animal Care International)。该组织的认证规则为保障动物福利提供了国际标准。

9.2 常用实验动物

9.2.1 秀丽隐杆线虫

2002 年,诺贝尔生理学或医学奖颁给了 Sydney Brenner、H. Robert Horvitz 和 John Sulston 3 位科学家,以表彰他们将秀丽隐杆线虫(*Caenorhabditis elegans*)(图 9.1)建立成为模式生物和对发育生物学和细胞凋亡等研究的贡献(Marx,2002)。在颁奖仪式上,Sydney Brenner 发表了题为 "Nature's Gift to Science"(自然赠予科学的礼物)的演讲。他说:"The fourth winner of the Nobel prize this year is *Caenohabditis elegans*"(Brenner,2003),即:今年诺贝尔奖的第 4 个获奖者应该是秀丽隐杆线虫。由此可见,秀丽隐杆线虫在生物学研究中具有重要地位。

1963 年,Sydney Brenner(图 9.2)在给时任英国剑桥分子生物学实验室(Laboratory of Molecular Biology,LMB)主任 Max Perutz 的一封信中说:"分子生物学的几乎所有问题都已经或者将会在下个 10 年被解答……分子生物学的未来在于和生物学的其他领域相结合,比如发育和神经"。其实,Brenner 当时已经在细菌和噬菌体上做了大量工作,但他认为这些工作并不代表分子生物学未来的发展方向。基于从细菌和噬菌体得到的分子生物学知识和这 2 种生物的局限,更为了探索分子生物学未来的发展方向,蠕虫(Worm)的研究计划就此展开。于是,Brenner 开始寻找一种符合以下条件的模式生物:

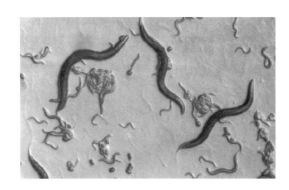

图 9.1 秀丽隐杆线虫

(Ankeny,2001)

图 9.2 1960 年,Sydney Brenner 在英国剑桥的分子生物学实验室

(Ankeny,2001)

①生命周期短(短时间得到大量个体,便于较快得到突变体)。

②繁殖方式和基因组都简单(便于对突变基因开展跟踪研究)。

③个体小(便于饲养和储存)。

最后,Brenner 找到了秀丽隐杆线虫(表 9.2)(Ankeny,2001)。

秀丽隐杆线虫的成虫身长约 1 mm,自然状态下绝大多数为雌雄同体;雌雄同体成虫有 959 个体细胞,雄成虫有 1 031 个细胞;从受精卵发育到成虫需要 3.5 d;整个生命周期中能产生 300~1 000 个受精卵;在实验室中饲养方便,一个 9 cm 的琼脂平板上就可以生长大量个体。秀丽隐杆线虫全身透明,发育过程非常保守,从受精卵到成虫,每个细胞的发育过程都很清楚。最重要的是,秀丽隐杆线虫虽然形体微小,却"五脏俱全"。它具有很多种细胞和组织,其中就包括神经系统;同时,它还具有很多人类的同源基因。这些特点使其成为研究细胞分化的极佳模型。例如,如果某突变体的体细胞数发生改变(如细胞凋亡失常或者细胞分化异常),通过将其突变过程与正常发育过程进行跟踪对比,就能找出原因。另外,细胞分化异常的突变体一般都有形态或者功能异常,使其较易识别(Richard Nass,2008;Potts,Cameron,2011)。

表 9.2　秀丽隐杆线虫研究中的重大事件

年　份	事　件
1900 年	Maupus 第 1 次报道秀丽隐杆线虫
1948 年	Dougherty 和 Calhoun 指出秀丽隐杆线虫在遗传学研究中的作用
1963 年 6 月	Brenner 写信给 Perutz,建议改变分子生物学的研究方向
1963 年 10 月	Brenner 从 Dougherty 得到秀丽隐杆线虫的样品
1964 年	Brenner 继续为寻找合适的模式生物而研究了一些其他生物
1966 年	针对秀丽隐杆线虫的遗传学研究在英国剑桥的分子生物学实验室展开,突变剂开始用于实验
20 世纪 60 年代后期	秀丽隐杆线虫的神经生物学研究在分子生物学实验室展开,并且 Brenner 和 Sulston 测定了序列长度
1974 年	Brenner 发表了秀丽隐杆线虫的遗传学研究结果
1983 年	Sulston 发表了秀丽隐杆线虫发育的细胞谱系
20 世纪 80 年代中期	秀丽隐杆线虫测序工作开始
1998 年	秀丽隐杆线虫基因组测序基本完成,是第 1 个完成基因组序列测定的多细胞生物

(Ankeny,2001)

9.2.2　果蝇

图 9.3　1917 年,摩尔根在实验室
（图片来源:加州理工学院）
(Rubin,Lewis,2000)

1933 年,诺贝尔生理学或医学奖被授予美国的生物学家与遗传学家摩尔根(Thoman Hunt Morgan,1866—1945 年;图 9.3),表彰其利用果蝇(*Drosophila*)确立了染色体是基因载体的理论,发现了基因连锁与互换规律。1946 年,诺贝尔生理学或医学奖被授予 H. J. Muller,表彰其利用果蝇证明了放射线与基因突变的关系。1995 年,诺贝尔生理学或医学奖被授予 Edward B. Lewis、Christiane Nüsslein-Volhard 和 Eric F. Wieschaus,表彰其利用果蝇发现了基因对胚胎早期发育的调控机制。显然,果蝇这种模式生物对生物学的发展一直起着重要作用(Rubin,Lewis,2000)。

在发育生物学方面,果蝇是研究细胞分化的极好材料。人们用果蝇对其胚胎发育过程中前后轴线的基因调控做了大量研究。母体基因(maternal genes)建立起早期胚胎沿前后轴线的发育模式,其中 *Bicoid* 基因负责前部(anterior)的建立,*Nanos* 基因负责后部(posterior)的建立,而顶节(acron)和尾节(telson)的形成,则受到 Torso 受体蛋白等的调控。然后,果蝇从合胞囊胚(syncytial blastoderm)向分节躯干(segmented body plan)发育,这时就由合子基因(zygotic gene)控制,包括间隔基因(gap genes)、对控基因(Pair-rule genes)、体节极性基因(segment polarity genes)和同源异型选择基因(homeotic selector genes)。其中,同源异型选择基因最初就是在果蝇中发现的(Kenyon,2007)。

果蝇也被广泛用于神经生物学的研究,特别是神经退行性疾病,如帕金森综合征(Parkinson's disease)和阿尔茨海默病(Alzheimer's disease)。果蝇的生命周期短,在正常条件下从胚胎、幼虫、蛹发育到成虫只需 10 d。果蝇的繁殖能力强,几只果蝇就可以繁殖出大量后代。果蝇的基因组相对较小,全基因组测序已经于 2000 年完成(图 9.4),和人类疾病相关的基因有 75% 在果蝇中有同源基因。同时,有很多基因编辑工具可用于果蝇,如 GAL4/UAS 系统;该系统能使某基因在果蝇特定部位表达。果蝇羽化后的生命周期 30～60 d,较短的生命周期使神经退行性疾病的症状能在较短时间表现出来(Junjiro Horiuchi,2008)。

此外,对于研究癌症的发病机理,特别是原癌基因(oncogene)和肿瘤抑制子(tumour suppressor)的相互作用,果蝇也是一个很好的模型(Brumby, Richardson,2005)。

图 9.4 **2000 年,果蝇全基因组测序完成**

9.2.3 斑马鱼

斑马鱼(*Danio rerio*)是一种小型淡水硬骨鱼。20 世纪 80 年代,美国俄勒冈大学(University of Oregon)的 George Streisinger 等在斑马鱼上做了大量开创性的工作,为将斑马鱼建立成为一种模式生物打下了基础。现在,斑马鱼已经成为无脊椎模式生物(线虫、果蝇等)和啮齿类模式生物(大鼠、小鼠等)间的过渡型模式生物(表 9.3)(Brian A. Link,2008)。

小鼠、大鼠等啮齿类(rodent)动物作为人类疾病的动物模型有很多优点:进化上比线虫、果蝇和斑马鱼等动物更接近人类,解剖、生理和生化等方面也与人类更接近,同时,转基因、基因敲除等技术在小鼠上的大量运用使其成为模拟人类疾病的主要实验动物。但是另一方面,由于成本、空间等因素的限制,线虫等小型无脊椎动物研究中常用的大规模诱变策略在小鼠和大鼠上是无法实现的。而斑马鱼这种小型脊椎动物正好结合了以上两者的优势,既具有脊椎动物的结构,又能使用无脊椎动物中的大规模诱变策略。此外,斑马鱼透明的胚胎和仔鱼也方便了对其发育进行跟踪观察研究(Lieschke, Currie,2007)。从 20 世纪 80 年代末到 2009 年,斑马鱼的文献增长了 100 倍,其中很多就是以斑马鱼为动物模型研究人类疾病,包括肌营养不良和神经退行性疾病等(Ingham,2009)。表 9.4 比较了斑马鱼和人类的一些相似点和差异。

表 9.3 几种常见动物模型的优点和缺点

	斑马鱼	非洲爪蟾	秀丽隐杆线虫	果蝇	小鼠
ENU 筛选	++	−	+++	+++	+
插入筛选	+++	−	+++	+++	+
小分子筛选	+++	++	++	+	−
DNA/RNA 注射	+++	+++	+	+	+
Morpholinos	+++	+++	?	?	?
RNAi	?	?	+++	+++	+++
异常表达	+++	−	++	+++	+++
成像	+++	+	+++	+++	+
嵌合体	+++	−	++	++	++
细胞培养	+	+	+	+	+
与人类的相似性	++	++	+	+	+++

(Brian A. Link，2008)

表 9.4 斑马鱼与人类的一些相似点和差异

类别	特征	相 似 点	差异或者未知
基本生物学特征	基因组	二倍体,基本上包含脊椎动物的所有基因	基因倍增来源于全基因组倍增,造成亚功能化和新功能化
	解剖	脊椎动物	流线型体形以适应水生环境
	食物和代谢	杂食	冷血动物,最佳生长温度 28.5℃
	生长	生长到一定尺寸便停止,并呈跳跃式生长	很多组织、器官都有很强的再生能力
	寿命	性成熟是幼年与成年的划分界限,认知功能等生理功能与年龄相关	一般 3～5 年,每 3 个月能产生一代
系统生物学特征	胚胎	包括卵裂、早期形态建成、原肠胚形成、体节形成和器官建成	较快,在体外而不是胎盘内完成;受母系转录本影响,包括孵化过程
	骨架	包括软骨和骨骼的复杂骨架	没有长骨、网状骨质和骨髓,关节不承重
	肌肉	包括中轴肌和肢体肌;分为骨骼肌、心肌和平滑肌;骨骼肌又分为快肌和慢肌	快肌和慢肌分布在不同部位;肢体肌比例较小
	神经系统和行为	神经系统具有典型的解剖结构:前脑、中脑和后脑,包含间脑、端脑和小脑;外周神经系统具有感应器和效应器;具有肠道和自主神经系统;特化的感受器:眼、嗅觉系统和耳;具有相对高等的行为和整合的神经功能:记忆、条件性反射和社会行为	端脑只有较原始的皮层;鱼类特有的感受器,如侧线;行为和认知功能与人类相比很低

续表 9.4

类别	特征	相　似　点	差异或者未知
系统生物学特征	造血系统和免疫系统	具有多种造血细胞(红细胞、骨髓细胞)、T-淋巴细胞和B-淋巴细胞;凝血反应用于止血;先天和获得性的体液和细胞免疫	红细胞有核;有凝血细胞而非血小板;肾间质是造血部位;造血功能的体液调节仍然未知;含有鱼类特有的免疫成分
	心血管系统	心室和心房分开的多腔心脏;包含动脉和静脉的循环系统;淋巴循环和血液循环相互独立	心脏的解剖结构有左右差异,但因为是单心房和单心室,没有分离的左右循环;没有发现淋巴结
	呼吸系统	由细胞完成气体交换;通过血液循环,血红蛋白作为载体	呼吸在腮而不是肺中完成
	消化系统	包含器官:肝、胰腺和胆囊	没有酸化的消化器官;没有胃,只在肠道中存在泡状结构;没有发现潘氏细胞(Paneth cell)
	泌尿系统	泡状结构	中肾而非后肾;没有膀胱和前列腺
	生殖系统	有睾丸和卵巢,有生殖细胞	没有性染色体,性别决定机制不明;受精在体外完成;卵子被卵膜包裹,而不是哺乳动物的透明带
	内分泌系统	具有典型内分泌器官:下丘脑和垂体,能分泌糖皮质激素、生长激素、甲状腺激素、催乳素、副甲状腺激素、胰岛素和肾素	各腺体在解剖学上的位置不尽相同,催乳素有调节渗透压的作用
	皮肤及其附属物	来源于外胚层,色素沉淀是由包括黑色素细胞在内的色素细胞形成	除了黑色素细胞(melanocyte),还有黄色素细胞和彩虹色素细胞

(Lieschke,Currie,2007)

　　成年斑马鱼体长 4～5 cm,性成熟一般需要 2～3 个月;雌鱼每周能产 100～200 枚卵;受精过程在体外完成;胚胎发育的早期阶段是完全透明的(图 9.5)。幼鱼(larval zebrafish)阶段的发育也能够通过黑色素合成抑制剂的使用而变透明。另一方面,斑马鱼跟其他大型脊椎动物相比,其发育过程是较快的。从囊胚(blastulas)到原肠胚(gastrulation)发生在受精后 5 h,体节形成开始于受精后 10 h,而在受精后 24 h,神经系统和一些主要器官大体形成。受精后60 h,起保护作用的卵膜破裂。受精后 72 h,器官发育继续进行,胚胎开始游动,出现触碰反应(touch response)(Brian A. Link,2008)。

9.2.4　啮齿类

9.2.4.1　小鼠

　　小鼠(mouse)源自小家鼠。早在 17 世纪就有人用小鼠做实验。1909 年,Clarence Cook Little 建立了第 1 个小鼠近交系(Crow,2002)。在其推广下,小鼠作为实验动物逐渐被世界各大实验室接受,现已成为使用量最大、研究最详尽的哺乳类实验动物;已育成 1 000 多个近交系和独立的远交群。它们具有操作性强、规模大、成本低和世代间隔短的优势(Willis-Owen

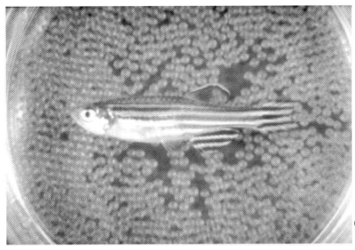

（ⅰ）2 细胞（约45 min）

（ⅱ）1 体节（箭头，约10.5 h）

（A）10 cm培养皿中的一条雌性成年斑马鱼和一些在绒毛膜中的受精卵

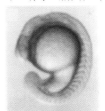

（ⅲ）18 体节（18 h）

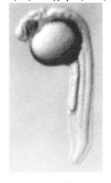

（ⅳ）24 h的胚胎

（C）饲养斑马鱼的循环水系统

（B）胚胎形态
（已去除绒毛膜）

图 9.5　斑马鱼的早期发育及饲养循环水系统

(Brian A. Link，2008)

and Flint，2006）。由于丰富的品系资源和相对成熟的遗传操作技术，小鼠成为人类遗传疾病动物模型研究的首选，99％的人类基因都能在小鼠基因组中找到同源基因（Reider，2006）。小鼠基因组计划于 2002 年完成。分析发现，小鼠基因组约包含 30 亿碱基，与人基因组大小相近。据估计，小鼠基因组中总共包含 23 786 个基因，同样与人的基因数目(23 686)相近。

　　小鼠作为遗传疾病动物模型的另一标志性时间是 1989 年同源重组技术首次用于小鼠，诞生了第 1 只基因敲除小鼠(Capecchi，1989)。通过该技术可以将人类的致病突变准确而高效的导入到小鼠体内，从而使小鼠成为第 1 个可以模拟多数人类遗传疾病的哺乳动物。从此以后，小鼠作为最佳的人类疾病动物模型广泛用于发育生物学、药物筛选等领域。

复杂的遗传变异是小鼠作为首选人类遗传基因动物模型的主要优势。目前主要可以通过3种方式获得突变小鼠。第1种方式是通过常规育种技术筛选突变个体，然后通过同型交配的方式固定突变基因，如已经获得的糖尿病模型小鼠 NOD 品系、内耳平衡功能障碍的 Waltzing 小鼠、重症联合免疫缺陷的 SCID 小鼠等。第2种方式是转基因育种，即通过转入外源基因的方法获得突变个体，如转入致癌基因的 Oncomice 小鼠、转入大鼠生长激素基因的超大小鼠、转入 NMDA 受体基因的智能小鼠(Doogie mice)等。第3种方式是基因敲除，即通过靶向插入片段使原有基因失活，以便于研究基因功能、确定致病机理。目前该方法已经成为基因功能验证和突变遗传效应分析的标准方法。通过这种方法产生了大量的突变小鼠，如羧肽酶 E 敲除的肥胖小鼠、Myostatin 敲除的肌肉超级发育小鼠(mighty mice)等。

9.2.4.2 大鼠

大鼠(rat)也是医学实验常用的啮齿类动物。它在生理参数和解剖结构上更接近于人类，具有与人类相似的代谢速率，神经系统和智力也更为发达。大鼠体内解毒酶(detoxifying enzymes)的浓度和类型更接近人类。因此，它更适合于开展药物评价和毒性研究。但是，很长一段时间里，常用于小鼠的基因敲除手段并不适用于大鼠，基因敲除在大鼠上无法实现，因而大鼠无法作为遗传疾病的动物模型用于基因功能和遗传效应的分析。

但随着小鼠模型在许多疾病方面应用的限制越来越多地暴露出来，近年来大量研究者投入大鼠基因组编辑领域的研究中。2009年，威斯康星医学院的 Aron M. Geurts 等人将一项原本广泛应用于果蝇的基因敲除技术锌指核酸酶技术引入大鼠，首次成功获得了靶向基因缺失的大鼠(Geurts, et al, 2009)。随后复旦大学应其龙教授等人通过技术优化的策略，成功地将同源重组技术用于大鼠胚胎干细胞，获得了肿瘤抑制基因 $p53$ 敲除的大鼠(Tong, et al, 2010)。另外，转座子系统也作为今后产生基因敲除大鼠的一项重要技术被研究，来自复旦大学和 Transposagen 制药公司的2个团队都在这方面开展了大量工作。2010年12月17日，Science 评选了该年度的十大科学进展(Science, 2010)，其中大鼠基因敲除方面的突破性进展位列其中。这预示着大鼠在遗传疾病模型动物方面应用的复兴。《科学》编辑 Dennis Normile 说："喜欢大鼠的科学家不必再忌妒研究小鼠的同事们了(Normile 2010)。"

大鼠成为继小鼠之后可方便地进行基因编辑的又一类哺乳动物，可以用于一些在小鼠上无法开展的生物医学研究。相对于小鼠，大鼠长期以来更受生理学家和病理学家的欢迎，其如更大的体型使其便于进行仪器测定，更便于采血、活检等操作，更便于开展外科手术和研究神经传导。

9.2.5 猪

猪(pig)是医学实验动物中除灵长类以外和人类进化关系最近的物种。猪与人在听觉器官的形态和结构方面具有极高的相似性。家猪作为继小鼠之后的又一类模式动物，正受到包括比较生物学、发育生物学、医学遗传学、畜牧学等在内的多领域科学家的高度关注。解剖结构、进化速率和代谢率等方面的差异使鼠作为人类听力缺陷动物模型的再现性和可靠性较差，然而这些方面恰好是家猪模型的优势。相关的一系列前沿生物技术与基础数据正日新月异地发展，这更为猪作为听力相关疾病的动物模型研究提供了良好的前提条件。

猪由于缺乏有效的胚胎干细胞系，转基因、基因打靶、基因组修饰等技术都还不能有效地开展。诱导多能干细胞的出现为我们带来了新的希望。我国在这方面的研究处于世界领先水平。2009 年,中国科学院广州生物医药与健康研究院裴端卿课题组和 Ezashi 等人相继成功构建出了猪 iPS 细胞系(Esteban, et al, 2009;Ezashi, et al, 2009)。中国科学院动物所周琪小组在成功培育出 iPS 小鼠以后也将研究重心转移到 iPS 猪的培育上。近年来,我国相继启动了"诱导性多功能干细胞猪与小型猪疾病模型"、"猪诱导多能干细胞及其分化发育研究"等多个重大基础研究项目,旨在推动 iPS 技术在猪方面的跨越式发展。锌指核酸酶技术也被作为猪基因敲除的重要技术手段。2010 年,Watanabe 等人率先利用 ZFN 技术将转 *eGFP* 猪成纤维细胞系中的 *eGFP* 基因敲除(Watanabe, et al, 2010),随后 Whyte 等将 ZFN 技术与体细胞核移植技术结合成功地获得了敲除外源 *GFP* 基因的个体(Whyte, et al, 2011)。可以预见,家猪的基因组修饰技术将在近期取得重大的突破。这标志着家猪成为人类疾病常用动物模型过程中最困难的技术壁垒将被攻破,人类疾病猪模型研究将迎来新的春天。

随着下一代测序技术的飞速发展,猪基因组数据也越来越完善。2010 年 11 月,新版基因组数据—Sus Scrofa 10.0 公布,共包含 2.62 Gb 的数据,其测序深度从 9.0 版的 4X 增加到40X,基因组覆盖度大大增加,极大地加快了猪基因组学研究的步伐。

9.2.6 非人灵长类

常用于人类遗传疾病研究的非人灵长类(Non‐human primate)动物主要包括恒河猴(Rhesus macaques)、非洲绿猴(African green monkey)、黑猩猩(chimpanzee)、狒狒(baboon)、松鼠猴(squirrel monkey)和绒猴(marmost)(European Biomedical Research Association,1996;Carlsson, et al, 2004)。它们在生理结构和心理活动方面与人类高度相似(Chen and Li, 2001),尤其是对大脑和视觉器官疾病的高度模拟更是其他物种无法替代的。这些相似性是建立在人和非人灵长类动物极近的进化关系上的。随着人类和黑猩猩全基因组测序的完成,科学家们惊人地发现二者之间仅存在 0.75% ~ 1.2% 的差异(Wildman, et al, 2003;Khaitovich, et al, 2005)。因此,从疾病模型的相似性和可重复性方面考虑,非人灵长类动物是人类遗传疾病研究的最佳实验动物。但是,目前非人灵长类动物的使用受到伦理、动物福利、动物来源、处理技术等多方面因素的影响,限制了其在医学遗传学研究方面的广泛使用。

由于啮齿类动物与人类间进化距离方面巨大的差异,许多基因的生物学功能和遗传效应均不同,一些常见人类遗传疾病(尤其是神经系统疾病)无法在啮齿类动物中找到或构建出适合的疾病模型。非人灵长类动物中的突变型动物可以更好的模拟出这些人类疾病。非人灵长类动物群体中自发突变体稀少,利用基因组编辑的方法构建含有定向突变的非人灵长类动物将会为这些遗传疾病的致病机理研究和治疗方式筛选开辟一条崭新的道路(Norgren, 2004)。随着小鼠等动物基因操作手段的日益成熟,这些技术也逐渐被用于非人灵长类领域的研究,但受制于动物材料获取和繁殖性能等方面的劣势,研究进展非常缓慢,外源基因的表达仅限于早期胚胎阶段(Chan, et al, 2001;Wolfgang, et al, 2001;Wolfgang, et al, 2002)。2008 年,第1 只转基因非人灵长类动物终于诞生,埃默里大学耶基斯国家灵长类动物研究中心的 Yang 等人利用转入突变基因的方法构建出亨廷顿舞蹈症(Huntington disease,HD)的恒河猴模型(Yang, et al, 2008)。这为突变基因过表达导致的遗传病提供了完美的动物模型。但由于非人灵长类动物的靶向基因敲除还没有成功,那些由基因失活产生的疾病则还不能在非人灵长类中找到合适的模型。

9.3 常见疾病的动物模型

9.3.1 神经系统疾病

9.3.1.1 阿尔茨海默病

阿尔茨海默病(Alzheimer's disease,AD)是一种常见的神经退行性疾病,临床表现为认知和记忆功能不断衰退,日常生活能力进行性减退,最终导致痴呆。阿尔茨海默病的神经病理学特征是神经细胞和突触的减少以及 2 种损伤斑的形成。损伤斑的一种是细胞外的老年斑(plaques),主要由 β - 淀粉样蛋白组成;另一种是细胞内的神经元纤维缠结(neurofibrillary tangles),主要是磷酸化异常的微管相关蛋白 tau(MAPT)。多种基因跟阿尔茨海默病相关,包括 *APP*(淀粉样前体蛋白)、*ApoE*4(载脂蛋白 E4)、*PSEN*1(早老素基因 1),*PSEN*2(早老素基因 2)等。

因为技术相对成熟和解剖结构相对接近等原因,小鼠是创制阿尔茨海默病疾病模型的最常用动物(参考表 9.5)。但是除此之外,大鼠(Hu,Wang et al,2004)、果蝇和线虫(Link 2005)的模型也有其各自的特点和优势。

表 9.5 阿尔茨海默病的小鼠疾病模型

模型	简　　介	参考文献
PDAPP	第 1 种 *APP* 转基因模型,表现出明显的斑块形成。该小鼠被转入一种人的 *APP* 印第安突变型 cDNA(APP$_{V717F}$)。这种小鼠脑中斑块的形成开始于 6~9 个月,能观察到突触减少,但是没有明显的神经细胞减少和神经细胞缠结	Games,et al,1995
Tg2576	这种小鼠被转入一种受仓鼠朊蛋白启动子调控的 *APP* 突变体即 APP$_{SWE}$。该小鼠出生 9 个月后脑中开始出现斑块。这些小鼠有认知缺陷,但是没有发现神经细胞减少和神经细胞缠结。这是一种使用最广泛的转基因模型	Hsiao,Chapman et al,1996
APP23	这种小鼠被转入一种受 Thy1 启动子调控的 *APP* 突变体 APP$_{SWE}$。小鼠出生后 6 个月能观察到明显的脑血管淀粉样沉淀,海马神经元的减少和淀粉样斑块的形成有关	SturchlerPierrat,et al,1997;Calhoun,et al,1998;Calhoun,et al,1999
TgCRND8	这种小鼠被转入 2 种 *APP* 突变体即 APP$_{SWE}$ 和 APP$_{V717F}$。小鼠出生后 3 个月出现认知缺陷和较快的细胞外斑块形成。其认知缺陷能通过 Aβ 免疫疗法被反转	Janus,et al,2000
PSEN1$_{M146V}$、PSEN1$_{M146L}$	这 2 种模型证明突变型 *PSEN*1 能选择性提高 Aβ42,但是没有观察到明显的斑块形成	Duff,et al,1996

续表 9.5

模型	简　介	参考文献
PSAPP	Tg2576×PSEN1$_{M146L}$ 和 PSEN1 - A246E＋APP$_{SWE}$。双转基因小鼠,与突变型 *APP* 单转基因小鼠相比,再转入突变型 *PSEN1* 的双转基因小鼠表现出加快的淀粉样沉淀形成,说明 *PSEN1* 突变引起的 Aβ42 升高能增强斑块沉淀	Borchelt, et al, 1997; Holcomb, et al, 1998
APP $_{Dutch}$	这种小鼠表达 *APP* 荷兰型突变体,引起淀粉样脑血管病	Herzig, et al, 2004
BRI - Aβ40、 BRI - Aβ42	这种小鼠表达 Aβ 的不同亚型,但 *APP* 没有过表达。过表达 Aβ42 的小鼠有老年斑和淀粉样脑血管病,但是 BRI - Aβ40 小鼠不形成斑块,说明 Aβ42 对斑块的形成是必需的	McGowan, et al, 2005
JNPL3	这种小鼠表达带有 P301L 突变的 4R0N 微管相关蛋白 tau(MAPT)。这是第 1 个伴有明显缠结和细胞减少的转基因模型,说明 MAPT 单独就可以造成细胞损伤和减少。JNPL3 小鼠随着年龄增长会产生运动障碍,这是由脊髓中运动神经元的减少造成的	Lewis, et al, 2000
Tau$_{P301S}$	这种转基因小鼠表达带有 P301S 突变的最短 4R MAPT 亚型。纯合子小鼠出生后 5～6 个月会发生严重的下肢轻瘫,广泛的神经元纤维缠结和脊髓中的神经元减少	Allen, et al, 2002
Tau$_{V337M}$	这种小鼠少量表达受血小板衍生生长因子(platelet - derived growth factor,PDGF)启动子调控的带有 V337M 突变的 4R MAPT,为小鼠内源 MAPT 的 1/10。这种小鼠中神经元纤维缠结的形成说明其发病原因不在于胞内 MAPT 的绝对量,而在于 MAPT 本身的性质	Tanemura, et al, 2001
rTg4510	通过 TET-off 系统实现 MAPT 诱导表达的小鼠。小鼠出生后一个月出现 MAPT 异常。这种小鼠呈现渐进性的神经元纤维缠结和严重的细胞减少。认知障碍在 2.5 个月的时候开始变得明显。停止诱导表达后,认知障碍得到好转,但是神经原纤维缠结却继续加重	Santacruz, et al, 2005
Htau	这种小鼠只表达人的 MAPT,其自身的 MAPT 被敲除。其出生后 6 个月开始积累磷酸化异常的 MAPT,并在 15 个月开出现 Thio-S 阳性的神经元纤维缠结	Andorfer, et al, 2003
TAPP	Tg2576×JNPL3。和 JNPL3 相比,前脑 MAPT 的斑块沉积加重,说明突变的 APP 和/或 Aβ 能影响下游的 MAPT	Lewis, et al, 2001
3×TgAD	这种转基因小鼠同时表达突变的 APP$_{SWE}$、MAPT$_{P301L}$ 和 PSEN1$_{M146V}$。这种小鼠出生后 6 个月即有斑块沉积,12 个月时 MAPT 开始出现异常,证明 *APP* 或者 Aβ 能直接影响神经元纤维缠结的形成	Oddo, et al, 2003; Oddo, et al, 2003

(McGowan, et al, 2006)

9.3.1.2 帕金森病

帕金森病(Parkinson's disease,PD)是一种发病率仅次于阿尔茨海默病的中枢神经退化性疾病。该疾病的临床症状包括运动障碍、震颤、肌肉僵直、步态异常和站立不稳等。病理特征:大脑黑质致密部中多巴胺神经元的退化和路易体(Lewy body)的形成,其中路易体的主要成分是 α - 突触核蛋白(α - synuclein)和泛素。此外,纹状体(striatum)和黑质致密部(substantia nigra pars reticulata,SNr)中的多巴胺及其代谢产物高香草酸(homovanillic acid,HVA)、二羟苯乙酸(3,4 - dihydroxyphenylacetate,DOPAC)和多巴胺转运载体都有减少(Beal,2001;Shimohama, et al,2003)。

一个理想的帕金森病模型应该具备以下特征(Beal,2001):

①出生时具有正常数量的多巴胺神经元,成年后特定部位的多巴胺神经元呈现逐渐减少的趋势,最终该部位超过一半的神经元丧失,并能通过生化和病理方法被检测到。

②运动障碍能通过一般方法被检测到,包括运动徐缓、僵直和震颤。

③有路易体形成。

④如果是基因工程模型,该模型应该是单基因的模型,以保证其大量繁殖并能和增强子或抑制子的品系杂交。

⑤出生后几个月内即出现明显病理现象。这样有利于缩短实验周期和减少成本。

本处主要介绍帕金森病的药物损伤模型和转基因模型。其中,药物模型包括使用 1 - 甲基 - 4 - 苯基 - 1,2,3,6 - 四氢吡啶(MPTP)、6 - 羟基多巴胺(6 - OHDA)和鱼藤酮(rotenone)的模型;转基因模型包括果蝇和小鼠的 α - 突触核蛋白(α - synuclein)基因过表达模型。

MPTP 在灵长类动物如人、猴子和狒狒上能引起严重且不可逆的帕金森病症状,包括黑质多巴胺神经元细胞的退化和微包含物的形成(例如, α - 突触核蛋白的聚集体,但不是典型的路易体)。MPTP 诱导的灵长类动物帕金森病疾病模型能被多巴胺受体激动剂和 L - DOPA(L -3,4 - dihydroxyphenylalanine)有效治疗。但是,该模型的主要缺点在于其病理过程属于急性或者亚急性,而帕金森病却是慢性病。于是又有研究人员通过缓慢给药达到模拟慢性发病的目的(Varastet, et al,1994)。啮齿类动物如小鼠和大鼠对 MPTP 的敏感性不如灵长类动物,通常需要更高的 MPTP 剂量,而运动障碍等病理现象也不能一直持续,并且运动障碍的出现需要彻底拮抗多巴胺,部分拮抗不足以诱导。因此,灵长类动物是 MPTP 模型中相对较好的实验动物(Beal,2001;Shimohama, et al,2003)。

6 - OHDA 是用来创制帕金森疾病模型的第 1 种药物。最常见的方法是将 6 - OHDA 注射到单侧黑质(substantia nigra)或者内侧前脑束(medial forebrain bundle),就能导致类似于急性 MPTP 模型的快速细胞死亡。也有模型是将 6 - OHDA 直接注射到纹状体以造成黑质神经元细胞的退行性病变。这种模型会导致神经元细胞的缓慢、部分损伤,用于模拟帕金森病的慢性病理过程。6 - OHDA 被注射入黑质后,它会选择性聚集在多巴胺神经元中,并对其造成损伤。6 - OHDA 在大鼠、小鼠、猫和灵长类动物中都有效,是创制帕金森病单侧损毁模型的主要药物。但是,6 - OHDA 模型没有路易体的形成。在大鼠中,多巴胺神经元损毁的程度能通过测量注射安非他明(amphetamine)和阿扑吗啡(apomorphine)后的旋转行为来评估。因此,该模型的最大优势就在于其能被量化的旋转行为(Beal,2001;Shimohama, et al,2003)。

Rotenone 是从一些植物根部提取的一种天然杀虫剂,是线粒体复合体 I 的特异强效抑制剂。大鼠经过 rotenone 处理后会表现出帕金森病的多种特征,如黑质纹状体中多巴胺神经元的退化、类似路易体结构的形成、运动徐缓和震颤等(Betarbet，et al，2000)。经过多巴胺受体激动剂安非他明(amphetamine)处理后，这些症状会得到明显改善。该模型的缺点是：这些帕金森病的症状只在 Lewis 大鼠上发生，而在其他品系的大鼠上则没有(Beal，2001；Shimohama，et al，2003)。

α-synuclein 转基因果蝇表现出年龄依赖的核内侧酪氨酸羟化酶(tyrosine hydroxylase)阳性神经元减少，而其他多巴胺神经元细胞没有明显异常。多巴胺神经元的这种差异病变与人类帕金森病一致。在这种 α-synuclein 转基因果蝇中能观察到类似于路易体的 α-synuclein 阳性包含物。此外，该果蝇还表现出运动障碍。不过作者没有证明该运动障碍是否能被多巴胺受体激动剂逆转，运动障碍和多巴胺神经元异常的关系也没有确证，而且，正常型和突变型 α-synuclein 的毒性没有差异。但是，果蝇上已经积累的大量遗传学背景知识却是该模型的一个巨大优势，有利于用该模型快速鉴定增强子和抑制子突变(Feany，Bender，2000)。

α-synuclein 转基因小鼠在大脑皮层、海马体和黑质的神经细胞中会形成 α-synuclein 和 ubiquitin 的包含物。但是这种包含物在胞质和细胞核中都有分布，而帕金森病患者神经细胞的细胞核内是没有这种包含物的。α-synuclein 转基因小鼠和正常小鼠黑质中酪氨酸羟化酶阳性神经元的密度没有明显差异，但是转基因小鼠纹状体中酪氨酸羟化酶阳性神经元的神经末梢却明显减少。同时，转基因小鼠的酪氨酸羟化酶在蛋白量和酶活 2 个方面都比正常小鼠低。因此，该转基因小鼠中人源 α-synuclein 的积累在不影响神经元细胞整体数量的情况下造成了神经末梢和突触的损伤(Masliah，et al，2000)。

9.3.1.3　亨廷顿舞蹈症

亨廷顿舞蹈症(Huntington disease，HD)是一种常染色体显性遗传的神经退行性疾病，由 *Huntingtin*(*Htt*)基因 1 号外显子中 CAG 三核甘酸重复序列过度扩张引起，进而造成黑质 GABA 能神经元(GABAergic projection neuron)和皮层椎体神经元(cortical pyramidal neuron)的退化。临床症状包括舞蹈样动作、认知能力缺陷和精神障碍。引起亨廷顿舞蹈症的基因突变在 1993 年被发现。正常情况下，*Htt* 基因 N 端编码多聚谷氨酰胺(polyQ)的 CAG 三核苷酸有 19～35 段重复。但是，如果 CAG 重复序列超过了 36 个片段，就有患病的可能，超过 42 个片段则可确诊。在西方国家，该疾病的发病率约为 5/100 000。虽然该病的临床症状通常在 40～50 岁才表现出来，但是患者的发病起始年龄段却很广，从青少年到老年都可能发病，患者在发病 15～20 年后死亡(Wang，Qin，2006)。

1. 兴奋毒性损伤模型

兴奋毒性是指高浓度谷氨酸通过神经细胞表面特异性受体对神经细胞产生的毒害作用。早在 1976 年就有研究报道：直接往纹状体内注射红藻氨酸盐(kainate，一种非 N-甲基-D-天冬氨酸型的谷氨酸激动剂)能够模拟 HD 的轴突保留型纹状体损伤。不过，纹状体内注射红藻氨酸盐其实并不能准确重现 HD 的组织学病变特征，因为红藻氨酸盐会损伤投射神经和 NADPH 阳性的中间神经，而 HD 患者的纹状体中间神经元却是基本保留的。相反，向纹状体内注射喹啉酸(quinolinate，一种 NMDA 选择性的谷氨酸激动剂和色氨酸代谢产物)能够优先诱导 GABAergic 神经元退化而保留中间神经元，说明模拟 HD 纹状体病变需要选择性激活 NMDA 受体(Wang，Qin，2006)。

2. 间接兴奋毒性损伤模型(代谢毒剂模型)

向大鼠纹状体注射多种线粒体毒剂(氨基氧乙酸、鱼藤酮、MPP^+、丙二酸、Mn^{2+}、3-乙基-

嘧啶)能够诱导乙酸的大量形成和 ATP 耗竭,破坏线粒体能量代谢,最终导致神经元细胞退化。3-硝基丙酸(3-nitropropionic acid,3-NP)是制造间接兴奋毒性损伤模型的常用药物(Wang,Qin,2006)。

1993 年,HD 的致病基因被发现后,大量基因工程的疾病模型被制造出来。因为基因工程模型能更准确的模拟 HD 的病理过程,化学损伤模型的使用逐渐减少。

3. 转基因小鼠模型

在转基因小鼠模型中,突变基因 *Htt* 全长或一部分(通常是 1、2 号外显子)和加长的 CAG 重复序列(多聚谷氨酸尾)被随机插入到小鼠基因组中,和正常内源基因 *Htt* 一起表达(表 9.6)。这些转基因小鼠都表现出一些人类 HD 的症状。其一般规律是:转基因越短,CAG 越长,表达水平越高,则症状越严重(Wang,Qin,2006)。

4. 基因敲入小鼠模型

理论上,基因敲入模型应该是人类 HD 的最可靠模型,因为基因敲入小鼠的突变是在内源 *Htt* 基因启动子控制下定点整合到基因组中的(表 9.6)。基因敲入的纯合子小鼠在神经系统出现明显病变之前就表现出行为上的异常。因此,*Htt* 突变基因敲入小鼠是模拟人类 HD 的有效模型,并且有发病过程较慢的优点,使研究人员能对其病理过程有更详细的分析(Wang,Qin,2006)。

除了小鼠模型,HD 还有很多其他动物模型。大鼠的 HD 转基因模型的病理过程较慢,可以用其对 HD 进行影像学和神经移植方面的研究(von Horsten,et al,2003)。恒河猴的 HD 疾病模型则更接近人类的疾病症状,除了核内包涵体和神经纤维网的聚集体外,还表现出肌肉张力失常和舞蹈症(Yang,et al,2008)。此外,大动物上的 HD 疾病模型还有绵羊(Jacobsen,et al,2010)和小型猪(Yang,et al,2010)。

9.3.2 心血管系统疾病

9.3.2.1 动脉粥样硬化

动脉粥样硬化(atherosclerosis)是西方人的主要死亡原因,是遗传和生活习惯等综合作用的结果(Jawien,et al,2004)。病灶主要在血流扰动较强的区域,并且有慢性炎症的特点,而硬化斑块主要由内皮细胞、单核细胞/巨噬细胞、平滑肌细胞以及胶原蛋白、蛋白聚糖和钙质层的混合物组成(András Kónya,2008)。

很多种动物都被用于研究动脉粥样硬化的发病机制和治疗方法。1908 年,Ignatowski 报道了首例动脉粥样硬化的实验动物模型:给兔子喂食高蛋白(肉、奶和蛋)食物后,观察到其主动脉内膜增厚。本处介绍动脉粥样硬化的几种动物模型及其各自的优缺点。

1. 食物诱导的非鼠类模型

在历史上,几种体型相对较大的动物如非人灵长类、猪和兔子都是研究动脉粥样硬化的主要动物。

兔子(rabbit)是动脉粥样硬化的第 1 个动物模型。在脂蛋白代谢方面,兔子和人类有很多相似点,除了相对缺乏肝脂肪酶外,被喂食高胆固醇的食物后,兔子能够形成粥样斑块。这些粥样斑块主要生成在主动脉弓和胸主动脉,但不包含人类动脉粥样硬化中常被影响的腹动脉(Moghadasian,2002;András Kónya,2008)。

表 9.6 亨廷顿舞蹈症的小鼠疾病模型

模型	模型设计	动作失调		神经病理症状			参考文献
	启动子	抱紧行为	其他症状	神经细胞内包涵体	细胞减少	脑萎缩	
转基因模型	HD 启动子,1 号外显子,R6/2 系 144Q,R6/1 系 115Q	出生后 2 个月(R6/1 在出生后 5 个月)	震颤,步态异常,学习障碍,运动功能减退和糖尿病	遍布全脑的核内和神经纤维网聚集物,较少的树突棘	额皮质,背侧纹状体和小脑的浦肯野氏细胞	整体脑萎缩	Mangiarini, et al, 1996
	HD YAC 转基因,带有 72Q,46Q 或者 18Q 的全长基因	72Q 在出生后 3 个月	过度兴奋和绕圈	纹状体	纹状体	未报道	Hodgson, et al, 1999
	小鼠朊蛋白启动子,N 端 171 个氨基酸带有 82Q,44Q 或 18Q	82Q 在出生后 5 个月	震颤,步态异常,运动功能减退,体重减轻和早夭	纹状体,皮层,海马体和杏仁核都有弥散性的核内 Htt 聚集体	纹状体神经元细胞退化	纹状体神经元细胞退化	Schilling, et al, 1999
	CMV 启动子,带有 89Q,48Q 或 16Q 的全长基因	89Q 和 48Q 在出生后 5 个月	绕圈过度兴奋,晚期活动减退,小便失禁	包涵体较少	一些动物纹状体细胞减少 20%	未报道	Reddy, et al, 1998
	大鼠神经特异烯醇化酶启动子,N 端 3 kb,带有 100 Q,48 Q 或 18 Q	100 Q 在出生后 ~4 个月	过度兴奋,但是晚期活动减退	100 Q 含有包涵体(46 Q 含有少量);营养不良性轴索	一些动物 8 个月时有 20% 的细胞减少	一些动物脑萎缩	Laforet, et al, 2001
	Tet-off (CamK II α-tTA) 启动子,1 号外显子,94 Q	50% 在 2.5 个月	起始较晚的震颤和步态异常	纹状体,海马,皮层,反应性星形胶质细胞都有包涵体	未报道	脑萎缩和进行性纹状体萎缩	Yamamoto, et al, 2000

续表 9.6

模型	模型设计	动作失调		神经细胞核内包涵体	神经病理症状		参考文献
	启动子	抱紧行为	其他症状		细胞减少	脑萎缩	
基因敲入模型	小鼠内源 HD 基因启动子，敲入 111 Q、92 Q 或 50 Q	没有运动失调		1.5 个月出现 CAG 和年龄依赖的 Huntingtin 核异位，超过 6 个月出现包涵体	未观察到	未报道	White, et al, 1997
	小鼠内源 HD 基因启动子，敲入 80 Q 或 72 Q	没有运动障碍	早期就出现好斗的行为	包涵体出现较晚，海马神经反应强效应被破坏，纹状体重复序列不稳定	未观察到	未报道	Shelbourne, et al 1999
	小鼠内源 HD 基因启动子，敲入 94 Q 或 71 Q	没有运动障碍	没有运动障碍，NMDA 敏感性异常	没有包涵体	NMDA 刺激后纹状体细胞肿胀	较小的纹状体细胞	Levine, et al, 1999
	小鼠内源 HD 基因启动子，敲入 77 Q	没有症状	没有症状	没有包涵体	未观察到	胶质纤维酸性蛋白阳性细胞	Ishiguro, et al, 2001

（Rubinsztein，2002）

家猪（Domestic pig）是目前动脉粥样硬化动物模型中最有参考价值的大动物之一。在一般的饲养条件下，家猪能自发形成动脉粥样硬化。当被喂食高胆固醇的食物后，家猪会形成跟人类类似的粥样斑块。但是，饲养条件、高成本和不易操作等因素限制了家猪的应用。小型猪（miniature pig）如 Yucatan 小型猪则被用于研究动脉粥样硬化早期的病理过程。动脉粥样硬化的重要病理过程——单核细胞的渗透就是在猪的模型上被证明的（Moghadasian，2002；András Kónya，2008）。

非人灵长类包括黑猩猩和猴子是和人类在各方面最接近的实验动物，其被喂食高胆固醇食物后形成的动脉粥样硬化也和人类极其相似。但是，高成本和法律保护等因素限制了非人灵长类的应用（Moghadasian，2002；András Kónya，2008）。

2. 鼠类模型

大部分品系的小鼠都非常难以患动脉粥样硬化，唯一的例外就是 C57BL/6 品系的小鼠。被喂食含 30% 脂肪、5% 胆固醇和 2% 胆酸的食物后，C57BL/6 小鼠会形成动脉粥样硬化，但是其损伤的性质和位置跟人类的损伤是不同的。此外，还有很多其他食物配方用来诱导小鼠产生动脉粥样硬化，但也都有一些缺点，并不能完全模拟人类上的病理过程。食物诱导小鼠模型的缺点可能是因为小鼠和人在脂代谢方面的差异：人类血浆中 75% 的胆固醇都是由低密度脂蛋白（LDL）运输的，但是小鼠则是高密度脂蛋白（HDL）负责运输大部分胆固醇，而高密度脂蛋白对人类的动脉粥样硬化是有保护作用的（Jawien，et al，2004；András Kónya，2008）。

大鼠对动脉粥样硬化也有抵抗。和小鼠类似，大鼠血浆中没有胆固醇酯转移蛋白（cholesteryl ester transfer protein，CETP），高密度脂蛋白是其血浆中胆固醇的主要载体（Moghadasian，2002）。

相比其他动物模型，小鼠很明显的一个优势在于其成熟的转基因和基因敲除技术。载脂蛋白 E（Apolipoprotein E，ApoE）敲除小鼠在很多方面都能很好地模拟人类动脉粥样硬化，也是第 1 个成功模拟人类动脉粥样硬化的小鼠模型。低密度脂蛋白受体（low‐density lipoprotein receptor）敲除小鼠则能模拟家族性高胆固醇血症（hypercholesterolemia）。此外，很多其他转基因或者基因敲除小鼠模型被用于动脉粥样硬化的研究（Jawien，et al，2004；András Kónya，2008）

9.3.2.2 血管再狭窄

经皮腔内冠状动脉成形术（percutoneous translurainal coronary angioplasty，PTCA）广泛应用于冠心病的治疗，虽然手术成功率在 95% 以上，但是仍有 20%～50% 的患者在术后 3～6 个月会产生血管再狭窄（András Kónya，2008）。

理论上，血管再狭窄（restenosis）应该在晚期动脉粥样硬化的动脉上研究。但是，能形成动脉粥样硬化阻塞斑块的动物模型较难创制，需要昂贵、长期的实验。目前，与人类动脉粥样硬化损伤斑块相似的复杂损伤模型只在伴有高脂血症的猪和非人灵长类上形成。局部动脉内皮损伤如球囊损伤是研究经皮腔内冠状动脉成形术所致再狭窄的常用方法。不同物种对于损伤的反应是不同的，损伤-新内膜厚度的回归曲线在猪上较陡，在兔和狒狒上中等，而在犬上平缓（Gertz，et al，1993；Schwartz，1994；Schwartz，et al，1994）。一项以猪的冠状动脉为模型的研究表明，血管的质变（重塑），而非量变（新内膜形成），对再狭窄起到重要作用（Maeng，et al，2001）。

在研究支架植入后的再狭窄时，大动物（如猪）有较大优势，因为在大动物上能相对容易地找到某段特定血管(如冠状动脉),并对其进行长时间跟踪研究。并且猪的血管在再狭窄过程中形成的新内膜与人类的极其相似。因此,猪的冠状动脉是当前对人类支架植入后再狭窄研究很有参考价值的一个模型。在猪上,支架植入后的愈合比人类上的快6倍(Schwartz, et al, 2004)。这就给猪进行的愈合研究建立了时间标准(1个月、3个月、6个月和12个月)(András Kónya, 2008)。

9.3.3 糖尿病

为了模拟遗传性糖尿病的发病过程与机制,目前普遍采用有自发性糖尿病倾向的近交系纯种动物如BB(biobreeding)鼠、NOD(non-obesity diabetes)小鼠、GK(goto-kakisaki)鼠和中国地鼠(chinese hamster)等动物建立模型。自发性糖尿病动物模型是指动物未经过任何有意识的人工处置在自然情况下发生糖尿病的动物模型。

已用于研究的自发性糖尿病动物约有20种,可分为两类。一类为缺乏胰岛素、起病快、症状明显并伴有酮症酸中毒,如加拿大渥太华Biobreeding实验室培育而成的BB(biobreeding)鼠。50%～80%BB鼠可发生糖尿病,雄性与雌性大鼠发病率相当。BB大鼠一般于60～120日龄时发生糖尿病,发病前数天可见糖耐量异常及胰岛炎。发病的大鼠具有Ⅰ型糖尿病的典型特征:体重减轻、多饮、多尿、糖尿、酮症酸中毒、高血糖、低胰岛素、胰岛炎和胰岛β细胞减少,需依赖于胰岛素治疗才能生存(Kaldunski, et al, 2010)。另外,还有自发性非肥胖糖尿病NOD(non-obesity diabetes)小鼠,其发病年龄和发病率有着较为明显的性别差异,雌鼠发病年龄较雄鼠明显提早,发病率亦远高于雄鼠。NOD小鼠3～5周龄时开始出现胰岛炎,浸润胰岛的淋巴细胞常为$CD4^+$或$CD8^+$淋巴细胞,于13～30周龄时发生明显糖尿病。与BB大鼠不同的是,NOD小鼠一般不出现酮症酸中毒,无外周血淋巴细胞减少,但同样需要胰岛素治疗以维持生存(Shoda, et al, 2005)。

另一类为胰岛素抵抗型高血糖症。其特点是病程长、不合并酮症,为Ⅱ型糖尿病动物模型。常用的Ⅱ型糖尿病自发性动物模型如NSY小鼠,它是从jcl ICR远交系小鼠根据葡萄糖耐量选择繁殖产生的,具有年龄依赖性自发糖尿病的特征。该鼠在任何年龄都无严重的肥胖,也无很高水平的高胰岛素血症,但在第24周龄出现显著的葡萄糖刺激的胰岛素分泌功能的减弱,病理学上未见胰岛增生或炎性改变等形态学异常,提示NSY小鼠发生Ⅱ型糖尿病的原因可能是胰岛β细胞对葡萄糖诱发的胰岛素分泌功能的改变,胰岛素抵抗可能在其发病机理中发挥一定的作用(Christopher et al, 2010)。此外,还有OLETF大鼠。该鼠由于胆囊收缩素(CCK)-A受体mRNA的表达完全缺失,导致其食欲亢进和肥胖,消化道对CCK-8刺激无反应,胰腺的内、外分泌功能均降低。此模型具有Ⅱ型糖尿病的特征如多食、肥胖、多饮和多尿,能缓慢自然地产生Ⅱ型糖尿病(Matsumoto, et al, 2008)。

9.3.4 听力

听力是人类获取外界信息的主要途径之一。人类听觉器官具有极其复杂的解剖结构、生理功能和遗传调控模式。通常作为听力缺陷动物模型的实验动物有大鼠、豚鼠、鸡等。由于这些动物近交系和突变系的缺乏,因此,近年来研究遗传性听力缺陷主要采用突变小鼠。

目前在人类群体中已经约有50余个听力缺陷致病基因被确定,但却无法直接在病人身上开展致病机制、药物筛选等方面的研究,而小鼠则提供了一个绝佳的平台(Richardson,et al,2011)。科学家可以通过基因组编辑的方法,构建携带与人类基因缺陷有相同或相似基因突变的小鼠,进而通过表型变化和遗传调控的研究,更深入地揭示遗传性听力缺陷疾病的分子机制。例如,人类 DFNB9 是一类严重的先天耳聋,其致病突变发生在 *Otoferlin* 基因上(Yasunaga,et al,1999)。因此,通过基因敲除构建的 *Otoferlin* 基因缺失小鼠(Otof$^{-/-}$)成为模拟 DFNB9 的最佳动物模型。该模型完美地再现了人类 DFNB9 的遗传模式和发病过程(Roux,et al,2006)。通过 Otof$^{-/-}$ 小鼠的研究首次确定 DFNB9 并不是听神经的病变造成的,而内感音毛细胞的发育障碍才是该病的首要病理变化。Usher 综合征是最普遍的一类听觉、视觉综合缺陷。该病分为多个亚型,其中涉及的致病突变非常复杂,目前已有 9 个基因确定与该病有关。科学家已通过化学诱变、传统选育和基因敲除的方法得到了所有这 9 个基因突变对应的小鼠模型(表9.7),为该病各个亚型的遗传机制研究打下了坚实的基础。

表 9.7　**Usher 综合征的小鼠模型**

疾病亚型	致病基因	突变蛋白	小鼠模型
Usher 1B	*MYO7A*	Myosin VIIa (actin based motor protein)	Shaker-1 (sh1) Headbanger (hdb)
Usher 1C	*USH1C*	Harmonin (PDZ domaincontaining protein)	Deaf circler (dfcr) Ush1c$^{-/-}$
Usher 1D	*CDH23*	Cadherin23 (integral membrane adhesion protein)	Waltzer (v)
Usher 1F	*PCDH15*	Protocadherin15 (integral membrane adhesion protein)	Ames waltzer (av)
Usher 1G	*SANS*	Sans (putative scaffold protein)	Jackson shaker (js)
Usher 2A	*USH2A*	Usherin (integral membrane protein)	Ush2a$^{-/-}$
Usher 2C	*VLGR1*	Vlgr1 (G-protein-coupled receptor)	Vlgr1/del7TM Vlgr1$^{-/-}$
Usher 2D	*WHRN*	Whirlin (PDZ domaincontaining protein)	Whirler (wi)
Usher 3A	*CLRN1*	Clarin (integral membrane protein)	Clrn1$^{-/-}$

(Leibovici,et al,2008)

在小鼠模型大量应用于医学研究的同时,科学家们逐渐发现小鼠模型本身固有的一些生物学特性限制了许多进一步的研究。首先,鼠和人的进化关系远,这是造成多方面生物学差异的基础。其次,小鼠在物质、能量代谢等基础生理特征与人差异太大,不能较好地模拟人的许多疾病。再次,鼠类体型过小,很难实现一些常规的外科操作。另外,从胚胎期开始,人和鼠的个体发育模式就存在巨大的差异,一些发育性的疾病无法在鼠模型上再现(Smithies,1993)。在遗传性听力缺陷研究方面,目前亟待突破的毛细胞再生、人工听力重建、早期听力挽救等方面的研究均无法深入开展。上述小鼠模型解剖结构、进化距离和代谢率等方面的劣势恰好是大型动物如家猪模型的优势。

猪与人在听觉器官的形态和结构方面具有极高的相似性。研究发现,猪的中耳腔形态和咽淋巴组织结构均与人类高度一致,非常适合作为中耳炎模型(Pracy,et al,1998)。由于耳蜗骨壁的厚度、强度与人更为接近,猪耳蜗已经被广泛应用于耳蜗开窗术(Coulson,et al,2006；Coulson,et al,2008)、颞骨精细断层扫描术(Sepehr,et al,2008)等外科技术的研发。此外,在我们的前期研究中发现,猪基底膜宽度、外毛细胞数量、毛细胞纤毛长度等多方面形态指标都与人非常接近。猪耳蜗的发育模式与人一致。从内耳感觉上皮的发育方面考虑,人类属于先天成熟型,内、外毛细胞和螺旋神经节在胚胎的中后期就已经发育完整并具有听觉功能；小鼠则属于后天成熟型,初生小鼠的感觉上皮仍在持续发育(Kikuchi,Hilding,1965)。许多在胚胎期发生的人类听力缺陷在小鼠的胚胎期无法表现,这极大地制约了鼠模型的使用。而根据我们前期研究,猪的内耳 Corti's 器则属于先天成熟型,同样在胚胎中后期已经发育成熟。这是猪模型在先天性感音神经性耳聋研究方面与鼠模型相比最大的优势。

9.3.5 肿瘤

人类肿瘤动物模型通常可分为三类即自发型肿瘤模型、化学诱发型肿瘤模型和移植型肿瘤模型。从研究遗传性多发肿瘤的角度通常采用自发性肿瘤模型。这类动物在正常饲养的条件下具有极高的肿瘤发病率,遗传因素是其癌症发病的关键因素。例如,C3H 小鼠自发乳腺癌高达 90%(Khanolkar,et al,2009),AKR 小鼠具有 90% 以上的白血病自发率(Chung,et al,2010),wistar 雌性大鼠乳腺肿瘤的发病率高达 92.2%(Kashiwaya,et al,2010)。在一些大型动物的养殖过程中也发现了高自发性肿瘤的群体。例如,辛克莱猪中高自发恶性黑色素瘤群体(Gomez-Raya,et al,2007),肿瘤通常发生在生后 6 个月内,甚至提前到出生前。

基因修饰也是构建遗传性多发肿瘤模型的常用方法。例如,通过抑癌基因 $p53$ 的敲除,纯合子小鼠在非常小的月龄就发生肿瘤,6 月龄时 75% 的 $P53^{-/-}$ 小鼠发生各种类型的肿瘤,至 10 月龄时所有小鼠均死于肿瘤,以淋巴瘤的发生率最高,目前已被广泛用于研究肿瘤模型。$P53^{+/-}$ 杂合小鼠也对肿瘤易感,但与 $P53^{-/-}$ 相比肿瘤发生较晚,与 $P53^{-/-}$ 小鼠发生的肿瘤类型也有所不同(He,et al,2007；Donehower,Lozano,2009)。

参 考 文 献

[1] Allen B,Ingram E,et al. 2002. Abundant tau filaments and nonapoptotic neurodegeneration in transgenic mice expressing human P301S tau protein. J Neurosci,22(21)：9340-9351.

[2] Andorfer C,Kress Y,et al. . 2003. Hyperphosphorylation and aggregation of tau in mice expressing normal human tau isoforms. J Neurochem,86(3)：582-590.

[3] András Kónya K C W, Gounis M, Kandarpa K. 2008. Animal Models for Atherosclerosis, Restenosis, and Endovascular Aneurysm Repair// Conn P M. Sourcebook of models for biomedical research. Humana Press Inc. , Totowa, NJ. : 369-384.

[4] Ankeny R A. 2001. The natural history of *Caenorhabditis elegans* research. Nat Rev

Genet,2(6):474-479.

[5] Beal M F. 2001. Experimental models of Parkinson's disease. Nat Rev Neurosci,2(5):325-334.

[6] Betarbet R,Sherer T B，et al. 2000. Chronic systemic pesticide exposure reproduces features of Parkinson's disease. Nature Neuroscience,3(12):1301-1306.

[7] Beumer K J,Trautman J K，et al. 2008. Efficient gene targeting in Drosophila by direct embryo injection with zinc-finger nucleases. Proc Natl Acad Sci U S A,105(50):19821-19826.

[8] Blesch A,Conner J,et al. 2005. Regulated lentiviral NGF gene transfer controls rescue of medial septal cholinergic neurons. Mol Ther,11(6):916-925.

[9] Borchelt D R,Ratovitski T,et al. 1997. Accelerated amyloid deposition in the brains of transgenic mice coexpressing mutant presenilin 1 and amyloid precursor proteins. Neuron,19(4):939-945.

[10] Brackett B G,Baranska W,et al. 1971. Uptake of heterologous genome by mammalian spermatozoa and its transfer to ova through fertilization. Proc Natl Acad Sci U S A,68(2):353-357.

[11] Brenner S. 2003. Nature's gift to science:Nobel lecture. Chembiochem，4（8）:683-687.

[12] Brian A,Link S G M. 2008. Zebrafish as a Model for Development//Conn P M. Sourcebook of models for biomedical research. Humana Press Inc.，Totowa,NJ.:103-112.

[13] Brumby A M,Richardson H E. 2005. Using Drosophila melanogaster to map human cancer pathways. Nat Rev Cancer,5(8):626-639.

[14] Calhoun M E,Burgermeister P,et al. 1999. Neuronal overexpression of mutant amyloid precursor protein results in prominent deposition of cerebrovascular amyloid. Proc Natl Acad Sci U S A,96(24):14088-14093.

[15] Calhoun M E,Wiederhold K H，et al. 1998. Neuron loss in APP transgenic mice. Nature，395(6704):755-756.

[16] Capecchi M R. 1989. Altering the genome by homologous recombination. Science,244(4910):1288-1292.

[17] Carlsson H E,Schapiro S J，et al. 2004. Use of primates in research:A global overview. American Journal of Primatology,63(4):225-237.

[18] Chan A W S,Chong K Y,et al. 2001. Transgenic monkeys produced by retroviral gene transfer into mature oocytes. Science,291(5502):309-312.

[19] Chen F C,Li W H. 2001. Genomic divergences between humans and other hominoids and the effective population size of the common ancestor of humans and chimpanzees. American Journal of Human Genetics,68(2):444-456.

[20] Christopher R J,Takeuchi K,et al. 2010. Rodent models of diabetes. Principles of Diabetes Mellitus. L. Poretsky,Springer US:165-178.

[21] Chung M K,Yu W J,et al. 2010. Lack of a co-promotion effect of 60 Hz circularly polarized magnetic fields on spontaneous development of lymphoma in AKR mice. Bioelectromagnetics,31(2)：130-139.

[22] Cibelli J B,Stice S L,et al. 1998. Transgenic bovine chimeric offspring produced from somatic cell-derived stem-like cells. Nat Biotechnol,16(7)：642-646.

[23] Coulson C J,Taylor R P,et al. 2006. An autonomous surgical robot for drilling a cochleostomy-porcine trial. Clinical Otolaryngology,31(6)：580-580.

[24] Coulson C J,Taylor R P,et al. 2008. An autonomous surgical robot for drilling a cochleostomy：preliminary porcine trial. Clin Otolaryngol,33(4)：343-347.

[25] Crow J F. 2002. C. C. Little, cancer and inbred mice. Genetics,161(4)：1357-1361.

[26] Cui X, Ji D,et al. 2011. Targeted integration in rat and mouse embryos with zinc-finger nucleases. Nat Biotechnol,29(1)：64-67.

[27] Dai Y, Vaught T D,et al. 2002. Targeted disruption of the alpha1, 3-galactosyltransferase gene in cloned pigs. Nat Biotechnol,20(3)：251-255.

[28] Davidson A E,Balciunas D,et al. 2003. Efficient gene delivery and gene expression in zebrafish using the Sleeping Beauty transposon. Dev Biol,263(2)：191-202.

[29] Donehower L A, Lozano G. 2009. 20 years studying p53 functions in genetically engineered mice. Nat Rev Cancer,9(11)：831-841.

[30] Doyon Y,McCammon J M,et al. 2008. Heritable targeted gene disruption in zebrafish using designed zinc-finger nucleases. Nat Biotechnol,26(6)：702-708.

[31] Ducharme A, Frantz S,et al. 2000. Targeted deletion of matrix metalloproteinase-9 attenuates left ventricular enlargement and collagen accumulation after experimental myocardial infarction. J Clin Invest,106(1)：55-62.

[32] Duff K, Eckman C,et al. 1996. Increased amyloid-beta42(43) in brains of mice expressing mutant presenilin 1. Nature,383(6602)：710-713.

[33] Dupuy A J,Clark K,et al. 2002. Mammalian germ-line transgenesis by transposition. Proc Natl Acad Sci U S A,99(7)：4495-4499.

[34] Esteban M A,Xu J,et al. 2009. Generation of induced pluripotent stem cell lines from Tibetan miniature pig. J Biol Chem,284(26)：17634-17640.

[35] European Biomedical Research Association, E. (1996). The supply and use of primates in the EU.

[36] Ezashi T,Telugu B P,et al. 2009. Derivation of induced pluripotent stem cells from pig somatic cells. Proc Natl Acad Sci U S A,106(27)：10993-10998.

[37] Feany M B,Bender W W. 2000. A Drosophila model of Parkinson's disease. Nature, 404(6776)：394-398.

[38] Games D, Adams D,et al. 1995. Alzheimer-type neuropathology in transgenic mice overexpressing V717F beta-amyloid precursor protein. Nature,373(6514)：523-527.

[39] Gertz S D,Gimple L W,et al. 1993. Response of Femoral Arteries of Cholesterol-Fed Rabbits to Balloon Angioplasty with or without Laser - Emphasis on the Distribution of

Foam Cells. Experimental and Molecular Pathology, 59(3): 225-243.

[40] Geurts A M, Cost G J, et al. 2009. Knockout rats via embryo microinjection of zinc-finger nucleases. Science, 325(5939): 433.

[41] Gomez-Raya L, Okomo-Adhiambo M, et al. 2007. Modeling inheritance of malignant melanoma with DNA markers in Sinclair swine. Genetics, 176(1): 585-597.

[42] Gordon J W, Scangos G A, et al. 1980. Genetic transformation of mouse embryos by microinjection of purified DNA. Proc Natl Acad Sci U S A, 77(12): 7380-7384.

[43] Hammer R E, Pursel V G, et al. 1985. Production of transgenic rabbits, sheep and pigs by microinjection. Nature, 315(6021): 680-683.

[44] Hau J. 2008. Animal Models for Human Diseases: An Overview// Conn P M. Sourcebook of models for biomedical research. Totowa, NJ.: Humana Press Inc., 3-8.

[45] Hau J, Cervinkova Z, et al. 1995. Serum levels of selected liver proteins following partial hepatectomy in the female rat. Lab Anim, 29(2): 185-191.

[46] Hauschild J, Petersen B, et al. 2011. Efficient generation of a biallelic knockout in pigs using zinc-finger nucleases. Proc Natl Acad Sci U S A, 108(29): 12013-12017.

[47] He L, He X, et al. 2007. A microRNA component of the p53 tumour suppressor network. Nature, 447(7148): 1130-1134.

[48] Herzig M C, Winkler D T, et al. 2004. A beta is targeted to the vasculature in a mouse model of hereditary cerebral hemorrhage with amyloidosis. Nature Neuroscience, 7(9): 954-960.

[49] Hodgson J G, Agopyan N, et al. 1999. A YAC mouse model for Huntington's disease with full-length mutant huntingtin, cytoplasmic toxicity, and selective striatal neurodegeneration. Neuron, 23(1): 181-192.

[50] Holcomb L, Gordon M N, et al. 1998. Accelerated Alzheimer-type phenotype in transgenic mice carrying both mutant amyloid precursor protein and presenilin 1 transgenes. Nature Medicine, 4(1): 97-100.

[51] Houdebine L M. 2005. Use of transgenic animals to improve human health and animal production. Reprod Domest Anim, 40(4): 269-281.

[52] Hsiao K, Chapman P, et al. 1996. Correlative memory deficits, Abeta elevation, and amyloid plaques in transgenic mice. Science, 274(5284): 99-102.

[53] Hu Z H, Wang X C, et al. 2004. Correlation of behavior changes and BOLD signal in Alzheimer-like rat model. Acta Biochim Biophys Sin (Shanghai), 36(12): 803-810.

[54] Ignatowski A C. 1908. Influence of animal food on the organism of rabbits. Izvest Imper Voennomed Akad St Petersburg, 16: 154-173.

[55] Ingham P W. 2009. The power of the zebrafish for disease analysis. Hum Mol Genet, 18(R1): R107-112.

[56] Institute of Laboratory Animal Resources (U. S.), Committee on Care and Use of Laboratory Animals. Guide for the care and use of laboratory animals. NIH

publication. Bethesda，Md.，U. S. Dept. of Health and Human Services，Public Health Service：v.

[57] Ishiguro H，Yamada K，et al. 2001. Age‐dependent and tissue‐specific CAG repeat instability occurs in mouse knock‐in for a mutant Huntington's disease gene. J Neurosci Res,65(4)：289‐297.

[58] Jacobsen J C，Bawden C S，et al. 2010. An ovine transgenic Huntington's disease model. Hum Mol Genet,19(10)：1873‐1882.

[59] Jaenisch R. 1976. Germ line integration and Mendelian transmission of the exogenous Moloney leukemia virus. Proc Natl Acad Sci U S A,73(4)：1260‐1264.

[60] Jaenisch R，Mintz B. 1974. Simian virus 40 DNA sequences in DNA of healthy adult mice derived from preimplantation blastocysts injected with viral DNA. Proc Natl Acad Sci U S A,71(4)：1250‐1254.

[61] Janus C，Pearson J，et al. 2000. A beta peptide immunization reduces behavioural impairment and plaques in a model of Alzheimer's disease. Nature，408（6815）：979‐982.

[62] Jawien J，Nastalek P，et al. 2004. Mouse models of experimental atherosclerosis. J Physiol Pharmacol,55(3)：503‐517.

[63] Junjiro Horiuchi M S. 2008. Modeling Cognitive and Neurodegenerative Disorders in *Drosophila melanogaster*// Conn P M. Sourcebook of Models for Biomedical Research. Totowa，NJ.：Humana Press Inc.,121‐128.

[64] Kaldunski M，Jia S，et al. 2010. Identification of a serum‐induced transcriptional signature associated with type 1 diabetes in the BioBreeding rat. Diabetes,59(10)：2375‐2385.

[65] Kashiwaya Y，Pawlosky R，et al. 2010. A ketone ester diet increases brain malonyl‐CoA and Uncoupling proteins 4 and 5 while decreasing food intake in the normal Wistar Rat. The Journal of Biological Chemistry,285(34)：25950‐25956.

[66] Katz R A，Jack‐Scott E，et al. 2007. High‐frequency epigenetic repression and silencing of retroviruses can be antagonized by histone deacetylase inhibitors and transcriptional activators，but uniform reactivation in cell clones is restricted by additional mechanisms. J Virol,81(6)：2592‐2604.

[67] Kenyon K L. 2007. Patterning the anterior‐posterior axis during *Drosophila* embryogenesis// Moody S A. Principles of developmental genetics. [S. l.]：Academic Press,173‐200.

[68] Khaitovich P，Hellmann I，et al. 2005. Parallel patterns of evolution in the genomes and transcriptomes of humans and chimpanzees. Science,309(5742)：1850‐1854.

[69] Khanolkar A，Hartwig S M，et al. 2009. Toll‐like receptor 4 deficiency increases disease and mortality after mouse hepatitis virus type 1 infection of susceptible C3H mice. J Virol,83(17)：8946‐8956.

[70] Kikuchi K，Hilding D. 1965. The development of the organ of Corti in the mouse.

Acta Otolaryngol,60(3):207-222.

[71] Kim Y G,Cha J,et al. 1996. Hybrid restriction enzymes:zinc finger fusions to Fok I cleavage domain. Proc Natl Acad Sci U S A,93(3):1156-1160.

[72] Kuroiwa Y, Kasinathan P, et al. 2002. Cloned transchromosomic calves producing human immunoglobulin. Nat Biotechnol,20(9):889-894.

[73] Kuroiwa Y, Tomizuka K,et al. 2000. Manipulation of human minichromosomes to carry greater than megabase - sized chromosome inserts. Nat Biotechnol, 18(10):1086-1090.

[74] Laforet G A,Sapp E,et al. 2001. Changes in cortical and striatal neurons predict behavioral and electrophysiological abnormalities in a transgenic murine model of Huntington's disease. Journal of Neuroscience,21(23):9112-9123.

[75] Lai L,Kolber-Simonds D,et al. 2002. Production of alpha-1,3-galactosyltransferase knockout pigs by nuclear transfer cloning. Science,295(5557):1089-1092.

[76] Lancet. 2010. Why are drug trials in Alzheimer's disease failing?. Lancet,376 (9742):658.

[77] Lavitrano M,Camaioni A,et al. 1989. Sperm cells as vectors for introducing foreign DNA into eggs:genetic transformation of mice. Cell,57(5):717-723.

[78] Leibovici M,Safieddine S,et al. 2008. Mouse models for human hereditary deafness. Curr Top Dev Biol,84:385-429.

[79] Levine M S,Klapstein G J,et al. 1999. Enhanced sensitivity to N-methyl-D-aspartate receptor activation in transgenic and knockin mouse models of Huntington's disease. J Neurosci Res,58(4):515-532.

[80] Lewis J,Dickson D W,et al. 2001. Enhanced neurofibrillary degeneration in transgenic mice expressing mutant tau and APP. Science,293(5534):1487-1491.

[81] Lewis J,McGowan E,et al. 2000. Neurofibrillary tangles,amyotrophy and progressive motor disturbance in mice expressing mutant (P301L) tau protein. Nat Genet,25(4):402-405.

[82] Lieschke G J,Currie P D. 2007. Animal models of human disease:zebrafish swim into view. Nat Rev Genet,8(5):353-367.

[83] Link C D. 2005. Invertebrate models of Alzheimer's disease. Genes Brain Behav,4(3):147-156.

[84] Maeng M,Olesen P G,et al. 2001. Time course of vascular remodeling, formation of neointima and formation of neoadventitia after angioplasty in a porcine model. Coron Artery Dis,12(4):285-293.

[85] Mandell J G,Barbas C F. 2006. Zinc Finger Tools:custom DNA-binding domains for transcription factors and nucleases. 3th ed. Nucleic Acids Res,34(Web Server issue):W516-523.

[86] Mangialasche F,Solomon A,et al. 2010. Alzheimer's disease:clinical trials and drug development. Lancet Neurol,9(7):702-716.

[87] Mangiarini L, Sathasivam K, et al. 1996. Exon 1 of the HD gene with an expanded CAG repeat is sufficient to cause a progressive neurological phenotype in transgenic mice. Cell, 87(3): 493-506.

[88] Marx J. 2002. Nobel Prize in Physiology or Medicine. Tiny worm takes a star turn. Science, 298(5593): 526.

[89] Masliah E, Rockenstein E, et al. 2000. Dopaminergic loss and inclusion body formation in alpha - synuclein mice: implications for neurodegenerative disorders. Science, 287 (5456): 1265-1269.

[90] Matsumoto T, Noguchi E, et al. 2008. Metformin normalizes endothelial function by suppressing vasoconstrictor prostanoids in mesenteric arteries from OLETF rats, a model of type 2 diabetes. Am J Physiol Heart Circ Physiol, 295(3): H1165-H1176.

[91] McCreath K J, Howcroft J, et al. 2000. Production of gene - targeted sheep by nuclear transfer from cultured somatic cells. Nature, 405(6790): 1066-1069.

[92] McGowan E, Eriksen J, et al. 2006. A decade of modeling Alzheimer's disease in transgenic mice. Trends Genet, 22(5): 281-289.

[93] McGowan E, Pickford F, et al. 2005. Abeta42 is essential for parenchymal and vascular amyloid deposition in mice. Neuron, 47(2): 191-199.

[94] Meng X, Noyes M B, et al. 2008. Targeted gene inactivation in zebrafish using engineered zinc-finger nucleases. Nat Biotechnol, 26(6): 695-701.

[95] Millikan L E, Boylon J L, et al. 1974. Melanoma in Sinclair swine: a new animal model. J Invest Dermatol, 62(1): 20-30.

[96] Moehle E A, Rock J M, et al. 2007. Targeted gene addition into a specified location in the human genome using designed zinc finger nucleases. Proc Natl Acad Sci U S A, 104 (9): 3055-3060.

[97] Moghadasian M H. 2002. Experimental atherosclerosis: a historical overview. Life Sci, 70(8): 855-865.

[98] Norgren R B, Jr. 2004. Creation of non-human primate neurogenetic disease models by gene targeting and nuclear transfer. Reprod Biol Endocrinol, 2: 40.

[99] Normile D. 2010. One - two punch elevates rats to the knockout ranks. Science, 329 (5994): 892.

[100] Oddo S, A. Caccamo, et al. 2003. Amyloid deposition precedes tangle formation in a triple transgenic model of Alzheimer's disease. Neurobiol Aging, 24(8): 1063-1070.

[101] Oddo S, Caccamo A, et al. 2003. Triple-transgenic model of Alzheimer's disease with plaques and tangles: intracellular Abeta and synaptic dysfunction. Neuron, 39 (3): 409-421.

[102] Pantelouris E M. 1968). Absence of thymus in a mouse mutant. Nature, 217(5126): 370-371.

[103] Perry A C, Wakayama T, et al. 1999. Mammalian transgenesis by intracytoplasmic sperm injection. Science, 284(5417): 1180-1183.

[104] Porteus M H, Carroll D. 2005. Gene targeting using zinc finger nucleases. Nat Biotechnol, 23(8): 967-973.

[105] Potts M B, Cameron S. 2011. Cell lineage and cell death: *Caenorhabditis elegans* and cancer research. Nat Rev Cancer, 11(1): 50-58.

[106] Pracy J P, White A, et al. 1998. The comparative anatomy of the pig middle ear cavity: a model for middle ear inflammation in the human?. J Anat, 192 (Pt 3): 359-368.

[107] Rand M S. 2008. Selection of Biomedical Animal Models// Conn P M. Sourcebook of models for biomedical research. Totowa, NJ.: Humana Press Inc., 9-15.

[108] Reddy P H, Williams M, et al. 1998. Behavioural abnormalities and selective neuronal loss in HD transgenic mice expressing mutated full-length HD cDNA. Nature genetics, 20(2): 198-202.

[109] Reider B. 2006. The measure of man. Am J Sports Med, 34(7): 1059-1060.

[110] Richard Nass L C. 2008. *Caenorhabditis elegans* Models of Human Neurodegenerative Diseases: A Powerful Tool to Identify Molecular Mechanisms and Novel Therapeutic Targets// Conn P M. Sourcebook of models for biomedical research. Totowa, NJ.: Humana Press Inc., 91-101.

[111] Richardson G P, de Monvel J B, et al. 2011. How the genetics of deafness illuminates auditory physiology. Annual review of physiology, 73: 311-334.

[112] Robl J M, Wang Z, et al. 2007. Transgenic animal production and animal biotechnology. Theriogenology, 67(1): 127-133.

[113] Roux I, Safieddine S, et al. 2006. Otoferlin, defective in a human deafness form, is essential for exocytosis at the auditory ribbon synapse. Cell, 127(2): 277-289.

[114] Rubin G M, Lewis E B. 2000. A brief history of *Drosophila*'s contributions to genome research. Science, 287(5461): 2216-2218.

[115] Rubinsztein D C. 2002. Lessons from animal models of Huntington's disease. Trends Genet, 18(4): 202-209.

[116] Russell W M S, Burch R L. 1959. The principles of humane experimental technique. London, Methuen.

[117] Santacruz K, Lewis J, et al. 2005. Tau suppression in a neurodegenerative mouse model improves memory function. Science, 309(5733): 476-481.

[118] Schilling G, Becher M W, et al. 1999. Intranuclear inclusions and neuritic aggregates in transgenic mice expressing a mutant N-terminal fragment of huntingtin. Hum Mol Genet, 8(3): 397-407.

[119] Schnieke A E, Kind A J, et al. 1997. Human factor IX transgenic sheep produced by transfer of nuclei from transfected fetal fibroblasts. Science, 278(5346): 2130-2133.

[120] Schwartz A. 1978. Animal models of human disease: preface for the series. Yale J Biol Med, 51(2): 191-192.

[121] Schwartz R S. 1994. Neointima and arterial injury: dogs, rats, pigs, and more. Lab

Invest,71(6): 789-791.

[122] Schwartz R S, Chronos N A, et al. 2004. Preclinical restenosis models and drug-eluting stents: still important, still much to learn. J Am Coll Cardiol, 44 (7): 1373-1385.

[123] Schwartz R S, Edwards W D, et al. 1994. Differential neointimal response to coronary artery injury in pigs and dogs. Implications for restenosis models. Arterioscler Thromb,14(3): 395-400.

[124] Science. 2010. Breakthrough of the year. The runners-up. Science,330(6011): 1605-1607.

[125] Sepehr A, Djalilian H R, et al. 2008. Optical coherence tomography of the cochlea in the porcine model. Laryngoscope,118(8): 1449-1451.

[126] Shelbourne P F, Killeen N, et al. 1999. A Huntington's disease CAG expansion at the murine Hdh locus is unstable and associated with behavioural abnormalities in mice. Human Molecular Genetics,8(5): 763-774.

[127] Sherman A, Dawson A, et al. 1998. Transposition of the Drosophila element mariner into the chicken germ line. Nat Biotechnol,16(11): 1050-1053.

[128] Shimohama S, Sawada H, et al. 2003. Disease model: Parkinson's disease. Trends Mol Med,9(8): 360-365.

[129] Shoda L K M, Young D L, et al. 2005. A comprehensive review of interventions in the NOD mouse and implications for translation. Immunity,23(2): 115-126.

[130] Simmons D. 2008. The Use of Animal Models in Studying Genetic Disease: Transgenesis and Induced Mutation. Nature Education,1(1).

[131] Smith J, Bibikova M, et al. 2000. Requirements for double-strand cleavage by chimeric restriction enzymes with zinc finger DNA-recognition domains. Nucleic Acids Res,28 (17): 3361-3369.

[132] Smithies O. 1993. Animal models of human genetic diseases. Trends Genet,9(4): 112-116.

[133] SturchlerPierrat C, Abramowski D, et al. 1997. Two amyloid precursor protein transgenic mouse models with Alzheimer disease-like pathology. Proceedings of the National Academy of Sciences of the United States of America,94(24): 13287-13292.

[134] Tamura T, Thibert C, et al. 2000. Germline transformation of the silkworm Bombyx mori L. using a piggyBac transposon-derived vector. Nat Biotechnol,18(1): 81-84.

[135] Tanemura K, Akagi T, et al. 2001. Formation of filamentous tau aggregations in transgenic mice expressing V337M human tau. Neurobiol Dis,8(6): 1036-1045.

[136] Tasic B, Hippenmeyer S, et al. 2011. Site-specific integrase-mediated transgenesis in mice via pronuclear injection. Proc Natl Acad Sci U S A,108(19): 7902-7907.

[137] Tomizuka K, Shinohara T, et al. 2000. Double trans-chromosomic mice: maintenance of two individual human chromosome fragments containing Ig heavy and kappa loci and expression of fully human antibodies. Proc Natl Acad Sci U S A,97(2): 722-727.

[138] Tomizuka K,Yoshida H,et al. 1997. Functional expression and germline transmission of a human chromosome fragment in chimaeric mice. Nat Genet,16(2)：133-143.

[139] Tong C,Li P,et al. 2010. Production of p53 gene knockout rats by homologous recombination in embryonic stem cells. Nature,467(7312)：211-213.

[140] van der Worp H B,Howells D W,et al. 2010. Can animal models of disease reliably inform human studies?. PLoS Med,7(3)：e1000245.

[141] Varastet M,Riche D,et al. 1994. Chronic Mptp treatment reproduces in Baboons the differential vulnerability of mesencephalic dopaminergic - neurons observed in Parkinsons-disease. Neuroscience,63(1)：47-56.

[142] von Horsten S,Schmitt I,et al. 2003. Transgenic rat model of Huntington's disease. Hum Mol Genet,12(6)：617-624.

[143] Wang L H,Qin Z H. 2006. Animal models of Huntington's disease：implications in uncovering pathogenic mechanisms and developing therapies. Acta Pharmacol Sin,27 (10)：1287-1302.

[144] Watanabe M,Umeyama K,et al. 2010. Knockout of exogenous EGFP gene in porcine somatic cells using zinc - finger nucleases. Biochemical and Biophysical Research Communications,402(1)：14-18.

[145] Wessler S. 1976. Introduction：What is a model? //Animal Models of Thrombosis and Hemorrhagic Diseases.

[146] White J K, Auerbach W,et al. 1997. Huntingtin is required for neurogenesis and is not impaired by the Huntington's disease CAG expansion. Nature Genetics,17(4)： 404-410.

[147] Whyte J J,Zhao J,et al. 2011. Gene targeting with zinc finger nucleases to produce cloned eGFP knockout pigs. Mol Reprod Dev,78(1)：2.

[148] Wildman D E,Uddin M,et al. 2003. Implications of natural selection in shaping 99.4% nonsynonymous DNA identity between humans and chimpanzees：Enlarging genus Homo. Proceedings of the National Academy of Sciences of the United States of America,100(12)：7181-7188.

[149] Willis-Owen S A,Flint J. 2006. The genetic basis of emotional behaviour in mice. Eur J Hum Genet,14(6)：721-728.

[150] Wilmut I,Schnieke A E,et al. 1997. Viable offspring derived from fetal and adult mammalian cells. Nature,385(6619)：810-813.

[151] Wolfgang M J,Eisele S G,et al. 2001. Rhesus monkey placental transgene expression after lentiviral gene transfer into preimplantation embryos. Proceedings of the National Academy of Sciences of the United States of America,98(19)：10728-10732.

[152] Wolfgang M J,Marshall V S,et al. 2002. Efficient method for expressing transgenes in nonhuman primate embryos using a stable episomal vector. Molecular Reproduction and Development,62(1)：69-73.

[153] Yamamoto A, Lucas J J, et al. 2000. Reversal of neuropathology and motor

dysfunction in a conditional model of Huntington's disease. Cell,101(1):57-66.

[154] Yan Y,Panos J C,et al. 2001. Characterization of a novel H2A(-)E$^+$ transgenic model susceptible to heterologous but not self thyroglobulin in autoimmune thyroiditis:thyroiditis transfer with Vbeta8$^+$ T cells. Cell Immunol,212(1):63-70.

[155] Yang D,Wang C E,et al. 2010. Expression of Huntington's disease protein results in apoptotic neurons in the brains of cloned transgenic pigs. Hum Mol Genet,19(20):3983-3994.

[156] Yang S H,Cheng P H,et al. 2008. Towards a transgenic model of Huntington's disease in a non-human primate. Nature,453(7197):921-924.

[157] Yasunaga S,Grati M,et al. 1999. A mutation in OTOF,encoding otoferlin,a FER-1-like protein,causes DFNB9,a nonsyndromic form of deafness. Nat Genet,21(4):363-369.

第 **10** 章

转基因动物新品种培育

10.1 转基因动物新品种培育概述

提高农业动物的生产性能,为社会提供更优质的动物产品,增强动物的抗病能力,提高畜牧业的生产效率一直以来是农业科研工作者的研究重点。动物转基因技术是 20 世纪 80 年代初发展起来的。它借助基因工程技术把外源目的基因导入生殖细胞、胚胎干细胞或早期胚胎,并在受体染色体上稳定整合,使之经过各种发育途径得到能把外源目的基因传给子代的一项生物技术。通过转基因技术,可以改变动物的生长速度、产毛性能、肉品质、产奶量、奶成分、饲料转化率、繁殖能力和抗病能力等(图 10.1),以此来培育动物新品种。

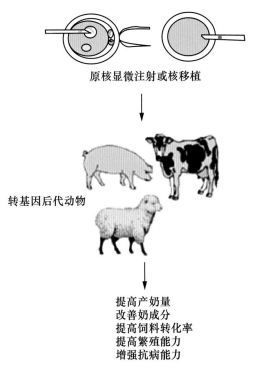

原核显微注射或核移植

转基因后代动物

提高产奶量
改善奶成分
提高饲料转化率
提高繁殖能力
增强抗病能力

图 **10.1** 转基因动物在农业生产中的应用

(Wheeler, 2007)

10.1.1 动物品种和品系

品种是人们创造出来的一种生产资料,是由一个种内具有共同来源的特有一致性状、一定形态特征和生产性状的群体,可用于生产或作为遗传学研究的材料。通常所说的优良品种就是指那些生产量较高、质量较好且具有比较稳定的遗传性状的生物群体。可以称为品种的动物群体至少应具有以下特征：

①来源相同。同一品种，其血统来源基本相同，群体内的个体间有着血统上的联系，所以其遗传基础也非常相似。这是构成一个"基因库"的基本条件。

②特性相似。由于血统来源、选育条件、选育目标和方法相同，从而使同一品种在体型结构、生理机能、重要经济性状以及对自然条件的适应性方面都很相似，构成了该品种的特征。据此很容易与其他品种相区别。

③遗传稳定。品种必须具有稳定的遗传性，才能将其典型的优良性状遗传给后代。这不仅使品种自身得以保持，而且当它与其他品种杂交时，能起到改良作用，即品种具有较高的种用价值。

④结构完善。这里的结构是指一个品种是由若干各具特点的类群所构成。品种内存在的这些各具特点的类群，就是品种的异质性。正是由于这种异质性，才使一个品种在纯种繁育条件下仍能继续得到改进与提高。

⑤数量充足。数量是质量的保证，头数太少不能形成一个品种。品种内个体数量多，才能保持品种的生命力，才能保持较广泛的适应性，才能开展合理选配而不致被迫近交，从而保持品种已具备的特征、特性。

人工选择形成的动物品种是进行动物生产时采用的一级分类的基本单位，是畜牧生产中的概念。按照来源可以将品种分为3类。第1类是自然品种；第2类是人工育种，也称育成品种；第3类就是过渡品种，即介于自然品种与育成品种之间的品种。

品系是来自同一祖先且性状上大体一致但尚未达到育成品种标准的育种材料。它有狭义和广义之分。狭义的品系是指品种内来源于一头有特点的优秀公畜，并与其有血缘关系和类似的生产力的种用群体。这头优秀的种公畜就是该品系的系祖。广义的品系是指品种内凡是具有共同的优良特性，并能稳定遗传的种用群体。品系应具有下列条件：

①有突出的优点。这是品系存在的首要条件，也是区分品系间差别的标志。

②性状遗传稳定。

③血统来源相同。

④具有一定数量。

品系是进行动物生产时所采用的二级分类单位。品系大体可以分为以下5类：

第1类是地方品系，指由于各地生态条件和社会经济条件的差异，在同一品种内经长期选育而形成的具有不同特点的地方类群。

第2类是单系，指来源于同一头卓越系祖，并且具有与系祖相似的外貌特征和生产性能的高产畜群。

第3类是近交系，指通过连续近交形成的品系，其群体的平均近交系数一般在37.5%以上，但近交系数的高低并不是近交建系的目的，关键在于能否在系间杂交时产生人们所期望的杂交效果。

第4类是群系，指由群体继代选育法建立起来的多系祖品系。

第5类是专门化品系，指具有某方面突出优点，并专门用于某一配套系杂交的品系，可分为专门化父系和专门化母系。

近代几百年间，人类在应用遗传学理论控制、改造动物遗传特性的过程中，创造和培育了大量的品种和品系，为动物生产提供了丰富的品种资源，使动物育种工作成为了动物生产中最富有创造性的工作。所有家畜家禽品种,无论是原始品种还是地方品种或培育品种,都是经过纯繁或杂交过程育成的。

10.1.2 动物新品种培育的传统方法

10.1.2.1 常规育种方法

常规育种方法是以表型选择为主的育种措施。常规育种是指以遗传学的基本理论为基础,根据表型值推断基因型或计算种值,进而做出性能的总体评估,作为留种依据决定种畜的选择与淘汰。选种是育种的前提和关键。只有选出优秀的种公母畜,才能得到品质优良的后代,才能真正起到改良的作用。常规育种方法包括性能测定法、系谱测定法、同胞测定法、后裔测定法、体型的线性评分法。

10.1.2.2 数量遗传学育种方法

数量遗传学选择原理充分考虑了环境因素对微效多基因控制的数量性状的影响力,从表型方差中剖分出基因型方差,通过运用资料设计和统计模型估计有关的遗传参数,最后达到选种的目的。数量遗传学主要应用于估计遗传参数、通径分析和动物育种估计的模型方法等几个方面。随着数理统计学(尤其是线性模型理论)、计算机科学、计算数学等学科领域的迅速发展,动物育种值估计的方法发生了根本的变化,以美国动物育种学家 C. R. Henderson 为代表发展起来的以线性混合模型为基础的现代育种估计方法——BLUP 育种值估计法,将动物遗传育种的理论与实践带入了一个新的发展阶段。

10.1.2.3 分子遗传标记育种方法

DNA 标记技术分为两大类。一类是以分子杂交为基础的 DNA 标记技术,包括基因组 DNA 限制性酶切、电泳分离、Southern 转移与异性探针杂交检测基因组的 RFLPS。另一类是以 PCR 为基础的 DNA 标记技术,包括 RAPD、AFLP、DNA 扩增指纹、SSCP、SSR、SNP、引物判别 PCR 等。还有一类是卫星 DNA、小卫星 DNA、微卫星 DNA。标记辅助选择是在基因组分析的基础上,通过 DNA 标记技术来对动物数量性状位点进行直接选择,或通过标记辅助掺入有利基因,以达到更有效地改良动物的目的。数量性状位点(QTL)是一特定染色体片断,是对某一数量性状有一定决定作用的单个基因或微效多基因簇。分析动物主要经济性状的 QTL 在基因组中的位置及其对表型的贡献,主要依赖于遗传连锁图谱。目前一些主基因,如猪的氟烷敏感基因、牛的双肌基因、鸡的矮小基因等的定位均已得到国内外学者的普遍公认,并已开始在育种实践中应用。

10.1.2.4 全基因组选择育种方法

全基因组选择主要是通过全基因组中大量的标记资讯估计出不同染色体片段的育种值,然后估计出个体全基因组范围的育种值并进行选择。简单来讲,全基因组选择就是全基因组范围的标记辅助选择。全基因组选择理论主要利用的是连锁不平衡信息,即假设标记与其相邻的 QTL 处于连锁不平衡状态因而由相同标记估计的不同群体的染色体片段效应是相同的,这就要求标记密度足够高以使所有的 QTL 与标记处于连锁不平衡 LD 状态,而目前随着鸡、牛、猪、羊等农业动物基因序列图谱及 SNP 图谱的完成或即将完成,提供了大量的 SNP 标记用于进行基因组研究,随着 SNP 芯片等大规模高通量 SNP 检测技术的完善和成本的降低,使得全基因组选择方法的应用成为了可能。

10.1.3 转基因动物新品种培育发展史

早在 20 世纪 80 年代初,第 1 例转大鼠生长激素基因小鼠就获得了成功,之后科学家陆续获得了转基因猪、转基因羊和转基因牛。但到目前为止,还没有一种转基因家畜可以达到在畜牧业生产上推广应用的水平。其原因可能有以下几个方面:

①家畜的繁殖和生产周期较长,因此,获得转基因家畜的时间比获得转基因植物的时间长。

②家畜转基因技术比植物复杂,转基因效率也要低得多。这也是影响家畜转基因发展的一个重要原因。

③家畜基因表达调控机制复杂,研究基础比较弱,制约了转基因家畜的发展。

④受国际动物保护组织的影响,在一定程度上限制了家畜转基因技术的研究。

尽管转基因家畜的研究离应用和推广还有很大距离,但近 20 年来仍然取得一些突破性的成果。从转基因技术来看,自从克隆羊"多利"诞生后,世界上多个国家利用克隆转基因技术先后获得了一批转基因牛、转基因猪和转基因羊(表 10.1),并且克隆转基因技术的效率也要高于传统的原核显微注射转基因技术。近几年发展起来的动物转座子转基因技术、慢病毒载体转基因技术和锌指核酸酶技术为家畜的基因组改造和遗传操作提供了有利的工具。这些新技术的应用都将进一步提高家畜转基因的效率,加快家畜转基因研究的步伐。更为重要的是,随着家畜基因组和功能基因组研究的不断深入和发展,对家畜重要性状形成的分子机制更加清楚,为家畜基因组的遗传改造提供了理论基础,人类离按照自身的需要来培育家畜新品种越来越近。

表 10.1　转基因动物研究领域标志性事件

年份	事　件	参　考　文　献
1980	首次利用原核显微注射制备转基因动物	Gordon, et al,1980
1982	首次获得表达融合基因的转基因动物	Brinster,et al,1982
1985	首次获得转基因家畜(绵羊、猪)	Hammer,et al,1985
1986	首只克隆山羊诞生	Willadsen,1986
1987	首次获得乳腺中表达药用蛋白的转基因小鼠	Gordon,et al,1987
1997	首例体细胞克隆哺乳动物(绵羊)	Wilmut,et al,1997
1997	体细胞核移植技术应用到乳腺生物反应器	Schnieke,et al,1997
1998	通过 MMLV 获得转基因牛	Chan,et al,1998
2000	首次获得基因打靶大家畜(绵羊)	McCreath et al,2000
2001	首次获得基因敲除大家畜	Denning,et al,2001
2002	首次获得转染色体牛	Kuroiwa,et al,2002
2003	慢病毒制备转基因猪	Hofmann,et al,2003
2004	首次获得双敲除大家畜	Kuroiwa,et al,2004

从社会发展需求来看,随着世界人口的不断增加、耕地面积不断减少、气候和生态环境条件不断恶化、粮食需求与共给矛盾的日益突出,培育优质高产家畜新品种的要求更加迫切。我国是世界人口大国,畜牧业的发展关系到人民生活水平的提高和社会的发展与稳定,培育优质高效家畜新品种的需求比世界发达国家更为紧迫。目前我国开展的以提高产肉率、奶牛产奶量和改善奶品质、细毛羊的毛产量和毛品质为方向的转基因家畜新品种培育,正是为应对上述挑战进行的积极准备。

10.1.4　动物传统育种与转基因育种的异同

传统的家畜育种培育主要采取基于表型选择的杂交育种技术,即通过携带优良遗传性状基因的父母本通过有性杂交,获得优于父母本的子代个体,通过选择获得优良品种。不同物种,其育种技术千差万别,但根本目标都是使目标物种最大限度地具备对人类生产、生活有利的特征,而减少不利的性状。基因是决定生物性状和特征的根本要素。因此,育种的基因原理就是通过人为的干预,使养殖的动物中不断地积累有利基因而减少不利基因。无论是传统的常规育种技术,还是现代生物技术产生的转基因育种技术,都是以动物获得优良基因为目的来进行遗传改良的。在这个层面上,转基因育种与常规育种是一脉相承的,其本质相同,都是遗传物质,即基因的交换。

但是,转基因技术又与传统育种技术明显不同。首先,常规育种技术要通过有性生殖阶段,然而要从种外引入优良基因就无能为力了,因为不同的物种难以或根本不能产生后代,即所谓的“生殖隔离”;而转基因技术完全可以打破物种界限,实现传统育种技术不能做到的物种间的基因转移,理论上可实现任何物种间的基因交流。其次,传统育种技术通常是在基因组水平上对目标物种进行选择的,对于目标物种后代性状的预见性相对较差,而且具有周期长、选择效率低、见效慢等局限,在实现现代生物育种所要求的聚合高产、优质、抗病等多个优良性状方面难以实现突破性进展;而转基因技术则是针对功能明确的基因进行操作和转移,可以准确地预知转基因后代的性状,实现优良基因重组聚合和定向选育。

开展家畜转基因新品种培育,在以优质高效为目标的同时,还需高度重视转基因家畜的生物安全性。转基因家畜的生产产品主要包括肉、奶、毛(绒)等,以及通过转基因生物反应器生产的药用蛋白和生物材料,这些产品与人类的生活密切相关,所以人们最为关心的问题是转基因产品与传统畜产品相比有无不安全的成分,是否会产生危害人体健康的物质,对人体健康是否安全。从转基因作物来看,根据“世界卫生组织”(WHO)、“联合国粮农组织”(FAO)和“经济合作与发展组织”(OECD)以及对转基因态度最为严格的欧盟组织的调查,至今也并未发现已上市的转基因产品对人体健康有害的证据。美国 FDA 认为,根据目前的调查和研究的结果,转基因食品和传统食品之间几乎没有发现任何根本性的差别。转基因农作物在全球大面积种植已有 17 年之久,食用转基因食品的人群据统计已超过 10 亿,但至今还没有关于转基因食品不安全的任何证据。但转基因技术的发展时间并不长,尤其是动物转基因技术还不成熟,在开展转基因研究的同时要高度重视安全性评价,及时回答公众对安全性担忧的问题,从科学的角度去认识和对待安全性问题,即不能忽略转基因家畜的安全性问题,也不能因一些没有科学依据的猜测和担忧而阻碍了转基因技术的健康发展。

动物传统育种与转基因育种各有优缺点,农业又是最大的生物产业,国家在大力发展转基因育种的同时不应忽视常规育种技术,要注意引导把常规育种和基因工程育种平等对待,予以支持,共同为现代农业发展做出贡献。

10.2 基因修饰小鼠作为新品种培育模型

10.2.1 改良经济性状基因

10.2.1.1 提高动物生长率

1. 生长激素

生长激素(growth hormone,GH)是一种由 191 个氨基酸组成的单链肽类激素,由垂体中的生长激素细胞合成、存储和分泌。生长激素的主要生理功能如下:

①促进神经组织以外的所有其他组织生长。

②促进机体合成代谢和蛋白质合成。

③促进脂肪分解。

④对胰岛素有拮抗作用。

⑤抑制葡萄糖利用而使血糖升高。

通过重组 DNA 技术制造的生长激素简称为 rhGH。临床上生长激素被用于治疗儿童生长迟缓和成人的生长激素不足。近年来,使用人类生长激素(HGH)来防止衰老的替代治疗非常流行。据报道,HGH 有减少体内脂肪、增加肌肉、增加骨密度、增加体力、改善皮肤光泽和肌理、改善免疫系统功能等疗效。目前,HGH 仍然是一种非常复杂的激素(参考图 10.2),许多功能仍不清楚。HGH 自 1970 年以来一直为许多体育选手使用,被国际奥委会和美国大学体育协会列为禁药。传统的尿液检测无法测出 HGH,因此,禁令到 21 世纪初能够区别自然 HGH 和人为 HGH 的血液检测出现才得以实施。世界反兴奋剂组织(World Anti-doping Agency,WADA)在 2004 年雅典奥运会上主要检测的就是这种禁药。

1982 年,Palmiter 等利用显微注射法成功将金属硫蛋白启动子融合的大鼠生长激素基因注射到小鼠受精卵雄原核中,首次获得整合并表达生长激素外源基因的转基因超级"硕鼠",其生长速度比普通小鼠快 2～4 倍,且体型也大 1 倍多(图 10.3)。这项研究工作引起了全世界人们对转基因动物的瞩目(Palmiter,et al,1982)。

2. 肌肉生长抑制素

肌肉生长抑制素(myostatin),又称 GDF-8(growth differentiation Factor-8),是骨骼肌生长发育的负调控因子,影响肌肉的生长和发育。myostatin 是 McPherron 等通过简并引物 PCR 方法从小鼠骨骼肌 cDNA 文库中克隆的一个新基因(McPherron,et al,1997)。myostatin 虽有 TGF-β 超家族的典型结构,但是与其他 TGF-β 家族成员的同源性很低,并且在不同物种间的保守型极高(McPherron,et al,1997);它的表达不仅在骨骼肌中,还存在于脂肪、心、乳腺、大脑、卵巢等其他组织中。在胚胎发育形成过程中,myostatin 在生肌节和发育中的骨骼肌表达,调控形成的肌纤维最终数目;在成年动物中,myostatin 蛋白在骨骼肌中形成,继而进入血液循环来控制肌纤维的生长。myostatin 活性的丧失或降低使得骨骼肌增大增

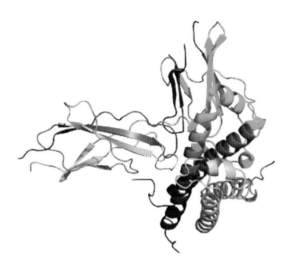

图 10.2 人生长激素三维结构

（维基百科）

图 10.3 转大鼠生长激素基因小鼠

（Palmiter，et al，1982）

粗，一方面是由于肌肉纤维的数量增加（增生，hyperplasia）；另一方面是由于肌肉纤维的直径变大（肥大，hypertrophy）（Bass，et al，1999）。

myostatin 具有其他 TGF-β 超家族成员的一般特征。其前体蛋白一般包括信号肽、N 端前肽结构域和 C 端成熟肽结构域。C 端成熟肽结构域含有 7 个保守的半胱氨酸。myostatin 前体蛋白经蛋白酶水解生成 C 端成熟区和 N 端前肽，两分子前肽通过二硫键与成熟肽二聚体结合形成无生物活性的复合物。当该复合物解体，myostatin 成熟肽二聚体（图 10.4）可与其受体 ActRIIB 结合，触发 TGF-β 家族的信号转导途径（Zhu，et al，2004）。

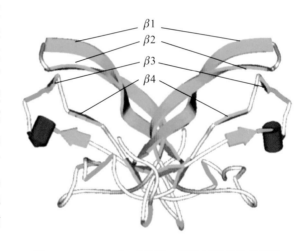

图 10.4 **myostatin 成熟肽二聚体三级结构示意图**

（谢玉为，等，2008）

myostatin 是由发育成熟的骨骼肌表达的分泌型多肽，对肌肉生长具有负调控作用。通过基因打靶技术敲除 myostatin 基因的小鼠骨骼肌是正常野生型小鼠的 3 倍以上，敲除小鼠的 myostatin 基因具有明显的促进肌肉生长的效果（图 10.5）（McPherron，et al，1997）。myostatin 不仅对肌原细胞的分化、生长、发育具有调控作用，而且可直接或间接作用于脂肪组织，调节脂肪代谢和糖代谢过程，并可能抑制脂肪沉积。研究发现，myostatin 突变纯合体小鼠比对照组平均体脂肪减少 70%（McPherron，Lee，2002）。因此，myostatin 在肌萎缩（Ohsawa，et al，2006）、肌营养不良症（Gonzalez-Cadavid et al，1998）、代谢性疾病（如 2 型-糖尿病）的预防和治疗以及畜牧业生产（Lee，et al，2005）等方面具有巨大的应用前景。

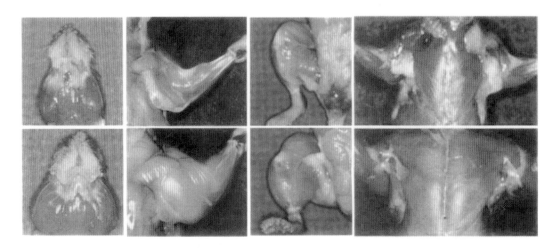

图 10.5　myostatin 基因敲除小鼠骨骼肌质量增加

(McPherron，et al，1997)

［参阅资料］

诺贝尔生理学或医学奖：基因敲除小鼠惠泽人类

老鼠和人类在外观和行为上的巨大不同掩盖了二者的相似之处：它们有 95％ 的基因是相同的，二者有相似的肝、大脑、免疫系统，会患癌症、心脏病、神经系统疾病等同样的疾病。从这个角度看，老鼠可以被看做"袖珍人类"。

数十年来，科学家们梦想以老鼠为模型，研究哺乳类动物的基因与疾病的关系。1989年，一篇论文宣告：人类用胚胎干细胞培育出第 1 只基因打靶小鼠，即基因被特定修饰的小鼠。这是生命科学领域一篇划时代的论文，基因打靶立即成为一项强有力的技术，浸透到生物医学几乎所有领域。从基础研究到新治疗开发等诸多领域，科学家通过培育各种"基因敲除小鼠"，得以对特定基因进行研究，建立了人类疾病的动物模型。3 位科学家为这只小鼠的诞生做出重要贡献：美国科学家马里奥·卡佩基和奥利弗·史密斯共同发明了打靶修饰基因的技术，英国科学家马丁·埃文斯在小鼠的胚胎中发现了具有生殖能力的胚胎干细胞。他们分享了 2007 年度的诺贝尔生理学或医学奖。

培养第 1 只基因敲除小鼠

在敲除小鼠特定基因的技术发明之前，要确定人类基因的功能似乎遥不可及。我们也许知道大脑某细胞中存在某种蛋白质，并推测出它可能的功能，但怎样才能找出这个蛋白质并验证其功能呢？最好的办法是让基因缺失，然后看身体会有什么异常反应。这相当于去除汽车的一个零件，看看汽车哪里会出问题，据此推断该零件在汽车中的作用。但是，总不能拿人来做这种实验、敲除人类的基因吧？在这个窘境面前，95％ 的基因与人类相同的老鼠成为救星。1989 年，卡佩基、埃文斯和史密斯共同努力，实现了这个梦想。

第 1 个基因打靶小鼠是这样培育出来的：第 1 步，从供体小鼠的胚胎中提出埃文斯发现的胚胎干细胞；第 2 步，利用卡佩基和史密斯发明的基因打靶技术，对外源 DNA 的特定基因进行修饰或抑制其活性，再将之引入胚胎干细胞，只有少数干细胞会吸收这种外来 DNA 的基因，因此，只培养这种吸收了外来基因的胚胎干细胞；第 3 步，经过修饰的干细胞被注入胚泡中,再将胚泡置入代理母亲的子宫,这时出生的小鼠就是一种嵌合型小鼠,既拥有正常遗传的细胞,也拥有经修饰的细胞;第4步,将这种嵌合型小鼠与正常小鼠交配,所出生的基因打靶小鼠,每个基因都含有正常基因和经修饰的基因。

自从2001年人类首次测出老鼠和人类的基因组序列后,成千上万的新基因的功能有待破解,基因敲除小鼠成为研究这些新基因最重要的工具。基因打靶技术也可将人类的疾病基因引入小鼠,培育人类疾病的模型小鼠,或者是替代有缺陷的基因,实施基因治疗。

那么,卡佩基、埃文斯和史密斯,这3位诺贝尔奖得主是怎样走到一起的呢?

从流浪儿到遗传学家

在这3个人中,卡佩基的经历最为传奇。卡佩基1937年出生在意大利。他的母亲是一位美国人的女儿,生活在意大利佛罗伦萨一幢豪华别墅中,后来成为一名波西米亚诗人,写诗反对法西斯主义和纳粹主义,她和卡佩基的父亲、一位意大利空军军官有过一段恋情,但拒绝与他结婚。卡佩基不到4岁时,母亲被关进德国慕尼黑达豪集中营,她将财产和儿子托付给当地一家农民。一年后,当钱用完时,卡佩基开始在意大利南部流浪,靠行乞和偷盗为生。二战结束时,他因营养失调在医院住了一年,这时,在集中营幸存下来的母亲找到了他,一个星期后,也就是卡佩基9岁生日那天,母子俩乘船到美国宾夕法尼亚她哥哥的家中。

家人让卡佩基上小学三年级,但他不会一句英语,他与老师交流的方法就是在黑板上画画。慢慢地,他学会了英语,凭借在意大利街头发展出的智慧很快成为班上的学生领袖,有时还会欺负弱小者。他曾以半工半读的方式在安提俄克学院学政治科学,后来进入麻省理工学院和哈佛大学,师从诺贝尔奖获得者、DNA双螺旋结构的共同发现者詹姆士·沃森攻读博士,并成为哈佛医学院的一名教师。沃森激发了卡佩基的科学兴趣。他说:“沃森不过多地教我如何做科学,而是给我信心,让我去解决那些让我着迷的任何问题,不管这些问题有多么复杂。”1973年,当卡佩基决定离开哈佛大学到犹他大学时,同事们对他说:离开哈佛的光环,你将什么都不是。而沃森却说:“你在任何地方都能做好的科学研究。”在犹他大学,卡佩基建立了自己的实验室。1977年,他着手利用同源重组技术对溶液中动物细胞的基因进行改造打靶修饰,但是美国国家卫生研究院(NIH)拒绝他的第1个基因打靶项目申请。他从其他经费中东拼西凑,于1982年发表了第1篇基因打靶技术的论文,1984年,当他再次向NIH提出申请时,他被告知:“很高兴您没有接受我们的建议。”童年的经历成为卡佩基一生的财富,他说:“它让人努力保全自己、维持自己并努力生存下来,它让我在一生中能利用自己的资源……这段经历让我认识到一个极为重要的事实是:如果给一个机会,任何人都能做得到。”

工作　爱好　家庭

当卡佩基努力用外源DAN对溶液中哺乳动物细胞的特定基因进行修饰时,史密斯最初的想法却是用外源基因来修复人类细胞中受损的基因。1985年,他和同事将含有部分球蛋白基因的DNA引入细胞,之后发现细胞中这种DNA片段的细胞能对准染色体中的球蛋白基因,也就是说,他通过这种方法修复了受损的基因。史密斯出生在英国,1951年在牛津大学获得生物化学博士学位,随后到美国威斯康星大学做博士后,并与一位美国姑娘热恋。由于女朋友不愿到英国,史密斯又拿不到美国签证,他们只好到加拿大多伦多结婚。在等待签证的7年时间里,他在当地一个研究机构发明了一种名为淀粉凝胶电泳的技术,这种技术已成为今天实验室里从蛋白质中分离基因的标准技术。1960 年到 1988 年,史密斯在威斯康星大学工作,他获奖的工作绝大部分是在这里做的。1988 年至今,他在北卡罗来纳大学工作。2007 年 10 月 8 日,北卡罗来纳大学在新闻公告中骄傲地称:史密斯教授是本校第 1 位获得诺贝尔奖的全职教授。史密斯酷爱滑翔并拥有飞行员驾照,2001 年 9 月,他曾打算驾驶小飞机到纽约参加拉斯克奖午宴。他说,科学家们不能太专注于科学,他们的生命中应该有 3 件事:研究工作、一项爱好和家庭。史密斯能在星期天的时候同时做这 3 件事:上午到实验室,中午带夫人外出用餐,下午开始飞行或滑翔。

孤独的战士

卡佩基和史密斯殊途同归,他们发现细胞中所有的基因都可以被精确修饰,但这种方法还不能培育出基因打靶动物,他们还需要一种能够将变异基因送进生殖细胞的特殊细胞。1981 年,剑桥大学的埃文斯和同事从小鼠胚胎中首次成功分离出胚胎干细胞,几年后,他们将溶液中的胚胎干细胞注入发育中的胚胎后能生长出活的小鼠。卡佩基和史密斯立即意识到这种干细胞的重要性,他们学习了如何培养胚胎干细胞,并表明能将特定修饰的基因送入胚胎干细胞。1986 年,万事俱备。卡佩基和史密斯发明了基因打靶技术,埃文斯提供了将基因打靶输送到小鼠生殖系的干细胞。1989 年,第 1 篇培育出基因打靶小鼠的论文发表。2007 年 10 月 8 日,当埃文斯准备用一天的时间为女儿打扫卫生时,他得知自己获得了诺贝尔奖,他对法新社的记者说:"儿时的梦想终于成真了。"在科学的道路上,埃文斯是一位孤独的战士,与卡佩基一样,他一直在斗争。在接受拉斯克基金的访谈中,他说,获奖对自己很重要,是对他工作的认可,因为他总是大声疾呼,反对主流观点,"就像是一队士兵在整齐地行走,我是唯一步伐不同的人。父母也许会高兴地说,这个孩子与众不同。但在实验室里,我就像是一个外来者。"他说,"在申请基金时,我总被告知想法不成熟而且不可行。但 5 年后,我发现每个人都在做同样的事。埃文斯说,科学上有一句名言是"站在巨人的肩上",这句话提醒大家科学的进步既是合作也是个人努力的结果。"如今,我很高兴加入到这一阵列,希望通过帮助别人,为未来做贡献"。

——摘自《科学时报》

3. 卵泡抑素

卵泡抑素(FSH-suppressing protein,follistatin)是一种单链糖蛋白。1987 年,Robertson 和 Ueno 等分别从牛和猪的卵泡液中分离出一种功能与抑制素(inhibin)类似(可以抑制垂体分泌 FSH),但是结构与 Inhibin 并不相同的富含半胱氨酸的糖基化单链多肽,命名为卵泡抑素(follistatin,FS),又称为 FSH 抑制蛋白(FSH suppressing protein,FSP)。Follistatin 的基因长约为 6 kb,含有 6 个外显子和 5 个内含子,mRNA 长 1 kb 左右。

研究表明,follistatin 是生物体发育过程中重要的调节分子。纯和突变 follistatin 的小鼠在出生后不久就死亡,无法正常存活,其骨骼、肌肉以及表皮等许多组织的发育存在缺陷;而在全身过表达 follistatin 的小鼠其生殖系统不能正常发育。2001 年,McPherron 的研究团队在小鼠的骨骼肌中特异性表达 follistatin 基因,得到了与 myostatin 基因敲除小鼠相似的表型即骨骼肌成倍增加,说明 follistatin 参与肌肉生长发育的调控且可能与 myostatin 相互作用(图 10.6)。其后的研究进一步证实了人们的猜测,follistatin 通过与 TGF-β 家族的成员(Activins、myostatin、BMPs 等)结合实现其对生长发育的调控作用。

影响动物生长性状的基因还有 GH 释放因子、高亲和性的 IGF 结合蛋白(从 *IGFBP*-1 至

IGFBP-6)、*Myo*-D 等。利用这些基因生产转基因动物或基因敲除动物也有提高动物生长速度和饲料转化率的潜在可能性。

10.2.1.2　改善肉品质

多不饱和脂肪酸是细胞膜的重要组分,对于维持细胞膜的流动性以及细胞膜的功能起重要的作用(Stubbs,Smith,1984)。在哺乳动物中,细胞膜上特定的不饱和脂肪酸组成影响细胞生命活动,如离子通道调节(Gordon,et al,1983)、内吞和外排(Masuda,et al,1984)、对质膜生理状态敏感的膜结合酶的活性调节(Louis,et al,1976)、细胞膜的信号转导(Glatz,et al,1997)。Fenton 发现,细胞膜上的磷脂过多或缺乏有可能导致精神分裂(Fenton,et al,2000)。此外,PUFAs 还可以诱导人早幼粒细胞白血病细胞凋亡(Arita,et al,2001)。亚油酸、亚麻酸是哺乳动物体内必需但不能自身合成的多不饱和脂肪酸,因而被称为必需脂肪酸

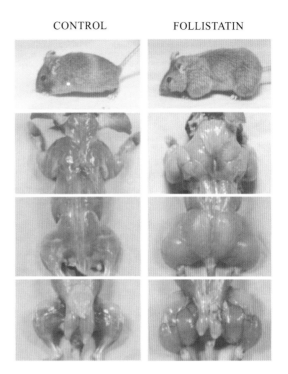

CONTROL　　　　FOLLISTATIN

图 10.6　野生型小鼠与 **follistatin**
转基因小鼠骨骼肌的比较
(Lee,McPherron,2001)

(essential fatty acids,EFA)。哺乳动物由于缺乏 Δ-12 和 ω-3 脂肪酸脱氢酶而不能自身合成多不饱和脂肪酸,因而动物肉制品和奶制品含有较多的饱和脂类,过多的摄入不利于人体健康。在小鼠中表达线虫 ω-3 脂肪酸脱氢酶(FAT-1 基因编码),将小鼠中的 ω-6 PUFAs 转化为 ω-3 PUFAs,提高了 ω-3 PUFAs 的含量,降低了 ω-6/ω-3 PUFAs 的比例(Kang,et al,2004)。这为今后生产富含 ω-3 多不饱和脂肪酸的动物肉产品以及治疗人类心率失常、癌症和提高免疫力做了有益的探索。图 10.7 所示为多不饱和脂肪酸在动物、植物以及线虫中的合成过程。

另外,低密度脂蛋白受体基因和瘦素(leptin)等激素基因也可作为降低动物肉产品中脂肪和胆固醇含量的候选基因。

10.2.2　增强抗病性基因

抗病育种是动物遗传育种工作中的一个难点,但与动物生产密切相关,利用基因工程技术可有效突破个别难点,加快抗病品种的培育进程。朊病毒是一种对人和家畜都极为致命的病毒粒子,能引起人类和动物的亚急性海绵样脑病,许多致命的哺乳动物中枢神经系统机能退化症,如羊瘙痒症(scrapie)、疯牛病(BSE)、人克鲁雅克氏病(vCJD)均与此病原有关(Hill et al,1997)。这些疾病已使众多欧洲国家的畜牧业生产遭受了严重的经济损失。朊病毒敲除小鼠的实验证明,它们都不受朊病毒的感染,且没有发现其他副作用(Bueler,et al,1992)。

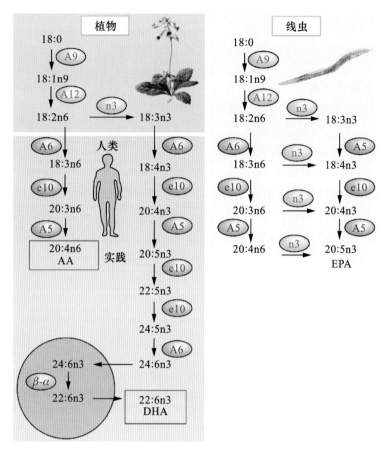

图 10.7　多不饱和脂肪酸合成途径

(Dobrowsky, Kolesnick, 2001)

乳腺炎是令全球奶业界人士都感到头疼的疾病,它每年会给美国奶业造成约 20 亿美元的损失,所以,培育抗乳腺炎疾病的奶牛是一项具有重大意义的任务。研究表明,含人溶菌酶的小鼠乳汁能显著降低腐败菌莓实假单胞菌(*Pseudomonas fragi*)和乳腺炎致病菌金黄色葡萄球菌(*Staphylococcus aureus*)的生长速度,但对非致病性的大肠杆菌没有影响(Maga, et al, 1998)。2000 年,Akinbi 等制备了呼吸道上皮细胞特异表达大鼠溶菌酶的转基因小鼠,结果显示这些转基因小鼠支气管肺泡的溶菌酶含量提高了 2～4 倍,肺部对链球菌的杀伤能力提高了 2～3 倍,对绿脓杆菌的杀伤能力提高了 5～30 倍。

10.2.3　环保型鼠

动物产生的磷污染在农业中是一个很严重的问题,如果不加以治理,其后果将不堪想象。寻找解决这一问题的途径特别迫切。植酸酶是一种能水解植酸的磷酸酶类(Stahl, et al, 1999)。它能将植酸磷(六磷酸肌醇)降解为肌醇和无机磷酸。此酶分为 2 类即 3 - 植酸酶(EC. 3. 1. 3. 8)和 6 - 植酸酶(EC. 3. 1. 2. 6)。利用动物内源性的消化道来产生植酸酶是解决动物高磷粪便的一种新的研究策略和思路。

加拿大的科学家通过基因工程技术,利用腮腺分泌蛋白启动子元件指导大肠杆菌中发现的一种可产生植酸酶的基因进行表达,培育出粪便含磷量减少的转基因小鼠(Golovan,et al,2001)。这种转基因小鼠的唾液所产生的植酸酶可以有效地消化植酸磷,对于环保大有裨益。从转基因小鼠乳汁中获得重组丁酰胆碱酯酶也可有效地清除环境中的有机磷污染(Huang,et al,2007)。

10.3　转基因猪新品种培育

猪作为一种重要的经济动物,不仅能够为人类提供丰富的营养食品,而且成为人类生产、生活等社会活动中不可缺少的重要组成部分。现代社会生活中,人们已不再仅仅追求物质生活的丰富,更重要的是生活环境的舒适。猪在畜牧业生产或养殖业中具有举足轻重的地位,其养殖规模也是动物农业生产中饲养数量和品种最大的动物。

目前,常规育种技术在实现猪杂种优势利用、性能测定、遗传评估及优良品种培育方面取得了显著成就。但其选择周期长、遗传进展慢等问题一直是培育突破性新品种的"技术瓶颈"。随着动物基因组学和蛋白组学研究取得巨大进展,分子标记辅助选择和动物转基因等生物技术迅猛发展,猪种质资源创新和新品种培育已进入了一个新的发展时期。这一时期,研究开发猪品种培育新技术,建立起猪优质、高效、抗病重要功能基因高效克隆、基因转化、新品种快速扩繁等的技术体系,是猪新品种培育并建立现代养猪业的首要前提条件。通过转基因操作改良性状的生物技术育种方法,直接针对育种目标,目的性强、周期短,可以同时改良多个重要经济性状。因此,转基因育种是培育优质猪的关键新技术,而常规育种手段结合转基因育种技术是大势所趋。

10.3.1　增强抗病能力

养猪业是我国畜牧业的主导产业。猪肉是我国人民动物蛋白质的最主要来源。但我国养猪业面临严重疾病等问题,以猪繁殖与呼吸综合征(俗称猪蓝耳病)、口蹄疫、猪瘟等为例的重大疾病频频暴发,对我国养猪业造成巨大损失。疫病防治费用已经成为养猪生产的一个重要支出部分,甚至在一些时候成为决定养猪效益的关键制约因素。2010年春节以来,在山西、陕西、河南、山东等地猪口蹄疫频频暴发。该病传播快、发病率高,尤其对断奶前后仔猪伤害大,甚至造成全窝死亡。尽管预防接种和药物治疗发挥了重要作用,但仍未能完全控制和消灭此类传染病的发生与流行。从长远来看,采用遗传学方法从遗传本质上提高猪对病原的抗性和在动物体内导入调控机体免疫反应与抗病性的基因以及开展抗病育种是解决这一问题的重要措施。

近年来,人们利用干扰素、白介素等细胞因子的DNA或cDNA及核酶等导入细胞,使之获得抗病毒感染能力。1992年,Berm将小鼠抗流感基因转入了猪体内,使转基因猪增强了对流感病毒的抵抗能力。Zhang等发现猪繁殖与呼吸综合征病毒的感染能诱导 $Mx1$ 基因的转录以及Mx1蛋白的表达,这预示着猪Mx1蛋白很有可能对目前在养猪业中危害很大的繁殖与呼吸综合征病毒具有一定的抵抗作用。这些发现可以作为生产抗猪繁殖与呼吸综合征病毒转基因猪的一个思路。另外,猪繁殖与呼吸综合征、口蹄疫、猪瘟等疾病的病原多为单链RNA病毒,具有严格的宿主专一性,可在宿主体内快速繁殖而致病。近年来,RNAi 技术的出现为此类疾病的解决提供了新的途径。应用 RNAi 技术,针对猪病毒的各个基因设计病毒特异的干扰 RNA,研究这些干扰 RNA 在猪细胞中抑制病毒增殖的效率,检测干扰 RNA 对病毒的抑制效果,筛选得到对病毒增殖具有高效抑制作用的 shRNA 重组表达质粒。通过对 shRNA 重组表达质粒的改造,获得了双表达载体,线性化质粒后转染猪胎儿成纤维细胞,用选择培养基及 PCR 等方法筛选发生稳定整合的细胞克隆(检测阳性克隆),利用体细胞核移植技术构建转基因猪,检测基因的转录水平并对转基因猪进行攻毒实验,建立转基因抗病猪(图 10.8)。

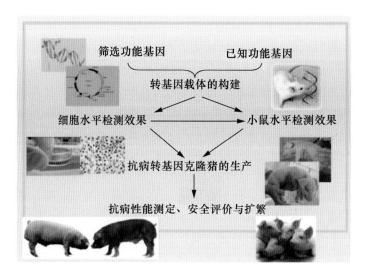

图 10.8　转基因克隆猪的生产

10.3.1.1　繁殖与呼吸综合征

1. 繁殖与呼吸综合征造成重大经济损失

猪繁殖与呼吸综合征(porcine reproductive and respiratory syndrome,PRRS)又称"猪蓝耳病"。该病是由猪繁殖与呼吸综合征病毒(PRRSV)引起的猪病毒性疾病,以妊娠母猪流产、产死胎、木乃伊胎、弱仔以及引起各种年龄猪的呼吸系统疾病为特征,是近年来引起世界养猪业严重经济损失的重要疾病之一。该病 1987 年首发于美国,随后迅速散播遍及全球,并于1995 年在我国暴发。该病是一种高度接触性传染病,呈地方流行性;临床表现已经从"流产风暴"为特征的暴发型转向损害保育猪为特征的"呼吸障碍"型,并已成为仔猪、生长猪呼吸综合征(PRDC)最主要原发性病原。据美国养猪协会统计,美国每年因繁殖与呼吸综合征造成的经济损失达 56 亿美元。2007 年 1～ 4 月份调查显示,我国有 21 个省区不同程度地发生高致病性猪蓝耳病疫情,疫情县次 185 个,疫点 266 个,死亡率达 50%。广东省云浮市云城区、广西壮族自治区梧州岑溪市也先后发生疑似高致病性猪蓝耳病病例,仔猪发病率可达 100%,死亡率可达 50%以上,母猪流产率可达 30%以上,育肥猪也可发病死亡。猪蓝耳病发病率和死亡率越来越高,传染力和致病力越来越强,严重威胁了养猪业的发展,是造成 2007 年猪肉高价不下的主要原因。

2. 猪繁殖与呼吸综合征病毒

PRRSV 是一种正链小 RNA 病毒(图 10.9)。与马动物炎病毒、促乳酸脱氢酶病毒和猴出血热病毒同属于动物炎病毒科,而动物炎病毒科和冠状病毒科都是套病毒目的成员。PRRSV是一种有囊膜的病毒,病毒粒子呈球形,直径为 55～65 nm,表面相对平滑,立方形核衣壳,核心直径 25～35 nm。

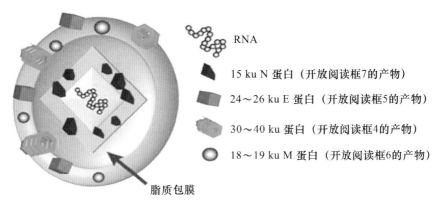

RNA

15 ku N 蛋白(开放阅读框7的产物)

24～26 ku E 蛋白(开放阅读框5的产物)

30～40 ku 蛋白(开放阅读框4的产物)

18～19 ku M 蛋白(开放阅读框6的产物)

脂质包膜

图 10.9　PRRSV 结构示意图

(引自 www.porcilis-prrs.com)

PRRSV 具有高度的宿主依赖性,主要在猪的肺泡巨噬细胞以及其他组织的巨噬细胞中生长。PRRSV 也能在被感染公猪的睾丸生殖细胞(精细胞、精母细胞、多核巨细胞)中生长繁殖。在体外,PRRSV 主要在猪的原代肺泡巨噬细胞、MA-104 非洲绿猴肾细胞或其衍生物中生长。病毒有 2 个血清型,即美洲型和欧洲型。我国分离到的毒株为美洲型。病毒对酸、碱都较敏感,尤其很不耐碱,一般的消毒剂对其都有灭杀作用,但在空气中可以保持 3 周左右的感染力。

作为 RNA 病毒,PRRSV 的基因在合成时容易出现内在性错误,可出现点突变、删除、添加和毒株间基因重组,因此,PRRSV 的基因容易发生变异,不同分离株之间基因组存在广泛变异(图 10.10)。依据血清学及基因序列分析,将 PRRSV 分为 2 种基本基因型,即以 LV 型为代表的欧洲型和以 VR2332 为代表的北美洲型。这 2 种基因型的核苷酸序列同源性约为60%。通过序列分析显示,美洲型毒株间的变异明显大于欧洲型毒株间的变异。PRRSV 在猪体内持续感染过程中,会出现病毒亚种或亚群。

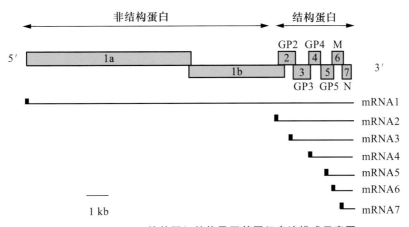

图 10.10　PRRSV 的基因组结构及亚基因组表达模式示意图

(van den Born, et al, 2005)

3. 临床症状

各种年龄的猪发病后大多表现有呼吸困难症状,但具体症状不尽相同。母猪染病后,初期出现厌食、体温升高、呼吸急促、流鼻涕等类似感冒的症状,少部分(2%)感染猪四肢末端、尾、乳头、阴户和耳尖发绀,并以耳尖发绀最为常见,个别母猪拉稀,后期则出现四肢瘫痪等症状,一般持续 1~3 周,最后可能因为衰竭而死亡(图 10.11)。母猪感染后怀孕前期流产;怀孕中期的母猪出现死胎、木乃伊胎或者产下弱胎、畸形胎;哺乳母猪产后无乳,乳猪多被饿死(图 10.12)。公猪感染后表现咳嗽、打喷嚏、精神沉郁、食欲不振、呼吸急促、运动障碍、性欲减弱、精液质量下降、射精量少。生长肥育猪和断奶仔猪染病后,主要表现为厌食、嗜睡、咳嗽、呼吸困难,有些猪双眼肿胀,出现结膜炎和腹泻,有些断奶仔猪表现下痢、关节炎、耳朵变红、皮肤有斑点。病猪常因继发感染胸膜炎、链球菌病、喘气病而致死。哺乳期仔猪染病后,多表现为被毛粗乱、精神不振、呼吸困难、气喘或耳朵发绀,有的有出血倾向,皮下有斑块,出现关节炎、败血症等症状,死亡率高达 60%。仔猪断奶前死亡率增加,高峰期一般持续 8~12 周,而胚胎期感染病毒的,多在出生时即死亡或生后数天死亡,死亡率高达 100%。有一点需要注意:血清学调查证明,猪群中繁殖与呼吸综合征阳性率高达 40%~50%,但出现临床症状的不过 10%,目前对这种亚临床感染的认识仍显不足。

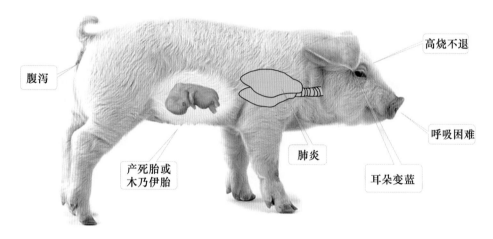

图 10.11　繁殖与呼吸综合征病猪及其症状

图 10.12　母猪感染 PRRSV 后产的弱仔以及死胎

(引自 http://www.porcilis-prrs.com/)

4. 利用 RNAi 技术培育抗 PRRSV 的转基因猪新品种

目前对猪繁殖与呼吸综合征的控制主要是接种疫苗。然而有学者认为,猪繁殖与呼吸综合征弱毒疫苗免疫后会对母猪的繁殖性能和公猪的精子活力造成影响,所以弱毒苗的安全性和效力不可靠;而且疫苗毒在选择压力的作用下,会发生返强突变。此外,灭活苗又存在免疫力差、保护时间短、成本高等缺点。因此,有必要探索一种新的抗病毒的技术方法。目前RNAi 被广泛用于功能基因的研究,而且越来越多的实验表明,其可以被用于癌症、神经性疾病等的治疗以及畜禽的品质改良。此外,RNAi 具有抗病毒感染能力,这为家畜的抗病育种提供了一种行之有效的新方法(图 10.13)。目前对于 RNAi 抗猪繁殖与呼吸综合征在细胞水平的研究比较多,而且已经获得了很多高效的靶位点。例如,针对 PRRSV 基因组的 *ORF*1B、*GP*5 和 *ORF*7 的 shRNA 表达质粒能明显抑制病毒在 MARC-145 细胞中的复制,还能发挥治疗作用,即对已感染 PRRSV 的细胞同样有效,表明 RNAi 具有开发成防治 PRRSV 感染制剂的潜力(He, et al, 2007; Huang, et al, 2006; Li, et al, 2007)。这些都为后续培育抗猪繁殖与呼吸综合征病毒的猪提供了理论依据,同时也为培育抗病新品种奠定了基础,而新品种的培育将会给养猪业带来巨大的经济效益。近来,中国农业大学李宁课题组利用 RNAi 技术通过体细胞核移植法移植了受体猪 76 头,目前产出转基因仔猪 33 头,其中 11 头猪的细胞能够抑制猪繁殖与呼吸综合征病毒增殖(图 10.14)。

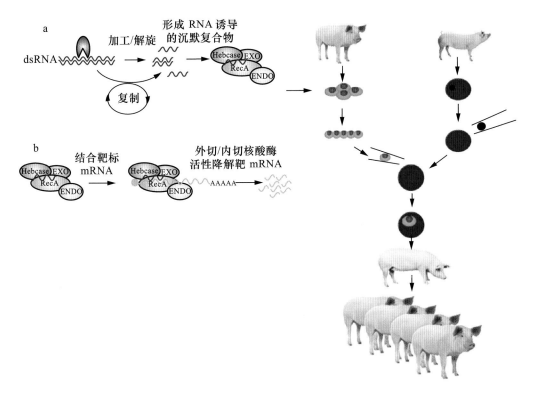

图 10.13 利用 RNAi 技术培育抗病转基因猪新品种

10.3.1.2 口蹄疫

1. 口蹄疫防制形势严峻

口蹄疫(foot and mouth disease,FMD)是由口蹄疫病毒(FMDV)所致的急性、热性、高度

图 10.14　抑制猪繁殖与呼吸综合征病毒增殖的克隆猪

接触性传染病。口蹄疫主要侵害偶蹄动物（牛、羊、猪等），是国际兽疫局规定的 A 类传染病。口蹄疫易通过空气传播，传染性强，流行迅速。口蹄疫偶尔感染人，主要发生在与患畜密切接触的人员，多为亚临床感染。口蹄疫是包括中国在内的世界养猪业危害最严重的一种猪传染病。

　　自 20 世纪 50 年代至今，O 型口蹄疫在我国从未间断，成为困扰养猪业的顽疾。2003 年、2009 年，亚洲 1 型和 A 型口蹄疫分别侵入我国，在全国范围内多个省份暴发流行。在国际上，口蹄疫自 1514 年在意大利首次发生以来，已蔓延至全球所有饲养家猪的地区。口蹄疫在世界各地的历次大规模暴发都给养猪业造成巨大的损失。例如，1999 年我国台湾省暴发的猪口蹄疫对台湾省的畜牧业造成毁灭性的打击，捕杀猪高达 400 多万头，直接经济损失 3.786 亿美元；日本停止当年进口猪肉订单 16 亿美元，养猪业及其相关产业倒闭，70 万人失业，总损失达 80 亿美元，使台湾的畜牧业从此一蹶不振（图 10.15）。2001 年，口蹄疫在英国大暴发，当时病畜仅有 4.5 万头，但紧急处理动物多达 450 万头，直接经济损失不超过几亿英镑，但外贸和相关产业的间接损失多达 90 亿英镑，占当年国内生产总值 1.1%，使当年的经济增长率下调 1.5 个百分点，同时还对旅游、餐饮、航空等产业造成了严重的影响，造成的间接损失约为 21 亿英镑。有人预测，如果畜牧业发达的美国发生了口蹄疫，当年的直接和间接损失将分别达 40 亿美元和 400 亿美元。目前，口蹄疫也是威胁我国畜牧业发展的重大隐患。因此，防控口蹄疫对养猪业的健康发展意义重大。

图 10.15　口蹄疫暴发

　　目前美国、日本等通过科学而严格的国家口蹄疫扑灭计划、完善的监测和补偿机制以及完备的规模场管理制度等，已成功扑灭该病。但基于我国疫病防控发展现状及该病特点，尚难以在全国范围内全面扑灭口蹄疫。目前在科技手段上，注射疫苗是控制疫情的唯一途径。口蹄疫灭活疫苗一般是在接种 7 d 后才能产生保护性抗体,而口蹄疫病毒的复制和传播是相当快的,感染病毒 2～3 d 动物便可出现临床症状;因此,目前的疫苗不足以应对快速暴发的疾病。同时,病毒的高变异性往往会导致疫苗的安全性和有效性存在一些难以克服的问题,并造成药物残留等危害猪肉质量安全的影响。RNAi 等高新生物技术培育出抗病的转基因猪新品种将提供一种绿色的防治口蹄疫的科技新途径,因此,将大大保障我国养殖业的健康可持续发展。

2. 口蹄疫病毒

1897 年,Friedrich Loeffler 首先揭示口蹄疫起因为病毒。口蹄疫病毒(FMDV)(图 10.16、图 10.17)属于微核糖核酸病毒科口蹄疫病毒属。其最大颗粒直径为 23 nm,最小颗粒直径为 7～8 nm。它由一条单链正链 RNA 和包裹于周围的蛋白质组成。蛋白质决定了病毒的抗原性、免疫性和血清学反应能力。病毒外壳为对称的二十面体。其基因组是单链正链 RNA,长度约为 8 500 bp。目前已知口蹄疫病毒有 7 个主型即 A 型、O 型、C 型、南非 1 型、南非 2 型、南非 3 型和亚洲 1 型,有 65 个以上亚型。O 型口蹄疫为全世界流行最广的一个血清型,我国流行的口蹄疫主要为 O 型、A 型、C 型及

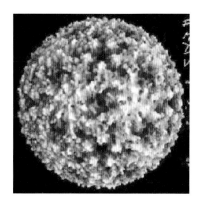

图 10.16　口蹄疫病毒

ZB 亚型(云南保山亚型)。目前,注射疫苗是控制口蹄疫疫情的唯一科技手段。据观察,一个地区的猪群经过有效的口蹄疫疫苗注射之后,1～2 个月内又会流行。这是因为该病毒易发生变异。该病毒对外界环境的抵抗力很强,在冰冻情况下,血液及粪便中的病毒可存活 120～170 d。

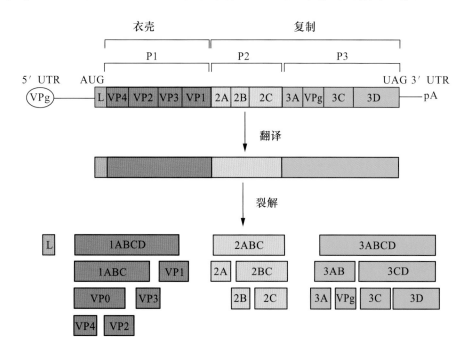

图 10.17　口蹄疫病毒基因组

猪患口蹄疫的症状如图 10.18 所示。

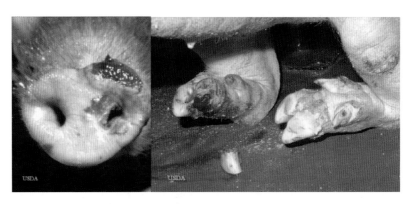

图 10.18 口蹄疫表现出的临床症状

人类可能通过接触受感染动物而罹患口蹄疫。但这种情况很罕见。因为口蹄疫病毒对胃酸敏感，所以，人类通常不会通过食用肉类感染口蹄疫病毒。在英国最后一次确认人类罹患口蹄疫是在 1967 年。该年口蹄疫大规模暴发，但医生只报告有一人受到感染，症状同患轻微流感类似。在欧洲大陆、非洲以及南美也有很少量感染案例报道。口蹄疫感染人类的症状包括不舒服、发烧、呕吐、口腔组织发生红色溃疡腐烂（表面腐蚀性水疱），偶有皮肤小水疱。对于人类，口蹄疫的症状与"手足口病"类似。而手足口病较频繁地发生在人类身上，特别是幼儿中。该病由小核糖核酸病毒科的"柯萨奇 A 病毒"肠道病毒引起。

由于口蹄疫很少传染人类且症状轻微，但在动物间会以非常快的速度传染，所以，它对畜牧业的危害远大于对人类健康的危害。口蹄疫具有流行快、传播广、发病急、危害大等流行病学特点，疫区发病率可达 50%～100%。病畜和潜伏期动物是最危险的传染源。病畜的水疱液、乳汁、尿液、口涎、泪液和粪便中均含有病毒。该病入侵途径主要是消化道。病毒通过直接接触受感染的动物或者通过被污染的畜舍或运输牲畜的货车传播给易感染动物。动物管理人（如农场工人）的外衣或皮肤、动物接触过的水和未煮过的食物碎屑以及包含感染动物产品的饲料添加剂都可能是病毒的携带源。该病也可经呼吸道传染，风和鸟类是远距离传播的因素之一。通过空气传播时，病毒能随风散播到 50～100 km 以外的地方。该病传播虽无明显的季节性，且春季、秋季多发，尤其是春季。

3. RNAi 技术在口蹄疫病毒抑制上的应用

目前国际上利用 RNAi 技术抑制口蹄疫病毒的研究进展迅速。复旦大学郑兆鑫课题组将 RNAi 技术运用于抑制 FMDV 复制和感染的研究当中。研究结果表明，采用质粒表达的靶向 FMDV *VP*1 基因的 shRNAs 能够特异性抑制同源 FMDV 在 BHK-21 细胞中的复制，抗病毒效应持续约 48 h，但是对异源毒株没有抑制力。此外，将质粒颈部皮下注射 C57BL/6 乳鼠，动物降低了对同源 FMDV 的敏感性，部分动物受到了保护。随后，世界上多个研究团队几乎同时发表了进一步的研究报告，发现靶向 FMDV 基因组保守区的 siRNA 能够诱导 RNAi 抑制同型异源毒株甚至是其他血清型毒株的复制与感染。例如，Liu 等（2005）通过靶向口蹄疫病毒（FMDV）基因组保守区域的 siRNA 抑制口蹄疫病毒，结果表明，siRNA 除了抑制 O 型 HKN/2002 和 CHA/99 外，同时也可以抑制 Asia1 型病毒 YNBS，因此，推测靶向病毒保守结构域的 siRNA 能够对口蹄疫病毒产生交叉抑制效应。这充分证明其有利于治疗不同亚型口蹄疫病毒的感染。Kahana 等的工作具有更大的启发性。他们发现采用多个 siRNA 同时转染细胞,能够 100% 抑制病毒的复制,而仅仅用单个 siRNA 转染无法取得同样的效果。这暗示,面对单个 siRNA 时,病毒可能比较容易发生突变逃逸,因此,多个 siRNA 同时运用可能是应对病毒逃逸的一种可行策略。郑兆鑫课题组最近又构建了表达口蹄疫病毒 1D 和 3D 基因 siRNA 的重组腺病毒,并评估了其在猪 IBRS-2 细胞、豚鼠以及家猪中对 FMDV 的抑制效应细胞。实验结果表明,腺病毒能够完全抑制 FMDV 在细胞水平的复制。在豚鼠实验中,腺病毒的抑制效应亦十分显著;但无论如何改变实验条件,动物均无法获得 100% 保护。在 FMDV 易感动物家猪中,颈部肌肉注射腺病毒能够明显减轻口蹄疫症状,降低血清中 FMDV 的抗体水平。

2010 年,中国农业大学李宁课题组利用 RNAi 技术和转基因克隆方法,培育出 shRNA 转基因抗口蹄疫猪新品种材料。我们针对口蹄疫病毒基因组保守区 3D 复制酶基因和 2B 非结构蛋白基因设计并构建了 shRNA 抗病毒干扰载体 pMD19-EN3D2B,线性化后整合入基因组中,然后进行核移植,生产出 32 头克隆猪(图 10.19)。经过 PCR 和 Southern 鉴定,其中有 23 头为转基因阳性猪,并且这些利用 RNAi 技术和转基因克隆方法产生的转基因猪,对口蹄疫病毒有很好的抗性,且攻毒后的带毒量也明显减少,表明在抵抗口蹄疫感染的同时,还可以防止后续的疾病传播。这些结果为利用 shRNA 技术培育抗重大传染病转基因猪新品种奠定了重要的基础。

图 10.19 **shRNA 抗口蹄疫病毒转基因猪**

10.3.1.3 **仔猪腹泻**

1. 仔猪腹泻是集约化养猪业的一大难题

猪的腹泻疾病以仔猪为发病主体。引起仔猪腹泻的传染性因素主要包括细菌和病毒。细菌主要有大肠杆菌、沙门氏菌和魏氏梭菌;病毒主要为猪传染性胃肠炎病毒、猪流行性腹泻病毒和轮状病毒。据报道,30 kg 以下的仔猪全年平均发病率为 46.5%,仔猪断奶腹泻的病死率一般占 10%~20%,有的可高达 40% 以上。该病若治疗不及时,往往导致仔猪后期生长缓慢,饲料利用率低,严重者甚至死亡。仔猪因腹泻死亡占仔猪死亡总数的 39.8%,直接影响养猪业的经济效益。为了防止断奶腹泻的发生,非治疗性的抗生素被广泛添加到饲料中(Barton,

2000)。但是,滥用抗生素的后果是细菌耐药性和抗药性的增强以及下游产品中的药物残留,甚至是"超级细菌"的产生,最终威胁到人类自身的健康(Smith,et al,2002)。为了解决仔猪断奶腹泻及滥用抗生素这一矛盾,可通过转基因技术使乳腺表达重组人溶菌酶从而通过哺乳来提高仔猪的抗病能力,以期降低断奶后仔猪的发病率及死亡率,解决我国养猪业仔猪死亡率高的难题,提高养猪业生产效益,同时也降低抗生素滥用对人类自身安全造成的威胁。

2. 溶菌酶

溶菌酶(lysozyme)〔又称胞壁质酶(muramidase)〕是1922年Alexander Fleming在寻找抗生素过程中发现的。他有一次感冒,不小心将一滴鼻黏液落入培养物中,观察到鼻黏液杀死了周围的细菌,意外发现了溶菌酶(Jollès,1996)。5年后,他发现了第1个抗生素药物——青霉素,并因此获得了1945年的诺贝尔生理学或医学奖。自然界中广泛存在溶菌酶,动物、植物、细菌及噬菌体中均能分泌这种蛋白,且具有很高的相似性。在高等动物,溶菌酶分布于许多组织和体液中,其中包括泪液、唾液、鼻黏液、尿液、消化液、汗水、人的乳汁。作为一种免疫物质,溶菌酶尤其在中性粒细胞和巨噬细胞的分泌物中发挥功能。

目前,与人类生活密切相关的溶菌酶主要有人溶菌酶(human lysozyme,hLZ)和鸡蛋清溶菌酶。前者在人的乳汁中含量丰富,而后者主要来源于鸡蛋。蛋清溶菌酶是动物溶菌酶的典型代表,其来源广泛,纯化工艺简单,是了解最为清楚也是目前唯一得到工业化应用的溶菌酶。相比蛋清溶菌酶,人溶菌酶的来源渠道狭小,应用有限,但它的溶菌活性为蛋清溶菌酶的3倍,而且有着更高的热稳定性,临床应用时,无刺激性及副作用。这些优越特性,必将使其伴随着基因工程的发展,发挥出巨大的潜力。

人溶菌酶属于C型溶菌酶,相对分子质量为14.7 ku(Imoto,2003)。人溶菌酶基因位于人的12号染色体上,基因全长6 907 bp,包含4个外显子和3个内含子,3′侧翼区存在ALU序列。溶菌酶前体由148个氨基酸组成,其中前18个氨基酸为信号肽。成熟的溶菌酶是由130个氨基酸组成的碱性多肽,包含7个α-螺旋(α-Helix)、一个有3股肽链组成的β-折叠片(β-sheet)和4对二硫键(图10.20)。所有的结构均由一条肽链组成,而没有其他亚基。

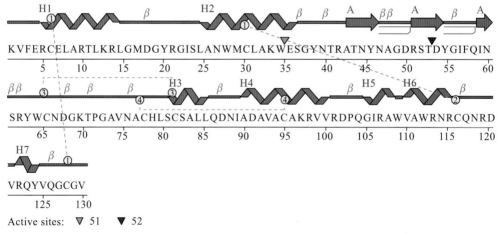

图10.20 人溶菌酶的二级结构

人溶菌酶能水解致病菌中黏多糖,具有广谱的抗菌活性。人溶菌酶主要通过破坏细胞壁中的 N-乙酰胞壁酸和 N-乙酰氨基葡萄糖之间的β-1,4-糖苷键,使细胞壁不溶性黏多糖分解成可溶性糖肽,导致细胞壁破裂、内容物逸出而使细菌溶解(参考图 10.21)。同时,溶菌酶还具有抗病毒、抗真菌、抗寄生虫、免疫调节等作用。

3. 溶菌酶在抗仔猪腹泻上的应用

溶菌酶是天然非特异性免疫物质,对引起仔猪腹泻的大肠杆菌、沙门氏菌、传染性胃肠炎病毒等具有强力杀伤作用。在不同来源的溶菌酶中,人体中的溶菌酶活性最高,是鸡蛋白中的溶菌酶的 3 倍,为牛乳中溶菌酶的 300 倍。2008 年,Brundige 等用致病性大肠杆菌感染断奶仔猪的肠道,然后将这些试验猪分组饲喂,一组仔猪饲喂经巴氏灭菌含人溶菌酶的山羊奶,另一组饲喂不含人溶菌酶山羊奶作对照。结果表明,食用含人溶菌酶山羊乳的仔猪大肠杆菌种类和数目显著下降,有更厚的十二指肠绒毛,说明含人溶菌酶山羊奶能显著提高胃肠道的健康水平(Brundige, et al, 2008)。

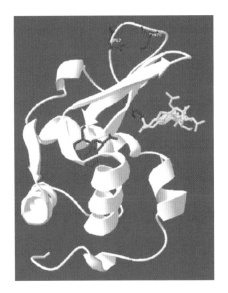

图 10.21 人溶菌酶的三级结构,α、β 结构域构成活性中心,作用底物 N-乙酰葡萄糖胺以黄色显示

有人将每 100 kg 饲料中含溶菌酶可溶性粉剂按 10 g、5 g、2.5 g 分为高、中、低 3 个剂量饲喂仔猪,结果发现腹泻率比空白对照下降了 60%,比传统药物下降了 30%。同时用细菌攻毒,使仔猪产生腹泻疾病,用溶菌酶治疗发病仔猪,发现也有 80% 以上的治疗效果(沈彦萍,等,2005)。

中国农业大学李宁实验室培育出世界第 1 头乳腺特异表达人溶菌酶转基因猪(图 10.22)

(A) 转人溶菌酶基因克隆香猪

(B) 性成熟的转人溶菌酶基因克隆香猪

(C) 哥廷根小型猪和转人溶菌酶基因长白猪

(D) 转人溶菌酶基因长白猪和再克隆的转基因香猪(黑)

图 10.22 转人溶菌酶克隆猪

（童佳,等,2010),表达量为(0.32±0.01)g/mL,是猪溶菌酶表达量的 50 倍。母猪乳腺中分泌大量高杀菌活性的重组人溶菌酶,将能显著减少病毒或细菌引起的仔猪腹泻,从而可大大提高仔猪的健康水平和存活率。这将给社会带来巨大的经济效应。

10.3.2 提高产肉率和改善肉品质

10.3.2.1 肌肉生长抑素

肌肉生长抑素是肌肉生长的负调控因子。将肌肉生长抑素基因突变/破坏能产生"双肌"表型,提高产肉率。在农业方面,肌肉生长抑素基因在改善经济型动物尤其是肉用动物如猪、牛、羊的生产性状方面具有很大的发展潜力。人们期望通过基因打靶或者 RNAi 等技术手段,能够获得肌肉生长抑素基因缺失或者一定程度表达减弱的动物个体,并期望它们也能具有如同双肌牛一样的肌肉量明显增加的表现。2008 年,中国农业大学李宁课题组利用传统基因打靶技术,培育出肌肉生长抑素基因单敲除克隆猪(图 10.23)。遗憾的是,这些猪因染病并未能顺利存活下来。

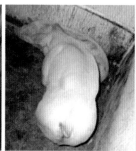

图 10.23　存活 3 月龄的肌肉生长抑素基因单敲除猪

(娄彦坤,2008)

10.3.2.2 卵泡抑素

与肌肉生长抑素基因一样,卵泡抑素作为肌肉生长发育调控的因子,也可作为治疗肌营养不良或肌肉萎缩症的候选基因,同时也是改良农业家畜动物的肉质的候选基因之一。通过转基因技术,把能在骨骼肌中特异性表达的卵泡抑素基因整合到猪的基因组中,从而解除 myostatin 对肌肉生长的抑制作用,促进肌肉生长发育,提高产肉率和胴体率。2011 年,中国农业大学李宁课题组成功获得了卵泡抑素转基因猪。图 10.24 显示该转基因猪肌肉发达。

图 10.24　骨骼肌中特异表达卵泡抑素转基因猪

10.3.2.3 多不饱和脂肪酸

多不饱和脂肪酸（polyunsaturated

fatty acids，PUFAs)对人类的营养和健康非常重要。多不饱和脂肪酸是细胞膜的组成成分，对于维持细胞膜的结构和功能起着重要的作用。表皮中的亚油酸参与形成正常皮肤的屏障。亚油酸、亚麻酸是哺乳动物体内必需但不能自身合成的多不饱和脂肪酸，被称为必需脂肪酸(essential fatty acids，EFA)。

多不饱和脂肪酸是细胞膜的重要组分，对于维持细胞膜的流动性以及细胞膜的功能起重要的作用。在哺乳动物中，细胞膜上特定的不饱和脂肪酸组成影响细胞生命活动，如离子通道调节、内吞和外排、对质膜生理状态敏感的膜结合酶的活性调节以及细胞膜的信号转导。Fenton 发现，细胞膜上的磷脂过多或缺乏有可能导致精神分裂(Fenton, et al, 2000)。此外，PUFAs 还可以诱导早幼粒细胞白血病细胞凋亡。表皮中的亚油酸对正常皮肤保护屏障的形成不可或缺。亚油酸和 α-乳清白蛋白结合的特殊折叠状态能特异性地诱导肿瘤细胞的凋亡。亚油酸可以强化免疫系统，改善和缓解一些自身免疫性疾病的症状。此外，亚油酸还是合成其他多不饱和脂肪酸如花生四烯酸、类二十烷酸(eicosanoid)等的前体物质。类二十烷酸参与酶的合成、信号传导等生命活动。Carlson 等(1993)通过研究发现，花生四烯酸能促进早产儿的早期发育。ω-3 PUFAs 对维持视网膜光感受器的正常功能具有重要的作用，ω-3 PUFAs 尤其是 DHA 缺乏时会导致视觉下降。另外，DHA 还有助于提高大脑的认知能力。ω-3 PUFAs 另一重要功能是预防许多疾病，如心脑血管疾病、癌症、糖尿病、自身免疫疾病。

ω-3 PUFAs 尤其是深海鱼油中的 EPA、DHA 有利于人体的健康。每天食用一定量的 PUFAs 可使人们远离疾病。专家推荐成年人每天食用 4.44 g 亚油酸、2.22 g 亚麻酸、0.22 g EPA 和 0.22 g DHA(表 10.2)，对于哺乳期妇女每天食用 DHA 不得少于 0.3 g。PUFAs 主要来源于植物油，一些绿叶蔬菜中也含有数量可观的 PUFAs(图 10.25)。ω-3 PUFAs 由寒冷地区的水生浮游植物合成。以食用此类植物为生的深海鱼类(沙丁鱼、鲱鱼、鲑鱼等)的内脏中富含该类脂肪酸(表 10.3)。

表 10.2 必需脂肪酸的推荐食用剂量

脂 肪 酸	食用量/(g/d)(2 000 kcal diet)	能量/%
亚油酸(LA)	4.44	2.0
亚油酸(LA)(Upper limit)	6.67	3.0
亚麻酸(ALA)	2.22	1.0
DHA+EPA	0.65	0.3
DHA to be at least	0.22	0.1
EPA to be at least	0.22	0.1
EPA (Upper limit)	2.00	1.0
饱和脂肪酸(Upper limit)	—	<8.0

(孔平,2008)

b

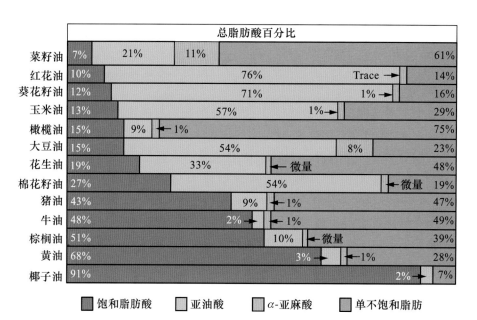

图 10.25　不同来源油脂的脂肪酸组成

（孔平,2008）

表 10.3　部分海产品的 ω-3 PUFAs 含量

海洋食物	ω-3 多不饱和脂肪酸/(g/100g)
鲭鱼（Mackerel）	1.8～5.3
鲱鱼（Herring）	1.2～3.1
鲑鱼（Salmon）	1.0～1.4
金枪鱼（Tuna）	0.5～1.6
鳟鱼（Trout）	0.5～1.6
大比目鱼（Halibut）	0.4～0.9
虾（Shrimp）	0.2～0.5
鳕鱼（Cod）	0.2～0.3
比目鱼（Plaice）	<0.2
黑线鳕鱼（Haddock）	0.1～0.2

（孔平,2008）

ω-3 PUFAs 主要从鱼油中获得。面临着鱼类资源的减少以及海洋的污染,一些鱼类已被检测含有重金属。另外,鱼油由于其高热量以及特殊的气味而不适合所有人群,吸收也会因个人的生理状况不同而异。在动物饲料中添加多不饱和脂肪酸成分曾被广泛用来提高肉制品中多不饱和脂肪酸含量,但是这种方法会提高成本。鉴于以上几方面的原因,有研究者希望在动物中转入几个关键的酶基因,使其能够自身合成长链多不饱和脂肪酸,从而提高肉和奶制品品质来满足人们日常对多不饱和脂肪酸的营养需要。目前,已有许多研究利用转基因方法成功地使哺乳动物合成多不饱和脂肪酸。2004 年,K. Saeki 等将菠菜 Δ-12 去饱和酶基因转入猪体内,首次实现了植物基因在家畜动物中表达。从转基因猪中分离的前脂肪细胞诱导分化所含亚油酸比转基因猪未分化细胞中的多出十几倍;白脂中亚油酸含量转基因猪比野生型高1.2倍(Saeki,et al,2004)。2006年,Lai等(2006)在克隆猪中成功地表达了此基因。目前,Δ-12去饱和酶基因已经从许多真菌、酵母、藻类、植物、昆虫、低等动物中克隆。ω-3脂肪酸脱氢酶也已从真菌、酵母、藻类、植物、低等动物中克隆。这些细菌、真菌、藻类、植物以及某些动物的脂肪酸去饱和酶在哺乳动物中不存在,因而更多的科学家越来越倾向于让其在哺乳动物细胞中表达,尤其是近来在小鼠中表达线虫 *FAT*-1 基因,在猪中表达菠菜 Δ-12 去饱和酶基因,转基因改变动物品质取得了巨大的成功。

10.3.3 环保型猪

随着畜牧业的不断发展和进步,集约化、规模化和集团化的养猪业正在步步推进。而随之带来的环境污染问题也引起了世界各国政府的高度重视。猪每天要消耗大量由玉米、大豆、米糠等组成的植物性营养饲料,而饲料中含有一种丰富的磷酸盐——肌醇六磷酸,猪本身不含有分解肌醇六磷酸的酶(植酸酶和纤维素分解酶),所以,猪排泄的粪便中含有大量的肌醇六磷酸。因此被排放到江河、湖海中的猪粪便造成水域严重污染,也会导致人类生产生活环境的恶化。猪生长发育过程中细胞合成 DNA、细胞膜以及供细胞传递能量都需要大量可吸收的磷,科学家们在考虑如何降低或消除猪粪便中肌醇六磷酸的含量时,经过分子遗传学领域专家和学者的精心设计,2001年,加拿大和丹麦两国科学家成功培育出既能保证猪的肉质又能够分解饲料中肌醇六磷酸的环保型小鼠和猪的模型。

环保型猪(enviropig)又称为环境友好型猪(图10.26),是一种基因工程转基因猪。这种猪同时带有植酸酶及纤维素分解酶基因。环保型猪细胞中的基因组被转入来自其他植物、动

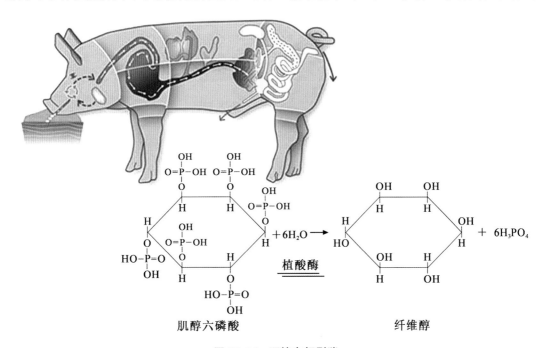

图 10.26　环境友好型猪

物或细菌能够分解植酸和纤维素分解酶基因。环保型猪长大后唾液与肠道中能够分泌大量植酸酶和纤维素分解酶,可以有效地将肌醇六磷酸分解为磷,接着被猪唾液、肠道消化吸收用于猪的生长发育,如此一来可减少猪粪便里的磷含量以减少污染江河、湖海的机会。

10.3.3.1　环保型猪的特性

环保型猪已经成为一种转基因猪的商品名。其利用在唾液腺中表达的外源基因植酸酶及纤维素分解酶,而无须在日常饲料中补充外源的磷酸盐或植酸酶等添加剂。这样既降低了环境污染的风险也节约了饲养成本。此外,这种通过原核注射方法制备的杂合子转基因猪,饲喂常规饲料(不含磷酸盐和植酸酶),与普通猪相比,发现其粪便中的磷含量降低了60%。研究发现,转基因猪唾液中分泌的植酸酶活性与猪粪便干物质中磷的含量具有一定的关系(图10.27)。

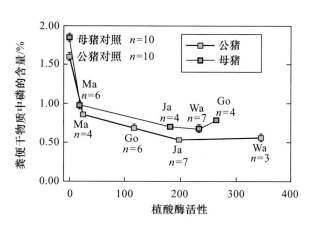

图 10.27　粪便中干物质含量与植酸酶活性的关系
(Forsberg, et al, 2005)

研究表明,环保型猪的生理特性、生产特性、生长发育、生殖能力及仔猪成活率等特征均与普通猪没有明显区别。通过常规育种策略,科学家已经成功制备转植酸酶基因的纯合子猪,并且人们正在使用人工授精等常规育种技术不断扩大此种转基因猪的基础规模群,为将来环保型猪的推广和应用奠定坚实的基础。

10.3.3.2　环保型猪的应用

当前,玉米和大豆是猪饲料中主要的能量和蛋白质来源。但这种植物性饲料中含有大量普通猪无法分解的植酸(肌醇六磷酸)。猪粪便中的磷排放至土壤或江河、湖海中导致大面积的环境污染。科学家利用现代动物生物技术成功研制出既能增加营养物质利用率又能分解植酸、降低环境污染的转基因猪。现在加拿大奎尔夫大学科学家培育环保型猪的技术体系已经非常成熟,并且外源基因的遗传稳定性也很高,转基因猪的后代保持优良的遗传性状。这种转基因猪既可以大大节约猪饲料中无机磷和植酸酶的添加,降低饲养成本,又不影响其他营养素(益生素和氨基酸等)的添加,同时降低猪粪便中的含磷量,减少猪粪施肥用地,从而达到更环保的猪肉生产。在做好环境安全和食品安全评价的基础上,推广和应用这种既能提高或改善饲料利用率并且能够缓解或降低土壤、水域环境污染问题的环保型猪势必成为未来规模化养猪产业的首选之路。

10.4　转基因牛新品种培育

10.4.1　增强抗病能力

10.4.1.1　敲除朊蛋白基因,抵抗疯牛病

朊蛋白(prion protein,PrP)是由 *PRNP* 基因编码的一种糖蛋白。朊蛋白包括 2 种构象

不同的异型体即 PrP^C 和 PrP^{Sc}。其中，PrP^{Sc} 是动物传染性海绵状脑病（transmissible spongiform encephalopathy，TSE）的致病蛋白，在牛群中会引发牛传染性海绵状脑病（bovine spongiform encephalopathy，BSE）即"疯牛病（mad cow disease，MCD）"。该病是一种慢性、消耗性、致死性的中枢神经系统疾病。1982 年，美国加州大学旧金山分校 Prusiner 成功地从病脑中分离纯化出瘙痒病致病因子，并推测该因子可能是一种蛋白。他给这种蛋白命名为 Prion，即取"Proteinaceous"和"infectious"2 个词的词头，突出了蛋白质和传染性的特点。1989 年，Prusiner 提出"protein-only"假说，即 TSE 致病因子是由核苷酸编码的结构异常的朊蛋白（PrP^{Sc}）组成，PrP^{Sc} 的复制是通过其自身催化结构正常的朊蛋白（PrP^C）自动转变为 PrP^{Sc}。朊蛋白的发现和"protein-only"假说的提出是 TSE 研究的一个重大突破。这一反传统的理论后来被许多实验证明，并逐渐被大家接受。Prusiner 也因此获得了 1997 年诺贝尔生理学或医学奖。

　　PRNP 基因是染色体上的单拷贝基因。在哺乳动物的大部分组织中都能检测到朊蛋白的表达。牛的 *PRNP* 基因位于 13 号染色体，由 3 个外显子和 2 个内含子组成。其中一个内含子约 10 kb，开放阅读框（open reading frame，ORF）位于同一个外显子上。这就排除了由不同 RNA 剪接引起的朊蛋白序列的不同（Prusiner，1991）。PrP^C（图 10.28）是动物细胞中结构正常的朊蛋白，具有一定的生理功能（"C"取"Cellular"之意）。PrP^{Sc} 是构象异常的朊蛋白，易于聚集形成淀粉样蛋白斑（Prusiner，1998），是 TSE 的致病蛋白（"Sc"取"Scrapie"之意）。PrP^C 与 PrP^{Sc} 在染色体上由同一基因编码（Basler，Oesch et al，1986），氨基酸序列完全相同，只是构象不同。因此，PrP^{Sc} 的形成是一种翻译后修饰的过程（Hope，et al，1986）。利用核磁共振（nuclear magnetic resonance，NMR）技术对二者的二级结构进行分析，发现 PrP^C 含有约 47% 的 α-螺旋，极少的 β-折叠（3%）；而 PrP^{Sc} 则含有 17%～30% 的 α-螺旋，43%～54% 的 β-折叠（Caughey，et al，1991；Jackson，et al，1999；Pan，et al，1993）（图 10.29）。

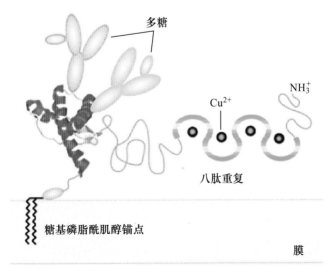

图 10.28　**PrP^C 是由一个糖基磷脂酰肌醇（glycosyl phosphatidyl inositol，GPI）锚定在细胞膜表面的糖蛋白，其上一段八肽重复序列与金属离子结合**

（引自 http：www. fbs. leeds. ac. uk/staff/Hooper_N/prion. htm）

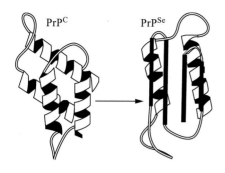

图 10.29　**PrP^C 和 PrP^{Sc}的二级结构示意图**

PrP^C 为 33～35 ku 的蛋白质,以单体形式存在,对蛋白酶 K 敏感,能够很快被蛋白酶 K 水解;而 PrP^{Sc} 易于聚集,不溶于变性剂,在 37℃下经 50 μg/mL 蛋白酶 K 作用 2 h 后,仍有 27～30 ku 的抗蛋白酶水解的片段存在(表 10.4)。PrP^{Sc} 的这一特性也成为 TSE 分子生物学诊断的"黄金标准"(Aguzzi, Polymenidou, 2004; Prusiner, 1998)。除此之外,PrP^{Sc} 对紫外线和离子射线也有很强的抵抗能力(Gibbs, et al, 1978)。

表 10.4　**PrP^C 与 PrP^{Sc} 结构及性质的比较**

比较项目	PrP^C	PrP^{Sc}
二级结构	α-螺旋占 47%,β-折叠仅占 3%	α-螺旋占 17%～30%,β-折叠多达 43%～54%
存在形式	单体	聚集
蛋白酶 K 水解	易被降解	有很强的抵抗力
在去污剂(如 SDS)中的溶解性	易溶	不溶
紫外线或离子射线照射	失活	仍有活性
致病性	无	有

(王少华,2009)

[**参阅资料**]

　　1997 年,诺贝尔生理学或医学奖颁发给美国加州大学旧金山分校的史坦利·布鲁希纳(Stanley Prusiner)教授。这项殊荣肯定了布鲁希纳教授在研究引起人类脑神经退化而成痴呆的古兹菲德雅-各氏病(creutzfeldt - Jakob disease, CJD)病原体——朊蛋白(prion),并在其致病机理方面做出杰出贡献。

　　与 CJD 相类似的疾病还有人类的古鲁症(kuru)、GSS 氏病(Gerstmann - Straussler - Scheinker disease)、山羊和绵羊的羊瘙痒病(scraple)以及牛群中的疯牛病(mad cow disease),它们都是由类似的病原体所引起脑神经退化而产生的疾病。布鲁希纳认为,将来可以发展安定正常病原素的构造的药,预防病原素病,阻止它变形,或者干脆把病原素的基因敲除。他已经在动物身上初步证明,剔除掉这个基因,并不影响动物

史坦利·布鲁希纳(左)从瑞典国王手中接受诺贝尔奖

的健康,但这还需要长期而谨慎的观察。布鲁希纳是美国加州大学旧金山分校生物化学教授,从事生化、神经和病毒的研究工作。1972年,他的一个病人死于古兹菲德克-雅氏病而束手无策时,他便致力于找出这种病原体的工作。

自1987年以来,布鲁希纳是继利根川进(Susumu Tonegawa)之后单人获得诺贝尔医学奖。过去50年也只有10人享有单人获得医学奖的殊荣,这更显示出布鲁希纳卓越的贡献。

——摘自《中国科普》

自从1986年疯牛病最先在英国出现,到2007年已经有约190 000头牛被感染(http://www.oie.int/)(图10.30)。BSE病牛出现多种不同的临床症状,总的来说包括精神状态差、易受惊吓、平衡力下降、体重减少、产奶量下降等(Wilesmith,1988;Wilesmith, et al, 1992)。BSE平均潜伏期为5年,大部分牛在2~3岁时就被屠宰,所以没有出现BSE临床病症(Stekel, et al, 1996)。流行病学研究表明,用含有由羊、牛、猪和鸡的内脏等下脚料制成的肉骨粉(meat and bone meal,MBM)喂养牛,是BSE大规模暴发的主要原因(Wilesmith, et al, 1991)。虽然到目前为止仍无法获得BSE传染给人的直接实验证据,但流行病学、生物化学、神经病理学的证据以及对其传播方式的研究都强烈证明疯牛病已经传染给人,并引起人的新型变异型克雅氏病(Creutzfeldt-Jakob disease,CJD)(Aguzzi,1996;Aguzzi, Weissmann, 1996;Bruce, et al, 1997;Hill, et al, 1997)(图10.31)。现在已经出现了处于BSE感染潜伏期的人与人之间的医源性传染。这种传染与牛、人之间的传染不同,其BSE毒性增强,潜伏期缩短。到目前为止,全世界已经有200多人死于nvCJD(http://www.cjd.ed.ac.uk/)(图10.32)。

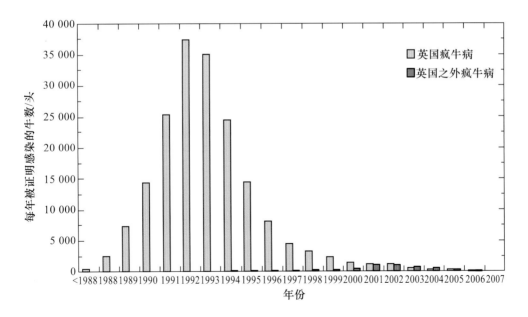

图10.30 全世界报道的疯牛病病例

(Aguzzi, et al, 2008)

目前已经明确*PRNP*基因编码的结构发生错误折叠的蛋白是其致病蛋白,因此,对

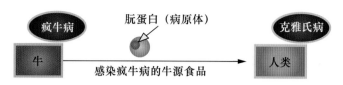

图 10.31 疯牛病通过食物链传染给人，使人感染变异克雅氏病

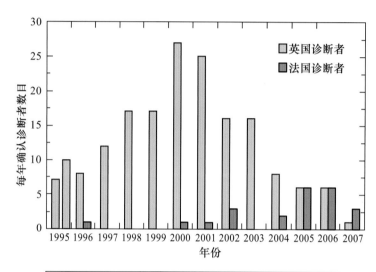

国家	变异克雅氏病患者（死亡）	变异克雅氏病诊断者（仍然活着）	二次传染变异克雅氏病（输血）
英国	160	3	4
法国	21	2	—
爱尔兰共和国	4	0	—
意大利	1	—	—
美国	3	—	—
加拿大	1	—	—
沙特阿拉伯	—	1	—
日本	1	—	—
荷兰	2	—	—
葡萄牙	1	1	—
西班牙	2	—	—

图 10.32 全世界报道的 nvCJD 病例

(Aguzzi, et al, 2008)

$PRNP$ 基因进行敲除可以获得抗 TSE 的动物。例如，$PRNP$ 基因敲除的小鼠发育正常且不会感染 TSE，并没有发现其他副作用（Bueler, et al, 1993）。如果将牛中的 $PRNP$ 基因敲除掉，产生抗 BSE 种群，这对畜牧业生产和人类健康都会有着非常积极的作用。2004 年，Hirata 等利用腺病毒载体在牛的成纤维细胞中进行打靶，获得了 $PRNP^{+/-}$ 单等位基因敲除的细胞。2007 年，Richt 等通过连续打靶的方法成功获得了健康存活 20 个月大的 $PRNP^{-/-}$ 克隆牛（图 10.33A）。这些牛在临床解剖、生理发育、组织病理以及免疫和生殖发育方面都很正常；在体外实验中，这些牛的脑组织提取物没有 $PRNP$ 基因的表

达且能够抑制疯牛病致病因子的扩增（Richt，et al，2007）。在国内，莱阳农学院董雅娟等与日本山口大学合作，利用 RNAi 与体细胞克隆技术在牛供体细胞中稳定整合了能够抑制 *PRNP* 基因表达的 shRNA 载体，成功培育出 2 头转有抗疯牛病基因的转基因奶牛。2009 年，中国农业大学的李宁课题组也成功获得一头健康存活的 *PRNP*$^{+/-}$ 单等位基因敲除奶牛（图 10.33B）（王少华，2009）。这为生产不含朊蛋白的肉、奶制品提供了一种可行的方法。

(A) (B)

图 **10.33** **PRNP 基因敲除奶牛**

（Richt，et al，2007；王少华，2009）

10.4.1.2 转溶葡萄球菌酶，增强抗乳房炎能力

溶葡萄球菌酶（lysostaphin）最早是在 20 世纪 60 年代由 Schindler 和 Schuhardt 发现并分离的，是一种含 Zn^{2+} 的金属蛋白酶，具有水解葡萄球菌细胞壁肽聚糖 gly 五肽桥联（pentaglycine cross-bridges）的催化活性，对金黄色葡萄球菌表现出强大的溶菌作用。该酶是由 246 个氨基酸组成的单链分子，相对分子质量约 27 ku；Zn^{2+} 为必需的辅助因子；氨基酸组成中缺少含硫氨基酸，碱性和酰胺类氨基酸的比例高于酸性氨基酸，pH 10.4～11.4，偏碱性条件下活性较高；热稳定性较好（杨信怡，等，2005）。溶葡萄球菌酶属于胞外分泌，具有多个催化活性中心，其中内切肽酶、糖苷酶和酰胺酶 3 个活性域与水解细菌胞壁肽聚糖交联结构的催化活性有关，以内切肽酶活性最为重要。内切肽酶活性域催化肽聚糖 gly 五肽桥联中 gly—gly 肽键的水解，与抗葡萄球菌活性直接相关。除作用于细菌胞壁外，溶葡萄球菌酶还具有结合并降解弹性蛋白质（elastin）的作用（Park，et al，1995）。

近 20 年来，葡萄球菌对传统抗菌药物的耐药状况日益严重，溶葡萄球菌酶抗葡萄球菌尤其是金黄色葡萄球菌感染的药用潜力再次受到人们的重视。2000 年，Kerr 等将溶葡萄球菌酶基因转入小鼠乳腺中用来防治由金黄色葡萄球菌引起的乳腺炎，结果证实高表达量的小鼠乳腺具有明显的抗性（Kerr，et al，2001）。奶牛乳房炎是严重危害奶牛养殖业的一种传染性疾病，严重影响奶牛产奶量、乳脂率以及牛奶的品质。据世界奶业协会统计，牛隐性乳房炎的发病率高达 50% 左右，平均降低奶量 10%～15%，世界范围内每年因奶牛乳房炎造成奶产量下降 380 万 t，直接经济损失高达 350 亿美元，仅美国的经济损失就达 20 亿美元。金黄色葡萄球菌是引起乳房炎的主要病原体之一。目前不管是疫苗还是抗体都不能有效地抑制或者抵抗这种葡萄状球菌。Oldham ER 等(1991)用溶葡萄球菌酶治疗耐药性金黄色葡萄球菌引起的奶牛乳腺炎,认为重组溶葡萄球菌酶作为注射剂是有效的和安全的,并提出溶葡萄球菌酶可以替代传统的抗生素。2005 年,Donovan 等将编码溶葡萄球菌酶的基因转入奶牛基因组中获得转基因牛(图10.34),证明在其乳腺中表达的溶葡萄球菌酶可以有效预防由葡萄球菌引起的乳房炎,转基因牛葡萄球菌感染率仅为14%,而非转基因牛对照感染率达 71%;并且发现与没有转基因的奶牛相比,在牛奶中含有 3 μg/mL 的溶葡萄球菌酶就可以起到有效的保护作用(Donovan, et al,2005; Wall, et al, 2005)。

图 10.34　含有溶葡萄球菌酶的转基因泽西牛
(Wall, et al, 2005)

10.4.1.3　利用 RNAi 技术,抵抗牛病毒性腹泻病毒和口蹄疫病毒

RNAi 技术是指利用一小段与某种病毒基因同源的 RNA 在动物体内阻断病毒基因复制、表达从而提高动物对病毒性疾病的抵抗能力。牛病毒性腹泻病毒(BVDV)是一种严重危害初生牛犊的 RNA 病毒。Lambeth 等(2007)的研究结果表明,应用 RNAi 技术针对病毒基因组 C、NS4B 和 NS5A 蛋白区域设计有效的 siRNA,可以在细胞水平明显地抑制 BVDV 病毒的感染和复制。我国科学家已经获得可显著抑制该病毒复制的小 RNAi 片段,并在此基础上获得转小 RNAi 片段基因的牛体细胞株,下一步的目标是研制抗病毒性腹泻病转基因牛。

口蹄疫病毒(FMDV)是一种在偶蹄类动物间传播并具有高度传染性的病毒,在牛中的发病率极高,并能形成大范围流行。国际兽疫局(OIE)将其排在 A 类家畜传染病的首位。国内外科学家应用 RNAi 技术,针对口蹄疫病毒的保守区基因序列,设计了一批可显著抑制该病毒复制的小 RNAi 片段。现已证明,这些小 RNAi 片段的转基因细胞株可以有效抑制口蹄疫病毒。上述研究结果为研制抗口蹄疫病毒的转基因牛奠定了坚实的基础。

10.4.2　改善乳品质

10.4.2.1　转人乳铁蛋白,生产"人源化牛奶"

乳铁蛋白(lactoferrin,LF)是乳汁中一种重要的非血红素铁结合糖蛋白。LF 最初于 1939年由 Groves 首先从牛乳中分离获得,在 1961 年被 Blanc 和 Isliker 正式命名为乳铁蛋白。LF主要存在于人和多数哺乳动物乳汁中,具有可逆性结合铁的活性,在体内转运与存储铁,故又称之为乳转铁蛋白(lactotransfbmn)。LF 广泛分布于人与哺乳动物家畜的多种组织液及外分泌液中,只是在乳汁中含量较高,而在其他分泌物中含量甚微。通常来说,初乳中含量较高,随着乳汁的成熟乳铁蛋白含量也随之下降。牛初乳中 LF 含量 0.8~1.5 mg/mL,牛常乳中含量为 0.1~0.4 mg/mL。在人乳中乳铁蛋白的含量较高,初乳中含量 5~7 mg/mL,常乳则为 1~2 mg/mL,其含量仅次于酪蛋白,占普通母乳总蛋白的 20%(Nagasawa, et al, 1972)(表10.5)。同物种甚至同一物种不同来源的 LF 分子之间,其理化性质可能有所差异。例如,人乳和牛乳 LF 通过 SDS-PAGE 均能分离出表观分子质量不同的 2 个组分。此外,LF 具有机体特异性,牛的 LF 不一定能被人体吸收,人体中的 LF 吸收利用与其体内的特殊受体有关(Jones, et al, 1994)。

表 10.5　乳铁蛋白在一些常见生理分泌液中的含量　　　　　　　　　　　mg/mL

分泌液	含量	分泌液	含量
人乳初乳	5～7	人乳常乳	1～2
牛初乳乳清	0.8～1.5	牛乳常乳	0.1～0.4
泪液	2.2	精液	0.4～0.9
滑液	0.05	羊水	0.02
唾液	0.005	子宫分泌物	0.8
血液	0.000 3	尿液	0.001 5
鼻分泌液	0.2		

(Nagasawa, et al, 1972)

人乳铁蛋白(human lactoferrin,hLF)基因组 DNA 的编码序列有 21.84 kb,由 11 个外显子组成;cDNA 全长 2.312 kb,编码 711 个氨基酸。其一级结构的氨基酸呈现单一多肽链,两端在空间结构上折叠成球状(N 叶和 C 叶 2 个半球,图 10.35),中间由一段肽链连接。该多肽链共结合有 2 条糖链,由甘露糖 N-乙酰半乳糖胺、岩藻糖、唾液酸等组成,形成 80 ku 具三维结构的糖蛋白(Bluard-Deconinck, et al, 1974)。N 端和 C 端的球状结构可各与一个 Fe^{3+} 结合,同时结合一个碳酸根离子,以保持电荷的平衡。与铁离子结合的前球状结构可随意伸展,结合后中间的连接肽将两端的球状结构锁闭,限制其运动。在铁离子结合结构域中,包括 3 个阴离子配子体即 2 个酪氨酸残基和 1 个天冬氨酸残基,可和铁离子形成稳定的结合(Fairweather-Tait, et al, 1987)。

起初,人们对乳铁蛋白生理功能的研究主要集中在其与铁离子结合有关的方面,主要包括铁吸收与释放、抗菌活性以及在炎症反应中的铁离子的代谢等作用。然而随着对人乳铁蛋白研究的深入,许多结果表明,该蛋白还存在着许多其他方面的功能(图 10.36),如对骨髓细胞生成的调节(Naot, et al, 2005)、有氧代谢的产生(Klebanoff, Waltersdorph, 1990)、生长因子作用(Mazurier, et al, 1989)、DNA 结合功能(He, Furmanski, 1995)以及潜在的 RNA 酶功能(Furmanski, et al, 1989)等。可见,乳铁蛋白功能如此之多,但由于人体中的特殊受体存在,其他物种的 LF 不一定能被人体吸收,因此,展开对人乳铁蛋白的研究与生产势在必行。

与人乳相比,牛奶缺少一些对人的健康非常重要的物质,如乳铁蛋白等。这些蛋白对维持人类的身体健康、提高免疫力、增强抗病能力等方面具有重要作用。因此,通过生物转基因技术转入人乳铁蛋白基因生产含有大量人乳铁蛋白的“人源化牛奶”就显得非常有意义(van Berkel, et al, 2002)。美国 Genzyme Transgene 公司用酪蛋白启动子与人乳铁蛋白的 cDNA 构建了转基因载体,通过显微注射法获得世界上第 1 头名为“Herman”的转基因公牛。该公

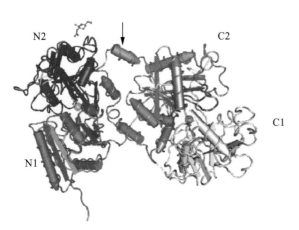

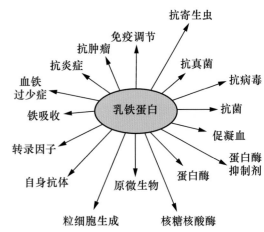

图 10.35　人乳铁蛋白空间结构
N1/N2、C1/C2 分别表示 N 端和 C 端的结构域，箭头所指的 α-螺旋连接着 N 叶和 C 叶 2 个半球。

（Anderson，et al，1987）

图 10.36　**LF 具有的各种生物学功能**

（Brock，2002）

牛与非转基因母牛生产转基因后代，1/4 后代母牛乳汁中表达了人乳铁蛋白（McEvoy，Sreenan，1990）。荷兰的 GenPharm 公司利用显微注射技术向牛体外受精早期胚胎注射外源基因，通过非外科手术法进行胚胎移植培育出含人乳铁蛋白的转基因牛，牛奶中人乳铁蛋白含量为 1 000 $\mu g/mL$（Velander，et al，1992）。Berkel 等（2002）利用牛的 α_{s1}-酪蛋白启动子与人乳铁蛋白基因组的 6.2 kb 片段构建转基因载体，通过显微注射获得转基因牛；ELISA 结果分析表明，转基因牛奶中人乳铁蛋白的含量为 300～2 800 $\mu g/mL$。中国农业大学李宁课题组利用转基因体细胞克隆技术，使得人乳铁蛋白在转基因牛乳中平均表达量达到 3.43 g/L（图 10.37）。这些转基因奶牛的研制成功不仅能大规模生产"人源化牛奶"，生产巨大应用前景的重组人乳铁蛋白，用于新型婴幼儿配方奶粉、功能食品和药品等开发，而且能表现出高乳蛋白含量、抗乳房炎等新特性，是培育奶牛新品种的良好材料。

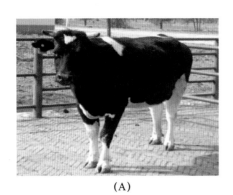

(A)　　　　　　　　　　　　　(B)

图 10.37　中国农业大学李宁课题组生产的人乳铁蛋白
转基因奶牛"祥娃"(A)及其再克隆后代(B)

国际上对乳铁蛋白的临床研究见表 10.6。

表 10.6　国际上乳铁蛋白的临床研究

类型	适应症	公司	状态
牛乳铁蛋白	儿童腹泻和营养不良	NICHD	临床Ⅲ期
牛乳铁蛋白	婴幼儿奶粉	雀巢	安全/功能试验
牛乳铁蛋白	胰瘤状结肠息肉	日本名古屋大学	临床Ⅱ期
人乳铁蛋白	肾细胞癌	Agennix	完成临床Ⅱ期
人乳铁蛋白	恶性脓毒症	Agennix	完成临床Ⅱ期
人乳铁蛋白	非小细胞肺癌	Agennix	临床Ⅲ期
人乳铁蛋白	早产儿医院感染	Agennix	临床Ⅰ/Ⅱ期
人乳铁蛋白	黏膜炎	Agennix	临床Ⅰ/Ⅱ期
人乳铁蛋白	哮喘	Agennix	临床Ⅰ/Ⅱ期
人乳铁蛋白	非小细胞肺癌	NCI	临床Ⅱ期
人乳铁蛋白	细菌感染	AM-Pharma	完成临床Ⅱ期

10.4.2.2　转酪蛋白,促进乳品加工产业发展

牛乳中蛋白质的含量大约 80% 是酪蛋白(表 10.7),高达 26 g/L。酪蛋白是含磷的几种蛋白质的复合体。酪蛋白(CN)的主要成分是 4 种酪蛋白即 α_{s1}-、α_{s2}-、β- 和 κ-;它们的比例是 3∶0.8∶3∶1(Park, et al, 1998)。4 个基因已定位于牛的 6 号染色体上,彼此紧密连锁,总长度不到 200 kb,以 α_{s1}-CN-β-CN-α_{s2}-CN-κ-CN 的顺序排列。

酪蛋白直接水解产物具有促进凝结、抗过敏、抗血栓形成、促进矿物质吸收、调节胃肠吸收、抑菌抗病等多种功能。研究表明,牛乳酪蛋白中蕴藏着许多具有生物活性的多肽。这些多肽在母体蛋白质序列内是无活性的,其通过体内或体外酶水解的方式释放出来后即可作为具有类似激素活性的调节物质(Meisel, 1997; Meisel, Bockelmann, 1999)。来源于牛乳酪蛋白的多肽具有许多功能特性(表 10.8),如阿片活性、抑制血管紧张素转化酶(ACE)活性、免疫调节活性、结合矿物质的活性、抗血栓活性、抑菌活性、促进双歧杆菌活性和抑制脂肪氧合酶活性等(秦宜德,邹思湘,2004)。普通牛奶中酪蛋白含量占总蛋白含量的 78% 以上,提高酪蛋白含量,将给乳制品加工行业来说带来巨大的经济价值。据估计,乳蛋白中提高 20% 的 α_{s1}- 酪蛋白含量将给乳品行业增加 1.9 亿元的价值。

表 10.7　牛奶中主要蛋白质及其含量　　　　　　　　　　　　　%

种类	含量	种类	含量
酪蛋白	78~85	乳清总蛋白	18~20
α-酪蛋白	45~55	乳球蛋白	2~5
β-酪蛋白	25~35	乳清蛋白	7~12
γ-酪蛋白	8~15	牛血清蛋白	0.7~1.3
κ-酪蛋白	3~7	免疫球蛋白	1.9~3.3

表 10.8　主要乳源生物活性肽的来源与生理功能

类别	来源	举例	生 理 功 能
阿片肽	α-、β-、κ-酪蛋白	β-酪啡肽(7AA)	调节机体神经核内分泌活动；调节机体呼吸、体温、脉搏、消化、吸收和生长；调节机体免疫和抗癌等
免疫调节肽	α-、β-、κ-酪蛋白	α_{s1}-酪激酶(6AA)	促进机体免疫及抗感染能力等
降血压肽	α-、β-、κ-酪蛋白	血管紧张素转换酶抑制剂-12(12AA)	降血压,促进机体免疫
抗血栓肽	κ-酪蛋白	凝血酶抑制肽(5AA)	抗血栓活性等
酪蛋白磷酸肽	α-、β-酪蛋白	酪磷肽-10(10AA)	促进钙、磷的吸收和利用等
抗菌肽	α-酪蛋白、转铁蛋白、乳铁蛋白	乳铁蛋白 B(25AA)	抗感染等
其他	α-、β-、κ-酪蛋白	κ-酪蛋糖肽(12AA)	促进胃肠道运动和分泌等

(秦宜德,邹思湘,2004)

　　乳酪以及很多种生物活性肽的产量与牛奶中酪蛋白的含量直接相关,转入一个超量表达的酪蛋白基因能够增加奶中酪蛋白的含量。Brophy 等(2003)报道,通过转基因克隆技术提高牛自身 β-酪蛋白基因、κ-酪蛋白基因的拷贝数,使牛奶中 β-酪蛋白的含量提高了 8%～20%,κ-酪蛋白的含量提高了 2 倍,大大改变了酪蛋白与总蛋白的比例(图 10.38)。通过转入酪蛋白基因,增加酪蛋白在奶中的表达量和含量,可以促进乳品加工产业更进一步发展。

图 10.38　牛奶中酪蛋白含量明显提高的转基因克隆牛

(Brophy, et al, 2003)

10.4.2.3　转人溶菌酶,增强免疫力
几乎所有的哺乳动物乳汁中都含有溶菌酶,但乳中可溶性溶菌酶的含量在不同物种中

相差很大(表10.9)。同时,在同一物种中,受到饲养条件、季节、哺乳时期、乳房健康状况等因素的影响溶菌酶含量差别也很大(Moroni,Cuccuru,2001;Priyadarshini,Kansal,2003)。相比其他物种,人乳中溶菌酶含量相对较高(表10.9)(Benkerroum,2008)。通过母乳喂养,人乳中溶菌酶对于婴幼儿胃肠道抵抗细菌侵袭、增强免疫力有重要的作用。研究发现,经母乳喂养的0~5月龄婴儿比非母乳喂养婴儿患腹泻的几率下降7倍。在牛奶中添加人溶菌酶可以补充人体非特异性免疫因子,杀死肠道内腐败球菌,维持正常肠道菌群,促进双歧因子增殖,增强人体免疫力等。牛乳中溶菌酶含量很少,因此,培育一个能直接在牛奶中高效表达人溶菌酶的转基因奶牛新品种就显得十分有意义:一方面通过降低有害微生物的抑生长作用,提高营养成分的利用率,从而促进牛自身的生长,预防和治疗牛乳腺炎等;另一方面对食用牛奶的人群来说能起到很好的保健作用。2005年,中国农业大学李宁课题组利用转基因体细胞克隆技术,将人溶菌酶转入奶牛基因组中,使得人溶菌酶在转基因牛乳中含量达1 g/L以上,为我国高品质转基因奶牛新品种的培育提供了良好的育种新材料。

表10.9 不同物种乳中溶菌酶含量

物种	乳中平均含量/(μg/mL)	参 考 文 献
人	400	Mathur, et al,2008
	320	Montagne, et al,2008
	270~890	Montagne, et al,2008
驴	1 428	Salimei, et al,2008
马	790	Jauregui-Adell, et al,2008
	1 330	Sarwar, et al,2008
牛	0.13	Elagemy, et al,2008
	0.07	Chandan, et al,2008
山羊	0.25	Bell, et al,2008
猪	6.8	Mathur, et al,2008
骆驼	0.6~6.5	Barbour, et al,2008

(Benkerroum,2008)

10.4.2.4 敲除 β-乳球蛋白,减少牛奶过敏源

β-乳球蛋白是牛的主要乳清蛋白,在牛乳中的含量约为0.2 g/100 mL,仅次于酪蛋白。β-乳球蛋白含有162个氨基酸,相对分子质量约为18.3 ku。其单体含有5个半胱氨酸,有2对二硫键(Cys66-Cys160和Cys106-Cys119)和1个自由巯基(Cys121)。β-乳球蛋白是一个主要含 β-折叠的蛋白,其单体的二级结构含有3个短的 α-螺旋(图10.39)(Sakurai, et al,2009)。目前,关于 β-乳球蛋白的研究还比较少,对 β-乳球蛋白的生理功能与作用也不是很清楚。

图10.39 β-乳球蛋白的三维立体结构示意图

(Sakurai, et al, 2009)

但是,由于 β-乳球蛋白存在于奶中使得有一部分人群对牛乳摄入后的消化吸收产生障碍,并不是所有的人群都可以饮用牛乳。天然的 β-乳球蛋白是婴儿牛乳过敏症的主要致敏源。由于新生婴儿胃蛋白酶不能有效地分解 β-乳球蛋白,消化道肠道上皮细胞可以吸收一些完整的蛋白质进入体内,因而易引发过敏反应(人乳中几乎不含 β-乳球蛋白,而牛乳中 β-乳球蛋白占总蛋白质含量的 8%～10%)。约有 82% 的牛乳过敏病人都对 β-乳球蛋白过敏(Hattori,et al,2000)。牛乳过敏症在婴儿期的发病率达到 1.9%～5.2%,3 个月内的发病率为 2.3%～2.8%(高学飞,王志耕,2005)。过敏症状轻则表现为鼻涕、哮喘、皮肤发痒等,重则可出现休克甚至死亡。如何减少 β-乳球蛋白所致婴儿牛乳过敏症是婴儿配方奶粉生产中急需解决的问题。消除牛奶中主要致敏源 β-乳球蛋白的致敏性已成为国际乳制品加工研究的热点之一。

值得借鉴的是 Kumar 等进行的尝试(Kumar,et al,1994)。他们通过基因打靶的方法,对小鼠的 β-酪蛋白进行打靶和缺失。这样的小鼠可以成活并可育。在打靶的杂合子乳汁中可以检测到 β-酪蛋白的降低,而在缺失的纯合子乳汁中则不能检测到 β-酪蛋白的存在。可以设想,利用基因敲除技术减少或彻底去除牛奶中的过敏源——β-乳球蛋白的表达,可以降低甚至消除牛乳对人的过敏性,使得更多的人群(尤其是婴幼儿)可以放心食用牛奶/奶粉,促进乳业蓬勃发展。2005 年,中国农业大学李宁课题组利用正负筛选基因打靶载体成功获得了 β-乳球蛋白基因敲除克隆胎儿。遗憾的是,2 头 β-乳球蛋白基因敲除小牛在出生后 3 d 内相继死亡。这也是世界首例对 β-乳球蛋白基因实现的定点敲除。不过可喜的是,2011 年该课题组借助锌指核酸酶技术,成功对荷斯坦奶牛的 β-乳球蛋白基因进行了双等位基因敲除,获得 1 头健康存活的克隆奶牛(于胜利,2011)(图 10.40)。

图 10.40 健康存活的 β-乳球蛋白双等位基因敲除奶牛
(于胜利,2011)

10.4.2.5 转乳糖酶,消除乳糖不耐症

乳糖(lactose)是二糖的一种,存在于哺乳动物的乳汁中。它的分子结构是由一分子葡萄糖和一分子半乳糖缩合形成(图 10.41)。乳糖味微甜,在牛奶中几乎全部呈溶解状态,含量为 3.6%～4.8%,大约占奶中糖类总比重的 99.8%。

乳糖不耐受(lactose intolerance,LI)指的是由于小肠黏膜乳糖酶缺乏(lactase deficiency, LD)导致乳糖消化吸收障碍而引起的以腹胀、腹泻、腹痛为主的一系列临床症状。乳糖不耐受影响了世界 1/3～1/2 的人口。全世界各地区人群中都存在不同程度的乳糖酶缺乏(何梅,杨月欣,1999),而且有明显的种族差异(Scrimshaw,Murray,1988)(表 10.10)。据我国调查,汉族成人 LD 发生率为 75%～95%,少数民族亦有 76%～95.5%。乳糖的吸收利用问题正逐渐引起

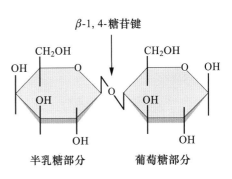

图 10.41　乳糖的分子结构

人们的关注。我国属于乳糖不耐受的高发地区,儿童乳糖酶缺乏的发生率也很高,造成儿童缺钙、患软骨病、体重低下、身体和智力发育迟缓、成年人尤其是老年妇女易出现骨质疏松等症状。因此,研究解决乳糖不耐受的对策对解决中国人的饮奶和健康问题具有极为重要的现实意义。

表 10.10　乳糖不耐症人群的分布与种族的关系

种　族	比率/%
北欧	1～5
中欧人(英国人、俄罗斯人)	10～20
地中海沿岸居民(希腊人、犹太人)	60～90
大多数非洲人和美国黑人	70～100
本土美国人	80～100
墨西哥人	50～80
东方人	80～100

为解决乳糖不耐受问题,Jost 等(1999)利用生物转基因技术在乳腺中特异性表达乳糖酶基因,有效地降低了奶中乳糖的含量(与正常相比降低了 50%～85%),而脂肪和其他蛋白质含量则基本不受影响。这会减轻或消除人服用牛奶后出现的乳糖酶缺乏症,深受糖尿病病人和那些不能分解乳糖的人们的欢迎。

10.4.2.6　转 ω-3 多不饱和脂肪酸,增加牛奶营养

ω-3 系列多不饱和脂肪酸(ω-3 polyunsaturated fatty acid,ω-3 PUFAs)是从甲基端数,第 1 个不饱和键在第 3 个碳原子和第 4 个碳原子之间的各种不饱和脂肪酸。与人体健康密切相关的 ω-3 PUFAs 属亚麻酸类主要包括 α-亚麻酸、二十碳五烯酸(EPA)和二十二碳六烯酸(DHA)。人体自身几乎完全不能制造特长链的 EPA 及 DHA 等 ω-3 脂肪酸,而只有从食物中得到供应。但是,一般的动植物食品如肉、蛋、乳制品中几乎都没有 ω-3 脂肪酸。人体必需的长链 ω-3 脂肪酸主要来源是海鱼、鳕鱼肝油和鱼油等。

ω-3 多不饱和脂肪酸在多种信号转导过程中发挥广泛作用,能够减少黏附因子、化学趋化因子等相关炎症因子的分泌、调节免疫、抑制血栓形成和抗致死性心律失常(Griebel,et

图 10.42　富含 ω-3 多不饱和脂肪酸转基因牛

al，2005）；对心血管具有保护作用，能够显著降低冠心病的发病率和总死亡率等（Preibisz，et al，1983）。由于 ω-3 PUFAs 具有诸多功能作用，加上人体不能合成长链的 ω-3 多不饱和脂肪酸，因此，在日常饮食中如何摄取 ω-3 多不饱和脂肪酸就显得十分重要。2009 年，内蒙古大学李光鹏课题组得到了被称为"黄金牛"的富含 ω-3 多不饱和脂肪酸的转基因牛（图 10.42），有望培育出一个奶牛新品种，使得人们可以直接从牛奶中摄入 ω-3 多不饱和脂肪酸，保持机体健康。

表 10.11　乳成分改变及其作用

乳成分的改变	作　用
增加酪蛋白含量（α_{s1}-，α_{s2}-，κ-，β-）	提高蛋白含量、钙含量，减小乳糜微粒，增强热稳定性
增加乳蛋白磷酸化位点、凝乳酶识别位点	提高钙含量，增强乳蛋白的乳化性和发泡特性
增加溶菌酶、乳铁蛋白、溶葡萄球菌酶等	提高抗菌能力，减少乳房炎的发生
增加脂肪酶（lipase），胆盐刺激酶等	增加婴幼儿对脂肪消化吸收率
降低乳中乳糖（lactose）	降低乳糖不耐症
去除乳中 α_{s1}-酪蛋白，β-乳球蛋白	去除乳中过敏源
表达人乳蛋白基因或置换牛乳蛋白	牛乳人源化

（成功，2010）

10.4.3　提高产肉率和改善肉品质

10.4.3.1　敲除肌肉生长抑素，提高产肉率

自然界中早已存在 myostatin 突变的物种。200 年前就有饲养者发现某些品种牛的肌肉异常发达。"比利时蓝（Belgian Blue）"牛和"皮尔蒙特（Piedmontes）"牛是 2 个经过长期遗传选育得到的双肌牛品种（图 10.43）。"比利时蓝"具有十分强壮的骨骼肌，其骨骼肌数量是其他品种的 4 倍。研究表明，"比利时蓝"的 myostatin 基因外显子Ⅲ缺失 11 bp，造成移码突变，使缺失突变后面的第 14 位密码子变为终止密码，合成无功能的 myostatin 蛋白（Grobet，et al，1997；McPherron，Lee，1997）。在另一个双肌牛品种"皮尔蒙特"中，检测到 2 个点突变，导致 myostatin 功能全部或几乎全部丧失（Kambadur，et al，1997）。这些研究结果表明，肉牛的双肌现象是由于在骨骼肌细胞中缺少 myostatin 蛋白抑制作用的缘故。随后，Grobet 等经过分离分析和微卫星标记分析，确证了生长抑素基因的突变是造成牛双肌现象的原因，它在 2 号染色体上距离 TGLA 44 标记 3.1cM（Grobet，et al，1998）。

(A) "比利时蓝"牛　　　　　　　　(B) "皮尔蒙特"牛

图 10.43　在牛中 myostatin 基因突变表现出的双肌现象

(Kambadur, et al, 1997; McPherron, Lee, 1997)

　　双肌牛的外部特征包括腿相对较短,骨管较细但骨骼较大,臀部、大腿、上臂、胸及起支撑作用的中前端肌肉群异常发达。与普通牛相比,双肌牛有较多的脂肪沉积于肋间和脂肪窝,且脂肪的沉积从内到外呈逐渐减少的趋势。双肌牛胴体的肉骨比、瘦肉率比普通牛高,优质高价肉比例大,而脂肪率较低,口感良好,在市场上很畅销。研究表明,双肌性状可以使牛在相同饲喂条件下肌肉产量增加 20%～30%,双肌牛在育种和屠宰场都受到很高的评价。利用生物技术(如基因打靶、RNAi 等)将 myostatin 基因敲除/突变,使其编码的蛋白丧失/降低功能,可以人为快速地培育和生产更多更好的具有高产肉率的双肌牛新品种,满足肉类需求,造福人类。这点对于尚未拥有优良双肌表型肉牛品种的我国来说尤其重要。可喜的是,2011 年中国农业大学的李宁课题组借助于锌指核酸酶技术,对鲁西黄牛的 myostatin 基因进行了双等位基因敲除,成功获得 2 头健康存活具有双肌表型的转基因克隆公牛(图 10.44),为我国培育高品质转基因肉牛新品种提供了良好的育种材料。

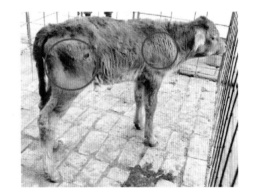

(A) 高克隆牛　　　　　　　　(B) 对照牛

图 10.44　中国农业大学李宁课题组培育的 myostatin 基因敲除克隆牛(鲁西黄牛,1 个月大)

10.4.3.2　转牛生长激素,提高生长速率

　　由于家畜的诸多性状如育性、生长速度、产奶量等都受到激素的调节,许多转基因动物中转入的都是能够提高激素水平的基因。牛生长激素(boving growth hormone,bGH)基因就是

最早投入使用的基因之一。人们首先通过基因工程的手段利用大肠杆菌大量生产重组牛生长激素，其成分、性质与天然的没有区别；然后将分离纯化得到的牛生长激素注射到牛体内，结果牛的产奶量提高了14%～20%，并且每升牛奶所耗费的饲料量都有所减少。注射过重组牛生长激素的奶牛产下的牛奶，其生长激素的含量并未明显增加。生长激素不耐热，用巴氏消毒灭菌后牛奶中90%的生长激素会失去活性。而且，牛生长激素和人生长激素有很大的区别，即使牛生长激素进入人体，也不会发挥生长激素的作用。基于以上这些原因，可以认定牛奶中的生长激素不会对人体健康构成威胁。1994年，美国食品药品管理局批准了用注射重组牛生长激素的方法来提高牛奶产量。但是由于注射到牛体内的牛生长激素会不断分解，因此，需要经常注射，这无疑大大提高了饲养的成本。由此，研究人员想到了更直接的解决方法，即将超量表达的牛生长激素基因转入牛体内培育转基因牛，提高生长速率，增加产奶量，减少饲料消耗。值得一提的是，早在2004年，阿根廷第1头乳腺特异性表达人类生长激素基因的克隆牛（取名"Pampa"）就已经成功诞生，虽然并不是转入牛自身生长素基因提高生长速率，但也为生长素转基因牛研究打下了坚实的基础。

10.5 转基因羊新品种培育

10.5.1 改良生长性状

生长激素（growthHormone，GH）是由脑垂体前叶分泌的一种蛋白质激素，在脊椎动物中显示出宽范围的生物学活性。最初科学家主要从牛的脑垂体中提取生长激素，用来治疗人类生长激素缺乏病症，不仅获得的生长激素量较少、价格昂贵，而且有感染疾病的危险。随着DNA重组技术、基因克隆及测序等现代分子生物学理论和技术的发展，重组人类生长激素（rhGH）合成研究得以成功，并被广泛应用于临床研究。

生长性状相关基因在转基因动物中的应用十分广泛。1982年，研究者（Palmiter, et al, 1982）将大鼠生长激素基因导入小鼠受精卵中获得了转基因的"超级鼠"。随后，转生长激素基因的猪、牛、兔、鱼也被制备出来。Hammer等于1985年将鼠的金属硫蛋白基因和人生长激素释放因子基因转到绵羊基因组中，成功地获得了世界上首例显微注射法制备的转基因山羊。作者还同时将金属硫蛋白基因和牛的生长激素基因转到绵羊的基因组中，制备具有生长优势特点的绵羊。这些羊的血中含有外源生长激素，生长速率高于对照组，成体体重比对照组重，但是成体中的脂肪含量降低。Rexroad等在1991年构建了2个载体：使用小鼠的转铁蛋白启动子连接 GHR 基因；使用小鼠的白蛋白增强子和启动子连接生长激素基因生产转基因绵羊。生长性状方面的实验结果和 Hammer 相似，但是之后发现绵羊逐渐发展糖尿病累死的症状，表现为：外周血的 GH 和 IGF-1 的水平升高；血糖浓度升高；胰岛素耐受。同时，这两种调控元件在小鼠中可以实现组织特异性表达，然而在绵羊中没有实现相关的组织特异性表达。

[参阅资料]

  澳大利亚的一个研究所生产出转生长激素基因的绵羊。它的体型比正常的绵羊要大，生长速度迅速，而且其泌乳期也相应地延长。泌乳期的延长造成产奶量的增加其实并不出乎意料，因为美国的牛奶生产者利用生长激素来提高奶牛的产奶量已是一个公开的秘密。

10.5.2 增强抗病能力

10.5.2.1 抗梅迪-维斯纳病

1994年，Clement等将Visna病毒的衣壳蛋白基因转入绵羊，从而获得了具有抗病能力的转基因羊。梅迪-维斯纳病是成年绵羊的一种不表现发热症状的接触性传染病。临床特征是经过漫长的潜伏期之后表现间质性肺炎或脑膜炎。病羊衰弱、消瘦，最后死亡。梅迪-维斯纳（Maedi-Visna）原来是用来描述绵羊的2种临床表现不同的慢性增生性传染病。梅迪是一种增进性间质性肺炎，维斯纳则是一种脑膜炎。这2个名称来源于冰岛语。Maedi是呼吸困难的意思，Visna是耗损的意思。在1939年、1952年及1954—1965年该病在冰岛流行时，起初认为是2种不同的疾病；当确定了病因之后，则认为梅迪和维斯纳是由特性基本相同的病毒引起，但具有不同病理组织学和临床症状的疾病。此病毒有2种主要抗原成分。一种是囊膜糖蛋白gp135，具有特异性抗原决定簇，能诱发中和抗体。另一种是核芯蛋白p30，具有群特异性抗原决定簇，抗原性稳定。梅迪-维斯纳病毒的p30、gp135抗原与山羊病毒性关节炎-脑炎病毒的p28、gp135抗原之间有强烈的交叉反应，因此，可用梅迪-维斯纳病毒制备的琼脂扩散抗原进行山羊病毒性关节炎-脑炎的抗体检查。

死于维斯纳的病羊，剖检时见不到特异变化。病期很长的，其后股肌肉经常萎缩。少数病例的脑膜充血，白质的切面上会有灰黄色小斑。中枢神经的初发性显微损害是脑膜下和脑室膜下出现浸润和网状内皮系统细胞的增生。病重的羊脑干、脑桥、延髓及脊髓的白质里广泛存在着损害。开始时，虽然只是胶质细胞构成小浸润灶，但可融成较大的病灶，甚至变为大片浸润区，具有坏死和形成空洞的趋势。髓磷脂性变是继发的，通常比较轻微，轴索很完整。细胞内外的嗜苏丹产物并不常见。由于胶原纤维形成的机化总是比较轻微，病部伴有广泛的由淋巴细胞、浆细胞和组织细胞构成的血管嵌边。外周神经有弥散性淋巴细胞浸润，而髓磷脂的变化则较轻。

本病目前尚无疫苗和有效的治疗方法。防制本病的关键在于防止健康羊接触病羊；加强进口检疫，引进种羊应来自非疫区，新进的羊必须隔离观察，经检疫认为健康时方可混群；避免与病情不明羊群共同放牧。通过生物转基因技术，转入了维斯纳病毒衣壳蛋白的转基因羊，可具备抵抗维斯纳病的能力。

10.5.2.2 抗瘙痒症

朊病毒是一种对牛、羊具有致命作用的单纯蛋白病毒粒子（参考本章10.4），能引起牛、羊的瘙痒症，2001年，Denning等（2001）在羊中通过体细胞核移植的方法生产出朊蛋白基因敲除羊，遗憾的是，羊没有存活很长时间。然而，他们的工作却为我们后来通过敲除朊蛋白基因来治疗人类和某些动物的海绵状脑病奠定了坚实的基础。

10.5.2.3 溶菌酶转基因羊

溶菌酶广泛存在于各种生物体中,能特异地水解细菌肽聚糖中 N-乙酰葡萄糖胺(N-acetyl-glucosamine,NAG)和 N-乙酰胞壁酸(N-acetylmuramic acid,NAM)之间的 β-1,4 糖苷键,使细胞壁不溶性黏多糖分解成可溶性糖肽,导致细胞壁破裂、内容物逸出而使细菌溶解。溶菌酶是人奶中的主要抗菌成分,它在动物奶中的含量很少。在同一物种中,受到饲养条件、季节、哺乳时期、乳房健康状况等因素的影响,溶菌酶含量差别也很大(Moroni, Cuccuru, 2001; Priyadarshini, Kansal, 2003)。2006 年,用表达量相当于人乳 68% 的转人溶菌酶基因山羊乳经巴氏灭菌饲喂山羊(反刍动物模型)和仔猪(单胃动物模型),结果发现,重组人溶菌酶能降低小肠内有害菌群的种类和数目,而增加有益菌的数目(Maga, et al, 2006),可以改善羊和猪的健康水平,并且还可以用来治疗新生儿的腹泻(参考图 10.45)。同小鼠模型一样,该山羊乳也能抑制金黄色葡萄球菌、莓实假单胞菌和致病性大肠杆菌,却不影响有益菌(如双歧杆菌和乳酸杆菌)的生长(Maga, et al, 2006b)。

图 10.45　抗腹泻转基因羊

10.5.3　改善乳品质

除了上面提到的溶菌酶,人乳中还有一种含量十分丰富但在家畜奶样中含量极少的蛋白——人乳铁蛋白(图 10.46),该蛋白对人类健康具有十分重要的意义。关于人乳铁蛋白的理化性质、蛋白结构和生理功能等介绍可以参考本章 10.4 部分。俄罗斯科学家已经成功地把人乳铁蛋白基因转到山羊体内,实现了在山羊奶中特异性表达人乳铁蛋白,丰富营养成分,提升应用价值;再加上泌乳期间山羊的产奶量高达 1 000 L,为人乳铁蛋白的羊奶生物反应器生产提供了前提条件。

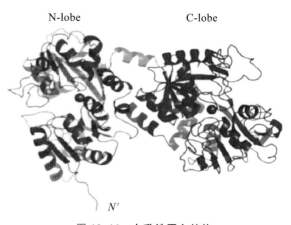

图 10.46　人乳铁蛋白结构

(DeLano, 2002)

10.5.4 改良毛色毛质

Nancarrowet 于 1991 年把以半胱氨酸为主要成分的 A2 蛋白基因转到绵羊的胚胎中,从而获得了产毛率明显提高的转基因山羊。随后,Powell 于 1994 年把毛角蛋白Ⅱ型中间细丝基因转入绵羊基因组内,获得了毛脂含量提高、毛色亮丽光泽的转基因羊。1996 年,Bulcock 等把人的 *IGF*-1 基因显微注射到羊的胚胎中,显著提高了羊的毛脂含量。*IGF*-1 主要通过其受体引发信号通路,在动物体的不同组织的生长发育中发挥着重要作用。它调控整个机体的生长,尤其是出生后的生长(Froesch,et al,1996)。在 2005 年,Adams 等制备了转生长激素基因的绵羊,结果表明,其生长速度和羊毛产量都比对照组有显著的提高(图 10.47)。

图 10.47　生长激素转基因绵羊

羊在转基因动物的研究中有着广泛的应用,除了提高生长性状及抗病能力外,主要就是利用转基因羊来改善羊毛的产量及质量。此外,转基因羊也像其他动物一样被用来作为生物乳腺反应器来生产各种营养保健品,如抗凝血因子、集落刺激因子等。

10.6　其他转基因动物新品种培育

鱼类是脊椎动物门中种类最多的一个类群,是人类动物蛋白的重要来源。人们在一直探索培育生长迅速、抗病力强的鱼类品种。近些年来,基因工程的方法被广泛地用于农作物的培育,但是越来越多的研究转向了动物,包括鱼类。我们把遗传物质整合到鱼的基因组内,从而得到人类所期望的新品种,为我们的生产生活服务。1984 年,我国科学家获得了转基因金鱼(朱作言,等,1986)。经过多年的发展,我国的转基因鱼类研究处于世界领先水平。到目前为止,全世界已有 35 种转基因鱼在培育。这些研究主要集中在以下 3 个方面:

一是培育具有生长优势的鱼类新品种。

二是培育抗逆性状的鱼类新品种。

三是把鱼类作为模式动物进行基础研究。

转基因鱼的制作流程见图10.48,生产方法见表10.12。

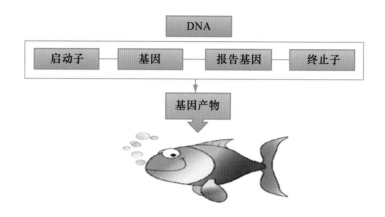

图 10.48　转基因鱼的制作流程

表 10.12　目前生产转基因鱼的方法

转基因方法	原理及操作	优点	缺点	效果评价
精子载体法	精子吸附外源基因的特性	简单、高效	重复性差,低水平表达,胚胎易死亡	目前最简单,最有效的方法
反转录病毒感染法	RNA→DNA	无须仪器,感染率、成活率高	非同源整合,片段长度<8 kb,嵌合性高	最有效的方法之一
显微注射法	受精卵雄原核	无须载体,直接转移,片段长度不受限制	整合率不高,操作复杂,成本高。插入突变,胚胎早期死亡率高	目前最常用的转基因方法
体细胞核移植法	克隆	不受有性繁殖限制、效率高,胚胎成本低	技术环节有待完善	最先进的方法
ES 细胞介导法	基因打靶	定点整合,操作较容易	建立 ES 细胞系难度极大	常用的方法
脂质体转染法	囊泡,细胞内吞作用	细胞毒性低,脂质体容易制备	靶向性不强,易被吞噬细胞吞噬,转化率低	较少使用
电脉冲介导法	细胞膜表面通透性的改变	操作简单,效率高	整合率差	常用的方法
基因枪法	金属粒子吸附外源 DNA	操作简单,效率高	整合率差,对细胞伤害较大	常用于植物转基因

10.6.1　转基因鱼新品种培育

10.6.1.1　转生长激素基因,提高生长速度

如同其他的转基因新品种的培育一样,大量的工作集中在转生长激素基因鱼类的研究上。我国科学家朱作言等(1986)首先把生长激素基因通过显微注射的方法制备转基因鱼。这种获得了外源基因的泥鳅可以把生长激素基因传递到后代,1992 年,我国又培育出转基因鲤鱼,其最大个体体重是对照个体的 2 倍(朱作言,等,1986)。最初,生长激素基因的载体使用的是哺乳动物的载体,但是实验结果并不理想。后来,科学家们使用含有鱼类生长激素基因及调控元件的载体来制备转基因鱼,从而避免了以往使用小鼠金属硫蛋白基因启动子需要在水体或饵料中添加重金属从而造成对环境和生物安全的影响。一些鱼类包括泥鳅、鲤鱼、大西洋大马哈鱼、鲶鱼、罗非鱼、青鳉鱼、白斑狗鱼等转入了生长激素基因,其生长速度比未做处理的快10%~80%(表 10.13)。

表 10.13　各种转基因鱼及使用的结构

鱼名	结构基因/标记基因	增强子、启动子	表达证据
虹鳟鱼	hGH cDNA	SV40	−
	hGH cDNA	mMT-1	+
泥鳅	hGH cDNA	mMT-1	+
鲫鱼	hGH cDNA	mMT-1	−
大西洋鲑	hGH cDNA	mMT-1	+
	csGH cDNA	opAFP	+
罗非鱼	hGH cDNA	mMT-1	−
青鳉鱼	Cδcrystalin	Cδcrystalin	+
大眼梭鲈	hGH cDNA	RSV-LTR	+
	csGH cDNA	Cβ-actin	+
白斑狗鱼	hGH cDNA	RSV-LTR	+
鲤鱼	rtGH cDNA	RSV-LTR	+
白斑狗鱼	csGH cDNA	Cβ-actin	+
大马哈鱼	csGH cDNA	Cβ-actin	+
斑马鱼	β-gal(大肠杆菌)	CMV	+
	CAT	Cβ-actin	+
	荧光素酶	RSV-LTR	+

注:h(b、rt、cs)GH 为人(牛、虹鳟鱼、大鳞大马哈鱼)生长激素;SV40 为猿猴病毒 40 增强子;mMT 为小鼠金属硫蛋白增强子;Cδcrystalin 为鸡 δ 晶体蛋白启动子;RSV-LTR 为劳斯肉瘤病毒末端重复序列;Cβ-actin 为鲤鱼 β-肌动蛋白增强子＋启动子;β-gal 为 β-半乳糖苷酶;CAT 为氯霉素乙酰转移酶;CMV 为巨细胞病毒增强子/启动子。

(杨学明,2006)

我们使用一个比较有名的转生长激素鱼类来详细说明新品种的培育。比较有名的是大西洋大马哈鱼——AquaAdvantage Salmon。研究者把大鳞大马哈鱼的生长激素基因置于一种抗冻基因启动子的下游,然后转入大西洋大马哈鱼的体内,结果其生长速度是对照组的2~3倍(图10.49)。之所以是这样的结果,一个原因是转入了生长激素基因,提高了生长激素的含量;另外一个原因是抗冻基因的启动子,改变了生长激素作用的时间,使此种转基因鱼由过去的只在夏天生长变成了在冬天也可以生长。这样,生产出来的转基因鱼就可以在一年半的时间内走向市场,而不是过去的3年。因此,转基因鱼大大缩短了所需要的培育时间,也节省了成本。

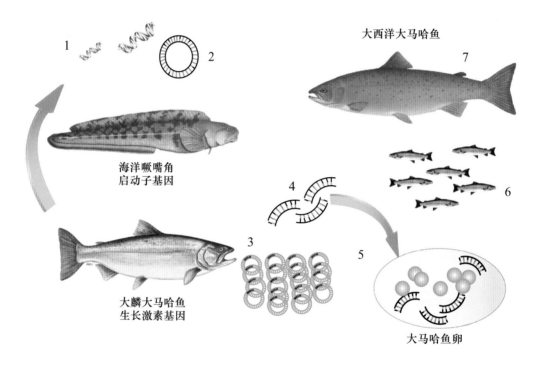

图 10.49　转基因 salmon 的制备

AquaAdvantage Salmon 已于 2010 年向 FDA 提交进入市场的申请,经过几个月的全民听证会,尽管存在很多反对的声音,最终还是被 FDA 批准,同意进入市场。未来这种转基因鱼会走向人们的餐桌。这是第 1 个走向餐桌的转基因动物产品。在 2010 年的听证会上,大约有 40 万条评论反对 AquaAdvantage Salmon 进入人们的食物,并且一些其他领域的专家也对这种鱼走进人们的食物链持保留态度,因为我们无法准确地评估其对人类健康、环境保护及整个生态系统平衡产生的深远影响。很多人指出,这种鱼的生长速度如此之快,如果逃逸,与野生型的大马哈鱼相比会很快占有生长优势,从而替代野生型。但是它的研究者指出,这种鱼 99% 是三倍体不育,并且实行的是围塘养殖,出现逃逸的情况会很少。尽管如此,人们对这种鱼的上市还是存在种种顾虑。除了备受关注的 AquaAdvantage Salmon 外,其他比较著名的生长性状得到改良的转基因鱼还有鲶鱼和泥鳅(图 10.50,图 10.51)。

图 10.50 转基因大马哈鱼和非转基因普通大马哈鱼

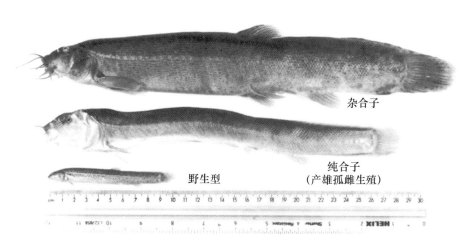

图 10.51 转基因泥鳅

10.6.1.2 转荧光蛋白基因,培育观赏鱼

GloFISH 是在美国批准的第 1 个上市的转基因动物。这种转基因斑马鱼可以发出红色、绿色、橘黄色的荧光。但是,观赏鱼最初并不是出于观赏的目的研制的,主要是想作为环保鱼用来检测环境污染。同时,GloFISH 也是美国批准的第 1 个转基因宠物,于 2004 年进入市场。中国水产科学院珠江水产研究所的科研人员将斑马鱼肌肉特异调控因子同海葵的红色荧光蛋白基因构建到一起,转入唐鱼的受精卵中,于 2007 年成功获得了 200 多尾转红色荧光蛋白的观赏鱼(图 10.52)。

10.6.1.3 转抗冻蛋白基因,增强抗冻能力

抗寒转基因主要是通过转移冷水性鱼类的抗冻蛋白(AFP)基因到其他鱼类的基因组内来实现的。抗冻蛋白具有降低胞内溶液凝固点的作用,能够有效地提高鱼类在寒冷地区或高寒山区的生存适应能力,从而打破地域限制,提高鱼类的产量。世界上 70% 以上的鱼类是热带和温水性鱼。提高鱼类的抗寒能力,其意义十分重要。例如,把美洲大绵鳚的抗冻蛋白基因转到鲫鱼体内,转基因鲫鱼获得了耐寒性,0℃时转基因鲫鱼 33% 存活,而对照鱼全部死亡,说明抗冻蛋白基因能在抗寒方面发挥重要作用。

337

图 10.52　呈现各种荧光的转基因观赏鱼——GloFISH

　　抗冻蛋白首先在南极的硬骨鱼中发现。这种蛋白使鱼的血清的凝固点降低,从而起到防冻的作用(A. L. DeVries, et al,1970)。在南极鱼类中,抗冻蛋白使鱼体的凝固点降低超过1℃从而适应当地的海水环境。随后的研究表明,抗冻蛋白降低冰点是通过和冰表面直接作用来引发热迟滞(J. A. Raymond, et al,1977)。在硬骨鱼中,已经鉴定出 5 种不相关的抗冻蛋白,每一种都具有很窄的生物分类学上的分布(P. L. Davies, et al, 1997)。自从在鱼中发现了抗冻蛋白,人们在植物、动物、真菌和细菌中也发现了抗冻蛋白(M. Griffith, et al, 1995)。然而,它们的分布严格限定在过冷环境中的生物体内。这些蛋白的多样性和特异性尤其与冰结合和冰点降低有关(G. L. Fletcher, et al, 1998)。抗冻蛋白可以保护哺乳动物的细胞不受伤害(L. M. Hays, et al, 1996;F. Tablin, et al, 1996)。

　　不同的抗冻蛋白具有 2 个不同的起源。一些劣种蛋白起源于功能不相关的蛋白质家族,另外一些是新蛋白,它们的基因起源于最近的遗传事件。抗冻蛋白的多样性及其狭窄的分布表明,它很有可能是不久之前独立进化的(G. K. Scott, et al, 1986)。在地质学上的最近的冰川事件,抗冻蛋白很有可能是生物为了适应过冷的选择压力而进化来的(G. K. Scott, et al, 1986)。

　　研究人员发现,低温导致结晶生成时抗冻蛋白便会活化,参与阻止晶格的形成;而一旦温度回升或是酸碱度降低时,抗冻蛋白又会完全失去活性。抗冻蛋白吸附在冰晶表面,通过EAFC3 效应抑制其生长。该机制模型为:一般晶体的生长垂直于晶体的表面,假如杂质分子吸附于冰生长的表面,那么需要再外加一推动力(冰点下降),促使冰在杂质间生长。由于曲率增大,使边缘的表面积也增加。因表面张力的影响,增加表面积将使体系的平衡状态发生改变,从而冰点降低。通过对抗冻植物抗冻活性的研究,认为抗冻植物形成了一种特殊的控制胞外冰晶形成的机制,即抗冻蛋白和冰核聚物质的协同作用。在植物体内,热滞效应并不明显,而冰重结晶抑制效应显著。

10.6.1.4　转抗菌肽,提高抗病能力

　　目前可以使用抗体、干扰素、溶菌酶等基因来提高鱼类的抗病能力,从而使产量得到提高。Rex 等将抗菌肽 cecropin b 基因导入鱼类,获得的后代抗病能力明显增强。

鱼类的转基因研究具有重要的经济价值。一是通过改变鱼类的生长性状,提高鱼类的产量。二是改变鱼肉的品质。三是使用鱼作为动物生物反应器,生产药用蛋白。四是使用鱼类作为实验模型进行基础研究。所以,鱼类的转基因研究具有重要的意义和广阔的前景。

10.6.2　转基因兔新品种培育

家兔属于兔形目动物,和啮齿类实验动物相比,在系统发育上更接近人。家兔的妊娠周期短,性成熟时间比大动物牛短,体型大,易于实验操作,也不存在严重的人兔共患病。短短的十几年,动物转基因技术迅速发展,已取得了一系列重大进展。人们使用动物转基因技术来制备转基因兔的方法主要有显微注射法、精子载体法、ES 细胞法。

Hammer 等率先报道了将含有 mMT 启动子和人生长激素基因的载体元件导入家兔受精卵的试验。实验的结果表明,转基因子代并没有表现明显的促生长效应(Hammer, et al, 1985)。之后也有人报道,转生长激素基因的转基因兔体重比对照兔高出 1.7 倍(图 10.53)。Costa 等(1998)把牛的生长激素基因整合到兔的基因组中,并在肝和肾中表达。在这些转基因兔的血液中出现了高水平的牛生长激素及 *IGF*-1。随后的研究表明,转基因兔表现为胰岛素耐受,并且出现和指端肥大病人类似的症状,如高胰岛素血症及肝、肾、骨骼肌显著的纤维化。

（A）对照组　　　　　　　　（B）生长激素转基因兔（8月龄）

图 10.53　转基因兔体重明显比对照兔大

目前转基因兔存在很多问题,如显微注射的整合效率低、兔的 ES 细胞还没有突破等,导致转基因兔死兔多、活兔畸形多。所有这些问题都有待于进一步的深入研究。尽管如此,转基因兔研究在基础生物学和特殊蛋白质来源方面具有很大的潜力。

10.7　转基因动物新品种的培育现状及产业化

10.7.1　转基因动物新品种的培育现状

目前,转基因动物新品种培育尚存在一些亟待解决的问题,如转基因动物的生产效率与成本、转基因动物的生物安全问题以及社会对转基因动物的接受能力等。转基因动物要全面进入到产业化和市场化阶段尚需时日。其中,转基因动物的生物安全问题是其进入产业化阶段的最大障碍之一。转基因动物本身是否会存在健康和福利问题,转基因动物产品是否会对人体健康产生危害,转基因动物是否会对自然界产生基因污染和破坏生态平衡,这一系列的问题也都还需要充分的证据来解答。

10.7.1.1　转基因动物的生产效率与成本

转基因动物的成功率低。从总体上看,实验动物转基因的成功率高于大家畜。以显微注射法产生转基因动物为例,统计资料表明,小鼠成功率为 2.6%,大鼠为 4.4%,兔为 1.5%,绵羊为 0.9%,猪为 0.7%,牛为 0.7%(钟红梅,等,2002)。转基因操作过程、基因插入位点和外源基因表达对细胞造成的损伤等都可能使所得到的个体发生不可预计的缺陷,很多转基因个体在胚胎期就已死亡。这些都降低了获得健康转基因个体的效率。转基因动物生产成本高。这一方面需要昂贵的设备和熟练的技术人员;另一方面只有约 10% 转基因动物的后代能正确高效地表达目的基因。因此,需要相对较多的代孕受体。此外,有时转入一个基因并且得到表达的健康个体,但是却没有出现我们希望的表型。这和动物性状调节的复杂性有关。有的时候一个性状受到多个因素的影响,受控于多个基因。例如,猪的产仔数既要受到排卵数的影响还要受子宫容量的影响,单纯转入某些激素刺激排卵可能达不到应有的效果。由于尚未分离得到大家畜的 ES 细胞,往往结合体细胞核移植技术生产转基因家畜,但目前核移植技术本身也存在诸多问题,成功率为 5% ~10%。Wall 等(陈祥,等,2007)计算,生产一头祖代转基因猪需花费 2.5 万美元,生产一头转基因牛需花费 50 万美元。如果用体外成熟和体外授精方法,成本约可降低 1/3。因此,生产转基因克隆动物(尤其是家畜)耗费巨大。

10.7.1.2　转基因动物的健康问题

转基因在宿主基因组中的行为难以控制,在宿主基因组中的插入有可能造成内源基因的破坏,还可能激活原本已关闭的基因,使其进行表达,导致动物出现异常。Rejduch 等(2002)对携带牛生长激素的转基因猪的配子发育和繁殖性能研究,结果发现,转基因猪交配欲望弱、成功率低、窝产活仔数平均少 3 头。此外,个别转基因的表达水平太高,高水平表达的外源基因对宿主动物是很不利的。Echelard 等(2009)研究发现,牛奶中重组人血清白蛋白表达水平在 40 g/L 以上的转基因牛,其产奶期缩短了,而表达水平在 1~2 g/L 的转基因牛则产奶期相对正常。因此,需要科研工作者再接再厉,继续深入研究转基因相关技术,争取把对转基因动物的不利降到最低。

10.7.1.3　转基因动物与食品安全

由于受基因互作、基因多效性等因素的影响,很难精确预测外来基因在新的遗传背景中可能产生的副作用。尽管到目前为止还没有有说服力的研究报告表明转基因食品有毒,但一些研究学者仍然有很多疑问。首先,基因的提炼和添加是否会产生或积累食物中原有的微量毒素。其次,传统家畜被基因改造之后是否会产生对于某些人来说是过敏原的新蛋白质而不宜这些人食用。再者,转基因动物是否会加大"人畜共患病"的传播机会;外源基因会不会以一种人们目前还不甚了解的方式破坏食物中的营养成分等。目前,出现在市场上的转基因食品主要是转基因植物来源的,人们对转基因植物安全性问题的争论和担忧会严重影响转基因动物新品种在商业生产中的应用。由于目前转基因动物大多处于实验研究阶段,对其所带来的一系列问题和影响还需要全人类的思考和特别关注。

10.7.1.4　转基因动物与环境安全

自然界存在的动物体是在漫长的历史进程中进化演变而来的。转基因动物则是人为研制出来的,它们以特殊的生命形式以超过自然进化千百倍的速度介入到自然界中来。那么,二者间又会产生一种怎样的复杂关系? 基因是否会发生漂移,抗性基因又是否会转移到自然界中破坏生态平衡? Wheeler 等(2008)对携带牛 α-乳清蛋白的转基因猪进行环境风险评估,对与转基因猪同圈饲养的非转基因猪、与转基因雄性猪交配 2 d 或 7 d 的雌性非转基因猪的多种器官和组织进行 PCR 检测,没有发现外源基因的存在。转基因动物与其近缘野生种间的杂交是转基因漂移的主要形式。随着转基因动物的产业化应用,转基因动物的规模会越来越大,如果没有一套很好的跟踪、评估管理系统,势必会从目前可控状态的环境安全演变成为无序的、不可控状态。因此,迫切需要建立一套完整的全球范围的转基因克隆动物的跟踪管理规范、检测和评估系统。

10.7.1.5　社会对转基因动物的接受能力

基于上述健康和安全方面的考虑,社会对转基因动物的认知接受能力和公众对转基因动物的态度也是影响转基因动物新品种产业化的一个重要环节。解决这些问题的办法,一方面需要政府的高度重视,出台有关转基因动物管理的一些政策措施;另一方面需要研究者深入研究转基因动物的生物安全问题和公共政策,为政府决策做好参谋。只有将转基因动物的健康和生物安全问题研究透彻了,有了很好的解决办法和政策,社会公众才可以安心,才会普遍接受转基因动物食品。因此,相关科研工作者和政策制定者任重道远。

10.7.2　转基因动物新品种的产业化

传统育种只能在同种或亲缘关系很近的物种之间进行,以自发性突变作为选种的前提,其发生概率相当低。而通过转基因技术来培育动物新品种则可克服上述问题,通过导入外源基因,改造动物的基因组,达到加快动物生长速度、节约粮食、改善肉品质量、改变牛奶成分、提高产肉率、加强抗病力和抗逆性等目的。转基因技术结合体细胞克隆技术能够使优良种畜迅速扩群,在短时间内培育出新品种,具有广阔的应用前景,并且已经开始逐渐影响到农业、畜牧业、食品业等许多重要领域,同时也推动了生命科学的发展。

美国食品药品管理局(Food And Drug Administration,FDA)在 2009 年明确指出,转基因动物食品对于提高人们生活健康水平有重要的意义,经过一系列严格评估之后,今后转基因动物食品将不再强制要求生产厂家贴有别于正常动物食品的转基因标识。2010 年,转基因大西洋鲑鱼(Salmo salar L.)获得了 FDA 的批准上市。这是世界上首例被批准端上餐桌的转基因动物产品。这种转基因鲑鱼的生长速度非常快,能在不到 250 d 里长成,而普通的大西洋鲑鱼则需要养殖 400 d 才能上市。相信转基因鲑鱼的商用化将极大地推动世界各国转基因动物新品种培育的应用研究与商用化进程。

近十几年来,中国的转基因动物新品种培育也得到了快速发展。在国家"863 计划"的支持下,先后获得一批具有重大应用价值和潜力的转基因动物。例如,中国农业大学李宁课题组培育的"人乳化"转基因奶牛已经到了生产试验阶段,相信在不久的将来便可以拿到国内首个转基因农业动物的安全证书。据中国农业科学院农业经济研究所预测,"人乳化"转基因奶牛生产牛奶后,可创产值 1 200 亿元以上,年增经济效益 500 亿元人民币以上,新增税收 100 亿元人民币以上,解决就业 1 万人以上。

10.7.3　展望

育种就是按照人类需求定向的培育所需品种。这是科学家许多年来梦寐以求的事情。借助转基因技术进行动物新品种的培育,具有巨大的潜力,正在成为世界各国抢占科技制高点的战略重点。2008 年 7 月 9 日,国务院常务会议通过了根据中国农业生产的迫切需求和研发基础编制的《转基因生物新品种培育重大专项实施方案》,将其作为《国家中长期科学和技术发展的规划纲要(2006—2020)》。这一方案的通过,标志着"转基因生物新品种培育"重大专项在中国正式进入了实施阶段。这将极大地促进我国转基因技术的发展和转基因动物新品种的培育。

转基因作为一种新生的育种技术,在发展过程中可能会遇到一些问题和各种困难。但由于转基因动物新品种培育在生命科学、农业、食品业、畜牧业等重要领域的巨大实用价值和潜力,各国政府在该领域的支持力度有增无减,相关的专家学者对解决这些难题多持乐观态度。科学工作者们要不断探讨和攻克转基因育种技术的难关。同时,要加强对转基因食品、环境以及生态安全性的风险评估,并建立专业的检测、安全性评价和监督体系;要大力开展转基因知识的宣传普及工作,以增进公众对国家生物技术发展战略的了解和对现代生物技术的认知,创造转基因新品种产业发展的良好氛围。

总而言之,转基因动物新品种的培育正以它特有的潜在的优势蓬勃发展。相信随着理论和技术的不断完善,转基因动物新品种必将全面进入真正的产业化和市场化阶段,为人类的生产、生活和发展起着推动性的作用。

参 考 文 献

[1] 于胜利. 2011. 锌指蛋白核酸酶介导 β-乳球蛋白基因敲除牛的研究:博士学位论文. 北京:中国农业大学.

[2] 王少华. 2009. 利用无启动子打靶载体研制朊蛋白基因敲除奶牛:博士学位论文. 北京:中国农业大学.

[3] 孔平. 2008. Ⅰ转基因哺乳动物细胞合成多不饱和脂肪酸Ⅱ人 α-乳清白蛋白 BAC 转基因小鼠模型的建立:博士学位论文. 北京:中国农业大学.

[4] 朱作言,许克圣,等. 1986. 人生长激素基因载泥鳅受精卵显微注射后的生物学效应. 科学通报,31(5):387-389.

[5] 成功. 2010. 牛成纤维细胞中 $\alpha s1$-酪蛋白基因座定点整合人溶菌酶的研究:博士学位论文. 北京:中国农业大学.

[6] 杨信怡,游雪甫,等. 2005. 溶葡球菌酶研究进展. 中国生化药物杂志,26(6):372-374.

[7] 何梅,杨月欣. 1999. 乳糖酶缺乏和乳糖不耐受. 国外医学卫生学分册,26(6):339-342.

[8] 沈彦萍,陈宇光,等. 2005. 溶菌酶可溶性粉剂防治仔猪腹泻的效果观察. 饲料工业,26(6):16-18.

[9] 陈祥,隋世燕,等. 2007. 转基因动物研究进展. 中国畜禽种业,2(2):42.

[10] 钟红梅,刘越华,等. 2002. 转基因动物研究进展及应用. 西南民族学院学报,28(3):

335-336.

[11] 秦宜德,邹思湘. 2004. 乳中生物中国活性物质的研究进展. 食品科学,25(3)：188.

[12] 高学飞,王志耕. 2005. β-乳球蛋白应用研究进展. 中国乳业,(5)：42-44.

[13] Adams N R,Briegel J R. 2005. Multiple effects of an additional growth hormone gene in adult sheep. J Anim Sci,83(8)：1868-1874.

[14] Aguzzi A,Baumann F,et al. 2008. The prion's elusive reason for being. Annu Rev Neurosci,31：439-477.

[15] Akinbi H T,Epaud R,et al. 2000. Bacterial killing is enhanced by expression of lysozyme in the lungs of transgenic mice. Journal of Immunology,165(10)：5760-5766.

[16] Anderson B F,Baker H M,et al. 1987. Structure of human lactoferrin at 3.2-A resolution. Proc Natl Acad Sci U S A,84(7)：1769-1773.

[17] Barton M D. 2000. Antibiotic use in animal feed and its impact on human health. Nutrition Research Reviews,13(2)：279-299.

[18] Basler K,Oesch B,et al. 1986. Scrapie and cellular PrP isoforms are encoded by the same chromosomal gene. Cell,46(3)：417-428.

[19] Bass J,Oldham J,et al. 1999. Growth factors controlling muscle development. Domest Anim Endocrinol,17(2-3)：191-197.

[20] Benkerroum N. 2008. Antimicrobial activity of lysozyme with special relevance to milk. African Journal of Biotechnology,7(25)：4856-4867.

[21] Bluard-Deconinck J M,Masson P L,et al. 1974. Amino acid sequence of cysteic peptides of lactoferrin and demonstration of similarities between lactoferrin and transferrin. Biochim Biophys Acta,365(2)：311-317.

[22] Brock J H. 2002. The physiology of lactoferrin. Biochem Cell Biol,80(1)：1-6.

[23] Brophy B,Smolenski G,et al. 2003. Cloned transgenic cattle produce milk with higher levels of beta-casein and kappa-casein. Nat Biotechnol,21(2)：157-162.

[24] Brundige D R,Maga E A,et al. 2008. Lysozyme transgenic goats' milk influences gastrointestinal morphology in young pigs. J Nutr,138(5)：921-926.

[25] Bueler H,Aguzzi A,et al. 1993. Mice devoid of PrP are resistant to scrapie. Cell,73(7)：1339-1347.

[26] Carlson S E,Werkman S H,et al. 1993. Arachidonic acid status correlates with first year growth in preterm infants. Proc Natl Acad Sci U S A,90(3)：1073-1077.

[27] Costa C,Solanes G,et al. 1998. Transgenic rabbits overexpressing growth hormone develop acromegaly and diabetes mellitus. FASEB J,12(14)：1455-1460.

[28] Damak S,Su H,et al. 1996. Improved wool production in transgenic sheep expressing insulin-like growth factor 1. Biotechnology (N Y),14(2)：185-188.

[29] Fairweather-Tait S J,S. Balmer E,et al. 1987. Lactoferrin and iron absorption in newborn infants. Pediatr Res,22(6)：651-654.

[30] Fenton W S,Hibbeln J,et al. 2000. Essential fatty acids, lipid membrane abnormalities, and the diagnosis and treatment of schizophrenia. Biol Psychiatry,47

(1)：8-21.

[31] Furmanski P,Li Z P, et al. 1989. Multiple molecular forms of human lactoferrin. Identification of a class of lactoferrins that possess ribonuclease activity and lack iron-binding capacity. J Exp Med,170(2)：415-429.

[32] Gibbs C J,Gajdusek Jr D C,et al. 1978. Unusual resistance to ionizing radiation of the viruses of kuru, Creutzfeldt-Jakob disease, and scrapie. Proc Natl Acad Sci U S A,75 (12)：6268-6270.

[33] Glatz J F, van Nieuwenhoven F A,et al. 1997. Role of membrane-associated and cytoplasmic fatty acid-binding proteins in cellular fatty acid metabolism. Prostaglandins Leukot Essent Fatty Acids,57(4-5)：373-378.

[34] Golovan S P,Hayes M A, et al. 2001. Transgenic mice expressing bacterial phytase as a model for phosphorus pollution control. Nat Biotechnol,19(5)：429-433.

[35] Gordon L M,Whetton A D,et al. 1983. Perturbations of liver plasma membranes induced by Ca^{2+} are detected using a fatty acid spin label and adenylate cyclase as membrane probes. Biochim Biophys Acta,729(1)：104-114.

[36] Griebel G,Stemmelin J,et al. 2005. Non-peptide vasopressin V1b receptor antagonists as potential drugs for the treatment of stress-related disorders. Curr Pharm Des,11 (12)：1549-1559.

[37] Grobet L,Poncelet D,et al. 1998. Molecular definition of an allelic series of mutations disrupting the myostatin function and causing double-muscling in cattle. Mamm Genome,9(3)：210-213.

[38] Hammer R E,Pursel V G,et al. 1985. Production of transgenic rabbits, sheep and pigs by microinjection. Nature,315(6021)：680-683.

[39] Hattori M,Numamoto K,et al. 2000. Functional changes in beta-lactoglobulin by conjugation with cationic saccharides. J Agric Food Chem,48(6)：2050-2056.

[40] He J,Furmanski P. 1995. Sequence specificity and transcriptional activation in the binding of lactoferrin to DNA. Nature,373(6516)：721-724.

[41] Hirata R K,Xu C,et al. 2004. Efficient PRNP gene targeting in bovine fibroblasts by adeno-associated virus vectors. Cloning Stem Cells,6(1)：31-36.

[42] Hope J,Morton L J,et al. 1986. The major polypeptide of scrapie-associated fibrils (SAF) has the same size, charge distribution and N-terminal protein sequence as predicted for the normal brain protein (PrP). EMBO J,5(10)：2591-2597.

[43] Imoto T. 2003. Enjoying research on lysozymes for 42 years. Yakugaku Zasshi,123 (6)：377-386.

[44] Jollès P. 1996. Lysozymes：Model enzymes in biochemistry and biology. Birkhäuser Verlag Basel, Swizerland ：From the discovery of lysozyme to the characterization of several lysozyme families.

[45] Jones E M,Smart A,et al. 1994. Lactoferricin, a new antimicrobial peptide. J Appl Bacteriol,77(2)：208-214.

[46] Jost B,Vilotte J L,et al. 1999. Production of low-lactose milk by ectopic expression of intestinal lactase in the mouse mammary gland. Nat Biotechnol,17(2):160-164.

[47] Kambadur R,Sharma M,et al. 1997. Mutations in myostatin (GDF8) in double-muscled Belgian Blue and Piedmontese cattle. Genome Res,7(9):910-916.

[48] Kang J X,Wang J,et al. 2004. Transgenic mice:fat-1 mice convert n-6 to n-3 fatty acids. Nature,427(6974):504.

[49] Klebanoff S J,Waltersdorph A M. 1990. Prooxidant activity of transferrin and lactoferrin. J Exp Med,172(5):1293-1303.

[50] Lee S J,McPherron A C. 2001. Regulation of myostatin activity and muscle growth. Proc Natl Acad Sci U S A,98(16):9306-9311.

[51] Louis S L,Brivio-Haugland R P,et al. 1976. Effect of essential fatty acid deficiency on activity of liver plasma membrane enzymes in the rat. J Supramol Struct,4(4):487-496.

[52] Maga E A,Anderson G B,et al. 1998. Antimicrobial properties of human lysozyme transgenic mouse milk. Journal of Food Protection,61(1):52-56.

[53] Maga E A,Walker R L,et al. 2006. Consumption of milk from transgenic goats expressing human lysozyme in the mammary gland results in the modulation of intestinal microflora. Transgenic Res,15(4):515-519.

[54] Masuda A,Tomita K,et al. 1984. Chinese hamster cell mutants with defective endocytosis of low-density lipoprotein contain altered fatty acid composition in the membrane. Biochem Biophys Res Commun,122(2):627-634.

[55] Mazurier J,Legrand D,et al. 1989. Expression of human lactotransferrin receptors in phytohemagglutinin-stimulated human peripheral blood lymphocytes. Isolation of the receptors by antiligand-affinity chromatography. Eur J Biochem,179(2):481-487.

[56] McEvoy T G,Sreenan J M. 1990. The efficiency of production, centrifugation, microinjection and transfer of one- and two-cell bovine ova in a gene transfer program. Theriogenology,33(4):819-828.

[57] McPherron A C,Lee S J. 2002. Suppression of body fat accumulation in myostatin-deficient mice. J Clin Invest,109(5):595-601.

[58] Nagasawa T,Kiyosawa I.,et al. 1972. Amounts of lactoferrin in human colostrum and milk. J Dairy Sci,55(12):1651-1659.

[59] Naot D,Grey A,et al. 2005. Lactoferrin——a novel bone growth factor. Clin Med Res,3(2):93-101.

[60] Oldham E R,Daley M J. 1991. Lysostaphin:use of a recombinant bactericidal enzyme as a mastitis therapeutic. J Dairy Sci,74(12):4175-4182.

[61] Palmiter R D,Brinster R L,et al. 1982. Dramatic growth of mice that develop from eggs microinjected with metallothionein-growth hormone fusion genes. Nature, 300 (5893):611-615.

[62] Park O,Swaisgood H E,et al. 1998. Calcium binding of phosphopeptides derived from hydrolysis of alpha s-casein or beta-casein using immobilized trypsin. J Dairy Sci,81

(11)：2850-2857.

[63] Preibisz J J, Sealey J E, et al. 1983. Plasma and platelet vasopressin in essential hypertension and congestive heart failure. Hypertension,5(2 Pt 2)：I129-138.

[64] Prusiner S B. 1982. Novel proteinaceous infectious particles cause scrapie. Science,216 (4542)：136-144.

[65] Prusiner S B. 1989. Scrapie prions. Annu Rev Microbiol,43：345-374.

[66] Prusiner S B. 1991. Molecular biology of prion diseases. Science, 252 (5012)： 1515-1522.

[67] Prusiner S B. 1998. Prions. Proc Natl Acad Sci U S A,95(23)：13363-13383.

[68] Rejduch B,Slota E,et al. 2002. Reproductive performance of a transgenic boar carrying the bovine growth hormone gene (bGH). J Appl Genet,43(3)：337-341.

[69] Richt J A,Kasinathan P,et al. 2007. Production of cattle lacking prion protein. Nat Biotechnol,25(1)：132-138.

[70] Sakurai K, Konuma T, et al. 2009. Structural dynamics and folding of beta - lactoglobulin probed by heteronuclear NMR. Biochim Biophys Acta,1790(6)：527-537.

[71] Scrimshaw N S,Murray E B. 1988. The acceptability of milk and milk products in populations with a high prevalence of lactose intolerance. Am J Clin Nutr,48(4 Suppl)： 1079-1159.

[72] Smith D L,Harris A D,et al. 2002. Animal antibiotic use has an early but important impact on the emergence of antibiotic resistance in human commensal bacteria. Proceedings of the National Academy of Sciences of the United States of America,99 (9)：6434-6439.

[73] Stahl C H,Han Y M,et al. 1999. Phytase improves iron bioavailability for hemoglobin synthesis in young pigs. J Anim Sci,77(8)：2135-2142.

[74] Stekel D J,Nowak M A,et al. 1996. Prediction of future BSE spread. Nature,381 (6578)：119.

[75] van den Born E,Posthuma C C,et al. 2005. Discontinuous subgenomic RNA synthesis in arteriviruses is guided by an RNA hairpin structure located in the genomic leader region. J Virol,79(10)：6312-6324.

[76] Velander W H,Johnson J L,et al. 1992. High - level expression of a heterologous protein in the milk of transgenic swine using the cDNA encoding human protein C. Proc Natl Acad Sci U S A,89(24)：12003-12007.

[77] Wheeler M B, Hurley W L, et al. 2008. Risk assessment of alpha - lactalbumin transgenic pigs. Reprod Fertil Dev. ,20(1)：235.

[78] Wilesmith J W, Ryan J B, et al. 1991. Bovine spongiform encephalopathy： epidemiological studies on the origin. Vet Rec,128(9)：199-203.

[79] Zhu X,Topouzis S,et al. 2004. Myostatin signaling through Smad2，Smad3 and Smad4 is regulated by the inhibitory Smad7 by a negative feedback mechanism. Cytokine,26 (6)：262-272.

第 11 章

转基因动物生物安全评价

11.1　生物安全概念的由来和定义

11.1.1　生物安全概念的由来

生物安全是随着转基因生物的出现和发展而被人们提出并广泛关注的。"转基因生物"一词最初来源于英语"transgenic organisms"。这种称呼是从 20 世纪 70 年代开始的。最初人们将外源目的基因转入生物体内,使其得到表达,从而进行动植物新品种的培育。这种移植了外源基因的生物被形象地称为"transgenic organisms"。但是从 20 世纪 90 年代末以来,人们能够在不导入外源基因的情况下,对生物体本身遗传物质进行加工、敲除、屏蔽等操作,进而改变生物体的遗传特性。此类情形称为"基因修饰"更加合适和全面,即"基因修饰生物(genetically modified organisms,GMO)"。因此,现在我们所指的"转基因生物"实际上是"基因修饰生物",但因为"转基因"一词已经普遍为人们所接受,而且外源基因导入仍然是目前分子生物技术在品种培育领域中所采用的主要方法之一,故"转基因生物"一词就沿用至今。

现代生物技术从 1956 年 Crick 和 Watson 对生物遗传物质结构的揭示后取得了突飞猛进的发展。1968 年,美国科学家 Paul Berg 成功地将两段没有遗传相关性的 DNA 片段连接,并因此获得了诺贝尔奖。随后,他试图开展将这段重组脱氧核糖核酸(rDNA)导入真核生物细胞核的实验,但考虑到 DNA 来源于一种非常危险的病毒,有同行也警告该实验具有很大的危险性,Paul Berg 只好放弃了该项可能再度问鼎诺贝尔奖的实验。1972 年,生物学家 Boyer 从大肠杆菌中提取了一种限制性内切酶,命名为 *Eco*R I 酶。这种酶能够在特定编码区域将 DNA 链切断,使得不同遗传物质之间的重组变得更加可行。在这种情况下,科学家们于 1975 年召开了著名的 Asilomar 会议,专门讨论生物安全问题。

在 Asilomar 会议召开后不久,美国国立卫生研究院(NIH)就制定了世界上第 1 部专门针对生物安全的规范性文件,即《NIH 实验室操作规则》。该规则中第 1 次提到了生物安全

(biosafety)的概念。此处的生物安全是指"为了使病原微生物在实验室受到安全控制而采取的一系列措施"。可以说,以后生物安全概念的变动和发展,都是基于这一概念。可见,就生物安全问题的起源来说,有 2 个基本要素。一是生物安全与生物技术紧密相连。如果没有现代分子生物技术的发展,没有对遗传物质在物种间进行转移的科技能力,就不会有生物安全问题的出现。二是生物安全是基于转基因生物及其产品而导致的确定或不确定的潜在风险。结合上文对转基因生物概念的分析可以看到,《NIH 实验室操作规则》对生物安全概念的界定,主要针对的是转基因生物,所调控的是一种狭义的生物安全。

《生物多样性公约》(Conventional Biological Diversity,CBD)是一项保护地球生物资源的国际性公约,1992 年 6 月 5 日在巴西里约热内卢举行的联合国环境与发展大会上签署通过,于 1993 年 12 月 29 日正式生效。中国于 1992 年 6 月 11 日签署该公约,1992 年 11 月 7 日获得批准,1993 年 1 月 5 日交存加入书。联合国缔约国大会是全球履行该公约的最高决策机构,一切有关履行 CBD 的重大决定都要经过缔约国大会的通过。此外,在加拿大的蒙特利尔设有常设机构秘书处,负责公约的相关工作。CBD 是一项有法律约束力的公约,旨在保护濒危物种,最大限度地保护地球上多种多样的生物资源,以造福于人类。CBD 涵盖了所有的生态系统、物种和遗传资源,把传统的生物保护和可持续利用生物资源的经济目标联系起来,建立了公平合理的共享遗传资源利益的原则;涉及了快速发展的生物技术领域,包括生物技术发展、转让、惠益共享和生物安全等。因此,CBD 是国际性生物安全的重要标志,对全球生物安全尤其是生物多样性的保护有着深远的意义(张忠臣,2006)。

在 CBD 谈判过程中,生物安全问题是最受关注的话题。其中最重要的是 CBD 各缔约国于 2000 年 1 月在加拿大蒙特利尔召开的《生物多样性公约》缔约国大会特别会议,会议最终通过了《卡塔赫纳生物安全议定书》(the Cartagena Protocol on Biosafety,CPB)。同年 5 月 15～26 日,共有 64 个国家和欧共体签署了这份文件,2000 年 6 月 5 日至 2001 年 6 月 4 日在纽约联合国总部开放供各国和各区域经济一体化组织签署。2003 年 9 月 11 日 CPB 正式生效,并有 100 多个国家批准加入(Gaugitsch,2002)。CPB 是迄今为止生物安全国际保护领域最重要的国际法,是现代生物技术发展和经济全球化的必然结果,是一份为保护生物多样性和人体健康而控制和管理转基因生物(GMOs)越境转移、过境、装卸和使用的国际法律文件,为各国制定与管理转基因生物的措施提供了国际法依据(Jank,Gaugitsch,2001),是一份议定生物安全的标志性文件。

11.1.2 生物安全的定义

生物安全有狭义和广义之分。狭义生物安全是指防范由现代生物技术(主要指转基因技术)的开发和应用所产生的负面影响,即对生物多样性、生态环境及人体健康可能构成的威胁或潜在风险。广义生物安全则不仅针对现代生物技术的开发和应用,还包括了更广泛的内容,大致分为以下 3 个方面:
①人类健康与安全。
②人类赖以生存的农业生物安全。
③与人类生存有关的环境生物安全。
目前人们对生物安全还没有统一的认识,但一些发达国家如澳大利亚、新西兰、英国等在

实际管理中已经应用了生物安全的广义内涵，并且将检疫作为其保障国家生物安全的重要组成部分。

从英文层面来看，生物安全有"biosafety"和"biosecurity"2 种说法。"biosafety"强调的是防止非故意引起的生物危害，"biosecurity"则是指主动采取措施防止故意的生物危害，如窃取、滥用生物技术及微生物危险物质引起的生物危害。根据联合国粮农组织（Food and Agriculture Organization，FAO）的报告（FAO，2007），"biosafety"是在"biosecurity"的框架下被定义的，"biosafety"通常用来描述通过国家的政治、法规和管理等措施来控制与现代生物技术有关的潜在风险和威胁，包括转基因生物的使用、释放和转移等。

目前，生物安全已经成为国家安全的组成部分。生物安全是指与生物有关的各种因素对国家、社会、经济、人民健康及生态环境所产生的危害或潜在风险。在这个定义中，与生物有关的因素是生物安全问题的主体，社会、经济、人类健康和生态环境是承载生物安全的客体，现实危害或潜在风险是生物安全的外在表现。

综上所述，生物安全是指现代生物技术的研究、开发、应用以及转基因生物的跨国越境转移等可能会对生物多样性、生态环境和人体健康产生的潜在影响，特别是各类转基因生物释放到环境中可能对生物多样性构成的潜在风险与威胁。

11.2 转基因动物生物安全研究的产生和意义

自 1982 年转基因鼠问世以来，转基因动物在疾病模型、医药、品种培育、环境保护及资源保藏等领域取得了突破性的进展，在畜禽育种和生物反应器等方面的发展尤为迅速。随着转基因动物应用的不断扩大和人们对生物安全的担忧和关注，转基因动物生物安全研究应运而生。

转基因动物生物安全研究立足于转基因动物及其产品的潜在风险。它与目的基因及其操作方式密切相关。转基因动物的目的基因和表达产物以及在长期使用与积累过程中，都有可能带来新的风险。转基因动物研究的每一环节都要经过严密的检测和评价，尽可能地防范一切有害于人类健康、动物健康和环境安全的因素。

转基因动物的生物安全性不仅关系到人类健康、环境和社会，而且在当前国内、国际政治和经济形势下，能够保障食品安全和农业可持续发展，促进农业增效和农民增收，提升我国转基因生物的研发能力，提高我国农业的国际竞争力。这对我国畜牧业发展和提高国民生活水平都具有十分重要的意义。

11.3 全球有关转基因生物安全的立法机构与政策法规

有关世界各国在转基因方面的立法机构和政策法规的详细信息可参照上海研发公共服务平台（http://www.shgmo.org/anonymous-policy.htm）。该平台覆盖国家范围广，信息全面。本处根据该平台提供的信息和相关文献报道，就欧洲、北美洲、亚洲的一些代表性国家对转基因的政策和态度进行归纳和总结。

11.3.1 欧洲及俄罗斯

11.3.1.1 欧盟

以欧盟为代表的欧洲对转基因生物有着严格的规范和制度。欧洲委员会（European Commission）和欧洲食品与药品议会（Council Parliament）是欧盟的立法机构。其法律体系分为法令（directive）和法规（regulation）2 个层次。颁布的法令在各国采纳后对采纳的国家有效，颁布的法规则直接有效。

欧洲食品安全局（European Food Safety Authority，EFSA）于 2002 年成立，是独立于欧盟其他部门的独立机构，在食品安全方面向欧盟委员会提供建议。其主要任务是开展危险性评估，独立地对直接或间接与食品安全有关的事件（包括动物健康与福利、植物健康、基本生产和动物饲料）提出科学建议。此外，EFSA 还会对转基因饲料与共同体法规及政策有关的营养问题提出科学建议。目前，EFSA 有自己的出版物（EFSA Journal），定期发表有关转基因及其产品方面的研究、法规、民意调查等资料。

欧盟有很多约束转基因生物研究和产品上市的法规体系。其中《生物技术法规框架》建立于 20 世纪 80 年代，由两部分组成。一是"水平"立法（horizontal legislation），涉及基因工程微生物在封闭设施内的使用、转基因产品的有目的释放和接触生物试剂工作人员的职业安全。二是"垂直"立法（vertical legislation），包括医药产品、动物饲料添加剂、植保产品、新食品和种子。此外，有关生物技术知识产权保护的法规也是此法律框架的组成部分。

20 世纪 90 年代，欧盟制定了有关转基因生物的法规，同时为生物技术建立了一体化的市场。这些法规包括：关于封闭使用转基因微生物的第 90/219/EEC 号指令（Directive 90/219/EEC），关于转基因生物有意环境释放的 2001/18/EC 指令（Directive 2001/18/EC），关于转基因食品和饲料的 1829/2003 条例（Regulation（EC） No 1829/2003），关于转基因生物的跨境流动（运输）的第 1946/2003 号法令（Regulation （EC） No 1946/2003），关于转基因生物的可追踪性和标识及由转基因生物制成的食品和饲料产品可追踪性的第 1830/2003 号法令（Regulation （EC） 1830/2003），关于转基因有机物标识的第 65/2004 号法令（Commission Regulation （EC） 65/2004），为执行 1829/2003 条例而制定实施细则的第 641/2004 号法规（Commission Regulation （EC） 641/2004）等。

欧盟对于某品系通过审批阈值为 0.9％ 和未通过审批阈值为 0.5％ 时，采取强制标识制度，标识字样为"Produced from Genetically modified 'X' or genetically modified"，实施日期为 2004 年 4 月 6 日。

欧盟对转基因生物的态度很谨慎，民众普遍持反对态度，政府采取预先预防和逐步放宽的政策。

11.3.1.2 俄罗斯

俄罗斯是横跨欧洲和亚洲的国度，其首都莫斯科在欧洲。俄罗斯负责生物安全性问题的部门是工业科学技术部，负责新食品的安全和注册工作的部门是卫生部，负责新的转基因生物安全和注册工作的是农业部，其下属的生物安全咨询委员会负责这些新食品的安全性评价和风险评估。

俄罗斯也制定了相应的法律来规范转基因生物。1996 年颁布了联邦法律《国家遗传工程行为规范》。1999 年颁布了《转基因消费品法》。2001 年,工业科学技术部令《转基因生物注册行为规范》规定了含有转基因成分的食物及药品都需要执行标签制度。《国家遗传工程行为规范》的建立是为了在与基因工程各种行为逐渐加强的联系下达到保护环境和确保环境安全性的目的。该法令规定了基因工程、基因改良生物、基因改良生物环境释放、生物保护、物理保护、封闭系统、开放系统和转基因生物等概念,明确了基因工程行为的目的、一般准则和注意事项,还特别提出了转基因生物安全评估的程序。2002 年颁布了联邦法律《环境保护法》。2004 年,由农业部(MOA)、卫生部(MOH)和遗传工程中央委员会(IACGEA)管理并出台了新的法规,规定含有 0.9% 或更多的转基因原料的食品必须清楚地标记含有转基因成分,即食品中转基因成分达 0.9% 时,强制标识,标识字样为"Contains Genetically modified 'X'",从 2004 年开始实施。

俄罗斯的民众对转基因普遍(95%)持反对态度,政府采取有限限制(如转基因食品不得销售给 16 岁以下的孩子)、因势利导的措施。

11.3.2　北美洲

11.3.2.1　美国

相对欧洲来说,以美国为代表的北美洲在转基因生物方面不但有相对宽松的政策,而且有不同的机构去监管和控制转基因生物的安全性。这些机构包括食品与药物管理局(FDA)、农业部(USDA)和环保署(EPA)等。FDA 依照《联邦食品、药物和化妆品法》负责食品和食品添加剂的安全管理,确保转基因表达的蛋白质对人类安全。FDA 还负责食品标识管理。1992 年,美国政府在《联邦食品、药物和化妆品法》中增加了转基因食品和饲料安全管理的内容。USDA 管理目的是确保转基因生物(GMOs)的安全种植。有 2 个机构涉及该项工作,即动植物检疫局(Animal and Plant Health Inspection Service,APHIS)和食品安全检查局(Food Safety and Inspection Service,FSIS)。APHIS 依照《植物病虫害法》和《植物检疫法》对转基因作物进行管理,防止病虫害的引入和扩散,确保美国农业免受病虫害的侵害;同时还负责审批转基因微生物的田间试验和兽用生物工程产品(包括动物疫苗)的登记。APHIS 在 1987 年管理转基因植物田间试验时,实行许可证制度。通过几年的实践和资料积累,APHIS 于 1993 年简化了审批程序,采用了较快的报告(notification)程序,审批时间由原来的 6 个月缩短为 30 d。FSIS 主要负责肉类和禽类的食品安全。管理有 2 个层次,即环境释放和解除监控状态。EPA 依照《联邦杀虫剂、杀菌剂、杀鼠剂法》、《联邦食品、药物和化妆品法》对杀虫剂(包括植物杀虫剂,即转抗虫、抗病基因产生的蛋白质)进行管理,具体负责杀虫剂对农业的影响和确定或免除杀虫剂在食品中最高残留量的管理。

美国已经建立了比较完善的转基因生物安全指南。其中,《重组 DNA 分子研究指南》是国立卫生研究院(NIH)于 20 世纪 70 年代中期制定的。该指南规定从事 rDNA 研究项目的审查、评价和监控主要由本单位生物安全委员会负责,并报 NIH 备案。该指南于 2002 年进行了重新修订。美国自从 2002 年起,发布了一系列有关转基因生物安全的指南(http://www.fda.gov)。

美国对转基因生物采取自愿标识制度,标识字样为"Genetically engineered",自 2001 年 1 月起实施。

美国民众对转基因生物的接受能力相对较高,总体来说,处于接受或观望状态。政府对转基因生物研究及其产品持支持态度,FDA 对转基因食品的管理也相对比较宽松,有些转基因食品甚至不需上市前的批准,采取自愿咨询程序。

11.3.2.2　加拿大

加拿大卫生署(HC)主要负责新型食品的安全性评估;食品检查服务站(CFIA)负责转基因植物、动物饲料和饲料添加剂、化肥和兽药等产品的审查;环境部负责审查转基因产品对环境的影响。

《食品和药品法》由加拿大政府于 1993 年制定,对转基因农产品进行管理;1995 年进行了修订,增加了《新型食品规定》。转基因农产品和食品在加拿大政府管理体系中被归为"新型食品(novel food)"类。新型食品包括 3 类产品:以前未当作食品的而新近被认为可食的产品;采用过去未用于食品生产的过程生产出来的产品;经过基因工程改良的产品。《新颖食品安全评估指导原则》由加拿大卫生署食品管理局健康保护处于 1994 年提出,分为 2 卷;指出加拿大市场未曾供应的新颖食品(包含以基因工程生产或制造的食品)或由新颖工程生产的食品,须在销售前申报,以接受监督。《新颖食品安全评估指导原则》第 1 卷为申报有关的指导纲要,第 2 卷则为基因修饰微生物及植物的安全评估标准。

加拿大采取自愿标识制度,自 2003 年 9 月起实施。

加拿大对转基因的态度与美国相近。

11.3.2.3　墨西哥

农业、牲畜和农业发展秘书处,生物安全和转基因生物跨部门委员会,是一个国家性的权威机构,管理转基因生物的进出口、测试和传播。技术秘书处,由国家科学与技术部门运行管理,其他的秘书处包括卫生、教育、环境、经济等委员会;植物卫生常规董事会;农业、牲畜和农业发展秘书处,发布了一个关于转基因生物进口、运输以及传播的条例,并保证与生物安全规定一致;卫生秘书处,负责执行食物安全规定。

墨西哥官方标准 68-FITO-1994 草稿,目的是管理转基因生物在国家领土内的运输、出口、传播和评估。并规定任何官方、私人机构或者任何个人,无论以什么方式参加了运输、传播到环境中或者评估转基因产品都应该按照这个官方标准的规定执行。卫生法律,1997 年颁布,提供了食物安全规章制度的框架。

墨西哥对转基因食品采取强制标识制度,标识字样"Transgenic Food",自 2003 年 4 月起实施。墨西哥民众对转基因普遍持观望态度。

11.3.3　亚洲

11.3.3.1　中国

中国在转基因生物方面的管理机构有农业部、卫生部和科学技术部等。农业部成立了农业转基因生物安全管理领导小组,负责研究农业转基因生物安全管理工作的重大问题;设立了农业部转基因生物安全管理办公室,负责农业转基因生物安全的综合协调与管理。目前,各省农业行政主管部门也建立了相应的农业转基因生物安全管理机构。卫生部于 2002 年 4 月 25 日发布了《转基因食品卫生管理办法》(第 28 号令),并于 2002 年 7 月 1 日起施行。该办法要求对生产和进口转基因食品实施申报和审批制度,并在食品标签上进行标识,标注为"转基因

××食品"或"以转基因××食品为原料",以保护消费者的健康权和知情权。科技部于 1998 年 6 月发布了《基因工程安全管理办法》,要求对基因工程包括利用载体系统的重组体 DNA 技术以及利用物理或者化学方法把异源 DNA 直接导入有机体的技术进行安全性评价和安全控制管理。

我国对转基因食品安全管理的制度始于 1979 年出台的《中华人民共和国食品卫生管理条例》。该条例经过了 3 年博弈式的实践,于 1982 年又推出了《中华人民共和国食品卫生法(试行)》。1990 年我国制定了《基因工程食品质量控制标准》。该标准规定了基因工程药物的质量必须满足安全性要求,但对基因工程实验研究、中间试验及环境释放等的安全性未做具体规定,因此,该标准只具有有限的指导价值。1993 年 12 月 24 日,国家科技部颁布了《基因工程安全管理办法》。该办法明确规定要对所有基因工程工作进行统一管理,规定了转基因研究的安全管理、安全等级、控制分类和审批制度、申报手续、安全控制措施和法律责任等,并成立全国基因工程安全委员会,负责基因工程安全监督和协调。1995 年修订了《中华人民共和国食品卫生法》,制定并颁布了《新资源食品卫生管理方法》,明确规定了新资源、食品的定义和管理范围。由于转基因食品作为一类新资源食品,国家卫生部转基因食品卫生管理办法规定,经卫生部审查批准后方可生产或者进口转基因食品。1996 年 7 月 10 日,农业部颁布了《农业生物基因工程安全管理实施办法》,该文件从保护我国农业遗传资源、农业生物工程产业和农业生产安全等角度出发,对农业生物工程安全问题进行了规定,对遗传工程体的安全等级进行了划分,并规定了相应的管理办法,特别规定了农业生物基因工程登记和安全评价的具体程序和规则,对转基因生物的实验研究、中间实验、环境释放、商品化生产等进行安全评价和管理调控。1998 年 5 月,农业部生物工程安全委员会批准了 6 个准许商业化的许可证,其中 3 个涉及食品,即抗病番茄、抗病甜椒和耐贮番茄。2000 年 8 月,我国签署了《生物多样性公约》的《卡塔赫纳生物安全议定书》,成为签署该议定书的第 70 个国家。随后,在联合国环境规划署(UNEP)和全球环境基金的支持和资助下,由国家环境保护部牵头,8 个相关部门参与,共同制定了《中国国家生物安全框架》,内容包括了我国生物安全管理体制、法制建设和能力建设方案,是履行《生物多样性公约》的一项重要行动。

值得一提的是,2001 年 5 月 9 日,国务院颁发了《农业转基因生物安全管理条例》,内容涉及转基因动物、植物和微生物的安全管理,于 2001 年 5 月 23 日公布,并自公布之日起施行。

2002 年 1 月 5 日,农业部先后发布了第 8 号、第 9 号、第 10 号令,分别颁发了《农业转基因生物安全评价管理办法》、《农业转基因生物进口安全管理办法》、《农业转基因生物标识管理办法》,并自 2002 年 3 月 20 日起施行,标志着我国对农业转基因生物的研究、试验、生产、加工、经营和进出口活动等开始实施全面管理。其中第 8 号令的附录 2 为《转基因动物安全评价办法》,明确规定了转基因动物安全性评价、试验方案、各阶段(中间试验、环境释放、生产性试验、安全证书)的申报要求等,对转基因动物的安全评价具有重要的指导意义。

2002 年 4 月 8 日,卫生部颁布了《转基因食品卫生管理办法》,自 2002 年 7 月 1 日起施行,其中第 16 条规定:食用产品中(包括原料及其加工的食品)含有转基因产物的,要标注"转基因××食品"或"以转基因××食品为原料"。2004 年 7 月 1 日,农业部颁发了《关于修订农业行政许可规章和规范性文件的决定》,对 2002 年 1 月 5 日颁发的 3 个条令中的某些条例进行了修订。2004 年 5 月 24 日,农业部公布了由国家质量监督检验检疫总局局务会议于 2001 年 9 月 5 日审议通过的《进出境转基因产品检验检疫管理办法》,自公布之日起施行。2006 年 1 月 27 日,农业部颁发了《农业转基因生物加工审批办法》,旨在加强对农业转基因生物加工、审批的管理。

中国对转基因生物目前实行强制标识政策,标识字样为"转基因××食品"或"以转基因××食品为原料",自 2002 年 4 月 8 日施行。

中国民众对转基因目前普遍持怀疑态度,政府通过政策监督、鼓励研究、推广示范、严格审批等措施,逐步推进转基因产业化的发展。

11.3.3.2 日本

日本的转基因生物管理主要由食品安全委员会(FSC)、农林渔业部(MAFF)和健康福利部(MHLW)三方执行。

日本目前出台的法规主要有《转基因食品标识标准》(Notification No. 517)、《食品卫生法和日本农业标准法》。日本有专门的针对农业、林业、渔业、食品工业以及其他相关工业转基因生物应用的标准,旨在保证 rDNA 生物体的安全性。2001 年 4 月 1 日,日本颁布了《转基因食品标准法》,对已通过安全性认证的转基因农产品及以这些农产品为主要原料加工后仍然残留 rDNA 或由其编码的蛋白质食品,制定了具体的标识要求。该法要求对指定农产品及其加工食品的种类每年进行修订。

日本对转基因成分超过 5% 的食物实施强制标识,标识字样"GM"或"Non-GM",自 2001 年 4 月 1 日起施行。

日本 82% 的民众对转基因持否定态度。与美国和欧盟的鲜明态度相比,日本政府则采取了一种较为折中的态度。日本在对转基因食品的态度上长期游荡于可靠科学原则与预防原则之间,使其对转基因食品的政策也试图在这 2 种原则的指导下,寻找一个新的平衡点。

11.3.3.3 印度

印度的科学技术部-生物技术部门,担负所有的生物安全指南和规章应用的责任;遗传操作讨论委员会,部署生物安全的全面工作;监控和评估委员会,监控现场试验;环境森林部-遗传工程批准委员会,审定田地转基因的庄稼测试与转基因食品的测试。

印度于 1989 年 12 月制定了有关转基因生物的规定和政策,即《转基因安全指南和规章》。生物技术部门在 1990 年公布了这些条例,随后的修正在 1994 年和 1998 年颁布。该规章覆盖了以下研究范围:转基因生物、转基因绿色植物、转基因动物、疫苗中的 rDNA 技术、转基因技术改造后的生物及产品。

印度对转基因生物采取强制标识制度。

印度民众对转基因持拒绝和抵制态度。政府虽然对转基因技术及其产品比较看好,但因为民众中反对的呼声比较高,政府目前对转基因产品采取禁止或限制措施,目前转基因棉花是印度政府唯一批准种植的作物,其他转基因经济作物均被禁止种植。政府表示,直到科学研究结果让民众满意和认可时才可解除禁令。

11.4 转基因动物生物安全研究的内容

转基因动物生物安全主要涉及环境安全、动物健康与福利、人类健康与食品安全、经济与贸易、伦理观点等方面的内容。

11.4.1 环境安全

转基因动物的环境安全是最受人们关注的话题,一是因为转基因动物早期对环境影响的不确定性。二是一旦发现转基因动物对环境有危害,那么这种问题解决起来会非常困难。

在转基因动物环境安全研究中,人们很关心动物逃逸、基因水平转移、疾病传播、动物耐药性等对环境造成的影响。

此外,转基因动物对环境的影响还受一些未知因素的制约,使得转基因动物生物安全评价工作显得复杂而艰难。这就需要科学人员花更大的精力去探索和研究,从而为转基因动物的环境安全评价体系提供更多的理论依据和信息支持(NRC,2002)。

本处以美国 Aquabounty 公司生产的转基因鲑鱼(AquAdvantage Salmon,AAS)为例来进行详细阐述。这种鲑鱼生长迅速,体型巨大,饲养成本低,肉质更佳,该公司于 2009 年向 FDA 提出申请(Bio(USA),2010),目前 7 个审核部门中,已有 5 个通过了检测。

11.4.1.1 逃逸的可能性

一旦或假如转基因动物逃逸到环境中,那么它对环境的潜在危害包括生物多样性的影响(Hone,2002)、对其他动物生存的威胁(Kapuscinski,Hallerman,1990)、传播疾病(Tiedje,et al,1989)、打破生态系统的平衡(Pimm,1984)、变为野生动物的可能性(Muir,Howard,2002)等。已有报道认为(NRC,2002),转基因动物中昆虫逃逸的可能性是最高的,其次是鱼类,转基因家畜相对来说逃逸的可能性小(图 11.1)。

就目前的研究水平来说,即使对于转基因昆虫和鱼类这样一些逃逸可能性最大的动物来说,也可通过物理、生理和生物等技术手段来综合控制。Aquabounty 公司的 AAS 就是通过这些措施来控制其逃逸对环境的影响。

1. 生物控制

AAS 是三倍体雌性鱼,是不育的,因此,这种鱼即使逃逸出来,也不会与野生鱼发生交配,因此不会对环境中的野生种群造成影响,也不会通过遗传交换而影响生物多样性。

2. 物理控制

物理措施可通过一些机械装置(如水槽、滤网、屏风、封盖等)、致死温度、化学试剂等来控制转基因鱼的逃逸。AAS 就是通过这些物理措施来控制鱼卵的扩散、逃逸、生长和存活。转基因鱼卵和转基因鱼经过这种初级到二级再到三四级的控制系统、废物回收系统、化学溶液(氯液)致死系统和电网系统等措施的控制,将 AAS 逃逸的可能性降到最低。

3. 生理控制

根据 AAS 的生活习性,通过生理特性的调整(如气候温度、环境温度、水质)来控制转基因鲑鱼的逃逸。AAS 的发眼卵(eyed eggs)产于加拿大,运输于巴拿马,生长和加工也在巴拿马,而将来被端上餐桌的加工与零售在美国。加拿大因为高盐环境不适合发眼卵生存,巴拿马的周围环境也因为水温高、条件差再加上物理防护(水力发电设施)等措施的控制,逃逸的AAS 也不能生存。

11.4.1.2 基因水平转移

基因水平转移(horizontal gene transfer,HGT)常见于微生物之间,植物和动物发生基因水平转移的现象很少。即使在微生物之间,也要在合适条件下(如同源基因的存在、感受态细

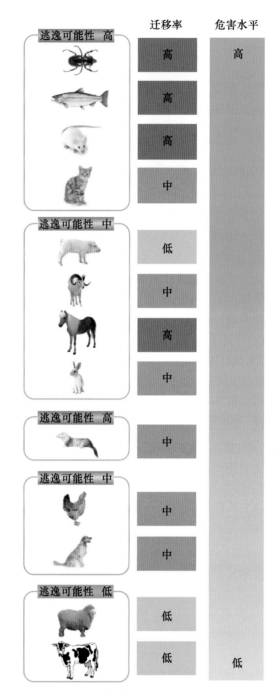

图 11.1　转基因动物逃逸的可能性

胞的形成等)才能发生。因此,发生基因水平转移的频率很小。AAS 中的外源基因整合于基因组中,是不可能通过无性的方式发生基因水平转移事件的。

11.4.1.3　疾病传播

以病毒为载体而转入基因的生物中,基因重组可能会增加寄主感染病毒性疾病的风险和非预期效应。AAS 的载体结构中不含病毒成分,因此,不会有这种风险。

11.4.1.4 抗性进化

杀虫剂抗性可能会导致过量依赖化学药物或失去对昆虫、杂草和其他害虫的控制。AAS不存在转基因植物的这种现象。

综合以上因素可知,AAS不会对环境造成威胁(ABT,2010)。转基因鱼对环境的威胁是可控的,那么转基因家畜对环境的威胁就更好控制了,而且已有研究通过实验证明了转基因奶牛(Xu,et al,2011)和转基因猪(Tang,et al,2011)对环境没有影响。

除了采取以上一些防护措施、生物技术手段和实验研究评价转基因动物对环境的影响外,人们还可直接通过生产转基因动物来保护环境。例如,加拿大圭尔夫大学的研究人员研发的环保猪(enviropig),能更有效地利用植物性饲料中的磷元素(而普通猪种却不能消化利用),从而减轻磷对环境的污染问题(图11.2)。磷元素一般与有机物结合存在于植物性饲料中,如果通过粪便大量排泄,就可能污染地表水和地下水。环保猪可以分泌植酸酶(肌醇六磷酸酶)(Golovan,et al,2001),把磷元素释放出来,用于猪的生长发育。这样就不需要再额外添加昂贵的无机磷营养素或饲喂商品植酸酶,同时也降低了猪排泄物中的含磷水平。

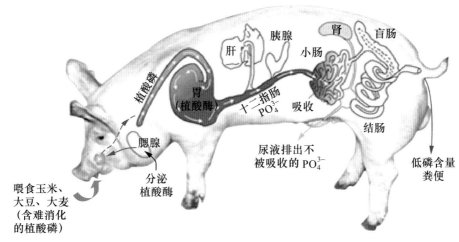

图 11.2 环保猪解磷示意图

(引自 http://www.uoguelph.ca/enviropig/)

11.4.2 动物健康与福利

动物的健康和福利也是人们非常关注的话题(Mench,1999)。因为伦理学观念的差异,动物的健康和福利在生物安全评价中尤为困难(Mason, Mendl,1993;Fraser, et al, 1997)。

评价转基因动物的健康状况时要考虑的因素:有插入序列的基因操作方式(van der Lende, et al,2000),遗传稳定性,繁殖能力,表型性状,行为和生理异常(Pursel, et al,1992),目的基因整合的位点和拷贝数(Meisler,1992),启动子和终止子的大小、功能及来源,标记基因或报告基因的大小、功能及特性,插入基因的表达情况等(Seamark,1993;Eyestone,1999;Niemann, et al, 1999)。

11.4.2.1 转基因动物生产方法对动物健康的影响

转基因动物生产方法主要有原核显微注射法、体细胞核移植(SCNT)技术、反转录病毒载体法、精子载体介导法和基因打靶法(knock out or knock in)。前 2 种方法在转基因动物生产中的应用最广泛,故以这 2 种方法为例介绍其对动物健康的影响。

1. 原核显微注射对动物健康的影响

原核显微注射是将外源基因的多个拷贝导入受精卵的原核中,从而生产转基因动物的技术。该技术涉及卵母细胞的收集、体外成熟、体外授精、显微注射后的体外胚胎培养和转移等一系列操作。该技术的缺点是对外源基因的行为无法控制,外源基因的整合位点是随机的,整合拷贝数也是无法控制的。因此,这种外源基因的随机整合可能会对动物的健康带来一定的威胁:

①掩盖邻近调控元件,发生异常的表达模式(位点效应),包括不表达、过量表达和异常表达等(Van Reenen, et al, 2001)。

②基因的随机整合有 3 种模式,即有效整合、沉默整合和毒性整合(吴波,朱作言,2003)。有效整合是符合人们研究意愿的,而沉默整合和毒性整合会影响动物健康。当基因碰巧整合进具有重要功能的基因之中时,就干扰了基因的正常表达(沉默整合),从而影响转基因动物的正常发育与代谢(陶新,许梓荣,2004)。当基因的整合激活有害基因表达时(毒性整合),会导致胚胎畸形或死亡(孔庆然,等,2009)。

2. 体细胞核移植对动物健康的影响

体细胞核移植是目前人们生产转基因动物尤其是家畜常用的一种手段。这种方法要经过细胞培育、胚胎细胞修饰、卵母细胞去核、细胞融合和移植等一系列过程。这些体外过程可能会导致动物生长缺陷、基因甲基化增加、蛋白表达受挫等异常现象的发生(Reik, et al, 1993)。有些异常表现还可能会遗传给后代(Roemer, et al, 1997),也可能会引起机体有害的副反应,如"超级后代综合征(large offspring syndrome,LOS)"。LOS 会导致妊娠期流产率提高、先天性畸形增加、出生体重增加、妊娠期延长和产后死亡率提高等现象(Wilson, et al,1995;Campbell,Mc et al, 1996)。

事实上,随着转基因动物研究的深入和发展,以上问题目前均可以得到控制。新近发展起来的基因打靶技术可实现基因的定点整合,从而解决基因随机整合带来的问题;LOS 主要是血清中的 IGF2 引起的,目前可通过使用无血清培养基来防范 LOS 的发生。

11.4.2.2 插入基因的表达对动物健康的影响

1. 插入基因突变对动物健康的影响

插入基因突变会导致动物发育畸形甚至死亡。Overbreek 等(1986)报道,插入基因突变会造成小鼠出现足趾相连现象。Woychik 等(1985)报道,转基因的缺失突变会引起小鼠四肢表型异常。

2. 基因异位表达对动物健康的影响

外源基因的插入可能会使动物体内严格的基因表达调控发生变化,导致异位或异时表达,从而影响动物健康。转基因异位表达的原因是多方面的,可能是调节基因表达的顺式调控元件和反式作用因子之间的不协调所致,也可能是宿主细胞基因和转基因之间的相互作用或转基因的整合位点不适所致(田小利,陈兰英,1995)。

3. 转基因表达产物对动物健康的影响

转基因的过表达可能会导致动物发育异常、行为异常、泌乳异常等现象,如跛足、嗜睡、步态不稳、泌乳过早停滞、突眼和厚皮等。

11.4.2.3　转基因的非预期性效应对动物健康的影响

非预期性效应是指科学家难以预测的不确定性因素和长期效应。转基因的这种非预期性效应只能通过长期的实践研究和统计观察来反映。

综上所述,只有彻底了解转基因对动物健康造成的危害,才能开发出新的技术和方法进而从根本上解决这些危害。例如,新出现的基因打靶技术可解决基因随机整合对动物健康造成的危害。转基因的非预期性效应只能经过生物安全的长期研究和分析来规避。

11.4.3　人类健康与食品安全

11.4.3.1　天然食品的安全性

没有经过基因改造的天然食品,是绝对安全的吗? 答案当然是否定的。有些天然食品中也含有潜藏的毒素,处理不好有可能对人体健康造成危害。某些常见的食用植物如大豆、豌豆、扁豆、蚕豆等含有一些红细胞凝集素、皂素等天然毒素。这些毒素在高温下可被破坏,但如果在烹调时候没有熟透就会造成食物中毒。鲜木薯、鲜黄花菜、发芽的马铃薯等如果食用前处理方法不当,同样也会由于没有完全去除天然毒素造成食物中毒。除了这些含有潜在毒性的天然植物食品外,某些天然的动物源食品也含有潜在毒性,如河豚(含有有毒的河豚毒素)、海参类(含有海参毒素)、鲜海蜇等。另外,一些菌类食物如毒蘑菇含有许多有毒物质,是不能食用的。所以,对于天然食品也不能绝对地认为是安全的。

11.4.3.2　转基因食品的安全性

在目前食品安全出现各种令人担忧的问题下(图 11.3),人们对转基因食品的接受能力就显得非常有限(图 11.4)。因此,转基因食品的安全性研究不但具有必要性,而且具有紧迫性。

图 11.3　天然食品安全吗?

图 11.4　转基因食品安全吗?

转基因动物产品的安全性研究涉及产品的稳定性和生产、加工活动对产品安全性的影响以及转基因动物产品对人类健康和食品安全的影响等。

转基因动物的食品安全性包括毒性、致敏性、营养成分、加工、运输等(图 11.5)。

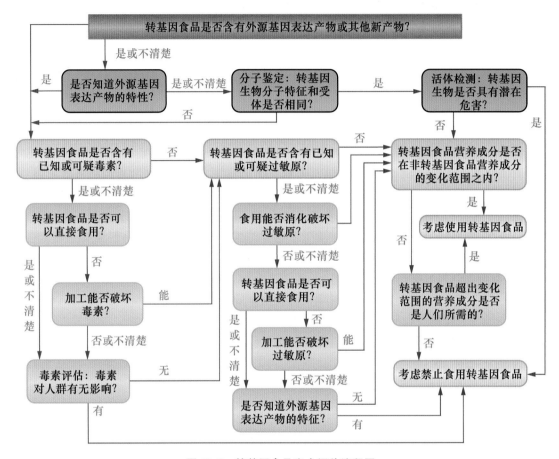

图 11.5　转基因食品安全评价流程图

1. 营养学研究

根据"实质等同性"原则,在同等条件下将转基因动物产品与非转基因动物产品进行等效组分比较,分析关键组分和典型组分的含量,确定其参数应在自然变异范围之内(CAC,2008)。

此外,也要根据特殊人群(婴儿、孕妇、老年人、体弱多病者等)的生理特点和代谢要求,进行额外的营养评估。

2. 毒理学研究

将外源基因表达蛋白的氨基酸序列与已知毒素或抗营养素的序列进行比较,通过相似性、热稳定性、加工稳定性或在胃肠道中的降解能力等初步判定其毒性作用,然后再进行适当的口服试验、生殖和发育能力调查与分析、动物健康状况分析。

3. 致敏性研究

确定蛋白来源,有无过敏反应史以及过敏反应的种类、程度和频率;确定蛋白的结构特性和氨基酸序列；同一来源的已知致敏蛋白的理化属性和免疫特性；确定外源基因表达的蛋白对胃蛋白酶的抗性和免疫特性等。

4. 加工和运输安全性评估

评估加工和运输过程中转基因动物产品对热的稳定性及重要营养成分的生物有效性。

11.5　转基因动物生物安全评价的原则和方法

11.5.1　转基因动物生物安全评价的原则

11.5.1.1　实质等同性原则

自从 1993 年经济合作与发展组织（OECD）在转基因食品安全中提出"实质等同性（substantial equivalence）"概念以来，"实质等同性"已被很多国家在转基因生物安全评价上广泛采纳。"实质等同性"的意思是指转基因物种或其食物与传统物种或食物具有同等安全性。对于转基因动物来说，"实质等同性"是指转基因动物或转基因动物食品与传统的动物或食品在安全性上没有差异。

对于转基因动物来说，"实质等同性"要比较的主要内容如下：

①生物学特性：各发育时期的生物学特性和生命周期食性、遗传、繁殖方式和繁殖能力；迁移方式和能力；建群能力；泌乳能力；形态和健康状况；对人畜的攻击性、毒性等；在自然界中的存活能力；对生态环境影响的可能性。

②营养成分：主要营养因子（脂肪、蛋白质、碳水化合物、矿物质、维生素等）、抗营养因子（影响人对食品中营养物质吸收和对食物消化的物质）、毒素（对人有毒害作用的物质）、过敏原（造成某些人群食用后产生过敏反应的一类物质）等。

总之，转基因动物与传统动物比较除了目的基因外，其他指标没有显著差别就是"实质等同性"。然而，Millstone 等于 1999 年对"实质等同性"原则提出异议。他们认为"实质等同性"的概念不清楚，容易引起误导（Millstone，et al，1999）。Millstone 等的观点是：要用最终食品的化学成分来评价食品的安全性，而不管转基因作物或转基因食品的整个生产过程的安全性，包括人体健康安全和生态环境安全；只要某一转基因食品成分与市场上销售的传统食品成分相似，则认为该转基因食品同传统食品一样安全，就没有必要做毒理学、过敏性和免疫学试验。但就目前的科学水平而言，科学家还不能通过转基因食品的化学成分准确地预测它的生化或毒理学影响。因此，"实质等同性"依然被大家广泛采用。目前，转基因动物安全评价中将"实质等同性"原则与其他评价原则结合起来使用。

11.5.1.2　个案分析原则

因为转基因生物及其产品中导入的基因来源、功能各不相同，受体生物及基因操作也可能不同，所以必须有针对性地逐个进行评估，即个案分析（case by case）原则。目前世界各国大多数立法机构都采取了个案分析原则。

11.5.1.3　预防原则

虽然尚未发现转基因生物及其产品对环境和人类健康产生危害的实例，但从生物安全角度考虑，必须将预防（precautionary）原则作为生物安全评价的指导原则，结合其他原则来对转基因动物及其产品进行风险分析,提前防范。

11.5.1.4 逐步深入原则

转基因动物及其产品的开发过程需要经过实验研究、中间试验、环境释放和商业化生产等环节。因此,每个环节上都要进行风险评估和安全评价,并以上步实验积累的相关数据和经验为基础,层层递进,确保安全性,即逐步深入原则(step by step)。

11.5.1.5 科学基础原则

安全评价不是凭空想象的,必须以科学原理为基础,采用合理的方法和手段,以严谨、科学的态度对待,即科学基础(science-based)原则。

11.5.1.6 公正、透明原则

安全评价要本着公正、透明(impartial and transparent)的原则,让公众信服,让消费者放心。

11.5.2 转基因动物生物安全评价方法

11.5.2.1 分子生物学

分子生物学是转基因动物生物安全评价中的常用方法。根据中心法则可知,分子生物学具有 DNA、RNA 和蛋白质 3 个水平(图 11.6)。

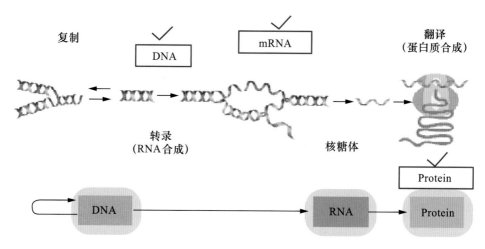

图 11.6 中心法则模拟图

1. DNA 水平

在外源基因的检测和遗传稳定性方面常用的方法有 PCR、巢式 PCR(nested PCR)、多重 PCR(multiplex PCR)、Q-PCR 等。

在外源基因拷贝数的检测上常用的有 Southern 印迹杂交(southern blot)、实时荧光定量 PCR(real time quantitative-PCR)、荧光原位杂交(FISH)、毛细管凝胶电泳(CGE)等。

在外源基因插入位点的检测上常用的有 FISH、染色体步移(DNA Walking)等。

在动物肠道菌群和环境中的微生物群落检测上常用的有变性梯度凝胶电泳(PCR-DGGE)、16S rDNA 测序和宏基因组学(metagenomics)等。

2. RNA 水平

对外源基因转录产物进行分析,可以研究外源基因在宿主体内的转录情况。目前检测外源基因 RNA 的方法主要有 Northern 印迹杂交(northern blot)、逆转录 PCR(RT-PCR)和 RNA 斑点杂交(RNA dot)等。

Northern 印迹杂交技术步骤繁琐,尤其是外源基因与动物本身基因同源性高时,检测效果并不理想。RT-PCR 的精确度高,样品用量较少,还能同时分析多个不同基因的转录,是目前 RNA 定量检测中较为常用的方法。

3. 蛋白质水平

生产转基因动物关键在于外源蛋白是否表达,表达的蛋白质是否具有活性。目前蛋白质水平的检测方法主要有 Western 印迹法(western blot)和酶联免疫吸附测定法(ELISA)。

Western 印迹分析是 20 世纪 70 年代末在蛋白质凝胶电泳和固相免疫测定的基础上发展起来的,具有分辨率高和特异敏感等多种优点,目前是转基因生物蛋白质检测最权威的方法之一。ELISA 也是依据抗原抗体杂交原理进行蛋白质的检测,与 Western 印迹杂交不同的是,ELISA 先将抗体或抗原包被在固相载体上,再用免疫反应检测,因此,它不仅可以进行定性分析还可用于定量检测。相对于 Western 印迹法而言,ELISA 更易商品化,且更适用于转基因检测机构对大规模样品的检测。

11.5.2.2 生理生化

生理生化方法常用于评价转基因动物自身安全和其对环境及人类的安全性。血常规、血清生理生化、尿常规、粪便滴虫等指标可反映动物的健康状况;尿液、粪便等排泄物及动物生活环境附近土壤中的营养成分(N、P、K 等)可反映动物对环境的影响;肉质分析或营养化学成分分析中氨基酸、脂肪、蛋白质、水分、灰分等的测定可用氨基酸测定仪、色谱、质谱或其他生理生化测定方法等。

当转基因产品的化学成分与非转基因产品有差异,或者转基因产品为油性物质时,也可借助色谱、质谱等技术对转基因表达的蛋白进行分析鉴定。

11.5.2.3 免疫学

免疫学是研究生物体对抗原物质免疫应答性及其方法的生物或医学科学。免疫应答是抗原对抗原刺激的反应,也是对抗原物质进行识别和排除的一种生物学过程。

转基因动物免疫学评价方法经常要结合其他方法一起来使用,比如毒性、致敏性等评价要使用各种分子生物学方法、生理生化测定和免疫学分析等。转基因动物本身的免疫情况可通过对动物接种疫苗,然后分析其免疫特性,常用的免疫学技术有血清学反应、凝集反应、沉淀反应、免疫标记技术、免疫酶技术(如 ELISA)等。

11.5.2.4 蛋白质组学

蛋白质组学(proteomics)是蛋白质(protein)与基因组学(genomics)的组合,最初由两位澳大利亚科学家 Wilkins 和 Williams 于 1994 年在意大利 Siena 召开的第 1 次国际蛋白质组学专题研讨会上提出,第 2 年他们将其以论文形式发表,意指"一种基因组所表达的全套蛋白质"(Wasinger, et al, 1995),即包括一种细胞乃至一种生物所表达的全部蛋白质。蛋白质组本质上指的是在大规模水平上研究蛋白质的特征,包括蛋白质的表达水平、翻译后的修饰、蛋白质与蛋白质相互作用等。

随着动物生物技术及其产业化的发展,蛋白质组学技术为生物安全问题的解决提供了新的思路和方法。通过蛋白质组学技术对转基因动物及其产品的相关组分进行鉴定,可为转基因动物健康乃至转基因动物产品的安全性提供保障。目前常用的技术是双向电泳(2-DE)和质谱(MS)联用技术、同位素标记相对和绝对定量(ITRAQ)技术、"鸟枪法"蛋白组学(Shotgun protonics)技术等。

11.5.2.5 代谢组学

代谢组学(metabonomics)是继基因组学、转录组学、蛋白质组学后系统生物学的另一重要研究领域,最初由 Jeremy Nicholson 教授于 1999 年提出,用于研究生物体对病理生理刺激或基因修饰所产生的代谢物的质和量的动态变化规律,是利用高通量、高灵敏度与高精确度的现代分析技术,对细胞、有机体分泌出来的代谢物的整体组成进行动态跟踪分析,借助图形识别的方法(如化学计量学或多变量统计分析),来辨识和解析被研究对象的生理、病理状态及其与环境因子、基因组成等的关系,并提取相关的生物标记物(biomarker)来对生物系统的多参数代谢反应进行定量测定。

目前,代谢组学方法在转基因动物生物安全评价中也有很好的应用前景,可从代谢通路上评价转基因动物自身的安全状况,也可评价外源基因对肠道菌群的影响,还可通过饲喂实验评价转基因动物产品的安全性。

代谢组学测定常用的技术有:气谱/质谱联用(CC/ms)、液谱/质谱联用(GC/ms)和核磁共振(NMR)等。

11.6 转基因动物生物安全评价的现状和发展趋势

随着生物技术的迅猛发展,动物转基因技术在农业、医药、动物育种、生物材料、环保、资源保藏、异种器官移植等方面发挥着重要作用(参考表 11.1)。

表 11.1 转基因动物的应用

用途	动物种类	特性	产品	参考文献
医药	牛、鸡、鱼、猪、山羊、绵羊、猪	生产人类用药和组织器官替代物	血液制品:抗凝血酶,人白蛋白,因子Ⅸ[其中抗凝血酶药物 ATryn 已先后于 2006 年 8 月和 2009 年 2 月 6 日分别获得了欧洲药品评估机构和美国 FDA 的批准(http://www.fda.gov/NewsEvents/Newsroom/PressAnnouncements/2009/ucm109074.htm)]	Choo, et al, 1987;Paleyanda, et al, 1997;Schnieke, et al, 1997;Bleck, et al, 1998;Lu, et al, 2000;Echelard, Meade, 2002;Lindsay, et al, 2004;van Doorn, et al, 2005;Zhou, et al, 2005

续表 11.1

用途	动物种类	特性	产　品	参考文献
医药	牛、鸡、鱼、山羊、绵羊、猪	生产人类用药和组织器官替代物	蛋白药物：单克隆抗体，多克隆抗体，血纤维蛋白溶酶原激活剂，人 α 甲胎蛋白，α1 蛋白酶抑制剂	Pittius, et al, 1988；Denman, et al, 1991；Ebert, et al, 1991；Ebert, et al, 1994；Edmunds, et al, 1998；Pollock, et al, 1999；Pollock, et al, 1999；Cammuso, et al, 2000；Kuroiwa, et al, 2002；Parker, et al, 2004；Sullivan, et al, 2008
			疫苗：用于病毒和细菌性疾病（如流感、疟疾、小疱疹）的抗原	Rudolph , 1999；Stowers, et al, 2002；Behboodi, et al, 2005
			组织替代物：胰岛细胞，异种移植器官（如肝、心、肾、心脏瓣膜、皮肤），肠黏膜手术网，骨组织，细胞移植物（如肝）	Fung, et al, 1997；Cooper, et al, 2000；Polejaeva, et al, 2000；Lai, et al, 2002；Cooper, 2003；McKenzie, et al, 2003；Phelps, et al, 2003；Lai, Prather, 2004；McGregor, et al, 2004；Konakci, et al, 2005；Kuwaki, et al, 2005；Malcarney, et al, 2005；McGregor, et al, 2005；Tseng, et al, 2005；Yamada, et al, 2005；Cardona, et al, 2006；Hering, et al, 2006；Cooper, et al, 2007；Mohiuddin, 2007；Cooper, et al, 2008；Schuurman, Pierson, 2008
环保与品种培育	猪	降低磷排泄	环保猪（enviropig）[有望商品化。2007 年向美国 FDA 提交了食品和环境安全及有效性数据，希望获得监管部门的食用批准并随后在美国商品化；2009 年向加拿大管理机构提出了食品消费批准申请，希望获准食用消费并随后在加拿大商品化(http://www.uoguelph.ca/enviropig/technology.shtml)]	Golovan, et al, 2001

续表 11.1

用途	动物种类	特性	产　品	参考文献
环保与品种培育	牛、甲壳类动物、鱼、猪	促进生长，降低排泄物总量	转基因鲑鱼（AquaAdvantage Salmon，AAS）［美国 Aquabounty 公司生产，已于 2010 年 9 月得到了 FDA 的初步认可，有望将来获准上市］	Fletcher, et al, 2004；ABT, 2010
	鱼	环境污染指示物	斑马鱼（GloFish）（新加坡国立大学研制，美国约克镇公司生产。已于 2003 年 12 月 9 日得到了 FDA 的初步认可并在一些超市试卖）	Gong, et al, 2003
抗病育种	牛、鸡、鱼、软体动物、猪	抗病，自身免疫，天然抗性	抗疯牛病（BSE）、布氏杆菌病、蓝耳病、禽流感、寄生虫、病毒、细菌等病原菌以及遗传性疾病等动物（抗病育种目前只处于研发阶段）	Kuroiwa, et al, 2004；Lunney,2007；Prather, et al, 2008；Alhonen, et al, 2009；Laible,2009；Niemann, et al, 2009；Rajasekaran, et al, 2009；Gadea, Garcia-Vazquez,2010；Kohjima, et al, 2010；Long, et al, 2010；Enserink, 2011；Hebbard, George,2011；Lyall, et al, 2011
功能食品	猪、牛、羊	改善奶质，调节奶中天然蛋白、脂肪、乳糖等含量，生产适合不同动物和人群的奶	转牛 α-乳清白蛋白基因猪，转入溶菌酶基因猪，转入溶菌酶基因牛，转入乳铁蛋白基因牛，转入 α-乳清白蛋白基因牛，转入溶菌酶基因羊等	Noble, et al, 2002；Maga, et al, 2006；Tong, et al, 2011；Wang, et al, 2008；Yang, et al, 2008；Yu, et al,2011；Yang, et al,2011
	牛、猪、鱼、羊	改善肉质	转 $sFat$-1 基因猪，Myostatin 基因突变牛和猪	Grobet, et al, 1997；Kambadur, et al, 1997；Pan, et al, 2010
	猪、牛、羊	提高繁殖性能	增加雌性受体基因和与繁殖有关的基因	Nancarrow, et al, 1991；Bartke, 1999；Pinkert, Murray 1999；Galli, et al, 2003；Bousquet, Blondin, 2004；Gerrits, et al, 2005
	羊	改善羊毛质量，增强纤维的弹性和韧性	转基因绵羊	Hollis, et al, 1983；Powell, et al, 1994；Bawden, et al, 1998；Bawden, et al,1999

续表 11.1

用途	动物种类	特性	产 品	参考文献
生产高价值的工业品	山羊	具有医用或生物保护作用	蛛丝蛋白	Karatzas, et al, 1999

　　转基因动物及其产品将在未来形成巨大的产业,影响到人类社会的每一方面,极大地造福于人类。同时,在转基因动物研究及其产业化过程中不能忽视转基因动物及其产品对人类健康与食品安全、动物自身健康、环境安全等方面的潜在危害。因此,在大力推进转基因动物研究及其产业化进程中,也要高度重视转基因动物的生物安全问题。

　　目前,转基因动物生物安全评价集中于动物健康、环境安全、人类健康和食品安全等方面。此外,转基因动物研究还面临着社会对转基因动物的接受能力和伦理学问题。转基因动物生物安全评价工作目前尚处于初级阶段,大多数工作是在摸索实践中前行;随着研究的深入,未来将会建立各种转基因动物的安全评价标准和数据库管理体系,确保我们更好地利用转基因动物这个工具为人类服务,推动转基因动物产业化的发展。

参 考 文 献

[1] 孔庆然,武美玲,朱江,等. 2009. 转基因猪中外源基因拷贝数和整合位点的研究. 生物化学与生物物理进展,36(12):1617-1625.

[2] 田小利,陈兰英. 1995. 转基因动物研究中存在的问题. 生物工程进展,15(5):41-45.

[3] 吴波,朱作言. 2003. 转基因动物整合位点的研究进展. 遗传,25(1):77-80.

[4] 张忠臣. 2006. 论国际生物安全背景下中国的政策. 青岛:青岛大学国际关系学院.

[5] 陶新,许梓荣. 2004. 转基因动物的安全性. 中国兽医杂志,40(3):30-32.

[6] ABT. 2010. Briefing packet for Aquadvantage salmon. http://www.fda.gov/downloads/AdvisoryCommittees/CommitteesMeetingMaterials/VeterinaryMedicineAdvisoryCommittee/UCM224762.pdf.

[7] ABT. 2010. Environmental Assessment for AquAdvantage® Salmon. http://www.fda.gov/downloads/AdvisoryCommittees/CommitteesMeetingMaterials/VeterinaryMedicineAdvisoryCommittee/UCM224760.pdf.

[8] Alhonen L,Uimari A,et al. 2009. Transgenic animals modelling polyamine metabolism-related diseases. Essays in Biochemistry,46(46):125-144.

[9] Bartke A. 1999. Role of growth hormone and prolactin in the control of reproduction: What are we learning from transgenic and knock - out animals?. Steroids,64(9):598-604.

[10] Bawden C S,Dunn S M,et al. 1999. Transgenesis with ovine keratin genes: expression in the sheep wool follicle for fibres with new properties. Transgenic,Res 8:474.

［11］Bawden C S，Powell B C，et al. 1998. Expression of a Wool Intermediate Filament Keratin Transgene in Sheep Fibre Alters Structure. Transgenic Res，7(4)：273-287.

［12］Behboodi E，Ayres S L，et al. 2005. Health and reproductive profiles of malaria antigen-producing transgenic goats derived by somatic cell nuclear transfer. Cloning Stem Cells，7(2)：107-118.

［13］Bio(USA). 2010. FDA consider the first genetically engineered food animal. http://bio. org/foodag/animal_biotech/salmon_1010. pdf.

［14］Bleck G T，White B R，et al. 1998. Production of bovine alpha-lactalbumin in the milk of transgenic pigs. J Anim Sci，76(12)：3072-3078.

［15］Bousquet D，Blondin P. 2004. Potential uses of cloning in breeding schemes：Dairy cattle. Cloning Stem Cells，6(2)：190-197.

［16］CAC. 2008. Guideline for the conduct of food safety assessment of foods derived from recombinant DNA animals (CAC/GL 68-2008)：13.

［17］Cammuso C，Porter C，et al. 2000. Hormonal induced lactation in transgenic goats. Anim Biotechnol，11(1)：1-17.

［18］Campbell K H，McWhir J，et al. 1996. Implications of cloning. Nature，380 (6573)：383.

［19］Cardona K，Korbutt G S，et al. 2006. Long-term survival of neonatal porcine islets in nonhuman primates by targeting costimulation pathways. Nat Med，12(3)：304-306.

［20］Choo K H，Raphael K，et al. 1987. Expression of active human blood clotting factor IX in transgenic mice：use of a cDNA with complete mRNA sequence. Nucleic Acids Res，15(3)：871-884.

［21］Cooper D K. 2003. Clinical xenotransplantion—how close are we?. Lancet，362(9383)：557-559.

［22］Cooper D K，Dorling A，et al. 2007. Alpha1,3-galactosyltransferase gene-knockout pigs for xenotransplantation：where do we go from here?. Transplantation，84 (1)：1-7.

［23］Cooper D K，Ezzelarab M，et al. 2008. Recent advances in pig-to-human organ and cell transplantation. Expert Opin Biol Ther，8(1)：1-4.

［24］Cooper D K，Keogh A M，et al. 2000. Report of the Xenotransplantation Advisory Committee of the International Society for Heart and Lung Transplantation：the present status of xenotransplantation and its potential role in the treatment of end-stage cardiac and pulmonary diseases. J Heart Lung Transplant，19(12)：1125-1165.

［25］Denman J，Hayes M，et al. 1991. Transgenic expression of a variant of human tissue-type plasminogen activator in goat milk：purification and characterization of the recombinant enzyme. Nat Biotechnol，9(9)：839-843.

［26］Ebert K M，DiTullio P，et al. 1994. Induction of human tissue plasminogen activator in the mammary gland of transgenic goats. Nat Biotechnol，12(7)：699-702.

［27］Ebert K M，Selgrath J P，et al. 1991. Transgenic production of a variant of human tissue-type plasminogen activator in goat milk：generation of transgenic goats and analysis of expression. Nat Biotechnol,9(9)：835-838.

[28] Echelard Y, Meade H. 2002. Toward a new cash cow. Nat Biotechnol, 20(9)：881-882.

[29] Edmunds T, Van Patten S M, et al. 1998. Transgenically produced human antithrombin：structural and functional comparison to human plasma-derived antithrombin. Blood,91(12)：4561-4571.

[30] Enserink M. 2011. Transgenic Chickens Could Thwart Bird Flu, Curb Pandemic Risk. Science,331(6014)：132-133.

[31] Eyestone W H. 1999. Production of transgenic cattle expressing a recombinant protein in milk. Transgenic Anim Agri：177-191.

[32] FAO. 2007. Report of the expert consultation on biosafety within a biosecurity framework. Rome：79.

[33] Fletcher G L,Shears M A,et al. 2004. Gene transfer：potential to enhance the genome of Atlantic salmon for aquaculture. Aust J Exp Agri,44(11)：1095-1100.

[34] Fraser D,Weary D M,et al. 1997. A scientific conception of animal welfare that reflects ethical concerns. Anim Welfare,6(3)：187-205.

[35] Fung J, Rao A, et al. 1997. Clinical trials and projected future of liver xenotransplantation. World J Surg,21(9)：956-961.

[36] Gadea J,Garcia-Vazquez F A. 2010. Applications of transgenic pigs in biomedicine and animal production. Itea-Informacion Tecnica Economica Agraria,106(1)：30-45.

[37] Galli C, Duchi R, et al. 2003. Bovine embryo technologies. Theriogenology, 59(2)：599-616.

[38] Gaugitsch H. 2002. Biosafety in the international context-The Cartagena protocol. Environ Sci Pollut Res,9(2)：95-96.

[39] Gerrits R J, Lunney J K, et al. 2005. Perspectives for artificial insemination and genomics to improve global swine populations. Theriogenology,63(2)：283-299.

[40] Golovan S P,Meidinger R G. ,et al. 2001. Pigs expressing salivary phytase produce low-phosphorus manure. Nat Biotechnol,19(8)：741-745.

[41] Gong Z, Wan H, et al. 2003. Development of transgenic fish for ornamental and bioreactor by strong expression of fluorescent proteins in the skeletal muscle. Biochem Biophys Res Commun,308(1)：58-63.

[42] Grobet L,Martin L J,et al. 1997. A deletion in the bovine myostatin gene causes the double-muscled phenotype in cattle. Nat Genet,17(1)：71-74.

[43] Hebbard L,George J. 2011. Animal models of nonalcoholic fatty liver disease. Nat Rev Gastroenterol Hepatol,8(1)：34-44.

[44] Hering B J, Wijkstrom M, et al. 2006. Prolonged diabetes reversal after intraportal xenotransplantation of wild-type porcine islets in immunosuppressed nonhuman primates. Nat Med,12(3)：301-303.

[45] Hollis D E,Chapman R E,et al. 1983. Morphological changes in the skin and wool fibres of Merino sheep infused with mouse epidermal growth factor. Aust J Biol Sci,36 (4):419-434.

[46] Hone J. 2002. Feral pigs in Namadgi National Park,Australia:dynamics,impacts and management. Biological Conservation,105(2):231-242.

[47] Jank B,Gaugitsch H. 2001. Decision making under the Cartagena Protocol on Biosafety. Trends Biotechnol,19(5):194-197.

[48] Kambadur R,Sharma M,et al. 1997. Mutations in myostatin (GDF8) in double-muscled Belgian Blue and Piedmontese cattle. Genome Res,7(9):910-916.

[49] Kapuscinski A R,Hallerman E M. 1990. Transgenic Fish and Public - Policy - Anticipating Environmental Impacts of Transgenic Fish. Fisheries,15(1):2-11.

[50] Karatzas C N,zhou J F,et al. 1999. Produnction of recombinant spider silk in the milk of genetically engineered animals. Transgenic Res,8:476-477.

[51] Kohjima M,Sun Y X,et al. 2010. Increased Food Intake Leads to Obesity and Insulin Resistance in the Tg2576 Alzheimer's Disease Mouse Model. Endocrinology,151(4): 1532-1540.

[52] Konakci K Z,Bohle B,et al. 2005. Alpha - Gal on bioprostheses:xenograft immune response in cardiac surgery. Eur J Clin Invest,35(1):17-23.

[53] Kuroiwa Y,Kasinathan P,et al. 2002. Cloned transchromosomic calves producing human immunoglobulin. Nat Biotechnol,20(9):889-894.

[54] Kuroiwa Y,Kasinathan P,et al. 2004. Sequential targeting of the genes encoding immunoglobulin-mu and prion protein in cattle. Nat Genet,36(7):775-780.

[55] Kuwaki K,Tseng Y L,et al. 2005. Heart transplantation in baboons using alpha1,3-galactosyltransferase gene - knockout pigs as donors:initial experience. Nat Med,11 (1):29-31.

[56] Lai L,Kolber-Simonds D,et al. 2002. Production of alpha-1,3-galactosyltransferase knockout pigs by nuclear transfer cloning. Science,295(5557):1089-1092.

[57] Lai L,Prather R S. 2004. Cloning pigs as organ donors for humans. IEEE Eng Med Biol Mag,23(2):37-42.

[58] Laible G. 2009. Enhancing livestock through genetic engineering-Recent advances and future prospects. Comp Immunol Microbiol Infec Dis,32(2):123-137.

[59] Lindsay M,Gil G C,et al. 2004. Purification of recombinant DNA - derived factor IX produced in transgenic pig milk and fractionation of active and inactive subpopulations. J Chromatogr A,1026(1-2):149-157.

[60] Long C R,Tessanne K J,et al. 2010. Applications of RNA interference - based gene silencing in animal agriculture. Reprod Fertil Dev,22(1):47-58.

[61] Lu W,Mant T,et al. 2000. Pharmacokinetics of recombinant transgenic antithrombin in volunteers. Anesth Analg,90(3):531-534.

[62] Lunney J K. 2007. Advances in swine biomedical model genomics. Int J Biol Sci,3(3):

179-184.

[63] Lyall J, Irvine R M, et al. 2011. Suppression of Avian Influenza Transmission in Genetically Modified Chickens. Science, 331(6014): 223-226.

[64] Maga E A, Shoemaker C F, et al. 2006. Production and processing of milk from transgenic goats expressing human lysozyme in the mammary gland. J Dairy Sci, 89(2): 518-524.

[65] Malcarney H L, Bonar F, et al. 2005. Early inflammatory reaction after rotator cuff repair with a porcine small intestine submucosal implant: a report of 4 cases. Am J Sports Med, 33(6): 907-911.

[66] Mason G., Mendl M. 1993. Why is there no simple way of measuring animal welfare?. Anim Welfare, 2: 301-319.

[67] McGregor C G, Davies W R, et al. 2005. Cardiac xenotransplantation: recent preclinical progress with 3-month median survival. J Thorac Cardiovasc Surg, 130(3): 844-851.

[68] McGregor C G, Teotia S S, et al. 2004. Cardiac xenotransplantation: progress toward the clinic. Transplantation, 78(11): 1569-1575.

[69] McKenzie I F, Li Y Q, et al. 2003. CD46 protects pig islets from antibody but not cell-mediated destruction in the mouse. Xenotransplantation, 10(6): 615-621.

[70] Meisler M H. 1992. Insertional mutation of 'classical' and novel genes in transgenic mice. Trends Genet, 8(10): 341-344.

[71] Mench J A. 1999. Ethics, animal welfare and transgenic farm animals. Transgenic Anim Agri, 251-268.

[72] Millstone E, Brunner E, et al. (1999). Beyond 'substantial equivalence'. Nature, 401 (6753): 525-526.

[73] Mohiuddin M M. 2007. Clinical xenotransplantation of organs: why aren't we there yet?. PLoS Med, 4(3): e75.

[74] Muir W M, Howard R D. 2002. Assessment of possible ecological risks and hazards of transgenic fish with implications for other sexually reproducing organisms. Transgenic Res, 11(2): 101-114.

[75] Nancarrow C D, Marshall J T A, et al. 1991. Expression and physiology of performance regulating genes in transgenic sheep. J Reprod Fertil, 277-291.

[76] Nicholson J K, Lindon J C, et al. 1999. "Metabonomics": understanding the metabolic responses of living systems to pathophysiological stimuli via multivariate statistical analysis of biological NMR spectroscopic data. Xenobiotica, 29(11): 1181-1189.

[77] Niemann H, Halter R, et al. 1999. Expression of human blood clotting factor Ⅷ in the mammary gland of transgenic sheep. Transgenic Res, 8(3): 237-247.

[78] Niemann H, Kues W, et al. 2009. Transgenic Farm Animals: Current Status and Perspectives for Agriculture and Biomedicine // Engelhard M, Hagen K, Boysen M. Genetic Engineering in Livestock New Applications and Interdisciplinary Perspectives: Ethics of Science and Technology Assessment: Volume 34. Berlin Heidelberg:

Springer,1-30.

[79] Noble M S, Rodriguez - Zas S, et al. 2002. Lactational performance of first - parity transgenic gilts expressing bovine alpha-lactalbumin in their milk. J Anim Sci,80(4): 1090-1096.

[80] NRC. 2002. Animal biotechnology: science based concerns. Washington, DC. : National Academies Press.

[81] OECD. 1993. Safety evaluation of foods derived by modem biotechnology: concepts and principles. OECD publishing: 80.

[82] Overbeek P, Lai S, et al. 1986. Tissue-specific expression in transgenic mice of a fused gene containing RSV terminal sequences. Science,231(4745): 1574-1577.

[83] Paleyanda R K, Velander W H, et al. 1997. Transgenic pigs produce functional human factor Ⅷ in milk. Nat Biotechnol,15(10): 971-975.

[84] Pan D K, Zhang L, et al. 2010. Efficient production of omega-3 fatty acid desaturase (sFat-1)-transgenic pigs by somatic cell nuclear transfer. Science in China: Series C Life Sciences,53(4): 517-523.

[85] Parker M H, Birck - Wilson E, et al. 2004. Purification and characterization of a recombinant version of human alpha - fetoprotein expressed in the milk of transgenic goats. Protein Expr Purif,38(2): 177-183.

[86] Phelps C J, Koike C, et al. 2003. Production of alpha 1, 3 - galactosyltransferase - deficient pigs. Science,299(5605): 411-414.

[87] Pimm S L. 1984. The Complexity and Stability of Ecosystems. Nature, 307 (5949): 321-326.

[88] Pinkert C A, Murray J D. 1999. Transgenic farm animals.

[89] Pittius C W, Hennighausen L, et al. (1988). A milk protein gene promoter directs the expression of human tissue plasminogen activator cDNA to the mammary gland in transgenic mice. Proc Natl Acad Sci U S A,85(16): 5874-5878.

[90] Polejaeva I A, Chen S. H, et al. 2000. Cloned pigs produced by nuclear transfer from adult somatic cells. Nature,407(6800): 86-90.

[91] Pollock D P, Kutzko J. P, et al. (1999). Transgenic milk as a method for the production of recombinant antibodies. J Immunol Methods,231(1-2): 147-157.

[92] Pollock D P, Kutzko J P, et al. 1999. Transgenic milk as a method for the production of recombinant antibodies. J Immunol Methods,231(1-2): 147-157.

[93] Powell B, Walker S, et al. (1994). Transgenic sheep and wool growth: possibilities and current status. Reprod Fertil Dev,6(5): 615-623.

[94] Prather R S, Shen M D, et al. 2008. Genetically Modified Pigs for Medicine and Agriculture. Biotechnol Genet Eng Rev,25: 245-265.

[95] Pursel V G. , Sutrave R, et al. 1992. Transfer of c - ski gene into swine to enhance muscle development. Theriogenology,37: 278.

[96] Rajasekaran K, de Lucca A J, et al. 2009. Aflatoxin control through transgenic

approaches. Toxin Reviews,28(2-3)：89-101.

［97］ Reik W,Romer I,et al. 1993. Adult phenotype in the mouse can be affected by epigenetic events in the early embryo. Development,119(3)：933-942.

［98］ Roemer I,Reik W,et al. (1997). Epigenetic inheritance in the mouse. Curr Biol,7(4)：277-280.

［99］ Rudolph N S. 1999. Biopharmaceutical production in transgenic livestock. Trends Biotechnol,17(9)：367-374.

［100］ Schnieke A E,Kind A J,et al. 1997. Human factor IX transgenic sheep produced by transfer of nuclei from transfected fetal fibroblasts. Science,278(5346)：2130-2133.

［101］ Schuurman H J,Pierson R N. 2008. Progress towards clinical xenotransplantation. Front Biosci,13：204-220.

［102］ Seamark R F. 1993. Recent Advances in Animal Biotechnology-Welfare and Ethical Implications. Livest Prod Sci,36(1)：5-15.

［103］ Stowers A W,Chen L H,et al. 2002. A recombinant vaccine expressed in the milk of transgenic mice protects Aotus monkeys from a lethal challenge with Plasmodium falciparum. Proc Natl Acad Sci U S A,99(1)：339-344.

［104］ Sullivan E J,Pommer J,et al. 2008. Commercialising genetically engineered animal biomedical products. Reprod Fertil Dev,20(1)：61-66.

［105］ Tang M X,Zheng X M,et al. 2011. Safety assessment of sFat-1 transgenic pigs by detecting their co - habitant microbe in intestinal tract. Transgenic Res，20(4)：749-758.

［106］ Tiedje J M,Colwell R K,et al. 1989. The Planned Introduction of Genetically Engineered Organisms - Ecological Considerations and Recommendations. Ecology,70(2)：298-315.

［107］ Tong J,Wei H,et al. 2011. Production of recombinant human lysozyme in the milk of transgenic pigs. Transgenic Res,20(2)：417-419.

［108］ Tseng Y L,Kuwaki K,et al. 2005. alpha1,3-Galactosyltransferase gene-knockout pig heart transplantation in baboons with survival approaching 6 months. Transplantation,80(10)：1493-1500.

［109］ van der Lende T,de Loos F A M,et al. 2000. Postnatal health and welfare of offspring conceived in vitro：A case for epidemiological studies. Theriogenology，53(2)：549-554.

［110］ Van Doorn M B,Burggraaf J,et al. 2005. A phase I study of recombinant human C1 inhibitor in asymptomatic patients with hereditary angioedema. J Allergy Clin Immunol,116(4)：876-883.

［111］ Van Reenen C G,Meuwissen T H E,et al. 2001. Transgenesis may affect farm animal welfare：A case for systematic risk assessment. J Anim Sci,79(7)：1763-1779.

［112］ Wang J,Yang P,et al. 2008. Expression and characterization of bioactive recombinant human alpha-lactalbumin in the milk of transgenic cloned cows. J Dairy Sci,91(12)：

4466-4476.

[113] Wasinger V C,Cordwell S J,et al. 1995. Progress with Gene-Product Mapping of the Mollicutes - Mycoplasma-Genitalium. Electrophoresis,16(7)：1090-1094.

[114] Wilson J M,Williams J D,et al. 1995. Comparison of birth weight and growth characteristics of bovine calves produced by nuclear transfer（cloning），embryo transfer and natural mating. Animal Reproduction Science,38(1-2)：73-83.

[115] Woychik R P,Stewart T. A,et al. 1985. An inherited limb deformity created by insertional mutagenesis in a transgenic mouse. Nature,318(6041)：36-40.

[116] Xu J,Zhao J,et al. 2011. Molecular-based environmental risk assessment of three varieties of genetically engineered cows. Transgenic Res,20(5)：1043-1054.

[117] Yamada K,Yazawa K,et al. 2005. Marked prolongation of porcine renal xenograft survival in baboons through the use of alpha1,3-galactosyltransferase gene-knockout donors and the cotransplantation of vascularized thymic tissue. Nat Med，11 (1)：32-34.

[118] Yang B,Wang J,et al. 2011. Characterization of bioactive recombinant human lysozyme expressed in milk of cloned transgenic cattle. PLoS One,6(3)：e17593.

[119] Yang P,Wang J,et al. 2008. Cattle mammary bioreactor generated by a novel procedure of transgenic cloning for large-scale production of functional human lactoferrin. PLoS One,3(10)：e3453.

[120] Yu T,Guo C,et al. 2011. Comprehensive Characterization of the Site-Specific N-Glycosylation of Wild-Type and Recombinant Human Lactoferrin Expressed in Milk of Transgenic Cloned Cattle. Glycobiology,21(2)：206-224

[121] Zhou Q,Kyazike J,et al. 2005. Effect of genetic background on glycosylation heterogeneity in human antithrombin produced in the mammary gland of transgenic goats. J Biotechnol,117(1)：57-72.

第12章

转基因动物产业化

12.1 国内外转基因动物产业化现状

12.1.1 国际转基因动物产业化现状

12.1.1.1 转基因育种不断取得新的重大突破

由于通过转入外源基因可以提高动物生长速度、改善产品品质、提高抗病力、生产特殊营养物质等,转基因技术一经问世就在畜禽育种中具有巨大应用前景。2006 年 4 月,美国密苏里-哥伦比亚大学的赖良学等获得了转线虫 fat-1 基因(ω-3 去饱和酶基因)的体细胞克隆猪。其体内表达的转基因可以将猪体内的 ω-6 系饱和脂肪酸转化为 ω-3 系不饱和脂肪酸,提高了 ω-3 系脂肪酸含量,降低了 ω-6/ω-3 的比例,大大提升了猪肉的营养价值。美国科学家 Maga 等培育转人乳腺特异表达人溶菌酶基因的转基因山羊,研究表明,重组溶菌酶能有效抑制奶嗜冷腐败菌和能引起乳房炎的大肠杆菌和金黄色葡萄球菌的生长,说明可培育抗乳房炎的转基因羊新品种;同时含重组人溶菌酶的奶还能显著减少其胃肠道的大肠杆菌等细菌数,可用于预防婴幼儿腹泻等疾病,从而显著提高羊奶的营养保健价值。

基因打靶技术、RNAi 技术、慢病毒载体技术等新兴生物技术在畜禽新品种培育中研究和应用也越来越深入。基因打靶技术和 RNAi 技术都是目前生物技术研究热点,在生命科学研究众多领域得到广泛应用。而对于畜禽新品种,这 2 种技术则可说是异曲同工,即这 2 种新技术都可使目的基因不表达或少表达,从而培育出具有高抗病力或生产无过敏成分产品的畜禽新品种。不同之处在于,基因打靶技术是通过基因同源重组等将目的基因敲除或致突变,而RNAi 技术则是通过与目的基因转录产物 mRNA 同源互补的双链 RNA 导入细胞内,诱导内源 mRNA 降解,从而导致目的基因沉默。目前基因打靶技术和 RNAi 技术最主要的应用在于培育高抗病力的畜禽新品种。日本研究人员 Yoshimi 等人通过对牛 Ig 和与疯牛病相关的PRNP 基因的连续基因打靶,首次获得 PRNP 基因单基因位点和双基因位点缺失的基因敲除奶牛。最近研究表明,这些 PRNP 基因敲除奶牛在临床解剖、生理发育、组织病理以及免疫和生殖发育方面都很正常,而且在体外实验中能够很好地抵抗疯牛病的传染,这为生产不含朊蛋白的肉、奶制品提供了一种很好的方法。对于疯牛病,Golding M C. 等则利用 RNAi 技术来培育抗疯牛病的动物,他们针对引起牛疯牛病和羊瘙痒病的 *PRNP* 基因序列设计有效的siRNA,获得一头转基因羊胎儿,对其检测发现,siRNA 很好地抑制了体内 *PRNP* 基因的表达。这也是生产抗疯牛病动物新品种的一种很好的策略。这些成功的例子告诉我们,只要找到与某些畜禽重大疾病如禽流感、口蹄疫、疯牛病等相关的致病基因,通过基因打靶技术或RNAi 技术即可培育出对这些疾病具有高抗病力的畜禽新品种,从而为畜牧业发展乃至农业经济发展做出重大贡献。

12.1.1.2 体细胞克隆技术日益完善,克隆产品接近市场

经过 10 年的发展,体细胞克隆技术已经日趋成熟。从最初一个物种,到目前为止十几个物种相继获得克隆成功,包括绵羊、山羊、奶牛、小鼠、猪、猴、大鼠、猫、兔、骡子、鹿、马、犬、水牛、狼等物种。作为研究热点,几十个国家都已经掌握该项技术,如英国、美国、日本、法国、意大利、韩国、中国、阿根廷、越南、泰国等都相继获得多种体细胞克隆动物。世界众多国家和研究机构竞相开展体细胞克隆技术研究,正是因其广阔的应用前景。体细胞克隆技术不仅能生产优质经济动物品种,从而缩短优质动物繁育时间,而且能挽救濒危动物物种,保护动物资源多样性,还能用于高效生产转基因动物和治疗性克隆等。

对于经济动物克隆,其最终目的是推动克隆动物产品上市,因此,各国研究人员重点对克隆动物产品的安全性进行了一系列分析和评估。早在 2002 年,日本农业水产省就对体细胞克隆牛安全性进行详细的评估调查,并宣布克隆牛的肉和奶与普通牛的肉和奶没有区别。2003年,美国 FDA 进行了克隆牛的肉、奶产品的安全性评估,初步认定克隆产品安全可靠。经过详细和深入的研究和评估,2006 年 12 月 28 日美国 FDA 公开宣布,克隆动物产品与普通动物产品一样安全,可以食用,并且无须标识。而最新研究也进一步证明了克隆动物产品的安全性。2007 年 1 月,著名美国华裔科学家杨向中教授在《自然生物技术》杂志发表论文,对克隆牛与非克隆牛的血液、肉、奶的组成以及生物化学组分进行了分析,发现克隆牛的肉、奶在组成成分及生理生化指标上与非克隆牛没有差别。他提出到目前为止,所有的材料表明通过核移植技术生产的克隆牛与通过常规育种方法(主要指人工授精和胚胎移植等方法)培育的牛,在生物安全评价指标上没有大的差异。而 Gotz Laible 等对转基因和克隆奶牛的奶样和奶酪进行了化学组成成分的分析。克隆牛与传统育种获得的牛奶中脂肪酸和氨基酸表达谱以及矿物质和维生素含量基本一致,并且与同一区域同一饲养条件下的奶牛参考指标类似。这些充分的证据将有利于美国食品与药物管理局对动物克隆产品的认可,从而加快大众对克隆动物食品的接受。虽然目前国际上一些大型奶业、肉制品公司出于自身经济利益反对克隆动物产品上市,而公众大多对克隆技术缺乏了解而一时难以接受克隆产品,但是随着克隆技术优势日益显现和人们对克隆技术的认识日益深入,克隆动物产品成为我们日常消费品将为期不远。

克隆技术要实现产业化,还必须在技术上不断改进,以提高克隆效率、降低克隆成本,并使技术本身更易于掌握。经过各国科学家对影响克隆效率的因素进行富有成效的研究,克隆效率已经从最初的 1%～5% 提高到了 10% 以上。日本科学家实现了对猪的连续克隆,获得了第4 代体细胞克隆猪,而美国科学家则对牛进行了连续两代的克隆,获得第 2 代克隆牛,标志着体细胞克隆技术本身日益成熟。而丹麦科学家 Gabor Vajta 教授对克隆技术进行了较大的改

进,摒弃了昂贵的显微操作仪,而采用普通显微镜即可完成核移植,从而简化了技术难度,大大减低了克隆成本。

克隆技术另一个引人入胜的用途则是生产那些繁殖力低下或濒临灭绝的动物物种。例如,人们希望通过体细胞克隆技术大量繁殖出我国的国宝——熊猫,虽然经过多次努力都未能获得成功,但是研究仍然在进行,相信在不久的将来,克隆熊猫将横空出世。另一种不能通过自身交配繁殖后代的物种——骡子,通过克隆技术也已培育出健康的克隆后代,从而为利用体细胞克隆技术大量生产繁殖力低的动物物种开辟了一条崭新途径。2007年,韩国科学家培育出的2只克隆狼(图12.1),则为体细胞克隆技术繁殖濒危野生动物物种的巨大应用前景做出了最好注解。有意思的是,韩国科学家利用克隆技术将灰狼的体细胞核移植到犬的卵子形成新的克隆胚胎,再将灰狼克隆胚胎移植到犬的子宫,怀孕期满后相继出生2只克隆灰狼。这一技术路线正是目前大多克隆濒危动物研究所采用的,但是迄今为止仅有韩国科学家获得成功。被克隆的灰狼是韩国环境部指定的一级野生保护动物,韩国境内已经有20年没有发现野生灰狼了。相信随着技术进步,其他濒危哺乳动物如熊猫、老虎、藏羚羊等都可通过克隆技术进行大量繁殖。

图 12.1 韩国科学家培育的 2 只体细胞克隆大灰狼(大灰狼为韩国一级野生保护动物)

12.1.1.3 动物生物反应器产品获准上市,新型生物制药产业即将形成

利用转基因技术将药用蛋白基因转入动物基因组中,培育出转基因动物后,转入的外源基因会在该动物的体液如乳汁中分泌出来,通过提纯外源药用蛋白制备成人用药物,即为动物生物反应器制药技术。该技术已经成为最新型的生物制药技术。2006年8月2日,世界上第1个利用转基因动物乳腺生物反应器生产的重组蛋白药物——重组人抗凝血酶Ⅲ(商品名:ATryn®)已经获得欧洲医药评价署正式批准上市,其获准的适应证是先天性抗凝血酶缺失症患者的深静脉血栓症和外科血栓栓塞症。据估计,该适应证全球潜在市场每年高达1.5亿美元。2009年2月,美国FDA首次批准了用转基因山羊奶研制而成的抗血栓药ATryn上市。该药物的获准上市,标志着动物生物反应器制药技术经过20多年的发展终于走向成熟,也标

志着动物生物反应器制药技术时代的来临,即将引发生物制药产业的革命。据美国权威机构预测,到 2015 年,转基因动物生产的重组蛋白产品销售额将达到 500 亿美元。

ATryn® 的主要成分——重组人抗凝血酶Ⅲ具有抑制血液中凝血酶活性和抗炎症活性,预防和治疗急慢性血栓血塞形成,对治疗抗凝血酶缺失症有显著效果。人抗凝血酶Ⅲ是一种人血液中重要的抗凝血因子,但是,作为药物很难从人血中提取该酶,而且由于该酶分子结构复杂,利用微生物发酵系统往往不能表达出这种酶或者表达出的重组蛋白活性丧失,而利用哺乳动物细胞培养体系成本太高,产量也较低,无法满足该药的临床需求。动物乳腺生物反应器制药技术是目前唯一能高效生产这类蛋白药物的方法。目前美国 GTC 公司正在与专业从事药物研发和国际化销售的丹麦 LEO 制药公司合作,进行 ATryn® 的市场推广。同时 GTC 公司正在开展 ATryn® 的其他适应证的临床研究。随着该药在美国和其他国家获准上市以及更多适应证的批准,其全球销售额将达 10 亿美元以上。目前全世界有二三十家公司致力于开发动物乳腺生物反应器重组蛋白药物。除重组人抗凝血酶Ⅲ外,目前世界上还有利用转基因绵羊、牛和兔乳腺生物反应器生产的人 α-抗胰蛋白酶(抗蛋白酶缺乏性肺气肿药物)、重组组织血纤维蛋白溶解原激活剂(抗栓药)和人 C1 抑制剂(治疗血管神经性水肿的药物)等重组蛋白也已经进入或完成临床Ⅲ期试验。

重组人抗凝血酶Ⅲ获准上市对于世界各地的动物生物反应器制药技术研究和开发而言,无疑是一剂强心针,激发了国际上动物生物反应器研究热潮。2007 年 8 月,加拿大 PharmAthene 公司的研究人员与美军化学防卫医药研究所合作,利用经过基因改良的转基因山羊奶可以制造出一种人体中特有的消化酶——丁酰胆碱酯酶。这种酶是对付神经毒气弹的强力解毒药,可以中和含有神经毒剂、杀虫剂和化学熔剂的有机磷酸酯的毒性,从而保护人类不受神经毒剂的侵扰。由于该酶在对付生化武器和恐怖袭击等方面具有巨大的应用前景,引起了广泛关注;同时美军已经与 PharmAthene 公司签订了 2.2 亿美元的合同,用于开发含该酶的解毒药物及其他相关药物。2011 年 4 月,阿根廷科学家宣称,培育出转有人胰岛素基因的转基因克隆奶牛,有望大规模生产临床用量大的重组人胰岛素,从而有效缓解糖尿病治疗中人胰岛素日益短缺的国际难题。更为有趣的是以培育出世界上第 1 只体细胞克隆绵羊"多莉"闻名于世的英国罗斯林研究所,近日又在动物生物反应器上取得重大突破:该所科学家成功培育出世界上第 1 批能在鸡蛋中同时生产 2 种药用蛋白的转基因鸡。这批转基因鸡的神奇之处在于,首先通过慢病毒载体技术制备出转基因小鸡,通过基因工程技术使重组蛋白被特异分泌到鸡蛋清中。这些技术都是世界上首次在转基因鸡制备上获得成功。这批转基因鸡所下的鸡蛋中含有人干扰素-1α 和一种用于治疗皮肤癌和关节炎等疾病的 miR24 抗体片段。这一重大科学突破展现了一种新的动物生物反应器制药技术,无疑为大规模生产药物提供了非常广阔的前景。

12.1.2　我国转基因动物产业化现状

中国农业大学、中国科学院、上海交通大学、西北农林科技大学、内蒙古大学等单位建立了体细胞克隆动物和转基因克隆动物生产技术平台,培育了一批优质种畜和一批转基因动物育种材料。

在新型生物技术研发上,中国科学家也不甘落后。复旦大学研究人员采用人重组腺病毒为载体表达 siRNA，并评估了其在猪 IBRS-2 细胞、豚鼠以及家猪中对口蹄疫病毒（FMDV）的抑制效应细胞。其结果表明，腺病毒能够完全抑制 FMDV 在细胞水平的复制；在豚鼠实验中，腺病毒的抑制效应亦十分显著，但无论如何改变实验条件动物均无法获得 100% 保护；在 FMDV 易感动物家猪中，颈部肌肉注射腺病毒能够明显减轻 FMD 疾病症状，降低血清中 FMDV 的抗体水平。这是世界上第 1 个有关 RNAi 在 FMDV 易感动物水平有效性的评估工作。上海转基因动物中心则初步建立了基于体细胞克隆的基因打靶技术。2006 年 3 月，该中心研究人员在《Journal of General Virology》发表论文报道，利用基因打靶技术获得敲除了一个 *PrP* 基因位点的体细胞克隆山羊，经过 3 个月观察这些基因敲除羊没有异常表现；该中心正在进行 *PrP* 基因位点双敲除研究。而莱阳农学院与日本山口大学合作利用 RNAi 与体细胞克隆技术在牛供体细胞中稳定整合了能够抑制 *PRNP* 基因表达的 shRNA 载体，培育成功 2 头转有抗疯牛病基因的转基因奶牛。目前，他们课题组正在对这 2 头转基因克隆牛进行体外攻毒实验以确定对疯牛病的抵抗效果。

12.1.2.1　我国动物转基因育种关键技术研究进展

转基因动物技术研究在农业领域有 2 个重要的应用方向即培育畜禽新品种和动物生物反应器制药。虽然转基因动物新品种培育研究起步较早，但是由于动物生物反应器制药技术前景更加诱人，而且更易实现产业化，众多研究机构将研究重点集中于此；直到最近几年，转基因动物育种研究才取得一些重大突破。

中国农业大学相继获得转有人乳铁蛋白、人乳清白蛋白、人溶菌酶等基因的"人乳化"转基因奶牛，种群数量已经达到 60 多头，而且这些人乳蛋白在每升转基因奶牛乳中含量都超过了 1 g。由于重组人乳蛋白具有比牛乳蛋白更高的抗菌、增强免疫力等功能，"人乳化"转基因奶牛新品种的培育成功，将有利于开发市场前景巨大的婴幼儿替代食品和功能性乳品。与此同时，重组人乳铁蛋白和人溶菌酶对于引起乳房炎的病毒具有较强的抑制作用，因此，有望培育抗乳房炎的转基因奶牛新品种。上海转基因动物研究所也获得了一批转有这些人乳基因的转基因山羊。青岛农业大学则通过体细胞克隆技术获得转有抗疯牛病基因的转基因克隆奶牛，抗疯牛病的效果正在进一步验证中。中国农业大学还通过基因敲除技术和体细胞克隆技术，实现了猪 Myostatin 基因单位点敲除，从而有望培育出瘦肉率高的转基因猪新品种。2011 年 3 月，天津农业科学院获得 4 只转有肌肉抑制素前肽基因的转基因山羊。如果该转基因能顺利高效表达，则可达到促进肌肉发育的目的，从而可培育产肉率高的转基因羊新品种。相对于研究进展，一个更令人振奋的消息是，在《国家中长期科学和技术发展规划纲要（2006—2020年）》中，将转基因动植物新品种培育作为我国今后 15 年内着重发展的 16 个重大专项之一。目前转基因动植物新品种培育重大专项即将启动，将对牛、羊和猪转基因技术研究和产业开发进行重点支持。通过专项的实施，我国转基因动物育种研究将得到飞速发展，动物育种水平将达到国际先进甚至领先，并有望形成具有国际竞争力的动物生物技术新型产业。

12.1.2.2　我国动物体细胞克隆及胚胎工程研究进展

我国动物体细胞克隆研究呈现遍地开花的态势，体细胞克隆技术在快速繁殖优质种畜的作用日益显现。

继 2005 年我国获得第 1 只体细胞克隆猪之后，中国农业大学又成功克隆了欧洲哥廷根医用小型猪，为培育我国具有自主知识产权和国际认可的医用小型猪新品种奠定了基础。与此同时，东北农业大学、上海农业科学院畜牧研究所、广西畜牧研究所等都相继获得体细胞克隆猪,而且这些研究单位不约而同地对我国优良地方猪种进行克隆,如东北民猪、巴马香猪等(图12.2),对于保护地方猪种遗传资源,快速繁殖地方猪种中最优良的猪种具有重要意义。

在克隆羊研究方面,继西北农林科技大学、上海转基因动物研究所、中国科学院等之后,天津农业科学院畜牧所、内蒙古大学等单位也加入克隆羊研究热潮中,相继获得健康存活的体细胞克隆羊,标志着这项技术难度较高的技术已经不断改进,变得越来越易于掌握,这正是其走向产业化的关键之一。

(A) 我国第1头体细胞克隆猪——五指山小香猪

(B) 克隆东北民猪

(C) 克隆欧洲哥廷根医用小型猪

(D) 克隆巴马小型猪

图 12.2　我国科学家培育的部分体细胞克隆猪

另外,新疆维吾尔自治区畜牧科学院在国内首次成功地进行了毛驴的胚胎移植,对于繁殖力较低的毛驴来说,可以加速优质种驴繁殖,加快毛驴品种改良。北京畜牧兽医研究所则实现了胎兔的体细胞克隆,其克隆效率要显著高于成年兔体细胞克隆。

12.1.2.3　我国动物生物反应器研究进展

动物生物反应器技术是利用转基因技术在动物乳腺等组织中大规模生产珍贵蛋白质的一种高新技术,是目前最新最具前景的生物制药技术。动物生物反应器技术是一个跨学科的系统工程,涉及基因克隆、转基因动物制备、蛋白纯化、临床试验等多个环节。目前,国际上第1个转基因动物生物反应器生产的重组蛋白药物已经上市,动物生物反应器制药产业即将形成,而我国与国际领先水平的差距主要体现在技术难度更高、资金投入更大的蛋白纯化和临床试验等研究上。但是,通过近几年的努力,我国科学家在动物生物反应器技术研究方面已经取得可喜的成绩。

1. 奶牛生物反应器研究进展

中国农业大学和北京济普霖生物技术有限公司联合研制出 60 多头转有人乳铁蛋白基因、人乳清白蛋白基因、人溶菌酶等转基因克隆奶牛。这些外源基因均在转基因奶牛乳腺中获得高效表达,其中重组人乳铁蛋白和人乳清白蛋白的含量分别达到 3.4 g/L 和 1.5 g/L。这些人乳蛋白转基因奶牛的研制成功为我国开发出"人乳化"牛奶提供了保障,并为培育转基因奶牛新品种和转基因动物生物反应器奠定了基础(图12.3)。该课题组还通过建立转基因奶牛快速繁育体系,成功获得第2代转基因公牛。这些转基因公牛将可用于繁殖大量转基因奶牛生产群,有望在2～3年将转基因牛群扩繁至5 000头规模,可满足重组人乳蛋白药品和保健食品的需求。目前,该研究小组开发的4种转基因奶牛均已获得农业部转基因生物安全评价中试批件,进入环境释放阶段,以证明这些转基因奶牛可否用于生产安全营养的"人乳化"牛奶;同时进行了相关蛋白的纯化和临床前研究,有望在未来3～5年开发出人乳蛋白的保健食品和新型药物。

图 12.3　"人乳化"转基因奶牛群体

目前,内蒙古大学也已开展了转基因牛动物生物反应器的研发,建立体细胞克隆牛和转基因牛生产技术体系,并已通过成果鉴定,研究水平达到国际先进水平。该研究组培育我国第1头转有人胰岛素基因的转基因克隆牛(图12.4),目前重组人胰岛素在牛乳腺表达情况正在检测之中。一旦重组人胰岛素获得大量表达,有望开发出重组人胰岛素产品,以解决我国乃至全世界人胰岛素供应不足的难题。

图 12.4　人胰岛素转基因牛

(图片引自互联网)

2. 家蚕生物反应器研究进展

就在国内外研究者将目光集中在转基因奶牛和转基因山羊等大动物时,浙江大学科学家则另辟蹊径,利用家蚕生物反应器实现了我国动物生物反应器研究的重大突破。该研究小组经过14年努力,将转基因家蚕生产的"巨噬细胞-粒细胞集落刺激因子(hGM-CSF)"开发成口服型生白口服药物"瑞福康",攻克了蛋白质药物口服这一世界性难题。该药物于2003年进入临床Ⅰ期研究,是中国第1个进入临床试验的动物生物反应器蛋白质药物。目前该药物正在进行临床Ⅱ期研究,有望成为我国第1个动物生物反应器重组蛋白药物产品。早在1998年,浙江大学、浙江海宁丝绸集团公司等单位共同组建浙江中奇生物药业股份有限公司,联合开发用家蚕生物反应器生产基因工程 hGM-CSF 口服药物,目前已完成 GMP 厂房的建设和生产线的安装,年生产能力为3 000万粒胶囊(参考图12.5)。此外,该公司的人促红细胞生成素(rhEPO)胶囊和人表皮生长因子片剂已完成动物试验,处于申报临床试验阶段。

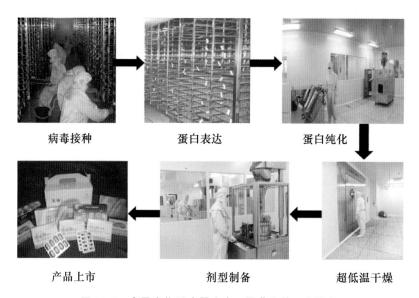

病毒接种　　　　　蛋白表达　　　　　蛋白纯化

产品上市　　　　　剂型制备　　　　　超低温干燥

图 12.5　家蚕生物反应器生产口服药物的工艺流程

3. 动物生物反应器产业化进展

由于巨大的市场前景,我国动物生物反应器技术的研究与开发从一开始就面向市场,可以说,动物生物反应器技术研发过程也是动物生物反应器产业化推进过程。

(1)政府资金和社会资金共同推动产业发展

在动物生物反应器产业化过程中,不仅有国家和地方政府对于动物生物反应器大力资助,而且有大量社会资金进入这个全新的生物产业,共同推动动物生物反应器研发取得了丰硕成果。

与其他新兴产业一样,动物生物反应器技术研究初期,主要是国家和地方政府进行资助。我国国家高科技发展计划("863"计划)从"九五"期间就开始资助启动转基因动物和动物生物反应器研究;"十五"期间更是将"生物反应器"列为重大专项加以支持,获得了一批高效表达重组药用和保健蛋白的转基因牛、转基因羊,建立了一批转基因动物研究中心和基地,家蚕生物反应器重组蛋白产品已经进入临床Ⅱ期研究;在新的一个5年计划中,动物生物反应器再次被列为"863"计划重点项目重要内容,预计"十一五"末动物生物反应器产品将走向市场,其产业也将初具规模。与此同时,北京市、上海市等地方政府也对动物生物反应器研究给予大力支持。更令人振奋的是,《国家中长期科学和技术发展规划纲要(2006—2020 年)》中所提出要着重发展的转基因动植物新品种培育重大专项即将启动,无疑对于转基因动物育种和动物生物反应器产业化进程将起到巨大推动作用。

当动物生物反应器产业发展到一定阶段,敏锐的投资者纷纷介入其中,与研究团队或研究机构组建现代化生物技术企业,共同开发市场前景巨大的动物生物反应器重组蛋白产品。目前,我国动物生物反应器研究基本都有公司参与,而且都是由研发团队技术入股和投资者资金入股共同组建。社会资金的进入,对于研究成果从实验室走向市场,无疑具有无可替代的作用。最具代表性的就是从事家蚕生物反应器产品开发的浙江中奇生物药业股份有限公司。我国家蚕生物反应器领军人物张耀洲教授最初主要依靠不多的科研经费,开展家蚕生物反应器研究,当其研发的生白口服药物前景初现端倪时,也正是研发最困难时期,眼光独到的浙江省海宁丝绸集团有限责任公司投入大量资金支持张教授继续研究,并与浙江大学等共同组建了浙江中奇生物药业股份有限公司,使得家蚕生物反应器产品研发进入飞速发展期。该公司目前开发的生白药物已经进入临床Ⅱ期试验的后期,一旦获准上市,将为投资者带来丰厚的利润。目前从事奶牛生物反应器产品开发的北京济普霖生物技术有限公司和上海滔滔转基因工程股份有限公司、从事山羊生物反应器产品研发的上海杰隆生物工程有限公司和青岛森淼实业有限公司等,都已经成为我国动物生物反应器产业开发的中坚力量。

(2) 基地建设成为支撑产品研发和产业发展的关键之一

动物生物反应器制药技术与其他生物制药技术不同之处在于,原料来源于活体的转基因动物。因此,必须建立转基因动物的生产、饲养、扩繁及产品提取基地,为动物生物反应器技术研究和产品开发提供支撑,同时将保障该产业长期持续稳定发展。北京济普霖生物技术有限公司与中国农业大学合作,建立了我国最大的转基因奶牛基地,占地 20 hm²,可饲养 1 000 头以上转基因牛。上海交通大学医学遗传研究所与上海滔滔转基因工程股份有限公司合作,建立了转基因动物基地,占地 66 hm²(13 hm² 研发基地,53 hm² 饲料种植基地);建立了配备先进仪器设备的科研大楼、胚胎实验楼、SPF 级小动物实验房等。浙江中奇生物药业股份有限公司则建立了国际上第 1 个家蚕(蛹)生物反应器中试基地,一次处理蚕蛹 18 t。随着产业的发展,这些转基因动物基地将得到完善和进一步发展,将为我国动物生物反应器产业长远发展提供强有力的支撑(图 12.6)。

(A) 转基因牛场　　　　　　　　　　(B) 转基因羊场

图 12.6　现代化转基因动物基地

（3）自主知识产权为新兴产业发展提供强劲动力

动物生物反应器制药技术是一种涉及基因克隆、载体构建、转基因动物制备与繁殖、分子检测、重组蛋白表达检测、重组蛋白纯化、重组蛋白产品安全和功能评价等多个环节的高新技术，具有技术含量高、国际竞争激烈等特点。我国动物生物反应器开发者在研究和开发过程中，就非常注重自主创新和知识产权保护。近几年来，我国每年在转基因动物生物反应器研究领域申请发明专利20多项、授权专利10多项。目前，每个产品开发基本都有一系列专利支撑。例如，北京济普霖生物技术有限公司开发的"人乳化"牛奶，涉及人的乳铁蛋白基因全序列及其调控元件、提高转基因动物生产效率的方法等国家发明专利；浙江中奇生物药业股份有限公司开发的生白口服药物"瑞福康"涉及家蚕生产基因工程生白细胞药物的方法等发明专利。这些发明专利的取得，标志着我国动物生物反应器产业走的是自主创新之路，将为这一新兴产业的腾飞提供强劲动力。

（4）产品进入安全评价和临床功能评价阶段

动物生物反应器产品包括药品和保健食品，在上市前必须经过严格的安全评价和临床功能评价，而且由于涉及转基因动物，还需通过转基因生物安全评价。据国家农业转基因生物安全管理办公室统计，2007年共有9项涉及转基因动物的转基因生物安全评价申请，其中5项为申请进入安全评价第1阶段即中间试验阶段，以评价转基因动物自身安全性；另外4项为申请进入安全评价第2阶段即环境释放阶段，以对转基因动物及其产品对于自身安全、周围生物及环境安全的影响进行评价。一旦通过生物安全评价最后阶段即生产性试验，即可进入相关产品的试生产和生产，从而走向市场。

在产品开发方面，家蚕生物反应器生产的口服生白药物"瑞福康"，于2003年获得国家食品药品监督管理局批准，进入临床Ⅰ期研究。这是中国第1个进入临床试验的动物生物反应器蛋白质药物。临床Ⅰ期研究结果显示，受试者给药后无不良反应，表明Ⅰ期临床合格。该药物于2005年7月开始获准进入临床Ⅱ期研究。而利用奶牛乳腺生物反应器生产的"人乳化"牛奶、生物补铁剂等产品也已进入临床前试验。预计到"十一五"末，我国动物生物反应器产品将进入市场。我国动物生物反应器技术离实现产业化已经为期不远了！

12.2 转基因克隆动物产业化相关公司的发展现状

12.2.1 转基因克隆动物产业化市场概述

转基因动物研究已有20多年的历史。其研究方向、生物安全、应用水平和产业化程度一直受到世人的关注。自20世纪90年代以来，各种生物公司纷纷加快转基因克隆动物产业化进程。经过十几年的研发和安全性审查，21世纪转基因克隆动物开始真正进入产业化。2004年，美国率先批准了观赏用的转基因鳉鱼商业化生产。2006年和2009年，来源于转基因山羊的重组蛋白药物相继在欧洲和美国获准上市。2010年，利用转基因兔生产的另一种重组蛋白药物也被欧盟药监局批准。转基因技术已经成为培育动物新品种和蛋白药物生产的主要手段之一。目前国内外的转基因克隆动物产业化公司按业务范围来分，主要有3个类型。一是动物生物反应器产业公司，主要指以牛、羊、兔等动物的乳腺或者鸡的输卵管作为生物反应器生产目的蛋白的公司。二是体细胞克隆产业公司。这其中又分2种,即农业动物克隆和宠物克隆商业化公司。三是转基因动物育种产业公司,主要指通过对动物进行基因编辑使其成为优良新品种的公司。这3种类型的公司使用的技术具有很多共同点,面对的市场前景和发展状况虽各有不同,但总体都呈上升势头。

12.2.2　国内外转基因克隆动物产业化公司

12.2.2.1　动物生物反应器产业公司

利用动物作为生物反应器的公司大都是利用其乳腺的分泌功能。外源基因在转基因动物体内的最佳表达场所就是乳腺。因为乳腺是外分泌器官,乳汁不进入体内循环,不会影响转基因动物本身的生理代谢。从转基因动物的乳汁获取的目的基因产物具有产量高、易提纯的优势。同时表达的蛋白质经过充分的修饰加工,具有稳定的生物活性。因此,通过这种方式生产目的蛋白又被称为转基因动物乳腺反应器。利用转基因动物乳腺生物反应器来生产基因药物从生产上来说,具有投资成本低、药物开发周期短和经济效益高的优点。目前,一种新药从它的研制、开发、审批到上市需要10~15年的时间,而用转基因动物乳腺生物反应器的话,只需要8年左右。基于以上各种优点,目前世界上有很多以动物生物反应器来生产各种蛋白、小分子产品的公司(表12.1)。

以美国GTC公司为首的一些大型的生物技术公司都选择了奶牛和羊这种产奶量大的动物作为实验对象,还有的如Pharming公司用到了兔。现在也有一些公司如Avigenics用鸡的输卵管来生产含有药物蛋白的"金鸡蛋"。本处以几个例子从侧面表明生物反应器潜在的庞大市场和发展情况。

1. 山羊成为药物工厂

最初,GTC公司利用显微注射法来制造转基因山羊。科研人员首先将药用蛋白的基因和激活基因一起注射到胚胎的细胞核里面。然后含有外源基因的胚胎被移植到另一只雌性山羊的子宫里发育成熟。等小山羊出生以后鉴定是否为阳性,得到的转基因山羊发育成熟以后分泌的乳汁里面就会含有药用蛋白。最后,对蛋白质进行分离纯化,就可以得到蛋白质药物等目标蛋白。成熟的转基因山羊可以与非转基因山羊配种,得到带有药用蛋白基因的后代羊群。然而,显微注射法的效率低下,每次都只有1%~5%的胚胎能成功转变为转基因动物。后来,在投资新一代药物时,GTC公司采用了体细胞核移植技术,先得到带有药物基因的阳性细胞系,再移植到代理孕母的子宫里生出转基因山羊。具体的流程见图12.7。

GTC公司从20世纪90年代末开始就着力于用山羊乳腺作为生物反应器。CEO考克斯说,如果利用仓鼠细胞来生产蛋白质药物,所需的资金在4亿~5亿美元,而用转基因山羊只需要0.5亿美元就能研发出同样的药物。GTC公司开始主要致力于研发生产ATryn蛋白,即转基因抗凝血酶。ATryn的用途广泛,既能用于冠状动脉旁路手术,又能治疗烧伤、败血病等。这样做有两大优点:一是可以改善血液供给;二是不会感染人类传染性疾病(直接从人类血液里分离得到的抗凝血酶可能携带病原体)。GTC公司的CEO考克斯估计,ATryn每年将带来约7亿美元的收益。GTC公司很早就完成了必需的临床实验,但是在2000年底,当FDA(美国国家食品与药品监督管理局)要求他们提供更多的数据时,GTC公司当时的首席执行官——桑德拉·努西诺夫·莱尔(Sandra Nusinoff Lehrman)没有坚持这个计划。2001年,新

表 12.1　转基因克隆动物产业化相关公司一览表

公司名称	总部所在地	主要业务范围	动物品种	产　品	网　址
GTC	美国马萨诸塞州	动物生物反应器、转基因动物育种	牛、山羊、绵羊	蛋白抑制子/激活因子、路易斯单抗、可溶性受体 CD4、胰岛素原	http://www.gtc-bio.com/
Hematech	美国南达科塔州	动物生物反应器	牛	TC Bovine™	http://www.hematech.com/
PharmAthene	美国马里兰州	动物生物反应器	山羊	生化反恐山羊奶	http://www.pharmathene.com/
Avigenics	美国佐治亚州	动物生物反应器	鸡	α-干扰素、人血清白蛋白	http://www.origentherapeutics.com/
Geneworks LLC	美国密歇根州	动物生物反应器	鸡	多种抗体	
Origen Therapeutics	美国加州	动物生物反应器	鸡	人单/多克隆抗体	http://www.origentherapeutics.com/
TransXnoGen	美国马萨诸塞州	动物生物反应器	鸡	人单/多克隆抗体	
Wyeth-Ayerst	美国宾夕法尼亚州	动物生物反应器	牛、羊	人治疗、免疫力相关蛋白·抗体	http://www.wyeth.com.cn/chs/index.asp
Genentech	美国加州	动物生物反应器	牛、羊	肿瘤治疗相关药物	http://www.biooncology.com/index.html
Charles River Laboratories Inter. Inc.	美国马萨诸塞州	动物生物反应器	牛、羊	药用蛋白、辅因子	http://www.criver.com/en-US/Pages/home.aspx
Advanced Cell Technology	美国马萨诸塞州	动物生物反应器、治疗性克隆	牛、羊	治疗性蛋白、干细胞	http://www.advancedcell.com/
AquaBounty Technologies Inc.	美国马萨诸塞州	转基因动物育种	鲑鱼	AquAdvantage® 鲑鱼	http://www.aquabounty.com/
Via Gen	美国德克萨斯州	克隆性畜业、宠物细胞保存	牛、马、猪	克隆动物、CryoSure™、AnguSure™	http://www.viagen.com/

续表 12.1

公司名称	总部所在地	主要业务范围	动物品种	产品	网址
Trans Ova Genetics	美国爱荷华州	克隆性畜业	牛	提供转基因克隆技术及动物	http://www.transova.com/
Genetic Savings&Clone	美国加州	宠物克隆	猫	提供宠物克隆服务（已停止）	公司关闭
BioArts	美国加州	宠物克隆	猫，狗，珍稀动物	提供宠物克隆服务（已停止）	http://www.bioarts.com/
Vivalis	法国圣艾尔布兰	动物生物反应器	鸡	人单/多克隆抗体	http://www.vivalis.com/en/
BioProtein Technology	法国巴黎	动物生物反应器	兔	人单/多克隆抗体	http://www.bioproteintech.com/
Pharming N. V.	荷兰莱顿	动物生物反应器	牛，兔	人乳铁蛋白，人溶菌酶	http://www.pharming.com/index.php
Nexia Biotechnologies	加拿大魁北克省	动物生物反应器	山羊	生物钢	http://www.nexiabiotech.com/en/00_home/index.php
PPL Therapeutics Plc	英国爱丁堡	动物生物反应器，异种器官移植	牛，羊，猪	治疗相关蛋白，辅因子	www.ppl-therapeutics.com
济普霖生物技术有限公司	北京	动物生物反应器，转基因动物育种	牛，羊，猪，鸡	提供转基因克隆动物技术，人乳铁蛋白等重组蛋白	
布莱凯特牧业科技有限公司	山东省高青县	转基因动物育种	牛	优质肉牛	http://www.sdnys.gov.cn/art/2009/6/25/art_2302_9581.html
科龙畜牧产业有限公司	山东济宁市	克隆性畜业	牛	优质肉牛奶牛	http://www.kelongxm.com/
森森实业	山东青岛市	动物生物反应器	牛，羊	β-干扰素，乙肝表面抗原，抗凝血酶素	http://www.samuels.cn/aboutus.htm
RNL Bio	韩国	宠物克隆，干细胞治疗	狗	提供宠物克隆服务	http://www.rnl.co.kr/eng/main.asp

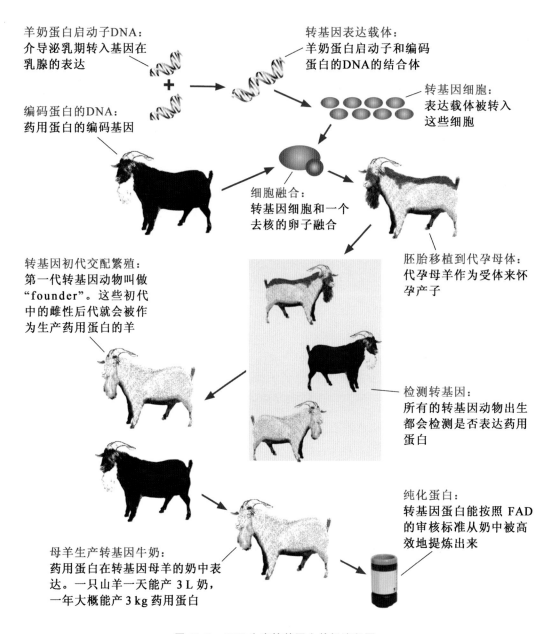

羊奶蛋白启动子DNA：
介导泌乳期转入基因在
乳腺的表达

转基因表达载体：
羊奶蛋白启动子和编码
蛋白的DNA的结合体

编码蛋白的DNA：
药用蛋白的编码基因

转基因细胞：
表达载体被转入
这些细胞

细胞融合：
转基因细胞和一个
去核的卵子融合

转基因初代交配繁殖：
第一代转基因动物叫做
"founder"。这些初代
中的雌性后代就会被作
为生产药用蛋白的羊

胚胎移植到代孕母体：
代孕母羊作为受体来怀
孕产子

检测转基因：
所有的转基因动物出生
都会检测是否表达药用
蛋白

纯化蛋白：
转基因蛋白能按照 FAD
的审核标准从奶中被高
效地提炼出来

母羊生产转基因牛奶：
药用蛋白在转基因母羊的奶中表
达。一只山羊一天能产 3 L 奶，
一年大概能产 3 kg 药用蛋白

图 12.7　GTC 生产转基因山羊奶流程图

的 CEO 杰弗里·考克斯(Geof-frey Cox)决定继续开发转基因抗凝血酶 ATryn。

　　在此过程中，GTC 公司也遭遇了许多挫折：合作公司纷纷离开，股票市值低于 1 美元，流动资金迅速消耗，甚至 2003—2004 年公司的结构重组。但是这些并没有阻挡 GTC 公司对动物生物反应器研究的前进步伐。除了 ATryn，他们还对其他的蛋白药物进行了研究，如 α-1-抗胰蛋白酶。FDA 在 2009 年 2 月 6 日首次批准了用转基因山羊奶研制而成的抗血栓药物 ATryn 上市。这标志着乳腺生物反应器巨大的市场终于打开，后续各种类似药物的审批会加快步伐，加速上市。

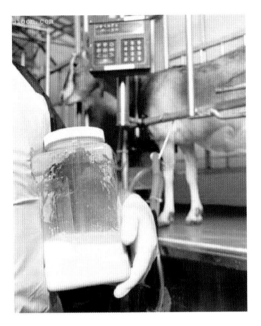

图 12.8 GTC 转基因山羊奶

在药物蛋白制造过程中,人们担心其混杂含有害蛋白的成分。但是到目前为止,ATryn还没有在病人体内引起任何不良的免疫应答。而 FDA 的批准更如同一块金字招牌。为了照顾这些转基因山羊,GTC 公司也是花了许多力气。GTC 公司先从新西兰引进了无羊瘙病的山羊品种,再在美国马萨诸塞州的查尔顿市找到了一块 20 hm² 的土地,然后把这些山羊圈养在 12.6 hm² 的区域内。为了减少动物间的交叉感染,山羊统一由人工饲养,不进行野外放牧。GTC 在 300 多只转基因山羊中,挑选出了 30 只专门用于生产 ATryn。另外 1 200 只非转基因山羊则用于配种繁殖。现在,山羊已经成为新的药物工厂,GTC 的羊奶已经价值千金(图 12.8)。

但是人们对于转基因牛、转基因羊生产的蛋白类药物仍然怀有一定疑虑。这主要集中在蛋白类药物纯化的安全问题。苏格兰的 PPL 公司利用转基因绵羊生产的 α-1-抗胰蛋白酶就出现了安全问题。在一次临床试验中,研究人员以呼吸道给药的方式,将转基因 α-1-抗胰蛋白酶用于病人。结果发现,在有些病人的肺部出现了异常症状。得知结果后,PPL 公司立即终止了临床试验。导致异常情况的可能是因为 PPL 公司的蛋白质纯化工艺不过关,在 α-1-抗胰蛋白酶中还残留了有害的动物蛋白。不过 PPL 公司的挫折并不能影响整个行业前进的趋势。荷兰 Pharming 公司计划申请上市利用转基因兔奶生产一类治疗遗传性血管性水肿的药物,美国 PharmAthene 公司正在研发使用转基因山羊的奶生产治疗神经毒气中毒的药物。

2. 山羊奶生产防毒药品

随着国际社会对和平的渴望越来越强,反恐成为各国政府的一项重要事务。目前,美国疾病防疫部门已经为 PharmAthene 生物科技有限公司拨款 10 500 万英镑来专门从事生物反恐方面的研究。这项研究是利用转基因山羊奶中提纯出的药物来保护部队在战场上不受神经性毒气的侵害,也可以作为军队化学武器储备。

研究人员目前已从山羊奶中提纯出了这种药物。它可以中和包含有神经毒剂、杀虫剂和化学溶剂的有机磷酸酯,从而保护人们不受神经毒气的侵扰(图 12.9)。PharmAthene 公司表示,从酵母、细菌再到哺乳动物细胞中得到这些药物都花费了大量时间研究,而它们都只能产出几毫克的药品。而通过转基因山羊的乳腺产奶,可以得到每升 2~3 g 的产量。这种药物是一种在人体中含量很少的消化酶。研究人员把人的这个基因转入母山羊胚胎中。这样,母山羊就可以大量提供含有这种消化酶的奶。

研究人员从羊奶中提炼出这种消化酶,并把它移植到猪的体内,发现这种蛋白在猪的体内仍然具有活力。PharmAthene 公司的兰格曼博士表示,这种名叫 Protexia 的商用药品比其他军队防毒气的常规药品更有效。他说:"现在部队的常规防神经性毒气药品很快就会从血液中分离,在这样的情况下,即使官兵能够幸存下来,也很容易造成非常严重的神经损伤。而使用这

图 12.9　山羊奶中提取的药品保护士兵不受神经性毒气侵害

（图片引自互联网）

种 Protexia 药品的话，官兵不仅可以活下来，并且还可以重返战场。"但目前这种新型药品还需要经过严格的药品检查，并获得美国政府批准之后才可面世。除此之外，PharmAthene 公司还于 2009 年 9 月发表了第 3 代炭疽病疫苗初步实验结果，这方面的研究也有望得到更好的应用。

3. 山羊奶生产人造蛛丝

长期以来，科学家一直在研究如何大量制造蜘蛛丝的方法。外观上又细又柔软的蜘蛛丝却具有极好的弹性和强度。其原因，一是蜘蛛丝中具有不规则的蛋白质分子链，这使蜘蛛丝具有弹性；二是蜘蛛丝中还具有规则的蛋白质分子链，这又使蜘蛛丝具有强度。

丹麦阿赫斯大学的研究人员发现，蜘蛛造丝的蛋白质与酸接触时，它们之间会相互叠合，连接成链状，从而使丝的强度大大增加。美国麻省的国家陆军生物化学指挥中心和加拿大 Nexia Biotechnologies 公司从蜘蛛身上提取蛛丝基因植入山羊体内，让羊奶含有蜘蛛丝蛋白，再利用特殊的技术，将羊奶中的蜘蛛丝蛋白纺成人造基因蜘蛛丝（图 12.10）。这种丝又称为生物钢。用这种方法生产的人造基因蜘蛛丝比钢强 4～5 倍，而且具有如蚕丝般的柔软和光泽，可用于制造高级防弹衣。生物钢的用途广泛，还能制造飞行器、坦克、雷达、卫星等装备的防护罩等，具有很大的市场前景。

图 12.10　山羊奶生产人造蜘蛛丝

4. 母鸡产下"金鸡蛋"

除了牛、羊等大动物的乳腺,鸡的输卵管也是一个很好的生物制药场所。美国生物制药公司 Viragen 正在和罗斯林研究所合作研制克隆母鸡。这种经过基因改造的母鸡下的蛋可用来生产抗癌药。同时佐治亚州的 AviGenics 公司说,其已经研制出能够产下含抗癌蛋白质鸡蛋的母鸡。密歇根州的 GeneWorks 公司也表示,其饲养场里有 50～60 只基因改造母鸡,其中部分鸡下的蛋里含有人体生长素。这些公司的工作实际上是对母鸡进行基因编辑,然后把每只母鸡都转变成一个活动的制药厂。研究人员希望基因改造母鸡产出的鸡蛋蛋白中含有一种药用蛋白质,可用于治疗皮肤癌和肺癌。这种蛋白质的抗癌功效已经在美国生物制药公司 Viragen 的研究中得到证明。由于人工合成这种蛋白质成本很高且产量很低,而用基因改造母鸡下这种"药用鸡蛋"再从蛋白中提纯想要的药物蛋白就能达到批量生产的目的。研发转基因母鸡就是一项技术难题,不过罗斯林的科学家们之前就已经发现了向鸡的胚胎里注射新基因从而得到基因改造母鸡的方法。可以预想到,在不久的将来这种含有药用蛋白的鸡蛋将会身价百倍成为"金鸡蛋"(图 12.11),为人类的医学发展和健康带来福音。

图 12.11　转基因母鸡产下的鸡蛋中含有药用蛋白

12.2.2.2　体细胞克隆产业公司

近年来国内外以体细胞克隆为主要方向的公司发展得很快。其原因如下:

①动物体细胞克隆可以复制出数量巨大的优良个体,因此,动物克隆技术可以应用于畜牧业育种上。

②如果将个体克隆技术用于能够生产特殊医药蛋白的转基因动物,将会产生巨大的经济效益。

③可以建立稳定的动物疾病模型,能用于研究人类疾病的发病机理,用于药物试验,研发新药。

④利用动物克隆技术可以获得足够量的动物器官用于人类器官移植,而不必再利用人的器官,这将拯救许多人的生命。

⑤动物克隆技术还可用于延缓珍稀濒危动物的灭绝。

⑥克隆宠物商业化公司,为客户提供宠物克隆服务。

2001年,美国德州农业和机械大学成功地培育出全球第1只克隆猫,它的名字叫做"CC"。科学家采用英国制造克隆"多莉"的方式,从成年母猫的卵丘取出细胞染色体,再植入去核的卵细胞形成复制胚胎。2005年,韩国汉城国立大学兽医学院的科学家率先在世界上首次成功进行了犬的克隆。这只雄性的阿富汗猎犬小宝宝名叫"斯奴比",它出生在2005年4月24日。"斯奴比"是韩国科学家利用干细胞移植手术成功培育出的全球首只克隆犬。这项技术突破有助于治疗人类多种疾病。汉城国立大学的黄禹锡教授认为,克隆犬可对一些人和犬共患疾病的了解提供一个很好的途径。他解释说,利用克隆犬的同源性,可对如高血压、糖尿病、乳癌和先天性心脏病等遗传基因引起的疾病进行更有效地研究。他们希望有一天这种技术能用于治疗糖尿病、阿尔茨海默病和帕金森综合征等疾病。

1. 克隆猫、犬:找回失去的宠物伴侣

美国"遗传存储与克隆"公司2004年8月5日宣布,该公司采用克隆新技术成功克隆了2只猫。据当地媒体报道,这2只名为"塔布利"和"巴巴·嘉奴氏"的小猫分别是借腹孕育。它们于今年6月在美国诞生,目前情况良好。据悉,美国"遗传存储与克隆"公司这次克隆猫采用的是染色质转移技术。这种技术比传统克隆技术更安全有效,克隆出的动物与基因提供者之间的相像度很高(图12.12)。

传统克隆过程是首先提取含有DNA的细胞核,把它植入另外一个去核的卵细胞中,利用微电流刺激等手段使两者融合为一体,然后促使新细胞分裂发育成胚胎。当胚胎发育到一定程度后再被植入动物子宫中使动物怀孕,产下与提供细胞核者基因相同的动物。这种技术成功率很低,大多数情况下细胞会死亡,或者克隆出畸形动物。但"遗传存储与克隆"公司使用是染色质移植。研究人员首

图 12.12　克隆宠物猫
(图片引自互联网)

先去除细胞核的外部物质,而后将细胞核内染色体中的某些调节蛋白质和染色体周围的蛋白质去除,最后再将剩余部分植入去核卵细胞。这项技术的目的是使克隆胚胎与正常胚胎差异更小。该公司声明指出,如果克隆过程由训练有素的研究人员利用尖端技术进行,那么克隆动物和其基因提供者之间会相像到"不可思议的程度"。自从克隆出第1只猫和犬这类宠物动物至今,已经有至少40条犬(参考图12.13)和更多的猫被克隆出来。

2. 农业动物克隆

1996年7月5日,英国苏格兰罗斯林研究所胚胎学家维尔穆特博士和他领导的基因小组在绵羊无性繁殖技术领域取得重大突破,成功获得全球第1只复制的哺乳类动物——克隆羊"多莉"(图12.14)。

据维尔穆特博士介绍,他的研究小组从一只母羊乳房上提取一个乳腺细胞,把该细胞内的核与从另一只母羊身上提取的去核卵子进行电融合形成胚胎,并把此胚胎移入另外一只母羊

子宫内培育,便顺利生下了"多莉"。"多莉"是其"基因母羊"的完全复制品,其所有生物特性与提供细胞核的羊保持一致。不过由于当时的基因技术相当粗疏,"多莉"先天不足,体弱多病,活至2003年因多个器官衰竭而死。

图12.13 克隆宠物犬

图12.14 克隆羊"Dolly"

克隆羊(包括山羊和绵羊)对人类有很多好处。例如,克隆出来的绵羊可以依靠基因工程生产出治疗人类疾病有用的药物。就在1997年,即"多莉"出世的次年,苏格兰罗斯林研究所共事的维尔穆特与坎贝尔又再复制出一对带有人类基因的绵羊"宝利"(Polly)。"宝利"成年后的乳液含有一种血凝结蛋白质(blood - clotting protein),可以廉价制造医治血友病(hemophilia)的药。此外,对于绵羊,科学家可以选择那些毛质好、产量丰富的绵羊进行克隆和遗传学上的改造,从而育出最好的最令人满意的毛类产品。同样,有些克隆出来的山羊可以生产出更高质量的羊奶和肉类产品。科学家相信,未来将会有更多的克隆山羊出现,以满足人们不断扩大的肉类消费的需求。

克隆羊之后紧接着是克隆牛。1998年,日本科学家用子宫和输卵管细胞成功地克隆了牛。1998年7月5日,日本科学家宣布,他们利用成年动物体细胞克隆的2头牛犊5日顺利诞生。日本石川县畜产综合中心与近畿大学畜产学研究室在宣布这一成果时指出,这2头牛犊是利用与克隆"多莉"羊相同的细胞核移植技术克隆成功的。科学家利用克隆技术可以对我们最想要的这些动物进行选择性克隆和繁殖,可以使产肉量高、肉质好的肉牛或是产奶量高、奶质营养丰富的奶牛品种更好地延续下去。美国2家最大的克隆公司即Via Gen和Trans Ova Genetics为繁殖目的克隆牛提供服务。这2家公司已经为美国的饲养者们培育了600多头克隆动物,其中包括优质奶牛和公牛的"复制品"。ViaGen公司每年可以克隆150头奶牛,而Trans Ova Genetics公司在2007年就克隆了250头牛。克隆牛的市场目前已经发展了起来,有多家公司都在提供优质品种的克隆服务。

除了克隆牛之外,克隆猪的研究也有着重要的意义。克隆猪一方面可以为人类疾病模型及异种器官移植研究提供理想材料,另一方面可以作为保存及改良品种的重要手段,提供更多优质肉食品。2000 年 3 月,英国 PPL 公司宣布培育出世界首批克隆猪,2001 年 4 月宣布克隆出第 1 批体内含有外源基因的转基因猪(参考图 12.15)。2001 年 12 月 25 日,PPL 公司培育出了 5 只转基因克隆猪。它们体内的 2 个 α-1,3 半乳糖转移酶基因,有一个处于被"关闭"状态。这是异种器官移植研究领域的又一重要进展。PPL 公司发布的新闻公报说,这 5 只小猪是该公司设于美国弗吉尼亚州的子公司的研究人员培育出的,它们都是雌性。研究人员说,这个基因控制产生一种酶,使猪细胞表面产生一种糖类物质。当猪器官或细胞被异种器官移植时,人类免疫系统能识别这种糖,从而产生强烈的排异反应。这是目前猪器官不能应用于人体移植手术的主要原因。如果转基因猪能抑制排异基因,人们就有可能利用转基因克隆猪大量提供适用于移植手术的器官。猪作为器官移植优良供体的原因在于,猪易于繁殖,而且其器官在大小、功能上与人体器官较为接近。PPL 公司的科学家预期,转基因克隆猪在医学上的第 1 项应用将是生产制造胰岛素的胰岛细胞,以用于治疗糖尿病,有关临床试验最早可能在未来几年内开始。

图 12.15　克隆猪

我国第 1 头体细胞克隆猪于 2005 年 8 月 5 日诞生。这是由中国农业大学李宁教授领导的课题组经过 1 年多的科技攻关,独立自主完成的首例体细胞克隆猪。这头克隆小香猪填补了我国在这一领域的空白。将实验室构建的克隆胚植入母猪体内,经 116 d 的发育后问世,共产下 3 头小猪,其中存活 1 头,健康状况良好。我国自主开展猪的体细胞克隆具有极其重要的意义,在医学上可以为人类异种器官移植研究以及疾病模型研制提供理想的材料,在农业上可以丰富地方猪品种改良以及地方优良猪种保种的手段。猪的体细胞克隆难度比牛、羊大,此前仅有英国、日本、美国、澳大利亚、韩国及德国获得过猪的体细胞克隆后代。此次首例体细胞克隆香猪的诞生,表明我国在此项研究上已经进入国际先进水平行列,同时将为我国深入开展异种器官移植、优质猪培育以及地方良种猪保种等研究工作打下基础。而在此前,由李宁教授率领的课题组对加拿大赠送的一头种公牛"龙"的体细胞克隆进行了系统的研究与试验,成功地得到了克隆后代"大隆"和"二隆"(图 12.6)。

欧洲食品安全局曾对克隆动物及其后代肉类产品进行安全调查后认为,就食品安全而言,

图 12.16 我国自主研发克隆牛"大隆"和"二隆"

克隆动物提供的食品和来自常规饲养动物的食品之间不大可能存在差异。此外,动物克隆也不会危害环境。美国 FDA 也为克隆猪肉大开绿灯。FDA 认为,在所产肉、奶的品质方面,克隆牛、猪、山羊与通过传统方法繁殖的家畜几乎无区别,不需要用专门的标签加以区别。有了这些政策的支持,克隆农业动物的产业化市场前景将会越来越好。

12.2.2.3 动物转基因育种产业公司

动物转基因育种产业公司主要有 GTC、AquaBounty Technologies Inc.、北京济普霖生物技术有限公司、山东省布莱凯特牧业科技有限公司等(表 12.1)。

图 12.17 转基因牛奶

自 1996 年英国通过克隆技术获得体细胞克隆羊后,体细胞核移植技术被广泛应用于转基因牛的生产中,并获得了大量具有奶品质显著改善或强力抗病性等特性的转基因克隆牛。利用转基因技术培育新品种既可以加快家畜品种的改良速度,提高肉、奶、蛋的产量和品质,又可以生产高附加值的药用蛋白。本处以我国"牛乳人乳化"这个成功的例子来反映转基因育种的市场情况。

1. 牛乳人乳化

我国利用转基因技术研制成功"人乳化"牛奶,乳清蛋白、乳铁蛋白、溶菌酶等在转基因牛奶中的表达量均为国际最高水平,其安全性已通过中国疾病预防控制中心等权威机构确认,有望在 2 年内实现"人乳化"牛奶等产品上市销售(参考图 12.17)。

乳清蛋白、乳铁蛋白、溶菌酶等是人母乳中重要的成分,具有重要作用,但牛奶中相应的蛋白含量却很少,且不易被人体消化吸收。以人乳铁蛋白为例,它在人常乳中的含量是牛常乳中乳铁蛋白含量的 20 倍以上,且比牛乳铁蛋白更容易被人体吸收利用。作为母乳中重要的功能成分,人乳铁蛋白及其蛋白降解产物——乳铁蛋白肽具有广泛的生物学活性,包括广谱抗菌作用、消炎、抑制肿瘤细胞生长及调节机体免疫反应等,被认为是一种新型抗菌、抗癌药物和极具开发潜力的食品、化妆品添加剂。

如果在食品中添加乳铁蛋白就能够起到补铁的作用,很多实验还表明乳铁蛋白能被婴儿以完整分子形式吸收,从而促进婴儿的铁吸收。这也正是母乳喂养优于牛奶喂养的重要原因之一。此外,人乳铁蛋白能提高铁的生物药效率,以维持机体铁代谢,因而能用于预防和治疗缺铁所导致的贫血性疾病。李宁院士说,由于人乳铁蛋白比牛乳铁蛋白具有更高的生物学价值,其市场价值远高于牛乳铁蛋白。中国农业大学农业生物技术国家重点实验室经过十几年的探索,已经建立了一套包括目标基因的获取、表达载体的构建、转基因小鼠模型的制作、转基因大动物(牛和羊)的生产、目标蛋白的鉴定和纯化等相关技术环节在内的完整的转基因动物新品种培育体系。

李宁院士表示,目前实验室已相继建立了转人乳铁蛋白基因、人溶菌酶基因、人岩藻糖基因等在内的转基因奶牛新品种基础群 30 多头,重组人乳蛋白在转基因牛乳腺中获得高效表达,平均表达量达每升 1 g 以上;还进一步通过人工授精等扩繁技术,获得二代和三代转基因奶牛共 300 多头。经中国疾病预防控制中心、食品研究所等权威机构的安全性检测表明,"人乳化"牛奶与其他牛奶没有差别,不存在任何安全性的问题;同时功能试验表明,"人乳化"牛奶具有促进铁和钙吸收、改善胃肠道功能、促进机体生长发育、增强免疫力等重要功能。目前这些"人乳化"转基因奶牛已通过中国农业部转基因生物安全评价的环境释放试验,并率先获准进入生产性试验,有望在 2 年内获得农业部颁发的安全证书并实现产品上市销售。

12.2.3　转基因克隆动物产业化市场现状与展望

转基因动物技术和转基因动物制药将为人类解决许多生命科学领域的重大问题,是蛋白质药物生产领域的一场革命,这就决定了今后在这方面的研究将不断深入,竞争也将更加激烈。国外的经济学家估计,大约在 10 年后,转基因动物生产的药品就会鼎足于世界市场,销售额将超过 250 亿美元(不包括营养蛋白质和其他产品),成为最具有高额利润的新型工业。目前,我国"863"计划已将山羊乳腺生物反应器研究列为重大项目,用于生产重要的重组蛋白质药物。转基因牛、转基因奶山羊和转基因兔等已相继诞生,标志着我国在转基因动物制药方面的研究已达到相当的水平。这为以后的研究工作打下了良好的基础。目前,国内外动物克隆和转基因动物育种已经开始蓬勃发展,而且各国政策对于新品种培育和食用肉制品都相对有所放宽。

总的来说,虽然生物安全性和一些技术问题如克隆效率较低还在制约着转基因动物克隆产业化前进的步伐,但是我们有理由相信,随着欧盟和 FDA 对生物反应器制造新药的审批通过,随着我国转基因动物育种市场的蓬勃发展,转基因克隆动物在产业化的道路上会越走越好。这些技术所带来的优势会越来越快地转化为医疗卫生、食品健康等各方面的实际效益。

国内外关于动物克隆和转基因动物育种报道与相关资料可按表 12.2 查阅。

表 12.2　部分有关动物克隆和转基因动物育种的报道及网站

新闻标题	来源网站	日期	网站地址
美称山羊奶可防神经毒气可作军队化学武器储备	国际在线报道	2007/7/26	http://www. foodmate. net/news/keji/2007/07/76205. html
Advanced Cell Technology, Inc. 财务数据	谷歌财经	2010	http://www. google. com. hk/finance? fstype=ba&q=OTC:ACTC&hl=zh-CN
蜘蛛丝由哪几种蛋白构成的	百度知道	2007/6/3	http://zhidao. baidu. com/question/23819998. html
转基因动物技术与转基因动物制药	健康网讯	2002/5/22	http://www. healthoo. com/A8_200205/A8_20020522110200_87656. asp
Pharming Group N. V. : Pharming announces nine month financial report 2010	Thomson Reuters, 路透社报道	2010/10 21	http://cn. reuters. com/article/pressRelease/idUS46075+21-Oct-2010+HUG20101021? symbol=PHAR. AS
美国转基因鸡研究现状	北京农业信息网	2003/6/18	http://www. agri. ac. cn/AgriSciFare/GW/YZY/200306/16647. html
美成功用鸡生产全功能人单克隆抗体	科技日报讯	2005/8/30	http://www. biotech. org. cn/news/news/show. php? id=26380
欧盟拟发布克隆动物肉奶制品销售禁令	网易探索	2010/10/21	http://news. 163. com/10/1021/09/6JGRM0B2000125L1. html
盘点五大克隆动物	网易探索	2008/10/21	http://news. 163. com/08/1021/10/4OP9MGIN000 125LI_2. html
克隆动物食品是否能食用引起全球争议	新民周刊	2008/3/19	http://news. sohu. com/200803 19/n255789032. shtml
FDA 批准首个由转基因动物生产的药物 Atryn	drugfuture 药物在线	2009/2/9	http://www. drugfuture. com/Article/fdainf o/200902/635. html
转基因牛奶:生不逢时	网易探索	2011/6/24	http://discover. news. 163. com/special/transgenicmilk/
美国公司以 5 万美元价格售出一只克隆猫	中新网讯	2008/7/27	http://bbs. 212300. com/thread-336651-1-1. html
Bio Engineering, Cloning Dolly The Sheep	Bioarts 公司官网	2011	http://www. bioarts. com/press _ release/ba09_09_09. htm

12.3　各国推进转基因生物产业化进展情况

12.3.1　世界各国对转基因生物的态度

无论是田野里种植的转基因作物还是餐桌上、盘子里的转基因食品,都是转基因技术的具体表现,而人们对转基因技术一直颇有争议。随着转基因生物产业的发展,各国民众对转基因产品的关注度也在不断提高。由于不同国家和地区在农业资源情况、文化背景、转基因技术水平、民众风险意识以及对转基因生物信息认知程度等方面各不相同,民众对转基因产品的态度也大相径庭。发达国家(除北美外)一般比发展中国家接受程度低。欧洲和日本的消费者对转基因食品的接受程度最低。发达国家中,美国对转基因食品的接受程度明显高于其他发达国家。

Environics International 在 2000 年调查了来自 35 个国家 35 000 人对转基因生物产品的态度。报告显示,认为转基因生物的利益大于风险的国家有:美国、哥伦比亚、古巴、多米尼加共和国、中国、印度、印度尼西亚和泰国。在另外一些国家如法国、希腊、意大利、西班牙、日本只有不到 40% 的消费者认为效益大于风险。相比其他被调查的国家,欧洲、日本和韩国对生物技术的态度更谨慎消极。

对待不同的生物产品,公众的接受程度是不相同的(图 12.18)。几乎所有的受访者(85%)表示,他们将会支持使用生物技术开发新的人类药物。然而,15% 可能会反对使用生物技术用于这样一个清晰甚至有益的产品或研究。约 75% 的人曾表示支持环境的清理和 3 种不同的作物的应用。很明显,任何涉及"动物"的生物产品或技术都是支持下降。超过半数的人(55%)表示支持转基因动物饲料,只有 42% 的人支持生物技术使用于单独的动物医学研究。事实上,几乎 75% 的全球消费者反对动物转基因产品的产出。

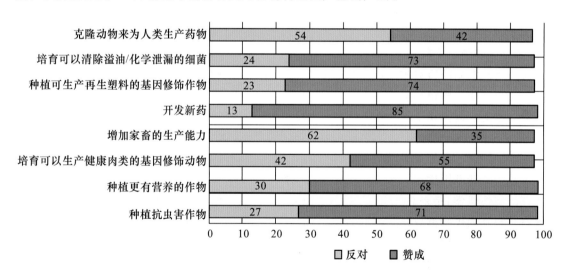

图 12.18　消费者对不同生物技术应用的态度

(Environics International,2000)

12.3.1.1　美国对转基因生物的态度

美国是世界上转基因作物研制最早的国家,也是现阶段转基因作物种植面积最大的国家。这两方面的优势让美国政府对转基因作物的认识有一种先入为主的思想,认为转基因作物与普通作物之间无差异,对转基因食品持积极支持的态度。

美国民众对转基因产品的态度没有政府那么坚定。美国是主要的生物技术食品生产国,鉴于国际社会和美国国内对生物技术食品安全性的激烈讨论,早在 2000 年,美国食品药品管理局(FDA)对美国的 4 个州的 4 个城市进行了关于生物技术食品的抽样调查。接受调查的人对生物技术食品有不同程度的认识和理解。一方面,由于他们了解生物技术在医学和医药的研究等领域已被广泛运用,因而对于生物技术应用到食品领域并不感到惊奇。另一方面,大多数人对生物技术食品的详细情况并不清楚,几乎无人能讲出对生物技术食品的任何直接感受,但受访者对生物技术有自己的看法。多数受访者认为食品生物工程是一项非常具有前景的技术,它使现代社会受益的同时,也带来潜在的危险。受访者提到的受益包括:解决世界上的饥饿问题,改善农业生产,降低农业种植成本,提高劳动生产率,改善农业食品的颜色、味道和营养成分等。受访者最大的担心是生物技术将引起的长远的未知健康后果,而这种后果在目前的技术条件下尚不能预知。

2004 年,美国的一家非盈利研究机构就美国消费者对转基因技术应用态度进行的调查显示,美国民众对转基因食品的关注不集中在营养、价格等方面,主要是安全方面的担忧。美国公众支持政府建立严格的管理体系,认为在转基因食品进入市场前应通过 FDA 的批准,并且明确标识。80% 以上的公众希望当前法律法规能排除不安全的转基因食品于市场之外,确保其安全并经 FDA 证实后再许可进入市场,只有 50% 的人希望转基因食品尽快进入市场。同时公众并不希望完全禁止转基因食品。92% 的受访者认为政府应强制规定对转基因食品贴上标签。

大多数美国民众支持转基因技术的使用。54% 的人认为使用转基因技术生产的作物有治疗作用,52% 的人认为使用转基因技术能够生产出廉价的食物,进而减轻全世界范围的饥荒。根据国际食品信息委员会连续 5 年多的研究结果表明,60% 以上的美国消费者对转基因食品持接受态度,65%~77% 的消费者认为自己会购买抗病虫害的转基因食品。

近期,美国白宫科技办公室生物安全高级顾问、美国农业部生物技术协调员、主管美国农业部农业研究局的迈克尔·沙克曼(Michael Schechtman)先生接受采访时指出,含有转基因成分的产品在美国市场上是日常消费品,美国很多消费者购买这种产品,在市场上销量很好,消费者非常欢迎。实际上,消费者对美国的监管体系非常有信心,他们在购买转基因产品时,都不会多想这种产品里含有什么成分。

12.3.1.2 欧盟对转基因生物的态度

欧盟对转基因生物的态度与美国相比截然不同。欧盟坚持认为,科学存在局限性,无论研究方法如何科学,结果总具有不确定性。因此,欧盟明确向世界宣布,对转基因产品不欢迎。欧盟对转基因生物商业化的审批及其管理机制十分严格。一些欧洲国家特别增加本国的政策措施和法律条款以禁止转基因产品。

欧盟消费者一直对转基因产品颇有争议,主要担忧转基因产品对人体健康潜在的威胁以及对环境的破坏。欧盟委员会以及国家院校和机构定期进行民意调查,测验消费者对转基因生物观念的大致趋向。

在 2005 年的一项民意调查显示,仅 27% 的欧盟人对转基因食品持积极的态度;2002 年的民意调查显示则更少,为 21%。具体到每个成员国,对转基因食品的态度有显著不同。西班牙、葡萄牙、爱尔兰、意大利、捷克、马耳他和立陶宛的支持者人数超过反对者,而奥地利、希腊、匈牙利、德国、拉脱维亚的支持者要少得多。例如,46% 的捷克共和国的消费者认可转基因食品。葡萄牙和西班牙也有相对较高的认可比例,分别是 38% 和 34%。相比之下只有 14% 的希腊人和 13% 的卢森堡人认可这项技术。但民意调查也同时说明,人们对新技术的接受自1999 年来稳步增加。从 1999 年以来,更多的人认为在未来的 20 年生物与基因技术会对自己的生活产生积极影响;只有 10% 的受访者认为转基因技术对自己的生活有积极贡献。2005 年 50% 的受访者认为生物技术是有益的,30% 的受访者认为转基因技术很好。多数消费者均表示健康是考虑转基因食物的最主要原因。减少杀虫剂的使用是另一个重要的因素。然而,大多数的参与者表示,他们不会为了省钱而购买转基因食品。

据欧洲委员会 2010 年关于生物技术报告的欧盟民意调查显示:关于将克隆技术应用于食品生产是否有益的问题,只有少数欧洲人认为此举会对他们的国家经济有促进作用,过半数的受访者认为是无益的,只有 1/3 的受访者认为会对发展中国家的人民有益。多数人认为克隆技术生产食品会存在潜在危险,对后代造成影响。2/3 的受访者对克隆技术在食品生产上的应用感到担忧。1/2 的受访者认为克隆技术的应用会对环境产生危害。

关于对转基因动物、胚胎干细胞研究,直接作用于人基因组的基因治疗的态度:根据民意调查,只要有严格的法律监管,51% 以上的人支持可以用作生产移植器官和组织的胚胎干细胞研究;欧洲人更关心对成体干细胞的研究,约七成的人对此持支持态度;对转基因动物的相关研究,约 6 成的人赞同转基因动物的相关研究,17% 的人坚决反对(图 12.19)。

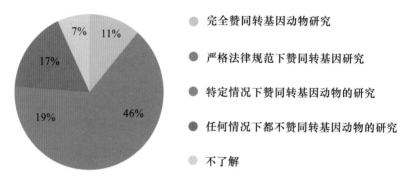

7% 11%	◕ 完全赞同转基因动物研究
17%	◔ 严格法律规范下赞同转基因研究
19% 46%	◒ 特定情况下赞同转基因动物的研究
	◉ 任何情况下都不赞同转基因动物的研究
	◔ 不了解

图 12.19　欧洲人对转基因动物研究的态度

具体到每个国家对转基因动物研究的态度,支持与反对的比例差别较大。图 12.20 显示,在比利时和丹麦得到广泛赞同(支持率约 71%),其他支持率比较高的国家是挪威(70%)、爱尔兰和瑞典(69%)、西班牙和荷兰(67%)。图表同时也显示了对转基因动物研究反对声较强的国家如奥地利(反对 60%)、塞浦路斯(54%)、斯洛文尼亚(53%)、希腊(52%)以及德国。民意调查同时显示,63% 的受访者赞成有关基因治疗方面的研究。

12.3.1.3　日本对转基因生物的态度

日本的农业资源匮乏,大部分农作物产品依赖于进口。日本有 60% 左右的农产品来自进口,而且是来自于不需要标明产品是否为转基因作物的美国。如果严格地控制转基因产品,将使日本的进口产品数量下降,国内农产品缺乏的现象将得不到较好的缓解。为解决日益严峻的粮食问题,日本一方面依靠强有力的贸易政策,另一方面大力研发转基因作物。由于资源的限制,决定了日本政府对转基因作物的态度既不能像美国那样宽松,也不能像欧洲那样谨慎。日本一直在对转基因作物及其产品上奉行"不鼓励,不抵制,适当发展"的原则。

从 1999 年 11 月到 2000 年,日本进行了一项全国范围的调查,调查内容和结果如图 12.21 所示。同时,对日本 370 位科学家对生物技术的态度进行了咨询(持续于一项自 1991 年开始的对 555 位科学家的调查活动),用来区分专业技术人员和普通大众的态度。通过调查显示,

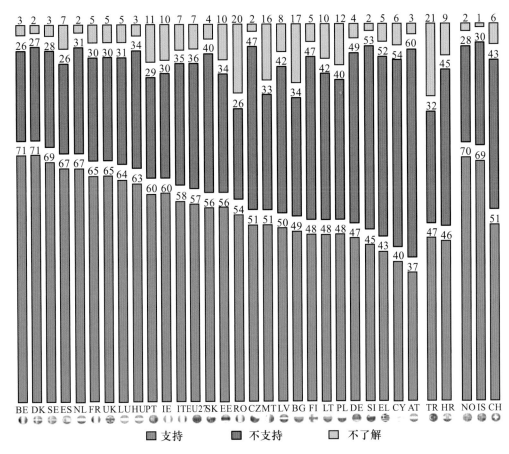

图 12.20　欧洲各国对转基因动物研究的态度

总体上来说,日本人对生物科学技术是非常感兴趣的;在最近几年,这种兴趣呈现上升的趋势,随着科学创新而提升。日本人对科学充分的理解和支持,在一定程度上促进了生物技术和基因工程的发展。从这一点上看,这将有助于日本人对生物技术的理解,促进生物技术更广泛地用于日本人的生活中。在过去的几年中,日本人的生物意识已经增强,对生物技术的支持者和反对者都有所增加,两级观点越来越极化。

　　虽然日本对待转基因生物的态度呈现两极分化,但是,总体来说,认为利大于弊的人居多。而消费者对转基因产品的态度,也是多样化的。一项在 2002 年的调查报告,使用邮政调查问卷调查随机抽取了生活在宫崎县的 200 名日本消费者和 150 名日本植物育种研究人员。调查结果表明,日本消费者担忧会成为基因改造食物危险的潜在受害人。这个问题可能是道德上的因素,而不是科学。在 106 名日本育种人员中,77 人(72.6%)说,必须发展转基因作物,主要的原因是克服未来的粮食危机问题。

　　据 2002 年世界农业杂志报道,虽然日本政府对转基因作物、食品和饲料进行安全评估,但由于全球范围内转基因作物种植面积的日益扩大,日本公众对转基因产品的安全性仍心存疑虑。一些民间组织如消费者组织对转基因作物持反对立场,并发起一系列反对转基因作物、食品和饲料的活动,各种媒体在相关报道上也起了重要的负面影响。一些记者甚至科学家也加

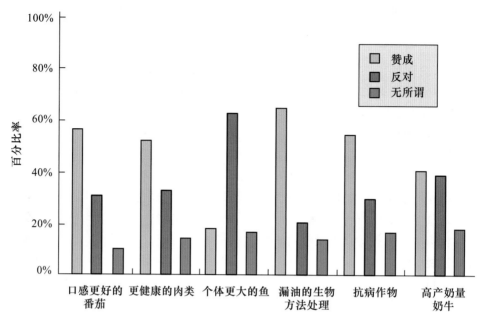

图 12.21　日本民众对不同的转基因技术应用的态度

入到了抵制转基因作物的行列。

2006 年,Renee Kim 等对日本消费者关于转基因食品的态度的调查表明,出于不同考虑,日本消费者对转基因食品表现出了不同程度的认可与兴趣。超过 30% 的调查对象既不愿意对转基因食品支付额外费用,也不愿意以低折扣价格购买,这说明日本消费者还没有确立转基因食品在他们消费中的位置。同时结果也表明,如果转基因食品能够满足消费者特殊消费效用,并使消费者得到相关的信息,则转基因食品在日本还是有潜力的。其中具有医学效用的转基因食品、转基因水果和蔬菜是受日本消费者欢迎的转基因食品类型。调查表明,日本消费者对转基因食品的关注也集中在转基因食品的安全方面。

一项新的调查显示,日本人口减少,对生物和基因产业的发展起到了促进作用。尽管大多数日本人仍然对生物技术保持乐观态度,但是认为生物技术和转基因技术对农业、环境和人类健康等领域的危害有上升的趋势。

12.3.1.4　中国对转基因生物的态度

我国各个地区的文化差异以及转基因技术发展水平不同,导致各个地区民众对转基因技术认可程度各有不同。我国学者从 2002 年开始研究消费者对转基因食品的态度,但研究的结论差异较大,接受程度 30%～80% 不等。宣亚南和周曙东(2002)的调查表明,大部分人都声称对转基因农产品有所了解,但其实大多并不真正了解,有些人只听说过"转基因"或"基因"名词而已,人们对转基因产品的了解程度有很大差别;仅有 11% 的消费者认为转基因食品对健康有益,仅有 12% 的消费者认为转基因食品对环境有益。钟甫宁和丁玉莲(2004)在南京进行了电话采访,结果表明消费者对转基因食品的接受程度为 50%。周峰和田维明的研究表明,北京约有 80% 的消费者愿意接受转基因食品。

2002 年,中国科学院农业政策研究中心对北京、上海、南京、济南、宁波、德州、威海、盐城、南通、绍兴、金华 11 个城市进行了大规模的入户调查,并在 2003 年对部分消费者进行了跟踪调查。

调查结果表明,城市消费者对转基因食品的接受程度为65％。其中,对抗病虫害的转基因大米的接受程度为67％,对改良营养的转基因大米和抗害虫的转基因水果和蔬菜的接受程度是66％,对转基因大豆油和延长储存期的转基因水果和蔬菜的接受程度分别为53％和52％。

2008年,胡焱等对上海和北京的消费者对转基因食品的消费态度调查研究及2010年李苹绣对广州消费者的调查都表明,国内消费者对转基因食品的认可程度较高,整体态度比较积极乐观,但目前缺乏有关转基因食品的信息。

近年来,随着转基因生物产业化的发展,民众对转基因的关注也日益加深,对转基因产品的态度也各异。

在民众中不乏对转基因技术的抵制意见。一方面担忧转基因食品的安全性。虽然转基因作物在世界上已经有许多国家种植,但是把转基因植物作为主粮还是第1次,而且是在中国这个人口庞大的国家,一旦发生食品安全问题,就会影响上千万人甚至上亿人。另一方面是对技术控制的担忧。大量使用进口的转基因植物种子会排斥自己的优良品种,不利于自身的发展,而且一旦失去了自己的品种,高额的转基因植物种子的专利费则是中国的又一沉重负担。

对于转基因植物,主流科学家持肯定意见。在中国这个人口大国,粮食还要一部分依赖进口,而转基因食品能够提高产量,解决粮食问题;而且抗虫、抗病等特点能够节省农药的投入以及农药对环境的污染。著名的水稻育种专家袁隆平就对转基因水稻持有保留和支持意见,愿意带头吃转基因食品。

目前,有关转基因动物产品的报道还很少,但是,我们必须看到这是一个前景非常广阔的产业。公众对于基因工程的质疑是无可厚非的。大家对于一项新的技术持谨慎的态度,这是很合理的事情。面对基因工程的快速发展以及公众的质疑,广大的科学工作者有必要向公众普及有关基因工程的基本知识。其实,基因工程作为一项技术,本身并没有好坏对错之说,关键还是在于人们怎么利用它。这就要求广大的科研人员以及决策部门要有极其认真负责的态度,在开始一项研究之前,要认真调研分析,仔细考虑该转基因产品可能会带来的一些副作用。在产品投入市场之前,必须进行相关的检验分析,确保符合所有标准。政府也要尽快完善相关的法律法规,确保转基因产业化的管理有法可依。

12.3.2 各国生物技术产业的发展及融资情况

当今世界,生物科技的重大突破正在迅速孕育和催生新的产业革命,生物产业将成为继信息产业之后世界经济中又一个新的主导产业。支撑生物科技这么迅猛发展的一个重要的推动力就是各国政府对这个产业的投入。近年来,西方发达国家对生物科技投入的增长较小,但是基于其庞大的基数,投入是相当可观的,而发展中国家对生物科技的投入却有大幅增长。从全球的角度看,对生物产业的投入巨大而且增长快速。2011年,《Cell》杂志发表了题为"East Heats Up as West Cools Down"文章,指出了各国对生物技术领域尤其是生物医药资助的变化。文章显示,2011年全球发达国家(除德国外)的政府资助的增长幅度较小或者为负增长。与此形成鲜明对照的是亚洲国家中国、印度、韩国政府的资助增长均超过20％。但美国对生物产业的投资总额度仍位居首位(图12.22)。

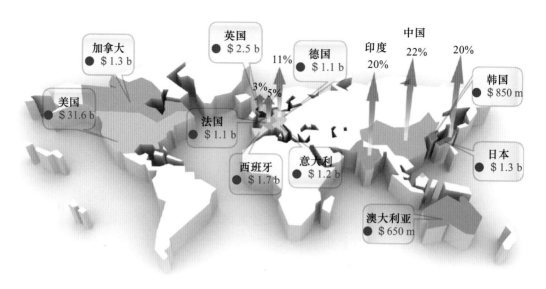

图 12.22　2011 年各国对生物领域资金增长幅度的变化

12.3.2.1　美国对生物技术产业的资金支持

美国政府对生物技术产业的支持一直领先于其他国家。2011 年对生物医学资助仍然是遥遥领先,超过 300 亿美元(仅 NIH 的预算),但增长速度有所减缓。事实上,除美国之外的全球所有国家在生物医学资助的预算总和与美国相比还相差甚远。

美国通过融资渠道来实现对生物技术产业的扶持。目前,美国生物技术产业筹集资金有多种渠道,其中包括联邦拨款或资助、州政府拨款或资助、大公司出资、成立基金会、贷款、风险投资等。

美国生物技术产业的融资主要是证券市场直接融资(IPOs＋IPOs 后续融资＋其他上市市场融资)和风险投资。这使处于创业阶段的生物技术企业能够比较容易地获得资金。这些资金或是允许或是专门限定只能投资于生物技术产业。

据 2011 年全球生物年度报告显示,在过去的 2 年里,美国生物产业已经从 2008 年的金融危机中开始复苏。然而,这些表面的上升的投资数目越来越集中在部分成熟的公司。表 12.3 列出了美国 1998—2009 年每年生物技术产业的资金投入。

表 12.3　1998—2010 年美国年度生物技术资金投入　　　　　　百万美元

投资类型	年份												
	2010	2009	2008	2007	2006	2005	2004	2003	2002	2001	2000	1999	1998
首次公开募股集资(IPOs)	1 097	697	6	1 238	944	626	1 618	448	456	208	4 997	685	260
IPOs 后续融资	2 971	5 165	1 715	2 494	5 114	3 952	2 846	2 825	838	1 695	14 964	3 680	500
其他	12 242	7 617	6 832	12 195	10 953	6 788	8 964	8 306	5 242	3 635	9 987	2 969	787
风险投资	4 409	4 556	4 445	5 464	3 302	3 328	3 551	2 826	2 164	2 392	2 773	1 435	1 219
总计	20 720	18 034	12 998	21 391	20 313	14 694	16 979	14 405	8 699	7 930	32 722	8 769	2 766

(信息来源:Ernst & Young,Bio Century,Bio World and Venture Source)

2008 年度美国国立研究中心（National Research Initiative，NRI）向各州以研究和综合研究教育发展等形式提供了 173 229 307 美元。这些资金被分散用于支持 4 大块项目：农业基因组学和生物安全，农业生产和增值处理，营养、食物安全和品质，农业生态系统和农村繁荣。表 12.4 是 NRI 对动物生物技术方面的资金分配。

表 12.4　**2008 年度 NRI 对动物生物技术方面的资金分配**

项目名称	资助的数目	资助的资金总数/美元
动物基因组(A)：应用动物基因组学	10	3 793 696
动物基因组(B)：工具和资源	3	2 066 355
动物基因组(C)：生物信息学	5	2 237 188
动物基因组(D)：功能基因组学	4	1 584 958
动物基因组(E)：增进动物选育的全基因组	3	1 317 803
动物保护和生物安全(A)：动物疾病	33	8 507 098
动物保护和生物安全(B)：动物福利	9	2 703 402
动物保护和生物安全(C)：动物生物安全	3	4 066 667
动物生长和营养利用	16	4 746 000
动物繁殖	18	4 501 500

2009 年的美国动物产业投资年度报告（图 12.23）显示了 2003—2007 年来自 CSREES（州际研究、教育和推广合作局，美国农业部主要的集资研究机构）的全部资助金额和动物产业项目的其他资金来源。其中，机构资助占动物产业资金投入的 19%（多达 605 百万美元）；2003—2007 年国家拨款超过 11 亿美元，7.22 亿美元是非政府资金。

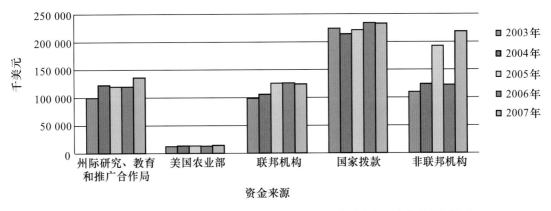

图 12.23　**2009 年美国动物产业投资年度报告显示的动物产业资金的来源情况**

12.3.2.2　欧盟对生物技术产业的资金支持

欧盟决定在 2010 年以前将科研方面的投入增加 3%，提供总额达 87 亿欧元的投资，其中至少 15% 的投资将分配到中小型公司，22.5 亿欧元投资被指定用于生物技术研究方面。而在 2010 年 6 月的第 4 届中国生物产业大会高层论坛中，欧盟委员会研究总司的食品、农业和生物技术理事会生物技术部主任 Alfredo Aguilar 透露，欧盟第 7 框架计划中关于食品、农业以及生物技术领域 2011 年工作计划和时间表在 7 月末即将公开，投资预算或达 2.6 亿欧元。据悉,欧盟第 7 框架计划在食品、农业以及生物技术领域在 2007—2013 年的国际合作投资总额是 20 亿欧元。这个项目包括 3 个小的项目:生物资源可持续的生产管理、食品安全和食品健康,非食品的产品加工、生命科学以及生物技术和生物化学。

2011 年全球生物年度报告显示,欧盟生物公司在资金增长上基本和前年持平,风险资本恢复到了金融危机之前的水平。表 12.5 显示了自 1999—2010 年生物技术产业的资金情况。

表 12.5 1999—2010 年欧盟每年的生物技术产业资金投入 百万美元

年份	2010	2009	2008	2007	2006	2005	2004	2003	2002	2001	2000	1999
首次公开募股集资(IPOs)	165	103	75	737	682	803	365	32	144	211	2 482	162
IPOs 后续融资	156	597	30	198	210	284	206	440	49	129	376	62
其他	1 540	1 390	938	3 552	2 601	1 125	1 645	1 287	178	684	1 494	155
风险投资	1 021	790	1 031	1 210	1 511	1 428	1 520	924	1 332	1 695	2 012	639
总计	2 883	2 881	2 074	5 697	5 004	3 639	3 736	2 683	1 703	2 719	6 364	1 018

12.3.2.3 加拿大对生物技术产业的资金支持

加拿大重视生命科学研究,截至 2003 年对生物技术 R&D 投入达 20 亿加元,产值约 150 亿加元,雇佣人员达 6 万。生物技术研发投入 80% 用于医疗健康,有 62% 的雇员从事这一领域工作。生命科学中加拿大在制药和农业生物技术方面居领先地位,特别是疾病诊断和治疗仪器方面有很多产品。在基因工程、保健、远程医疗和环境生物技术研究领域都取得很多成果。从事医疗卫生研究的单位涉及全国 100 多个医院和研究所。尽管加拿大医药产品的份额仅占世界市场的 1.8%,但开发生产的新药达世界市场的 10%。在基因学研究方面,加拿大科研人员发现了全球 25% 的致病基因。加拿大生物技术公司数量仅次于美国,蒙特利尔、多伦多和温哥华共有 500 多家生物技术公司,有些是世界一流的公司;在生物技术收入方面居北美城市前 20 位。有 25% 的生物技术公司从事农业生物技术研发工作。

2011 年全球生物年度报道显示,2010 年加拿大的生物产业总值为 4.82 亿美元,比 2009 年下降了 2.51 亿美元。去除在 2009 年增长的 3.25 亿美元,那么在筹资上相当于上涨了 18%。上市公司(不含 Biovail 公司)上升了 3.96 亿美元,比 2009 年上升了 0.88 亿美元。尽管在 2010 年加拿大生物产业有一个总体的提高,但是仍然是自 2000 年来提高量最低的一年,并且大多数资金只是流向了少数公司。加拿大 2000—2010 年对生物技术的资金投入见表 12.6。

12.3.2.4 日本对生物技术产业的资金支持

日本对生物技术及产业领域的投入逐年增加。1990 年,日本生物技术研发经费为 2 900 亿日元(仅研究经费就为 900 亿日元)。2007 年日本政府生物技术研发预算达 2 541 亿日元,2008 年增加到 3 025 亿日元。其中,文部科学省的预算额达到 637.2 亿日元,农林水产省达到 377.74 亿日元,环境省达到 169.61 亿日元。2009 年各部门的预算持续增高,总预算增加到 3 565 亿日元。另外,日本政府对在国际上有优势的生物技术领域设立专项计划,各相关部门

表 12.6　2000—2010 年加拿大在生物技术产业上的资金投入　　百万美元

年份	2010	2009	2008	2007	2006	2005	2004	2003	2002	2001	2000
首次公开募股集资（IPOs）	0	0	0	5	9	160	85	0	10	42	103
IPOs 后续融资	276	138	80	580	925	295	296	723	186	621	364
其他	120	495	191	122	664	242	139	416	132	155	258
风险投资	87	100	207	353	205	313	271	206	199	388	546
总计	482	733	478	1 060	1 803	1 010	791	1 345	527	1 206	1 271

联合支持,使资源有效集成,加速优势领域发展,催生具有国际竞争力的生物技术和产业。例如,京都大学再生医学研究所在干细胞研究领域处于世界前列,该所山中伸尔教授首次由鼷鼠体细胞成功制备诱导多功能细胞。文部省、经产省和厚生省都给予大力支持,文部省还设立了干细胞研究专项。

日本的生物技术及产业发展居于全球前列。据安永公司统计,2005 年日本生物技术产业的科技文献和专利申请量分别居全球第 4 位和第 2 位,显示日本在生物技术领域的科学基础已经处于较为领先的地位。通过政府的政策扶持和企业界的努力,日本的生物产业市场呈逐年增长态势。2005 年,日本生物技术市场为 1.76 万亿日元,使得日本成为仅次于美国的生物技术市场国,预计 2010 年市场将达到 25 万亿日元。根据 JETRO 的数据,日本 2004 年生物技术产品和服务收入达 170 亿美元,预计 2010 年达到 2 400 亿美元。据日本生物产业协会统计,2000 年日本新创的生物风险企业达 254 家,2003 年为 387 家,2004 年为 464 家,2005 年增至 531 家。日本在发酵工程、生物医药(尤其是基因工程和单克隆抗体制备)、生物环境、生物能源等多个生物技术产业领域均具有独特优势;在药物发现、生物服务、生物仪器和功能食品等方面具有良好的前景。

日本在 2011 年 3 月受到了地震和海啸的冲击。在这场自然灾害之前,日本首次公开募股似乎已经转入了低潮,22 个首次公开募股被终结,其中 4 家为生物产业类公司。这 4 家生物产业类公司中就有在日本非常有名的大冢控股这一只股票。位于东京的 Cell seed 是纯粹从事于生物行业的公司,它在 2010 年 3 月资本提升了 2 580 万美元。

从日本生物产品交易来看,它们的产品正在走向世界。在 2010 年,日本生物产品交易在全世界所占的份额是相当有限的。与此相反,日本的生物制药公司在全世界相当活跃。2010 年,安斯泰来以 40 亿美元收购了美国 OSI 药品。在 2011 年,第一制药三公株式会社从美国 Plexxikon 生物公司获得了大约 9.35 亿美元。

在日本政府方面,它们正在改变对生物行业的审批程序。日本公司将继续支持通过生命科学技术来促进经济复苏的观点。

12.3.2.5　我国对生物技术产业的资金支持

我国政府高度重视转基因生物育种的发展。20 世纪 80 年代,在发展高科技、实现产业化方针的指引下,中国农业生物技术产业迅速崛起。2008 年,转基因生物育种国家重大科技专项正式启动,安排了"转基因生物新品种培育"、"重大新药创制"、"艾滋病和病毒性肝炎等重大传染病防治"3项国家重大科技专项,部署了一批生物技术研究和攻关项目。2009年,农作物生物育种又被列入我国战略性新兴产业发展规划。2010年,中央一号文件进一步指出,要在科学评估依法管理的基础上,推进转基因新品种产业化。中央财政预算2009年投入328亿元、2010年投入300亿元左右,重点推进包括重大新药创制、艾滋病和病毒性肝炎等重大传染病防治在内的11个科技重大专项项目。中国作为一个农业大国,对于农业技术的投资一直以来都是置于优先发展的地位。2010年,中国农业大学从国家自然科学基金生命科学部获得了超过3 700万元的经费资助,高居全国第一。我们国家的科研投资一直以超过20%的速度快速增长。据科学技术部生物技术发展中心的信息,今后5年,国家对生物技术的投入将超过100亿元。政府有一个明确的目标,就是力争在10年内,使我们国家(生物技术)基础研究水平进入世界先进行列,同时要培养有2万~4万人的研究队伍,使我国生物产业形成3 000亿元产值的产业规模,为国民经济提供一个有力的支撑。